LEHRBUCH DES OBSTBAUS

AUF PHYSIOLOGISCHER GRUNDLAGE

VON

PROF. DR. FRITZ KOBEL

Direktor der Eidgenössischen Versuchsanstalt für Obst-,
Wein- und Gartenbau in Wädenswil (Schweiz)
Dozent für Obstbau an der Eidgenössischen
Technischen Hochschule in Zürich

ZWEITE AUFLAGE

Mit 100 Abbildungen

SPRINGER-VERLAG

BERLIN · GÖTTINGEN · HEIDELBERG

1954

ISBN-13: 978-3-642-49050-7   e-ISBN-13: 978-3-642-92627-3
DOI: 10.1007/978-3-642-92627-3

Alle Rechte, insbesondere das der Übersetzung in fremde Sprachen, vorbehalten.
Ohne ausdrückliche Genehmigung des Verlages ist es auch nicht gestattet,
dieses Buch oder Teile daraus auf photomechanischem Wege
(Photokopie, Mikrokopie) zu vervielfältigen.
Copyright 1931 and 1954 by Springer-Verlag OHG., Berlin/Göttingen/Heidelberg.
Softcover reprint of the hardcover 2nd edition 1954

Aus dem Vorwort zur ersten Auflage.

Eingehende Forschungen aus den letzten Jahrzehnten ermöglichen uns wertvolle Einblicke in die Lebenserscheinungen unserer Kern- und Steinobstbäume. Eine gründliche Durchsicht der vielen Untersuchungen hat mich zum Schluß geführt, daß sie in ihrer Gesamtheit bereits eine pflanzenphysiologische Betrachtungsweise des Obstbaues ermöglichen. Im vorliegenden Buch habe ich deshalb versucht, dieses Wissen zusammenfassend darzustellen.

Dieser Überblick kann und will nicht die praktischen Handbücher des Obstbaues, z.B. diejenigen von GAUCHER-HESDÖRFER oder BÖTTNER-POENICKE und andere, ersetzen. Es soll vielmehr versucht werden, zu zeigen, *warum* und unter welchen Bedingungen die dort beschriebenen praktischen Handgriffe und Kulturmaßnahmen zur Durchführung gelangen können. Es sollen also auf Grund von pflanzenphysiologischen Forschungen die Voraussetzungen für einen erfolgreichen praktischen Obstbau erläutert werden. Daß bei einer solchen Bearbeitung sich manche althergebrachte Auffassung als unrichtig erweisen kann und daß eine Klarstellung mancher Begriffe nötig wird, liegt in der Natur der Sache.

Solange wir auf irgendeinem Gebiete des Pflanzenbaues einzig über die eigenen Erfahrungen und diejenigen unserer Vorfahren verfügen, sind wir auf zahlreiche bestimmte Vorschriften und Rezepte angewiesen, die unter ganz bestimmten Umständen richtig sein mögen, aber unter andern völlig versagen, ohne daß wir die Ursache zu begreifen vermögen. Sobald wir dagegen die Gesetzmäßigkeiten, denen unsere Kulturpflanzen unterstellt sind, in ihren Grundzügen kennen, sehen wir auch den nur bedingten Wert der Rezepte ein und können unsere Maßnahmen auf viel sichererer Grundlage treffen. Die hier versuchte Bearbeitung der bekannten physiologischen Tatsachen und Gesetzmäßigkeiten möchte somit als Theorie für eine verbesserte Praxis aufgefaßt werden.

Mein herzlichster Dank gebührt vor allem der Verlagsbuchhandlung für das liebenswürdige Entgegenkommen und die gute Ausstattung des Buches, meinem Assistenten, Herrn PAUL STEINEGGER, für mannigfache Mitarbeit und meiner Frau für die Zusammenstellung des Registers. Auch allen anderen, die mir in irgendeiner Weise behilflich waren, sei an dieser Stelle bestens gedankt.

Wädenswil, im März 1931.   F. Kobel.

Vorwort zur zweiten Auflage.

Seit der ersten, längst vergriffenen Auflage des Buches hat der Obstbau in den meisten Ländern einen gewaltigen Aufschwung genommen. Die Grundlagenforschung erbrachte neue, durch die Praxis auswertbare Erkenntnisse. Sie beziehen sich vor allem auf die Versorgung der Bäume mit mineralischen Nährstoffen und die Kenntnis der Mangelerscheinungen, auf den Einfluß der Wuchsstoffe sowie auf die Bedingungen für die Anlage der Blütenknospen und die Ausbildung der Früchte. Auch über das Leben der Früchte auf dem Lager stehen uns wertvolle Forschungsergebnisse zur Verfügung. Die neuen Erkenntnisse ermöglichen uns ein besseres Verständnis für komplexe Fragen, mit denen sich der Obstpflanzer zu befassen hat. Es seien als Beispiele die Beziehungen zwischen Veredlungsunterlage und Edelreis und das schwierige Problem der Alternanz erwähnt. Die kritische Sichtung der vorliegenden Untersuchungen läßt aber vor allem auch erkennen, auf welchen Gebieten eine Vertiefung der Forschung nötig erscheint.

Eine lückenlose Zusammenstellung der in den verschiedensten Zeitschriften zerstreuten Literatur hätte den gegebenen Rahmen weit überschritten. Dies könnte nur die Aufgabe eines mehrbändigen Handbuches sein. Es wurde lediglich angestrebt, auf Grund der Sichtung der wichtigsten Publikationen wesentliche Teilfragen des Obstbaues klar herauszuarbeiten und den Stand unseres Wissens oder Nichtwissens darzulegen.

Die Einteilung des Stoffgebietes der ersten Auflage wurde im wesentlichen beibehalten. Doch erschien eine Zusammenfassung der Fragen, die sich auf das vegetative Wachstum beziehen, in einem besonderen Abschnitt angezeigt. Dadurch wurde eine ausgeglichenere Behandlung der drei für den Obstpflanzer wichtigsten Gruppen von Lebenserscheinungen: Wachstum, Blütenanlage und Fruchtbildung erreicht. Fast alle Abschnitte mußten völlig neu geschrieben werden.

Der Verfasser hofft, das Buch möge weiterhin eine Theorie für eine verbesserte Praxis sein und den Obstfachleuten helfen, die Lebenserscheinungen der Obstgewächse zu überblicken. Nur wer dies zu tun vermag, ist befähigt, im richtigen Zeitpunkt die richtige Kulturmaßnahme zu treffen, um fördernd oder verbessernd in das Leben der Obstbäume einzugreifen und sich von starren Rezepten und ,,Systemen" zu lösen.

Das Buch wendet sich in erster Linie an all diejenigen, die auf dem Gebiete des Obstbaues lehrend tätig sind, an ihre Schüler und an die fortschrittlichen Obstpflanzer. Es wurde auf möglichst einfache, allgemein verständliche Darstellung geachtet. Doch waren ein näheres Eintreten auf physiologische Fragen und die Verwendung der botanischen Fachausdrücke nicht zu umgehen.

Mein herzlichster Dank gilt vor allem dem Springer-Verlag für das liebenswürdige Entgegenkommen und die vorzügliche Ausstattung des Buches, Herrn Dr. R. FRITZSCHE, dem Chef der Sektion Obstbau der Eidg. Versuchsanstalt Wädenswil, für mannigfache Unterstützungen und die Durchsicht der Korrekturen, meinen Assistenten, den Herren ing. agr. BERNHARD KRAPF und LUKAS WERENFELS für die Hilfe bei der Sichtung der Literatur und Fräulein M. STÄHLI für die Abschrift des Manuskriptes und die Erstellung des Registers. Auch allen anderen, die mir in irgendeiner Weise behilflich waren, sei an dieser Stelle bestens gedankt.

Wädenswil, im März 1954.   F. Kobel.

Inhaltsverzeichnis.

I. Allgemeines über die Physiologie der Obstbäume 1
   A. Die Aufnahme des Wassers aus dem Boden 1
   B. Der Transport des Wassers und die Transpiration 5
   C. Die Aufnahme und der Verbrauch von Mineralstoffen 8
   D. Die Assimilation des Kohlenstoffes 22
   E. Die Verwendung der Assimilate 26
   F. Der Einfluß von Kälte und Wärme 36
   G. Die Jugendformen der Obstgewächse 50

II. Das vegetative Wachstum 54
   A. Die Abhängigkeit des Triebwachstums von Umweltfaktoren ... 54
   B. Die Periodizität des Triebwachstums 59
   C. Die Beeinflussung des Triebwachstums durch den Baumschnitt .. 61
   D. Das Wachstum der Wurzeln 64

III. Die Blütenbildung 72
   A. Die ersten Anfänge der Blütenbildung 72
   B. Die Entwicklung der Blütenknospen bis zur Zeit der Winterruhe .. 76
   C. Die Theorien über die Ursachen der Blütenanlage 78
   D. Die Beeinflussung der Blütenanlage durch Kulturmaßnahmen .. 89
      1. Die Beeinflussung der Blütenanlage durch die Düngung 89
      2. Die Beeinflussung der Blütenanlage durch die Veredlungsunterlage .. 90
      3. Die Beeinflussung der Blütenanlage durch Hemmung und Förderung der Kohlenstoffassimilation 92
      4. Die Beeinflussung der Blütenanlage durch Ringelung und Strangulierung .. 96
      5. Die Beeinflussung der Blütenanlage durch den Baumschnitt ... 100

IV. Die Fruchtbildung 104
   A. Die Entfaltung der Blüten 104
   B. Der Fruchtansatz als Folge der Befruchtung 116
      1. Der normale Befruchtungsvorgang 116
         a) Die Ausbildung des Pollens 116
         b) Die Ausbildung des weiblichen Geschlechtsapparates .. 119
         c) Die Befruchtung und Samenbildung 121
      2. Abweichungen vom normalen Befruchtungsvorgang 124
         a) Die morphologisch bedingte Sterilität 124
         b) Die Pollensterilität 125
         c) Die Sterilität der weiblichen Geschlechtszellen 149
         d) Die Ausbildung tauber Samen 151
         e) Die Selbststerilität und die Gruppensterilität 157
      3. Die Übertragung des Pollens 181
      4. Die Xenienfrage 187
      5. Die Sicherung günstiger Befruchtungsverhältnisse in einer Obstanlage ... 190
   C. Der Fruchtansatz ohne Befruchtung 194
      1. Die Parthenokarpie 194
      2. Die Apomixis 199

D. Die Entwicklung der Frucht 201
  1. Das Abfallen von Blüten und Jungfrüchten 201
    a) Allgemeines 201
    b) Der Junifall 204
  2. Die Entwicklung der Frucht bis zur Baumreife 209
    a) Der Vorgang des Reifens 209
    b) Die Beeinflussung der heranreifenden Frucht durch Umweltsfaktoren 217
    c) Der Einfluß der Samenzahl auf die Größe und Qualität der Früchte 221
    d) Das vorzeitige Abfallen der Früchte im Herbst 225
    e) Die Pflückreife 228
  3. Die Weiterentwicklung der Früchte auf dem Lager 233

V. Die Beziehungen zwischen vegetativem Wachstum, Blütenanlage und Fruchtbildung 247
A. Allgemeine Übersicht 247
B. Die Beeinflussung von Wachstum, Blütenanlage und Fruchtbildung durch die Veredlungsunterlage 250
C. Das Problem der Alternanz 270
D. Die Auswertung der Beziehungen zwischen Wachstum, Blütenanlage und Fruchtbildung im praktischen Obstbau 279
  1. Die Gruppierung der Bäume nach Wuchs und Fruchtbarkeit 279
  2. Die Behandlung der zu schwach wachsenden Bäume 281
  3. Die Behandlung mäßig wachsender Bäume 284
  4. Die Behandlung von allzu kräftig wachsenden Bäumen 285

VI. Die Züchtung neuer Sorten 288
A. Bedeutung und Wege der Sortenzüchtung 288
  1. Sortenzüchtung als Möglichkeit zur Verbesserung des Obstbaues 288
  2. Chimären und Knospenmutationen 290
  3. Die Kreuzungszüchtung innerhalb einer Obstart 295
  4. Die Züchtung auf Grund von Artbastarden 300
B. Züchterische Fragen bei den einzelnen Obstarten 303
  1. Die Züchtung neuer Apfelsorten 303
  2. Die Züchtung neuer Birn- und Quittensorten 307
  3. Die Züchtung neuer Kirschensorten 308
  4. Die Züchtung neuer Pflaumen- und Zwetschgensorten 310
  5. Die Züchtung neuer Aprikosensorten 312
  6. Die Züchtung neuer Pfirsich-, Nektarinen- und Mandelsorten 313

Literaturverzeichnis 315

Sachverzeichnis 339

I. Allgemeines über die Physiologie der Obstbäume.

A. Die Aufnahme des Wassers aus dem Boden.

Bedeutung des Wassers. — Wasseraufnehmende Organe. — Bodenfeuchtigkeit, Wasserkapazität, Wasserüberschuß. — Saugkraft des Bodens. — Saugkraft der Wurzelhaare. — Menge der Saugwurzeln. — Vordringen der Wurzeln in die Breite und Tiefe.

Die Verwendung des Wassers in der Pflanze ist eine mannigfache. Seine erste Aufgabe nach dem Eintritt besteht im Transport der in ihm gelösten Mineralstoffe, die gleichzeitig mit ihm aus dem Boden aufgenommen werden. Es ist aber auch Lösungs- und Transportmittel für die zahllosen organischen Verbindungen, vor allem für die Zuckerarten, Aminosäuren und anderen Baustoffe. Es dient ferner zum Prallhalten der Gewebe und ermöglicht chemische Umsetzungen der verschiedensten Art. Eine passende Wasserversorgung ist deshalb die wichtigste Voraussetzung für das Gedeihen unserer Obstbäume. Wasserüberfluß und Wassermangel haben bald schädigende Wirkung zur Folge.

Das Wasser wird durch die äußersten Verzweigungen der Wurzeln aufgenommen. Eine kurze Strecke hinter der Wurzelspitze finden sich bei den meisten Pflanzen haarförmige Ausstülpungen der Epidermis, die Wurzelhaare, die sich um die feinsten Erdpartikeln schmiegen und vermöge ihrer Saugkraft Wasser aus dem Boden entnehmen (Abb. 1). Bei unseren Kern- und Steinobstarten sind die Wurzelhaare nach ROGERS kurze, papillenartige Bildungen.

Die Wasseraufnahme hängt ab von der Menge des im Boden vorhandenen Wassers, von der Kraft, mit welcher es der Boden zurückhält, von der Saugkraft der Wurzeln und von der Menge der Wurzelhaare.

Die *Menge des im Boden enthaltenen Wassers* entscheidet als wichtigster Faktor, ob an einem bestimmten Ort Obstbau möglich ist oder nicht. Bei Neuanlagen oder bei der Sanierung von alten, schlecht gedeihenden Anlagen ist immer in erster Linie die Frage zu entscheiden, ob die herrschenden Bodenverhältnisse, vor allem auch in bezug auf ihren Wassergehalt, genügen. Trifft dies nicht zu, so stellt sich die weitere Frage, ob eine Sanierung in Form von Bewässerung oder Entwässerung wirtschaftlich tragbar sei. Dabei ist es unmöglich, schematisch anzugeben, bei welcher jährlichen Regenmenge, bei welcher Tiefgründigkeit oder bei welcher Wasserkapazität des Bodens und bei welchem Grundwasserstand Obstbau noch möglich sei. Die erwähnten Faktoren und dazu noch eine Reihe anderer, wie die Verteilung der Niederschläge während des Jahres, die Luftfeuchtigkeit, die Häufigkeit von Nebel- und Wolkenbildung, greifen in komplizierter Weise ineinander, so daß eine Reduktion des Problems der Wasserversorgung auf einfache Linien nicht möglich ist. Es gibt flachgründige, aber reiche Böden, in denen Obstbäume sehr gut gedeihen, sei es, daß die Niederschläge verhältnismäßig häufig und auf die ganze Vegetationsperiode verteilt sind, sei es, daß die Verhältnisse für künstliche Bewässerung günstig liegen. Die jährliche Regenmenge, bei der Obstbau ohne künstliche Bewässerung getrieben werden kann, schwankt in weiten Grenzen. So sollen nach GARDNER, BRADFORD und HOOKER (1922) in Dalles im Staate Oregon Aprikosen, Pflaumen und Süßkirschen bei einer durchschnittlichen jährlichen Regenmenge von nur 16—17 Zoll (= etwa 400—430 mm) sehr gute Ernten liefern. In der Schweiz stehen vielfach gesunde Obstbäume noch in Gebieten mit über 1500 mm Niederschlag. Jedenfalls gehören unsere Kern- und Steinobstarten zu denjenigen Bäumen, die gegen Wasserknappheit widerstandsfähiger sind als gegen stagnierende Bodenfeuchtigkeit.

Der Wassergehalt des Bodens kann durch die verschiedenen Bewirtschaftungsarten weitgehend beeinflußt werden. So ist in trockenen Gebieten mehrfach die Tatsache nachgewiesen worden, daß die Bodenfeuchtigkeit in Obstanlagen mit offenem, jährlich mehrmals gelockertem Boden höher bleibt als in entsprechenden Obstgärten mit Gras als Unterkultur. Es ist hier sowohl die krümelige Struktur der obersten Bodenschichten, welche eine Wasserverdunstung hemmt, im Spiele als auch der Wasserverlust durch die Transpiration des Grases. Wo Wasserknappheit herrscht, wird daher ein offener Boden den Wasserhaushalt verbessern, sofern eine gute Bodenbearbeitung erfolgt und die wasserverbrauchenden Unkräuter entfernt werden. Im allgemeinen ist unter 700—800 mm jährlichem Niederschlag ein Obstbau mit offenem Boden, über dieser Menge ein solcher mit Gras als Unterkultur angezeigt. Da sich für den grasbewachsenen Boden aus praktischen Gründen Hochstämme und Halbstämme besser eignen als kleinere Formen, liegt bei dieser kritischen Grenze auch die Entscheidung über die obstbauliche Betriebsform. Bei Niederschlagsmengen über ungefähr 600 mm kann durch Mulchen, d.h. durch ganzjährigen oder zeitweisen Anbau von Gras oder anderen geeigneten Gründüngungspflanzen, verbunden mit dem Bedecken der Baumscheiben durch die abgemähten Gewächse, der Wasserhaushalt des Bodens reguliert und die Bodenpflege verbessert werden.

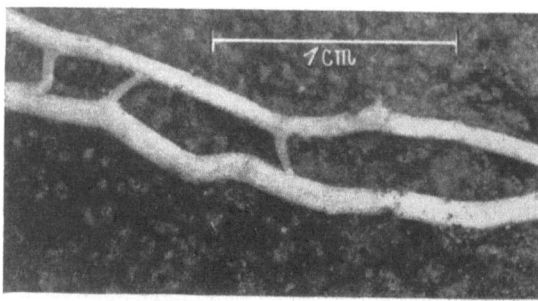
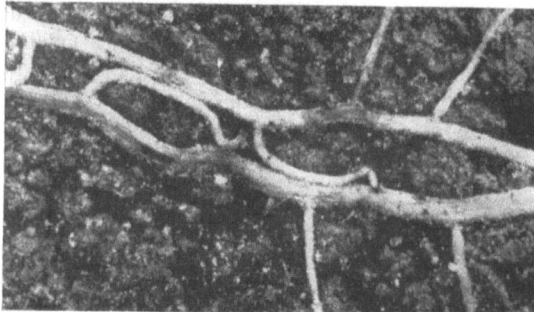
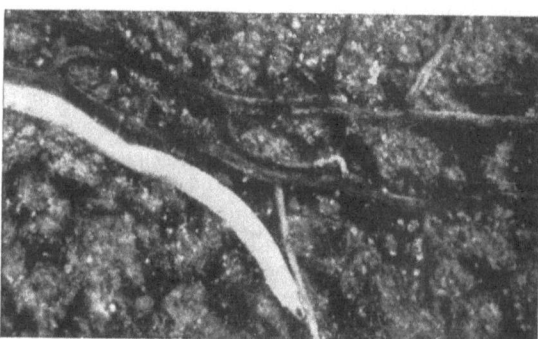

Abb. 1. Oben: Photographische Aufnahme von Apfelwurzeln am 18. Juli 1931. Die zwei dicken Wurzeln wuchsen zwischen dem 10. und 16. Juli. Man erkennt die ersten Anfänge von dünnen Seitenwurzeln. Mitte: Die gleichen Wurzeln 19 Tage später (5. August). Beginnende Verkorkung. Unten: Noch einmal 29 Tage später (3. September). Die alten Wurzeln völlig gebräunt. Eine junge Wurzel wächst entlang der schrumpfenden alten Wurzel. (Nach ROGERS.)

Ebenso gefährlich wie Wasserknappheit wirkt auch ein Wasserüberschuß. Zwar gibt nicht das Wasser als solches den Ausschlag, sondern die mit dem Eindringen von Wasser verbundene Sauerstoffverdrängung und die Anreicherung an Kohlensäure im Boden. HARRIS (1926) zeigte, daß man junge Obstbäume sogar in Wasserkulturen erziehen kann, wenn man nur die Vorsicht gebraucht, das Wasser alle drei Tage zu erneuern. Diese mit dem Wasserüberfluß verbundenen Schädigungen machen sich naturgemäß vor allem in schweren Böden und an Orten mit hohem und namentlich an solchen mit schwankendem Grundwasserstand geltend. Schwere Böden, welche die Niederschläge lange zurückhalten, können mit Sauerstoff nicht ordentlich durchlüftet werden und sammeln die durch die Atmung der Wurzeln und die Tätigkeit von Bodenbakterien entstehende Kohlensäure an.

Wo stagnierende Nässe vorhanden ist, können die Wurzeln unserer Obstbäume, im Gegensatz zu denjenigen von Weiden, Pappeln und anderen wildwachsenden Gehölzen, nicht mehr existieren. Häufig sind Schädigungen der Wurzeln durch die Verschiebung des Grundwasserspiegels nach oben beobachtet worden. So kann man gelegentlich die paradoxe Erscheinung feststellen, daß nach einer Erhöhung des Grundwasserspiegels die Blätter der Bäume Anzeichen von Wassermangel erkennen lassen.

Zum Verständnis des Wasserhaushaltes müssen wir uns vergegenwärtigen, auf welche Weise das Wasser im Boden zurückgehalten wird. Man nimmt an, daß die feinen Öffnungen des Bodens durch ihre Kapillarwirkung an der Aufspeicherung des Wassers mitwirken, daß es daneben aber auch in Form von feinen Häutchen an die kleinsten Bodenpartikeln adsorbiert vorkomme. Die verschiedenen Bodenarten sind in sehr ungleicher Weise befähigt, das Wasser zurückzuhalten. Das Wasserfassungsvermögen wird im allgemeinen um so größer, je feiner die Körnchen des Bodens sind. Es kann beispielsweise für Humus- und feine Tonböden über 50 Vol.-% betragen, sinkt dagegen bei groben Sand- und Kiesböden bis auf 10%.

Die *Kraft, mit der das Wasser im Boden zurückgehalten wird*, schwankt nicht nur nach der Bodenart, sondern auch mit dem Wassergehalt des Bodens selbst. Je trockener ein Boden wird, desto fester hält er das Wasser zurück. Für uns ist es wichtig zu wissen, wie tief der Wassergehalt eines bestimmten Bodens sinken darf, ohne daß die Bäume Schaden leiden. Da sich eine Schädigung zuerst durch Welken der Blätter anzeigt, haben BRIGGS und SHANTZ (1912) den Welkungskoeffizient als wichtiges Maß eingeführt. Sie bezeichnen mit diesem Ausdruck denjenigen in Prozent des Trockengewichtes ausgedrückten Wassergehalt des Bodens, bei dem die Pflanzen zu welken beginnen und ohne Wasserzufuhr welkend bleiben. Die Differenz zwischen dem vorhandenen Wassergehalt eines Bodens und dem Welkungskoeffizienten ergibt also die für die Pflanze zugängliche Wassermenge. Die Rechnung mit diesem Maß hat sich allerdings in der Praxis als schwierig erwiesen. Es sei für diese Frage auf die bestehende bodenkundliche Spezialliteratur verwiesen.

Wenn eine Pflanze mit ihren Wurzeln Wasser aus einem Boden aufnehmen soll, so muß der Widerstand, mit dem das Wasser im Boden festgehalten wird, durch die Wurzelhaare überwunden werden. Die Pflanze muß in einer gegebenen Zeit gerade so viel Wasser aufsaugen, als sie zu ihrem Leben in dieser Zeit notwendig hat. Die *Saugkraft der Epidermiszellen der Wurzelspitze* ist daher, wie URSPRUNG und seine Mitarbeiter (1925, 1926) ausführen, ein Maß für den Widerstand, mit dem das Wasser im Boden festgehalten wird. Wäre dieser Widerstand größer als die Saugkraft der Wurzelhaare, so müßte die Pflanze welken, und wäre sie kleiner, so müßte sich die Saugkraft der Wurzelhaare regulatorisch bis zum Ausgleich der Kräfte ändern. Die Saugkraft der wasseraufnehmenden Zellen einer Pflanze kann daher keine konstante Größe sein. Sie muß sich vielmehr nach den im Boden herrschenden Wasserverhältnissen richten. In welchen Grenzen die Saugkraft der Wurzelhaare unserer Obstbäume schwanken kann, ist nicht bekannt.

Von der *Menge der feinsten Wurzelverzweigungen eines Baumes* können wir uns kaum einen Begriff machen; sie ist jedenfalls riesig groß. Beim Ausgraben eines Baumes beobachten wir sie nur zum geringsten Teil; denn sie liegen oft sehr weit von der Stammbasis entfernt. Was wir sehen, sind zur Hauptsache verholzte Haupt-

und Nebenwurzeln, die selbst zur Wasseraufnahme nicht geeignet sind und nur noch dem Wassertransport und der Verankerung des Baumes im Boden dienen.

Das ganze Wurzelsystem beträgt nach Bestimmungen amerikanischer Forscher 25—30% des gesamten Baumgewichtes. Es wird oft behauptet, daß der aufnahmefähige Teil dieses Systems zum größten Teil ungefähr unter der Kronentraufe der Bäume zu finden sei. Diese Angabe, nach der wir Bewässerung und Düngung vorzunehmen hätten, ist mit einiger Vorsicht aufzunehmen. In reichen und feuchten Böden finden sich zahlreiche Wurzelspitzen auch unter der Krone zwischen Stamm und Traufe, und in trockenen und armen Böden durchziehen die Wurzeln Gebiete, die weit außerhalb der Kronentraufe liegen. So fand der Amerikaner BAILEY bei einem Birnbaum der Sorte Howell, dessen Kronendurchmesser nur 2 m betrug, noch Wurzeln in einem Abstand von mehr als 6 m vom Stamm. Ähnliches ist bekannt für das Vordringen der Wurzeln nach der Tiefe hin. Bei wenig tiefgründigen Böden, oder bei hohem Grundwasserstand, sind die Wurzelspitzen an die obersten Erdschichten gebunden. In mehr lockeren, tiefgründigen Böden können sie dagegen in sehr beträchtliche Tiefen vordringen. Eine Ausnützung solcher Böden bis zu 3 m Tiefe dürfte nach den Beobachtungen einiger Forscher nicht selten sein. Die äußersten Angaben über das Vordringen von Obstbaumwurzeln nach der Tiefe stammen aus trockenen Gebieten Kaliforniens. Dort sollen nach CHANDLER (1925) Kirschbaumwurzeln noch in 6 m Tiefe und Wurzeln von Pflaumenbäumen sogar in 7 m Tiefe gefunden worden sein. In den meisten Fällen finden wir die Hauptmasse der Wurzeln unserer Obstbäume in einer Tiefe von 10—50 cm unter der Oberfläche.

Das Vordringen der Wurzeln im Boden ist nicht nur abhängig von den Bodenverhältnissen selbst. Es richtet sich auch nach den für die Ernährung der Wurzeln zur Verfügung stehenden anorganischen Substanzen. Wenn der

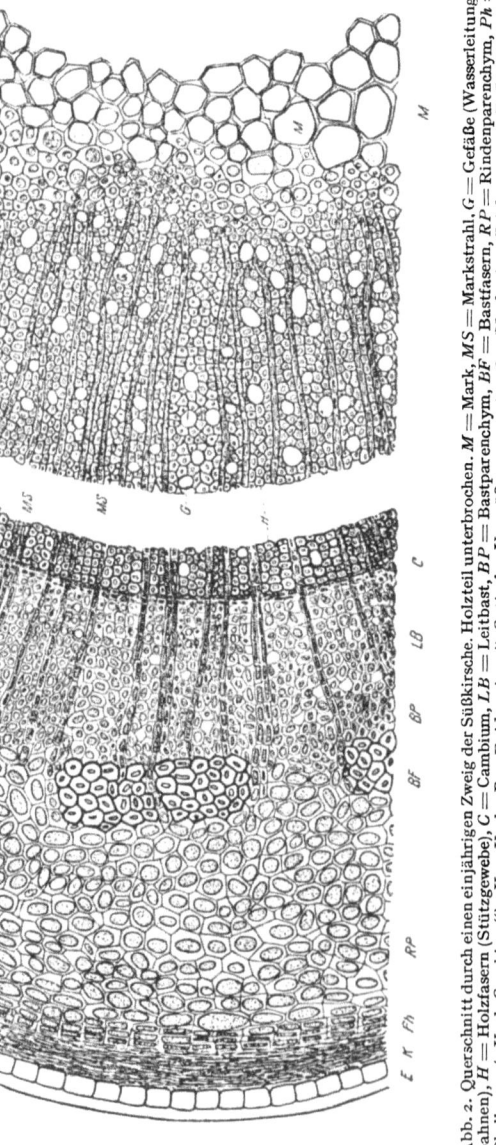

Abb. 2. Querschnitt durch einen einjährigen Zweig der Süßkirsche. Holzteil unterbrochen. M = Mark, MS = Markstrahl, G = Gefäße (Wasserleitungsbahnen), H = Holzfasern (Stützgewebe), C = Cambium, LB = Leitbast, BP = Bastparenchym, BF = Bastfasern, RP = Rindenparenchym, Ph = Phellogen („Kork-Cambium"), K = Kork, E = Epidermis mit Cuticula, Vergrößerung = etwa 60. (Nach einer Zeichnung von P. STEINEGGER.)

Aufbau von Kohlenhydraten durch Beschädigungen des Blattwerkes gehemmt ist oder wenn der entstehende Zucker von einem reichen Früchtebehang aufgezehrt wird, so muß das Wurzelsystem ebenfalls in Mitleidenschaft gezogen werden. Die Angabe von CHANDLER (1923), die von HATTON, GRUBB und AMOS (1923) bestätigt wurde, daß ein starker Rückschnitt der Krone das Wurzelwachstum beeinträchtige, ist deshalb nicht verwunderlich. Diese Tatsache ist vor allem auch beim Umpfropfen von Bäumen zu bedenken. Je mehr das alte Kronengerüst geschont wird, desto geringer ist die durch das Umpfropfen hervorgerufene Schädigung.

B. Der Transport des Wassers und die Transpiration.

Wasserleitungsbahnen und Wassertransport. — Die Verdunstung des Wassers (Transpiration) und ihre Abhängigkeit von der Wasserzufuhr und Luftfeuchtigkeit. — Verteilung des Wassers außerhalb der Gefäße. — Saugkraft der Blätter und anderer Gewebe.

Aus den Wurzelhaaren gelangt das Wasser vorerst in die Wasserleitungsbahnen der Wurzeln. Seit den Untersuchungen von URSPRUNG weiß man, daß dieser Transport quer durch die Wurzeln durch eine von außen nach innen zunehmende Saugkraft der Zellen ermöglicht wird. Der Aufwärtstransport des Wassers vollzieht sich in den Gefäßen des Holzes (Abb. 2 u. 3). Man kann daher am Stamm oder an den Ästen eines Baumes zwischen zwei benachbarten, bis auf das Holz führenden Einschnitten rings um den Ast die Rinde herauslösen, ohne daß dadurch die Wasserversorgung der oberhalb der Ringelung gelegenen Teile beeinträchtigt würde. Daß es nicht die parenchymatischen Zellen im Holzteil oder deren Wände sind, welche die Wasserleitung nach oben besorgen, ergibt sich einerseits aus der Schnelligkeit, mit welcher der Wassertransport vor sich geht, andererseits auch daraus, daß man nach Einstellen abgeschnittener Zweige in eine Farblösung die Wasserführung in den Gefäßen direkt beobachten kann. Diese Geschwindigkeit ist bei Laubgehölzen verblüffend groß, beträgt sie doch nach B. HUBER (1932) für die Eiche 40 cm je Minute. Die beste Leitfähigkeit

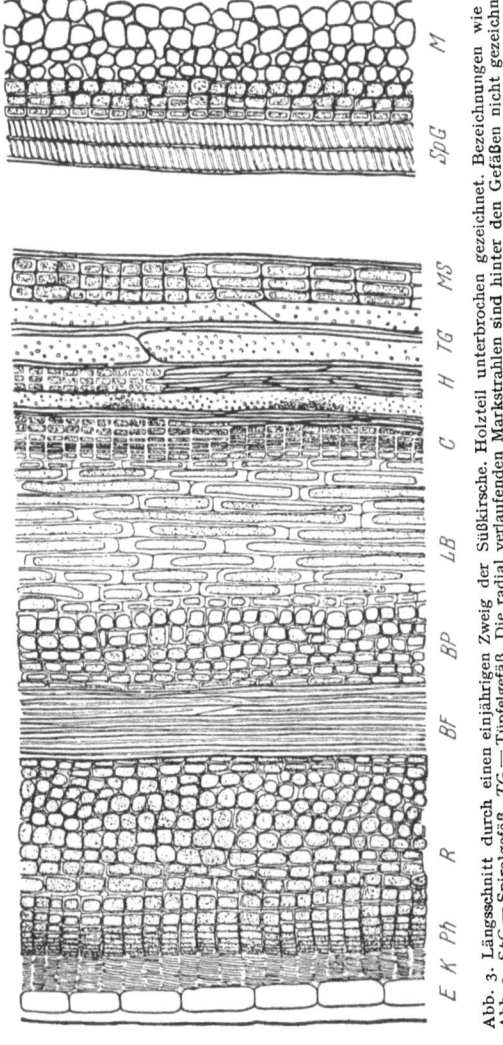

Abb. 3. Längsschnitt durch einen einjährigen Zweig der Süßkirsche. Holzteil unterbrochen gezeichnet. Bezeichnungen wie in Abb. 2. SpG = Spiralgefäß, TG = Tüpfelgefäß. Die radial verlaufenden Markstrahlen sind hinter den Gefäßen nicht gezeichnet. Vergrößerung etwa 60. (Nach einer Zeichnung von P. STEINEGGER.)

für Wasser liegt in den äußersten Jahrringen des Splints, während das Kernholz dieser Aufgabe nicht mehr zu genügen vermag.

Als wasserbewegende Kraft wirkt während des Austriebes der Wurzeldruck, der das Bluten der Rebe, des Nußbaumes und anderer Gehölze verursacht. In den Gefäßen des Holzes belaubter Bäume ist jedoch ein Unterdruck zu beobachten, so daß für die Aufwärtsbewegung des Wassers eine Zugkraft wirksam sein muß. Es handelt sich um die Kohäsionskraft des Wassers, die bewirkt, daß an Stelle der verdunsteten Wassermoleküle stets neue nachgezogen werden, ohne daß der feine Wasserfaden in den Gefäßen unterbrochen wird. Sobald das Wasser in den Blattnerven die Gefäße verläßt, bewegt es sich, wie STRUGGER (1939) zeigte, nicht im Zellsaft weiter, sondern in den feinen Poren der Zellwände. Es umspült mit der in ihm enthaltenen Nährlösung die Zellen des Blattes und anderer Organe.

Ein geringer Teil des aufgenommenen Wassers wird für den Aufbau neuer Gewebe verbraucht oder als Betriebswasser benötigt. Der größte Teil wird verdun-

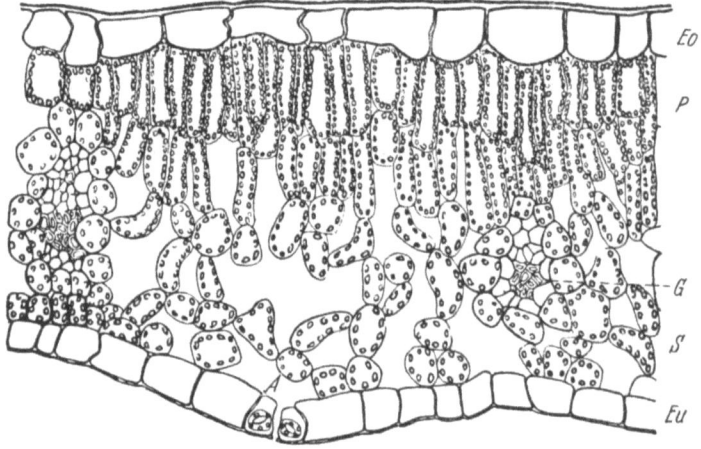

Abb. 4. Querschnitt durch ein Blatt des Kirschbaumes. Eo = obere Epidermis mit verdickter Außenwand (Cuticula), P = Palissadengewebe. G = kleines Gefäßbündel (Blattnerv) im Querschnitt, S = Schwammparenchym, Eu = untere Epidermis, Sp = Spaltöffnung mit den beiden Schließzellen, A = Atemhöhle. In den einzelnen Zellen sind die Blattgrünkörner eingezeichnet. Vergrößerung etwa 500. (Nach einer Zeichnung von P. STEINEGGER.)

stet. Da die Epidermis der Zellen mit einer sehr wenig wasserdurchlässigen Haut, der Cuticula, überdeckt ist, bleibt die cuticulare Transpiration klein (GAEUMANN, 1942). Von viel größerer Bedeutung ist die Wasserabgabe durch die Spaltöffnungen, die stomatäre Transpiration (GAEUMANN und JAAG, 1938). Diese feinen Spalten von 20—35 Tausendstelmillimeter Länge finden sich bei unseren Obstgewächsen auf der Unterseite der Blätter. Ihre Zahl beträgt nach DANIELS und COWART (1944) beim Apfelblatt 200—700, meist 350—400 je mm². Sie sind mit einem Öffnungs- und Schließungsmechanismus versehen, der normalerweise derart funktioniert, daß sich die Spalten in der Dunkelheit schließen und tagsüber sich öffnen. Doch wird dieser tägliche Rhythmus auch durch den Wasserhaushalt beeinflußt. Bei Wasserknappheit vermögen die Spaltöffnungen auch tagsüber den Austritt von Wasserdampf und den Eintritt von Kohlendioxyd zu verhindern.

Wertvolle Einzelheiten über die Transpiration der Obstbäume finden wir in einer Veröffentlichung von A. H. HENDRICKSON (1926). Er beobachtete, daß die Spaltöffnungen von Pfirsich-, Pflaumen- und Aprikosenbäumen vormittags zwischen 9 und 12 Uhr am weitesten geöffnet sind und sich nachher zu schließen beginnen. Die geringste Öffnung wurde zwischen 20 und 22 Uhr gefunden. Dabei zeigte sich, daß Bäume, denen eine reichliche Wasserzufuhr zur Verfügung steht, ihre Spaltöffnungen weit stärker öffnen als solche mit knapper Wasserversorgung. Beschattete Pfirsichbäume erreichten ihre maximale Spaltöffnung erst mehrere Stunden später als unbeschattete.

Der Wassergehalt der Blätter steht nach HENDRICKSON mit dem Öffnen und Schließen der Spaltöffnungen in direktem Zusammenhang. Kurz nach 6 Uhr morgens nahm er bereits ab. Und schon um 9 Uhr konnte in allen Teilen des Baumes ein verminderter Wassergehalt nachgewiesen werden. Zwischen 15 und 18 Uhr wurde ein Teil des Defizites bereits wieder gedeckt.

Ein weiterer Faktor, der die Transpiration wesentlich beeinflußt, ist die Luftfeuchtigkeit. Je kleiner die Luftfeuchtigkeit ist, desto größer wird die Wasserabgabe. Da aber warme Luft mehr Feuchtigkeit aufnehmen kann als kalte, ist die Transpiration auch von der Temperatur abhängig. Bei bewegter Luft geben die Blätter mehr Wasser ab als bei ruhender.

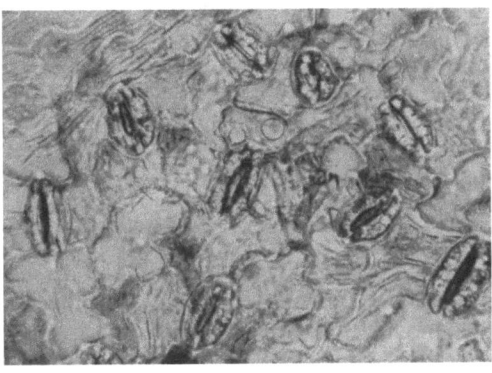

Abb. 5. Flächenansicht der unteren Epidermis eines Kirschenblattes mit den Spaltöffnungen. Vergrößerung etwa 500.

Versuche mit Topfobstbäumen zeigten, daß die Transpiration auch von den zur Verfügung stehenden Mineralstoffen beeinflußt wird. Während beispielsweise Bäume, die an Kalimangel litten, bei diffusem Licht wenig transpirierten, verloren sie ihr Wasser bei offenem Sonnenlicht weit rascher als die mit vollständiger Nährlösung gedüngten Kontrollbäume.

Der Wasserverbrauch der Obstbäume ist bedeutend. Man darf damit rechnen, daß ein größerer Baum jährlich wenigstens 500—1000 l benötigt.

Bei Wasserknappheit vermögen die Blätter unserer Obstbäume Wasser aus den Früchten zu entziehen. Schneidet man Zweige mit unreifen Früchten ab und läßt sie in einem Raum mit geeigneter Luftfeuchtigkeit, so schrumpfen die Früchte, bevor die Blätter zu welken beginnen. Daß dieses Verhalten nicht etwa auf eine größere Transpiration der Früchte zurückgeführt werden darf, ergibt sich aus der Tatsache, daß sie auch schrumpfen, wenn man sie mit Paraffin überzieht. Die Schrumpfung wird uns verständlich, wenn wir bedenken, daß durch die bedeutende stomatäre und die geringe cuticulare Transpiration infolge der Kohäsionskraft des Wassers durch das äußerst feine Porensystem in den Zellwänden ständig Wasser nachgesaugt wird. Auch zeigen Messungen der Gefrierpunktserniedrigung, die CHANDLER (1914) veröffentlichte, daß der osmotische Wert des Blattsaftes wesentlich größer ist als derjenige des Fruchtsaftes, wie nachstehende Zusammenstellung zeigt.

Die Gefrierpunktserniedrigung in Frucht- und Blattsaft von Apfel- und Kirschbaum nach CHANDLER.

Obstsorte	Datum der Bestimmung	Blattsaft	Fruchtsaft
Ganoapfel	2. Juli 1911	1,880	1,465
Ben-Davis-Apfel	27. Juli 1911	1,917	1,230
Englische Morelle, grün	5. Juni 1911	2,708	1,425
Englische Morelle, halbreif	5. Juni 1911	2,708	2,243
Englische Morelle, reif.........	5. Juni 1911	2,708	2,375

Auf Grund dieser Beobachtungen und Messungen wird uns die häufige Erscheinung leicht verständlich, daß in trockenen Jahren die Früchte unserer Obstbäume als Folge der Wasserknappheit abfallen, bevor die Blätter Welke- oder Austrocknungserscheinungen erkennen lassen. Dabei bildet sich an den Ansatzstellen der Fruchtstiele, wie bei baumreifen Früchten, eine normale Abtrennungsschicht.

Es ist aus diesem Zusammenhang ersichtlich, daß schwere Folgen der Wasserknappheit auftreten können, bevor wir die uns geläufigen Symptome des Wassermangels, Welke- und Austrocknungserscheinungen, an den Blättern zu beobachten vermögen. Dabei dürfen wir sagen, daß im allgemeinen das Welken bei akutem Mangel eintritt (z. B. durch Mäusefraß), während wir eingetrocknete und abgestorbene Teile von Blättern eher beobachten, wenn die Wasserknappheit eine chronische ist. Es sterben dabei meist vorerst die Blattspitzen und Teile des Blattrandes ab. Später erkennt man, daß die dürren Stellen vom Rand aus sich zwischen den Blattnerven ausdehnen. Schließlich zeichnen sich mehr oder weniger deutlich die Hauptrippen und die Seitenrippen erster Ordnung von den gebräunten übrigen Teilen des Blattes ab. Durch diese Besonderheiten kann man die durch Wasserknappheit hervorgerufenen Nekrosen von den durch Kali-, Phosphorsäure- oder Magnesiummangel verursachten meist deutlich unterscheiden. Es ist allerdings hervorzuheben, daß die Symptome dadurch verwischt werden können, daß der Mangel an den erwähnten Mineralstoffen häufig mit Wassermangel kombiniert auftritt, weil naturgemäß die Mineralstoffversorgung um so mehr gefährdet wird, je weniger Wasser zur Verfügung steht.

C. Die Aufnahme und der Verbrauch von Mineralstoffen.

Die lebensnotwendigen Elemente. — Aufnahme der Mineralstoffe. — Transport der Mineralstoffe innerhalb und außerhalb der Gefäße. — Ausscheidung von überflüssigen Mineralstoffen. — Bedeutung der einzelnen Elemente. — Die Menge der benötigten Mineralstoffe.

Man weiß seit JULIUS SACHS, daß die grünen Pflanzen zu ihrem Leben zehn chemische Grundstoffe in größeren Mengen benötigen. Neben den im Wasser enthaltenen Elementen Sauerstoff (O) und Wasserstoff (H) und dem von den Blättern in Form von Kohlendioxyd aus der Luft aufgenommenen Kohlenstoff (C) sind es die Nichtmetalle Stickstoff (N), Phosphor (P) und Schwefel (S) sowie die Metalle Kalium (K), Calcium (Ca), Magnesium (Mg) und Eisen (Fe). Auf Grund zahlreicher Untersuchungen ist erst in neuerer Zeit nachgewiesen worden, daß daneben noch mehrere weitere Elemente, namentlich Mangan, Zink, Kupfer, Bor, Molybdän und Aluminium lebensnotwendig sind. Da die Pflanzen ihrer nur in sehr kleinen Mengen bedürfen, bezeichnet man sie als *Spurenelemente*. Ob die stets in den Pflanzen gefundenen Grundstoffe Natrium und Chlor eine ähnliche Rolle spielen, ist noch nicht mit Sicherheit abgeklärt.

Mit Ausnahme des Kohlenstoffes werden alle Elemente aus dem Boden aufgenommen, wo sie sich in sehr geringer Menge im Wasser gelöst, namentlich aber an Ton- und Humusteilchen adsorbiert vorfinden. Durch diese Anreicherung an den feinsten Bodenpartikeln ist eine wesentliche Speicherung dieser lebenswichtigen Stoffe im Boden möglich. Wir haben zu prüfen, in welcher Weise sie die Wurzeln unserer Obstbäume aus dem Boden aufnehmen, zu welchen Aufgaben sie der Baum benötigt und in welcher Menge sie ihm zugänglich sein müssen.

Der Mechanismus der *Aufnahme* aus dem Boden ist nicht restlos abgeklärt, und es muß für Einzelheiten auf die Spezialliteratur verwiesen werden. Es ist bekannt, daß die Kationen (Metalle) durch Austausch mit Wasserstoffionen in die Wurzeln gelangen. Den Wasserstoff für den Austausch gewinnt die Wurzel durch die Atmung. Schwierigere Probleme ergeben sich für die Aufnahme der Nichtmetalle. Sicher ist, daß es hierzu ebenfalls eines Aufwandes an Energie bedarf, die wiederum nur durch die Atmung gewonnen werden kann. Wir begreifen aus diesen Zusammenhängen, daß die Wurzeln nur leistungsfähig sind, wenn ihnen Sauerstoff zur Verfügung steht, und erkennen die Bedeutung einer guten Durchlüftung des Bodens.

Die Wurzeln vermögen in einem gewissen Grade unter den im Boden vorhandenen Elementen eine Auswahl zu treffen. Wenn wir beispielsweise in eine Nährlösung gleiche Mengen Natrium- und Kaliumsalze bringen, so können wir beobachten, daß die Pflanzenwurzeln bedeutend größere Mengen des lebenswichtigen Kaliums aufnehmen als von Natrium. Diese *Elektion* ist immerhin bei weitem nicht unbegrenzt. Beim Vorherrschen eines bestimmten Grundstoffes kann die Aufnahme anderer Elemente erschwert werden. So hängt die Menge des aufgenommenen Kaliums weitgehend vom Reichtum an aufnehmbaren Calciumionen ab, die Aufnahme des Magnesiums vom Kaligehalt des Bodens usw. CAIN (1948) hat einjährige Apfelsämlinge in Sandkulturen untersucht, wobei er jedes der drei Elemente K, Ca und Mg in geringer, mittlerer und hoher Gabe und in allen möglichen Kombinationen verabfolgte und nachher den Gehalt in den Blättern und im Stämmchen bestimmte. Es zeigte sich deutlich, daß die Aufnahme jedes einzelnen der Elemente vom Gehalt des Kulturmediums an den beiden andern abhängig ist.

Diese ,,Ionenkonkurrenz" spielt, wie sich z.B. aus Versuchen mit Topfobstbäumen ergibt, die an der Versuchsanstalt Wädenswil durchgeführt werden, sehr wahrscheinlich eine wesentlich größere Rolle, als man bisher vermutete. Für das Gedeihen der Bäume ist nicht allein die absolute Menge der an den Ton- und Humusteilchen adsorbierten oder im Bodenwasser gelösten Vorräte an einem bestimmten Element entscheidend, sondern vor allem auch das gegenseitige Mengenverhältnis der einzelnen Stoffe. Es ist deshalb nötig, bei der Baumdüngung dieser Frage besondere Aufmerksamkeit zu schenken.

BATJER, BAYNES und REGEIMBAL (1939) haben ferner an Hand von Sandkulturen mit jungen Apfelbäumen festgestellt, daß bei geringen Stickstoffgaben sich in den Blättern eine Zunahme von Kalium feststellen läßt. Je geringer der Stickstoffvorrat der Bodenlösung war, desto mehr Phosphor wurde aufgenommen. Es gibt somit auch Antagonismen zwischen Anionen und Kationen und zwischen den verschiedenen Anionen.

Ferner hängt die Aufnahme und Auswahl der einzelnen Grundstoffe weitgehend davon ab, ob der Boden alkalisch, neutral oder sauer reagiert. In diesem Zusammenhang ist darauf hinzuweisen, daß unsere Kern- und Steinobstarten am besten in leicht sauren bis neutralen Böden gedeihen (p_H zwischen 6 und 7).

Auch spielen die Feuchtigkeitsverhältnisse und die damit zusammenhängende Durchlüftung des Bodens eine sehr wesentliche Rolle, was leicht begreiflich erscheint, wenn wir an die Bedeutung denken, welche der Atmung als Energiequelle für die Stoffaufnahme zukommt. So ist beispielsweise in niederschlagsreichen Gebieten oft beobachtet worden, daß die auf der Hemmung der Eisenaufnahme beruhende Form der Gelbsucht von Apfel-, Birn- oder Pfirsichbäumen verschwindet, wenn man Gras als Unterkultur wachsen ließ. Offenbar bewirkte hier das Gras durch seine reichliche Transpiration eine Verminderung der Bodenfeuchtigkeit und damit bessere Wachstumsbedingungen für die Wurzeln.

Die von den Wurzelhaaren aufgenommenen mineralischen Nährstoffe gelangen auf osmotischem Wege in die Wasserleitungsbahnen der Wurzeln. Von hier aus werden sie, als Salze in Wasser gelöst, zu den verschiedenen Organen transportiert. Die weitere Verteilung in den Zellen der Organe erfolgt dagegen wieder durch

Osmose. Eine Ausscheidung von überschüssigen Mineralstoffen kann mit den abfallenden Blättern und in der abgestoßenen Borke erfolgen. Zudem gelangen bedeutende Mengen durch den Austausch der Wurzelhaare und durch die absterbenden feinen Wurzeln in den Boden zurück.

AUCHTER (1923) konnte zeigen, daß die auf der einen Baumseite aufgenommenen Mineralstoffe fast ausschließlich den mit den Wurzeln dieser Seite in direktem Zusammenhang stehenden Ästen zukommen, und daß ein nennenswerter ,,Kreuztransport" nach den zu andern Wurzeln gehörenden Ästen nicht stattfindet. Die Methode der ,,Halbbaumdüngung", die KNOWLTON (1921) schon vorher zur Feststellung des Düngerbedarfes eines Baumes anwandte, bekommt dadurch eine gewisse Berechtigung. Dieser Forscher hatte je die eine Hälfte der Wurzelscheibe von 25 Apfelbäumen mit Chilesalpeter gedüngt. Nach 5 und 8 Tagen konnte er auf chemischem Wege noch keine Unterschiede im Stickstoffgehalt der Knospen und Blätter auf den beiden Baumseiten konstatieren. Am 12. und 21. Tage waren dagegen beträchtliche Unterschiede vorhanden, die sich bereits in einem vermehrten Triebspitzenwachstum auf der gedüngten Baumseite zu äußern begannen. Genauere Versuche dürften jedoch mit dieser Methode infolge der Ionenwanderung im Boden, dem Drehwuchs des Stammes und der Äste, der namentlich bei Birnbäumen oft sehr ausgesprochen ist, und infolge der doch mit der Zeit eintretenden inneren Regulierungen nicht durchzuführen sein.

Es wäre wertvoll, über eine Methode zu verfügen, welche in jedem vorkommenden Fall mit genügender Sicherheit den Bedarf der Obstbäume an den einzelnen Mineralstoffen feststellen ließe. Die chemische Bodenuntersuchung gibt uns bei extremem Mangel wertvolle Aufschlüsse. Da aber die Aufnahme der einzelnen Elemente von den andern im Boden vorhandenen aufnehmbaren Mineralstoffen abhängig ist, kann diese Methode nicht mehr als Anhaltspunkte liefern. Man hat daher vielfach versucht, aus dem Aschengehalt der Blätter Rückschlüsse zu ziehen. Dabei hat sich gezeigt, daß er wohl für alle Elemente in weiten Grenzen schwanken kann. Der Gehalt der Blätter an jedem einzelnen Mineralstoff ist aber, wie beispielsweise BOYNTON und COMPTON (1945) darlegen, nicht nur in weitgehendem Maße vom Gehalt des Bodens an diesem Element selbst, sondern auch von demjenigen an andern Stoffen abhängig. Zudem schwankt der Gehalt, auch wenn man stets Blätter vergleichbarer Zweige wählt — meist werden solche von Langtrieben verwendet —, je nach Jahreszeit. So nimmt beispielsweise der N- und K-Gehalt mit fortschreitender Jahreszeit ganz wesentlich ab. Wenn man diese Zusammenhänge berücksichtigt, so kann, nach der Auffassung der beiden amerikanischen Forscher, die Blattanalyse immerhin wertvolle Anhaltspunkte liefern.

Die lebensnotwendigen Nichtmetalle und Metalle werden von den Wurzeln in anorganischer Form aufgenommen. Sie werden teilweise in den lebenden Zellen assimiliert, d. h. in organische Verbindungen eingebaut. Für die Einzelheiten dieser Prozesse sei auf die physiologische Spezialliteratur verwiesen (z. B. FREY-WYSSLING 1945).

Der *Stickstoff* beansprucht in der obstbaulichen Literatur unter allen Elementen den größten Raum. Er ist, wie wir in andern Abschnitten sehen werden, an der Regulierung von Wachstum und Fruchtbarkeit in erster Linie beteiligt. Kein anderes Element führt bei spärlicher Zufuhr ebenso rasch zu Wachstumsstockungen, keines zeigt nach der Düngung so frühzeitige und auffällige Wirkungen, und keines wirkt sich bei Überschuß so unangenehm aus.

Der Stickstoff kann von den Wurzeln als Nitration oder als Ammonion aufgenommen werden. Seine Assimilation erfolgt teils durch die Wurzelzellen, teils durch Zellen oberirdischer Organe. Die ersten Stickstoffverbindungen sind Aminosäuren, die als Baustoffe für die Eiweißverbindungen dienen. Fehlt der Stickstoff oder ist er in ungenügender Menge vorhanden, so ist der Aufbau von Eiweißstoffen des Plasmas und des Zellkerns, und damit jegliches Wachstum, unmöglich. Tritt er im Überschuß auf, so werden die Baustoffe, namentlich die Kohlenhydrate, zum Aufbau von Zellen benützt, sofern wenigstens die übrigen Voraussetzungen für vegetatives Wachstum gegeben sind. Bei zu reichlichen oder zu späten Stickstoffgaben schließen die Bäume den Trieb im Herbst zu spät ab. Die Blätter bleiben lange am Baum haften. Die Aufspeicherung von Reservestoffen erfolgt nur mangelhaft. Die Gewebe reifen schlecht aus und sind frostempfindlich. Die Reife der Früchte wird verzögert, und sie bleiben zudem oft schlecht gefärbt und sind wenig haltbar.

Die Symptome des Stickstoffmangels sind ebenfalls auffällig. Die Blätter zeigen eine charakteristische citronengelbgrüne Farbe. Sie fallen, wie bereits WALLACE (1923) auf Grund von Sandkulturen feststellte, vorzeitig ab. Dies ist eine Folge

Abb. 6. Apfelblätter mit Symptomen von Phosphormangel. Man beachte die halbmondförmigen Nekrosen am Blattrand. (Nach KOBEL, FRITZSCHE und Mitarbeitern.) (Phot. R. ISLER.)

der Überfüllung mit Kohlenhydraten, die wegen des Fehlens von Stickstoff nicht für den Aufbau neuer Gewebe Verwendung finden können. Im Gegensatz zum vegetativen Wachstum wird die Blütenbildung gefördert, sofern der Stickstoffmangel nicht extrem ist. Die Früchte färben sich früh aus und erreichen nicht die normale Größe. BOYNTON und COMPTON (1945) haben festgestellt, daß der Stickstoffgehalt im Sommer in Blättern von Langtrieben der Apfelsorte McIntosh zwischen 1,85% und 2% des Trockengewichtes betrug, wenn die Bäume normales Wachstum und normal ausgebildete Früchte entwickelten. War er höher, so blieben die Früchte mangelhaft gefärbt, und war er niedriger, so ging der Ertrag zurück, während allerdings die Qualität der Früchte oft ausgezeichnet war.

Der *Phosphor* ist ebenfalls Baustein von Eiweißstoffen, namentlich der Nucleinsäuren des Zellkerns. Wie Versuche von KOBEL, FRITZSCHE und Mitarbeitern (1952) ergeben und teilweise schon durch andere Forscher festgestellt war, äußert sich Phosphormangel in einer Anthocyanbildung in den jungen Blättern und später in charakteristischen, halbmondförmigen Nekrosen am Blattrand. Die Blattfarbe ist stumpf-dunkelgrün. Das Wachstum wird vorerst weniger beeinträchtigt als bei Stickstoffmangel. Die Triebe sind jedoch spärlicher und auffallend schlank. Sie entblättern sich im Herbst noch früher als bei Stickstoffmangel, und zwar in auffälliger Weise von der Basis aus, während am Zweigende ein Blattbüschel lange haftenbleibt. Kennzeichnend für Phosphormangel ist die mangelhafte Ausbildung der unteren Knospen der Triebe. Sie treiben im Frühjahr vielfach nicht aus, was zu Kahltriebigkeit führt. Übermäßige Vorräte an Phosphor hielt man bisher für unschädlich.. Nach MULDERS können sie zu Symptomen des Zinkmangels führen, da sie die Aufnahme dieses Elementes hemmen. Auch im Vegetationsversuch von Wädenswil traten bei den Topfobstbäumen, denen eine vierfache Phosphormenge verabfolgt wurde, Zinkmangelsymptome auf.

Abb. 7. Apfelzweig mit Symptomen von Phosphorsäuremangel. Vorzeitige Entblätterung von der Basis aus. Photographiert 16. 8. 1950. Original. (Phot. R. ISLER.)

Der *Schwefel* ist ebenfalls Baustein mancher Eiweißstoffe. Es scheint, daß er, im Gegensatz zu Stickstoff und Phosphor, in unseren obstbaulich benützten Böden immer in genügender Menge vorhanden ist und von den Wurzeln auch ohne Schwierigkeit aufgenommen wird. Schädigungen, die auf Mangel oder Überfluß an Schwefel zurückzuführen sind, konnten bei unseren Obstgewächsen bisher nicht beobachtet werden.

Unter den Metallen ist das *Kalium* von besonderer Wichtigkeit. Seine Bedeutung für die Lebensprozesse ist zwar nur ungenügend bekannt. Auffallend ist, daß es — wie übrigens auch die anderen lebenswichtigen Metalle — selten als eigentlicher Baustoff in organischen Verbindungen auftritt. Es ist aber bei wichtigen Stoffumsetzungen, und wahrscheinlich auch bei Quellungs- und Entquellungserscheinungen des Plasmas, in entscheidender Weise beteiligt. Kalimangel verursacht, wie WALLACE (1930) feststellte, Wachstumsstockungen. Er führt zu sehr charakteristischen Nekrosen des Blattrandes (Abb. 8). Meistens finden wir den Anfang der Austrocknungserscheinungen an den Blattspitzen oder in ihrer Nähe. Später bildet sich ein zusammenhängender dürrer Rand von einigen Millimetern Breite, scharf abgegrenzt vom grünen Gewebe. Der dürre Rand krümmt sich vielfach nach oben ein. WALLACE (1930) hat beobachtet, daß die Triebspitzen oft absterben und sich die Entblätterung im Herbst von oben nach unten vollzieht. Wie in den Vegetationsversuchen von Wädenswil festgestellt werden konnte, verzögert sich im Herbst der Blattfall, was als Folge einer ungenügenden Einlagerung von Reservestoffen zu deuten ist. Extremer Kaliüberschuß kann infolge der Ionenkonkurrenz ebenfalls zu physiologischen Störungen führen. Es ist auch möglich, daß dadurch die Wasserstoffionenkonzentration in ungünstiger Weise verschoben wird. In den Versuchen von Wädenswil erwiesen sich die Blätter der mit Kalium überdüngten Bäume als besonders empfindlich gegen starke Besonnung.

Nach BOYNTON und COMPTON soll der K-Gehalt von Langtriebblättern von McIntosh-Apfelbäumen im Sommer über 1% des Trockengewichtes betragen. Liegt er zwischen 0,75% und 1%, so zeigen die Blätter oft einzelne Kalimangelsymptome. Unter einem Gehalt von 0,75% treten meist die obenerwähnten Nekrosen auf.

Über die Bedeutung des *Calciums* wird viel geschrieben. Die Annahme, daß kalkreiche Böden für den Obstbau günstiger seien als kalkarme, ist weit verbreitet. Die Ergebnisse der durchgeführten Vegetationsversuche stehen dazu im Gegensatz. MANN (1924) berichtet, daß die Blätter der Obstbäumchen, die mit calciumfreiem Wasser gedüngt wurden, beträchtlich größer waren als diejenigen der Kontrollkulturen, die eine volle Nährlösung erhielten. WALLACE (1930) gibt an, daß das Wachstum der Obstbäumchen in der Versuchsreihe ohne Kalk stärker war als dasjenige der vollgedüngten Kontrollen. Im zweiten und dritten Jahr traten allerdings gegen den Herbst hin an den Blättern der Reihen ohne Kalk Flecken

Abb. 8. Apfelblätter mit Symptomen von Kalimangel. Man beachte die meist von der Spitze aus beginnenden, aufwärts gekrümmten Nekrosen des Blattrandes. Original. (Phot. R. ISLER.)

von abgestorbenem Gewebe auf. In den Vegetationsversuchen der Versuchsanstalt Wädenswil zeigen die Apfelbäume mit erhöhten Calciumgaben bereits im dritten Sommer ein wesentlich geringeres Wachstum als diejenigen mit geringen Calciumgaben. Dabei war das p_H des Bodens 6,8 gegenüber 6,0, so daß kaum von einer Schädigung infolge einer allzu starken Verschiebung der Bodenreaktion gesprochen werden kann. Dagegen zeigen die chemischen Untersuchungen, daß durch die Ionenkonkurrenz die Aufnahme anderer Elemente, vor allem Kalium und Magnesium, gehemmt wurde.

Als Folge des hohen Calciumgehaltes im Boden und der damit verbundenen Erhöhung des p_H treten oft Eisenchlorosen auf (s. S. 19). JLJIN (1947), der die Blätter von gelbsüchtigen Apfel- und Birnbäumen aus der Umgebung von Baden bei Wien untersuchte, fand allerdings in den Blättern chlorotischer Bäume einen höheren Eisengehalt als in denjenigen nicht chlorotischer. Doch muß daran erinnert werden, daß oft Gelbsucht geheilt werden kann, wenn man an Ästen in Bohrlöcher Eisensulfat einführt und die Löcher wieder verschließt. JLJIN findet in den chlorotischen Blättern eine überwiegende Menge des einwertigen Kaliums gegenüber den zweiwertigen Elementen Calcium und Magnesium. Auch andere tiefgreifende Veränderungen, wie eine bedeutende Erhöhung des Citronensäuregehaltes und der Aminosäuren, werden festgestellt. Es scheint, daß in diesem Falle die Chlorose nicht durch Kalküberschuß verursacht wurde, daß vielmehr eine andere physiologische Störung vorlag.

Es ist anzunehmen, daß unsere obstbaulich benützten Böden in weitaus den meisten Fällen für die Ernährung der Obstbäume genügende Calciumvorräte aufweisen. Dagegen mag gelegentlich ein erhöhter Calciumgehalt dadurch vorteilhaft sein, daß er den Boden krümelig und deshalb gut durchlüftbar macht. Es muß darauf hingewiesen werden, daß man in Obstanlagen im allgemeinen mit Calciumdüngung mehr verderben als verbessern kann. Es ist auch darauf Rücksicht zu nehmen, daß viele Handelsdünger beträchtliche Mengen von Calcium enthalten.

Eine der wichtigsten Aufgaben des Calciums in der Pflanze dürfte darin bestehen, daß es die sich bei Wachstumsprozessen bildende *Oxalsäure* dadurch unschädlich macht, daß es sich mit ihr zu unlöslichem *Calciumoxalat* verbindet. Wir finden beispielsweise die auffälligen Kristalle dieses Stoffes bei Obstbäumen immer in der Nähe wachsender Teile, besonders reichlich im „Oxalatnest" am äußersten Ende des Markzylinders hinter den Triebspitzen. Daneben spielt es ohne Zweifel auch eine Rolle bei Quellungs- und Entquellungsvorgängen des Plasmas.

Die Rolle des *Magnesiums* in der Pflanze ist offenbar nicht eindeutig. Seit den Untersuchungen von WILLSTÄTTER und seiner Schule wissen wir, daß es im Blattgrün als wesentlicher Bestandteil enthalten ist. Daneben finden wir es aber, wie

Abb. 9. Apfelblätter mit Symptomen von Magnesiummangel. Oben: Chlorotische, vorzeitig abfallende Blätter (äußerste Blätter der Blattbüschel und unterste der Zweige). Unten: Die im Verlauf des Sommers auftretenden Interkostalchlorosen und -nekrosen. Original.
(Phot. R. ISLER.)

MÜLLER-THURGAU und KOBEL (1928) in ihren mikrochemischen Untersuchungen nachweisen konnten, in auffallend großen Mengen in wachsenden Organen, besonders in austreibenden Blütenknospen. Dies dürfte, zusammen mit den Ergebnissen der Düngungsversuche von Long Ashton, darauf hinweisen, daß es auch für das Wachstum von großer Bedeutung ist. In einem Versuch mit Topfobstbäumen war das Wachstum ohne Magnesiumgabe zwar im ersten Jahr eher stärker als dasjenige der Kontrollbäume. Es waren offenbar im Baum noch genügend Magnesiumreserven von der Vorkultur her enthalten. Aber schon im zweiten Jahr waren die Bäumchen ohne Magnesiumzuschuß nicht mehr wachstumsfähig. Wie beim Fehlen von Stickstoff und Phosphorsäure ließen sie auch bei *Magnesiummangel* die Blätter vorzeitig fallen, was offenbar wieder darauf hinweist, daß sie ohne Magnesium nicht imstande waren, die Kohlenhydrate zum Aufbau von neuen Zellen zu verwerten.

Im Vegetationsversuch von Wädenswil erweist sich bei Apfelbäumen als sehr kennzeichnendes Magnesiummangelsymptom eine frühzeitige Chlorose der äußersten kleinen Blätter der Blattbüschel und der untersten Blätter der Triebe. Dabei verfärbt sich vor allem der Blatteil um die Mittelrippe, besonders an deren Basis. Diese vergilbenden Blätter fallen vorzeitig ab.

Zudem zeigten sich als Symptome des *Magnesiummangels* in den Vegetationsversuchen von Long Ashton wie in denjenigen von Wädenswil und anderswo an Apfelblättern sehr charakteristische Chlorosen, die bald in Nekrosen übergingen. Es bilden sich zwischen den Seitenrippen erster Ordnung gegen die Mittelrippe hin vorerst ovale oder eiförmige weißlichgelbe Flecken, die sich bald scharf abgrenzen und unter Absterben des Gewebes hellbräunlich verfärben (s. Abb. 9).

Da CAIN (1948) in seinen Sandkulturen mit jungen Apfelbäumchen die Interkostalnekrosen nur sah, wenn bei niedriger Mg-Gabe zugleich die K-Gabe hoch war, nicht aber bei geringer K-Versorgung, möchte er sie lieber als eine Folge der Vergiftung durch den K-Überschuß als diejenige eines eigentlichen Mg-Mangels interpretieren. Wie weitgehend sich die beiden Elemente gegenseitig konkurrenzieren, ergibt auch eine Untersuchung über K- und Mg-Mangelerscheinungen in Holland durch BUTIJN (1950). Mg-Mangelerscheinungen traten nur auf, wenn der Boden mehr als 40 ppm K enthielt, K-Mangel hauptsächlich bei hohem Mg-Gehalt. Nur in einem engen Bereich des Verhältnisses zwischen den beiden Elementen waren die Bäume gesund (Abb. 10). SOUTHWICK (1943) fand in Massachusetts ebenfalls vermehrte Mg-Mangelsymptome nach K-Düngung.

Nach BOYNTON und COMPTON (1944) und BOYNTON (1947) treten die erwähnten Mangelsymptome bei McIntosh selten auf, wenn der Mg-Gehalt von Langtriebblättern im Sommer mehr als 0,25% des Trockengewichtes ausmacht, dagegen häufig, wenn er unter 0,15% sinkt.

Die Tatsache, daß bei *Eisenmangel* das Blattgrün nicht ausgebildet werden kann, hat früher zu der Annahme verleitet, daß Eisen ein Bestandteil des Chlorophylls sei, bis WILLSTÄTTER den Nachweis erbrachte, daß Magnesium das im Blattgrün enthaltene Metall ist. Doch muß Eisen dennoch am Aufbau des Blattgrüns in irgendeiner Weise beteiligt sein, wahrscheinlich dadurch, daß es als Katalysator bei einem chemischen Vorgange mitwirkt. Trotzdem Eisen wohl

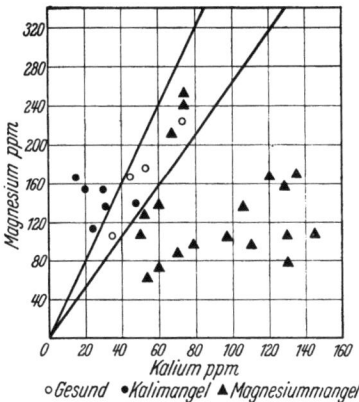

Abb. 10. Zusammenhänge zwischen Magnesium- und Kaliummangel in Obstgärten. Summe der Mg- und Kaliumvorräte im Untergrund bei 0—20, 20—40, 40—60 und 60—80 cm Tiefe. (Nach BUTIJN.)

in allen Böden in genügender Menge enthalten wäre, ist auf Eisenmangel beruhende Gelbsucht namentlich in alkalischen und schweren Böden eine der häufigsten Krankheitserscheinungen. Unter diesen Bedingungen kann das Eisen, das gewöhnlich zu den Hauptnährstoffen gerechnet wird, aber eigentlich die Rolle eines Spurenelementes spielt, von den Wurzeln nicht in genügender Menge aufgenommen werden. Eine Heilung ist in den meisten Fällen nicht leicht. Eine Zugabe von Eisenvitriol zum Boden ist selten genügend. Auch wenn man den Boden öffnet und die zerkleinerten Eisenvitriolkristalle mit Wasser einschwemmt, ist der Erfolg in manchen Böden nur von kurzer Dauer. Eine Bespritzung des Laubes mit stark verdünnten eisenvitriolhaltigen Lösungen ist ebenfalls nicht ausreichend. Wohl nehmen die Blätter an den bespritzten Stellen etwas Eisen auf und vermögen dadurch zu ergrünen, aber die Wirkung dauert nicht an. Manche helfen sich dadurch, daß sie in den Stamm oder in die Hauptäste Löcher bohren, und in diese kleine Eisenvitriolkristalle mit einem Pfropfen einschließen. Nach 2—3 Wochen ergrünen die Blätter, und die Maßnahme kann für 2—3 Vegetationsperioden genügen. Es muß aber nach den Untersuchungen von HENDRICKSON (1924), der sich eingehend mit dieser Frage beschäftigt hat, darauf geachtet werden, daß das

a *b*

Abb. 11. Bormangelsymptome bei Äpfeln. *a:* Bildung von violettbraunen Flecken an Jungfrüchten. *b:* Querschnitt durch eine reife Frucht mit Nekrosen im Innern des Fruchtfleisches. Original. (Phot. R. ISLER.)

Kambium nicht mit den Kristallen in direkte Berührung kommt, da sonst starke Schädigungen auftreten. Auch muß berücksichtigt werden, daß hauptsächlich die äußersten Jahrringe des Holzes das Wasser und die Mineralstoffe leiten. Die Kristalle dürfen also nicht zu tief in den Stamm hineingebracht werden. Mehrfach ergrünte in den Versuchen von HENDRICKSON nur ein Teil der Krone, was nach den oben angeführten Untersuchungen von KNOWLTON und AUCHTER über den „Kreuztransport" nicht verwundert. Bei Überschreitung einer gewissen Dosis traten Schädigungen auf. Diese Methode der Gelbsuchtheilung hat also auch ihre Tücken. Das Einlaufenlassen von eisenhaltigen Lösungen an Stämmen und Ästen ist zu umständlich, um in der großen Praxis angewandt zu werden. Die gründlichste Heilung der durch Eisenmangel hervorgerufenen Gelbsucht verspricht eine Bodenverbesserung in Form von Entwässerung und gehöriger Bodendurchlüftung, wobei man gleichzeitig die alkalischen Düngemittel, namentlich kalkhaltige, ausschließt.

Seit den Untersuchungen von BRANDENBURG (1931) weiß man, daß *Bor* für das Gedeihen der Gewächse eine bedeutende Rolle spielt. ASKEW und Mitarbeiter

(1935) haben als erste in Neuseeland Bormangelerscheinungen bei Obstbäumen nachgewiesen. Dieses Element fehlt in den obstbaulich benutzten Böden recht oft oder kann infolge eines erhöhten Calciumgehaltes nicht in genügender Menge aufgenommen werden. Auf Grund der Spezialuntersuchungen, insbesondere auch des Vegetationsversuches von Wädenswil, kennen wir mehrere Symptome für Bormangel. Die Knospen an den Triebspitzen bleiben beim frühjährlichen Austrieb sitzen oder treiben nur kümmerlich aus. Es kann sich daraus eine Art Spitzendürre ergeben. Kurz vor dem Abschluß des ersten Triebes, unter den Bedingungen von Wädenswil im Verlaufe des Monats Juni, stirbt der vorderste Teil der Triebe ab. Die jungen Blättlein dorren ein und verfärben sich beim Apfelbaum intensiv hellbraun. Eine Seitenknospe des Triebes entwickelt sich zur neuen Triebspitze. Dieser Vorgang kann sich während der Vegetationsperiode wiederholen. Dies führt zu einer Mißbildung der Spitzen der Triebe, deren Knospen zudem lange offen bleiben. Die Blattfarbe von Bormangelbäumen ist ein auffallend frisches Dunkelgrün, das im Ton vom Dunkelgrün bei Phosphorsäuremangel deutlich verschieden ist. Bei ausgesprochenem Mangel kann sich eine Art Chlorose ergeben, wobei die Blätter frisch gelblichgrün erscheinen. An den Jungfrüchten zeigen sich die ersten Symptome in Form von violettbraunen, meist scharf abgegrenzten nekrotischen Flecken. Die Haut

Abb. 12. Infolge Bormangels absterbende Triebspitze eines Apfelbaumes. Photographiert Mitte Juni (R. ISLER). (Nach KOBEL, FRITZSCHE und Mitarbeitern.)

ist an diesen Stellen auffallend verdickt. Später stellen sich die beim Apfel seit langem bekannten Nekrosen im Fruchtfleisch ein. Sie sind nach dem Überblick, den KESSLER (1950) gab, oft mehr im Innern des Fruchtfleisches zu finden und können in diesem Falle bereits entstehen, wenn der Apfel Baumnußgröße erreicht hat. Dies führt zu Verkrüppelungserscheinungen der Früchte. Diese werden auffallend höckerig. Im Gegensatz zu den Krüppeläpfeln, die bei Blattlausbefall gebildet werden, finden sich weniger, aber größere Buckel. Solche Früchte neigen, wie der Vegetationsversuch von Wädenswil deutlich zeigt, zu vorzeitigem Abfallen. Manchmal treten die Nekrosen im Fruchtfleisch später auf. Sie sind in diesem Falle kleiner und mehr auf das ganze Fruchtfleisch verteilt. Gelegentlich, dies besonders beim Glockenapfel, finden sich mehr im inneren Teil des Fruchtfleisches zahlreiche kleine Nekrosen. Die Frucht ist in solchen Fällen nicht eigentlich verkrüppelt, zeigt aber eine rauhe Oberfläche. Es kommt auf diese Weise eine gewisse Ähnlichkeit der Symptome mit denjenigen der Stippigkeit zustande. Nach FRITZSCHE und STOLL (1951) können aber die beiden Erscheinungen dadurch auseinandergehalten werden, daß bei Stippigkeit sich die Nekrosen mit Phloroglucin-Salzsäure rot färben, weil die abgestorbenen Zellwände verholzt sind, während dies bei den durch Bormangel verursachten abgestorbenen Geweben nicht der Fall ist. Bei Birnen können infolge von Bormangel im Fruchtfleisch Hohlräume entstehen. Bei Aprikosen ergeben sich der lockeren Gewebe wegen kollabierte Partien im Innern der Frucht. Oft springen die Früchte auf. (Askew und Williams, 1939; Fitzpatrick und Woodbridge; 1941, Bullock und Benson, 1948.) Hansen und Proebsting (1949) geben ähnliche Symptome auch für die Zwetschgen an. Sie stellten sich ein, wenn die Blätter weniger als 20—30 ppm Bor enthielten. McLarty und Woodbridge (1950) berichten, daß beim Pfirsich Bormangelerscheinungen auftreten, wenn in den Blättern weniger als 20 ppm Bor enthalten sind. Dieses Element wirkt jedoch toxisch, wenn die Blätter mehr als 90 ppm aufweisen.

Fräulein Kobernuss (1950, 1951), eine Schülerin von Hilkenbäumer, berichtet, daß nach Bordüngung in gewissen baumschulmüden Böden wieder ein besseres Wachstum eingetreten sei. Da die nötigen Borgaben aber ein Mehrfaches dessen sind, was bei Bormangel verabfolgt werden muß, dürfte es sich hier nicht um den einfachen Ersatz eines Mangelelementes handeln.

In manchen Gebieten spielt der *Zink*mangel in den Obstpflanzungen eine bedeutende Rolle. Dieses Element wirkt, wie Bean (1942) feststellte, beim Aufbau von Proteinen mit. Hoagland, Chandler und Hibbard (1936) und Chandler (1937) erkannten als erste, daß die Little-leaf-Krankheit des Pfirsichbaumes auf Zinkmangel zurückgeführt werden muß. Die Krankheit ist gekennzeichnet durch Kleinblättrigkeit, die dadurch besonders auffällig wird, daß sich die Achsen nicht strecken. Es entstehen Büschel

Abb. 13. Zinkmangelsymptome an Apfeltrieben. Links: Normaler Trieb der Sorte Edith Hopwood. Mitte: Trieb mit Zinkmangel der gleichen Sorte. Man beachte die Aufwärtsbiegung und den wellenförmigen Verlauf des Blattrandes und die Interkostalchlorosen. Rechts: Rosettenbildung bei der Sorte Laxtons Parmäne. (Nach Bould und Mitarbeitern.)

kleiner, vielfach nicht normal grün gefärbter Blätter. Die Mangelkrankheit tritt auch bei anderen Obstbäumen auf, so z. B. bei Apfelbäumen in Holland (Mulders 1947).

Bould und Mitarbeiter (1949) haben sehr typische Zinkmangelerscheinungen in Wisley (England) festgestellt und sowohl mit der Injektionsmethode als auch durch Winterbespritzung mit Zinksulfat heilen können. Blätter von kranken Bäumen enthielten nur 2—3 ppm Zink (bezogen auf die Trockensubstanz), während solche gesunder Bäume wenigstens 10 ppm enthielten. BRYNER und KUNDERT (1952) bestätigen, daß die Mangelerscheinungen durch Bespritzen mit Lösungen von Zinksulfat behoben werden können.

Es scheint, daß Zink um so schlechter aufgenommen wird, je mehr Phosphorsäure sich im Boden vorfindet.

Mangan spielt für die Chlorophyllbildung eine ähnliche Rolle wie Eisen. Wenn es nicht in genügender Menge aufgenommen wird, entsteht Chlorose. Es ist nicht leicht, festzustellen, ob Eisen- oder Manganchlorose vorliegt. Am besten erfolgt dies wohl nach der Methode von ROACH. Bei Eisenchlorose sind die grünen Streifen um die Blattrippen meist sehr schmal, bei Manganchlorose breiter. Die grüne Zeichnung ist bei Manganmangel zudem weniger scharf begrenzt als bei Eisenmangel. Schwere Mn-Chlorosen des Pfirsichbaumes sind in Südafrika mit der Injektionsmethode geheilt worden (ROACH 1940).

HOAGLAND (1944) zeigte ferner, daß auch *Kupfer* und *Molybdän* zu jenen Elementen gehören, ohne welche ein normales Wachstum

Abb. 14. Kupfermangelsymptome bei der Apfelsorte Gloucester Cross. Links: Erste Symptome. Auftreten von nekrotischen Flecken an den äußersten Blättern diesjähriger Triebe. Mitte: Verkrümmung der äußersten Blätter und Beginn der Entblätterung. Rechts: Drei Triebe mit Spitzendürre im Sommer. (Nach BOULD und Mitarbeitern.)

der Obstbäume nicht möglich ist. Es scheint, daß in gewissen deutschen Baumschulböden Kupfermangel von praktischer Bedeutung ist, da die Wachstumsstockungen durch Düngung mit Kupferschlacke behoben werden konnten. Man muß sich jedoch hüten, jede Form von „Bodenmüdigkeit" auf Mangel an diesem Spurenelement zurückführen zu wollen. Auffallende Kupfermangelerscheinungen haben BOULD und Mitarbeiter (1949) aus Wisley beschrieben. Zuerst treten an den äußersten Blättern diesjähriger Triebe Nekrosen auf; dann zeigen diese Blätter Verkrümmungen und fallen ab. Schließlich gehen die entblätterten Triebspitzen zugrunde. Die mittleren Blätter erkrankter Triebe enthalten weniger als 5 ppm Kupfer.

Es ist auffällig, daß die durch Mangel an Spurenelementen bedingten Krankheitserscheinungen vor allem in intensiv bewirtschafteten Obstanlagen auftreten. Dies dürfte teils darauf zurückzuführen sein, daß durch die starke Nutzung dem Boden die vielleicht geringen Vorräte an Spurenelementen rascher entzogen werden, zur Hauptsache aber darauf, daß infolge der großen Vorräte an den Hauptnährstoffen, dem hohen „Salzspiegel", die Spurenelemente infolge der Ionenkonkurrenz nicht mehr in genügender Menge aufgenommen werden. Es sei z.B. an die Verhinderung der Boraufnahme durch Calciumüberschuß hingewiesen.

Die Kenntnis der erwähnten Symptome für die Mangelerscheinungen reicht in vielen praktisch vorliegenden Fällen nicht aus, um die Ursache eines schlechten Gedeihens oder eines abnormen physiologischen Verhaltens zu erkennen. Gelegentlich helfen Bodenuntersuchungen weiter. Man sollte glauben, daß auch Rückschlüsse aus dem Aschengehalt und der Verteilung der einzelnen Elemente in der Asche uns wertvolle Hinweise zu vermitteln vermöchten. Doch haben wir noch viel zuwenig Erfahrungen über die optimalen und minimalen Stoffmengen und die günstigen gegenseitigen Verhältnisse der verschiedenen Elemente, um solche Analysenzahlen auswerten zu können. Eine wertvolle Methode der Diagnostizierung von Mangelerscheinungen hat ROACH (1934, 1935, 1938, 1939) eingeführt. Er injiziert geeignete Mengen von Salzen der verschiedenen Elemente in passender Konzentration und untersucht, welche dieser Testlösungen eine Behebung der Krankheitserscheinungen ergeben. Eine nähere Beschreibung der Technik der Injektion gibt LEVY (1939). Die Methode ist naturgemäß auch geeignet, um die Merkmale von Mangelkrankheiten näher kennenzulernen.

Über die *Mengen der von unseren Obstbäumen dem Boden entzogenen Mineralstoffe* geben die Untersuchungen verschiedener Forscher Aufschluß (z.B. VAN SLYKE, TAYLOR und ANDREWS 1905; THOMPSON 1916; ROBERTS 1921; STEGLICH 1907 und andere). J. SZAKATSY (1948) hat die Ergebnisse für die 3 Hauptnährstoffe wie folgt zusammengestellt.

Nährstoffentzug von Obstbäumen je ha in kg

Forscher	P_2O_5	N	K_2O	Verhältnis
BALLENEGGER (Ungarn) ..	14,7	47,5	55,2	1 : 3,2 : 3,7
ROBERTS (USA)	8,7	51,5	62,2	1 : 5,9 : 7,1
VAN SLYKE, Taylor und ANDREWS (USA).......	14,8	55,0	42,0	1 : 3,3 : 2,8
Versuchsstation Geneva (USA)	17,2	66,0	68,7	1 : 3,8 : 4,0
STEGLICH (Deutschland) ..	24,7	71,3	101,8	1 : 2,8 : 4,1
KÜSTER (Deutschland) ...	47,5	95,0	190,0	1 : 2,0 : 4,0
HOFFMANN (Deutschland) .	47,5	95,0	162,5	1 : 2,0 : 3,4
Mittel	25,0	68,8	97,5	1 : 2,6 : 3,7

Es zeigt sich, daß die absoluten Zahlen der einzelnen Forschergruppen voneinander wesentlich abweichen, was in Anbetracht der verschiedenen Voraussetzungen begreiflich erscheint. Dagegen stimmen sie, mit einer Ausnahme, darin überein, daß die 3 Hauptnährstoffe nicht in gleicher Menge benötigt werden, sondern daß am wenigsten P_2O_5, bedeutend mehr N und noch mehr K_2O erforderlich ist. Wir können mit einem Verhältnis von ungefähr 1 : 2,5 : 3,5 rechnen. Diese Verhältniszahlen dürfen wir jedenfalls der Baumdüngung zugrunde legen. Wo Bodenanalysen oder das Verhalten der Bäume auf einen relativen Mangel des einen oder anderen Hauptnährstoffes hinweisen, muß diese Relation entsprechend abgeändert werden.

Bedeutende praktische Schwierigkeiten bietet im Obstbau die Berechnung der absoluten Menge der zu verabfolgenden Dünger, da es schwierig ist, eine befriedigende Bezugsgröße zu finden. STEGLICH (1907) hat zu diesem Zweck den Stammumfang gewählt und ausführliche Tabellen berechnet. Er gibt beispielsweise für Bäume mit dem Stammumfang von 1 m an:

Im schweizerischen landwirtschaftlichen Obstbau hat man sich gewöhnt, die von der Krone überdeckte Bodenfläche als Bezugsgröße zu wählen. Um einem Baum von normalem Wuchs zurückzugeben, was er je Jahr für den Aufbau von Gewebe und die

	Apfelbäume	Kirschbäume
P_2O_5	74 g	107 g
N	246 g	391 g
K_2O	335 g	375 g

Ausbildung von Früchten benötigt, und was er durch den Laubfall verliert, kann man theoretisch je m² mit etwa 3 g P_2O_5, 7,5 g N und 10,5 g K_2O rechnen. Es ist dabei zu bedenken, daß infolge der Verschiedenheiten der Böden und des ungleichen Ernährungszustandes der Bäume der wirkliche Bedarf von Fall zu Fall verschieden ist, so daß eine genaue Berechnung unmöglich erscheint. Man wählt die Düngermischungen deshalb so, daß dem erwähnten Verhältnis ungefähr Rechnung getragen wird, und daß man je m² eine leicht meßbare Menge, z. B. 100 g, verabfolgen kann. Bei einem Mischdünger, bestehend aus 1 Teil Superphosphat, 3 Teilen Ammonsalpeter und 2 Teilen Kalisalz 30%ig, ist dies beispielsweise etwa 1 Liter einer 10%igen Lösung (Verhältnis 1 : 2 : 3). Spezielle, vollösliche hochprozentige Obstbaumdünger, wie sie beispielsweise von verschiedenen schweizerischen Firmen hergestellt werden, kann man 4—5%ig verwenden.

Vergleicht man den Stammumfang mit der von der Krone überdeckten Fläche als Bezugsgröße, so findet man, wie sich aus den Erfahrungen der Eidg. Versuchsanstalt für Obst-, Wein- und Gartenbau in Wädenswil ergibt, daß man zu ungefähr gleichen Düngergaben gelangt, wenn man die oben angeführten Mengen je cm des halben Stammumfanges oder je m² von der Krone überdeckter Bodenfläche verabfolgt.

Diese beiden Berechnungsweisen sind überall dort geeignet, wo man zugleich Bäume verschiedener Altersklassen und von ungleichem Ernährungszustand düngen muß, wie dies beispielsweise im landwirtschaftlichen Obstbau oft der Fall ist. Im modernen Plantagenobstbau kommt man besser mit der Ertragsbaumeinheit als Bezugsgröße aus. Sie wird z. B. von SZAKATSY (1948) definiert als ein auf einem Wildling veredelter Baum im Alter von 12—15 Jahren, der fähig ist, einen Jahresertrag von 100 kg Äpfeln zu liefern (und der mit 10—12 l Spritzflüssigkeit auf einmal gespritzt werden kann). Größere Bäume werden mit 1½ oder 2, kleinere mit ½ Baumeinheit eingesetzt. Auf diese Weise läßt sich der Düngerbedarf je Flächeneinheit berechnen, und man hat nur für die entsprechende Verteilung der Nährstoffe zu sorgen. Es ist klar, daß man auch von anderen Definitionen der Ertragsbaumeinheit ausgehen kann.

Im Plantagenobstbau mit offenem Boden bietet die Verabfolgung der Dünger keine Schwierigkeiten. Sie können oberflächlich gestreut und mit irgendeinem Gerät untergebracht werden. Kommen Unterkulturen, wie Beerenobst, Gemüse usw. vor, so muß naturgemäß ihr Nährstoffbedarf zusätzlich berechnet werden.

Schwieriger liegen die Verhältnisse, wo die Obstbäume im Grasland stehen. Wenn wir hier die Dünger streuen oder als Düngerlösungen gießen, so wirkt der Wurzelfilz des Grases als Filter. Der unter diesem Wurzelfilz liegenden Hauptmasse der Baumwurzeln kommt nur zu, was von dieser obersten Schicht nicht zurückgehalten oder verbraucht wird. Infolge der ungleichen Wanderungsgeschwindigkeit werden das Kalium und namentlich die Phosphorsäure mehr zurückgehalten als der Stickstoff. Wohl kann man durch ständige oberflächliche Düngung den Boden auch in den unteren Teilen mit Nährstoffen derart anreichern, daß die Bäume keinen Mangel leiden. Doch ist eine einigermaßen befriedigende Berechnung der Gaben nicht möglich. Es sind zudem große Mengen nötig, die beim Gras zu einem Luxuskonsum führen müssen. Man ist deshalb dazu übergegangen, die Dünger in Lösungen mit Hilfe einer an die Motorspritze angeschlossenen *Düngerlanze* unter den Wurzelfilz des Grases in die Region der Baumwurzeln zu bringen. Diese Technik hat sich beispielsweise in der Schweiz weitgehend eingebürgert. Sie ermöglicht, den individuellen Unterschieden der einzelnen Bäume Rechnung zu tragen, indem man bei normalen Bäumen z. B. je m^2 einen Stich macht und ungefähr 1 l einer 10%igen Lösung ausfließen läßt, bei mageren Bäumen die Zahl der Stiche vermehrt oder je Stich etwas mehr ausfließen läßt, und bei kräftigen Bäumen die Düngermengen entsprechend schwächer dosiert. Für die Technik der Lanzendüngung sei im übrigen auf das Buch von KOBEL-SPRENG (1949) und auf die Flugschrift Nr. 15 (KOBEL, FRITZSCHE und BRYNER 1952) der Versuchsanstalt Wädenswil verwiesen.

Abb. 15. Verteilung der Düngerlösung im Boden mit Hilfe der Düngerlanze. An Stelle der Düngerlösung wurde eine Floreszinlösung verwendet. Einige Zeit nach dem Einstich wurde die Stelle ausgegraben und mit einer Ultraviolettlampe bestrahlt (während der Nacht), wobei das Floreszin aufleuchtete. (Nach einer Aufnahme von FRITZSCHE.)

In bezug auf den Zeitpunkt der Düngung ist zu berücksichtigen, daß die Nährstoffe den Wurzeln zur Verfügung stehen müssen, sobald das Wachstum beginnt. Da wir wissen, daß das Wurzelwachstum bereits vor dem Austrieb der Knospen einsetzt, ist nur eine Verabfolgung der Dünger im Nachwinter oder zeitigen Frühjahr zweckmäßig. Wünschbar ist vor allem ein kräftiger Frühjahrstrieb, während wir auf einen starken Johannistrieb verzichten können und der Frostgefahr wegen froh sein müssen, wenn die Bäume nicht im Herbst noch eine dritte Wachstumsperiode zeigen. Es ist daher vorteilhaft, im Sommer nicht mehr zu düngen und den Düngerbedarf im Nachwinter für das ganze Jahr zu verabfolgen. Dies ist auch aus arbeitstechnischen Gründen wünschbar.

D. Die Assimilation des Kohlenstoffes.

Aufnahme des Kohlenstoffes durch die Blätter. — Der Aufbau von Kohlenhydraten. — Die Abhängigkeit der Kohlenstoffassimilation von Außenfaktoren. — Praktische Maßnahmen zur Förderung der Assimilation. — Die physiologisch richtige Krone.

Von allen zum Leben der grünen Pflanzen notwendigen chemischen Elementen wird einzig der Kohlenstoff nicht durch die Wurzeln, sondern in Form von Kohlendioxyd (CO_2) durch die Spaltöffnungen der Blätter aus der Luft aufgenommen (S. 6 und Abb. 5). Dieses Gas, das mit Wasser zusammen die Kohlensäure bildet, findet sich in der freien Luft in auffallend konstanter, aber niedriger Konzentration vor, nämlich zu 0,03 Vol.-%. Aus diesem Vorrat müssen die Landpflanzen den ganzen Kohlenstoffbedarf für den Aufbau von Zuckern, Stärke, Cellulose, Lignin, Fetten, Eiweißstoffen und allen anderen organischen Verbindungen decken.

Die erste in größerer Menge nachweisbare organische Kohlenstoffverbindung in den Blättern der meisten grünen Pflanzen ist die Stärke, deren Baustein der Traubenzucker ist. Wie dieser wichtige Vorgang der *Photosynthese* oder *Assimilation des Kohlenstoffes* im einzelnen vor sich geht, konnte bisher nicht abgeklärt werden. Vor allem sind die Zwischenstufen nicht bekannt. Doch wissen wir mit aller Bestimmtheit, daß die Assimilation des Kohlenstoffes nur vor sich geht, wo Kohlendioxyd und Blattgrün vorhanden sind und wo Licht zutritt.

Die Assimilation des Kohlenstoffes erfolgt nach der Formel:

$$6\,CO_2 + 6\,H_2O = C_6H_{12}O_6 \text{ (Glucose)} + 6\,O_2 - 674\,\text{kcal}.$$

Für jedes aufgenommene Molekül Kohlendioxyd wird somit ein Molekül Sauerstoff ausgeschieden. Dieser wichtige Aufbauprozeß ist aber nur unter einem bedeutenden Energieaufwand möglich. Um 1 Mol Glucose (180 g) aufzubauen, benötigt die Pflanze gleich viel Energie wie nötig ist, um 674 l Wasser von 14,5° C um 1° C zu erwärmen. Diese Formel ist genau das Umgekehrte der Verbrennungsformel. Wenn wir 180 g Glucose verbrennen, wird die gleiche Wärmemenge frei.

Die Assimilation des Kohlenstoffes spielt nicht nur im Leben der grünen Pflanze eine große Rolle. Sie allein ermöglicht indirekt auch das Leben von Mensch und Tier. Denn in der Natur wird einzig durch die Photosynthese anorganisch gebundener Kohlenstoff zu Kohlenhydraten aufgebaut, eine Synthese, die bis heute dem Chemiker noch nicht gelungen ist. Mensch, Tier und die blattgrünlosen Pflanzen vermögen nur aus organischen Nährstoffen zu leben. Die Assimilation des Kohlenstoffes, des Stickstoffes, des Schwefels und des Phosphors durch die Pflanze sind diejenigen Vorgänge, welche im Haushalt der Natur die Vernichtung der toten organischen Massen durch Verwesung wiederum kompensieren.

Dank eingehenden und sorgfältigen Untersuchungen von A. J. HEINICKE von der Versuchsanstalt Ithaca (New York) und einer Reihe von Mitarbeitern sind wir über die Assimilation des Kohlenstoffes durch die Blätter des Apfelbaumes in vorzüglicher Weise orientiert. Es wurden vorerst zweckmäßige Apparaturen konstruiert (HEINICKE 1933, HEINICKE und HOFFMANN 1933), welche die Bestimmung der CO_2-Aufnahme aus der Luft durch die Blätter unter natürlichen Bedingungen ermöglichen. Dann wurde die Abhängigkeit der Photosynthese von Außen- und Innenfaktoren einer Prüfung unterzogen und mit der Atmung in Beziehung gesetzt. Bevor wir darauf eintreten, wollen wir einige grundsätzliche Fragen in Betracht ziehen.

Der Obstpflanzer muß die Bedingungen, von denen die Assimilation des Kohlenstoffes abhängig ist, kennen. Dieses Wissen ermöglicht ihm, die Kulturmaßnahmen derart zu gestalten, daß dieser wichtigste aller Aufbauprozesse möglichst gefördert wird. Es bieten sich ihm hierzu verschiedene Möglichkeiten.

Man sollte meinen, daß durch die *Erhöhung des Kohlendioxydgehaltes der Luft* eine wesentliche Verbesserung der Kohlenstoffassimilation möglich sei, da die Konzentration von 0,03% sehr gering erscheint. Diese Verbesserungsmöglichkeit ist aber praktisch nicht ausnützbar. Im vollen Sonnenlicht assimilieren die Blätter bei einer Erhöhung des CO_2-Gehaltes nicht wesentlich besser. Eine Schädigung tritt allerdings erst etwa bei einem Gehalt von 5 Vol.-% ein (MITSCHERLICH 1925). In einer dichten Krone, bei der die Blätter im Innern einen schlechten Lichtgenuß aufweisen, wäre allerdings eine Erhöhung theoretisch möglich. Die Kohlensäuredüngung scheitert aber im Obstbau wie überhaupt bei Freilandkulturen daran, daß die Zufuhren viel zu hoch — und damit viel zu teuer — wären, um eine praktisch nützliche Erhöhung zustande zu bringen. Immerhin wird man im Plantagenobstbau und überhaupt bei dichtem Baumbestand darauf Bedacht nehmen, daß die wichtigste natürliche Kohlensäurequelle, der Boden, leistungsfähig bleibt. Dies ist der Fall, wenn er reichlich verrottende organische Substanzen enthält und gut durchlüftet ist.

Das *Blattgrün (Chlorophyll)* spielt bei der Photosynthese die Rolle eines Überträgers des Kohlenstoffes an einen Eiweißkörper, mit dem es zu einem als Chloroplastic bezeichneten Körper verbunden scheint (STOLL, WIEDEMANN und RUEGGER 1941) und in welchem der wichtigste aller organischen Aufbauprozesse erfolgt. Es sei für die Einzelheiten auf die ausgedehnte Spezialliteratur verwiesen. Aus verschiedenen Untersuchungen geht deutlich hervor, daß dunkelgrüne, chlorophyllreiche Blätter unter den gleichen Bedingungen weit besser assimilieren als hellgrüne. So haben HEINICKE und HOFFMANN (1933) den Verbrauch von Kohlendioxyd durch dunkelgrüne und hellgrüne, im übrigen vergleichbare Blätter des McIntosh-Apfels bestimmt. Sie geben folgende Zusammenstellung, indem sie die Bestimmung jeweils für 2—3 dunkelgrüne und ebenso viele hellgrüne Blätter unter gleichen Bedingungen ausführten.

Blattfarbe und Assimilation (mg CO_2 je Stunde und 100 cm^2 Blattfläche) von ausgewachsenen Blättern an verschiedenen Trieben des McIntosh-Apfels.

Paar	hellgrüne Blätter	dunkelgrüne Blätter
1	—0,7	5,7
2	0,2	3,4
3	1,7	9,3
4	3,4	9,1
5	4,0	10,3
6	4,5	15,1
7	5,7	10,0
8	6,2	11,9
9	7,5	29,5
10	15,5	25,4
Mittel aus 50 Paaren	4,1	12,1

Im ganzen wurde die Assimilation von je 50 Paaren während je 4 Stunden gemessen. Für die Zusammenstellung sind jedoch nur 10 typische Paare herausgegriffen worden. Bei den hellgrünen Blättern überschritt in 7 Fällen der Verbrauch durch Atmung den Aufbau von Zucker (Beispiel Paar 1). Unter den 50 Bestimmungen bei dunkelgrünen Blättern war dies nie der Fall. Wir sehen daraus, wie wichtig ein hoher Blattgrüngehalt für die Assimilation des Kohlenstoffes ist. In gleicher Richtung weisen auch die in ähnlicher Art durchgeführten Untersuchungen von CHILDERS und COWART (1935) über den Einfluß verschiedener Formen des Mineralstoffmangels auf die Assimilation des Kohlenstoffes und die Transpiration. Die vergleichbaren zweijährigen McIntosh-Apfelbäumchen standen in Sandkulturen. Wenn der CO_2-Verbrauch der Blätter von normal gedüngten Bäumchen = 100% gesetzt wird, so ergab sich für die Bäumchen, welche keinen Stickstoff erhielten, nur ein Verbrauch von 37%. Es besteht kein Zweifel, daß diese geringe Assimilationstätigkeit zur Hauptsache auf den niedrigen Blattgrüngehalt zurückzuführen ist.

Es ergibt sich aus diesen beiden Beispielen mit aller Deutlichkeit, welche große Bedeutung einer richtigen Mineralstoffversorgung der Obstbäume für ihre Leistungsfähigkeit zukommt. Wir dürfen ohne weiteres annehmen, daß eine Verminderung der Kohlenhydratbildung nicht nur eintritt, wenn die Ausbildung des Blattgrüns infolge Stickstoffmangels eine ungenügende ist. Vielmehr müssen wir mit den gleichen Folgen rechnen, wenn Chlorosen infolge ungenügender Aufnahme von Eisen, Mangan oder Zink auftreten.

Von großer Bedeutung ist ferner die Gesunderhaltung der Blätter durch die Bekämpfung von Schädlingen und Krankheiten. Diese Wirkung der Insektizide und Fungizide ist von ebenso großer Bedeutung wie der Schutz der Früchte. HEINICKE (1935) hat zudem auf den Verlust an Assimilaten hingewiesen, der entsteht, wenn die Blätter der Bäume im Herbst sich vorzeitig verfärben.

Den größten Einfluß auf die Verbesserung der Assimilation des Kohlenstoffes gewinnen wir mit einer *günstigen Ausnützung des Sonnenlichtes*. Durch die Erziehung und den Schnitt des Baumes müssen wir zu einer *physiologisch richtigen Krone* gelangen. Dieses Ziel haben wir erreicht, wenn im gegebenen Raum eine möglichst große Blattfläche optimal im Lichte steht. In diesem Fall erhalten wir die denkbar beste Bilanz zwischen dem Aufbau von Kohlenhydraten durch die Assimilation und dem Abbau dieser organischen Stoffe durch die Atmung. Beim Aufbau der Baumkrone müssen allerdings auch andere Gesichtspunkte berücksichtigt werden, z. B. der Arbeitsaufwand, die Stabilität der Krone, die Leichtigkeit der Fruchtholzerneuerung usw. Je nach den gegebenen Verhältnissen führen verschiedene Methoden zum Ziel. Physiologisch richtige Kronen sind beispielsweise — korrekte Erziehung vorausgesetzt — verschiedene Spalierformen, bei denen eine gute Belichtung des Blattwerkes am leichtesten zu erzielen ist, der Spindelbusch, verschiedene Varianten der Pyramide und bei den großen Baumformen die von HANS SPRENG entwickelte Öschbergkrone (s. beispielsweise KOBEL und SPRENG 1949). Bei der letzterwähnten Kronenform kann ohne wesentliche technische

Abb. 16. Oben: Physiologisch richtig aufgebaute Krone. Das Licht gelangt auch zu den untersten und innersten Teilen der Krone, so daß die assimilierende Blattfläche wesentlich vergrößert wird.

Unten: Schlecht aufgebaute Krone. Zu viele Äste. Die Assimilation des Kohlenstoffes bleibt auf die Peripherie der Krone beschränkt, der innere Teil wird infolge von Lichtmangel kahl. (Aufnahmen von H. SPRENG.)

Schwierigkeiten bei größeren Bäumen ein Aufbau erreicht werden, der eine günstige Belichtung der Blätter auch im Innern der Krone ermöglicht.

HEINICKE und HOFFMANN (1933) haben festgestellt, daß bei einer Lichtintensität von ungefähr 1200 foot candles, also bei etwa einem Achtel des vollen Sonnenlichtes, das Apfelblatt noch maximal assimiliert. Wird aber die Lichtmenge geringer, so nimmt die Menge des assimilierten CO_2 ab. Die beiden Forscher haben die Kohlenstoffassimilation von Blättern der Apfelsorte McIntosh im Gewächshaus während langer Zeit verfolgt. Im allgemeinen ist bei trübem Wetter weniger CO_2 verarbeitet worden als bei sonnigem. Immerhin zeigten sich bei ein und demselben Blatt bedeutende Schwankungen, die auf innere Faktoren zurückzuführen sind. Nach mehreren Tagen hellen Sonnenscheins können sich Ermüdungserscheinungen einstellen. Sie dürften im wesentlichen auf einem ungenügenden Abtransport der Kohlenhydrate beruhen. Es besteht auch eine gewisse Abhängigkeit von der Temperatur. Die Assimilation des Kohlenstoffes setzt bereits einige Grade über 0 ein. Ihre Temperaturabhängigkeit ist im übrigen schwer zu bestimmen, da sie nicht unabhängig von der Atmung untersucht werden kann und auch dieser Vorgang von der Temperatur beeinflußt wird. HEINICKE hat jedoch festgestellt, daß oberhalb 35°C die Atmung größer wird als die Assimilation.

Eine wesentliche Beeinträchtigung der Assimilation des Kohlenstoffes tritt ein, wenn sich infolge ungenügender Wasserversorgung die Spaltöffnungen schließen. Über diese Beziehungen besteht eine ausführliche Untersuchung von ALLMENDINGER, KENWORTHY und OVERHOLSER (1943), nachdem bereits HEINICKE und CHILDERS (1937) die schwerwiegenden Folgen ungenügender Wasserversorgung in bezug auf die Assimilation des Kohlenstoffes festgestellt hatten. Die erwähnten Forscher der Versuchsanstalt Pullman im Staate Washington stellten in Gewächshausversuchen mit Apfelbäumen fest, daß eine namhafte Verminderung der Kohlenstoffassimilation nicht nachweisbar war, solange der benutzte Boden noch 10% Wasser aufwies (der Welkepunkt für Sonnenblumen war bei einem Gehalt von 7% bestimmt worden). Es kann also noch bei ziemlich hoher Trockenheit des Bodens eine volle Assimilationsleistung erreicht werden. Dagegen zeigte sich die interessante Tatsache, daß eine Verminderung des Wachstums infolge geringer Wasserversorgung festzustellen ist, bevor eine Beeinträchtigung der Photosynthese erfolgt. Die Forscher möchten dies auf die Verminderung des Turgors der Zellen zurückführen. Es dürfte eher eine Verminderung der Mineralstoff-, speziell der Stickstoffaufnahme ausschlaggebend sein.

HEINICKE und HOFFMANN (1933) konnten in ihrer grundlegenden Untersuchung die photosynthetische Leistung des Apfelblattes bestimmen. Es ergab sich in 2 Versuchen, von denen der eine während eines Monats, der andere während mehrerer Monate lief, im einen Fall eine tägliche Stoffproduktion von 69,5 mg für 100 cm² Blattfläche, im anderen eine solche von 70,5 mg. Dabei ist allerdings hervorzuheben, daß die Messungen über Mittag (während 5 Stunden), also in der Zeit mit den besten Belichtungsverhältnissen, ausgeführt wurden.

E. Die Verwendung der Assimilate.

Transport der organischen Substanzen. — Kohlenhydrate als Baustoffe. — Einlagerung von Reservestoffen. — Atmung. — Kohlenhydrat- und Eiweißhaushalt im Verlauf eines Jahres.

Der in den Blättern entstehende Zucker wird zum größten Teil sogleich in Stärke übergeführt und in den Palissaden- und Schwammparenchymzellen des Blattes aufgespeichert. Unterwirft man gegen Abend eines Sommertages ein Obstbaumblatt der Stärkeprobe, so findet man in ihm sehr zahlreiche und große Stärkekörner. Macht man dagegen das Experiment am frühen Morgen, so beobachtet man nur sehr wenig Stärke. Ein Teil diente zur Atmung, aber der größte Teil ist während der Nacht in Zucker aufgelöst und abwärts transportiert worden.

Es bestehen für den *Abtransport* der in den Blättern aufgebauten *Kohlenhydrate* theoretisch 2 Möglichkeiten: die Wasserleitungsbahnen des Holzes und das Leitgewebe des Bastes. Es läßt sich durch den als „Ringelung" bezeichneten Eingriff leicht beweisen, daß dieser Transport im Bast erfolgt. Wir lösen z. B. an einem Ast Ende Mai oder Anfang Juni zwischen 2 etwa $^1/_2$–$1^1/_2$ cm voneinander entfernten Zirkelschnitten Rinde und Bast bis auf das Holz ab. Wir operieren dabei sehr sorgfältig, damit wir nicht die Wasserleitungsbahnen des Holzes beschädigen, und verstreichen die Wunde zum Schutz vor Austrocknung sogleich mit Baumwachs. Die Wasserversorgung des Astes wird durch diesen Eingriff, wie wir bereits wissen, nicht wesentlich beeinträchtigt. Schon nach einigen Wochen konstatieren wir, daß der obere Wundrand ein viel kräftigeres Wundgewebe zeigt als der untere, und daß die Heilung der Wunde zur Hauptsache von oben her vor sich geht. Wenn wir durch Nachschneiden dafür sorgen, daß die Wunde sich nicht vorzeitig schließt, so können wir an geringelten Ästen, sofern sie keine Früchte tragen, oft schon im September eine auffällige Verfärbung des Laubes beobachten. Betrachten wir die Blätter näher, so fällt uns ihre derbe Beschaffenheit

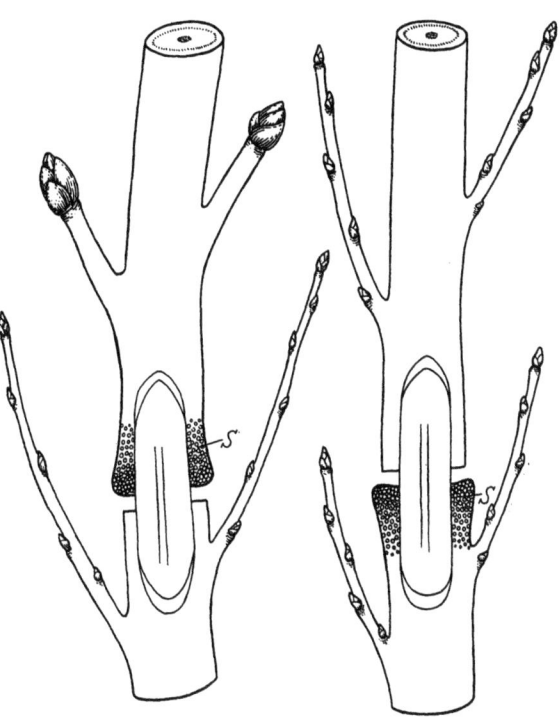

Abb. 17. Schematische Darstellung der Ringelung und ihrer Folgen. Ringelstellen im Längsschnitt. Links: Ringelung nach dem Austrieb. Es erfolgt eine Anhäufung von Stärke (S) oberhalb des Ringelschnittes und eine Verheilung der Wunde vom oberen Rand aus. Oberhalb der Ringelung entwickeln sich Blütenknospen, unterhalb derselben Holztriebe. Rechts: Ringelung vor dem Austrieb. Stärkeanhäufung unterhalb des unteren Wundrandes, Verheilung der Wunde von unten.

auf, und unterwerfen wir sie der Stärkeprobe, so zeigen sie sich prall mit diesem Reservestoff gefüllt. Auch die Gewebe des oberhalb der Ringelung gelegenen Astteiles, der Bast, die Parenchym- und Markstrahlzellen des Holzes sind mit Stärke überfüllt. Unterhalb der Ringelung finden wir sie dagegen auffallend spärlicher vor. Durch die Ringelung verhinderten wir den Abtransport der Kohlenhydrate in den Stamm und die Wurzeln, weil wir die Leitelemente unterbrochen haben. Die vorzeitige Verfärbung der Blätter ist auf die Unmöglichkeit des Abtransportes und die Überfüllung mit Kohlenhydraten zurückzuführen. Auf dieses wichtige Experiment werden wir in den Abschnitten über die Bildung von Blütenknospen und die Entwicklung der Frucht noch mehrfach zurückkommen. Wir wollen uns aber hier schon merken, daß wir in der Ringelung, oder auch nur in der Strangulierung durch Einschnüren der Rinde mit einem Draht oder besser mit einem Blechstreifen, die oft willkommene Möglichkeit haben, die Speicherung der Kohlenhydrate in den Ästen zu verstärken und die Ernährung der Wurzeln mit Kohlenhydraten abzuschwächen. Die Annahme von DIXON (1922—1924), daß der Abwärtstransport der Kohlenhydrate im jüngsten Holz vor sich gehe, kann nicht aufrechterhalten werden.

Wenn so im Verlauf des Sommers mit dem Aufspeichern von Reservestoffen ein Abwärtstransport von Kohlenhydraten verbunden ist, so muß umgekehrt im Frühjahr, zur Zeit des Austriebes, ein Transport der zur Verwendung gelangenden Reserven in umgekehrter Richtung einsetzen. Auch hier sind zwei Transportwege denkbar: der Gefäßteil des Holzes und die Elemente des Bastes. Unter dem Einfluß von ALFRED FISCHER (1890) galt lange Zeit die Theorie, daß die *Aufwärtsbewegung der organischen Stoffe* in den Wasserleitungsbahnen erfolge. Ringelt man aber *vor dem Austrieb* Zweige und Äste des Apfelbaumes, so beobachtet man, wie MÜLLER-THURGAU und KOBEL (1928) zeigen konnten, in den oberhalb der Ringelung gelegenen Teilen bald einen auffälligen Abbau der Stärke. Während in normal austreibenden Zweigen die Markstärke zum größten Teil erhalten blieb, wurde sie hier bis auf vereinzelte Zellen ebenfalls verbraucht. An den geringelten Zweigen traten Schädigungen auf, die um so größer waren, je früher die Ringelung vorgenommen und je näher bei der Knospe sie angelegt wurde. Blüten vermochten sich in den Versuchen von MÜLLER-THURGAU und KOBEL

Abb. 18. Folgen der Ringelung hinter einer Blütenknospe zur Zeit des Austriebes. Der Pfeil bezeichnet den Ort der Ringelung. Geringelt am 15. April, photographiert am 5. Mai. (Aus MÜLLER-THURGAU und KOBEL 1928.)

nicht zu entfalten, wenn die am 7. April, zur Zeit, da die Knospen zu schwellen begannen, ausgeführte Ringelung weniger als 3 cm von der Knospe entfernt war. Wurde sie 3—10 cm hinter der Knospe ausgeführt, so vermochte sich nur ein Teil der Blüten zu entwickeln. Diese erreichten zudem die normale Größe nicht und bildeten kein Anthocyan aus (Abb. 18). Blattknospen wurden weit weniger geschädigt als Blütenknospen, offenbar weil sie zum Austrieb viel weniger Reserven benötigen. Die oberhalb der Ringelung gelegenen Teile zeigten alle Anzeichen von Kohlenhydrathunger.

Nun kann man gegen diese Versuche allerdings einwenden, daß durch die Ringelung von so dünnen Zweigen eine Schädigung der Wasserleitungsbahnen entstanden sei und daß, wenn der Zuckertransport in diesen erfolge, eine Störung der Kohlenhydratversorgung ebenfalls eintreten müsse. Tatsächlich haben DIXON und andere Forscher nach der Ringelung eine teilweise Verstopfung der Gefäße konstatiert. Aber auch wenn die Ringelung mit der größten Sorgfalt ausgeführt wird, ergibt sich, wie CURTIS (1923) zeigte, eindeutig der Bast als Ort des Kohlenhydrattransportes. In größeren Ästen, die vor dem Austrieb geringelt wurden, ergab sich auch auf makrochemischem Wege eine auffällige Armut an Kohlenhydraten. Wir gelangen also mit LINSBAUER (1920), der eine kritische Zusammenstellung der Literatur veröffentlichte, und entgegen ALFRED FISCHER, zum Schluß, daß wenigstens der größte Teil des Aufwärtstransportes der Kohlenhydrate im Frühjahr im Bast erfolge, wollen aber die Frage offenlassen, ob daneben auch ein geringerer Transport im jungen Holz vor sich gehe.

Wie die Kohlenhydrate werden auch die *Stickstoffreserven*, in Form von Aminosäuren, im Bast aufwärts geführt; denn CURTIS (1923) fand in geringelten Ästen oberhalb der Ringelstelle weniger Stickstoff als in ungeringelten Kontrollen.

Die mit Hilfe der Photosynthese aufgebauten Assimilate können in verschiedene Kohlenhydrate, d.h. in Stoffe übergeführt werden, die nur Kohlenstoff, Wasserstoff und Sauerstoff enthalten und bei denen Wasserstoff und Sauerstoff im gleichen Verhältnis wie im Wasser enthalten sind. Es sind dies einfache und zusammengesetzte Zucker, Stärke, ,,Hemicellulosen", Cellulose usw. Das auffälligste der nicht wasserlöslichen Kohlenhydrate ist die Stärke, über deren Verhalten im Gewebe der Obstbäume eine recht große Literatur besteht. Dieser Umstand ist darauf zurückzuführen, daß die Stärke in Form von charakteristischen Körnern auftritt, die sich durch Blaufärbung mit Jod leicht nachweisen lassen. Verschiedene Untersuchungen, die von MURNEEK (1928) zusammengestellt wurden, zeigen jedoch, daß in unseren Obstbäumen auch andere wasserunlösliche Kohlenhydrate eine physiologisch wichtige Rolle spielen. Es handelt sich um die durch SCHULZE als ,,Hemicellulosen" bezeichneten Stoffe. In einem Teil der obstbaulichen Literatur findet man sie als ,,hydrolysierbare Kohlenhydrate mit Ausnahme von Stärke"; denn sie werden durch 2—5%ige Salzsäure oder Schwefelsäure in verschiedene Zucker aufgespalten. Sie gehören zur Gruppe der Hexosane. Sie werden nach H. C. SCHELLENBERG (1905) hauptsächlich im Bast, in den Holzfasern und im Rindenparenchym in Form von Zellwandverdickungen angelagert und lösen sich im Frühjahr, zur Zeit des Austriebes, wie die Stärke, unter dem Einfluß von Fermenten wieder auf. Es besteht kein Zweifel, daß die in der Literatur angeführten ,,hydrolysierbaren Kohlenhydrate mit Ausnahme von Stärke" wenigstens teilweise die Rolle von Reservestoffen spielen.

Eine wichtige Gruppe von Stoffen, die ebenfalls nur aus Kohlenstoff, Wasserstoff und Sauerstoff bestehen, sind die stickstofffreien organischen Säuren. Einige von ihnen, wie beispielsweise die Äpfelsäure in den Früchten, können veratmet werden. Andere, wie die Oxalsäure, sind eher als Abfallstoffe zu betrachten. Diese wird in Form von Calciumoxalat als Kristalle ausgeschieden, die sich vor allem in der Nähe wachsender Gewebe finden. Von der Gruppe der Phenolsäuren leitet sich das zu den Glykosiden zu zählende Phloridzin ab, das im Gewebe des Apfelbaumes in auffallender Menge vorkommt. Wir müssen diese Verbindung erwähnen, weil sie von einigen Forschern, so RIVIÈRE und PICHARD (1924), ebenfalls zu den Reservestoffen gezählt wird. Im Gewebe des Birnbaumes ist sie nach LINCOLN (1926) durch das verwandte Arbutin ersetzt. Das Phloridzin steht über das Phloroglucin mit dem Apfelgerbstoff in Beziehung; denn die Apfelgerbstoffe sind, wie KEHLHOFER (1905, 1908) nachgewiesen hat, phloroglucinhaltig. MÜLLER-THURGAU und KOBEL (1928) wiesen auf mikrochemischem Wege nach, daß überall, wo in den Zellen Gerbstoff gefunden wird, auch Phloroglucin nachzuweisen ist. HARVEY (1925) hat diesem Stoff und seiner Verbreitung im Gewebe des Apfelbaumes eingehende Untersuchungen gewidmet. Er spielt wohl im Leben der Obstbäume eine bedeutende Rolle; denn er kommt zur Zeit des größten Wachstums in beträchtlichen Mengen vor. HARVEY glaubt, das Phloroglucin sei eine Art Schutzmittel gegen die Anhäufung der offenbar beim Wachstum entstehenden schädlichen Phenolsäuren.

Ein Teil der Kohlenhydrate wird im chemischen Laboratorium der Pflanzen zu Fetten und Lipoiden umgebaut. Bei einigen Baumarten, namentlich bei den

Oleaceen, sind sie die hauptsächlichsten Reservestoffe. Unsere Kern- und Steinobstarten dagegen gehören zu den ,,Stärkepflanzen". Doch werden von ihnen Fette, wenn auch in geringerer Menge, ebenfalls aufgebaut und verwertet. HOOKER (1927) beobachtete im Gewebe von fünfjährigen Jonathan-Apfelbäumen Anfang April, besonders gegen die Triebspitzen, eine auffällige Zunahme, dagegen im Mai, zur Zeit des Austriebes, wieder eine beträchtliche Abnahme dieser Stoffe.

Ein weiterer Teil der aus Kohlenstoff, Sauerstoff und Wasserstoff bestehenden Kohlenhydrate wird mit anderen Elementen, vor allem mit Stickstoff, Schwefel und Phosphor zu Eiweißstoffen umgebaut. Aus dieser in einer unübersehbaren Mannigfaltigkeit vorkommenden Stoffgruppe sind das Protoplasma und die Zellkerne im wesentlichen aufgebaut. In ihnen sieht man die wichtigsten Träger der Lebenserscheinungen überhaupt. Man weiß, daß sich an ihrem Aufbau eine als *Aminosäuren* bezeichnete Gruppe von einfacher gebauten Stickstoffverbindungen wesentlich beteiligt. Diese sind, im Gegensatz zu den kompliziert gebauten Eiweißstoffen, im Zellsaft löslich. Sie spielen für den Aufbau der Eiweiße eine ähnliche Rolle wie die Zuckerarten für denjenigen der höheren Kohlenhydrate.

Der Stickstoff, der aus dem Boden in Form von Salpetersäure oder als Ammonion, also in anorganischer Bindung, aufgenommen werden muß, wird nach den Untersuchungen von THOMAS (1927) schon in den Wurzeln in die organischen Aminosäuren übergeführt. Wir können diesen wichtigen Vorgang als ,,Assimilation des Stickstoffes" bezeichnen und der Assimilation des Kohlenstoffes in den Blättern an die Seite stellen. Als Stickstoffreserven dienen unseren Obstbäumen aber nicht die löslichen Aminosäuren selbst, sondern die unlöslichen, kompliziert gebauten Eiweiße, die hauptsächlich in den Elementen des Bastteiles gespeichert werden. Wenn Wachstumsperioden eintreten, werden sie wieder in lösliche und daher leicht transportierbare Aminosäuren abgebaut, ähnlich wie die unlösliche Stärke oder die ,,Hemicellulosen" in leicht lösliche Zuckerarten zerlegt werden.

Auch Phosphorsäure und Schwefel, die neben Stickstoff als Bestandteile von Eiweißstoffen in Betracht kommen, werden dem Boden in anorganischer Form entnommen und müssen in organische übergeführt werden. Für den Phosphor spielt sich dieser Vorgang vermutlich ebenfalls in den Wurzeln ab. MÜLLER-THURGAU und KOBEL (1928) konnten in den Geweben aus oberirdischen Organen des Apfelbaumes Phosphorsäure und ihre Salze auf mikrochemischem Wege nicht nachweisen. Phosphorsäurereserven werden sehr wahrscheinlich ebenfalls in Form von phosphorhaltigen Eiweißen angelegt.

In eine Reihe von organischen Verbindungen treten auch die aus dem Boden aufgenommenen Metallionen ein, so, wie wir schon gesehen haben, das Magnesium in das kompliziert gebaute Molekül des Blattgrüns.

Die erwähnten Assimilate und die durch chemische Umsetzung daraus gewonnenen weiteren organischen Stoffe dienen teils als *Baustoffe*. Sie werden im Bastteil in die wachsenden Gewebe transportiert und dort zum Aufbau von Zellwänden oder als Inhaltsstoff der Zellen benutzt. Andere werden im Verlauf der Vegetationsperiode in den parenchymatischen Zellen der Wurzel, des Stammes und der Zweige als *Reservestoffe* eingelagert. Es ist für das Leben unserer Obstbäume von besonderer Bedeutung, daß diese Reservestoffbehälter im Herbst mit Kohlenhydraten und Eiweißstoffen gefüllt sind. Wenn dies zutrifft, nennt der Praktiker das Holz ,,ausgereift". Es ist wesentlich widerstandsfähiger gegen tiefe Temperaturen als das nicht ausgereifte Holz. Nur wenn die Reservestoffbehälter im Herbst gefüllt sind, kann mit einem kräftigen Frühjahrstrieb und mit einem guten Ernährungszustand der Blüten gerechnet werden. Nur gut ausgereiftes Holz bietet daher Gewähr für ein befriedigendes Wachstum und einen genügenden Fruchtansatz im nächsten Frühjahr. Da Reservestoffe in genügender Menge nur eingelagert werden, wenn die Bäume diese Stoffe nicht für das Triebwachstum oder die Ernährung einer allzu großen Fruchtmenge benötigen, muß dafür gesorgt werden, daß das Triebwachstum rechtzeitig eingestellt wird, und daß die Bäume nicht einen übermäßigen Fruchtbehang zu ernähren haben.

Ungefähr ein Fünftel bis ein Drittel der durch die Photosynthese gewonnenen Kohlenhydrate wird für die *Atmung* verbraucht. Dieser Vorgang läuft im chemischen Endeffekt auf die Umkehrung der Assimilation des Kohlenstoffes hinaus:

$$C_6H_{12}O_6 + 6\,O_2 = 6\,CO_2 + 6\,H_2O + 674\;kcal.$$

Es handelt sich in der angeführten Formel scheinbar um die Verbrennung von Kohlenhydraten, z. B. der Glucose, wobei Sauerstoff verbraucht und Kohlensäure ausgeschieden wird. In Wirklichkeit verläuft der Vorgang viel komplizierter, indem zuerst durch die Einwirkung von Fermenten auf Zwischenverbindungen unter Energieverbrauch der Wasserstoff abgespalten, d. h. die Verbindung dehydriert wird, wonach eine Oxydation des Wasserstoffes erfolgt. Dadurch wird die bei der Assimilation und bei der Dehydrierung verbrauchte Energie wiederum frei. Die Atmung ist die Quelle für alle Energie, welche die Pflanze für ihr Leben, namentlich für die zahlreichen chemischen Auf- und Umbauprozesse benötigt.

Am Tage verlaufen die Assimilation des Kohlenstoffes und die Atmung nebeneinander. Weil nachts das Licht als Energiequelle fehlt, ist die Assimilation eingestellt, ebenso bei den laubabwerfenden Bäumen naturgemäß im Winter, da keine nennenswerten Blattgrünmengen vorhanden sind. Es ist tagsüber unmöglich, die Atmung grüner, im Lichte stehender Pflanzen direkt zu bestimmen.

Abb. 19. Assimilationskammer zur Bestimmung der CO_2-Assimilation eines ganzen Baumes. Es sind noch nicht alle Installationen angebracht. (Nach HEINICKE und CHILDERS.)

Man darf aber annehmen, daß sie, gleiche Temperaturen vorausgesetzt, nachts ungefähr gleich groß ist wie am Tage. Damit ist es möglich, eine angenäherte Bilanz zwischen den beiden entgegengesetzten Vorgängen aufzustellen. Dies haben für die Obstbäume in glänzender Weise HEINICKE und CHILDERS (1937) getan. Sie schlossen einen jungen tragfähigen Apfelbaum von 3,1 m Höhe und 2 m Durchmesser bei Beginn des Knospenaustriebes im Frühjahr in eine mit allen nötigen Einrichtungen versehene Assimilationskammer ein. Der Baum bildete mehr als 10000 Blätter aus, und die totale Assimilationsfläche wurde mit über 33 m² bestimmt. Während der ganzen Vegetationsdauer wurden dreimal täglich der Kohlendioxydgehalt und der Wassergehalt sowohl der zugeführten wie der weggeführten Luft bestimmt. Daraus konnten, nach Abzug der Atmung, die Assimilation und die Transpiration bestimmt werden. Mit Hilfe von Nebenuntersuchungen war es schließlich möglich, eine Bilanz über den Verbrauch von Kohlenhydraten aufzustellen. Der Baum nahm während der Vegetationsperiode aus der Luft 22,436 kg CO_2 auf. Die Autoren nehmen an, daß 65% dieser Menge für den Aufbau von Kohlenhydraten verwendet wurden. Sie stellen folgende Übersicht über die Verwendung des assimilierten CO_2 während der Vegetationsperiode ihres 8jährigen Apfelbaumes auf.

Posten Nr.	Berechnet für	Trockengewicht g
1	Blüten	80
2	Früchte	656
3	Gesamte Blattmasse	2612
4	Neue Triebe im Jahr 1935	1540
5	Zuwachs am ältern Holz im Jahr 1935	3933
6	Neue Wurzeln	2737
7	Total der Posten 1-6	11558
8	5% Abzug von Posten 7 für Stickstoff und Asche	578
9	Saldo	10980
10	Veratmung durch die Wurzeln	3011
11	Total obiger Posten, abzüglich Stickstoff und Asche	13991
12	Überschuß (=Vermehrung der Reservestoffe im Baum)	592
13	Total der errechneten Kohlenhydrate	14583
14	Menge des assimilierten CO_2	22436

Es kommt dazu die Atmung der Krone. Sie wurde täglich auf 36 g CO_2 geschätzt. Wenn wir die Vegetationsperiode mit 180 Tagen rechnen, würde somit in dieser Zeit die Krone 6,48 kg Atmungskohlendyoxyd ausgeschieden haben. Dies würde ungefähr einem Viertel bis einem Drittel der aufgenommenen Menge entsprechen.

Wir wollen nun versuchen, den *Kohlenhydrat- und Eiweißhaushalt* unserer Obstbäume im Verlauf des Jahres zu überblicken. Die Angaben, die uns über diese Frage zur Verfügung stehen, stammen meist von amerikanischen Forschern und beziehen sich fast ausschließlich auf den Apfelbaum, der von ihnen als Forschungsobjekt bevorzugt wird. Wir dürfen aber annehmen, daß sich die anderen Kern- und Steinobstarten in ihrem Haushalt grundsätzlich gleich verhalten. Erwähnt sei noch, daß die Angaben der verschiedenen Forscher sich nicht immer restlos decken. Dies hängt zum größten Teil mit der Verschiedenheit der angewandten Versuchsmethodik zusammen.

Wir wollen zuerst die *Veränderungen im Zuckergehalt* im Verlauf eines Jahres besprechen. Im Gewebe unserer Obstbäume kommen verschiedene Zuckerarten vor. Wir können sie in zwei große Gruppen teilen, in diejenigen, welche FEHLINGsche Kupfersulfatlösung reduzieren, und in nichtreduzierende. In die erste Gruppe gehören Traubenzucker (Glucose oder Dextrose), Fruchtzucker (Fructose) und der nach MITRA (1921) im Gewebe des Apfelbaumes verbreitete Malzzucker (Maltose). Zu den nichtreduzierenden ist vor allem der verbreitete Rohrzucker (Saccharose) zu zählen. Die graphische Darstellung der Abb. 20 gibt uns die Verbreitung der reduzierenden und nichtreduzierenden Zuckerarten in Fruchtzweigen und in den Wurzeln des Apfelbaumes nach den Untersuchungen von MITRA (1921).

In der horizontalen Richtung sind die Monate angegeben, die Vertikale gibt den Zuckergehalt in Prozenten des Trockengewichtes an. Wir sehen, daß die reduzierenden Zuckerarten sehr wesentlich überwiegen. Sie erreichen bis 8% des Trockengewichtes, während der Rohrzuckergehalt höchstens bis zu 2% steigt. Die reduzierenden Zucker weisen ihr Maximum im Verlauf des Winters auf. Im Frühjahr, zur Zeit des Austriebes, wird ihre Konzentration herabgemindert, um dann im Verlauf der Vegetationsperiode langsam und nicht stetig wieder zu steigen. Im Herbst scheint ein sekundäres Minimum vorzukommen. Der Gehalt an reduzierendem Zucker ist im Fruchtholz und in der Wurzel annähernd gleich hoch, und die Schwankungen verlaufen in beiden Organen ziemlich parallel. Etwas anders verhält sich der Rohrzucker. Während des Winters ist er ebenfalls in Zweigen und Wurzeln in annähernd gleicher Konzentration enthalten. Im Frühjahr verschwindet er in beiden Organen bis auf Spuren, nimmt aber in den Wurzeln schon bald wieder zu, um nur vorübergehend zur Zeit des Austriebes zu sinken. Erst nach dem Aus-

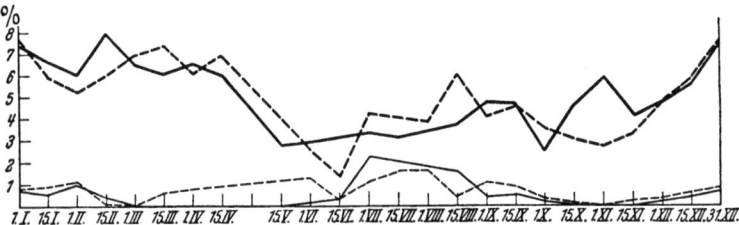

Abb. 20. Gehalt an reduzierendem und nichtreduzierendem Zucker im Gewebe des Apfelbaumes während eines Jahres in Prozent des Trockengewichtes. Die ausgezogenen Kurven geben den Zuckergehalt in Fruchtspießen, die gestrichelten denjenigen der Wurzeln an. Breit ausgezogene Kurven = reduzierende Zucker, schwach ausgezogene = Rohrzucker.
(Nach MITRA.)

trieb beginnt der Rohrzuckergehalt des Fruchtholzes auch wieder anzusteigen. Er erreicht im Verlauf des Sommers ein Maximum. Im Herbst finden wir sowohl in den Zweigen als auch in den Wurzeln neuerdings ein Rohrzuckerminimum.

Die Schwankungen im Gehalt an reduzierenden und nichtreduzierenden Zuckerarten lassen erkennen, daß keine einfachen Gesetzmäßigkeiten vorliegen. Die Produktion von Zucker durch die Blätter, der Aufbau und Abbau der Reservekohlenhydrate, die Verwendung für Wachstum und Atmung spielen in komplizierter Weise ineinander. Zugegen sind aber diese wichtigen Betriebs- und Baustoffe immer und überall.

Während die Verteilung des Zuckers in den einzelnen Geweben auf mikrochemischem Wege nach den Untersuchungen von MÜLLER-THURGAU und KOBEL nur schwer zu verfolgen ist, kann die Verteilung der *Stärke* mit Leichtigkeit beobachtet werden. Die Körner färben sich mit Jodlösungen rasch intensiv blau, so daß sie an Rasiermesserschnitten unter dem Mikroskop sehr leicht beobachtbar sind. Wir kennen daher die Orte der Stärkespeicherung und die Veränderungen im Stärkegehalt seit langem recht gut. Stärke wird hauptsächlich im parenchymatischen Gewebe von Rinde, Bast und Holz, in den Markstrahlzellen und im Mark aufgespeichert. Sehr groß ist namentlich auch der Stärkegehalt der Wurzeln. Beim frühjährlichen Austrieb verschwindet die Stärke, wie PRICE (1916) nachwies, zuerst in der Rinde, dann im Holzparenchym, nachher in den Markstrahlen und zuletzt im Mark. Die Triebspitzen verlieren ihre Stärke zuerst, dann die Zweige und Äste und zuletzt die Wurzeln. Eingehendere Beobachtungen, so diejenigen von SWARBRICK (1927), die von MÜLLER-THURGAU und KOBEL und anderen bestätigt werden, zeigen, daß die Schwankungen im Stärkegehalt nicht einfach sind, daß vielmehr im Lauf eines Jahres zwei Maxima und zwei Minima vorkommen. Im Herbst findet man alle Gewebe prall mit Stärke gefüllt. Im Verlauf des Winters

3 Kobel, Lehrbuch des Obstbaus, 2. Aufl.

verschwindet sie namentlich in den oberirdischen Teilen in auffälliger Weise, bis etwa Anfang Februar ein Minimum erreicht ist. Kurze Zeit vor dem Austrieb taucht sie in den Zweigen neuerdings reichlich auf, um dann im April und Mai während der frühjährlichen Wachstumsperiode von der Spitze her rasch zu verschwinden. Nach dem Austrieb findet man sozusagen keine Stärkekörner mehr. Erst vom Juni an beginnt in den Geweben eine allmähliche Stärkespeicherung, die zunimmt bis nach dem Laubfall. Aus den Blättern wird vor dem Laubfall normalerweise noch der größte Teil der Kohlenhydrate zurückgezogen.

Weniger leicht als diese qualitativen Untersuchungen der Stärke sind die quantitativen. Was wir, namentlich in der älteren Literatur, als „Stärke" angegeben finden, ist gewöhnlich Stärke plus der größte Teil derjenigen Stoffe, die wir als „Hemicellulosen" bezeichnet haben. Nur wenige Forscher haben eine Untersuchungstechnik angewendet, die gestattet, die Stärke von den als Verdickung der Zellwände angelagerten Reservekohlenhydraten zu unterscheiden.

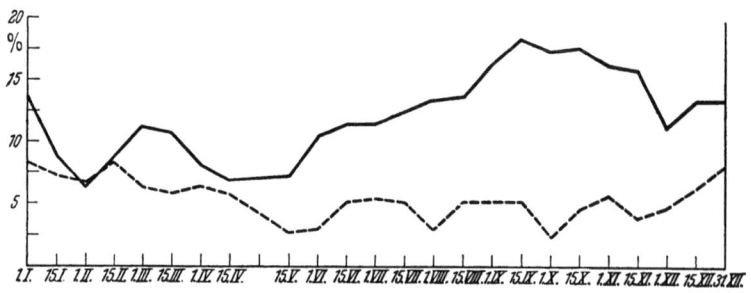

Abb. 21. Schwankungen des Gehaltes an löslichen und unlöslichen Kohlenhydraten im Fruchtholz des Apfelbaumes während eines Jahres in Prozent des Trockengewichtes. Ausgezogene Kurve = „Stärkegehalt" (in Wirklichkeit sämtliche hydrolisierbaren Kohlenhydrate); gestrichelt = Totalzuckergehalt. (Nach MITRA.)

Es sind mir keine Untersuchungen an Obstbäumen bekannt, in denen der Stärkegehalt allein an einer genügenden Zahl von Daten im Verlauf eines Jahres bestimmt wurde; denn in den Untersuchungen von MITRA (1921) ist offenbar auch ein großer Teil der „Hemicellulosen" inbegriffen. Die Kurve der Abb. 21 gibt uns daher eher ein Bild vom jährlichen Verlauf des Gehaltes an sämtlichen in fester Form vorhandenen Reservekohlenhydraten. Der Verlauf der Kurve entspricht dennoch den Schwankungen des Stärkegehaltes, die wir an Hand von mit Jod gefärbten Rasiermesserschnitten beobachtet haben. Wir finden den Abstieg der Kurve im Verlauf des Winters, das kleine Minimum Anfang Februar, das sekundäre Maximum im März, dem ein Minimum zur Zeit des Austriebes im Mai und der langsame Anstieg gegen den Herbst hin folgt. Wie aus der in der gleichen Abbildung enthaltenen Kurve über den Gesamtzuckergehalt ersichtlich ist, wird das Verschwinden der festen Kohlenhydrate zur Zeit des Austriebes nicht durch einen entsprechenden Anstieg der im Zellsaft gelösten Kohlenhydrate wettgemacht. Dagegen sehen wir während des Rückganges im Verlauf des Winters ein Ansteigen der Zuckerkurve. Diesen Anstieg hat auch TRAUB (1927) festgestellt. Der letztgenannte Forscher möchte auf Grund dieser Beobachtung unsere Obstbäume sogar lieber zu den „Zuckerbäumen" als zu den „Stärkebäumen" zählen.

Um ein Bild vom Gehalt an „Hemicellulosen" im Vergleich zum Stärkegehalt zu geben, sind nachstehend einige Zahlen aus den Untersuchungen von KRAYBILL, POTTER und Mitarbeitern (1925) herausgegriffen. Wir sehen, daß die Stärke nur einen geringen Teil der festen Kohlenhydratreserven ausmacht. Dennoch läßt sich an ihrer großen Bedeutung für den Kohlenhydrathaushalt unserer Obstbäume nicht im geringsten zweifeln.

Stärkegehalt und Gehalt an „Hemicellulosen" im Fruchtholz des Apfelbaumes nach KRAYBILL, POTTER *und Mitarbeitern (1925), bezogen auf das Trockengewicht.*

Datum der Untersuchung	Stärke %	„Hemicellulosen" % (bestimmt als Traubenzucker)	Datum der Untersuchung	Stärke %	„Hemicellulosen" % (bestimmt als Traubenzucker)
20. April ..	1,08	17,36	14. Juni ..	1,73	16,83
25. April ..	1,42	14,97	20. Juni ..	1,98	16,11
2. Mai	1,17	17,23	27. Juni ..	2,31	16,37
9. Mai	1,13	16,14	6. Juli ..	2,31	16,79
16. Mai	1,03	17,15	15. Juli ..	3,36	17,52
23. Mai ...	0,89	19,04	6. August	3,67	17,38
31. Mai	1,05	17,68	5. Sept. .	6,13	16,38
6. Juni ...	1,17	17,83	4. Febr. .	0,81	—

Wenn wir diese Zahlen betrachten, so fällt uns die Regelmäßigkeit der Stärkekurve auf, die zudem in Übereinstimmung mit Verbrauch und Austrieb steht, wogegen die Zahlen für die „Hemicellulosen" in unregelmäßiger Weise schwanken, so daß wir den Eindruck erhalten, daß entweder die Bestimmungsmethodik nicht einwandfrei gewesen sei oder den „Hemicellulosen" für den Kohlenhydrathaushalt keine eindeutige Rolle zukomme.

Über die Schwankungen im Gehalt an *Eiweißstoffen*, die unsere Obstbäume im Verlauf des Jahres aufweisen, sind wir nur ungenügend unterrichtet. Die Analysen wurden zu wenig oft wiederholt, und es wurde vielfach auch nur der Gesamtstickstoff angegeben. Immerhin hat TRAUB (1927) festgestellt, daß der Aminostickstoffgehalt zur Zeit der Wachstumsperiode am größten und in der Ruhezeit am geringsten ist, daß sich dagegen der Proteinstickstoff, also der in den Eiweißen enthaltene, gerade umgekehrt verhält. Wenn wir daran denken, daß der Stickstoff eben als Aminostickstoff in Form von Aminosäuren transportiert wird, so erscheint uns dieser Befund leicht verständlich. Um zu zeigen, in welcher Größenordnung sich die Schwankungen des Stickstoffgehaltes etwa bewegen, greife ich einige Zahlen von KRAYBILL, POTTER und Mitarbeitern (1925) heraus. Sie beziehen sich auf den Gesamtstickstoff, ausgedrückt in Prozent des Trockengewichtes im Fruchtholz eines nichttragenden Apfelbaumes, der in Rasen stand.

Stickstoff-, Phosphor- und Aschengehalt im Fruchtholz eines Apfelbaumes, bezogen auf das Trockengewicht, nach KRAYBILL, POTTER *und Mitarbeitern (1925).*

Datum der Untersuchung	Stickstoff %	Phosphor %	Total-Asche %
20. April	1,13	0,147	9,67
25. April	1,04	0,151	9,67
2. Mai	0,82	0,128	9,18
9. Mai	0,76	0,115	9,26
16. Mai	0,76	0,114	9,30
23. Mai	0,91	0,137	8,90
31. Mai	0,81	0,135	9,10
6. Juni	0,85	0,142	8,97
14. Juni	0,80	0,130	8,89
20. Juni	0,75	0,125	8,63
27. Juni	0,88	0,146	8,58
6. Juli	0,88	0,152	8,08
15. Juli	0,81	0,135	7,11
6. August	0,82	0,131	7,14
5. September	0,85	0,126	7,26
4. Februar	1,04	0,151	7,84

Wir sehen aus diesen Zahlen, daß im April, zur Zeit des Austriebes, der Stickstoffgehalt verhältnismäßig hoch ist, daß er dann abnimmt und im Mai ein Minimum erreicht. Der erwartete Anstieg des Stickstoffgehaltes gegen den Herbst hin ist aus diesen Zahlen nicht genügend ersichtlich, weil Analysen in der zweiten Hälfte des Septembers und im Oktober ausstehen. Doch wird dieser Anstieg der Kurve durch die Zahl vom 4. Februar angedeutet, und wir wissen aus den Untersuchungen von COMBES (1924, 1926), daß der im Eiweiß der Blätter enthaltene Stickstoff zum größten Teil vor dem herbstlichen Blattfall zurückgezogen wird. In den entsprechenden Zweigen aus einem in reichlich mit Stickstoff gedüngtem Boden stehenden Apfelbaum fanden die amerikanischen Forscher wesentlich höhere Stickstoffgehalte, den höchsten — 1,43% — am 4. Februar.

Die Kurve für den *Phosphorgehalt* verläuft in ähnlicher Weise wie die Stickstoffkurve. Auch der Phosphor ist nach dem Austrieb am spärlichsten vorhanden und wird gegen den Herbst hin neuerdings gespeichert.

Der Vollständigkeit halber ist in die Zusammenstellung auch der Totalaschengehalt aufgenommen. Wir sehen, daß er während des Sommers langsam und stetig abnimmt.

Alle in diesem Abschnitt enthaltenen Kurven und Zahlenreihen zeigen einen wenig glatten Verlauf. Dies hängt in erster Linie vom verwendeten Analysenmaterial ab. Es ist in praxi sehr schwierig, vergleichbare Teile zu sammeln; denn die verschiedenen Zweigformen haben, wie KROEMER (1914—15) und vor allem auch A. SCHELLENBERG (1926) hervorheben, einen sehr ungleichen anatomischen Bau. So enthält beispielsweise das Fruchtholz verhältnismäßig viel mehr Rinde und Bast und viel weniger Holz als Langtriebe. Die Speicherfähigkeit von Holz und Bast ist aber weitgehend verschieden. Die Verkürzung und Verdickung der Fruchtholzsysteme bedingt eine ausgesprochene Eignung für die Anhäufung von Reservestoffen. Etwas bessere Ergebnisse würde man daher in den chemischen Untersuchungen erzielen, wenn man, wie es TRAUB (1927) durchführte, die äußere Rinde, den Bastteil, das äußere Holz und das innere Holz mit dem Mark je für sich untersuchen würde. Doch tritt bei diesem Vorgehen eine sehr beträchtliche Arbeitsvermehrung ein. MÜLLER-THURGAU und KOBEL untersuchten Rinde-Bast und Holz-Mark je für sich und konnten zeigen, daß die Schwankungen des Zuckergehaltes und des Gehaltes an hydrolysierbaren Kohlenhydraten in den beiden Systemen nicht immer gleichsinnig verlaufen.

F. Der Einfluß von Kälte und Wärme.

Die Abhängigkeit der wichtigsten Lebensprozesse von der Temperatur. — Die Beeinflussung des frühjährlichen Austriebes und der Fruchtreife durch die Temperatur. — Schädigungen durch hohe Temperaturen. — Schädigungen durch tiefe Temperaturen. — Die Möglichkeiten der Frostbekämpfung.

Der Verlauf der mannigfachen chemischen Vorgänge, die sich im Innern der Pflanze abspielen, ist von der Temperatur abhängig. Es ist uns nicht möglich, diese Temperatureinflüsse in ihren Einzelheiten zu überblicken, dies um so weniger, als die verschiedenen Aufbau- und Abbauprozesse in komplizierter Weise ineinanderspielen. So nimmt, um nur ein Beispiel zu erwähnen, die Menge des assimilierten Kohlenstoffes mit steigender Temperatur bei sonst gleichen Verhältnissen zu. Aber auch die Atmung ist in ähnlicher Weise von der Temperatur abhängig. Das Nettoergebnis der Photosynthese hängt also vom Zusammenspiel der beiden Prozesse ab, und es ist nicht unbedingt gesagt, daß sich die Förderung der Assimilation durch höhere Temperatur auch in einer Vermehrung der Menge der verwendbaren Kohlenhydrate auswirke. Analoge Überlegungen ließen sich für das gegenseitige Verhältnis von Assimilation des Kohlenstoffes und Transpiration anstellen, da auch dieser Vorgang durch die Temperatur beeinflußt wird und bei

Wasserknappheit durch erhöhte Transpiration eine Schließung der Spaltöffnungen — und damit eine Verhinderung der CO_2-Zufuhr — ausgelöst werden kann.

Auch wenn wir die Temperaturabhängigkeit der verschiedenen Lebensäußerungen unserer Obstbäume als Ganzes betrachten, stoßen wir auf große Schwierigkeiten. So zeigt sich beispielsweise, daß die Zeitdauer von der Winterruhe bis zur Entfaltung der Knospen wohl von der Temperatursumme abhängig ist, daß jedoch keine einfachen Gesetzmäßigkeiten herrschen. Um diese Frage zu untersuchen, können wir nach der Methode der Phänologen vorgehen und für eine Anzahl Standorte vom 1. Januar an die mittleren Tagestemperaturen addieren, um dann festzustellen, bei welcher Temperatursumme die einzelnen Obstarten und -sorten zu blühen beginnen. Dieser Weg wurde nach GARDNER, BRADFORD und HOOKER von einer Anzahl Forscher, wie WAUGH, SANDSTEN, BRADFORD, beschritten und führte zu der merkwürdigen Tatsache, daß sich zwischen Temperatursumme und Aufblühzeit einfache Zusammenhänge nicht ergeben. An den bei etwa 30—32° nördlicher Breite gelegenen Stationen war die erforderliche Temperatursumme annähernd doppelt so groß wie an den zwischen 40 und 42° gelegenen. Diese Erscheinung hängt offenbar mit der Frage der Winterruhe zusammen: in südlichen Gegenden mit relativ hohen Wintertemperaturen dauert die obligate Ruhe unserer Obstarten, d.h. die Zeit, in der ein Wachstum auch bei Temperaturen über dem Wachstumsminimum nicht möglich ist, wesentlich länger als an Orten mit tiefen Wintertemperaturen. So stehen wir vor der paradox anmutenden Tatsache, daß der frühjährliche Austrieb in niedrigen geographischen Breiten wesentlich langsamer vor sich geht als weiter polwärts. In unseren nördlich der Alpen gelegenen Obstbaugebieten kommt allerdings diese Erscheinung nicht zur Geltung.

Wesentlich anders macht sich nach den Zusammenstellungen von PHILLIPS (1922) der Einfluß der Temperatur auf die Fruchtreife geltend. Hier finden wir mit abnehmender Temperatur gegen Norden eine wesentliche Verlängerung der Zeit zwischen Blüte und Ernte. Die Verzögerung der Reifezeit beträgt beispielsweise im Mississippital zwischen 31° und 41° nördlicher Breite durchschnittlich 5,8 Tage je Grad für den Elbertapfirsich, für die Apfelsorte Ben Davis zwischen 32° und 43,5° 4,7 und für Abundancepflaume 4,4 Tage. In den Gebieten an der atlantischen Küste soll diese Verzögerung der Reifezeit ähnlich verlaufen. In unseren europäischen Obstbaugebieten liegen die klimatischen Voraussetzungen nicht so einfach, und die Zusammenhänge zwischen geographischer Breite und Reifezeit der Obstsorten sind deshalb nicht so durchsichtig. Wir müssen auch mit einer wesentlichen Verzögerung der Fruchtreife mit steigender Meereshöhe rechnen, die durchschnittlich beim Anstieg um je 100 m etwa 8 Tage betragen dürfte.

Diese Verzögerung der Reifezeit mit zunehmender nördlicher Breite und Meereshöhe, also mit abnehmender mittlerer Temperatur während der Vegetationszeit, ist einer der wesentlichen Faktoren, welche über die Anbauwürdigkeit einer Sorte an einem bestimmten Ort entscheiden. So kann die Verzögerung für eine Sorte so groß werden, daß sie nicht mehr ausreift und vom Anbau ausscheidet. Dies trifft beispielsweise für die meisten südfranzösischen Spätbirnensorten in Deutschland oder im schweizerischen Mittelland zu. Apfelsorten, die in der schweizerischen Hochebene zwischen 400 und 600 m Meereshöhe als gute Wintersorten bekannt sind, reifen in Grindelwald bei 1000 m nicht mehr aus. Die Herbstäpfel, wie Jacques Lebel und Berner Rosenapfel, werden dort zu Wintersorten und der Weiße Klarapfel reift anfangs September. Wie kompliziert aber die Verhältnisse im einzelnen liegen, beweist die Angabe von OVERHOLSER und TAYLOR (1920), daß in heißen Gebieten von Kalifornien die Reifezeit der Birnen durch hohe Sommertemperaturen hinausgeschoben werden könne.

Aber auch für die Ausbildung der bestmöglichen Qualität einer Sorte ist eine bestimmte Sommertemperatur ausschlaggebend. Apfelsorten wie Weißer Winterkalvill oder Kanadareinette verlangen zur vollen Ausbildung ihres beliebten Aromas weit höhere Sommertemperaturen als Gravensteiner oder Berner Rosenapfel.

Die verschiedenen Kern- und Steinobstarten und ihre vielen Sorten ermöglichen bei geeigneter Auswahl einen Obstbau unter sehr verschiedenen mittleren Jahrestemperaturen. Bestimmte Grenzen lassen sich aber auch hier nicht angeben. An Orten mit zwar hohen, aber gleichmäßigen Temperaturen und genügend Bodenfeuchtigkeit ist der Anbau von Obstarten viel eher möglich als an durchschnittlich gleich warmen, die kurze, aber extreme Hitzeperioden oder geringe Wasserzufuhr haben. Auf der anderen Seite verhindern manchmal recht geringe mittlere Jahrestemperaturen den Obstbau keineswegs, während er an anderen mit vielleicht höheren durchschnittlichen Temperaturen unmöglich ist, weil extrem tiefe Wintertemperaturen oder gefährliche Spätfröste allzu häufig auftreten.

Schädigungen der Obstbäume durch hohe Temperaturen gehören nördlich der Alpen nicht zu den schwersten Gefahren für den Obstbau. Immerhin findet man recht oft eine Entwertung der Früchte durch Sonnenbrand, namentlich beim Apfel, der sich in dieser Beziehung als die empfindlichste Obstart erweist. Wir beobachten besonders bei rotgefärbten und rotgestreiften Sorten im Juli und anfangs August oft Früchte, die auf der Sonnenseite einen wie verbrüht aussehenden, kreisrunden Fleck aufweisen. Durch die intensive Sonnenbestrahlung wurden die äußersten Zellschichten abgetötet, und es trat Zellsaft in die Intercellularen aus. Solche Früchte sind wertlos und gehen meist durch Fäulnis zugrunde. Sonnenbrand tritt auf, vor allem wenn nach warmen Regenfällen plötzlich heiß-trockenes Wetter auftritt. Wenn einmal ein gewisses Reifestadium überschritten ist, sind die Früchte viel widerstandsfähiger.

Auch das Blattwerk kann durch Hitze geschädigt werden. In dieser Beziehung ist wohl die Birne die empfindlichste Obstart. Es gibt einzelne Sorten, wie Fils de Giffard, bei denen diese Schäden in der Sortimentspflanzung der Versuchsanstalt Wädenswil fast alljährlich auftreten. Wie wir bereits in einem anderen Zusammenhang gesehen haben, treten derartige Blattschädigungen vor allem bei überreicher Stickstoffdüngung auf. In den Föhntälern der Alpen kann es vorkommen, daß durch den heißen Wind auch die Blüten geschädigt werden. In diesen Fällen sind hohe Temperaturen um so schädlicher, als sie während Perioden erhöhter Transpiration einwirken.

Sonnenbrand findet man schließlich auch an Stämmen und Ästen, die vorher beschattet waren und durch irgendeinen Eingriff, z.B. durch das Umpfropfen, plötzlich der direkten Sonnenstrahlung ausgesetzt werden. Durch die Hitzeeinwirkung werden Rinde und Bast bis auf das Cambium abgetötet und lösen sich später ab. Am empfindlichsten sind in dieser Hinsicht der Apfel- und der Kirschbaum sowie der Walnußbaum.

Viel wichtiger als die Schädigungen durch hohe Temperaturen sind in den meisten Obstbaugebieten die Zerstörungen durch *Frost*. Dabei können wir drei Formen der Schädigung durch Kälte auseinanderhalten, die Frühfröste im Herbst, die Winterfröste und die Spätfröste im Frühjahr. Über die tieferen Ursachen des Zelltodes unter dem Einfluß von Kälte sind seit JULIUS SACHS (1860), MÜLLER-THURGAU (1880, 1886) und MOLISCH (1897) zahlreiche Untersuchungen durchgeführt worden. Die Literatur ist bei LEVITT (1941) zusammengefaßt. Ursprünglich glaubte man, der Kältetod der Zellen trete infolge mechanischer Einwirkung durch die Eisbildung ein. Nach DORSEY (1940) bildet sich Eis in den Blatt- und Blütenknospen des Apfelbaumes bereits bei $-2°$ bis $-3°C$. Die Gewebe der jungen

Anlagen können zerrissen werden, wobei die Trennung entlang den Mittellamellen erfolgt. Sobald wärmere Witterung ein Wachstum erlaubt, werden diese Schädigungen rückgängig gemacht, sofern sie nicht zu groß sind. MÜLLER-THURGAU hat als erster mit aller Deutlichkeit darauf hingewiesen, daß Gefrieren nicht auch Erfrieren bedeute. Er hat die Annahme begründet, daß der Tod der Zellen durch Wasserentzug erfolgt. Heute nimmt man an, daß die hauptsächlichste Ursache für das Absterben der Zellen in einer irreversiblen Koagulation des Protoplasmas zu suchen sei. Es ist wahrscheinlich, daß alle erwähnten Möglichkeiten zum Absterben einzelner Zellen oder ganzer Gewebe führen können.

Die Schädigungen durch *Frühfröste* sind von geringerer praktischer Bedeutung als die durch tiefe Wintertemperaturen und durch Spätfröste hervorgerufenen Zerstörungen. Immerhin kommt es vor, daß im Herbst Obst durch vorzeitige Fröste geschädigt wird. OSTERWALDER (1947) hat mit Äpfeln experimentelle Untersuchungen angestellt. Er beobachtete, daß sich zwischen den Sorten recht bedeutende Unterschiede ergeben. Durch größere Frosthärte zeichneten sich beispielsweise aus die Früchte von Berner Rosenapfel, Damasonreinette, Jonathan, Champagnerreinette. Verhältnismäßig empfindlich waren Goldparmäne, Schöner von Boskoop, Landsberger Reinette, während Ontario eine Zwischenstellung einnahm. Alle Sorten hielten eine 24stündige Lagerung bei $-4°C$ ohne große Schädigungen aus. Früchte der Sorte Jonathan wiesen sogar nach 46stündiger Lagerung bei $-8°C$ nur wenige erfrorene Zellpartien auf, trotzdem sie naturgemäß steinhart gefroren waren. Frühfröste von $-4°$ bis $-6°C$ schaden deshalb den Äpfeln nicht. Birnen zeigen ungefähr dieselbe Widerstandsfähigkeit gegen Frost. Als erste Anzeichen der Frosteinwirkung zeigen sich gebräunte Äderchen im Fruchtfleisch. Auch Glasigwerden des Gewebes kann als Folge der Frosteinwirkung auftreten. Bei stärkeren Schädigungen ergeben sich größere und kleinere gebräunte Flecken im Fruchtfleisch. Die äußeren Teile werden eher geschädigt als die inneren, die Schattenseite der Frucht eher als die am Baume besonnte Seite. Wesentlich ist, daß Obst, welches bei Eintritt von Frühfrösten noch am Baume hängt oder das infolge Versagens der Thermostaten in Kühlräumen zu tiefen Temperaturen ausgesetzt wurde, in gefrorenem Zustand nicht berührt wird; die Zellen sind in diesem Zustand naturgemäß brüchig und leicht zerstörbar. Man läßt deshalb solche Früchte möglichst ungestört langsam auftauen.

Gefährlicher wirken sich *tiefe Temperaturen im Winter* aus. Die Zellen sind zwar während der Zeit der Winterruhe sehr viel widerstandsfähiger als während der Vegetationsperiode. Je reichlicher diese mit Assimilaten versehen sind, desto weniger werden sie durch tiefe Temperaturen geschädigt. Alle Einflüsse, welche die Einlagerung von Reservestoffen — das Ausreifen des Holzes — verhindern, drücken die Kälteresistenz herab. Es sind dies: reichlicher Stickstoffvorrat im Boden und späte Stickstoffdüngung, die ein allzu starkes vegetatives Wachstum verursachen und einen rechtzeitigen Triebabschluß verhindern, Schädigungen des Blattwerkes durch mangelhafte mineralische Ernährung, durch Trockenheit, durch Hagel oder durch Parasiten (GLOYER und GLASGOW 1928), übermäßige Ernten. So bildet CHANDLER in seinem Lehrbuch zwei benachbart stehende Bäume der Apfelsorte Wealthy ab, wovon der eine im strengen Winter 1917/18 fast völlig erfror, während der andere keine Schädigungen zeigt. Der erfrorene Baum hatte im vorangegangenen Herbst eine Vollernte getragen, welche die Baustoffe beanspruchte. Der andere war leer gestanden und konnte deshalb seine Gewebe mit Reservestoffen füllen. Ob es sich um eine reine Konzentrationsfrage handelt oder ob gewisse Stoffe, z. B. Pentosane, den Ausschlag geben, wie einige Forscher annehmen, ist nicht abgeklärt. Diese Stoffe sollen den Zellsaft befähigen, eine größere Menge von Wasser vor dem Ausfrieren zu bewahren.

Im allgemeinen zeigen die Untersuchungen, daß unter sonst gleichen Bedingungen Gewebe mit höherem Wassergehalt leichter erfrieren als solche mit niedrigem. So hat CHANDLER (1913) Äste von Pfirsichbäumen abgesägt und sie in den Kronen aufgehängt. Die Knospen dieser gewelkten oder halbgewelkten Äste litten weniger unter den tiefen Temperaturen als diejenigen der nicht abgesägten Äste. CRANE (1930) stellte fest, daß der Wassergehalt der Blütenknospen einer kältewiderstandsfähigen Pfirsichsorte geringer war als derjenige einer empfindlichen. POTTER (1924) trocknete Apfelwurzeln so weit aus, daß ihr Wassergehalt um 5% niedriger war als derjenige der unbehandelten Kontrollen. Nachdem diese Wurzeln einer Temperatur von $-8°C$ ausgesetzt worden waren, wurde eine Schädigung festgestellt, die bei der behandelten Gruppe mit 12,8%, bei der unbehandelten mit 27,5% angegeben wird. Es liegen aber auch Untersuchungen vor, die keine derartigen Beziehungen erkennen lassen, was darauf hinweist, daß auch andere Faktoren eine Rolle spielen.

Die Empfindlichkeit der Gewebe ist nicht nur von den Minimaltemperaturen und der Dauer ihrer Einwirkung abhängig, sondern vor allem auch von der Witterung vor der Kälteeinwirkung. Dies trifft namentlich zu, wenn die Periode der Winterruhe überschritten ist. ROBERTS (1922) hat in schönen Untersuchungen an Sauerkirschen gezeigt, daß zuerst diejenigen Gewebe geschädigt werden, die am frühesten ihre Weiterentwicklung beginnen. Er beobachtete, daß nur diejenigen Zellen erfroren, die in ihrem Innern eine große Zentralvacuole besaßen, die also

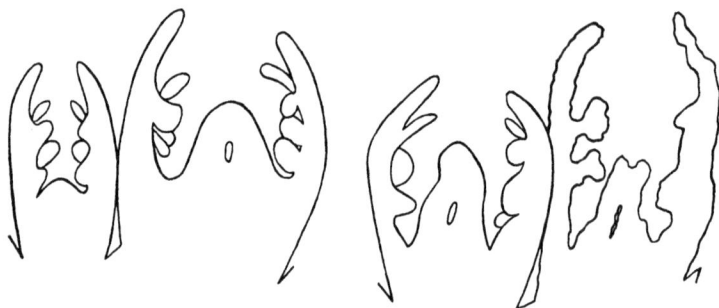

Abb. 22. Ungleiche Entwicklung der Blüten in Knospen von Sauerkirschen. Links: Am 15. September 1917. Rechts: Am 12. März 1918. Die weiter entwickelte Blüte auf der rechten Seite ist erfroren und deshalb geschrumpft, während die weniger weit entwickelte auf der linken Seite dem Frost zu widerstehen vermochte. (Nach ROBERTS.)

bereits eine bedeutende Lebenstätigkeit aufgenommen hatten. Solche Zellen finden sich am reichlichsten hinter der Fruchtknotenanlage der Blütenknospen in denjenigen Geweben, die sich später zum Blütenstiel ausbilden. Es ist deshalb leicht verständlich, daß tiefe Temperaturen weit weniger gefährlich sind, wenn sie langsam eintreten, so daß alle Zellfunktionen zum Stillstand gelangen, als wenn nach einer Reihe von wärmeren Tagen ein plötzlicher Kälteeinfall erfolgt. Eine unterschiedliche Empfindlichkeit von Blütenknospen des Pfirsichbaumes, je nach der Temperatur der vorangegangenen Zeit, haben SCOTT und CULLINAN (1946) auch experimentell festgestellt. CHANDLER (1913) hatte bereits beobachtet, daß 97 bis 100% aller Pfirsichknospen erfroren, wenn sie rasch auf $-17°C$ abgekühlt wurden, während nur 15—18% abgetötet wurden, wenn man sie langsam auf $-19,5°C$ abkühlte. Ähnliche Ergebnisse erhielten BEACH und ALLEN (1915) auch an Apfeltrieben und Apfelwurzeln. Diese Erscheinung war übrigens bereits MÜLLER-THURGAU bekannt.

Meist wird angenommen, daß ein rasches Auftauen gefrorener Gewebe gefährlicher sei als langsames, so von CHANDLER (1913), POTTER (1924), LEVITT (1941), während OSTERWALDER (1947) dieser Frage keine große Bedeutung beimißt.

In gut ausgereiften Zweigen ist das Mark das frostempfindlichste Gewebe. Wir finden daher, besonders bei Birnbäumen, nach kalten Wintern beim Schneiden gebräuntes Mark. Wenn nicht zugleich andere Gewebe geschädigt sind, so hat diese Frosteinwirkung nicht viel zu bedeuten, da das Mark der Zweige nicht zu den unbedingt lebenswichtigen Geweben gehört und die in ihm aufgespeicherte Stärke zur Zeit des Austriebes ohnehin nur bei Hungerzuständen verwertet wird (MÜLLER-THURGAU und KOBEL 1928).

Die Reihenfolge der Frostempfindlichkeit von Holz, Rinde und Cambium scheint nicht immer die gleiche zu sein. Sie dürfte vom Zeitpunkt der Frosteinwirkung abhängen. Gelegentlich findet man neben gebräuntem Mark auch ein

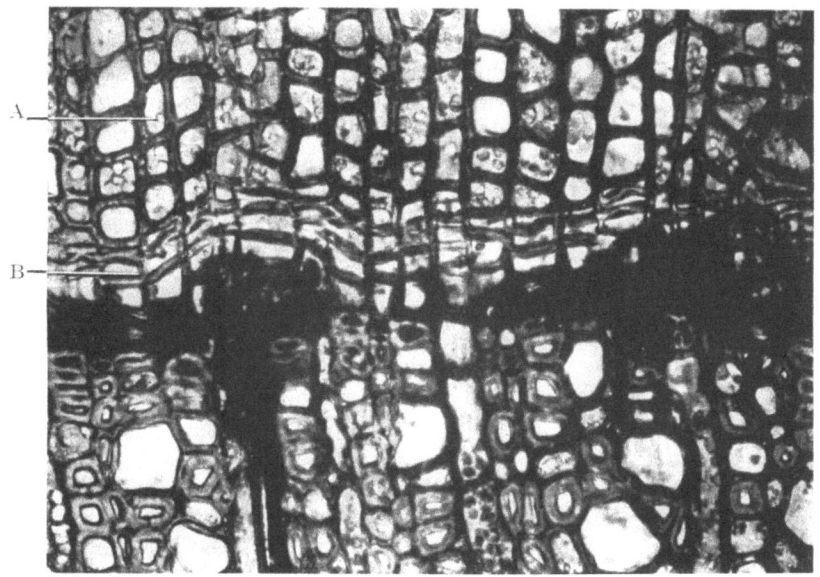

Abb. 23. Querschnitt durch den Zweig eines Birnbaums. Grenze von 2 Jahrringen. Das Cambium war durch den Frost abgetötet. A = mit Stärke gefüllte Parenchymzellen im neu gebildeten Jahrring. B = Korkschicht, die den neu gebildeten Jahrring von dem durch Frost geschädigten vorjährigen trennt. (Nach WOYCICKI.)

verfärbtes Cambium. Doch darf man sich durch die makroskopische Betrachtung nicht täuschen lassen. Unter dem Mikroskop ergeben sich gewöhnlich in allen Geweben neben gesunden Zellen auch Nester von abgestorbenen, ein Bild, das für Frostschäden sehr charakteristisch ist. Nach CHANDLER ist in gut ausgereiften Zweigen das Holzparenchym der jüngsten Jahrringe am empfindlichsten, das Cambium am widerstandsfähigsten. Es kommt vor, daß sowohl das äußere Holz als auch die Elemente des Bastes zum größten Teil absterben, das Cambium aber noch fähig ist, neuen Bast und neues Holz zu bilden. Solche Fälle hat WOYCICKI (1931) näher untersucht. Er stellt fest, daß nach Frostschäden das Cambium zuerst eine besondere Art reihenförmig angeordneter Parenchymzellen und erst später neue Gefäße bildet. Bei Birnen war der neue Jahrring durch eine Korkschicht vom alten, erfrorenen Holz abgetrennt. Man kann an Hand solcher abnormer Bildungen zwischen den Jahrringen an älteren Zweigen die Frostjahre zurückdatieren. Erfrorenes Holz von Kern- und Steinobstarten ist durch das Vorhandensein von bräunlichem Gummi gekennzeichnet. Man muß jedoch bedenken, daß dieser Stoff auch als Folge anderer Schädigungen auftreten kann.

Die abgestorbenen Gewebeteile partiell erfrorener Organe hemmen die Weiterentwicklung der Gewächse oft beträchtlich. Zudem sind sie gefährliche Infektionsstellen für parasitische Pilze, z. B. für die verschiedenen *Valsa*-Arten. Die Folgen der Frostschäden wirken sich daher vielfach erst nach mehreren Jahren aus. So dauerte es nach dem extremen Winterfrost vom Februar 1929 in manchen schweizerischen Kirschengebieten viele Jahre, bis das Absterben von Baumteilen infolge von Valsainfektionen wieder zur Seltenheit wurde.

Besondere Beachtung verdienen die *Frostplatten* und *Frostrisse*. Während die ersterwähnten sowohl am Stamm, an dickeren Ästen und an Zweigen auftreten, finden wir die Rißbildung fast ausschließlich an den Stämmen, seltener an den Leitästen. Die *Frostplatten* entstehen dadurch, daß mehr oder weniger lokal Rinde und Bast abgetötet werden. Es bilden sich in der Folge eingesunkene Stellen von totem Gewebe, die manchmal mit der Zeit von selbst ausheilen. Gefährlicher ist es für den Baum, wenn durch den Frost auch das Cambium in Mitleidenschaft gezogen wurde. In diesem Fall vermorscht das Gewebe im Verlauf einiger Jahre bis zum Holzkörper. Dieser wird in den meisten Fällen durch Pilze und Bakterien zerstört, bevor sich die Wunde von ihren Rändern aus geschlossen hat. An dünneren Ästen und an Zweigen sind Frostplatten vielfach Eintrittspforten für *Nectria*-Arten, die Krebs verursachen. Es ist wichtig, daß der Obstpflanzer solche Frostplatten so frühzeitig als möglich erkennt. Sie sollen ausgeschnitten werden, bis ringsum gesundes Cambium vorhanden ist. Nachher muß die Wunde mit Baumwachs oder säurefreiem Baumteer geschützt werden. Frostplatten entstehen vor allem nach langer Einwirkung tiefer Temperaturen. Man findet sie, je nach den Bedingungen zur Zeit des Frostes, bald vorwiegend auf der Südseite, bald auf der Nordseite des Baumes, bei Hochstämmen häufig an der Stammbasis.

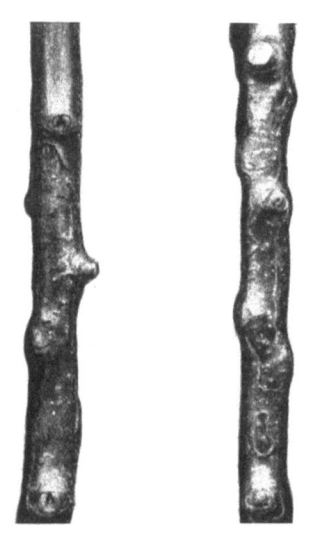

Abb. 24. Bildung von Frostplatten an einem zweijährigen Stamm.
(Nach HILKENBÄUMER 1940.)

Für die Entstehung von *Frostrissen* sind nicht die erreichten Minimaltemperaturen entscheidend, sondern große Temperaturschwankungen innerhalb kurzer Zeit. Sie treten deshalb vor allem auf, wenn warme, sonnige Tage mit kalten Strahlfrostnächten abwechseln. Es entstehen dadurch Spannungen im Rinden- und Bastgewebe, welche schließlich zum Zerreißen der Rinde längs des Stammes führen. Die Frostrisse finden sich deshalb fast immer auf der Süd- und Südwestseite der Bäume. Die Ränder der klaffenden Wunden haben die Neigung, sich zurückzukrümmen, da das Cambium sich leicht vom Holze löst. Die Wundpflege muß daher sobald als möglich einsetzen. Die Wundränder werden durch Bänder an den Stamm gepreßt und die Wunde muß vor dem Eindringen von holzzerstörenden Pilzen durch säurefreien Baumteer oder durch eine Mischung von Kuhdung und Lehm geschützt werden. Durch Einbinden mit Stroh oder mit Sacktüchern verhindert man die Eintrocknung der Wundränder. Im Juni wird die Wunde kontrolliert und auf gesundes Cambium nachgeschnitten. Besser ist es, vorbeugend bei Beginn einer gefährlichen Witterungsperiode die Stämme auf der Südseite durch Stroh oder Bretter vor starker Sonnenstrahlung zu schützen. Gefährdet sind vor allem die Stämme von jungen, triebigen Bäumen. Es ist ohne weiteres verständlich, daß Frostplatten bei allen Baumformen, Frostrisse dagegen vor allem bei Hochstämmen auftreten.

Die einzelnen Kern- und Steinobstarten sind gegenüber tiefen Wintertemperaturen ungleich empfindlich. Es bestehen aber auch ganz beträchtliche Unterschiede zwischen den Sorten jeder Obstart. Dabei ist es unmöglich, eine klare Reihenfolge aufzustellen, da die Frostempfindlichkeit vom zufällig vorliegenden physiologischen Zustand abhängig ist. So erfriert schlecht ausgereiftes Holz einer an sich widerstandsfähigen Sorte unter Umständen leichter als gut ausgereiftes einer empfindlichen. Eine an sich weniger winterharte Sorte kann unter Umständen mit geringeren Schäden durchkommen als eine widerstandsfähige, wenn sie später aus der Winterruhe erwacht und wenn der Frost gerade in der kritischen Zeit eintritt. Wenn auch Beobachtungen über die Empfindlichkeit verschiedener Obstarten und -sorten nach Winterfrösten nicht verallgemeinert werden dürfen, so liefern doch Erhebungen, wie sie RUDORF, SCHMIDT und ROMBACH (1941) durchgeführt haben, wertvolle Anhaltspunkte.

Abb. 25. Frischer Frostriß an einem jungen Stamm. Original. Photo von W. BRYNER.

Im großen ganzen kann man feststellen, daß unter den Kernobstarten die Quitten am empfindlichsten sind. Bei Birnen und Äpfeln schwankt die Reihenfolge je nach Sorten sehr stark. Im allgemeinen dürften die Äpfel eher widerstandsfähiger sein. Dies hat auch WILHELM (1933) in seinen experimentellen Untersuchungen festgestellt. Doch hat z.B. ADAMETZ (1932), dem wir eine Reihe sehr wertvoller Beobachtungen verdanken, nach dem kalten Winter 1928/29 im Teßtale gesunde Birnbäume von Williams Christbirne, Josefine von Mecheln und anderen Tafelbirnen neben erfrorenen Apfelbäumen gefunden. Bei den Steinobstarten ist die Aufstellung der Reihenfolge noch schwieriger. Der Pfirsichbaum leidet vor allem, weil er früh aus der Winterruhe tritt und dadurch empfindlich wird. Es sind namentlich die Blütenknospen gefährdet; aber auch das Holz ist nicht besonders widerstandsfähig. Ähnlich verhält sich auch die Aprikose. Ziemlich empfindlich sind die Süßkirschen, die deshalb in Gebiete mit tiefen Wintertemperaturen nicht vordringen, während die Sauerkirschen, vor allem diejenigen vom Typ der Schattenmorelle, weniger unter Winterkälte leiden. Empfindlich sind auch die Pflaumen und Zwetschgen der Domestica-Gruppe, während nach HAVIS und LEWIS (1938) die Americana- und Triflora-Gruppe im Holz widerstandsfähiger sind. Die Cerasifera-Gruppe dürfte eine Zwischenstellung einnehmen. Alle drei sind aber als Frühblüher um so mehr durch Spätfröste gefährdet. Zu den Obstgewächsen, die leicht unter Winterkälte leiden, gehört schließlich auch der Walnußbaum.

Die Unterschiede in der Frostempfindlichkeit zwischen den einzelnen Sorten einer Obstart erweisen sich um so bedeutender, je heterogener die Stammformen sind, von denen sie abstammen. Am beträchtlichsten ist daher die Variabilität beim Apfelbaum. Während die beiden wichtigsten Stammarten *Malus pumila* und *Malus silvestris* allem Anschein nach recht empfindlich sind und deshalb nicht weit nach Norden vordringen, erduldet nach MACOUN *Malus baccata* Winterfröste bis -50°C. Eine ähnliche Frostresistenz weist auch *Malus prunifolia* auf, eine von MITSCHURIN zur Gewinnung kälteresistenter Sorten vielfach eingekreuzte Art, deren Abkömmlinge als ,,Kitajka" bezeichnet werden. In den Versuchen von WILHELM (1933) erwiesen sich Zweige der Sorten Weißer Klarapfel, Transparent von Croncels und Rheinischer Winterrambur als kälteresistent. Sie ertrugen Temperaturen von -24°C ohne Schaden, während beim Großen Rheinischen Bohnapfel unter den gleichen Bedingungen schon 5—6 Zellreihen des Rindenparenchyms erfroren waren. Auch die Goldparmäne war nicht wesentlich härter. Nach ADAMETZ (1932) dürfen als besonders widerstandsfähig gelten der Weiße Astrachan, der Bohnapfel (es liegt wohl eine Sortenverwechslung vor!), der Weiße Klarapfel, Transparent von Croncels und eine Anzahl aus Rußland eingeführter Sorten. Als sehr empfindlich erwiesen sich im Teßtale Schöner von Boskoop und Gravensteiner, während andere Sorten eine Zwischenstellung einnahmen. Hierzu wäre zu bemerken, daß in der Schweiz und in Deutschland Gravensteiner wesentlich winterhärter ist als Boskoop. Zahlreiche Angaben über amerikanische Sorten finden sich bei HAVIS und LEWIS (1938).

Die Birnen wiesen in den erwähnten Versuchen von WILHELM (1933) bereits bei -22°C deutliche Schädigungen auf. Williams Christbirne war weniger hart als Clapps Liebling und Köstliche von Charneu.

Eine besondere Beachtung verdient die *Frostempfindlichkeit der Wurzeln*. Sie ist wesentlich größer als diejenige der Triebe. WILHELM (1933) kommt das Verdienst zu, diese Frage experimentell untersucht zu haben. Die Mitte März der Baumschule entnommenen, vor der 24stündigen Einwirkung der Kälte 5 Tage bei 0° abgehärteten Unterlagen zeigten folgendes Bild: ,,Paradies" und Apfelwildling: dünnste Wurzeln oder Wurzelspitzen tot bei -8°C, starke Schädigungen bei -12° bis -14°C. ,,Doucin" zeigte ähnliche Schädigungen schon bei 2°C höherer Temperatur. Birnenwildlinge und Quitten zeigten ebenfalls bei -8°C deutliche Schäden. Marunke (= Ackermanns Pflaume) und Brüssel-Pflaume (= *Prunus domestica*) wiesen bei -8°C bereits ziemlich starke Schäden auf. Auch für einen Teil der Süßkirschenwildlinge war -8°C die kritische Temperatur, während andere erst bei -10°C litten. Im nächsten Jahr zeigten in ähnlichen Versuchen Marunken und St.-Julien-Pflaumen, die bereits Mitte Dezember ausgegraben wurden, nach einer Einwirkung von -8°C während 24 Stunden keine Schädigungen. Apfelunterlagen, die zur gleichen Zeit der Baumschule entnommen worden waren, erwiesen sich aber bei -13°C als total geschädigt und zeigten damit an ihren Wurzeln eine ähnliche Frostempfindlichkeit wie die erst im März der Baumschule entnommen. Wir müssen annehmen, daß das Temperaturminimum für die Wurzeln unserer Kernobst- und Steinobstarten wenigstens $10-15^\circ$C höher liegt als dasjenige für die Zweige. Wir können daraus folgern, daß ausgegrabene Jungbäume nicht bei tiefen Temperaturen verpflanzt oder spediert werden dürfen, und daß im Einschlag für eine gute Bedeckung der Wurzeln zu sorgen ist.

Da das Wurzelwachstum bereits im Winter beginnt, können durch Kälterückschläge, die den Boden neuerdings bis in die Wurzelregionen zum Gefrieren bringen, unter Umständen bedeutende Schädigungen verursacht werden. Diese Gefahr ist besonders groß, wenn der Kälteeinbruch nach einer längeren Periode warmen Wetters erfolgt, wie dies im schweizerischen Mittelland im Februar 1948 der Fall war (FRITZSCHE 1948). Besonders gefährdet sind naturgemäß sonnige Hänge mit flachgründigem Boden. Diese Wurzelschädigungen durch Frost äußern sich in einem mangelhaften Austrieb des ganzen Baumes oder einzelner Äste. Die Knospen entfalten sich zwar meist, aber die Blättlein bleiben klein und sterben teilweise ab. Die Blütenknospen sind stärker gefährdet als die Blattknospen. Die Triebe bleiben aber lange grün, und oft erfolgt später aus den schlafenden Augen, namentlich im Innern der Krone, ein zweiter Austrieb, nachdem sich neue Wurzeln gebildet haben. Durch gute Düngung kann diese Regeneration des Wurzelwerkes und der Krone gefördert werden. Derartige Erscheinungen wurden schon früher aus Amerika beschrieben.

Wie wir bereits erwähnten, nimmt die Gefahr der Frostschäden bedeutend zu, sobald die Ruheperiode gebrochen ist und neues Wachstum beginnt. Da die Wachstumsvorgänge in den Knospen, vor allem in den Blütenknospen, zuerst einsetzen, sind diese am stärksten gefährdet, namentlich bei den frühblühenden Obstarten. Es sei auf die S. 40 erwähnten Untersuchungen von SCOTT und CULLINAN (1946) und anderer Forscher verwiesen. Je nach dem Zeitpunkt der Einwirkung des Frostes ergibt sich ein etwas verschiedenes Schadenbild. Meist treiben die mehr oder weniger weit entwickelten Blütenknospen im Frühjahr nicht aus. Wenn man sie längs durchschneidet, findet man jene Stelle gebräunt, aus der sich der Blütenstiel entwickeln sollte. Manchmal, namentlich bei späterem Eintritt des Frostes, sind nur die Fruchtblätter und der Griffel zerstört. Vielfach treten diese Schädigungen der Blütenknospen auf, ohne daß auch das Holz oder die Blattknospen Anzeichen einer Frosteinwirkung aufweisen.

Die beste Vorbeugungsmaßnahme gegen Winterfröste sind die Wahl verhältnismäßig widerstandsfähiger Obstarten und -sorten und die gute Pflege der Obstbäume. Wo die Gefahr von Schädigungen vorliegt, wird man mit dem Schnitt der Bäume warten, bis man annehmen darf, daß keine wesentlichen Rückschläge mehr eintreten. Dies gilt vor allem für schwachwüchsige Bäume, namentlich die auf Malus EM IX veredelten Apfelbäume, und für Birnen mit Quitte als Veredlungsunterlage. Die Erfahrung zeigt, daß bereits geschnittene Bäume weit empfindlicher sind. In offenen Lagen kann Wesentliches erreicht werden durch die Errichtung von Windschutzstreifen, welche den Zutritt von kalten Winden brechen. Diese Tatsache ist seit langem erkannt (s. z. B. BAILEY 1889!), aber in der Praxis viel zuwenig ausgenützt worden.

Eine der schwersten Gefahren für die Obsternten sind in sehr vielen Obstbaugebieten die *Spätfröste*, d. h. jene Kälterückschläge, die auftreten, nachdem sich die Knospen entfaltet haben. Die große Literatur über dieses Gebiet kann nur in ihren Hauptzügen angeführt werden. Die Spätfröste treten in zwei Formen auf. Die gefährlichere, der *Strahlfrost*, entsteht bei klarem Himmel und Windstille und ist gekennzeichnet durch die große Abkühlung infolge von Ausstrahlung. An dieser Wärmeabgabe nehmen auch die Organe der Pflanze teil. Sie weisen daher vielfach tiefere Temperaturen auf als die sie umgebende Luft. Die zweite Frostart ist der *Advektivfrost*, gekennzeichnet durch die Zufuhr von kalter Luft, oft von Schneefall begleitet. Zwischen beiden Frostarten gibt es zahlreiche Übergänge.

Die jungen, wachsenden Gewebe sind extrem kälteempfindlich. Zuerst erfrieren bei den Kernobstarten die Fruchtblätter und der Griffel, so daß bei längsgeschnittenen Blüten das Innere schwarz erscheint. Beim Steinobst werden ebenfalls die entsprechenden Organe zerstört. Sie liegen aber offener da, so daß der Schaden ohne Öffnen der Blüten leicht erkennbar ist.

Die kritische Temperatur ist auch bei den Spätfrösten von verschiedenen Faktoren abhängig, so von der Witterung vor dem Frosteintritt. Die Blüten sind empfindlicher, wenn nach warmen Tagen, welche das Wachstum stark angeregt haben, plötzlich ein Kälterückfall erfolgt, als wenn die Minimaltemperaturen am Schlusse einer langen Periode kalten Wetters auftreten. Nasse Blüten sind weniger widerstandsfähig als trockene, wie OSTERWALDER (1947) experimentell festgestellt hat. Auch die Dauer der Kälteeinwirkung spielt eine Rolle.

Es bestehen etwelche Unterschiede in bezug auf die Frostanfälligkeit der noch geschlossenen Blütenknospen, der offenen Blüten und der jungen Früchtlein. YOUNG (1947), der diese Frage experimentell bearbeitet hat, gibt als allgemeinen Überblick folgende Zusammenfassung (umgerechnet und auf $\frac{1}{3}°$C auf- oder abgerundet).

Temperaturen, welche ertragen werden, wenn die verschiedenen Stadien 30 Minuten den betreffenden Temperaturen ausgesetzt werden.

Obstart	geschlossene, die Blütenblätter zeigende Knospen	Vollblüte	Früchtlein
Äpfel	$-4°$ C	$-2\frac{1}{3}°$ C	$-1\frac{2}{3}°$ C
Birnen	$-4°$ C	$-2\frac{1}{3}°$ C	$-1°$ C
Kirschen	$-2\frac{1}{3}°$ C	$-2\frac{1}{3}°$ C	$-1°$ C
Pflaumen	$-4°$ C	$-2\frac{1}{3}°$ C	$-1°$ C
Zwetschgen	$-5°$ C	$-2\frac{2}{3}°$ C	$-1°$ C
Aprikosen	$-4°$ C	$-2\frac{1}{3}°$ C	$-\frac{2}{3}°$ C
Pfirsiche	$-4°$ C	$-2\frac{2}{3}°$ C	$-1°$ C
Walnuß	$-1°$ C	$-1°$ C	$-1°$ C

Diese Zahlen können nur einen allgemeinen Überblick vermitteln. Es ist durchaus nicht immer so, daß die geschlossenen Knospen sich weniger empfindlich erweisen als die offenen Blüten. Auch tritt nicht immer gleich nach dem Fallen der Blumenblätter ein besonders empfindliches Stadium auf. Je nach den gerade vorliegenden Bedingungen kann die kritische Temperatur für ein und dasselbe Stadium einer bestimmten Obstsorte um $1-2°$C verschieden sein.

YOUNG führte auch Versuche durch, um die Empfindlichkeit verschiedener Sorten ein und derselben Obstart zu vergleichen. Nach diesen Untersuchungen erträgt z.B. die Apfelsorte Rome Beauty $\frac{1}{2}-1°$ C tiefere Temperaturen als Delicious, die Birnsorte Winter Nelis $\frac{1}{2}-1°$ C tiefere als Boscs Flaschenbirne, während Williams Christbirne eine mittlere Stellung einnimmt. Auch bei anderen Obstarten kommen ähnliche Unterschiede vor. Am größten scheinen sie, wie schon aus der oben wiedergegebenen Tabelle hervorgeht, zwischen den einzelnen Pflaumen- und Zwetschgensorten zu sein. Ähnliche Untersuchungen über die Empfindlichkeit der Blüten haben bereits WEST und EDLEFSON (1921) sowie FIELD (1939, 1942) und andere durchgeführt. Die ersterwähnten Forscher halten die Süßkirsche für die frostempfindlichste aller Stein- und Kernobstarten. Eine wertvolle Zusammenstellung über die vorhandenen Untersuchungen geben KEMMER und SCHULZ (1952).

Es gibt zahlreiche Beobachtungen über die Frosthärte zur Blütezeit, da sich häufig Gelegenheit bietet, solche anzustellen. Die Angaben widersprechen sich vielfach, was in Anbetracht der obenerwähnten Beziehungen leicht verständlich ist. Jedenfalls sind die Unterschiede nicht derart, daß sie die Sortenwahl beeinflussen könnten. Interessant ist, daß die Frosthärte der Blüten nicht parallel geht mit derjenigen des Holzes. So hat sich beispielsweise die Blüte der Apfelsorte Ontario bei Spätfrösten vom 1. Mai 1945 und 11. Mai 1953 im schweizerischen Mittelland als relativ widerstandsfähig erwiesen, während das Holz dieser Sorte frostempfindlich ist.

Gefährlich für den Obstbau sind nur die totalen Frostschäden. Eine teilweise Zerstörung der Blüten, bis zu 70 und 90%, kann unter sonst günstigen Bedingungen immer noch zu Vollernten führen. Diese Tatsache muß in Betracht gezogen werden, wenn man den Nutzen der künstlichen Frostbekämpfung abwägt.

Wenn der Frost auf junge Früchtlein einwirkt, so äußern sich Teilschädigungen später in eigenartigen Korkbildungen, namentlich in der Umgebung des Kelches. Diese rostigen Stellen ziehen sich oft bandartig über die Frucht hin oder bedecken größere Teile derselben. Es können eigentliche Frostgürtel entstehen. Es kommt auch vor, daß durch die tieferen Temperaturen die befruchteten Samenanlagen zerstört werden, so daß infolge des Frostes samenlose, bei Birnen oft mißgestaltete Früchte hervorgehen (YOUNG 1947).

Durch Spätfröste können auch junge Blätter geschädigt werden. Durch die sich im Blattinnern bildenden Eiskristalle wird die untere Epidermis vom Mesophyll gelöst und hebt sich später blasenförmig ab (STEWART und EUSTACE 1902). Diese weißen Blasen können noch an ausgewachsenen Blättern festgestellt werden, besonders häufig bei Aprikosen. Vielfach ergeben sich als Folge einzelner abgestorbener Zellgruppen beim Auswachsen der Blätter charakteristische Verkrüppelungserscheinungen der Blattränder und -spitzen. Sie sind oft mehr oder weniger kreisförmig und unregelmäßig gezackt und gleichen gelegentlich Blättern, die von gewissen Viruskrankheiten befallen sind.

Es gibt nur wenige Möglichkeiten, um Spätfrostschäden vorzubeugen. Die wirksamste ist die Vermeidung eigentlicher Frostlagen für Obstpflanzungen. Es sind dies abgeschlossene Kessellagen, wo sich die Kaltluft ansammelt, und kalte Ebenen. Gelegentlich kann abfließende Kaltluft durch Waldstreifen oder auch durch Schutzwände von den Obstpflanzungen weggeleitet werden. Wichtig ist die Erkenntnis, daß die Luft über Gras in Frostnächten kühler ist als über offenem Boden. ROGERS (1949) hat in 28 Nächten, in denen das Thermometer unter 0°C sank, den mittleren Temperaturunterschied über Gras und offenem Boden bestimmt. Er betrug in 90 cm Höhe ungefähr $1/3$°C, im Maximum etwas über 1°C. Wesentlich größere Unterschiede hat CONFORD (1939) festgestellt, nämlich mehr als 3°C. Es ist jedenfalls vorsichtig, bei Frostgefahr das Gras unter Obstbäumen kurz zu mähen, um dadurch die Ausstrahlung zu vermindern.

Über die Anwendung direkter Frostbekämpfungsmaßnahmen besteht eine große Literatur. Eine gute, durch die englischen Fachspezialisten BLACKMAN, BRUNT, HOBLYN und SWARBRICK verfaßte Zusammenstellung findet sich bei SALISBURY (1945). Von den zahlreichen diskutierten Methoden haben sich bis jetzt nur das Heizen und — in geringerem Ausmaß — das Räuchern in die Praxis eingebürgert.

Beim *Heizen* will man durch die Erzeugung von Wärme der Luft die nötigen Kalorien zuführen, um die Temperatur über die kritische Grenze zu bringen. Es sind, zuerst in Kalifornien, kleine Heizöfen konstruiert worden, in welchen vor allem Rohöl verbrannt wird. Dieses Verfahren ermöglicht, je nach der Zahl der Öfen je Flächeneinheit, Temperaturerhöhungen von 2—4°C. O. W. KESSLER (1935, 1936) verwendete Braunkohlenbriketts als Brennstoff. Um eine maximale Auswertung des Brennmaterials zu erreichen, sollte dieses mit heller Flamme und ohne Ruß oder Rauchbildung brennen. GRAINGER (1939, 1940) hat aber nachgewiesen, daß sich unter diesen Bedingungen in den Blütenknospen die Temperatur unter diejenige der Umgebung senkt. Dies dürfte als eine Folge der Wasserverdunstung zu interpretieren sein. In einem Versuche mit flammenden Öfen wurde z. B. die Temperatur der Luft innert einer halben Stunde von $+1$ auf $+3$°C erhöht. In der gleichen Zeit sank sie aber im Innern der Knospen von $+1/2$°C auf -2°C. Wenn dagegen Zeitungspapier mit Öl getränkt als Ballen verbrannt und zudem mit Gras bedeckt wurde, so daß die Luft feucht bleibt, sank die Temperatur in den Knospen nicht ab.

Die Frage, ob das Heizen rentabel sei, hängt von der Art der Pflanzung und vom Wert der zu rettenden Ernte ab. Sie kann nicht generell beantwortet werden.

Es kommt immerhin nur für intensive Betriebe in Frage. Mit diesem Problem befassen sich eingehend YOUNG (1947) sowie LUISIER und MICHELET (1938).

Das *Räuchern* ist wohl die älteste Methode der Frostbekämpfung. Es beruht darauf, daß man mit einer Rauchschicht die Ausstrahlung verhindert. Diese

Abb. 26. Aprikosenpflanzung im Wallis mit kalifornischen Heizöfen zur Frostbekämpfung. (Aus AUBERT und LUEGON: Arboriculture fruitière moderne.)

Methode kann, im Gegensatz zum Heizen, nur als Gemeinschaftswerk einer ganzen Gegend zum Ziel führen. Da fast stets Windströmungen herrschen, wird der Rauch abgetrieben. Es muß daher in einem größeren Gebiet eine eigentliche Frostwehr geschaffen werden, die das nötige Brennmaterial rechtzeitig verteilt. Je nach Windrichtung wird man nach Eintritt der kritischen Temperatur die Feuer mehr auf der einen oder anderen Seite anzünden. Wesentlich ist, daß das gesammelte Material, wie Reisig, feuchtes Stroh, Mist, Moos usw., das reichlich zur Verfügung stehen muß, nur mottet und möglichst viel Wasserdampf („weißen Rauch") entwickelt. Sobald offene Flammen vorhanden sind, besteht die Gefahr, daß die Rauchdecke zerrissen wird. Durch solche organisierte Räucherungen ist es in einzelnen Gemeinden der Schweiz gelungen, ganze Gegenden mit einer dichten Nebelschicht zu überdecken (KOBEL 1948). Ohne Zweifel kann auf diese Weise eine Temperaturerhöhung von wenigstens 2°C erreicht werden. Wenn man dazu noch das Ausbleiben der Unterkühlung in den Knospen rechnet, so kommt man auf einen Gewinn von ungefähr 3°C.

Dieses Räuchern ist umständlich. Es ist deshalb vielfach versucht worden, an Stelle von Rauch irgendwelche *chemischen Nebel* zu erzeugen. O. W. KESSLER (1928) verwendete amerikanische Heizöfen, in welchen er ein Gemisch von 3 Teilen Naphthalin und 1 Teil Teer verbrannte. Der Rauch war so dicht, daß der Eisenbahnverkehr unterbrochen wurde. Der Temperaturgewinn betrug 4°C; aber Feld und Flur waren nachher mit einer dicken Schicht von Ruß überdeckt. Später stellte er (O. W. KESSLER 1934) Wolken von Ammonchlorid her, mit denen es in ebenem Gelände gelang, eine zusammenhängende Nebeldecke zu bilden. Er hat aber schließlich das Vernebeln zugunsten des Heizens aufgegeben. Neuerdings scheint sich in den nordischen Ländern das Verfahren von *Tauno Laine* (1947) einzubürgern. Es beruht auf der Verdampfung von Schwefeltrioxyd und seiner Mischung mit Wasserdampf. Dadurch entsteht ein dichter, schwerer, die Schleimhäute der Nase

Abb. 27. Oben: Teil der Gemeinde Arisdorf (Baselland) mit blühenden Kirschbäumen. Unten: Gleiche Gegend während der Räucherung durch die Frostwehr. Die Kirschenblüte wird durch die geschlossene künstliche Rauchdecke geschützt. (Nach Photographien von Dr. A. MEYER.) (Aus KOBEL und SPRENG: Neuzeitliche Obstbautechnik und Tafelbostverwertung.)

etwas reizender Nebel von feinst verteilter Schwefelsäure. Die Konzentration ist jedoch derart gering, daß keine Schädigung von Pflanzenteilen erfolgt. Ob sich das Verfahren in Mitteleuropa einbürgern wird, erscheint heute noch fraglich.

Das Heizen und namentlich das Räuchern sind nur bei Strahlfrösten erfolgreich. Bei Advektivfrösten kommen sie nicht in Frage.

Ein anderes Verfahren der Frostbekämpfung, das in Betracht gezogen wurde, ist das Hinausschieben der Entfaltung der Knospen durch Bespritzen der Bäume mit α-Naphthylessigsäure im Vorsommer nach HITCHCOCK und ZIMMERMANN (1943). O. W. KESSLER (1936), GATTLEN (1945) und andere bewiesen, daß das Erfrieren dadurch verhindert werden kann, daß man die Pflanzen, solange der Frost andauert, ständig oder mit ganz kurzen Unterbrüchen mit Wasser besprüht. Durch das Gefrieren dieses Wassers an den Pflanzen wird Wärme frei, die vor dem Kältetod bewahrt. Wo die nötigen Wassermengen zur Verfügung stehen und es sich um intensiv genutzte Anlagen handelt, dürfte diese Frostbekämpfung durch Besprühen mit Wasser auch im Obstbau gute Dienste leisten. Schließlich ist auch die Erzeugung von infraroten Strahlen versucht worden. Diese neuere Methode scheint in den Vereinigten Staaten weiter ausgebaut zu werden.

Wo auf Grund irgendeiner der erwähnten Methoden eine Frostwehr organisiert wird, ist die Frostvoraussage von großer Bedeutung. In den meisten Ländern besteht ein besonderer Frostprognosedienst der Meteorologen. Es kann aber auch in jeder Obstbaugegend am Abend vor dem Frosteintritt die zu erwartende Minimaltemperatur bestimmt werden, wie dies beispielsweise CLAUSEN (1942) im Wallis durchgeführt hat.

G. Die Jugendformen der Obstgewächse.

Das Vorkommen von Jugendformen. — Morphologische und anatomische Besonderheiten der Jugendform. — Chemische Besonderheiten der Jugendform. — Physiologisches Verhalten der Jugendform.

L. BEISSNER (1888) verdanken wir eingehende Untersuchungen über das Vorkommen von Jugendformen bei verschiedenen Gewächsen, namentlich bei Koniferen. Der Verfasser (KOBEL 1930) hat an Birnsämlingen eigenartige Wuchsformen kurz beschrieben und daraus geschlossen, daß auch die Sämlinge unserer Obstarten eine Jugendform durchlaufen. Er vermutete, daß verschiedene bisher unerklärliche Erscheinungen der obstbaulichen Praxis auf diese Tatsache zurückzuführen seien. PASSECKER (1940) zeigte, daß Aprikosensämlinge während der ersten 2—3 Jahre ihres Lebens kleinere Blätter mit rauherer Blattoberseite aufweisen als die Edelsorten, und er fand Sämlingsbäume, die im unteren Teil der Krone kleine, im oberen große Blätter trugen. Bei Pfirsichsämlingen beobachtete er schmälere Blätter als bei den Edelsorten.

Gründliche Untersuchungen über die Jugendform bei Obstgehölzen wurden an der Eidgenössischen Versuchsanstalt in Wädenswil durch R. FRITZSCHE (1948) ausgeführt. Er definiert als Jugendform ein erstes Entwicklungsstadium einer aus einem Samen hervorgegangenen Pflanze, während dessen Dauer sich in bezug auf den Habitus, den anatomischen und chemischen Aufbau sowie das physiologische Verhalten wesentliche Unterschiede gegenüber der erwachsenen Pflanze, der Altersform, feststellen lassen. Bei der Feststellung der Unterschiede zwischen Jugendform und Altersform ist auf die große Variationsbreite der einzelnen Merkmale innerhalb einer Obstart Rücksicht zu nehmen. Es dürfen daher nur entsprechende Teile aus der Zone der Jugendform und derjenigen der Altersform ein und derselben Pflanze miteinander verglichen werden. Tut man dies, so findet man, wie FRITZSCHE mit aller Sorgfalt nachwies, beim Apfelsämling zwischen dem 3. und dem 9. Altersjahr, in den meisten Fällen zwischen dem 5. und 6., den raschen und ziemlich unvermittelten Übergang vom Jugendformstadium zur Altersform. Bei Birnen tritt dieser Übergang 1—2 Jahre später auf, und die Extremfälle scheinen häufiger zu sein. Doch konnte mangels eines statistisch auswertbaren Materials Näheres nicht festgestellt werden. Jeder einzelne Langtrieb, der an der Jugendform entsteht, schlägt in die Altersform um, sobald er seine Jugendjahre absolviert hat. Aus der Zone der Jugendform entstehen immer wieder Triebe mit Jugendformcharakter, während Verzweigungen in der Zone der Altersform nicht mehr in die Jugendform zurückschlagen.

Als auffallender Unterschied ergibt sich, daß die an den Hauptästen entstehenden Verzweigungen bei der Jugendform meist fast waagrecht abstehen (im Mittel von 6 Apfel- und 4 Birnsämlingen in einem Winkel von 71°), während diejenigen der gleichen Sämlinge in der Zone der Altersform in spitzerem Winkel inseriert sind (bei den gleichen 10 Sämlingen in einem mittleren Winkel von 46°). Die Knospen, besonders diejenigen an den vielen vorzeitig entstehenden Trieben, sind klein und schlecht ausgebildet. Sie trocknen vielfach im Laufe des Sommers ein und verdornen, beim Birnbaum viel häufiger als beim Apfelbaum. Der Austrieb der Knospen ist verspätet. Die Blätter der Jugendform bleiben im Durchschnitt wesentlich kleiner als diejenigen der Altersform des gleichen Individuums. Sie sind weniger stark behaart und schärfer gezähnt.

Der anatomische Aufbau *vergleichbarer* Triebe aus der Zone der Jugendform und Altersform ist in charakteristischer Weise verschieden. In einjährigen Trieben beansprucht der Holzteil im Durchschnitt der Messungen bei der Jugendform 55,2% des Radius, bei der Altersform nur 39,9%. Rinde und Bast sowie das Mark sind bei der Altersform entsprechend besser entwickelt. Die Zahl

Abb. 28. Links: Jugendform eines Apfelsämlings. Rechts: Altersform des gleichen Sämlings. Der Sämling wurde an der Umschlagstelle durchschnitten, der Teil rechts war somit die Fortsetzung des Teiles links. (Nach FRITZSCHE.)

der Gefäße ist im Altersholz wesentlich größer als im entsprechenden Jugendholz; in vergleichbaren Auszählungen war das Verhältnis 147 : 85. Das Jugendholz weist entsprechend mehr Holzfasern auf (Altersholz 978, Jugendholz 1325 in gleich großen Querschnitten). Die Parenchym- und Markstrahlzellen sind im Altersholz wesentlich reichlicher vertreten (243 : 169). Diese anatomischen Unterschiede erklären die auffallende Festigkeit des Jugendholzes. KEMMER (1950) bestreitet das Vorkommen von Jugendformen bei den Obstgewächsen. Er begeht dabei den Fehler, daß er nicht vergleichbare Lang- und Kurztriebe aus der Zone der Jugendform und Altersform einander gegenüberstellt, was den erfahrenen Obstfachmann zu ganz irrigen Schlüssen verleitet.

4*

Die chemische Analyse vergleichbarer Zweige, die FRITZSCHE nach der Komplexgruppenmethode durchführte, ergab in eindeutiger Weise, daß bei der Altersform reduzierende Zucker, Stärke, Roh- und Reinprotein und die Pektinstoffe wesentlich reichlicher vertreten sind als in der Jugendform. Auch der Aschengehalt der Altersform ist größer. Dagegen wies die Jugendform mehr Hemicellulosen und — entsprechend dem anatomischen Bau — bedeutend mehr Cellulose und Lignin auf. Einzig der Gehalt an nichtreduzierenden Zuckern (wohl hauptsächlich Rohrzucker) war bald bei der Jugendform, bald bei der Altersform höher, was einmal mehr den transitorischen Charakter dieser Kohlenhydrate im Gewebe des Apfelbaumes zeigt.

Wesentlich sind die *physiologischen Unterschiede* zwischen Jugendform und Altersform. Es ist in den sehr zahlreichen Ringelungsversuchen in Wädenswil nie gelungen, in der Zone der Jugendform die Bildung von Blütenknospen zu erzwingen. Es kommt bei den Sämlingen unserer Kern- und Steinobstgewächse — und wohl bei sehr vielen anderen Gehölzen — eine eigentliche *Jugendsterilität* vor. Sie kann nicht in einfacher Weise ernährungsphysiologisch begründet sein, da jene durch die Ringelung erreichbare ernährungsphysiologische Verschiebung, die bei nicht blütenbildenden, sich in der Altersform befinden-

Abb. 29. Teil eines geringelten Apfelsämlings. Die Ringelung erfolgte im unteren, auf dem Bild nicht sichtbaren Teil, Fruchtbildung zeigt sich nur in der Alterszone. Der Pfeil weist auf die Umschlagstelle zwischen Jugendform und Altersform hin. Die Jugendform ist kleinblättrig. (Nach FRITZSCHE.)

den Apfelbäumen immer zur Bildung von Blütenknospen führt, nicht wirksam ist. Allerdings ist der anatomische Bau des Jugendholzes nicht geeignet, um große Mengen von Kohlenhydraten zu speichern. Aber das Zustandekommen dieses besonderen anatomischen Baues kann nicht primär durch besondere Ernährungsverhältnisse bedingt sein. Sonst müßte man durch Aufpfropfen der Jugendform auf eine Altersform sogleich gut ernährte Triebe mit den Eigentümlichkeiten der Altersform erhalten, was jedoch nicht zutrifft. Die Jugendform wird nach der Pfropfung ebensolange beibehalten wie sie andauern würde, wenn man den Sämling auf eigener Wurzel aufwachsen ließe. Die gleiche Konstanz von Jugendform und Altersform stellen wir auch fest, wenn umgekehrt die Altersform auf die Jugendform veredelt wird. So beobachten wir beispielsweise, daß die Stockausschläge von Sämlingsunterlagen an alten Bäumen regelmäßig den Charakter der Jugendform zeigen. Man muß daraus den Schluß ziehen, daß der besondere anatomische Bau und die Sterilität der Jugendform hormonal bedingt sind. Es ist jedoch nicht zu entscheiden, ob die schließliche Bildung von Blütenknospen der Entstehung besonderer Blühhormone zu verdanken ist oder ob nicht umgekehrt in der Jugendform Hormone bestehen, welche die Entwicklung von Blütenknospen hemmen. Die Untersuchung dieser Frage stößt auf besondere Schwierigkeiten. Man muß aus den negativen Ergebnissen der Pfropfungsversuche schließen, daß diese Hormone entweder sehr wenig mobile Substanzen sind oder daß ein kompliziertes Zusammenspiel mehrerer Hormone ausschlaggebend ist.

Diese Sterilität der Jugendform ist nicht zu verwechseln mit der ernährungsphysiologisch bedingten Sterilität eines Jungbaumes irgendeiner Sorte. Hier liegt, wie wir in einem anderen Zusammenhang sehen werden, ein für die Anlage von Blütenknospen ungünstiges Verhältnis zwischen den vorhandenen Kohlenhydraten und Mineralstoffen vor. Solche Bäume sind potentiell zur Blütenbildung befähigt. Im Gegensatz zu der Jugendform ist hier einzig nötig, die Ernährungsbedingungen entsprechend zu verändern, was beispielsweise durch die rechtzeitig ausgeführte Ringelung erreicht werden kann. KEMMER (1950) macht einige auf Grund seiner Beschreibung kaum interpretierbare Einzelfälle geltend, um diesen grundsätzlichen Unterschied zwischen den beiden Formen der Sterilität zu bestreiten. Der Verfasser dieses Buches ist jedoch dank der ständigen Verfolgung der Untersuchungen FRITZSCHES und eigener Erfahrungen davon voll überzeugt, daß diese Einwände nicht zu Recht bestehen.

Die Jugendsterilität hat bedeutende Konsequenzen für die Technik der Sortenzüchtung. Es ist vorläufig nicht möglich, eine frühzeitige Fruchtbarkeit der Sämlinge zu erzwingen, weil wir kein Mittel kennen, um die Jugendperiode abzukürzen. Es erscheint deshalb am zweckmäßigsten, die Apfelsämlinge vorerst ohne alljährlichen Rückschnitt in ziemlich engem Stande aufzuziehen, bis sie größtenteils die Jugendperiode abgeschlossen haben. Hierauf können ihre Endtriebe auf schwache Veredlungsunterlagen veredelt werden. Dadurch erreicht man eine Blütenbildung, sobald die Sämlinge potentiell fruchtbar geworden sind. Eine Veredlung der ein- oder zweijährigen Sämlinge auf schwache Unterlagen führt, wie wir im Verlaufe unserer Züchtungsarbeiten bei Hunderten von Bäumen festgestellt haben, nicht früher zum Ziel, da vorerst Jugendholz entsteht und die Sämlinge erst nach Jahren an der Peripherie der Krone, nie aber im Kroneninnern, zu tragen beginnen.

Eine weitere physiologische Eigenschaft der Jugendform ist ihre *Bewurzelungsfähigkeit*, die bereits PASSECKER (1940) beobachten konnte. FRITZSCHE hat durch sorgfältige Untersuchungen gezeigt, daß jeder Apfelsämling befähigt ist, an durch Anhäufeln etiolierten Trieben Wurzeln zu bilden, solange er in der Jugendform steht. Auch die Bewurzelung von Stecklingen ist im Jugendstadium häufig möglich, während bei der Altersform diese Fähigkeit verlorengeht. Die typisierten Apfelunterlagen sind nichts anderes als fixierte Jugendformen. Durch die besondere Art der Vermehrung mit Abrissen ist dafür gesorgt, daß diese Jugendform ständig beibehalten wird, da man stets in die Zone der Jugendform zurückschneidet. Läßt man z. B. Apfeltypen von East Malling zu Standbäumen aufwachsen, so verhalten sie sich in der gleichen Weise wie Sämlinge. Nach einigen Jahren verlieren sie den Charakter der Jugendform und schlagen in die fruchtbare Altersform um. Eine Sonderstellung nimmt dabei Typ IX ein, der vielleicht bereits eine Altersform ist. Bei vegetativ vermehrbaren Steinobstunterlagen, die man nicht mit Abrissen, sondern mit Ablegern vermehrt, besteht die Gefahr, daß man nach und nach aus der Zone des Jugendholzes herauskommt, sofern man den neuen Ableger nicht ständig in der nächsten Nähe des Mutterstockes wählt. Legt man mehrmals Triebe nieder, die am äußeren Ende des letztjährigen Ablegers entstanden sind, riskiert man den Umschlag in die Altersform. Es ist sehr wahrscheinlich, daß einzelne englische Prunusunterlagen ihre vegetative Vermehrbarkeit auf diese Weise weitgehend verloren haben.

Auch diese Erkenntnis von FRITZSCHE hat große praktische Konsequenzen für den Obstbau. Einmal läßt sich erkennen, daß die Züchtung neuer vegetativ vermehrbarer Unterlagen keine besonderen Schwierigkeiten bietet, da jeder Sämling in seiner Jugendform die Fähigkeit der Wurzelbildung hat. Naturgemäß ist sie nicht bei allen Individuen gleich groß, und nicht alle eignen sich in gleicher Weise. Doch dürfen wir annehmen, daß bessere Typen für besondere Zwecke leicht zu gewinnen sind. Dies gilt vor allem für starkwüchsige Formen, welche die im landwirtschaftlichen Obstbau bisher verwendeten Wildlinge ersetzen können und noch wüchsiger sind als beispielsweise E. M. XI, XIII oder XVI. Auch für die anderen Obstarten dürften sich auf entsprechende Weise geeignete vegetativ vermehrbare Unterlagen finden lassen.

PASSECKER (1949, 1952) glaubt auf Grund einiger Experimente, daß die Jugendformen eine bessere Veredlungsfähigkeit aufweisen als die Altersformen. Sie sollen auch artfremde Edelreiser bzw. Edelaugen besser annehmen. Diese wichtige Frage bedarf einer eingehenden, sorgfältigen Prüfung. Wenn sich die Annahme bestätigen läßt, wäre ein weiterer obstbaulich auswertbarer physiologischer Unterschied zwischen Jugend- und Altersform nachgewiesen.

Da der anatomische Bau und das physiologische Verhalten der beiden Altersstufen verschieden sind, stellt sich die weitere Frage, ob der Stamm eines Obstbaumes vom Jugendholz der Veredlungsunterlage oder vom Altersholz des Edelreises gebildet werden soll. Ihre Entscheidung ist von besonderer Bedeutung für den Anbau von größeren Baumformen, namentlich auch für die Beurteilung des Wertes sogenannter Kronenbildner (Gerüstbildner), die zur Erziehung einer Krone dienen, bevor schwachwüchsige oder frostempfindliche Edelsorten aufgepfropft werden. Es könnte sein, daß die Jugendformen weniger frostempfindlich sind als die Altersformen. Es ist aber auch denkbar, daß ihre geringe Speicherungsfähigkeit für Reservestoffe ihren Wert für diesen Zweck vermindert. Nur das Experiment kann hierüber Aufschluß geben.

II. Das vegetative Wachstum.

A. Die Abhängigkeit des Triebwachstums von Umweltsfaktoren.

Teilung und Streckung der Zellen. — Längenwachstum und Dickenwachstum. — Der Wundverschluß. — Einfluß der Temperatur. — Abhängigkeit von den Ernährungsfaktoren. — Das Gesetz des Minimums. — Einfluß der Veredlungsunterlage.

Das vegetative Wachstum beruht auf der *Zellteilung* und der *Zellstreckung*. Bei dem ersterwähnten Vorgang erfolgt keine Volumenvergrößerung, da die beiden Tochterzellen vorerst nur den Raum der Mutterzelle einnehmen. Erst nachträglich können sie sich durch Wachstum ihrer Zellwand vergrößern. Zugleich wird auch ihre innere Struktur verändert. Die wachsenden Zellen spezialisieren sich für ihre zukünftige Aufgabe im Organismus.

Die Wachstumsvorgänge der Pflanzen werden durch spezifische Wuchsstoffe, vor allem durch das von WENT (1927) isolierte Auxin, gesteuert. Es regt nicht nur, wie man anfänglich glaubte, die Zellstreckung an, sondern es beeinflußt auch die Zellteilung des Cambiums (SNOW 1935) und das Wurzelwachstum. Dieses wird allerdings durch Wuchsstoffkonzentrationen gehemmt, die im Stengel Wachstumsvorgänge anregen, dagegen durch 100mal kleinere Mengen angeregt (GEIGER-HUBER 1936, 1937).

Man weiß, daß das Auxin in den Triebspitzen gebildet wird und daß auch die Knospen größere Mengen dieses Hormons enthalten. Im einzelnen kennt man aber den Mechanismus der Wachstumssteuerung in unseren Obstgewächsen keineswegs, so daß wir noch nicht in der Lage sind, den Baumschnitt oder andere Pflegemaßnahmen auf Grund solcher Kenntnisse auszuführen.

Später wurde neben der β-Indolylessigsäure, die dem Auxin entspricht und als Heteroauxin bezeichnet wird, eine Reihe anderer organischer Substanzen gefunden, die eine ähnliche Wirkung ausüben. Da sie die Wurzelbildung zu beeinflussen vermögen, werden sie bei der Stecklingsvermehrung als Stimulationsmittel benützt. Ferner dient die α-Naphthylessigsäure einerseits zur Verhinderung des vorzeitigen Fruchtfalles im Herbst, anderseits, in leichter Überdosierung, zum Vermindern des Fruchtansatzes im Frühjahr. Die umfangreiche Literatur über diese Substanzen wurde übersichtlich zusammengestellt durch AVERY und JOHNSTON (1947).

Wir müssen beim Wachstum der Triebe zwischen *Längenwachstum* und *Dickenwachstum* unterscheiden. Wenn im Frühjahr eine Endknospe oder Seitenknospe austreibt, so setzt vorerst eine Zellstreckung ein. Die in der Knospe vorgebildete Achse streckt sich, namentlich in ihrem vorderen Teil, während in der Region der Knospenschuppen diese Streckung nur gering ist. Aus dieser Region bildet sich später der sogenannte *Astring*. Da in der Achsel jeder Blattanlage — und somit auch jeder zu einer Knospenschuppe sich entwickelnden Blattanlage — eine Knospenanlage gebildet wird, enthält dieser Astring eine große Zahl von wenig differenzierten Knospenanlagen, die sogenannten schlafenden Augen. Aus dem vorderen, sich streckenden Teil der Knospe entwickeln sich vorerst die in ihr enthaltenen Blattanlagen. Erst später stellt sich ein eigentliches

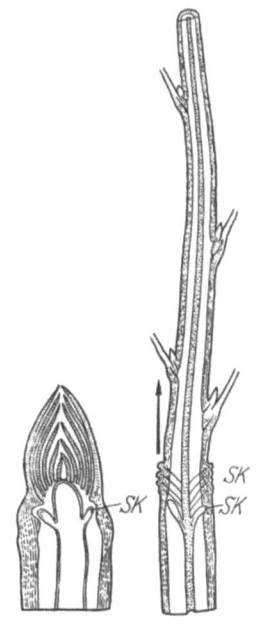

Abb. 30. Links: Längsschnitt durch eine Blattknospe, schematisiert. SK = schlafende Augen. Rechts: Nach dem Austrieb der Knospe, Längsschnitt. Die Region der Knospenschuppen hat sich nicht gestreckt, wohl aber die Region der Blattanlagen. In der Zone der Knospenschuppen bleiben Knospenanlagen in Form von schlafenden Augen zurück, die bei Rückschnitt des Zweiges austreiben können. Das gleiche gilt für die schlafenden Knospen knapp hinter der Grenze zweier Jahrestriebe.

Spitzenwachstum des Triebes ein, indem am Vegetationspunkt neue Blattanlagen mit Achselknospen entstehen. An diesem einjährigen Trieb stammen somit die untersten Blätter und die in ihrer Achsel befindlichen Knospen aus vorjährigen, die oberen aus diesjährigen Anlagen. Solange der Trieb wächst, bildet sich keine eigentliche Endknospe. Die vorhandenen oder neu entstehenden Blatt- und Knospenanlagen werden am neugebildeten Stengel auseinandergezogen. Erst wenn das Längenwachstum des Triebes eingestellt wird, rücken die Blattanlagen wieder zusammen. Einige derselben werden als Knospenschuppen ausgebildet und hüllen den Vegetationspunkt und die jüngsten Blattanlagen ein. An der Form der Triebspitzen kann man deshalb ohne weiteres erkennen, ob ein Trieb sich im Wachstum befindet oder ob er „abgeschlossen" hat.

Das *Dickenwachstum* verholzter Triebe ist nur vom Cambium aus möglich. Es ist das einzige meristematische, d.h. teilungsfähige Gewebe. Es bildet **nach** innen die Elemente des Holzes, nach außen diejenigen des Bastes. Wenn das Cambium in Teilung begriffen ist, erkennt man dies ohne Mikroskop an der Ablösbarkeit von Rinde und Bast vom Holz. Der Praktiker spricht von ,,Holz im Saft".

Nach den histologischen Untersuchungen von KNIGHT (1927) beginnt die Ausbildung neuer Wasserleitungsbahnen hinter den austreibenden Knospen, weil allem Anschein nach hier die Wuchsstoffe zuerst Zutritt haben. KNUDSON (1916) stellte fest, daß beim Pfirsich das Cambium seine Tätigkeit beginnt, sobald die Knospen sich entfalten, beim Apfel jedoch erst, wenn die Blätter eine bedeutende Größe erreicht haben.

Da das Cambium im verholzten Trieb das einzige Meristem ist, kann eine Wundheilung im wesentlichen nur von diesem Gewebe aus erfolgen. Es können zwar unter bestimmten Bedingungen, namentlich bei Verletzungen, auch andere Zellen wieder teilungsfähig werden, doch ist ihre Teilungsfähigkeit, verglichen mit derjenigen des Cambiums, nur unbedeutend. Die beim Baumschnitt, bei Verletzungen oder Frostrissen entstehenden Wunden können deshalb nur heilen, wenn das Cambium an ihrem Rande gesund ist. Es ist leicht verständlich, daß die Wundheilung am leichtesten zur Zeit der Wachstumsperiode erfolgt. Doch ist sie nicht unbedingt an diese gebunden, da offenbar durch den bei der Verwundung ausgelösten traumatischen Reiz Wuchsstoffe und Baustoffe herbeigeführt werden, so daß ein Callus entsteht. Beim Pfropfen und Okulieren ist darauf zu achten, daß sich möglichst große Teile des Cambiums der Unterlage und des Edelreises berühren.

Das Triebwachstum ist, wie alle Aufbauprozesse, weitgehend von der Temperatur abhängig. Über die sogenannten Kardinalpunkte — Wachstumsminimum, -optimum und -maximum — unserer verschiedenen Obstarten sind wir nur ungenügend unterrichtet. Die niedrigste Temperatur, bei der ein Wachstum noch möglich ist, dürfte bei den verschiedenen Obstarten ungefähr bei 3—4°C liegen. Es ist interessant festzustellen, daß die beiden am wenigsten weit nach Norden vordringenden Steinobstarten, der Pfirsich und die Aprikose, im Frühjahr als erste austreiben, also bei niedrigeren Temperaturgraden wachsen als die übrigen. Das Wachstumsmaximum dürfte ungefähr gleich hoch sein wie das Maximum der Assimilation, also für den Apfel etwa bei 35°C liegen. Doch fehlen meines Wissens hierüber genaue Untersuchungen. Die Samen unserer Kern- und Steinobstsorten keimen, wenn sie einmal die obligate Ruhe überschritten haben, bereits bei Temperaturen, die knapp über 0°C liegen.

Sehr weitgehend ist naturgemäß das Triebwachstum von der Menge der zur Verfügung stehenden Baustoffe abhängig. Beim frühjährlichen Austrieb sind dies einzig die vorhandenen Reservestoffe. Da ein kräftiger erster Trieb sehr erwünscht ist, und weil die Ausbildung kräftiger, einen Fruchtansatz versprechender Blüten bedeutende Mengen von Baustoffen benötigt, muß es eines der wichtigsten Ziele der Baumpflege sein, dem Baum im Herbst eine möglichst reichliche Aufspeicherung von Kohlenhydrat- und Eiweißreserven zu ermöglichen. Sobald die Blätter ihrer vollen Ausbildung entgegengehen und ihr Aufbau von Kohlenhydraten größer ist als der Verbrauch durch Wachstum und Atmung, tritt eine kurze Periode ein, in der neben den mobilisierten Reservestoffen auch frische Assimilate zur Verfügung stehen. Bald aber müssen die Blätter für die ganze Versorgung der wachsenden Triebspitzen mit Baustoffen aufkommen. Es ist klar, daß sie dieser Aufgabe nur genügen können, wenn sie gesund und nicht durch parasitische Pilze oder tierische Schmarotzer geschädigt sind.

Daß der Aufbau von neuen Geweben auch von der Wasserzufuhr und der Versorgung mit Mineralstoffen abhängig ist, haben wir bereits im vorangehenden Abschnitt ausgeführt. Versagt eine einzige der erwähnten Voraussetzungen, so ist ein Wachstum ausgeschlossen. Es richtet sich stets nach demjenigen Faktor, dem am wenigsten Genüge geleistet ist: es folgt dem *Gesetz des Minimums*. Im heißen Sommer setzt das Wachstum in trockenen Gebieten aus, weil die Wasserzufuhr nicht genügt, in mageren Böden, weil die Mineralstoffe fehlen, bei einseitiger Düngung, weil eines der lebenswichtigen Elemente in nicht ausreichenden Mengen vorhanden ist. Bäume, die im Vorjahr eine übermäßige Ernte trugen, weisen einen ungenügenden Frühjahrstrieb auf, weil die Reservestoffe fehlen. Wenn man im praktischen Obstbau vor die Frage gestellt wird, wie schwachwüchsige Bäume wieder in einen guten Zustand zu bringen seien, sucht man zuerst abzuklären, welcher Wachstumsfaktor im Minimum ist.

In manchen Fällen besteht die Sorge des Obstpflanzers nicht in einer Förderung, sondern in einer *Hemmung des Triebwachstums*. Es sind hierzu im Prinzip drei Wege offen: die Verschlechterung der Wasserversorgung, die Verminderung der Zufuhr von Mineralstoffen und Eingriffe in den Kohlenhydrathaushalt. Bei den praktisch ausführbaren Maßnahmen spielen alle drei Möglichkeiten mehr oder weniger mit. Wir müssen jedoch davon ausgehen, daß eine Verschlechterung der Versorgung mit Kohlenhydraten, z.B. durch die Verkleinerung der Blattfläche mit Hilfe eines strengen Baumschnittes, stets bedenklich ist. Unsere Bestrebungen müssen vielmehr danach gerichtet sein, daß möglichst viele Kohlenhydrate aufgebaut und zweckmäßig, d.h. für ein Triebwachstum im gewünschten Ausmaß und für die Ernährung einer reichlichen Ernte verwendet werden. Die Verminderung der Wasserzufuhr ist schwer zu bewerkstelligen und zudem gefährlich, da leicht Schäden entstehen. Dagegen steht uns in der Veränderung der Mineralstoffversorgung eine wertvolle Maßnahme zur Verfügung, um das Wachstum zu beeinflussen. Wir haben bereits in einem anderen Zusammenhang gesehen, daß der Stickstoff jenes Element ist, mit dem wir — bei im übrigen günstigen Voraussetzungen — die Wachstumsvorgänge weitaus am besten zu regulieren vermögen. Bei Bäumen mit allzu kräftigem Wachstum werden wir einstweilen überhaupt keine stickstoffhaltigen Dünger verwenden. Wenn der Boden zu nährstoffreich ist, kann man seine ,,Triebkraft" durch Unterkulturen vermindern.

Das wirksamste Mittel zum Kleinhalten der Bäume wurde erst gefunden, als man in der Mitte des 17. Jahrhunderts in Frankreich die *Veredlung auf schwachwüchsige Unterlagen*, den Paradies- und den Splittapfel (Doucin) für edle Apfelsorten und die Quitte für edle Birnsorten, einführte. Diese schwachwüchsigen Wurzeln vermögen dem Boden weniger Wasser und Mineralstoffe zu entziehen als starkwüchsige Apfel- und Birnwildlinge. Da in die Triebspitzen nur eine verhältnismäßig geringe Menge von Mineralstoffen und Aminosäuren gelangt, können die in den Blättern aufgebauten Kohlenhydrate zu einem geringen Teil für den Aufbau von neuem Gewebe Verwendung finden. Sie stehen daher in verhältnismäßig großen Mengen den heranreifenden Früchten zur Verfügung oder sie werden als Reservestoffe eingelagert. Diese Speicherung ist um so besser, als die Wurzeln infolge ihres erbmäßig bedingten geringen Wachstums nur wenig Baustoffe benötigen. Unter sonst gleichen Bedingungen führt deshalb die schwachwüchsige Veredlungsunterlage zu einer guten Ernährung und daher frühen Reife der Früchte und zu einer frühzeitigen Speicherung von Reservestoffen, mit der — wie in einem späteren Abschnitt ausgeführt werden soll — auch die Bildung einer größeren Menge von Blütenknospen im Zusammenhang steht.

Es ist das große Verdienst des gewesenen Direktors der englischen Versuchsanstalt East Malling, R. G. HATTON (1920), die Unterlagenfrage in ein neues Licht gerückt zu haben. Wohl waren die alten Paradies- und Splittäpfel ungeschlechtlich vermehrt worden, und wohl durfte man annehmen, daß sie durch diese Vermehrungsart ihre Erbanlagen nicht verändern. Es waren jedoch in den Baumschulen

Mischungen verschiedener Formen vorhanden. HATTON ist bei der Vermehrung von einzelnen Stöcken ausgegangen und hat die Abkömmlinge sorgfältig miteinander verglichen. Er hat, wie sich der Botaniker ausdrückt, von diesen Unterlagen Klone hergestellt. Er fand vorerst unter den Paradies- und Splittäpfeln 16 verschiedene Formen, die er mit den römischen Ziffern I—XVI kennzeichnete. In der Baumschule *Späth* in Ketzin hat man sich etwas später mit der gleichen Frage befaßt. Der ,,Ketziner-Ideal" entspricht z. B. dem englischen Typ XVI. Seither sind neue typisierte Apfelunterlagen in den Handel gebracht worden. Es sei auf den Abschnitt V B hingewiesen.

Unter den Quittenunterlagen hat man vorerst die 3 Typen A, B und C auseinandergehalten. Von den Pflaumen der Domesticagruppe, Myrobalanen und Kir-

Abb. 31. Einfluß verschiedener Veredlungsunterlagen auf das Wachstum des Edelreises. 8jährige Bäume der Pflaumensorte Czar, links auf Common Plum, in der Mitte auf Pershore, rechts auf Myrobalane veredelt. (Nach HATTON, AMOS und WITT.)

schen hat man in East Malling auf die gleiche Weise ebenfalls Typen ausgelesen. HATTON hat zusammen mit seinen tüchtigen Mitarbeitern zahlreiche Untersuchungen über das Verhalten dieser Klone veröffentlicht. Es sei auf das Literaturverzeichnis hingewiesen. Später haben sich auch andere Forscher und Institute mit der Frage befaßt. So findet sich nun in der Praxis neben den klassischen Veredlungsunterlagen aus East Malling eine Anzahl neue Typen im Handel (siehe Abschnitt V B).

Jeder Veredlungsunterlage kommt unter gegebenen Bedingungen eine ihr eigentümliche Wuchskraft zu. Wir sind heute in der Lage, durch die Wahl der Veredlungsunterlage die zukünftige Größe des Baumes vorauszubestimmen. Nicht alle haben sich in gleicher Weise bewährt. Als schwachwüchsigste hat sich E. M. Typ IX, der gelbe Metzer Paradies, eingebürgert. Es folgen E. M. Typ VII, IV, II und I als schwache bis mittelstarke Formen. Als verhältnismäßig starkwüchsig gelten unter den Äpfeln E. M. Typ XVI (früher häufig angewendet, aber wegen seiner durch späte Holzreife bedingten Frostempfindlichkeit mehr und mehr aufgegeben), E. M. Typ XI (in Deutschland stark vermehrt) und E. M. Typ XIII (z. B. in der Schweiz verwendet).

Die Reihenfolge in der Wuchskraft kann je nach Bodenverhältnissen verändert werden. So ist es leicht verständlich, daß der zahlreiche Faserwurzeln bildende Typ I andere Bodenansprüche hat als der seine wenig verzweigten Wurzeln weithin sendende Typ V. Zudem verhalten sich die verschiedenen Typen im Verlaufe der Jahre verschieden. Während beispielsweise Typ I am Anfang im allgemeinen stärker wächst als Typ II, kann sich später das Verhältnis umkehren. Verschiedene Erfahrungen weisen darauf hin, daß die letzterwähnte Unterlage langlebiger ist als die ersterwähnte. Es gibt auch Fälle, in denen durch die Edelsorte die normale Reihenfolge bereits in den ersten Jahren nach der Pflanzung verändert wird. So hat in einer Versuchsanlage in Wädenswil Typ II mit der Edelsorte James Grieve von Anfang an kräftigere Bäume ergeben als Typ I, während die meisten anderen Sorten sich umgekehrt verhalten.

Erstrebt man eine gleichmäßige Pflanzung, so muß man zu den Edelsorten die entsprechenden Unterlagen wählen. Die starkwüchsigen Sorten Gravensteiner und Schöner von Boskoop müßten beispielsweise auf Typ II, die schwachwüchsigen James Grieve und Champagnerreinette auf Typ XIII, XI oder XIV veredelt sein, um eine Pflanzung mit ausgeglichenen Bäumen zu erhalten.

In ähnlicher Weise hat man auch mit den typisierten Unterlagen der anderen Obstarten Erfahrungen zusammengetragen. Von den Quitten hat sich bisher einzig Typ A durchgesetzt, während der schwachwüchsige E. M. Typ C an vielen Orten wieder aufgegeben wurde. Die typisierten Süßkirschen werden in einzelnen Ländern verwendet, während in den meisten Kirschengebieten sich der Sämling als Unterlage bisher durchgesetzt hat. Unter den Domesticapflaumen haben sich am besten die Ackermannspflaume (= Marunke) und einzelne St.-Julien-Typen gehalten, während die anderen in ihrer Vermehrbarkeit nicht befriedigen. Die Myrobalanen (*Prunus myrobalana* = Kirschpflaume), die für die Zwetschgen- und Pflaumensorten stärker wachsende Unterlagen ergeben als die Domesticasorten, lassen sich sehr leicht vegetativ vermehren und sollten deshalb in den Baumschulen nicht mehr als Sämlinge gezogen werden. Von Pfirsichen und Aprikosen sind vegetativ vermehrbare Formen bisher nicht in die große Praxis eingeführt worden.

Die Veredlungsunterlage entscheidet ebensosehr wie die Edelsorte über Wuchs und Fruchtbarkeit des zukünftigen Baumes. Sie kann unter Umständen auch entscheidend sein für die durchschnittliche Fruchtgröße sowie für die Farbe und die Qualität der Früchte. Große Beachtung ist aber vorab der Frage der Affinität zwischen Edelreis und Unterlage zu schenken. Dies gilt nicht nur, wenn die beiden Veredlungspartner einander wenig verwandt sind, wie beispielsweise beim Okulieren von Birnen auf Quitten oder Pfirsichen bzw. Aprikosen auf Domesticapflaumen oder Myrobalanen. Auch bei naher Verwandtschaft von Edelreis und Unterlage können Fälle unbefriedigender Affinität gelegentlich festgestellt werden. Worauf sie beruht, bleibt noch abzuklären.

Es ist heute im Plantagenobstbau der fortschrittlichen Gebiete selbstverständlich geworden, der Wahl der Veredlungsunterlage ebenso große Beachtung zu schenken wie der Wahl der Edelsorten. Doch erfüllen die vorhandenen Typen noch nicht alle Wünsche, welche der Praktiker stellt. Die Züchtung neuer vegetativ vermehrbarer Unterlagen ist daher in verschiedenen Instituten an die Hand genommen worden. Sie bietet keine besonderen Schwierigkeiten, seitdem man durch die Untersuchungen von FRITZSCHE (1948) weiß, daß die Sämlinge der Apfelsorten — und wohl auch diejenigen der übrigen Kern- und Steinobstarten — vegetativ vermehrbar sind, solange sie noch in der Jugendform stehen (s. S. 53).

B. Die Periodizität des Triebwachstums.

Die Winterruhe. — Der Frühjahrstrieb. — Der Johannistrieb und spätere Wachstumsperioden. — Abfälschungen der Periodizität durch den Baumschnitt.

Wenn im Spätherbst unsere Bäume ihre Blätter abwerfen, treten sie in eine Ruheperiode, aus der sie mit keinen Mitteln aufzuwecken sind. So hat GARDNER (1929) Bäume von Williams Christbirne im Oktober ins geheizte Gewächshaus gestellt und sie dort während der nächsten 11 Monate gelassen. Trotzdem allen äußeren Wachstumsbedingungen Genüge geleistet war und vor allem auch Wasserzufuhr und Wärme nicht fehlten, trieb keiner der Bäume aus, während die kalt überwinterten Kontrollen im Frühjahr normal weiterwuchsen. Die im Freien überwinterten Bäume wiesen wesentlich mehr Rohrzucker und organische Säuren, dafür weniger Stärke auf als die im Gewächshaus stehenden. Der Gehalt an den übrigen hydrolysierbaren Kohlenhydraten und an reduzierenden Zuckern sowie der Stickstoffgehalt war dagegen in beiden Gruppen gleich groß. Es ist anzunehmen, daß die Umwandlung der Stärke in Zucker durch die tiefe Temperatur ausgelöst wird. Über die Winterruhe der Gewächse, und namentlich auch über die Möglichkeit der künstlichen Unterbrechung in der Zeit der Nachruhe, besteht eine große Literatur, auf die wir hier nicht eingehen können. Es ist aber leicht einzusehen, daß die Winterruhe für die Gewächse in Gebieten mit kalten Wintern von größter Bedeutung ist, da dadurch ein vorzeitiges Austreiben durch vorwinterliche Warmwetterperioden, und damit die Gefahr des Erfrierens, umgangen wird.

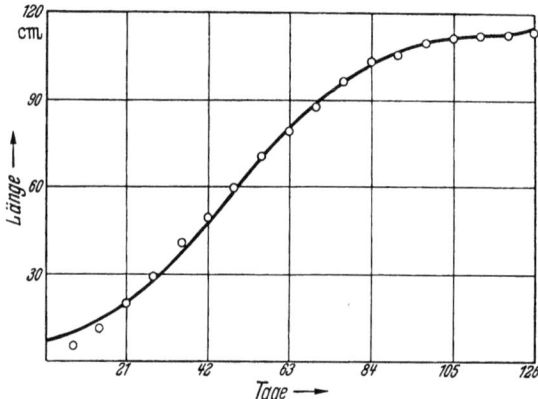

Abb. 32. Kurve des Längenwachstums von Birnzweigen. Das Wachstum beginnt im Frühjahr langsam, wird dann immer rascher, um sich zuletzt wieder zu verlangsamen. (Nach REED).

Nachdem die chemischen Umsetzungen, welche offenbar zur Überwindung der Ruhezeit nötig sind, sich vollzogen haben, genügt eine Temperaturerhöhung, um das Wachstum einzuleiten. Diesen *frühjährlichen Austrieb* wollen wir als *erste Wachstumsperiode* bezeichnen. Ihre Dauer hängt hauptsächlich von der Temperatur, ihr Ausmaß von der Menge der vorhandenen Reservestoffe ab. Wie sehr das frühjährliche Triebwachstum durch die Umweltsbedingungen beeinflußt werden kann, zeigt die Beobachtung von CHANDLER (1925), daß 5- bis 7jährige Apfelbäume im Staate New York in einem Jahr ihr Triebwachstum nach 70 Tagen, im folgenden nach 90 und im dritten Jahr bereits nach 20 Tagen abgeschlossen hatten. Eingehende Beobachtungen über die Wachstumskurve verdanken wir REED (1921). Bei Birnzweigen und Pfirsichzweigen verlief das Wachstum zuerst langsam, dann immer rascher, um schließlich wieder auf null abzusinken. Bei Aprikosentrieben fand er diese Gesetzmäßigkeit nicht, wahrscheinlich infolge von Störungen durch Außenfaktoren.

Der Abschluß der ersten Wachstumsperiode erfolgt bei schwachwüchsigen Trieben frühzeitig. Sie bilden eine Endknospe aus und bleiben ruhig. Bei kräftig wachsenden Bäumen dauert die erste Wachstumsperiode wesentlich länger und zieht sich in unseren Breiten bis in den Juni hinein.

Je nach der durch die Wasser- und Mineralstoffversorgung und die vorhandenen Baustoffe bedingten Triebkraft setzt nach einer kurzen Ruhe eine *zweite Wachstumsperiode* ein. Man spricht seit alters her vom *Johannistrieb*, da das neue Wachstum meist Ende Juni, nach dem Johannistag (24. Juni), beginnt. Bei starkwüchsigen Bäumen können die beiden Triebperioden ineinander übergehen. Der Johannistrieb dauert bei schwach und mäßig wachsenden Bäumen nur kurze Zeit, bei stark wachsenden kann er ununterbrochen bis gegen den Herbst hin andauern.

Es kommt vor, daß nach Abschluß des Johannistriebes Ende Sommer oder im Herbst eine *dritte Wachstumsperiode* einsetzt. Dies ist namentlich der Fall, wenn nach einer sommerlichen Trockenperiode reichliche Niederschläge erfolgen und zugleich große Mengen von leicht aufnehmbarem Stickstoff zur Verfügung stehen. Dieser *Herbsttrieb* ist unerwünscht, da das Holz meist ungenügend ausreift und daher frostempfindlich ist. Es muß deshalb auf jegliche Stickstoffdüngung im Sommer verzichtet werden. Manchmal findet man in Verbindung mit einer solchen dritten Wachstumsperiode im Herbst blühende Bäume, da auch die im Sommer angelegten Blütenknospen sich entwickeln.

Wir erkennen an Hand der von den Blattstielnerven zurückgelassenen Spuren auch noch bei Zweigen im Winterkleid, ob sie eine zweite und dritte Wachstumsperiode durchgemacht haben; denn die Ruheperioden kennzeichnen sich durch ein Zusammenrücken der Blattspuren. Doch stehen diese immerhin nicht so nahe beisammen wie an der Grenze zweier Jahrestriebe.

Nach CHANDLER (1925) weist das Dickenwachstum die gleiche Jahreskurve auf wie das Längenwachstum, und auch die von PROEBSTING (1925) gefundenen Werte lassen sich in dieser Weise interpretieren.

Die besprochene Wachstumsperiodizität wird im Obstbau durch den Baumschnitt in mannigfacher Weise abgefälscht. Schneiden wir beispielsweise kurz vor dem Abschluß des ersten Triebes, so löst dieser Eingriff eine neue Periode vermehrten Wachstums aus. Auch im Verlauf des Sommers können wir — günstige Bedingungen vorausgesetzt — jederzeit durch Rückschnitt die Bäume zu einer Triebbildung anregen. Durch starken Rückschnitt im Winter oder Frühjahr, wie er etwa bei der Korrektur einer älteren Krone oder beim Pfropfen erfolgt, oder durch den Rückschnitt auf das Edelauge bei Okulanten in der Baumschule erhalten wir gewöhnlich so starkwüchsige Triebe, daß sich die Wachstumsperiodizität nicht oder nur schwach abzeichnet. Auch durch Düngung mit leicht aufnehmbaren Stickstoffsalzen können wir zur Unzeit Wachstumsperioden einleiten.

C. Die Beeinflussung des Triebwachstums durch den Baumschnitt.

Abhängigkeit des Wachstums von der Stellung der Knospen. — Abhängigkeit der Triebkraft von der Stellung der Triebe. — Triebe aus schlafenden Augen. — Kerben und Schröpfen. — Der Winterschnitt. — Der Grünschnitt.

An einem längeren vorjährigen Trieb weisen im Frühjahr nicht alle Knospen die gleiche Triebkraft auf. Am kräftigsten treibt normalerweise die Endknospe. Schneidet man den Trieb zurück, so übernimmt das „angeschnittene" Auge die Rolle der Endknospe. Auf diese folgen normalerweise vorerst eine Anzahl schwache Augen, während die Mitte des Triebes — etwa die Strecke zwischen dem ersten Viertel und dem letzten Viertel — wohlausgebildete Knospen aufweist, welche kräftig auszutreiben vermögen. Die hintersten Knospen treiben meist wieder nur schwächlich aus. Dabei ergeben sich von Obstart zu Obstart und von Sorte zu Sorte deutliche Unterschiede. So findet man z. B. bei vielen Zwetschgensorten am hintersten Teil der Jahrestriebe gut entwickelte Augen. Apfelsorten, wie Schöner von Boskoop, bilden auch die hintersten Knospen voll aus, während diese z. B. bei Jonathan nur kümmerlich entwickelt sind.

Diese Tatsachen müssen beim Baumschnitt berücksichtigt und ausgewertet werden. Wünscht man einen kräftigen Frühjahrstrieb, so läßt man bei kurzen Zweigen die Endknospe durchtreiben oder man schneidet bei längeren auf eine der guten Knospen im mittleren Drittel des letztjährigen Triebes. Erstrebt man dagegen einen schwachen Trieb, so schneidet man auf schwache Augen. Soll sich der betreffende Trieb nicht mehr verlängern und mit schwachen Seitentrieben garnieren, so entfernt man ganz einfach die Endknospe.

Die auf der Oberseite eines waagrecht oder schief aufrecht stehenden Zweiges sitzenden Augen treiben viel kräftiger aus als die auf der unteren Seite inserierten. Die seitlichen nehmen eine Zwischenstellung ein. Auch diese Tatsache wird beim Baumschnitt vielfach ausgenützt. Wenn man auf untere Augen schneidet, um einen schwächeren Trieb zu erhalten, muß man allerdings die dahinter stehenden oberen Augen entfernen, weil aus diesen sonst derart kräftige Konkurrenztriebe hervorgehen, daß die Fortsetzung aus der gewählten Knospe unterdrückt wird. Ist der Zweig nach unten gebogen, so sind die an der höchsten Stelle stehenden Knospen begünstigt. Sie liefern kräftige Fortsetzungen, während der nach unten gerichtete vordere Teil des Zweiges mit der Zeit verarmt.

Es ist bis heute nicht abgeklärt, wie dieses verschiedene Verhalten der Knospen physiologisch begründet ist. Sicher erscheint jedoch, daß die Verteilung und Leitung der Wuchsstoffe und wohl auch der Baustoffe dabei eine wesentliche Rolle spielen.

Eine ähnliche Beziehung wie zwischen der Stellung der Knospen am Zweig und dem Triebwachstum besteht auch zwischen der Lage des ganzen Zweiges im Raum und dem Triebwachstum. Je aufgerichteter ein Zweig ist, desto stärker wird er unter sonst gleichen Bedingungen wachsen. Heftet man ihn waagrecht, so wird das Wachstum ganz wesentlich geschwächt. Am geringsten ist es, wenn man den Zweig schief nach abwärts fixiert. Auch diese Tatsache wird beim Baumschnitt in der mannigfachsten Weise ausgewertet, dies um so mehr, als mit der Schwächung des Wachstums eine Neigung zur Bildung von Blütenknospen verbunden ist. Auf dieser Tatsache beruht die früh eintretende Fruchtbarkeit beim Spindelbusch, da bei dieser Baumform die entstehenden Zweige konsequent in horizontale Lage gebracht werden. Bei Spalierformen erreicht man die Fruchtbarkeit viel rascher, wenn man die Triebe waagrecht heftet, als wenn man durch ständigen Rückschnitt — wie es beim „klassischen" Fruchtholzschnitt üblich war — stets die Bildung neuer Triebe provoziert. Es ist einer der Vorteile der Öschbergkrone, daß die Fruchtäste auf der Unterseite der Leitäste erzogen werden und deshalb eine Tendenz haben, waagrecht abzustehen und sich nur mit der Spitze aufzurichten. Weil zudem das schwache Fruchtholz, das sich an und zwischen ihnen ausbildet, nicht geschnitten wird, setzt sogar bei kräftigen Hochstämmen die Blütenbildung frühzeitig ein. Ob auch die Abhängigkeit des Wachstums von der Richtung, welche die Zweige einnehmen, durch Wuchsstoffe bedingt ist, oder ob nicht vielmehr in diesem Fall die verminderte Zufuhr von Mineralstoffen den Ausschlag gibt, kann auf Grund der vorliegenden Untersuchungen nicht entschieden werden. Sicher ist bloß, daß eine relative Anhäufung von Kohlenhydraten in den waagrecht gehefteten Trieben vorliegt.

In diesem Zusammenhang sei auch an zwei Eingriffe erinnert, die in der obstbaulichen Praxis seit langem gebräuchlich sind, das Anbringen von *Kerbschnitten* und das *Schröpfen*. Will man in der Baumschule oder an einem Gartenobstbaum bestimmte Knospen zum Austrieb bringen, um hierdurch an der betreffenden Stelle Zweige zu erziehen, so schneidet man kurz vor dem Austrieb knapp über ihrer Spitze durch zwei bis auf das Holz führende, jedoch dieses nicht verletzende Schnitte quer zur Längsachse ein ungefähr 2 mm breites Rindenstücklein heraus. Man läßt die Schnitte zweckmäßigerweise über der Knospe halbmondförmig verlaufen. Die Knospe wird in den meisten Fällen durch diesen Eingriff zum Austreiben veranlaßt. Man muß annehmen, daß dieser Querschnitt in ähnlicher Weise wirksam ist wie die Ringelung, bei der ebenfalls die hinter der Schnittstelle gelegenen Knospen zum Austrieb gebracht werden. Nach allem, was wir über die physiologischen Folgen der Ringelung wissen, wäre also der Austrieb der Knospen unter dem Kerbschnitt auf eine relative Vermehrung der Zufuhr von Mineralstoffen gegenüber der Kohlenhydratzufuhr zurückzuführen. Möglich wäre auch, daß der frühjährliche Aufstieg der Baustoffe im Bast von einer reichlichen Menge von Heteroauxin begleitet ist, das sich am Kerbschnitt bzw. Ringelschnitt staut und damit die Knospe zur Entwicklung bringt. Wahrscheinlich übt zudem der Wundreiz einen Einfluß auf die Knospe aus.

Der Wundreiz spielt auch beim *Schröpfen* ohne Zweifel eine bedeutende Rolle. Wenn wir im Frühjahr vor dem Austrieb auf der Unterseite der Basis eines schwachen, kurzen Zweigleins mit scharfem Messer einen Längsschnitt anbringen, der nicht bis zum Cambium reicht, und ihn auch durch den Astring und ein Stück weit durch den Ast ziehen, an dem das Zweiglein aufsitzt, so zeigt dieses später ein auffallendes Wachstum. Die Wunde füllt sich mit neuem Gewebe und wir dürfen annehmen, daß die infolge des Wundreizes einsetzende vermehrte Zufuhr von Baustoffen auch dem Zweiglein selbst zugute kommt. Bei jüngeren, noch nicht ausgewachsenen Bäumen, die aus irgendeinem Grund, z. B. infolge Verpflanzung, eine Wachstumsstockung erlitten haben, kommt es vielfach vor, daß die Borke verhärtet, so

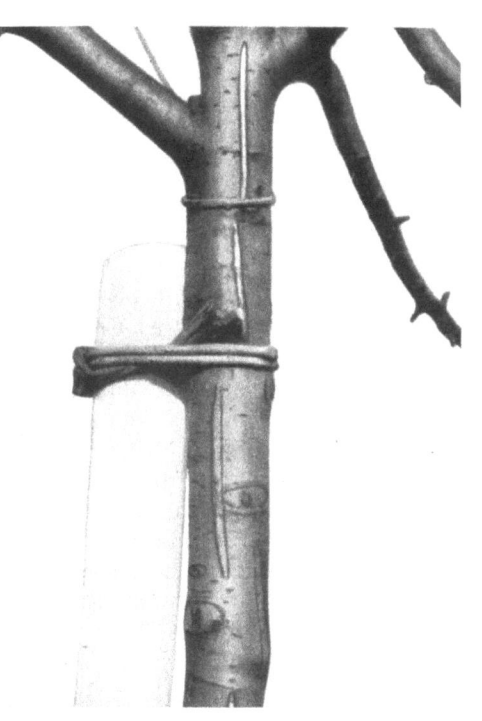

Abb. 33. Schröpfschnitte an einem jungen Stamm eines Apfelbaumes. Die Schnitte laufen mit ihren Enden nebeneinander. Sie sollten unter den Baumbändern durchgezogen werden. (Aus KOBEL, SCHMID und KESSLER: Der Schweizer Obstbau.)

daß dadurch das Dickenwachstum des Stammes und der Äste gehemmt wird und das Gedeihen des ganzen Baumes in Frage gestellt ist. In solchen Fällen ist es vorteilhaft, in der ganzen Länge des Stammes Schröpfschnitte zu ziehen. Man macht sie, je nach Alter des Baumes, 10—20 cm lang und ordnet sie derart an, daß immer der untere Schnitt auf einer Strecke von 1—2 cm neben dem oberen liegt. Es muß stets darauf geachtet werden, daß die Schnitte nur in der Rinde verlaufen und nicht bis zum Cambium reichen. Auch in diesem Fall entsteht infolge des Wundreizes bald sehr viel neues Gewebe und die breiten Streifen neuer Rinde lassen im Herbst erkennen, wie notwendig der Eingriff war. Auch die Stämme kräftig wachsender Jungbäume sollten in der angeführten Weise geschröpft werden. Schröpfschnitte werden mit gutem Erfolg auch durch die Frostplatten gezogen, sofern diese nicht bis zum Cambium reichen. Ist dies der Fall, so erfolgt die Heilung nur, wenn die Platte bis auf das gesunde Cambium ausgeschnitten wird.

Mit dem *Winterschnitt* haben wir es, wie aus diesen Ausführungen hervorgeht, weitgehend in der Hand, das Wachstum der Bäume in jene Bahnen zu lenken, die wir wünschen. Zusammenfassend können wir sagen, daß die Gewinnung kräftiger Triebe möglich ist mit Hilfe des Durchtreibenlassens der Endknospe, durch Schnitt auf eine der guten Knospen in der Mitte des vorjährigen Triebes, durch

Schneiden auf eine auf der oberen Seite eines Zweiges sitzende Knospe oder auf einen auf der Oberseite eines Astes stehenden Seitenzweig oder durch Aufrichten des betreffenden Zweiges. Umgekehrt erhalten wir einen verhältnismäßig geringen Zuwachs, wenn wir an einem Trieb die Endknospe entfernen oder auf die schwachen äußersten Knospen schneiden, wenn wir den Schnitt oberhalb einer auf der unteren Seite des Zweiges sitzenden Knospe führen (und gleichzeitig die auf der Oberseite sitzenden entfernen), wenn wir durch Schnitt auf einen unterseits eines Astes inserierten oder seitlich stehenden Zweig „ableiten", oder wenn wir den fraglichen Zweig waagrecht oder schief abwärts heften. Wenn derjenige, der Obstbäume pflegt, diese Regeln kennt und konsequent befolgt, kann er beim Schneiden keine großen Fehler machen.

Durch den *Grünschnitt* bzw. *Sommerschnitt* vermögen wir ebenfalls bis zu einem gewissen Grade das Wachstum zu beeinflussen, wobei grundsätzlich zu sagen ist, daß durch Entfernen jener Knospen beim Winterschnitt, deren Austrieb nicht erwünscht ist, wir uns einen großen Teil der zeitraubenden Sommerbehandlung ersparen können. Eine Entfernung überschüssiger Triebe im Frühjahr und Vorsommer sollte aber regelmäßig bei Jungbäumen erfolgen, deren Krone noch formiert werden muß, und ebenso bei jenen, die zur Verjüngung ins alte Holz zurückgeschnitten oder die umgepfropft wurden. Je frühzeitiger die überschüssigen Triebe entfernt oder pinziert, also eingekürzt werden, desto weniger Reservestoffe gehen dem Baum verloren. Im Gartenobstbau ist dieses Pinzieren üblich und kann zum rascheren und sorgfältigen Aufbau der Kronen kleiner Baumformen, und namentlich der Spaliere, sehr gute Dienste leisten. Beim Pfirsich- und Aprikosenspalier ist es unerläßlich, doch soll man es zum Vermeiden von Baustoffverlusten so früh als möglich ausführen.

Abb. 34. Kerbschnitt über einem Auge, das man zum Austrieb bringen will. (Nach HILKENBÄUMER.)

D. Das Wachstum der Wurzeln.

Bildung von Adventivwurzeln. — Periodizität des Wurzelwachstums. — Abhängigkeit von Außeneinflüssen. — Verschiedenheiten bei den einzelnen Veredlungsunterlagen.

Aus dem keimenden Samen einer Kern- oder Steinobstart entwickelt sich vorerst ein Pflänzchen mit einer ausgesprochenen Pfahlwurzel. Unpikierte 1- und 2jährige Sämlinge lassen sich deshalb in der Baumschule nur schlecht verpflanzen. Bei der Wildlingsanzucht muß entweder der noch krautige Sämling verpflanzt oder zur Zerstörung der Pfahlwurzel „unterfahren" werden. Nach wenigen Jahren wächst jedoch die Pfahlwurzel eines nicht pikierten Sämlings nicht mehr weiter. Es entstehen seitliche Verzweigungen, die sich zu Hauptwurzeln entwickeln. Diese weisen nicht mehr den positiven Geotropismus der Pfahlwurzel auf. Sie breiten sich mehr oder weniger flach in den oberen Bodenschichten aus.

Unsere Kern- und Steinobstarten können oft durch Wurzelschnittlinge vermehrt werden, wobei aber die Ausbeute meist für praktische Zwecke ungenügend ist. Sie sind teilweise auch zur Bildung von Adventivwurzeln an Zweigen befähigt. Die Bewurzelung nach der Abriß- oder der Ablegermethode, also von jungen Trieben, die noch mit der Mutterpflanze in Verbindung stehen, ist bei den meisten Obstarten möglich, sofern es sich um Jugendformen handelt. Dagegen hat sich die Stecklingsbewurzelung in der Baumschulpraxis nur bei Quitten, Mirabolanen und einzelnen Domesticapflaumen bewährt. Bei den übrigen Obstarten wäre sie ebenfalls erwünscht, gelingt jedoch nicht mit der nötigen Sicherheit. Es ist deshalb nicht verwunderlich, daß sich eine Reihe von Forschern mit dieser Frage befaßt hat.

Über den Ursprung der Wurzeln bestehen verschiedene Auffassungen. C. F. SWINGLE (1927), der eine eingehende Untersuchung der Anatomie der Zweige des Apfelbaumes durchgeführt hat, gibt an, daß die Wurzelbildung von einer Markstrahlzelle ausgehe, und zwar dort, wo der Markstrahl das Cambium kreuze. Es kann sich um einen primären oder sekundären Markstrahl handeln. Wurzeln können überdies aus den Narben abgestorbener Ästchen oder Blätter hervorgehen. Auch in diesem Fall stehen sie von Anfang an mit dem Holz und Mark in direkter Verbindung. E. G. LANGE (1940), der die Wurzelbildung bei Ablegern von Obstunterlagen untersucht hat, findet die ersten Anlagen der Adventivwurzeln in den dem Cambium anliegenden Zellschichten des Bastes, und zwar immer in der nächsten Nähe eines Markstrahles. Eine vorher vacuolisierte Zelle werde plasmareich und beginne sich zu teilen. Das aus ihr hervorgehende Gewebe bilde vorerst ein halbkugelförmiges Gebilde, das dem Cambium auflige. Von diesem Stadium an schildern die beiden Forscher den Verlauf der Wurzelbildung in ähnlicher Weise. Der neue Gewebekomplex differenziert sich bald in Epidermis, Rinde und Zentralzylinder. Die junge Wurzel wächst nach außen und durchstößt unter günstigen Verhältnissen die Rinde des Zweiges. Sie entwickelt sich aber auch nach innen und bleibt mit dem Holz und Mark in Verbindung. Bevorzugte Orte für die Wurzelanlage sind der Astring, bei der Abriß- und Ablegerbildung auch die kleinen Polster unterhalb der Blattansatzstellen der Triebe. Aber auch zwischen den Knospen können Wurzeln angelegt werden.

Die Anlagen der neuen Wurzeln bilden sich nach LANGE in den Vermehrungsbeeten von Apfelunterlagen bereits Ende Mai bis Mitte Juni, also zu einer Zeit, in der die angehäufelten Triebe noch weich sind. Sie fällt damit in die Periode des stärksten Triebwachstums, während man vor den Untersuchungen LANGES meist eine spätere Entstehung angenommen hat. Wenn wir somit die Bildung von Adventivwurzeln beeinflussen wollen, müssen die Eingriffe frühzeitig erfolgen.

Wir haben in einem früheren Abschnitt gesehen, daß die Bildung von Adventivwurzeln sehr viel leichter erfolgt, solange ein Obstgewächs sich in der Jugendform befindet. Daneben bestehen wesentliche erbmäßige Unterschiede innerhalb der Formen ein und derselben Obstart. Schließlich ist die Entstehung von Adventivwurzeln abhängig von der Temperatur, der Bodenfeuchtigkeit und der Bodendurchlüftung. Je günstiger diese Vegetationsfaktoren liegen, desto besser ist der Erfolg. Über die Beeinflussung der Anlage von Wurzeln durch Wuchsstoffe ist man nicht genügend unterrichtet. Es ist möglich, daß eine Stauung dieser von der Triebspitze her abwandernden Hormone durch die mit dem Anhäufeln verbundene Etiolierung eine entscheidende Rolle spielt.

Auch von der Mutterpflanze abgetrennte Triebe, sogenannte Stecklinge, können unter günstigen Verhältnissen bewurzelt werden, so vor allem bei den Quitten und den Myrobalanen. Dabei haben englische Untersuchungen gezeigt, daß sich krautige Stecklinge unserer Obstbäume leichter bewurzeln lassen als holzige. Dies erscheint nicht verwunderlich, wenn man bedenkt, wie frühzeitig die Wurzelanlage erfolgt. Holzige Stecklinge bewurzeln sich am leichtesten, wenn sie von der Basis der Triebe stammen. Es darf wohl angenommen werden, daß in diesen Fällen vorgebildete Wurzelanlagen bereits vorhanden sind, die sich aus irgendeinem Grunde nicht entwickelt hatten. Ausnahmsweise kommen solche vorgebildeten Wurzeln auch am älteren Holz vor. C. F. SWINGLE (1927, 1929) hat eingehende Untersuchungen über die Anatomie derjenigen Sorten veröffentlicht, die fähig sind, an Stecklingen Wurzeln zu bilden. Sie zeichnen sich durch eigenartige Maserbildungen, sogenannte „Burrknots" aus, die vor allem an Astringen zu finden sind (Abb. 35). Es handelt sich um eine Anhäufung vorgebildeter Wurzeln. Von verschiedenen Forschern, so vor allem von ZSCHOKKE (1927), konnten aus solchen Maserbildungen bewurzelte Stecklinge gewonnen werden.

Die Untersuchungen zur Verbesserung der Wurzelbildung in verholzten Stecklingen der Obstgewächse durch die Anwendung von Wuchsstoffen sind noch nicht abgeschlossen. Aus den Versuchen von ANLIKER und BRYNER (unveröffentlicht) geht jedoch hervor, daß sie nur bei jenen Stecklingen möglich ist, bei denen ohnehin eine Neigung zur Bewurzelung vorliegt. Wie unübersichtlich die Verhältnisse

Abb. 35. Entwicklung von Wurzeln aus Maserbildungen („Burrknots") an Zweigen von Obstbäumen. Links: Zweig von *Malus* EM IV, an den älteren Masern zeigen sich bereits deutliche Wurzelansätze. Mitte: EM I, Wurzelansätze auch an jüngern Masern. Rechts: Derselbe Zweig 8 Wochen nach der Auspflanzung. Es haben sich aus den Masern reichlich Wurzeln entwickelt. (Nach HATTON, WORMALD und WITT.)

liegen, ergibt sich aus der Tatsache, daß feucht, jedoch frostfrei überwintertes Holz sich leichter bewurzelt als solches, das normalen Wintertemperaturen ausgesetzt war.

Die Wachstumsverhältnisse der Wurzeln unserer Obstbäume sind naturgemäß nicht leicht abzuklären. Es stehen uns dazu im wesentlichen zwei Wege offen: Ausgrabungen und Beobachtungen im Wurzelschaukasten. Die ersterwähnte Methode wurde z. B. von KVARAZKHELIA (1931), ROEMER und HILKENBÄUMER (1936, 1937) und ROGERS für ausführliche Untersuchungen verwendet. Sie hat den Nachteil, daß wir sozusagen nur Momentaufnahmen machen können und nicht in der Lage sind, ein und dieselbe Wurzel in ihrem Wachstum zu verfolgen. Doch vermittelt sie uns bei sorgfältiger Arbeit ein gutes Bild über die Gesamtheit des Wurzelwerkes. Die Schaukastenmethode anderseits läßt uns das Verhalten der einzelnen Wurzeln erkennen, zeigt uns aber nur einen verschwindend kleinen Teil der Wurzeln eines Baumes. Dank der Kombination beider Methoden verfügen wir heute über recht gute Einblicke in das Verhalten der Wurzeln unserer Obstbäume. Sie sind unter Auswertung der bisherigen Literatur wohl am besten zusammengestellt in den Veröffentlichungen von W. S. ROGERS (s. Literaturverzeichnis). Er bediente sich vorerst der Ausgrabungsmethode und dann der Schaukastenmethode, nachdem er diese in technischer Hinsicht wesentlich verbessert hatte. Er legte im Wurzelbereich von Apfelbäumen Gräben an, indem er die dort vorhandenen Wurzeln durchschnitt. Hierauf errichtete er hölzerne Kabinen mit senkrechten oder nahezu senkrechten Glaswänden. Sie haben gegenüber den üblichen schiefen Wänden den Vorteil, daß sich auf ihnen keine Feinerde auflagert, welche die wachsenden Wurzeln verdeckt. Die ausgehobene Erde wurde sorgfältig Schicht für Schicht wieder eingefüllt. Es ließ sich auf diese Weise das Wurzelwachstum über mehrere Jahre verfolgen.

ROGERS unterscheidet, wie frühere Autoren, kräftigere Hauptwurzeln von wenigstens 1 mm Durchmesser und dünnere Seitenwurzeln. Gewöhnlich blieben

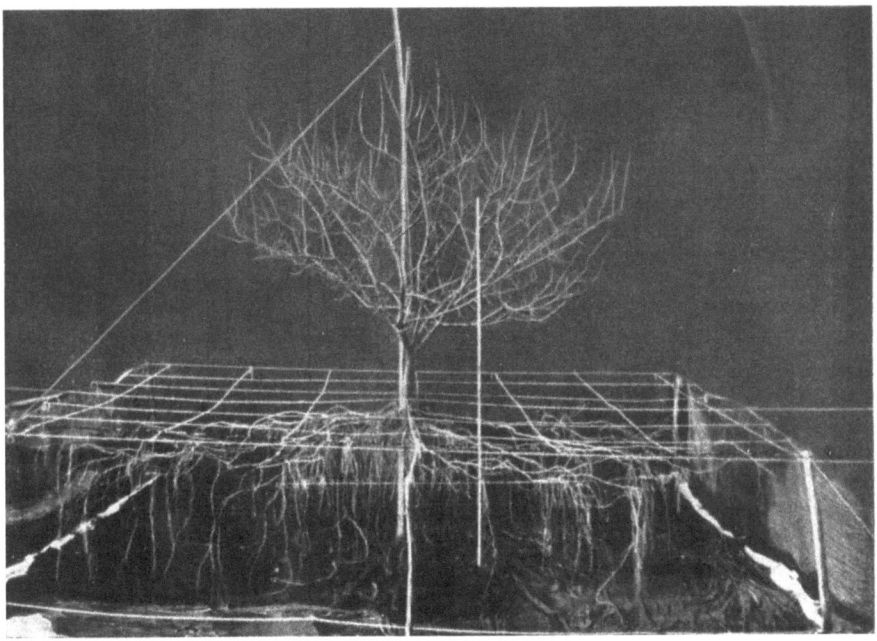

Abb. 36. 10 Jahre alter ausgegrabener Baum der Sorte Lanes Prinz Albert auf *Malus* EM I, gewachsen auf lehmigem Boden in East Malling. Die weißen Schnüre umrahmen Flächen von je 1 m². (Nach ROGERS und VYVYAN.)

die Hauptwurzeln lange Zeit am Leben, während die Seitenwurzeln bald abstarben. Schon VON ALTEN (1909) hatte Bereicherungswurzeln und Ernährungswurzeln unterschieden. BODO (1926) spricht von Triebwurzeln und Seitenwurzeln. Eine scharfe Abgrenzung zwischen den beiden Gruppen besteht übrigens nicht, indem manchmal dünne Seitenwurzeln mehrere Jahre überdauern, während dickere „Hauptwurzeln" absterben. Sowohl an den Triebwurzeln wie an den Seitenwurzeln entstehen Wurzelhaare. Sie sind beim Apfelbaum wie auch bei den übrigen Kern- und Steinobstarten kurz, perlenförmig und haben nicht die Gestalt von Haaren wie bei den meisten andern Gewächsen. Sie messen meist zwischen 0,025 und 0,050 mm und erreichen selten eine Länge von 0,075 mm, wobei sie allerdings in Sandböden etwas länger werden als in dem für die Versuche benutzten Lehmboden.

Während der Periode größten Wachstums konnten Wurzelspitzen von E. M. Typ XVI beobachtet werden, die 1 Woche lang je Tag durchschnittlich 9,4 mm wuchsen. Es wurden sogar Zuwachse bis zu 25 mm je Tag gefunden. Die Unterschiede sind je nach den Wachstumsbedingungen sehr groß. Etwa 8 Tage bis

1 Monat nach ihrer Bildung zeigen sich bei den jungen, weißen Wurzeln auffallende Veränderungen. Die Endodermiszellen und diejenigen der primären Rinde verkorken, die Wurzelhaare schrumpfen ein, die Rinde wird braun und runzelig. Später kann sich ein neues Korkcambium bilden, das den Zentralzylinder der Wurzel schützt und mit ihr wächst, wenn sekundäres Dickenwachstum einsetzt. Die meisten Seitenwurzeln sterben jedoch im Verlauf von wenigen Monaten ab, ebenso ein Teil der „Hauptwurzeln". So vergehen die Wurzeln, ähnlich wie die Blätter, wenn ihre Aufgabe erfüllt ist. Vielfach wachsen entlang den von den abgestorbenen Wurzeln zurückgelassenen Kanälen neue Wurzeln (Abb. 1). Auch werden solche Kanäle von Bodenlebewesen als Wege benutzt. Oft wachsen die Wurzeln durch die von den Regenwürmern gebildeten Kanäle. Wir können erkennen, daß der Boden von einem dichten Netz feinster Wurzelverzweigungen durchzogen ist, die heranwachsen und wieder absterben. Neues Leben und Zersetzung lösen sich in der mannigfachsten Weise ab. Wenn sie das kleine Bodenstücklein ausgeschöpft hat, stirbt die feine Wurzelverzweigung, und wenn durch die Tätigkeit der Bodenbakterien die Zersetzung der Wurzel erfolgt ist, nimmt eine neue Wurzel die freigewordenen Mineralstoffe wieder auf.

Im Verlauf des Winters war in den Wurzelkästen von ROGERS das Wurzelwachstum fast völlig eingestellt. Nur vereinzelt wurden Seitenwurzeln gebildet. Erst vom März und April an setzte wieder eine namhafte Bildung von Trieb- und Seitenwurzeln ein. Das Maximum des Wurzelwachstums lag gewöhnlich in den Monaten Mai und Juni. Vom Juli an ging es zurück. Manchmal wurden später neue Perioden etwas erhöhten Wachstums beobachtet, gelegentlich auch im Herbst. Ein ausgesprochenes zweites Maximum des Wurzelwachstums, wie es bereits ENGLER (1918), BODO (1926) und andere gesehen hatten, trat in den Untersuchungen von ROGERS nicht auf. Worauf dieser Unterschied zurückzuführen ist, kann nicht mit Sicherheit entschieden werden. Wahrscheinlich war die sommerliche Ruheperiode unter den Bedingungen von East Malling nicht derart, daß, angeregt durch herbstliche Regenfälle, eine neue Periode des Wurzelwachstums einsetzte. Wie schon BODO feststellte, kann die Periodizität durch Außeneinflüsse verschoben werden.

Wesentlich ist die Tatsache, daß das Wurzelwachstum einen Monat früher beginnt als das Triebwachstum. GOFF (1898) hat dieses frühzeitige Einsetzen des Wurzelwachstums mehrerer Obstarten bereits vor mehr als 50 Jahren festgestellt. In den Untersuchungen von BODO betrug dieser Unterschied nur etwa 8 Tage, wobei die Zwetschge mit dem Wachstum 5 Tage früher einsetzte als der Apfel. Wahrscheinlich widersprechen sich die Angaben der Beobachter in Wirklichkeit nicht, da der österreichische wohl vom Schwellen der Knospen, der Engländer von deren meßbarem Austrieb ausgegangen ist.

Über die Abhängigkeit des Wurzelwachstums von den Vegetationsfaktoren sind wir durch verschiedene Untersuchungen recht gut unterrichtet. Als einer der wichtigsten muß die *Temperatur* betrachtet werden. ROGERS findet, wie vor ihm bereits NIGHTINGALE (1935), bei Apfel- und Pfirsichbäumen, daß die Wurzeln erst oberhalb eines Minimums von $7^1/_2\,°C$ ($45°\,F$) zu wachsen beginnen, während BODO (1926) Triebwurzelwachstum beim Apfel bereits bei $4-5°C$, bei der Zwetschge sogar bei $2-4°C$ festgestellt hatte. Im Frühjahr zeigte sich in den tieferen Bodenschichten, die vorerst wärmer waren als die oberen, ein früheres und stärkeres Wurzelwachstum, während etwa von Ende März an, als die oberen Bodenschichten durch die Sonnenstrahlung sich mehr erwärmt hatten als die unteren, ein besserer Zuwachs einsetzte. Später ergaben sich in den Versuchen von ROGERS keine so engen Zusammenhänge mehr zwischen Wachstum und Temperatur, da als begrenzender Faktor die Bodenfeuchtigkeit eine Rolle zu spielen begann.

PROEBSTING (1943), der die Wurzeln eingetopfter Pfirsichbäume verschiedenen Temperaturen aussetzte, fand ein maximales Wachstum bei 24°C. Auch die Bäume, deren Wurzeln bei 13° und 18,5°C gehalten wurden, gediehen gut. Etwas geringer war das Wurzelwachstum (und damit das Triebwachstum) bei 29,5°C. Bei 7,5° und bei 35°C war das Wachstum unbedeutend. Wir können somit feststellen, daß für die Wurzeln des Pfirsichbaumes das Temperaturminimum bei ungefähr 7°, das Optimum bei ungefähr 24° und das Maximum bei 35°C liegt.

Diese Abhängigkeit des Wurzelwachstums von der Temperatur hat wichtige Konsequenzen für den Obstbau. In kalten, feuchten und schweren Böden, die sich nur in den oberen Schichten erwärmen, wachsen die Baumwurzeln wenig unter der Bodenoberfläche. In warmen, lockeren Böden vermögen sie sich von der Oberfläche bis in bedeutende Tiefe zu entwickeln. In heißen, leichten Sandböden, wie sie gelegentlich in südlichen Obstbaugebieten vorkommen, sind die obersten Bodenschichten im Sommer zu warm. Die Wurzeln sterben darin ab. In solchen Gebieten ist daher ein Obstbau überhaupt nur in tiefgründigen Böden möglich, auch wenn es nicht an der Bewässerung fehlen würde. Da der Boden unter Gras im Frühjahr sich langsamer erwärmt, beginnt das Wurzelwachstum im offenen Boden früher als im begrasten.

Ein weiterer Faktor, der das Wurzelwachstum in wesentlicher Weise beeinflußt, ist die *Bodenfeuchtigkeit*. Während die Temperatur mit Leichtigkeit gemessen werden kann, ist die Feststellung der den Wurzeln zur Verfügung stehenden Wassermengen mit Schwierigkeiten verbunden, weil nicht nur die in Prozenten berechenbare Menge von Bedeutung ist, sondern vor allem auch die Kraft, mit welcher der Boden das Wasser zurückhält. Je trockener ein bestimmter Boden ist, desto fester hält er das vorhandene Wasser zurück. Ein Sandboden bietet jedoch in dieser Beziehung ganz andere Verhältnisse als ein Tonboden. Die amerikanischen und englischen Forscher (z.B. ROGERS 1935) haben zur Messung der zugänglichen Wassermengen sogenannte Tensiometer konstruiert. Aus den Beobachtungen von ROGERS ergibt sich mit aller Deutlichkeit, daß mangelnder Feuchtigkeitsgehalt des Bodens im Sommer in unseren Obstbaugebieten der entscheidende Faktor für die Einstellung des Wurzelwachstums ist. Dabei ist deutlich zu ersehen, daß die Verminderung des Wurzelwachstums einsetzt, lange bevor die Bäume zu welken beginnen. ROGERS benutzt diese Beobachtung, um die Theorie von VEIHMEYER (1927), nach welcher bis zum Erreichen des Punktes, bei welchem die Pflanzen zu welken beginnen, alles im Boden enthaltene Wasser in gleicher Weise aufgenommen werden kann, zu widerlegen. Auch KENWORTHY (1949), der mit 1jährigen Apfelsämlingen experimentierte, gelangt zum gleichen Schluß. Er bestimmte die Wassermenge, die der ihm vorliegende Boden aufnehmen konnte, und jenen Wassergehalt dieses Bodens, bei dem Sonnenblumen zu welken begannen. Diese zugängliche Wassermenge teilte er in 5 gleiche Stufen. Die 5 Reihen der in Töpfen gezogenen Apfelsämlinge wurden gegossen, wenn sie 20, 40, 60, 80 und 100% der aufnehmbaren Wassermengen dem Boden entzogen hatten. Es zeigte sich, daß die Bäume in bezug auf Triebwachstum, Dickenwachstum des Stämmchens, Trockengewicht und Blattfläche im Nachteil waren, sofern erst gegossen wurde, wenn der Boden mehr als 80% der aufnehmbaren Wassermenge abgegeben hatte.

Es besteht kein Zweifel, daß die Bodenfeuchtigkeit und ihre Verteilung in den verschiedenen Bodenschichten wesentlich zur Ausbreitung der Wurzeln im Boden beiträgt. In einem Boden, der frühzeitig im Jahr in den obersten Schichten austrocknet, in den unteren jedoch feucht bleibt, findet sich die Hauptmasse der Wurzeln in der Tiefe. In Gebieten, in denen während der ganzen Vegetationsperiode Niederschläge fallen, vermögen sich die Wurzeln leicht in den obersten

Bodenschichten auszubreiten. YOCUM (1935) stellte fest, daß die Baumwurzeln in tiefere Schichten gehen, wenn in den oberen die Feuchtigkeit durch zwischengepflanzten Mais entzogen wird, und er beobachtete, daß sie nach Bedeckung des Bodens mit Stroh sich in den obersten ausdehnen.

Wir haben bereits in einem anderen Zusammenhang gesehen, daß eine gute *Durchlüftung* des Bodens für das Gedeihen der Wurzeln von größter Bedeutung ist, da diese zur Aufnahme der Mineralstoffe eine Arbeitsleistung vollbringen und sich die Energie durch Atmung verschaffen müssen. Aus vielen Ausgrabungen, namentlich denjenigen von ROGERS, weiß man, daß die Wurzeln nicht in kompakte, wenig durchlüftete Bodenschichten vordringen. HOWARD (1925) stellte fest, daß bei steigendem Grundwasserstand die Wurzeln in den durchnäßten Böden absterben. In wasserzügigen Böden ist deshalb die Entwässerung die erste Voraussetzung für die Errichtung einer Obstanlage, da es für das Gedeihen der Bäume wesentlich ist, daß sie nicht nur die obersten Bodenschichten für ihre Tätigkeit zur Verfügung haben.

Eine weitere Beeinflussung des Wurzelwachstums ist durch den *Nährstoffgehalt* des Bodens gegeben. In mageren Böden dehnen sich die Wurzeln, wie vor allem ROGERS und VYVYAN (1928) gezeigt haben, viel weiter aus als in reichen. Die Wurzeln sind in solchen Böden schlanker und weniger verzweigt als in nährstoffreichen. Das Verhältnis von Wurzelwerk zu Stamm und Krone kann in mageren Böden bis auf 1 : 1 steigen, während es in reichen nur ungefähr 1 : 2 beträgt. Je größer also umgekehrt dieses Verhältnis gefunden wird, als desto magerer darf der betreffende Boden erachtet werden.

Schließlich haben ROEMER und HILKENBÄUMER (1936, 1937) nachgewiesen, daß auch das Edelreis einen bedeutenden Einfluß auf das Wurzelwachstum ausübt. Und zwar handelt es sich dabei nicht nur um eine durch bessere oder geringere Ernährung bedingte Verschiebung der Wachstumsintensität. Es wird vielmehr nach diesen Forschern auch das Habitusbild der Wurzeln, vor allem die Menge der Wurzelfasern, und der Verzweigungswinkel beeinflußt. Es wäre von großem Interesse, wenn diese theoretisch wichtige Frage an Hand von Bäumen nachgeprüft würde, die auf Klonunterlagen veredelt sind, da in beiden Anlagen „Quitte Angers" und „Gelber Metzer Paradies" verwendet worden waren, so daß eine absolute Identität der Unterlagen nicht sichergestellt ist. Auch die entsprechenden früheren Angaben von SWARBRICK und ROBERTS (1927) bedürfen einer Bestätigung. KEMMER (1944) konnte bei Apfelsorten, die auf verschiedenen East-Malling-Klonen veredelt waren, keinen Einfluß des Edelreises auf den Verzweigungswinkel der Wurzeln beobachten.

Aus den bisherigen Beobachtungen über das Wurzelwachstum vermögen wir zu erkennen, daß es je nach den Umweltsbedingungen sehr variabel sein kann. Dies gilt sowohl in bezug auf seine Periodizität als namentlich auch in bezug auf die Ausbreitung der Wurzeln in den verschiedenen Bodenschichten. Am vorteilhaftesten ist natürlich ein Boden, der bis zu einer möglichst großen Tiefe von den Wurzeln durchzogen werden kann. Dadurch ergibt sich eine bessere Verankerung und Standfestigkeit der Bäume. Sie sind aber vor allem in der Lage, ein großes Bodenvolumen auszunützen. Es ergibt sich damit eine bedeutende Krisensicherheit, indem z. B. bei oberflächlicher Austrocknung wenigstens die unteren Schichten noch Feuchtigkeit und Mineralstoffe liefern. Der Obstpflanzer hat im übrigen alle Ursache, dafür besorgt zu sein, daß sich die Wurzeln größtenteils nicht in den obersten Bodenschichten befinden, wo sie der Austrocknung und dem Frost, bei offenem oder zeitweise offenem Boden auch der Verletzung durch Bodenbearbeitungsgeräte, ausgesetzt sind. Das Herauflocken der Wurzeln durch die Bedeckung des Bodens mit Gras, Stroh oder anderen Materialien ist vielleicht der größte

Nachteil der verschiedenen Mulchsysteme, namentlich in Gebieten, in denen mit Kälterückschlägen im Nachwinter gerechnet werden muß.

Durch die Untersuchungen von HATTON und seinen Mitarbeitern und weiteren Forschern ist die Frage geprüft worden, ob und wie die verschiedenen vegetativ vermehrbaren Unterlagen sich in bezug auf ihr Wurzelwachstum voneinander unterscheiden. Wir wollen als Beispiel die Apfeltypen wählen. Wenn wir Ausgrabungen machen, so erkennen wir sogleich, daß die Farbe und namentlich die Verzweigungsart der Wurzeln verschieden sind. So weist E. M. Typ IX mehr gelblich gefärbte Wurzeln auf als die meisten anderen Typen. Während E. M. Typ V oder Typ II verhältnismäßig wenig Faserwurzeln aufweisen, zeigen Typ I oder Typ XVI eine reichliche Bildung feiner Verzweigungen bereits in der Nähe des Stammes. ROGERS weist darauf hin, daß in bezug auf die in den Schaukästen sichtbaren Adsorptionswurzeln und Wurzelhaare keine wesentlichen Unterschiede zwischen den von ihm beobachteten 3 Unterlagen E. M. Typ I, IX und XVI zu beobachten waren. Dagegen ergaben sich gewisse Unterschiede in bezug auf die Zahl der kleinen Wurzeln, indem die kräftigeren Unterlagen mehr solche bildeten als die schwächeren. Doch war auch dieser Unterschied geringer als man hätte erwarten können. Der erfahrene englische Fachmann war erstaunt über den Grad der Ähnlichkeit der Wurzeln der verschiedenen Unterlagen und ihrer Reaktion auf die verschiedenen physiologischen Faktoren. Er kommt zum Schluß, daß die Wuchskraft der stärkeren Unterlagen mehr durch die größere Zahl der Faserwurzeln als durch deren größere Länge bedingt sei. In verschiedenen Böden behalten die Wurzeln der verschiedenen Unterlagen ihre charakteristischen Merkmale bei, wie beispielsweise die Menge der Bastfasern, die Dicke der Wurzeln, die Farbe und die Art und Weise der Verankerung. Wenn man die sich auf Ausgrabungen stützenden Untersuchungen von ROGERS und VYVYAN (1927, 1934) überblickt, so erhält man den Eindruck, daß die ungleiche Wuchskraft, welche die verschiedenen Veredlungsunterlagen aufweisen und auf das Edelreis übertragen, nicht ausschließlich durch die Länge und Menge ihrer Wurzeln bedingt sei, sondern daß auch physiologische Unterschiede eine große Rolle spielen. Es ist wohl so, daß bei der gleichen Wurzelmenge die eine Unterlage dank einer besseren Aufnahmefähigkeit dem Boden mehr Mineralstoffe zu entziehen vermag als eine andere. Bei veredelten Bäumen spielt dazu auch die Affinität zwischen Edelreis und Unterlage eine wesentliche Rolle. Auch andere physiologische Unterschiede mögen von Bedeutung sein. So vermutet ROGERS, daß die Starkwüchsigkeit von E. M. XVI dadurch bedingt sein könnte, daß seine Wurzeln im Frühjahr rascher ein Wachstumsmaximum erreichen als diejenigen von Typ I oder gar Typ IX.

Die Wurzeln der schwachwüchsigen und der starkwüchsigen Unterlagen weisen bedeutende anatomische Verschiedenheiten auf, wie BEAKBANE und ELEANOR THOMPSON (1939) sowie BEAKBANE (1941) zeigen konnten. Bei vergleichbaren Wurzeln der schwachwüchsigen Unterlagen ist das Verhältnis von Rinde zu Holz wesentlich größer als bei den starkwüchsigen. Es beträgt beispielsweise bei Typ IX in einer vergleichbaren Messung 1,82, bei Typ VII nur 0,91 (bezogen auf den Durchmesser). Das Triebwachstum der verschiedenen Unterlagen (es handelt sich neben den erwähnten Typen um Klone, die aus einer Kreuzung erhalten worden waren) verhält sich in klarer Weise umgekehrt proportional zum Rinde-Holz-Verhältnis. Ferner ergab sich mit aller Deutlichkeit, daß die schwache Unterlage im Holz der Wurzeln viel mehr Markstrahlzellen aufweist als die starkwüchsigen, dagegen weit weniger Gefäße und Holzfasern. Diese Korrelationen scheinen derart eindeutig zu sein, daß man bei unbekannten Unterlagen aus den anatomischen Besonderheiten der Wurzeln auf die Wuchskraft der Unterlage schließen darf.

III. Die Blütenbildung.

A. Die ersten Anfänge der Blütenbildung.

Der Zeitpunkt der Blütenanlage bei den verschiedenen Obstarten. — Der Einfluß klimatischer Faktoren auf den Zeitpunkt der Blütenbildung. — Blütenanlage und Wachstumsperiodizität.

Die Ausbildung von Blüten ist die erste Voraussetzung für die Fruchtbarkeit. Eine gute Kenntnis der Bedingungen, welche für die Anlage von Blütenknospen maßgebend sind, ermöglicht uns, diejenigen Kulturmaßnahmen zu treffen, die für die Fruchtbarmachung unserer Obstbäume am geeignetsten sind. Bevor wir aber an diese Aufgabe herantreten können, müssen wir wissen, *wann* sich die Blütenknospen bilden, damit wir nicht unsere Maßnahmen zu unpassender Zeit ergreifen.

Es ist den Praktikern wohl schon seit sehr langer Zeit bekannt, daß sich die Blütenknospen nicht erst im Frühjahr, sondern in der dem Blühen vorangehenden Vegetationsperiode ausbilden; denn man vermag in den meisten Fällen sowohl bei Kern- als auch bei Steinobstarten schon im Herbst mit bloßem Auge zu erkennen, aus welchen Knospen sich Blüten und aus welchen sich Blätter entfalten werden. Bei den Steinobstarten bilden sich immer reine Blütenknospen, aus denen nur Blüten hervorgehen, bei den Kernobstarten dagegen gemischte Knospen, die sowohl Blüten als auch Blätter zur Ausbildung bringen.

Die ersten mehr oder weniger systematischen Untersuchungen über den Zeitpunkt der Blütenknospenanlage bei Obstbäumen hat wohl ASKENASY (1877) durchgeführt. Er beobachtete bei einem Glaskirschenbaum im Botanischen Garten der Universität Heidelberg in den Jahren 1874—1877 die ersten Anfänge der Blütenbildung im Monat Juni. Ferner befaßten sich mehr oder weniger eingehend mit der Frage des Zeitpunktes der Blütenknospenbildung ALBERT (1894), GOFF (1899 bis 1901), DRINKARD (1909—1910) sowie BRADFORD (1915). Seit 1920 wurden diese Untersuchungen auf breiter Grundlage in Angriff genommen. In Wageningen (Holland) wurde von MARTHA C. VERSLUYS (1921) die Periodizität der Knospenentwicklung des Kirschbaumes eingehend verfolgt. Die ersten Anfänge der Blüten wurden Ende Juli beobachtet. Der weitere Verlauf der Differenzierungsvorgänge wurde gründlich beschrieben und in vielen sehr guten Bildern festgehalten. Zur Beobachtung waren die Knospenschuppen mit der Nadel wegpräpariert und die Vegetationspunkte mit dem Binokularmikroskop beobachtet worden. Eine sehr ähnliche Untersuchung wurde zu gleicher Zeit von IDA LUYTEN (1921) am Pflaumenbaum durchgeführt, während BIJHOUWER (1924) die gleichen Fragen am Apfelbaum bearbeitete, aber seine Ergebnisse erst einige Jahre später veröffentlichte.

Unterdessen hatte man sich auch in Geisenheim mit der gleichen Aufgabe beschäftigt. Nachdem KROEMER und KRAMER (1920—1921) und KRAMER (1922 bis 1923) einige vorläufige Ergebnisse veröffentlicht hatten, gab ELSSMANN (1925) in einer ausführlichen Arbeit eine sehr wertvolle Zusammenstellung. In den Vereinigten Staaten wurden durch TUFTS und MORROW (1925) sowie RASMUSSEN (1929) weitere Beobachtungstatsachen zusammengetragen, in England durch BALL (1927—1928). MÜLLER-THURGAU und KOBEL (1928) verfolgten die Blütenknospenbildung in Wädenswil bei 18 Apfelsorten.

Seither befaßte sich eine Reihe weiterer Forscher mit der gleichen Frage, so ROH (1929) in Rußland, EMIL JOHANSSON (1930) in Schweden, BARNARD und Mitarbeiter (1932, 1938) in Australien, ÜLKÜMEN (1940) in der Türkei, MAGNESS und Mitarbeiter (1933) sowie HARLEY und Mitarbeiter (1942) in den Vereinigten Staaten von Amerika und andere mehr.

Die Beobachtungen der erwähnten Forscher vermitteln uns einen guten Überblick über den Zeitpunkt der Blütenanlage der einzelnen Obstarten, seine Verschiebung durch Außeneinflüsse und seine Abhängigkeit von den Wachstumsvorgängen. Als erstes Ergebnis dieser Untersuchungen erkennen wir, daß die Anlage von Blütenknospen sich bei unseren Obstbäumen nicht über den ganzen Sommer und Herbst hinzieht, daß vielmehr eine ganz bestimmte *Periodizität* vorliegt.

Die Unterschiede in bezug auf die Zeit der Blütenknospenanlage zwischen den einzelnen Obstarten sind nicht viel größer als die Unterschiede zwischen den einzelnen Sorten der gleichen Obstart. Wir greifen als Beispiel die in der folgenden Zusammenstellung enthaltenen Angaben heraus. Wo mehrere Daten angeführt sind, handelt es sich um verschiedene Sorten oder verschiedene Jahre.

Der Zeitpunkt der Blütenknospendifferenzierung bei den verschiedenen Obstarten im Rheingau (nach ELSSMANN*), in Kalifornien (nach* TUFTS *und* MORROW*) und in Schweden (nach* JOHANSSON*).*

Obstart	Rheingau	Kalifornien	Schweden
Äpfel	29. Juni bis 20. Juli	11. Juni (Gravensteiner)	20. Juli bis etwa 23. August
Birnen	29. Juni bis 12. Juli	21. Juni bis 3. Juli	25. Juli bis etwa 23. August
Süßkirschen	28. Juni bis 19. Juli	3. Juli (Bigarreau Napoleon)	20. Juli bis 4. August
Sauerkirschen	21. Juni bis 2. Aug.	12. Juli (Early Richmond)	—
Pflaumen und Zwetschgen	12. Juli bis 9. Aug.	29. Juni (French)	23. August bis 2. September
Aprikosen	—	4. bis 11. August	—
Pfirsich	—	30. Juni	—
Mandel	—	18. August bis 9. September	—

Es ist aus diesen Angaben ersichtlich, daß in den südlichen Gebieten die Bildung der Blütenknospen früher einsetzt als in den nördlichen. Äpfel, Birnen, Süßkirschen, Sauerkirschen und *Prunus mahaleb* (TILLSON 1947) scheinen ihre Blütenknospen ungefähr gleichzeitig zu differenzieren. In den südlichen Gebieten fällt auch die Blütenknospenbildung der Pflaumen und Zwetschgen in die gleiche Periode, während sie bei dieser Obstart im Norden etwas später zu erfolgen scheint. Später als die übrigen Obstarten legen offenbar auch die Aprikosen und Mandeln ihre Blüten an. Die einzige Angabe über den Pfirsich sagt wohl zu wenig aus. Nach den Untersuchungen aus der Südhemisphäre von BARNARD (1938) und denjenigen von MICKLEM (1938) beginnt die Blütenknospendifferenzierung bei dieser Obstart im ganzen gesehen etwa 14 Tage bis 1 Monat später als bei den Apfel- und Birnensorten, aber etwas früher als bei den Aprikosen. Über die Blütenbildung der Quitte fand ich keine Angaben. GOFF erwähnt einzig, daß die Blütenknospen der Sorte Champion im Herbst bereits vorgebildet seien.

Die verschiedenen Sorten einer Obstart können sich unter den gleichen Bedingungen recht verschieden verhalten. So legten die Schattenmorellen ihre Blüten nach den Untersuchungen von ELSSMANN (1925) schon im Juni an, während Schöne von Châteaunay erst im August folgte. MÜLLER-THURGAU und KOBEL (1928) fanden die ersten Anfänge der Blütenbildung bei Charlamowsky schon am 4. Juli, bei Danziger Kantapfel dagegen erst am 7. August. Dabei standen die untersuchten Bäume der beiden Sorten nebeneinander am gleichen Spalier.

Ein und dieselbe Sorte kann ihre Blütenknospen am gleichen Ort in verschiedenen Jahren zu verschiedenen Zeitpunkten ausbilden. So beobachtete ELSSMANN im trockenen Sommer 1921 die Anfänge der Blütenknospenanlage bei den gleichen Sorten 2—3 Wochen früher als in den beiden folgenden Normalsommern. ÜLKÜMEN fand ebenfalls bedeutende Verschiebungen der Blütendifferenzierung von Jahr zu Jahr.

In vielen Fällen setzt die Blütenknospenbildung in allen Knospen eines Baumes fast gleichzeitig ein. So stellten beispielsweise MÜLLER-THURGAU und KOBEL bei schwachwüchsigen und daher sehr blühwilligen Bäumen der Sorte Parkers Peping fest, daß die Blütendifferenzierung in den auf einem Blütenkissen sitzenden Knospen (wobei die Blüten unfruchtbar blieben) sich ebenso frühzeitig vollzog wie in Normalknospen an Kurztrieben. Auch durch Ringelung konnten sie bei Goldreinette von Blenheim den Zeitpunkt der Blütenknospenbildung nicht verschieben. Dagegen geben andere Forscher, so GIBBS und SWARBRICK (1930) an, daß die Blütenknospen am 1jährigen Holz der Langtriebe etwa 1 Monat später angelegt werden als am alten Fruchtholz. Nach den Untersuchungen von RASMUSSEN (1929) währt die Periode der Blütenanlage auf ein und demselben Apfelbaum etwa 3 Wochen.

Um die Abhängigkeit des Zeitpunktes der Blütenknospendifferenzierung verschiedener Obstarten und -sorten von ernährungsphysiologischen Bedingungen zu vergleichen und mit der Wachstumsperiodizität in Beziehung zu setzen, dürfen nicht die Kalenderdaten zum Vergleich herangezogen werden; denn der Beginn der Blütenknospenbildung kann, wie wir bereits gesehen haben, bei ein und derselben Sorte am gleichen Ort in verschiedenen Jahren um 3 Wochen und mehr verschoben sein. Man hat daher nach Möglichkeiten gesucht, um die Angaben aus verschiedenen Jahren und Ländern miteinander zu vergleichen. In den Vereinigten Staaten von Amerika ist es vielfach üblich geworden, als Ausgangspunkt für Angaben über die Periodizität die Vollblüte zu wählen, d.h. den Tag, an dem die ersten Blütenblätter abzufallen beginnen, und mit Tagen nach der Vollblüte zu rechnen (z.B. HARLEY und Mitarbeiter 1933, 1934, 1935, 1942, MAGNESS und Mitarbeiter 1934). Auch gegen die Benützung dieser Bezugsmöglichkeit zu Vergleichszwecken können Einwände erhoben werden, da die Periodizität der Entwicklung nach der Blüte ebenfalls von den zufällig herrschenden Witterungsbedingungen abhängig ist. BARNARD und READ (1932) und BARNARD (1938) wählen als Ausgangspunkt für den Vergleich die Zeit, in welcher die Blätter der Fruchttriebe die volle Größe erreicht und die Triebe ihr Längenwachstum abgeschlossen haben. Auf Grund dieser Betrachtungsweise hat man gefunden, daß der Zeitpunkt der Blütenanlage eng mit dem Triebwachstum verbunden ist. BARNARD und READ glauben, sie beginne 5—6 Wochen nach Abschluß des Triebwachstums, d.h. mit anderen Worten erst, wenn sich nach abgeschlossenem Triebe eine Terminalknospe gebildet hat. GAYNER (1942) beobachtete die ersten Anfänge der Blütenknospendifferenzierung bei der Birnsorte Conference annähernd 8 Wochen, bei Comice 12 Wochen nach Abschluß des Wachstums der Fruchtspieße. HARLEY und Mitarbeiter (1942) haben auf Grund eingehender Messungen festgestellt, daß an ein und demselben Baum das Wachstum der Fruchttriebe um so länger dauert, je länger der Trieb wird, und daß die Terminalknospe sich um so früher entwickelt, je kürzer der Trieb bleibt. Aus diesen Zusammenhängen ergibt sich, daß bei ein und demselben wüchsigen Baum am kürzesten Fruchtholz die Blütenbildung um ungefähr 3 Wochen früher einsetzen kann als in der Terminalknospe der längsten Fruchttriebe. HARLEY und Mitarbeiter (1942) glauben auf Grund ihrer Ringelungsversuche an Ästen, an welchen die Früchte ausgepflückt wurden, daß die ersten Blütenknospen bereits 47 Tage, die letzten erst 90 Tage nach der Vollblüte angelegt wurden, was einer Zeitspanne von 6 Wochen entsprechen würde. Jene Bäume, deren Fruchtholz sich kaum verlängert, bilden, wie bereits MÜLLER-THURGAU und KOBEL fanden, ihre Blütenknospen in einem kurzen Zeitintervall aus, die starkwüchsigen in einem längeren. Starkwüchsige Bäume und Sorten setzen mit der Blütenknospenbildung zu einem späteren Zeitpunkt ein als schwachwüchsige. Sorten, die früh blühen und ihren Frühjahrstrieb früh abschließen, zeigen die Anfänge der Blütenbildung früher als Spätblüher. In diesem Sinne dürften sich auch die Beobachtungen von EMIL JOHANSSON (1930) erklären lassen, der bei seinen Versuchsbäumen feststellte, daß die frühreifen Sorten mit der Blütenknospenanlage früher einsetzen als die spätreifen. Daß aber eine solche Beziehung nicht durchgreifend ist, zeigt z.B. ÜLKÜMEN (1940).

Wenn wir die Blütenknospenanlage mit dem Wachstum in Beziehung setzen, so muß darauf hingewiesen werden, daß sich bei den Trieben, an denen sich Blütenknospen bilden, normalerweise nur ein Frühjahrstrieb, nicht aber ein Johannistrieb zeigt, während die Langtriebe, die eine zweite Wachstumsperiode durchmachen, gewöhnlich an ihrer Spitze eine Blattknospe aufweisen. Zeitlich fällt die Blütenknospenanlage ungefähr mit dem Abschluß des Johannistriebes zusammen. Physiologisch betrachtet, vollzieht sie sich einige Wochen nach dem Abschluß des Frühjahrstriebes.

In die gleiche Richtung wie die erwähnten amerikanischen und australischen Untersuchungen weisen auch diejenigen von SWARBRICK (1928/1929), der den Einfluß der Veredlungsunterlage auf die Blütenknospenanlage verfolgt. Er fand die ersten Anfänge nach dem Abschluß der sommerlichen Wachstumsperiode. Da die starkwüchsigen Veredlungsunterlagen ihren Trieb später abschlossen, folgert er, daß alle jene Faktoren, welche zu einem frühen Triebabschluß führen, z.B. auch die schwachwüchsige Veredlungsunterlage, die Anlage von Blütenknospen begünstigen.

Diese Zusammenhänge zwischen Wachstum und Blütenbildung erklären uns einige Beobachtungen, die zu manchen Mißverständnissen Veranlassung gaben. So hat man der alten Angabe von GOFF, daß bei den Apfelbäumen im Staate Wisconsin zwei Perioden der Blütenbildung vorkommen, etwas skeptisch gegenübergestanden. ELSSMANN fand aber eine ähnliche Erscheinung im Jahre 1923 in Geisenheim nicht nur beim Apfelbaum, sondern auch beim Birnbaum. Er beobachtete bei Wintergoldparmäne eine erste Periode der Blütenbildung zwischen dem 12. und 19. Juli und eine zweite zwischen dem 2. und 8. August, bei Diels Butterbirne eine erste zwischen 5. und 12. Juli und eine zweite zwischen dem 26. Juli und 2. August und schließlich bei der Birne Gute Luise eine erste Periode zwischen 12. und 19. Juli und eine zweite zwischen dem 9. und 16. August. ELSSMANN führt diese Erscheinung auf die außerordentlich warme Witterung des Monates Juli zurück. In Wädenswil, wo der Temperaturanstieg im Juli nicht so bedeutend war, konnten MÜLLER-THURGAU und KOBEL im gleichen Jahr nur *eine* Periode der Blütenbildung feststellen. Wahrscheinlich trat infolge der Juliwitterung im Jahr 1923 in Geisenheim und tritt fast alljährlich in Wisconsin mit seinem kontinentalen Klima eine sommerliche Ruhezeit ein. Die erste Periode der Blütenanlage hängt wohl mit dem Abschluß eines ersten, die zweite Periode mit dem Ende eines zweiten Triebes zusammen. Ähnliche Beobachtungen liegen auch aus Iowa vor (KIRBY 1918).

Die Beziehungen zwischen Wachstum und Blütenbildung geben uns vielleicht auch den Schlüssel zum Verständnis einer sehr merkwürdigen Form von Blütenknospenbildung bei der Apfelsorte Charlamowski, die LEHMANN (1915) beschrieb. Er fand, nachdem er erst im Juli des vorangegangenen Jahres seine Obstbäume mit schwefelsaurem Ammoniak gedüngt hatte, zweierlei verschiedene Blütenknospen. Neben normalen kamen solche vor, die im Februar noch ganz das Aussehen von Blattknospen hatten. Sie erwiesen sich aber später als reine Blütenknospen und enthielten nicht, wie es sonst bei unseren Kernobstsorten der Fall ist, neben Blüten- auch zugleich Blattanlagen. Die Zahl der Blüten war gering und betrug höchstens 4 je Knospe. LEHMANN vermutet, daß diese Blüten erst im Frühjahr entstanden seien. Wahrscheinlich handelt es sich aber um Blüten, die sich im vorangegangenen Herbst am Schluß einer schwachen und späten Wachstumsperiode nachträglich noch differenzierten.

Blütenknospen können sich schließlich ausnahmsweise auch *während der ersten* Wachstumsperiode bilden. Solche Knospen entwickeln sich aber sogleich weiter und liefern in der Zeit von Ende Mai bis anfangs Juni verspätete Blüten, die zudem oft mehr oder weniger ausgeprägte Füllung zeigen. Die Erscheinung kommt namentlich bei Apfel- und Birnbäumen vor. So beschreiben beispielsweise MÜLLER-THURGAU und KOBEL solche Blüten bei der Sorte Ribston Peping. Diese hatten sich aus einer Seitenknospe, die in der Blattachsel einer Blütenknospe entstand, entwickelt, also in einem Gebilde, das zwar im vorangehenden Jahr in seinen Anfängen angelegt war, aber sich ohne Zweifel erst im folgenden Frühjahr differenzieren konnte. Diese Abnormität ist auch von anderer Seite mehrfach beobachtet worden (z. B. GARDNER, BRADFORD und HOOKER 1922). Wie ein Artikel im „Praktischen Ratgeber", Jg. 1916, S. 403, beweist, kann sie gelegentlich sogar sehr auffällig werden. Im erwähnten Fall trat offenbar dieses Vorsommerblühen infolge Absterbens der ersten Blüte durch ungünstige Witterung ein. Es war besonders reichlich bei den Birnen Triumph von Vienne und Doktor Jules Guyot. Aus den Nachzüglerblüten entwickelten sich zahlreiche Früchte, welche fast die Hälfte der normalen Größe erreichten. Sogar die kleinsten Früchte wurden saftig und süß. Sie reiften etwa 4—6 Wochen nach den normalen und waren meist Jungfernfrüchte. Einen ähnlichen Fall hat auch MIEDZYRZECKI (1932) bei der letzterwähnten Birnsorte beschrieben.

B. Die Entwicklung der Blütenknospen bis zur Zeit der Winterruhe.

Entwicklung der reinen Blütenknospen der Steinobstarten. — Entwicklung der gemischten Knospen des Kernobstes.

Wir haben in diesem Abschnitt zu untersuchen, in welcher Weise sich die Blütenanlagen von den ersten Anfängen bis zum Winter entwickeln. Ihr weiteres Heranwachsen bis zur offenen Blüte im Frühjahr soll dagegen in einem anderen Zusammenhang besprochen werden.

Wir wollen zuerst die Entwicklung der reinen Blütenknospen bei den Steinobstarten nach den schönen Arbeiten von MARTHA C. VERSLUYS (1921) und IDA LUYTEN (1921) verfolgen (Abb. 37). Bis zum 4. Juli bildeten die Vegetationspunkte in den Knospen der Hedelfinger Riesenkirsche, die Fräulein VERSLUYS in der Hauptsache zu diesen Untersuchungen diente, nur Blattschuppen aus. Nachdem sich aber etwa 25 solcher Schuppen ausgebildet hatten, zeigte sich am 30. Juli ein auffälliges Hervorwölben des Vegetationsscheitels. In einigen Knospen waren auch bereits seitliche Hervorwölbungen, die ersten Anlagen der einzelnen Blüten, zu finden. Sie sind immer in der Achsel von kleinen Schuppen gelegen und bilden sich in spiraliger Anordnung aus. Diese Anlagen wuchsen heran und waren am 13. August schon sehr deutlich beobachtbar. In einigen Knospen hatte sich ein Teil von ihnen bereits weiter entwickelt, und die Anlagen der 5 Kelchblätter, die sich von allen Organen der Blüte zuerst differenzieren, waren sichtbar. Am 25. August waren die Kelchblätter in den meisten Knospen zu Lappen herangewachsen, und zwischen ihnen ließen sich bereits die Anlagen der Kronblätter

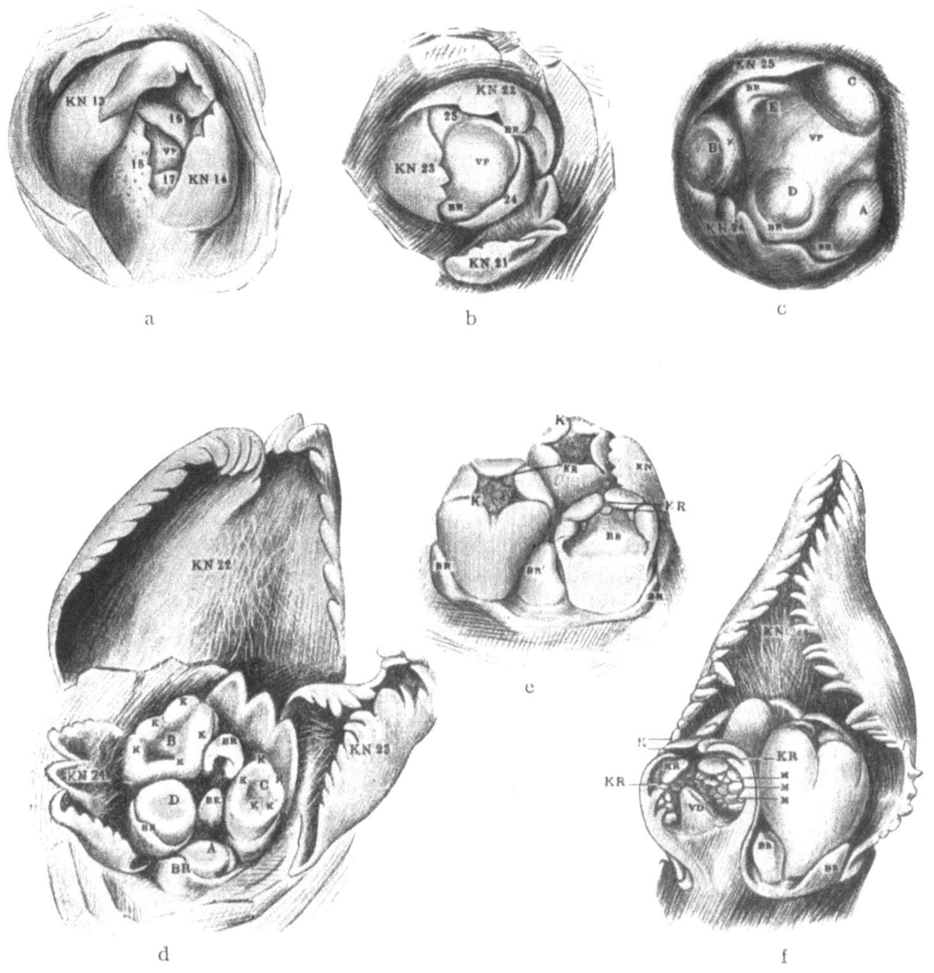

Abb. 37. Die Entwicklung der Blütenknospen bei Hedelfinger Riesenkirsche.
a) Knospe am 4. Juli; es haben sich bereits 17 Knospenschuppen gebildet
(KN 13–17), von denen die äußern wegpräpariert sind. Der Vegetationspunkt (VP) zeigt noch die gewöhnliche Form. b) Knospe vom 30. Juli; die
25. Knospenschuppe (KN 25) ist angelegt; der Vegetationspunkt ist verbrei-
tert und zeigt zwei Hervorwölbungen (BR), in deren Achseln die Blütenknospen entstehen werden. c) Knospe vom 13. August; man sieht die ersten
Anlagen von 4 Blüten (A, B, C, I.) in den Achseln von Brakteen (BR); von
der 5. Blüte ist erst die Braktee sichtbar. d) Etwas weiter fortgeschrittene
Knospe, ebenfalls vom 13. August. An den Blüten B und C sind bereits die
ersten Anfänge der Kelchblätter als kleine Hervorwölbungen sichtbar.
e) Knospe vom 25. August: Zwischen den Anlagen der Kelchblätter sind
bereits die Kronblätter als kleine Lappen zu erkennen. f) Knospe vom
23. September; in der durchschnittenen Blütenanlage sieht man die Anlagen
der Kelch- und Kronblätter und innerhalb derselben die Staubblätter (M)
und das Fruchtblatt (VD), das noch nicht geschlossen ist. g) Knospe vom
12. Oktober; in der durchschnittenen Blütenanlage findet man alle Organe
vorgebildet, VR = Fruchtknoten, ST = Griffel, SP = Narbe.
(Nach Martha C. Versluys.)

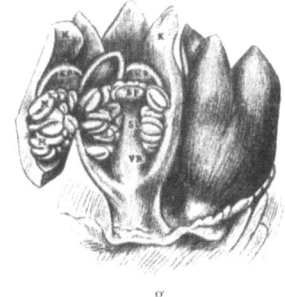

erkennen. Am 23. September hatten die Anlagen der einzelnen Blüten Glocken-
form angenommen. Die Anlagen der Staubgefäße waren weitgehend ausgebildet, das Fruchtblatt war angelegt, und die Blütenstiele waren differenziert.
Am 12. Oktober war die Blüte in allen Teilen, mit Ausnahme der Geschlechtszellen, vorgebildet. So finden wir zur Zeit, da die Winterruhe beginnt, den Kelch

mit deutlich ausgebildeten Zipfeln, die Kronblätter, die Staubgefäße, die bereits kurze Stiele und die Einteilung in Fächer erkennen lassen, und den Fruchtknoten, der schon einen kurzen Griffel mit einer Narbe trägt, weitgehend vorgebildet. Dies alles ist natürlich noch in den braunen Schuppen der Gesamtknospe eingehüllt.

In gleicher Weise verläuft die Entwicklung der Blütenknospen nach den Untersuchungen von IDA LUYTEN bei den Pflaumen und nach denjenigen von ROBERTS (1922) bei den Sauerkirschen. Bei beiden Obstarten waren die Knospen bei Beginn des Winters ebenfalls in allen ihren Teilen differenziert.

Etwas unübersichtlicher liegen die Verhältnisse bei den Kernobstarten. Sie sind aber auch hier durch die Untersuchungen von BIJHOUWER (1924) und ELSSMANN (1925) gut bekannt. Die ersten Anfänge kennzeichnen sich ebenfalls durch eine Hervorwölbung des Scheitelpunktes. Wenn genügend Knospenschuppen gebildet sind, treten am Vegetationspunkt seitlich in spiraliger Anordnung Hervorwölbungen auf, von denen die oberste die größte ist. Es sind die ersten Anfänge der Blüten. Auch sie liegen, wie beim Steinobst, in den Achseln von kleinen Schuppen. Zwischen den einzelnen Blüten entwickeln sich aber beim Apfelbaum auch Blätter, so daß ein richtiges Erkennen der verschiedenen Anlagen schwierig ist. Zum Unterschied gegenüber den Steinobstarten finden wir in den einzelnen Blütenanlagen im Herbst nicht nur ein einziges Fruchtblatt, sondern deren 5, die sich zu schließen beginnen, nach und nach strecken und miteinander verwachsen. Aus ihrer gemeinsamen Spitze entwickelt sich in der Folge der Griffel mit der Narbe. Eine vorzügliche Abbildung von BIJHOUWER von einer am 16. November entnommenen Knospe gibt dieses Stadium sehr gut wieder. Wir können hier nicht des näheren auf die Interpretierung der einzelnen Schuppen eingehen und wollen uns mit der Tatsache begnügen, daß die Blüten im Herbst auch beim Apfelbaum in allen ihren Organen, mit Ausnahme der Geschlechtszellen, vorgebildet sind. Das gleiche gilt wohl auch für den Birnbaum.

Es scheint, daß die Entwicklung der Blütenknospen im Herbst nicht in allen Fällen gleich weit fortschreitet. Gelegentlich, so bei TILLSON (1947), finden sich Angaben, daß bereits Pollenmutterzellen vorgebildet seien. EMIL JOHANSSON spricht bei Pflaumen von der Differenzierung von sporogenem Gewebe im Herbst. Es scheint ziemlich gleichgültig zu sein, welches Stadium erreicht wird. Sobald die obligate Winterruhe vorbei ist, können sich die Knospen auch während warmer Witterungsperioden im Winter weiterentwickeln.

Diese Entwicklung der Blütenknospen von den ersten Anfängen bis zur vorgebildeten Blüte erfordert eine beträchtliche Menge hochwertiger Baustoffe. Obschon Genaueres nicht bekannt ist, können wir daher vermuten, daß für die Ausbildung kräftiger Blütenanlagen, in denen unsere ersten Hoffnungen für eine reichliche Ernte liegen, ein guter Ernährungszustand des Baumes von größter Bedeutung ist.

C. Die Theorien über die Ursachen der Blütenanlage.

Die verschiedenen Zweigformen. — Die Untersuchungsmöglichkeiten. — Die Theorie von SACHS. — Die Theorie von MÜLLER-THURGAU und LOEW. — Die Theorie der Schwächung. — Die Theorie von KLEBS und ihre Popularisierung durch POENICKE. — Die Theorie vom Kohlenhydrat-Stickstoff-Verhältnis. — Der heutige Stand der Forschung.

Wir wissen aus den beiden vorangehenden Abschnitten, daß die Anlage der Blüten bei unseren Obstbäumen an einen den Bäumen innewohnenden, aber durch Außeneinflüsse bis zu einem gewissen Grad verschiebbaren Rhythmus gebunden ist. Diese Periodizität ist aber nicht der einzige für die Anlage der Blütenknospen entscheidende Faktor. Wir wissen aus Erfahrung nur zu gut, daß bei manchen

Bäumen die Blütenknospenbildung in den Monaten Juli und August nicht stattfindet. Die Frage, warum einmal der erste Schritt zur geschlechtlichen Fortpflanzung in Form von Blütenbildung getan wird, ein anderes Mal dagegen nicht, ist für den Obstpflanzer von größter Wichtigkeit. Sie hat aber auch die Physiologen seit langer Zeit vielfach beschäftigt.

Wir können die Lösung dieser Frage von verschiedenen Seiten aus in Angriff nehmen. Wir werden vorerst untersuchen, welche Gestalt die Zweige eines Baumes haben müssen, wenn sich an ihnen Blüten bilden sollen. In den Handbüchern über Obstbau, z.B. in demjenigen von GAUCHER-HESDÖRFFER oder von BOETTNER-POENICKE, findet man die Zweige unserer Bäume eingeteilt in Lang- oder Holztriebe, Fruchtruten, Fruchtspieße, Ringelspieße usw. Wir brauchen darauf nicht näher einzugehen, weil diese Einteilung allgemein bekannt ist. Über die Einzelheiten des anatomischen Baues der verschiedenen Gewebearten und ihr gegenseitiges Mengenverhältnis bei den verschiedenen Zweigformen finden sich bei KROEMER (1914/15) und namentlich bei A. SCHELLENBERG (1926) wertvolle Angaben. Der letztgenannte Forscher untersuchte bei den verschiedenen Zweigformen von Gellerts Butterbirne an Querschnitten in mühevoller statistischer Arbeit den prozentualen Gehalt an Gefäßen, Markstrahlzellen, Parenchymzellen und verholzten Wänden. Auf dieser Grundlage gelingt es, die wasserleitenden Gefäße, die Reservestoffbehälter und die der Festigung dienenden Faser- und Zellwandgebilde zahlenmäßig zu vergleichen.

Diese morphologisch-anatomische Betrachtungsweise kann aber nicht allein zum Ziel führen, da uns die Tatsache bekannt ist, daß manche Bäume in einem Jahr reichlich blühen, im folgenden aber leer stehen. Daraus können wir schließen, daß nicht nur die Form der Zweige und ihr anatomischer Aufbau, sondern auch die Zusammensetzung des Zellsaftes für die Blütenbildung von Bedeutung sei und daß vielleicht chemische Untersuchungen einen Schritt weiterführen werden. Schließlich können wir unsere Bäume auch verschiedenen Eingriffen aussetzen, um auf experimentellem Wege zu entscheiden, welcher Art die Bedingungen der Blütenbildung seien. Am aussichtsreichsten erscheint es, solche experimentellen Eingriffe in das Leben der Bäume mit anatomischen und chemischen Untersuchungen zu kombinieren. Gelingt es uns auf Grund solcher Forschungen, ein wahrheitsgetreues Bild von den Bedingungen zu erhalten, von denen die Blütenbildung unserer Obstbäume abhängig ist, so sind wir in jedem praktisch vorkommenden Fall in der Lage, die Blütenbildung nach unserem Willen zu beeinflussen.

Einer der ersten, der sich einen Überblick über die Ursachen der Blütenbildung zu erarbeiten suchte, war der deutsche Pflanzenphysiologe JULIUS SACHS (1865, zusammengestellt 1892). Er stellte die *Theorie der ,,blütenbildenden Stoffe"* auf, indem er annahm, daß die Blütenanlage nur dann möglich sei, wenn besondere, ihrer Natur nach unbekannte Stoffe in den Pflanzen vorkommen. Diese Theorie konnte die am Ende des verflossenen Jahrhunderts sich rasch entwickelnde Naturwissenschaft nicht befriedigen, weil sich sofort die Frage nach der Natur dieser Stoffe stellen mußte. Eine Zeitlang glaubte man sie gefunden zu haben, und zwar meinte man, im Gegensatz zu SACHS, es handle sich um die Kohlenhydrate. MÜLLER-THURGAU (1898) war wohl einer der ersten, der auf die Wichtigkeit der Konzentration der organischen Substanzen hinwies. LOEW (1905) behauptete sogar, daß *eine bestimmte Zuckerkonzentration des Zellsaftes als blütenbildender Reiz* genüge. Es waren wohl vor allem Ringelungsversuche, die zu dieser Ansicht führten. Denn man beobachtete ja, daß infolge der Verhinderung einer Ableitung der Kohlenhydrate durch den Ringelschnitt eine Stauung und damit eine Vermehrung derselben zustande kam. Die meist prompte Wirkung der Ringelung mußte daher zu dieser Theorie geradezu verleiten. Dagegen zeigte sich bald, daß sie nur den einen Teil der Tatsachen berücksichtigt. Stellt man sich beispielsweise einen jungen Apfelbaum vor, der in starkem Wachstum begriffen ist und an einer locker gebauten Krone ein reichliches, gesundes Blattwerk aufweist, so muß man ohne weiteres eine tüchtige Assimilation und damit die Bildung bedeutender Mengen von Kohlenhydraten annehmen. Die Erfahrung zeigt aber, daß gerade solche Bäume oft keine Blütenknospen zur Ausbildung bringen.

Besonders in der praktischen Obstbauliteratur kam daher, vor allem unter dem Einfluß von GAUCHER, eine Theorie auf, die *Fruchtbarkeit und vegetatives Wachstum als Gegensätzlichkeiten* betrachtete. Die Quintessenz war, daß man empfahl, die Bäume in ihrem vegetativen Wachstum zu *schwächen*, um sie zur Blütenbildung zu zwingen. Auch diese Theorie kann sich auf eine Anzahl wichtiger Tatsachen stützen und birgt ohne Zweifel einen Teil der Wahrheit; denn die alten Kunstgriffe des mehrfachen Verpflanzens, des Wurzelschnittes und der Zwergunterlage stehen mit ihr vollständig im Einklang. Aber sie konnte schließlich auch nicht befriedigen, weil man die Erfahrung machte, daß durchaus nicht immer die schwächeren Bäume auch die fruchtbareren sind. Zudem bringt die Schwächung des vegetativen Wachstums die Ausbildung eines kleinen, wenig leistungsfähigen Baumgerüstes mit sich.

Da war es der deutsche Pflanzenphysiologe KLEBS (z. B. 1903, 1911, 1913, 1918), welcher durch klassisch gewordene Versuche der Behandlung des Problems der Blütenbildung eine neue Richtung gab. Er zeigte noch einmal mit aller Schärfe, daß der Kohlenhydratbildung bei der ganzen Frage eine wesentliche Bedeutung zukommt, daß aber auch der den Pflanzen zur Verfügung stehende Gehalt an lebenswichtigen anorganischen Stoffen, insbesondere an Stickstoff, eine Rolle spielt. Er sprach die Vermutung aus, daß dem gegenseitigen Verhältnis der einer Pflanze zur Verfügung stehenden Kohlenhydrate und Nährsalze die wesentliche Bedeutung zur Entscheidung der Frage zukomme. Überwiegt die Kohlenhydratversorgung, so tritt Blütenbildung ein, überwiegt die Versorgung mit Mineralstoffen, vor allem mit Stickstoff, so bleiben die Pflanzen steril. Damit war der wichtigste Schritt getan. Statt der *absoluten* Menge an einzelnen Stoffen zog man von nun an *relative* Mengen verschiedener Stoffe in Betracht. Die beiden einander scheinbar entgegengesetzten Vorgänge des vegetativen Wachstums und der Fortpflanzung, die durch die Blütenbildung eingeleitet wird, waren in klaren Zusammenhang gebracht.

Diese *Kohlenhydrat-Nährsalz-Theorie* der Blütenbildung wurde durch WALTER POENICKE in vielen Schriften (z. B. 1911, 1922, 1923) in den Obstbau übertragen und popularisiert. Um sich besser verständlich zu machen, führte POENICKE den Begriff der ,,Bildungsstoffe" ein. Er versteht darunter die von den Bäumen namentlich in den Blättern aufgebauten organischen Stoffe, also vor allem die Kohlenhydrate, aber daneben auch die Eiweißstoffe, und stellt ihnen die von den Wurzeln aufgenommenen Nährsalze gegenüber. Seine Schlußfolgerungen für die Praxis des Obstbaues ergeben sich als logische Konsequenzen aus dieser Theorie. Da Wachstum und Fruchtbarkeit nicht mehr als unbedingte Gegensätzlichkeiten gelten können, sind schwachwüchsige, aber blühwillige Bäume durch Düngung in ihrem Wachstum zu fördern, ohne daß dadurch Unfruchtbarkeit eintreten muß. Man braucht nur dafür zu sorgen, daß das ,,Bildungsstoff"-Nährsalz-Verhältnis nicht ungebührlich zugunsten der Nährsalze verschoben wird. Eine ,,Schwächung" nicht blühwilliger, aber kräftig wachsender Bäume darf sich nur auf die Nährsalzzufuhr und nie auf die ,,Bildungsstoffe" beziehen. Der Idealzustand ist erreicht, wenn der Baum, wie POENICKE sich ausdrückt, im ,,*physiologischen Gleichgewicht*" steht, d. h. wenn er neben mäßigem Wachstum auch eine ordentliche Blütenbildung aufweist. Diese einfache, auch für den Laien sehr leicht verständliche Betrachtungsweise bedeutete gegenüber den älteren Theorien entschieden einen wesentlichen Fortschritt. Den Wissenschaftler kann sie — und dessen war sich POENICKE wohl bewußt — nicht befriedigen. Sie ist für ihn zu allgemein. Er muß wissen, welchen „Bildungsstoffen" und welchen Nährsalzen die ausschlaggebende Wirkung zukommt.

Die Schlußfolgerungen von KLEBS wurden inzwischen auch in den Vereinigten Staaten von Amerika aufgegriffen. Schon der deutsche Forscher war geneigt, dem Stickstoff auf der einen Seite und den Kohlenhydraten auf der anderen die größte Bedeutung beizumessen. Auch HUGO FISCHER (1905, 1916) legte schon früh das Gewicht auf das Verhältnis dieser beiden Stoffe bzw. Stoffgruppen. Die wichtigste Arbeit, in der dieser Gedanke verfolgt wurde, stammt von KRAUS und KRAYBILL (1918). Sie arbeiteten mit Tomaten. Die Stickstoffversorgung der Pflanzen wurde reguliert durch entsprechende Gaben eines leicht aufnehmbaren Stickstoffdüngers, die Kohlenhydratversorgung durch Beeinflussung der Assimilation mittels Veränderung der Belichtung. Mit aller Klarheit ergab sich, daß Wachstum und Blütenbildung in der Weise, wie es KLEBS angab, mit der Versorgung durch Stickstoff und Kohlenhydrate in Beziehung stehen. Im einzelnen stellen die Forscher vier verschiedene Möglichkeiten auf, die kurz erwähnt sein sollen:

1. Ein sehr hohes Kohlenhydrat-Stickstoff-Verhältnis bei schwachem vegetativem Wachstum. Der Stickstoff steht im Minimum und verursacht das geringe Wachstum. Die Zufuhr relativ großer Kohlenhydratmengen kann sich nicht auswirken.

2. Ein hohes Kohlenhydrat-Stickstoff-Verhältnis, verbunden mit großer Fruchtbarkeit bei ordentlichem Wuchs. Es sind mäßige Stickstoffmengen zugänglich, aber das hohe Verhältnis ist einem Überfluß an Kohlenhydraten zu verdanken.

3. Ein niedriges Kohlenhydrat-Stickstoff-Verhältnis, verbunden mit starkem vegetativem Wachstum. Sowohl Kohlenhydrat- als Stickstoffzufuhr sind reichlich. Ein Überfluß an Kohlenhydraten kann nicht entstehen.

4. Ein sehr niedriges Kohlenhydrat-Stickstoff-Verhältnis, verbunden mit schwachem Wuchs. Hier ist nicht, wie in der ersten Gruppe, der Mangel an Stickstoff schuld am geringen Wachstum, sondern ein Mangel an Kohlenhydraten. Die Pflanzen sind unfruchtbar.

Daß diese 4 Gruppen durch Übergänge miteinander verbunden sind, ist selbstverständlich.

KRAUS und KRAYBILL bauen auf Grund dieser Befunde die Theorie vom *Kohlenhydrat-Stickstoff-Verhältnis* auf, indem sie die These aufstellen, daß das Ausmaß von vegetativem Wachstum und Blütenbildung vom Verhältnis zwischen der Menge der Kohlenhydrate und des Stickstoffes abhänge. Es handelt sich also im Grund um eine bestimmtere Formulierung der Ansicht von KLEBS.

Nach dieser wichtigen Arbeit ist die Kohlenhydrat-Stickstoff-Theorie der Blütenbildung während langer Zeit das Steckenpferd der auf dem Gebiete des Obstbaues tätigen amerikanischen Forscher geworden. Ihre Nachprüfung hat eine ganze Reihe wertvoller Arbeiten ausgelöst, auf deren Ergebnisse wir auch in den folgenden Abschnitten mehrfach zurückkommen werden. Viele geben uns wertvolle Einblicke in die chemischen Veränderungen in den Zweigen unserer Obstbäume, die durch Beschattung oder Entblätterung, durch Ringelung, Schnitt und Düngung hervorgerufen werden. Ihr wichtigstes Ergebnis aber ist die Erkenntnis, daß so einfache Beziehungen, wie wir sie etwa nach der Auffassung von POENICKE vermuten würden, und wie sie auch noch KRAUS und KRAYBILL annahmen, durchaus nicht bestehen.

Einen ersten wertvollen Beitrag lieferte H. D. HOOKER (1920) aus der Versuchsanstalt Columbia in Missouri. Er sammelte Fruchtspieße von Apfelbäumen am 16. März, 13. Mai, 26. Juni, 2. September, 19. November und 24. Januar. Für die chemischen Untersuchungen teilte er sein Material in 3 Gruppen: Fruchttragende, blütenbildende und sterile Spieße. Blütenbildende und sterile waren vor der Zeit der Differenzierung der Blüten nicht mit Sicherheit zu unterscheiden und mußten auf Grund der Wahrscheinlichkeit auseinandergehalten werden.

Für unsere Frage interessieren uns vor allem die chemischen Unterschiede am 26. Juni, kurze Zeit vor dem Entscheid, ob eine Knospe Blüten bilde oder nicht. Der *Stickstoffgehalt* war zu dieser Zeit in den fruchttragenden Spießen bedeutend größer als in den blütenbildenden und sterilen, die sich voneinander in dieser Beziehung kaum unterschieden. Auch der *Phosphorgehalt* der fruchtenden Spieße war wesentlich größer als derjenige der beiden anderen Gruppen. Aber die voraussichtlich blütenbildenden enthielten wesentlich mehr Phosphor als die mutmaßlich sterilen. Ähnlich verhielt sich der Kaligehalt Als erste unerwartete Tatsache ergab sich, daß der Gehalt an reduzierenden und nichtreduzierenden Zuckern in allen 3 Gruppen keine wesentlichen Unterschiede zeigte. Auffällig war dagegen, daß in den blütenbildenden Spießen die Stärkespeicherung am 26. Juni bereits einen beträchtlichen Betrag erreicht hatte, während bei den anderen das vorsommerliche Minimum noch nicht überschritten war. Die Zahlen sind nachstehend zusammengestellt.

Die chemische Zusammensetzung der Fruchtspieße von vier verschiedenen Apfelsorten kurze Zeit vor der Blütenbildung (nach HOOKER 1920).
Die Zahlen bedeuten Prozent des Trockengewichts. BD = Apfelsorte Ben Davis, W = Wealthy, J = Jonathan, N = Nixonite.

Gehalt an	Fruchttragende Spieße			Blütenbildende Spieße		Sterile Spieße	
	BD	W	J	BD	J	Bd	N
Total Stickstoff	1,156	1,108	0,974	0,620	0,802	0,658	0,687
Phosphor	0,213	0,229	0,246	0,176	0,262	0,146	0,216
Kalium	0,72	0,81	0,88	0,66	0,72	0,46	0,51
Reduz. Zucker	1,87	1,19	1,69	1,04	1,35	0,66	0,61
Total Zucker	1,87	1,19	1,69	1,14	1,35	0,66	0,99
Stärke	Spur	Spur	Spur	3,16	2,16	Spur	Spur
Polysaccharide (ohne Stärke)	22,26	25,80	20,89	23,72	18,96	21,93	25,00
Total Kohlenhydrate	24,49	26,99	22,58	28,02	22,47	22,59	25,99

Damit war für die Vertreter der Kohlenhydrat-Stickstoff-Theorie bereits die erste Enttäuschung entstanden: die Zuckerarten als diejenigen Kohlenhydrate, die schon nach den älteren Theorien den Ausschlag geben sollten, zeigten in den dreierlei Spießen eine auffällige Gleichmäßigkeit. Durch die Tatsache, daß immerhin der Stärkegehalt in den blütenbildenden Spießen größer war, ließ sich die Theorie vorläufig aufrechterhalten. HOOKER schlug jedoch vor, statt des Gesamtkohlenhydrat-Stickstoff-Verhältnisses fürderhin das Stärke-Stickstoff-Verhältnis zu berücksichtigen. Mit dieser Annahme wird das Verständnis für die dynamische Auswirkung der Beziehung im Gewebe erschwert. Denn in den Zellgruppen, in welchen die Differenzierung der Blütenknospen vor sich geht, ist gar keine Stärke enthalten, und wir haben Mühe, uns vorzustellen, daß sich dieses unlösliche Kohlenhydrat, das in einiger Entfernung abgelagert ist, auf diese Zellen auszuwirken vermöge. Wir dürfen allerdings damit rechnen, daß diese Stärkevorräte die Innehaltung einer bestimmten Zuckerkonzentration in den meristematischen Zellen des Vegetationspunktes ermöglichen.

KRAYBILL, POTTER und Mitarbeiter (1925) vergleichen in eingehenden Untersuchungen das chemische Verhalten von fruchttragenden und blütenbildenden Fruchtspießen. Der Vergleich bezog sich einerseits auf abwechselnd tragende

Bäume, die im Rasen standen und keine Düngung erhielten, und anderseits auf solche in offenem Boden mit einer jährlichen Düngung von 2,7 kg Chilesalpeter je Baum. Da die fruchttragenden Spieße fast nie Blüten bilden, glaubten die Forscher, aus ihren Befunden Rückschlüsse auf die für die Differenzierung von Blütenknospen maßgebenden Bedingungen ziehen zu dürfen. Das Kohlenhydrat-Stickstoff-Verhältnis war zur Zeit der Blütenanlage in den tragenden, nichtblütenbildenden Spießen aus der mit Stickstoff gedüngten Parzelle und in den nichttragenden, aber blütenbildenden der Rasenparzelle sehr gleichartig. Es ist aber nicht angängig, daraus den Schluß zu ziehen, daß dem Kohlenhydrat-Stickstoff-Verhältnis für die Blütendifferenzierung keine Bedeutung zukomme. Die sich entwickelnde Frucht übt auf den Chemismus des ganzen Fruchtspießes einen derartigen Einfluß aus, daß man nicht aus dem Verhalten des ganzen Organes auf dasjenige einer kleinen Zellgruppe der Vegetationsspitze schließen darf. Es ist einzig angängig, das Verhalten *nicht* fruchttragender Spieße in Betracht zu ziehen und diese zu gruppieren in solche, die voraussichtlich Blüten bilden, und in mutmaßlich steril bleibende, wie es bereits HOOKER tat. Der gleiche Vorbehalt muß auch gegenüber den Untersuchungen von HARLEY (1925) und mehreren anderen Forschern gemacht werden.

POTTER und PHILLIPS (1930) schlugen einen anderen Weg ein, um den Verhältnissen, die für die Blütenbildung maßgebend sind, auf die Spur zu kommen. Sie wählten zu ihren Untersuchungen von 26 verschiedenen Versuchsparzellen der Versuchsanstalt Durham in New Hampshire je 4 tragbare, 30- bis 45jährige Apfelbäume der Sorte Baldwin aus. Von jedem Baum wurden anfangs Juli und anfangs August je 250 Fruchtspieße geschnitten, und zwar wurde nur der im Versuchsjahr gewachsene Teil berücksichtigt. Diese Proben wurden in sorgfältigster Weise für chemische Untersuchungen verwertet. Im folgenden Frühjahr, als die Blütenknospen gut sichtbar waren, wurde nun auf Grund einer Auszählung von zusammen annähernd 100000 Knospen die prozentuale Blütenknospenbildung der einzelnen Versuchsbäume zahlenmäßig erfaßt. Nun konnte die durchschnittliche Blütenbildung jeder Versuchsparzelle mit den Ergebnissen der verschiedenen chemischen Untersuchungen der Fruchtspieße in Beziehung gesetzt werden. Die Versuchsparzellen waren sehr mannigfaltig und umfaßten Bäume, die in

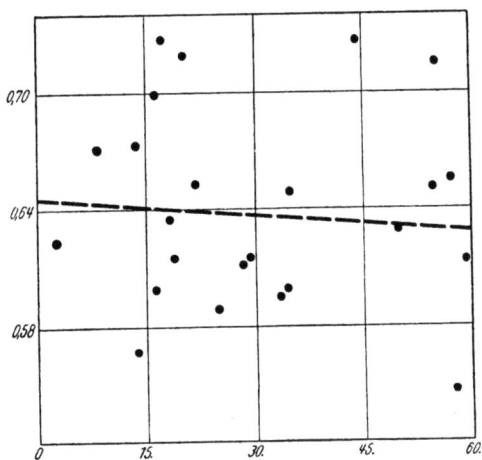

Abb. 38. Fehlen eines Zusammenhanges zwischen dem Gehalt der Fruchtspieße an reduzierendem Zucker und der Blütenbildung. Auf der Abszisse ist der Prozentsatz derjenigen Knospen des Fruchtholzes angegeben, die Blüten bilden; auf der Ordinate der Gehalt an reduzierendem Zucker in Prozent des Frischgewichtes. Der Winkel der gestrichelten Geraden mit der X-Achse ist ein Maß für die Korrelation. Weitere Erklärungen im Text. (Nach POTTER und PHILLIPS.)

ungedüngten Rasenparzellen standen, und alle Übergänge bis zu solchen in offenem Boden mit reichlicher Stickstoffdüngung. Die Methoden der chemischen Analysen waren zweckmäßig, und alle Bestimmungen erlaubten die Anwendung der Fehlerrechnung. Die Disposition der Arbeit und die Auswertung der erhaltenen Ergebnisse sind auch in methodischer Hinsicht mustergültig. So scheinen alle Voraussetzungen für die Gewinnung von wertvollen Grundlagen für die Frage der Blütenbildung gegeben.

Die Ergebnisse sind völlig unerwartete. In der Abb. 38 sind die Zusammenhänge zwischen dem Gehalt an reduzierenden Zuckerarten und der Menge der Blütenknospenbildung in einer Korrelationstabelle zusammengestellt. Der Zuckergehalt ist auf der Ordinate, die prozentuale Menge der Blütenknospen auf der Abszisse angegeben. Die auf diese Weise für jede Parzelle erhaltenen Punkte zeigen im Feld nicht die geringste Ordnung und führen daher zum klaren Schluß, daß im vorliegenden Fall die Blütenknospenbildung mit dem Gehalt an Zucker in den direkt hinter den Knospen gelegenen Teilen nicht im geringsten Zusammenhang steht. Man kann dies auch mathematisch durch Berechnung des Korrelationskoeffizienten ausdrücken: wäre die Beziehung eine absolute, so daß mit steigender Zuckerkonzentration in allen Fällen eine Zunahme der Blütenbildung eintritt, so wäre dieser Koeffizient = 1. Ist keine Beziehung vorhanden, so wäre er = 0. Im vorliegenden Fall wurde er zu $0{,}089 \pm 0{,}131$ bestimmt. Der mittlere Fehler ist also größer als der gefundene Wert. Eine Erhöhung des Zuckergehaltes wirkt jedenfalls in diesem Beispiel keinesfalls als blütenbildender Reiz!

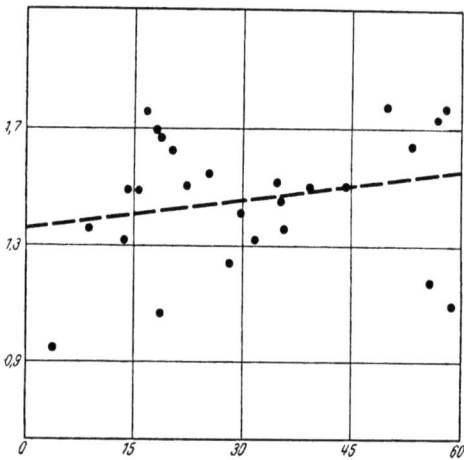

Abb. 39. Zusammenhänge zwischen dem Gehalt der Fruchtspieße an Stärke und der Blütenbildung. Auf der Ordinate ist der Stärkegehalt in Prozent des Trockengewichtes angegeben. Im übrigen wie Abb. 38. (Nach POTTER und PHILLIPS.)

Etwas besser liegen die Verhältnisse, wenn man die Stärke berücksichtigt. Es scheint eine Tendenz zur reichlicheren Blütenknospenbildung mit steigendem Stärkegehalt vorhanden zu sein (Abb. 39). Der Korrelationskoeffizient beträgt aber nur $0{,}220 \pm 0{,}126$, so daß diese Beziehung vom mathematischen Standpunkt aus nicht als gesichert gelten kann.

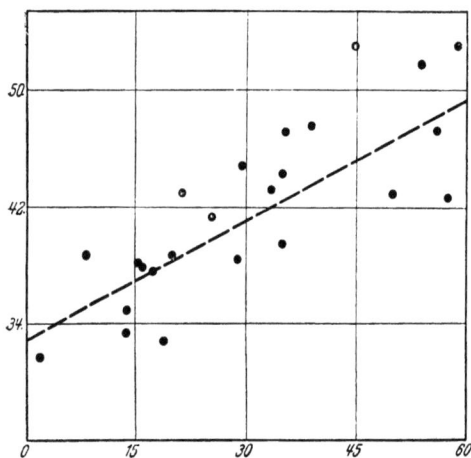

Abb. 40. Zusammenhänge zwischen dem Gehalt der Fruchtspieße an unlöslichem Stickstoff und der Blütenbildung. Auf der Ordinate ist der Stickstoffgehalt in Milligramm je 100 Fruchtspieße angegeben. Im übrigen wie Abb. 38. (Nach POTTER und PHILLIPS.)

Um so auffälliger war der Zusammenhang zwischen dem Gehalt der Zweige an unlöslichem Stickstoff und der Blütenbildung. Je höher der Stickstoffgehalt der Zweige war, desto mehr neigten sie zur Differenzierung von Blüten (Abb. 40). Diese Beziehung ist im vorliegenden Fall auch mathematisch gesichert, denn der Korrelationskoeffizient beträgt 0,456, wenn man den Stickstoffgehalt auf das Frischgewicht bezieht, 0,438, wenn man ihn auf das Trockengewicht bezieht, und 0,607, wenn man den Gehalt an unlöslichem Stickstoff von je 100 Fruchtspießen berücksichtigt. Diese Zahlen gelten für die im Juli geschnittenen Spieße. Die im August geschnittenen verhalten sich sehr ähnlich.

Dieses Verhältnis steht mit der Kohlenhydrat-Stickstoff-Theorie in scheinbar schärfstem Widerspruch. Berechnet man weiter die Korrelationskoeffizienten für das Kohlenhydrat-Stickstoff-Verhältnis und die Blütenbildung, so kommt man zu lauter negativen Werten, gleichgültig, ob man nur reduzierende Zucker, nur Stärke oder Totalkohlenhydrate berücksichtigt, und ob man nur den löslichen, nur den unlöslichen oder den Gesamtstickstoffgehalt in Rechnung zieht. Diese Koeffizienten liegen allerdings zumeist weit innerhalb der Fehlergrenze; doch scheint immerhin eine Tendenz vorhanden zu sein, daß mit steigendem Kohlenhydrat-Stickstoff-Verhältnis die Blütenbildung geringer wird, also genau das Umgekehrte dessen, was wir auf Grund der Theorie erwartet haben.

Immer wieder ist jedoch die Frage, wie die Anlage von Blütenknospen in biochemischer Hinsicht begründet sei, erneut in Erwägung gezogen worden, so namentlich auch von HARLEY, MAGNESS und Mitarbeitern (1942) in einer breit angelegten Untersuchung über das Problem der Alternanz. Sie wählten für ihre Untersuchungen in großen Pflanzungen der Region von Wenatchee im Staate Washington Bäume, bei denen die verschiedenen Hauptäste ungleiche Alternanz aufwiesen. Sie konnten also vom gleichen Baum tragende und nichttragende Fruchtspieße miteinander vergleichen und alle mit verschiedener Düngung und Veredlungsunterlage und anderen Faktoren zusammenhängenden Beeinflussungen ausscheiden. Der Vorbehalt betreffend die Beeinflussung des ganzen Chemismus des Spießes durch die Frucht ist allerdings auch in dieser Untersuchung nicht behoben. Immerhin untersuchten die Forscher nur das im Vegetationsjahr entstandene Gewebe, so daß eine Beeinflussung durch den verholzten Teil nicht eintrat. Auch der Fruchtkuchen wurde von der Analyse ausgeschlossen, da LAGASSE (1931) nachgewiesen hatte, daß er wesentlich mehr Stickstoff enthält als der neue Trieb. Es wird von den Forschern vermutet, daß die hohen Stickstoffmengen, die in tragenden Spießen gefunden wurden, auf diese Tatsache zurückzuführen seien. Sie glauben, daß Angaben früherer Forscher infolge dieser Tatsache revidiert werden müssen und daß diese Zahlen nicht zu einer physiologischen Betrachtung benützt werden dürfen. HARLEY und Mitarbeiter fanden wiederum in den blütenbildenden Spießen einen höheren Stärkegehalt, aber einen niedrigeren Gehalt an reduzierenden Zuckern. Diese Forscher sind von der Kohlenhydrat-Stickstoff-Theorie bereits derart abgerückt, daß sie diese bei der Interpretierung ihrer chemischen Untersuchungen nicht einmal mehr in Erwägung ziehen. Sie diskutieren vielmehr zwei Möglichkeiten für die Einleitung der Blütendifferenzierung. Die erste geht dahin, daß durch das Reservekohlenhydrat Stärke, das hinter dem Vegetationspunkt abgelagert ist, die nötige Energiequelle für die Ausbildung der Blütenknospen gesichert sei. Diese Arbeitshypothese erscheint ihnen nicht besonders einleuchtend, und sie äußern sich deshalb, ins Deutsche übersetzt, wie folgt: „Die andere Möglichkeit, welche für die Differenzierung von Blütenknospen in Betracht kommt, ist die, daß in den Blättern eine hormonartige Substanz gebildet wird, die an bestimmte Orte der Krone transportiert wird, wo Blütenknospen angelegt werden. Dies ist nur eine neue Version einer alten Auffassung, die bereits 1865 von SACHS vertreten wurde, und die wir im Lichte unserer heutigen physiologischen Kenntnisse als wahrscheinlich richtig betrachten dürfen. Wenn ein spezifischer Faktor oder eine Gruppe von Faktoren das aktive Prinzip für die Anlage von Blütenknospen ist, dann kann mit Sicherheit geschlossen werden, daß der Mechanismus, der diesen Faktor oder dieses Hormon lenkt, eng mit dem Aufbau und der Ablagerung von Stärke in Beziehung steht. Für alle praktischen Zwecke kann die Ablagerung von Stärke im meristematischen Gewebe wahrscheinlich als Maßstab für die Neigung zur Blütenbildung der betreffenden Knospen verwendet werden. Die Beziehung Stärke-Fruchtbarkeit ist nicht auf die Fruchtspieße des Apfels beschränkt. Sie ist vielmehr auch in den Fruchtzweigen anderer Arten gefunden worden." Diese anderen Arten sind Pflaumen (DARIES 1931) und Reben (THOMAS und BARNARD 1937). HEINICKE (1930) hatte bereits vor mehr als 20 Jahren die Auffassung geäußert, daß es mit Hilfe der gewöhnlichen Untersuchungsmethoden nicht möglich sei, die chemischen Bedingungen, welche für die Anlage von Blüten entscheidend sind, zu bestimmen. Die ausschlaggebende Substanz müsse in den Blütenknospen eher in der Größenordnung von wenigen ppm (parts per million = Teilchen je Million) vorkommen als in Prozenten.

Damit wären wir also glücklich wieder so weit, wie es der berühmte JULIUS SACHS vor bald 100 Jahren war! Eine Anzahl namhafter und verdienter Forscher hat darauf verzichtet, die Anlage von Blütenknospen im Lichte der ernährungsphysiologischen Bedingungen zu sehen, die auf die Knospen einwirken. Sie fanden die kausalen Zusammenhänge nicht und schieben deshalb das Problem auf den Boden der Hormonphysiologie, allerdings ohne das Hormon zu kennen und irgendwelche Beweise aufzubringen. Dieser Verzicht, nach *ernährungsphysiologischen* Gründen für die Auslösung der Differenzierung von Blütenknospen zu suchen, müßte sich für die weitere Forschung höchst nachteilig auswirken. Wenn auch die chemischen Überprüfungen der Kohlenhydrat-Stickstoff-Theorie keineswegs zu Ergebnissen geführt haben, durch welche diese als richtig bestätigt würde, so vermitteln sie uns doch ein recht übersichtliches Bild über die chemische Zusammensetzung der Zweige und Knospen unserer Obstbäume und der im Verlauf des Jahres auftretenden Schwankungen. Für die Abklärung des Problems der Differenzierung von Blütenknospen sind die angewandten Methoden zu grob. Auch mit den von POTTER und HARLEY und anderen benützten Verfeinerungen in der Wahl des Untersuchungsmaterials ist es noch nicht gelungen, jenen kleinen Meristembezirk der Knospe zu erfassen, in welchem die Differenzierung der Blütenknospen erfolgt und alles störende Achsen- und Knospengewebe wegzulassen. Die mit den Ergebnissen der Ringelungs-, Entblätterungs- und Beschattungsversuche im allgemeinen sehr gut harmonierende Kohlenhydrat-Stickstoff-Theorie ist durch die bisher vorliegenden chemischen Untersuchungen zwar nicht bestätigt, aber keineswegs widerlegt worden.

Auch wenn sich schließlich Blühhormone nachweisen ließen, so können sie nur zur Bildung von Blütenknospen führen, wenn bestimmte ernährungsphysiologische Voraussetzungen gegeben sind, so wie ein Wuchsstoff nur vegetatives Wachstum zu bewirken vermag, wenn Baustoffe zugänglich und alle anderen für die Zellteilung und Zellstreckung maßgebenden Bedingungen erfüllt sind. Es darf als wahrscheinlich betrachtet werden, daß in der Altersform — im Gegensatz zu der Jugendform — unserer Obstgewächse und anderer Pflanzen Blühhormone vorkommen. Es wäre jedoch entschieden verfehlt, wollte man das ganze komplexe Problem der Blütendifferenzierung einzig unter diesem Aspekt betrachten. Die chemischphysiologische Betrachtungsweise sollte nach wie vor gepflegt werden. Sie dürfte bei Verfeinerung der Arbeitsmethoden weiterhin Ergebnisse liefern, die Wesentliches zum Verständnis der Bedingungen beitragen, die erfüllt sein müssen, damit sich Blüten bilden.

Es ist sehr wohl möglich, daß *in der einzelnen Knospe* die Beziehung Kohlenhydrat : Stickstoff für die Entscheidung, ob Blüten angelegt werden, nicht von Bedeutung ist. *Bezogen auf den ganzen Baum* muß aber dem Verhältnis der von den Blättern aufgebauten Kohlenhydrate zu den von den Wurzeln aufgenommenen Mineralstoffen für die Regulierung des Wachstums und der Fruchtbarkeit nach wie vor die größte Bedeutung beigemessen werden. Es ist gewiß auch richtig, wenn wir unter den Mineralstoffen dem Stickstoff besondere Aufmerksamkeit schenken. Wir dürfen füglich die Kohlenhydrat-Stickstoff-Theorie für die Lenkung von

Wachstum und Fruchtbarkeit des ganzen Baumes, trotz den Untersuchungsergebnissen der amerikanischen Forscher, als eines der wichtigsten Prinzipien betrachten. Nur müssen wir, wie es KLEBS sowie KRAUS und KRAYBILL taten, dabei die *Stickstoffaufnahme durch die Wurzeln* und die *Kohlenhydratzufuhr durch die Blätter* in Betracht ziehen und nicht ihre Relation in den Knospen. Es besteht nach wie vor die Tatsache, daß wir — bei im übrigen normaler Versorgung — mit erhöhter Stickstoffdüngung das Triebwachstum fördern und bei wüchsigen Bäumen die Neigung für die Bildung von Blütenanlagen verschlechtern. Dies ist kausal dadurch verständlich, daß unter solchen Bedingungen zur Zeit der Blütendifferenzierung das Triebwachstum nicht abgeschlossen ist und deshalb die Voraussetzungen für die Blütenanlage nicht mehr gegeben sind. Anderseits kann bei schwachwüchsigen Bäumen durch Vermehrung der Stickstoffzufuhr sowohl das Wachstum als auch die Blütenbildung verbessert werden. Auch wenn in diesem Fall ein Teil der Assimilate für vermehrtes Triebwachstum verwendet wird, bleiben doch noch solche Mengen im Gewebe übrig, daß die Differenzierung der Blütenknospen möglich ist. Diese Differenzierungsvorgänge sind jedoch nicht nur von der Kohlenhydratzufuhr abhängig, sondern auch vom Vorhandensein genügender Eiweißvorräte; denn bei n Aufbau der neuen Organanlagen sind bedeutende Mengen von Eiweißbausteinen für die Bildung von Plasma und Zellkernen nötig. Deshalb ist die obenerwähnte positive Korrelation zwischen Eiweiß-Stickstoff und Blütenbildung in den Untersuchungen von POTTER an größeren Apfelbäumen durchaus verständlich.

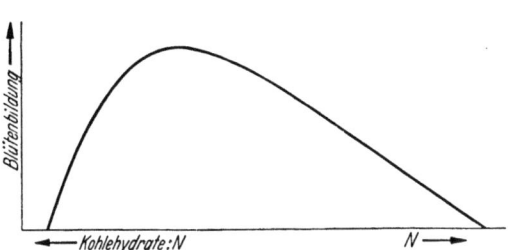

Abb. 41. Schematische Darstellung der Verschiebung in der Fähigkeit der Blütenbildung bei steigendem Stickstoffgehalt und gleichbleibendem Kohlenhydratgehalt. Erklärung im Text. Original.

Wenn wir bei konstanter Kohlenhydratversorgung und im übrigen günstigen Bedingungen die Stickstoffzufuhr variieren, so ergeben sich die in Abb. 41 dargestellten Verhältnisse.

Bei sehr geringer Stickstoffversorgung — also bei sehr schwachwüchsigen Bäumen — differenzieren sich überhaupt keine Blütenknospen. Bis zu einem Optimum können wir durch Steigerung der Stickstoffgabe eine Vermehrung der Blütenanlagen erreichen. Sobald wir jedoch mit der Stickstoffdüngung noch höher gehen, nimmt die Menge der Blütenknospen wieder ab, und bei sehr hohen Gaben — also bei sehr starkwüchsigen Bäumen — wird die Differenzierung von Blüten wieder verunmöglicht. Es muß aber mit allem Nachdruck darauf hingewiesen werden, daß diese Gesetzmäßigkeit nur stimmt, wenn alle übrigen Faktoren, durch welche die Blütenknospenbildung beeinflußt wird, in optimaler Weise einwirken.

Umgekehrt wird bei konstanter Stickstoffversorgung die Menge der angelegten Blütenknospen durch die Kohlenhydratzufuhr reguliert, wie wir durch Ringelungs-, Beschattungs- und Entblätterungsversuche leicht feststellen können. Wir haben keinen Grund, daran zu zweifeln, daß die Zahl der angelegten Blütenknospen unter sonst gleichbleibenden Bedingungen um so größer wird, je mehr Kohlenhydrate zur Verfügung stehen. Es besteht daher nie ein Grund, die Assimilation des Kohlenstoffes durch Kulturmaßnahmen zu hemmen. Wir müssen vielmehr alles tun, wodurch sie gefördert wird, nicht nur, um die Zahl der Blütenanlagen zu vermehren, sondern auch um die Voraussetzungen für das vegetative Wachstum und die Fruchtbildung zu verbessern.

Wenn wir der Relation zwischen der aufgenommenen Stickstoffmenge und den zur Verfügung stehenden Kohlenhydraten nach wie vor eine große Bedeutung für die Differenzierung von Blütenknospen beimessen, so dürfen wir anderseits nicht vergessen, daß dieser wichtige Vorgang auch von anderen Faktoren abhängig ist. Bereits BENNECKE (1906) hat auf die Bedeutung der Phosphorsäure und des Kaliums hingewiesen. Aus dem Vegetationsversuch mit Topfobstbäumen von Wädenswil (KOBEL, FRITZSCHE und Mitarbeiter 1952) erkennen wir mit aller Deutlichkeit, daß eine genügende Versorgung mit Phosphorsäure ebenfalls von entscheidender Bedeutung ist. In Abb. 42 ist die Zahl der Blütenknospen je Bäumchen bei verschiedener Phosphorsäurezufuhr und im übrigen gleicher Versorgung mit Mineralstoffen wiedergegeben. Die Versuchspflanzen waren im Frühjahr 1949 als einjährige Okulanten gepflanzt worden. Als Unterlage diente E. M. IX, als Edelreis Goldreinette von Berlepsch. Im verwendeten Boden lassen sich kaum Spuren von Phosphorsäure nachweisen. Man ersieht aus der Abbildung, daß in allen drei bisherigen Beobachtungsjahren die Zahl der Blütenknospen mit steigender Phosphorsäuregabe bis zu den normal gedüngten Bäumen ansteigt. In den beiden ersten Jahren ergab sich eine weitere Steigerung bei 200% der als Normalgabe berechneten Phosphorsäure, während im dritten ein solcher Anstieg nicht mehr festzustellen ist. Bei starker Überdüngung mit 400% des

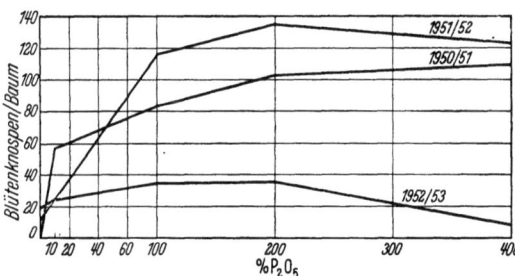

Abb. 42. Zusammenhänge zwischen Phosphorversorgung und Blütenbildung im Vegetationsversuch mit Topfobstbäumen in Wädenswil in den Jahren 1951—1953. Auf der Ordinate die Zahl der Blütenknospen je Baum. Auf der Abszisse die Düngung mit P₂O₅ in Prozent der normalen Volldüngung (= 100%). Original.

Normalen zeigte sich im ersten Jahr keine, im zweiten eine geringe und im dritten eine sehr deutliche Verminderung der Blütenknospenanlage. Dies dürfte darauf zurückzuführen sein, daß die Bäume, welche 400% Phosphorsäure erhielten, im Sommer 1952 deutlich chlorotisch waren und deshalb kaum mehr eine normale Kohlenstoffassimilation aufwiesen. Es scheint somit, daß, ähnlich wie bei der Stickstoffversorgung, auch bei der Phosphorzufuhr ein Optimum für die Blütenanlage vorhanden ist. Die niedrige durchschnittliche Zahl der Blütenknospen in der Periode 1952/1953 ist wohl darauf zurückzuführen, daß wir die Bäume im Sommer 1952 eine etwas zu große Zahl von Früchten ausreifen ließen.

Auch mit steigender Kaligabe zeigte sich im erwähnten Vegetationsversuch im Jahr 1950/1951 eine Zunahme der Zahl der Blütenknospen von 68 auf den K-0-Bäumen auf 83 bei normaler Kaligabe. Die K-200-Bäume hatten im Durchschnitt 72 Blütenknospen. Die Schwankungen in dieser Reihe sind wohl deshalb gering, weil der benützte Boden ein wenig Kalium enthält und weil die Bäume aus der Baumschule einen beträchtlichen Kalivorrat mitgebracht haben. Leider war im zweiten Jahr in dieser Reihe infolge Schädigungen durch Hasen keine Erhebung über die Zahl der Blütenknospen möglich. Im Sommer 1952 zeigten, wie bereits in einem anderen Zusammenhang erwähnt ist, die K-200-Bäume ausgesprochene Schäden durch Sonnenbrand, so daß die Anlage von Blütenknospen sekundär beeinträchtigt wurde. Es dürfte aber kein Zweifel daran bestehen, daß unter sonst gleichbleibenden Bedingungen auch durch eine Steigerung der Kaliversorgung bis zu einem Optimum eine Vermehrung der Zahl der Blütenknospen erfolgt.

D. Die Beeinflussung der Blütenanlage durch Kulturmaßnahmen.

1. Die Beeinflussung der Blütenanlage durch die Düngung.

Die Schwierigkeiten der Abklärung dieser Frage. — Der Zeitpunkt der Düngung.

Wir können aus den im vorangehenden Abschnitt besprochenen Versuchen und Untersuchungen schließen, daß die Blütenanlage durch die Baumdüngung weitgehend beeinflußbar sein muß. Wir erkennen zugleich auch, daß die Bestimmung der richtigen Düngergabe in jedem praktisch vorliegenden Fall eine schwere Aufgabe ist. Zu den Schwierigkeiten, die schon in der Bestimmung des Nährstoffgehaltes des Bodens liegen, treten noch die Erschwerungen durch die in den Bäumen selbst begründete Mannigfaltigkeit. Ein junger, kräftig wachsender Baum stellt wesentlich andere Anforderungen als ein im vollen Ertrag stehender. Ferner müssen wir auch die Periodizität, der unsere Obstbäume unterworfen sind, berücksichtigen. Eine Düngergabe im Sommer oder Herbst wirkt sich nicht in gleicher Weise aus wie eine Düngung im Frühjahr.

Wir sind deshalb auch nicht erstaunt, wenn uns in der Literatur über die Düngung der Obstbäume die denkbar größten Widersprüche entgegentreten. Wir haben beispielsweise im vorangehenden Abschnitt gesehen, daß eine Stickstoffdüngung bei einem jungen, kräftig wachsenden Baum die Blütenbildung verhindern kann, während die gleiche Maßnahme bei einem älteren, in voller Tragbarkeit stehenden Baum das Fruchtholz kräftigt und in Verbindung damit die Zahl der entstehenden Blütenknospen vermehrt. Dabei dürfen wir offenbar bei älteren Bäumen, die kein wesentliches Wachstum mehr zeigen, recht bedeutende Stickstoffmengen zuführen, ohne damit das Triebwachstum derart zu fördern, daß dadurch die Anlage von Blütenknospen verunmöglicht wird. Im übrigen dürfen wir nicht vergessen, daß durch die Düngung schwachwüchsiger Bäume nicht nur die einzelnen Fruchtspieße so gekräftigt werden können, daß sie zur Blütenbildung befähigt werden, daß vielmehr auch die Ausbildung neuer Zweige möglich wird, die später ihrerseits zur Blütenbildung gelangen. So fand beispielsweise CRANE (1924) die relative Menge der Blütenknospen nach Stickstoffdüngung bei Pfirsichbäumen nicht vermehrt, dagegen die absolute Menge infolge Vergrößerung des Baumgerüstes.

Wir haben im vorhergehenden Abschnitt gesehen, daß unter Umständen auch durch Phosphorsäure- und Kalidüngung eine Förderung der Blütenbildung erreicht werden kann. Da wir wissen, daß Überschüsse dieser Elemente im Boden sich nicht durch eine übermäßige Förderung des Wachstums ungünstig auswirken, ist eine reichliche Phosphorsäure- und Kaliversorgung des Bodens als Sicherheitsmaßnahme anzustreben. Am besten wirkt sich auf die Dauer eine ebenmäßige Versorgung mit den 3 Hauptnährstoffen aus, durch welche die Bäume im Gleichgewicht zwischen Wachstum und Fruchtbarkeit gehalten werden.

Da die Differenzierung der Blütenknospen auf eine kurze Zeitspanne, die in unseren Gegenden in die Monate Juli und August fällt, beschränkt ist, haben wir ferner die Frage zu prüfen, *wann* eine Düngung, mit der man die Blütenknospenbildung zu fördern beabsichtigt, noch Erfolg verspreche. Zu diesem Zweck kommen in erster Linie frühjährliche Düngungen in Frage. Einen interessanten Versuch hat RALSTON (1921) durchgeführt, indem er in monatlichen Intervallen, beginnend am 1. März, je mit einer Gabe von Chilesalpeter düngte. Das Wachstum, und damit die Kräftigung des Fruchtholzes, wurde namentlich durch die Gaben in den Monaten März, April und Mai gefördert. Aber auch die Junidüngung hatte noch einen recht bedeutenden Einfluß auf die Ausbildung des Fruchtholzes, dagegen nicht mehr die späteren Gaben. Wir werden in den nächsten Abschnitten sehen, daß die Blütenbildung sich auch durch die Ringelung nur bis Anfang Juni beeinflussen läßt. Die Entscheidung, ob sich in einer Knospe Blüten bilden oder nicht, fällt somit auf eine wesentlich frühere Zeit als die ersten unter dem Mikroskop zu beobachtenden Anfänge selbst. Ist diese Zeit überschritten, so ist die Beeinflussung der Blütenbildung für das laufende Jahr verpaßt.

2. Die Beeinflussung der Blütenanlage durch die Veredlungsunterlage.

Die Beeinflussung der Blütenknospenbildung als Folge der Beeinflussung des Wachstums. — Vor- und Nachteile der schwachwüchsigen Veredlungsunterlage. — Die möglichen Kombinationen zwischen Unterlage und Edelreis. — Die Wirkung der Zwischenveredlung.

Wir haben in einem vorangehenden Abschnitt gesehen, daß Wachstum und Blütenbildung in enger Wechselbeziehung stehen. An nicht fruchtenden Bäumen werden bei schwachem Wuchs sehr zahlreiche, bei mäßigem Wuchs mäßig viele Blütenknospen angelegt. Ist die Wuchskraft sehr gering, so kann die Anlage von Blütenknospen ausfallen, und sie bleibt auch aus, wenn der Wuchs allzu kräftig ist. Da jeder junge Baum infolge des mit dem Okulieren oder Pfropfen verbundenen starken Rückschnittes zuerst ein kräftiges Triebwachstum aufweist, ist er normalerweise nicht zur Blütenanlage befähigt. Je schwächer die Wuchskraft der Veredlungsunterlage ist, desto frühzeitiger läßt das Triebwachstum nach, desto früher bilden sich Triebe, die ihr Wachstum frühzeitig abschließen und zur Anlage von Blütenknospen befähigt werden. Je kräftiger die Veredlungsunterlage ist, desto später stellen sich die Voraussetzungen zur Blütenbildung ein. Die zahlreichen bisher durchgeführten Anbauversuche mit verschiedenen vegetativ vermehrten reinklonigen Veredlungsunterlagen haben diese Regel immer wieder bestätigt (HATTON 1935, TYDEMAN 1937, GROSSE 1941, ROBERTS 1948 und andere). Es ist aber wahrscheinlich, daß sie nur grosso modo gilt und daß sekundäre Einflüsse im einzelnen Verschiebungen zur Folge haben können. Es ist somit denkbar, daß es Unterlagen gibt, die bei gleicher Wuchskraft eine bessere Blütenbildung ermöglichen als andere. Man muß jedoch bedenken, daß es sehr schwer ist, solche Beziehungen einwandfrei festzulegen, da reine Versuchsprämissen nur mit größten Schwierigkeiten zu realisieren sind; vor allem sind Störungen durch die ungleiche Affinität der verschiedenen Edelsorten mit ein und derselben Veredlungsunterlage zu gewärtigen.

Dank diesen Beziehungen zwischen Wuchs und Blütenbildung haben wir in der Wahl der Veredlungsunterlage ein vorzügliches Mittel in der Hand, um die zukünftige Größe der Bäume und den Eintritt der Fruchtbarkeit vorauszubestimmen. Da ein frühzeitiges Fruchtbarwerden der Bäume sowohl im Plantagenobstbau wie auch im Selbstversorger- und Liebhaberobstbau erwünscht ist, haben die schwachwüchsigen Veredlungsunterlagen seit langer Zeit große Bedeutung erlangt. Dank der schwachen Wurzelbildung vermögen sie dem Boden weniger Mineralstoffe und Wasser zu entziehen als kräftig wachsende. Durch das damit verbundene geringe Triebwachstum ergeben sich kurze Zeit nach der Pflanzung die Voraussetzungen für die Differenzierung von Blütenknospen. Infolge der Fruchtbildung stehen den Wurzeln weniger Baustoffe zur Verfügung als bei den noch nicht fruchtenden Bäumen auf stärkeren Unterlagen. Dadurch werden die Wurzeln in ihrem Wachstum noch mehr beeinträchtigt als sie es bereits von Natur aus sind. Zudem vermag das Kronen- und Wurzelgerüst verhältnismäßig wenig Reservestoffe zu speichern, wodurch der frühjährliche Austrieb geschwächt wird. Alle diese Faktoren bewirken zusammen, daß die Bäume auf schwachwüchsiger Unterlage bald ihre endgültige Größe erreicht haben und daß sie sich frühzeitig erschöpfen. Wohl gelingt es durch gute Düngung und starken Schnitt, eine Zeitlang immer wieder für die Bildung von neuem Fruchtholz zu sorgen. Aber die schließliche Erschöpfung, d.h. der Verlust von Ästen und der Eintritt jener Schwachwüchsigkeit, bei der eine genügende Blütenbildung nicht mehr gewährleistet ist, läßt sich nicht lange hinausschieben. Je schwächer die Veredlungsunterlage ist, als desto kurzlebiger erweisen sich im allgemeinen die darauf veredelten Bäume, auf desto kürzere Zeit muß deshalb auch die mit der Pflanzung verbundene Kapitalanlage kalkuliert werden. Es scheint, daß man diese Zusammenhänge bei vielen auf E. M. Typ IX stehenden Anlagen nicht richtig in Rechnung gestellt hat. Aber auch diese Beziehung ist nicht durchgreifend. E. M. Typ II, der in der Jugend mit den meisten Edelsorten schwächere Bäume ergibt als z. B. E. M. Typ I, erweist sich vielfach als ausgesprochen ausdauernd. Bei der Suche nach neuen Veredlungsunterlagen muß dem frühzeitigen Eintritt der Fruchtbarkeit trotz relativ kräftigem Wachstum und der Langlebigkeit besondere Beachtung geschenkt werden.

Anderseits wissen wir, daß nicht nur ein Einfluß der Veredlungsunterlage auf das Edelreis besteht, daß vielmehr auch das Edelreis die Wuchskraft der Veredlungsunterlage beeinflußt. Je kräftiger die Edelsorte ist, desto mehr Baustoffe gibt sie an die Veredlungsunterlage ab. Wir müssen also auch in bezug auf die Blütenbildung Edelreis und Unterlage in ihren gegenseitigen Beziehungen betrachten. Schematisch gesehen können wir dabei 4 Fälle unterscheiden, die selbstverständlich in zahlreichen Übergängen miteinander verbunden sind.

1. *Unterlage schwachwüchsig — Edelsorte schwachwüchsig.* Solche Bäume sind extrem schwachwüchsig und kurzlebig. Die früh eintretende und zuerst große Blühwilligkeit läßt bald nach und wird durch eine frühzeitige Vergreisung abgelöst. Eine genügende Leistungsfähigkeit ist infolge des kleinen Baumgerüstes nie vorhanden. Diese Kombination kommt nur für sehr gute Böden und für extrem kleine Formen, z. B. für Schnurbäume, in Frage.

2. *Unterlage schwachwüchsig — Edelsorte starkwüchsig.* Solche Bäume setzen mit der Blütenbildung etwas später ein als diejenigen der ersten Gruppe, da das kräftige Edelreis vorerst die Wurzeln zu einer besseren Wachstumsleistung veranlaßt. Sie sind wüchsiger und leben länger. An der Veredlungsstelle erscheint gewöhnlich das Edelreis wesentlich dicker als die Veredlungsunterlage. In manchen Fällen, vor allem wenn Typ IX als Unterlage gewählt wurde, zeigt sich ein deutlicher Veredlungswulst.

3. *Unterlage starkwüchsig — Edelsorte schwachwüchsig.* Es sind schwachwüchsige, aber wertvolle Apfel- und Birnsorten bekannt, die sowohl im Plantagen- wie im landwirtschaftlichen Obstbau nur auf relativ kräftigen Unterlagen wirtschaftliche Bäume ergeben. Gewöhnlich zeigt bei dieser Kombination der Stamm des Edelreises einen geringeren Durchmesser als die Veredlungsunterlage. Solche Bäume weisen im Verhältnis zum Baumgerüst eine gute Mineralstoffversorgung auf. Sie führt jedoch infolge der sortentypischen Schwachwüchsigkeit nicht zu einem kräftigen Triebwachstum, dagegen meist zu einer Kräftigung des Fruchtholzes. Die Blütenknospenanlage wird deshalb nicht in Frage gestellt.

4. *Unterlage starkwüchsig — Edelsorte starkwüchsig.* Die Tragbarkeit solcher Bäume setzt erst sehr spät ein. Sie sind jedoch extrem langlebig. Die Wurzeln ernähren den oberirdischen Teil richtig und werden ihrerseits mit großen Mengen von Assimilaten versorgt. Diese Kombination ist nur für den landwirtschaftlichen Obstbau mit Hochstämmen und Gras als Unternutzen sinnvoll. Sie muß für die Erziehung sogenannter Kronenbildner (Gerüstbildner) gewählt werden, also für Hochstämme oder Halbstämme, die man vorerst 4—8 Jahre unveredelt läßt, um sie später mit schwachwüchsigen Sorten umzupfropfen, die selbst nicht fähig sind, eine Krone von genügendem Ausmaß zu bilden. Für kleinere Baumformen ist es nicht angezeigt, kräftige Edelsorten auf starkwüchsige Unterlagen zu veredeln, da solche Bäume nur mit Kunstgriffen, wie Ringelung, Herunterbinden von Fruchtästen usw., zur Tragbarkeit gebracht werden können.

Bei der Wahl der Kombination zwischen Edelreis und Unterlage muß stets auch die Bodenbeschaffenheit und die Art und Weise des Anbaues in Betracht gezogen werden. Im Rasen stehende Obstbäume verlangen kräftigere Veredlungsunterlagen als solche in offenem Boden. Der Wuchs einer bestimmten Edelsorte kann auf einer gegebenen Unterlage im fruchtbaren offenen Gartenboden zu kräftig sein und die Blütenbildung daher zu spät einsetzen, während die gleiche Kombination in einem begrasten, mageren Boden sich als zu schwachwüchsig erweisen würde.

Die Beeinflussung des Edelreises durch die Unterlage wird teils durch den Grad der Fähigkeit der Stoffaufnahme aus dem Boden, teils durch eine allfällige Hemmung des Transportes von Stoffen in der Verwachsungsstelle bedingt. Um diese Einflüsse näher zu untersuchen, haben englische Forscher (VYVYAN 1938, GRUBB 1939, ROGERS und Mitarbeiter 1939, SWARBRICK, BLAIR und SINGH 1945) den Einfluß von kurzen Stücken einer Zwischenveredlung geprüft. Die letzterwähnten Forscher haben beispielsweise auf kräftige, selektionierte Sämlinge Stammstücke von E. M. IX, II und XIII veredelt, und erst auf diese die Edelsorten, und die so erhaltenen Zwischenveredlungen mit Bäumen verglichen, bei denen die gleichen Edelsorten direkt auf die erwähnten Unterlagen veredelt waren. Dabei zeigte sich, daß die 3 Unterlagen auf den Wuchs und die Blütenbildung der Edelsorten fast den gleichen Einfluß hatten, wenn sie die Wurzeln und wenn sie nur das kurze Stück der Zwischenveredlung bildeten. Dies war namentlich in bezug auf die durch Typ IX hervorgerufene Schwachwüchsigkeit und Frühreife auffällig. Der besondere Einfluß der Veredlungsunterlage war somit in diesem Fall nicht in erster Linie auf den Einfluß ihres Wurzelsystems, sondern auf die Durchleitung des Wassers und der Mineralstoffe und wahrscheinlich auch der Assimilate zurückzuführen. Diese Erfahrungen stimmen im wesentlichen mit denjenigen von VYVYAN, GRUBB, ROGERS und Mitarbeitern überein. Sie mahnen uns, bei der Verwendung von Zwischenveredlungen besondere Sorgfalt walten zu lassen. Dabei ist zu bedenken, daß zur Beurteilung des Einflusses der Unterlage und der Zwischenveredlung auf das Edelreis nicht nur die Leistungsfähigkeit des Wurzelwerkes und die Fähigkeit des Holzes und des Bastes für die Durchleitung von Mineralstoffen und Assimilaten von Bedeutung ist, sondern auch die spezifische Verträglichkeit der Partner. Zudem ist erst noch möglich, daß die reziproken Kombinationen sich nicht gleich verhalten. So haben TUKEY und BRASE (1933) beobachtet, daß die Sorte Northern Spy als Edelreis mit Winesap als Zwischenveredlung und kräftigen Wildlingen als Unterlage kräftige Bäume ergibt, während Winesap als Edelreis mit Northern Spy als Zwischenveredlung zu schwächlichen Bäumen führte. Diese Komplikationen müssen wir berücksichtigen, wenn wir die obenerwähnte Frage der Kronenbildner bearbeiten. Wir müssen uns bewußt sein, daß wir mit diesen Zwischenveredlungen eine weitere Gefahr in Kauf nehmen. Im Prinzip müssen für jede Kombination von Unterlage, Zwischenveredlung und Edelreis spezielle Erfahrungen gesammelt werden, bevor man des guten Erfolges sicher ist.

3. Die Beeinflussung der Blütenanlage durch Hemmung und Förderung der Kohlenstoffassimilation.

Versuche mit künstlicher Beschattung. — Die Bedeutung des Auslichtens der Baumkronen. — Versuche mit künstlicher Entblätterung. — Die Bedeutung der Bekämpfung von Schädlingen und Krankheiten.

Es besteht kein Zweifel daran, daß die Anlage von Blütenknospen weitgehend von der Menge der zur Verfügung stehenden Assimilate abhängig ist. Auch jene Forscher, welche die Kohlenhydrat-Stickstoff-Theorie ablehnen, wie HARLEY,

MAGNESS und Mitarbeiter (z.B. 1942), sind davon überzeugt, daß der spezifische Faktor, durch welchen die Blütenbildung ausgelöst wird, ein Produkt der in den Blättern geleisteten Aufbauarbeit ist. Daß dies der Fall ist, zeigen mit aller Deutlichkeit bereits einige ältere amerikanische Untersuchungen über den Einfluß von *Beschattung* und *Entblätterung* auf die Differenzierung von Blüten.

KRAYBILL (1922, 1923) berichtet über Beschattungsversuche mit Apfel- und Pfirsichbäumen. Zwei 12jährige, reichlich blühende Apfelbäume der Sorte Herzogin von Oldenburg wurden im Frühjahr 1917 mit Baumwollstoff eingehüllt und während zweier Jahre dieser Beschattung ununterbrochen ausgesetzt. Zwei gleichaltrige Bäume blieben zur Kontrolle unbeschattet. 1918 blühten die beschatteten Bäume nur noch wenig und 1919 entfaltete der eine noch 12 Blütenbüschel, wogegen der andere gar nicht blühte. Die beiden Kontrollbäume bildeten reichlich Blüten. Die Differenzierung von Blütenknospen wurde somit durch die Beschattung sehr wesentlich beeinträchtigt. Ein ähnlicher Versuch wurde 1919 und 1920 mit zwei Pfirsichbäumen durchgeführt. Die beschatteten Bäume bildeten auch in diesem Falle viel weniger Blütenknospen als die unbeschatteten.

Die chemischen Untersuchungen des 1- und 2jährigen Gewebes von Fruchtspießen der Apfelbäume und von 1jährigen Trieben der Pfirsichbäume zeigten, daß die Beschattung in allen Fällen zu einer Verminderung des Trockengewichtes, der reduzierenden Zucker und der Menge der hydrolysierbaren Kohlenhydrate geführt hatte. Die Stärke wurde nicht besonders untersucht. Dagegen wurde der Stickstoffgehalt durch die Beschattung erhöht. Diese chemischen Untersuchungen sprächen somit für die Richtigkeit der Kohlenhydrat-Stickstoff-Theorie, wenn ihnen nicht die gleichen grundsätzlichen Fehler anhaften würden, wie jenen, die diese Theorie zu widerlegen scheinen, nämlich die Analyse von Gewebe, dessen chemische Zusammensetzung von derjenigen des blütenbildenden Meristems verschieden sein kann.

AUCHTER und Mitarbeiter (1926) führten in der Versuchsstation von Maryland ähnliche Versuche mit jungen, tragbaren Apfelbäumen der Sorte Stayman Winesap durch. Sie beschatteten die Bäume ebenfalls während zweier Vegetationsperioden mit Baumwollstoff. Die Blütenbildung wurde total unterdrückt, dagegen das Längenwachstum der Zweige gefördert. Die Zweige waren aber dünner als diejenigen der Kontrollbäume, und ihr Holz reifte schlecht aus. Ob diese Erscheinung auf ein Etiolieren zurückzuführen ist oder ob im Sinne der Kohlenhydrat-Stickstoff-Theorie durch die Erhöhung des Stickstoffs im Verhältnis zu den Assimilaten eine eigentliche Förderung des vegetativen Wachstums angenommen werden darf, läßt sich nicht entscheiden. Bei einem Baum der Sorte Grimes Golden war nur die Hälfte der Krone mit Baumwollstoff eingeschlossen worden. Sie reagierte auf die Beschattung in gleicher Weise wie die völlig eingeschlossenen Bäume, während die nicht beschattete Hälfte sich normal verhielt, was einmal mehr beweist, daß derartige Einflüsse sich in der Krone eines Obstbaumes nur lokal auszuwirken vermögen.

Unter ähnlichen physiologischen Bedingungen wie die mit Baumwollnetzen überdeckten Versuchsbäume stehen *die beschatteten Zweige im Inneren dichter Baumkronen*. Sie sind nicht befähigt, jene Mengen von Assimilaten oder von blütenbildenden Begleitstoffen (im Sinne von HARLEY und MAGNESS) aufzubauen, durch welche die Differenzierung von Blütenknospen ausgelöst wird. Eine genügende Zufuhr dieser Stoffe von der im Lichte stehenden Peripherie der Krone findet nicht statt. Diese Zweige sind deshalb nutzlos und sterben bei allzu starker Beschattung infolge von Unterernährung ab. Dies zeigt mit aller Deutlichkeit, wie wichtig es ist, die Baumkrone derart aufzubauen, daß auch die Blätter und Zweige im Kroneninneren genügend belichtet sind.

Ähnlich wie die Beschattung wirkt auch die *Entblätterung.* HARVEY und MURNEEK (1921) entblätterten zwischen dem 12. und 19. Juni in Oregon eine sehr große Zahl von Fruchtspießen verschiedener Apfelsorten. Die entblätterten Spieße ergaben nur zu 40—60% Blütenknospen, wenn die Blütenknospenbildung der nicht entblätterten Kontrollspieße gleich 100% gesetzt wird. Die Forscher glauben dies auf eine geringe, für die verschiedenen Sorten ungleiche Individualität der Fruchtspieße zurückführen zu können. Wahrscheinlich liegen aber die Verhältnisse so, daß sich im warmen Klima von Oregon die Entblätterung um die Mitte des Monats Juni deshalb nicht mehr völlig auszuwirken vermochte, weil die Vorbereitungen für die Differenzierung der Blüten schon begonnen hatten und nicht mehr unterbrochen werden konnten. Wäre die Entblätterung etwa um einen Monat früher vorgenommen worden, so hätte sie wohl eine vollkommene Verhinderung der Blütenbildung zur Folge gehabt.

Etwas anders disponierte ROBERTS (1923) seine Versuche. Er entfernte an diesjährigen, blühbaren Pflaumenzweigen je das andere Blatt. Wenn er die Blätter am 12. Juli entfernte, so entwickelten sich die in ihren Achseln gelegenen Knospen nie zu Blütenknospen. Je später er den Eingriff vornahm, desto geringer wurde der Einfluß auf die Blütenbildung. Die Entblätterung vom 12. August hatte keinen Einfluß mehr auf die Zahl der Blütenanlagen. Aber die Blütenknospen blieben kleiner als die in den Achseln von Blättern sitzenden. Auch das Abschneiden von Teilen der Blattspreite und das Durchschneiden des Hauptnerves der Blätter führten zu ähnlichen Ergebnissen.

Eingehende Entblätterungsversuche führten HARLEY, MAGNESS und Mitarbeiter (1942) im Obstbaugebiet von Wenatchee im Staate Washington an nicht tragenden Hauptästen alternierender Bäume durch. Sie entfernten 33 Tage nach der Vollblüte an Fruchtspießen alle Blätter bis auf eines, während die nicht entblätterten Spieße 6—10 aufwiesen. Im folgenden Frühjahr zeigte sich, daß 65,6% der unbehandelten Fruchtspieße blühten, während von danebenstehenden entblätterten Spießen nur 3,6% Blütenknospen angelegt hatten. An manchen Zweigen entsprossen ein entblätterter und ein nicht entblätterter Fruchtspieß dem gleichen ehemaligen Fruchtkuchen. In diesem Falle setzten 17,5% der entblätterten Spieße Früchte an. Diese Ergebnisse zeigen, daß die einzelnen Fruchtspieße in bezug auf die Blütenanlage sich weitgehend individuell verhalten und daß die Blütenbildung in hohem Maße von Substanzen abhängt, die in den Blättern entstehen, welche die betreffende Knospe unmittelbar umgeben. Aus anderen Entblätterungsversuchen der gleichen Forscher, die in der nachfolgenden Zusammenstellung (S. 95) teilweise wiedergegeben werden, lassen sich weitere Schlüsse ziehen.

Es zeigt sich, daß unter den bei den Versuchsbäumen gegebenen Bedingungen im allgemeinen wenigstens 3 Blätter je Fruchtspieß vorhanden sein müssen, um eine namhafte Blütenbildung auszulösen, daß aber die volle Leistung erst bei 8 bis 10 Blättern erreicht wird.

Wenn kleinere Zweige, an denen sich entblätterte Spieße befanden, geringelt wurden, bildeten sich bei 2 Blättern je Fruchtspieß 86,8% zu Blütenknospen aus, während die zweiblättrigen, nicht geringelten Kontrollen nur 1,7% Blütenknospen ergaben. Daraus ziehen die erwähnten Forscher den Schluß, daß die blütenbildende Substanz im Bast transportiert werde.

Im Sommer 1935 wurde festgestellt, daß von den ein- bis zweiblättrigen Fruchtspießen ungefähr 40% als Folge der Entblätterung austrieben, während diejenigen mit 4 und mehr Blättern kein neues vegetatives Wachstum zeigten. Dabei wurde die Entblätterung 36 Tage nach der Vollblüte durchgeführt; der Neutrieb zeigte sich 74 Tage nach der Vollblüte. Die Terminalknospen dieser sekundären Triebe bildeten in 58% der Fälle Blütenknospen.

Einfluß der Entblätterung auf die Anlage von Blütenknospen
(nach HARLEY, MAGNESS und Mitarbeitern 1942).

Sorte	Dauer von der Vollblüte bis zur Entblätterung Tage	Blätter je Fruchtspieß* Anzahl	Durchschnittsfläche je Blatt cm²	Blütenknospenbildende Fruchtspieße %
Yellow Newtown	24	1 2 3 4 8–10	21,85	0 3,1 56,5 56,4 96,6
Delicious	25	1 2 3 4 8–10	15,49	6,7 11,5 66,0 97,4 98,5
Yellow Newtown	26	1 2 3 4 8–10	22,09	0 0,2 40,4 38,9 89,6
	28	1 2 3 4 8–10	23,11	1,3 7,6 72,3 68,9 88,9
	28	1 2 3 4 8–10	23,62	0,5 5,0 28,8 41,4 97,0
	29	1 2 3 4 8–10	23,87	7,1 32,0 52,8 50,4 96,4

* Die Fruchtspieße mit 8–10 Blättern entsprechen den nicht entblätterten.

Zerstörungen des Blattwerkes durch Hagelschlag, parasitische Pilze oder tierische Schädlinge müssen sich in gleicher Weise auswirken wie die künstliche Entblätterung. Treten die Schädigungen im Frühjahr oder Vorsommer auf, so können sie die Blütenanlage direkt beeinträchtigen. Erfolgen sie erst nach der für die betreffende Obstsorte und den betreffenden Ort kritischen Periode, so vermögen sie zwar die Differenzierung von Blütenknospen im laufenden Jahr nicht mehr zu beeinflussen. Sie wirken sich jedoch auf die ganze Kohlenhydratbilanz des Baumes ungünstig aus, indem die Menge der Reservestoffe vermindert und daher der frühjährliche Austrieb verschlechtert wird. In vielen Fällen werden solche Schädigungen erst im folgenden Jahr in bezug auf die Blütenbildung in ungünstiger Weise zur Geltung kommen. Am schlimmsten werden die Verhältnisse, wenn sich die Schädigungen in mehreren Jahren wiederholen. Wir erkennen aus diesen Zusammenhängen, wie wichtig die vorbeugende Bekämpfung des Schorfpilzes (*Fusicladium*), der Schrotschußkrankheit (*Clasterosporium*) und anderer Pilzkrankheiten sowie die Vernichtung des Frostspanners und anderer blattzerstörender Insekten nicht nur für den direkten Schutz der Früchte, sondern vor allem auch für die Erhaltung der Leistungsfähigkeit der Bäume ist.

4. Die Beeinflussung der Blütenanlage durch Ringelung und Strangulierung.

Ein Ringelungsversuch. — Versuche mit gleichzeitiger Ringelung und Regulierung des Fruchtansatzes. — Ringelung und Strangulierung im praktischen Obstbau.

Wir verstehen unter „Ringeln", „Ringelung" oder „Ringelschnitt" das Herausschneiden eines Ringes von Rinde und Bast mit Hilfe zweier, in einigem Abstand voneinander parallel geführter, bis auf das Cambium reichender Zirkelschnitte. Der Holzkörper wird dabei nicht verletzt. Dieser Eingriff gehörte schon frühzeitig zu den Kunstgriffen der Obstgärtner, um die Früchte zu vollkommener Ausbildung zu bringen oder um unfruchtbare Bäume zur Bildung von Blüten zu zwingen. Der Ringelschnitt spielt aber vor allem als physiologisches Experiment eine große Rolle, weil es mit seiner Hilfe gelingt, die Abwärtsbewegung der in den Blättern aufgebauten Assimilate zu unterbinden, wie bereits in einem anderen Abschnitt ausführlich dargelegt ist. Es kann sich hier nicht darum handeln, die große Literatur über die Ringelung zusammenzustellen. Die Wirkungsweise dieses Eingriffes soll vielmehr an Hand einiger Arbeiten dargelegt werden, soweit sie mit dem Problem der Blütenanlage in Zusammenhang stehen.

Wir wollen von einem Versuche ausgehen, den MÜLLER-THURGAU und KOBEL (1928) im Frühjahr und Sommer 1922 durchführten. Als Versuchsbäume wurden 3 jüngere, kräftig wachsende Hochstämme der Sorte Schöner von Boskoop gewählt, die das tragbare Alter erreicht hatten, aber noch recht wenig Blütenknospen ausbildeten. Diese Bäume zeigten im Frühjahr 1922 einige Blütenknospen, und zwar Baum 6 am meisten, Baum 3 am wenigsten. Nun wurden am 12. April, 8. Mai, 10. Juni, 11. Juli und 17. August je einige 1—3 cm dicke Äste geringelt und die Wunden sogleich mit Baumwachs verstrichen. An einigen der geringelten Äste entwickelten sich Früchte, bald vereinzelt, bald recht zahlreich. Der Versuch vermag uns daher Aufschluß zu geben über die Bedeutung des Zeitpunktes der Ringelung für die Blütenanlage, über den Einfluß von Früchten auf die Blütenbildung an geringelten Ästen, über die Wirkung der Ringelung auf die Ausbildung von Früchten und ferner auch über die Ausreifung des Holzes, wenn Früchte vorhanden sind und wenn solche fehlen. Die Ergebnisse sind nachstehend zusammengestellt (S. 97).

Wir ersehen aus dieser Zusammenstellung mit aller Deutlichkeit, daß die Ringelung nur in den Monaten April, Mai und Juni eine Blütenknospenbildung verursachte, nicht aber im Juli und August. Die ersten beobachtbaren Anfänge der Blütendifferenzierung entstanden, wie sich aus Beobachtungen an anderen Bäumen im gleichen Jahre ableiten läßt, etwa um den 20. Juli. Die Ringelung muß also schon etwa einen Monat vor dem Zeitpunkt der Blütenanlage ausgeführt werden, wenn sie eine Blütenbildung verursachen soll. Zu den gleichen Ergebnissen führten auch die Untersuchungen von DRINKARD (1915), BARKER und LEE (1919) und SHAW (1922). SWARBRICK (1928/29) hält auf Grund seiner Versuche die zweite Hälfte des Monats Mai als den günstigsten Zeitpunkt für die Ringelung.

Eine nachträgliche, außerhalb der normalen Periodizität liegende Blütendifferenzierung konnte durch die Ringelung nicht verursacht werden. Wohl aber wirkte sich — was aus der tabellarischen Darstellung nicht ersichtlich ist — an den im Juli und August geringelten Ästen die Ringelung, nachdem die Wunde bereits verwachsen war, im nächsten Jahr aus, weil offenbar das Wundgewebe für die Ableitung der Assimilate als genügendes Hindernis wirkte.

Es ergibt sich ferner aus der Zusammenstellung, daß auch eine rechtzeitig ausgeführte Ringelung die Blütenknospenbildung nicht hervorzurufen vermag, wenn am geringelten Ast im Verhältnis zu seiner Größe zahlreiche Früchte ausgebildet

Die Beeinflussung der Blütenanlage durch Ringelung und Strangulierung.

Zusammenstellung der Ergebnisse eines Ringelungsversuches
von Müller-Thurgau und Kobel.
k = kleine Früchte, n = normale, g = große, sg = sehr große.

Datum der Ringelung	Ast Nr.	Baum Nr.	Astdicke cm	Zahl der Früchte	Zustand der Blätter am 4. September	Blütenknospen 4. April 23	Blattknospen 4. April 23	Blütenknospen %
12. April	12a	3	1	0	stark verfärbt, viele abgefallen	20	15	57
12. April	12b	3	1	0	stark verfärbt, viele abgefallen	14	11	56
12. April	12c	3	1½—2	3 n	normal grün	29	38	43
12. April	12d	3	1½—2	0	stark verfärbt, viele abgefallen	30	25	55
12. April	12e	3	2—2½	0	stark verfärbt, viele abgefallen	70	80	47
12. April	13a	6	1	1 n	normal grün	12	16	43
12. April	13b	6	1½	5 k	normal grün	0	30	0
12. April	13c	6	1½—2	7 n	normal grün	4	67	6
12. April	13d	6	1½—2	4 n	normal grün	8	92	8
12. April	13e	6	2—2½	13 n	normal grün	8	130	6
12. April	14a	7	1	7 k	normal grün	2	43	4
8. Mai	30a	3	1	0	stark verfärbt, fast alle abgefallen	21	14	60
8. Mai	30b	3	1	2 n	normal grün	12	19	39
8. Mai	30c	3	1½	0	deutlich verfärbt, zum Teil abgefallen	37	28	57
8. Mai	30d	3	2	0	deutlich verfärbt, zum Teil abgefallen	60	48	56
8. Mai	31b	6	1½—2	2 sg	normal grün	58	42	53
8. Mai	31c	6	1½—2	3 g	normal grün	28	50	36
8. Mai	31d	6	2½—3	5 g	normal grün	102	88	54
8. Mai	32a	7	1½	5 n	normal grün	0	30	0
8. Mai	32b	7	2½	5 sg	normal grün	37	84	31
10. Juni	49a	3	1	0	schwach verfärbt	14	13	52
10. Juni	49b	3	1½	0	stark verfärbt, die meisten abgefallen	35	33	52
10. Juni	49c	3	2½	0	alle abgefallen	50	60	45
10. Juni	49d	3	4	2 sg	normal grün	150	140	52
10. Juni	50a	6	1	1 n	normal grün	1	18	5
10. Juni	50b	6	1½	3 n	normal grün	18	50	25
10. Juni	50c	6	3—4	5 sg	zuoberst etwas verfärbt	70	160	32
10. Juni	51a	7	1½	2 sg	normal grün	8	38	17
10. Juni	51b	7	2½—3	3 sg	ein Seitenast ohne Früchte schwach verfärbt	30	90	25
10. Juni	51c	7	3½	13 g	normal grün	16	200	7
11. Juli	55a	3	1	0	stark verfärbt, zum Teil abgefallen	0	x	0
11. Juli	55b	3	1½	0	stark verfärbt, zum Teil abgefallen	0	x	0
11. Juli	55c	3	2	0	verfärbt	0	x	0
11. Juli	55d	3	2½—3	0	verfärbt	0	x	0
11. Juli	56a	6	—	13 n	normal grün	1	über 100	—
11. Juli	56b	6	—	1 g	schwach verfärbt	2	30—40	—
11. Juli	56c	6	—	10 n	normal grün	3	etwa 150	—
11. Juli	57a	7	—	0	stark verfärbt, fallen ab	} wie übriger Teil des Baumes vereinzelte Blütenknospen		
11. Juli	57b	7	—	0	stark verfärbt, fallen ab			
11. Juli	57c	7	—	1 n	deutlich verfärbt			
17. Aug.	58a	3	—	0	deutlich verfärbt	0	x	0
17. Aug.	58b	3	—	0	deutlich verfärbt	0	x	0
17. Aug.	58c	3	—	1 g	an der Spitze verfärbt	0	x	0
17. Aug.	59a	6	—	17 n	normal grün	} wie übriger Teil der Bäume vereinzelte Blütenknospen		
17. Aug.	59b	6	—	3 n	normal grün			
17. Aug.	59c	6	—	0	deutlich verfärbt			
17. Aug.	60a	7	—	1 k	schwach verfärbt			
17. Aug.	60b	7	—	0	schwach verfärbt			
17. Aug.	60c	7	—	2 n	an der Spitze verfärbt			

7 Kobel, Lehrbuch des Obstbaus, 2. Aufl.

werden. Die Nr. 13 b—14 b, 32 a und 50 a lassen diese Beziehungen deutlich erkennen. Die gleiche Beobachtung machte auch SHAW.

Auf den Einfluß der Ringelung auf die Entwicklung der Früchte werden wir in einem anderen Zusammenhang ausführlich zurückkommen. Hier sei nur erwähnt, daß ihre Ausbildung an geringelten Ästen bei bestimmter Astgröße von ihrer Zahl abhängig ist. Sind nur sehr wenige Früchte vorhanden, so reifen sie vorzeitig und erreichen übernormale Größe, sind dagegen sehr viele vorhanden, so bleiben sie klein und reifen spät.

Schließlich ergaben sich auch auffallende Einflüsse der Ringelung auf den Laubfall. An geringelten Ästen, welche keine Früchte trugen, verfärbte sich das Laub vorzeitig. Die Untersuchung ergab, daß solche Blätter schon am frühen Morgen prall mit Stärke gefüllt waren. Es ist also eine Überfüllung mit Kohlenhydraten vorhanden. Solche vorzeitige Herbstverfärbung einzelner Äste kann man gelegentlich auch beobachten, wenn Krebsschäden oder eingewachsene Etikettendrähte die Ableitung der Assimilate hemmen. Entwickelte sich dagegen an den geringelten Ästen eine namhafte Zahl von Früchten, so zeigte sich diese vorzeitige Herbstverfärbung nicht, offenbar weil die von den Blättern aufgebauten Kohlenhydrate von ihnen verwertet wurden, so daß keine vorzeitige Überfüllung des Astes zustande kommen konnte.

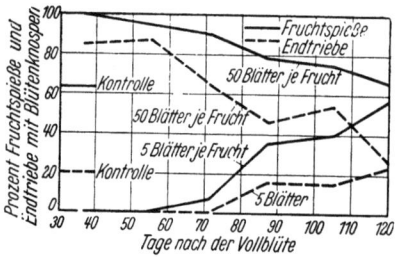

Abb. 43. Prozent der blütenbildenden Fruchtspieße und Endknospen von Jonathanbäumen mit 50 Blättern und 5 Blättern je Frucht an periodisch geringelten Ästen in Wenatchee, Wash. 1932. Die Ringelungen und Regulierungen der Blattzahl je Frucht wurden 37, 55, 71, 87, 105 und 120 Tage nach der Vollblüte ausgeführt. (Nach HARLEY und Mitarbeitern 1942.)

HARLEY, MAGNESS und Mitarbeiter (1942) führten ähnliche Untersuchungen durch wie MÜLLER-THURGAU und KOBEL, jedoch mit dem Unterschied, daß sie zu verschiedenen Zeiten an den geringelten Ästen die Blattzahl je Frucht in bestimmten Verhältnissen variierten, nachdem bereits HARLEY, MASURE und MAGNESS (1933) diese Methode verwendet hatten. Wir greifen als Beispiel die in Abb. 43 wiedergegebene graphische Darstellung für die Sorte Jonathan heraus.

Es zeigt sich, daß der Einfluß der Ringelung und des Auspflückens mit fortschreitender Vegetation abnimmt und 120 Tage nach der Vollblüte völlig aufhört. Während bei frühzeitiger Ringelung und frühzeitigem Auspflücken auf 50 Blätter je Frucht fast alle Knospen Blüten bilden, führen die gleichen Eingriffe zu keinen Blütenknospen, wenn nur 5 Blätter je Frucht vorhanden sind. Es sind also, wie in den Versuchen von MÜLLER-THURGAU und KOBEL, die Früchte, welche die blütenbildenden Substanzen (nach HARLEY und Mitarbeitern) bzw. die zur Differenzierung von Blütenknospen nötigen Überschüsse an Kohlenhydraten, und wohl auch an stickstoffhaltigen Assimilaten, verbrauchen.

Ähnlich wie Jonathan verhalten sich auch die Sorten Stayman Winesap und Rome Beauty, während Oldenburg, Delicious und andere nur während einer Periode von etwa 100 Tagen sich als durch diese Eingriffe in bezug auf die Blütenbildung beeinflußbar erwiesen.

ALDRICH und WORK (1934) führten ähnliche Ringelungs- und Ausdünnungsversuche auch mit Birnen durch. Ihre Ergebnisse stimmen im wesentlichen mit denjenigen von HARLEY, MAGNESS und Mitarbeitern überein.

Wie MÜLLER-THURGAU und KOBEL feststellten, hat die Ringelung eine frühere Stärkespeicherung in den Fruchtspießen zur Folge. Weitere aufschlußreiche Untersuchungen über die durch diesen Eingriff verursachten chemischen Änderungen verdanken wir SUMMERS (1922/23), KRAYBILL (1922, 1923), CURTIS (1923) und HARVEY (1923). Die Ergebnisse der verschiedenen Forscher stimmen bis auf kleine Einzelheiten, die durch die Versuchstechnik bedingt sind, miteinander überein. Ich greife einige Zahlen von KRAYBILL heraus. Dieser Forscher ringelte am 1. Juni 1919 drei 7jährige Stämme der Apfelsorte McIntosh ungefähr 20 cm über der Erde. Diese Ringelung hatte eine bedeutende Vermehrung der Blütenknospenbildung zur Folge. KRAYBILL analysierte dann zu verschiedenen Zeiten die Endzweige dieser Bäume, und zwar beschränkte sich die Untersuchung auf die in den beiden letzten Jahren gewachsenen Teile.

Chemische Zusammensetzung der Endzweige von geringelten und nichtgeringelten Apfelbäumen nach KRAYBILL

Die Kohlenhydrate sind als Dextrose berechnet. Die Zahlen bedeuten Prozent des Trockengewichts.

Behandlung	Datum der Entnahme	Trockensubstanz	Total-Stickstoff	Reduzierender Zucker	Hydrolysierbare Kohlenhydrate
Geringelt	26. Juni 1919	43,19	0,63	1,59	3,24
Ungeringelt	26. Juni 1919	36,91	0,98	1,13	6,50
Geringelt	25. Juli 1919	54,30	0,52	0,40	24,12
Ungeringelt	25. Juli 1919	49,49	0,52	0,44	14,58
Geringelt	1. Juni 1920	47,02	0,55	1,28	22,01
Ungeringelt	1. Juni 1920	46,40	0,56	1,14	21,72
Geringelt	8. Juli 1920	47,11	0,42	1,83	24,54
Ungeringelt	8. Juli 1920	45,00	0,49	1,53	23,96
Geringelt	4. Sept. 1920	52,27	0,57	0,99	19,56
Ungeringelt	4. Sept. 1920	42,57	0,63	1,17	18,88
Geringelt	31. März 1921	46,71	1,30	—	17,02
Ungeringelt	31. März 1921	50,58	1,05	—	13,00

Wie aus der Zusammenstellung hervorgeht, ergab die erste Untersuchung am 26. Juni 1919 in den geringelten Zweigen einen niedrigeren Wasser- und Stickstoffgehalt und einen höheren Gehalt an reduzierenden Zuckern. Auffallenderweise war dagegen der Stärkegehalt bzw. Gehalt an hydrolysierbaren Kohlenhydraten in den geringelten Zweigen niedriger. Diese merkwürdige Beobachtung, über die KRAYBILL stillschweigend hinweggeht, steht nicht vereinzelt da. Auch MÜLLER-THURGAU und KOBEL fanden in den geringelten Zweigen *zeitweise* den Gehalt an hydrolysierbaren Kohlenhydraten niedriger als in den ungeringelten. Diese Erscheinung hängt wohl mit einem vorübergehend erhöhten Verbrauch während einer Wachstumsperiode zusammen. Schon am 25. Juli 1919 war dagegen der Gehalt an hydrolysierbaren Kohlenhydraten in den geringelten Zweigen wieder bedeutend erhöht. Der Wassergehalt war immer noch wesentlich niedriger und der Gehalt an reduzierenden Zuckern und an Stickstoff ungefähr gleich. Die Zahlen aus den Jahren 1920 und 1921 zeigen, daß die Ringelung den Chemismus eines Baumes noch nach 1—2 Jahren zu beeinflussen vermag. Eine Herabsetzung des Stickstoffgehaltes durch die Ringelung haben auch HARVEY (1923), CURTIS (1923) und SUMMERS (1922/23) beobachtet.

Fassen wir die Ergebnisse der chemischen Untersuchungen an geringelten Zweigen zusammen, so können wir feststellen, daß bei rechtzeitiger Ringelung im allgemeinen zur Zeit der Blütenknospendifferenzierung der Wasser-, Stickstoff- und Aschengehalt niedriger, der Gehalt an Stärke und Zucker dagegen höher ist als in ungeringelten. Das Kohlenhydrat-Stickstoff-Verhältnis wird also durch die Ringelung ebenfalls erhöht. Die Förderung der Blütenbildung durch rechtzeitige Ringelung an nicht fruchttragenden Bäumen steht demnach mit der Kohlenhydrat-Stickstoff-Theorie der Blütenbildung in Übereinstimmung.

Ähnlich wie die Ringelung wirkt auch die *Strangulierung*. Wir verstehen darunter ein Einschnüren des Bastes und der Rinde, z. B. mit Hilfe eines Drahtes oder eines Blechstreifens. Die Leitungsbahnen des Bastes werden dadurch nicht völlig unterbunden, aber der Transport der Assimilate wird wesentlich gehemmt. Am besten erfolgt diese Strangulierung mit Hilfe des Fruchtgürtels. Nach POENICKE bedient man sich eines Zinkblechstreifens, der an beiden Rändern senkrechte Einschnitte aufweist. Er wird mit Hilfe eines Drahtes fest um den Stamm geschlungen. Wächst der Stamm in die Dicke, so beginnt der Gürtel durch Einschnürung eine stauende Wirkung auszuüben, und es bildet sich, namentlich oberhalb desselben ein Rindenwulst. Die Gefahr, daß der Gürtel in die Rinde einwächst, ist nicht groß, da die einzelnen Lappen dank der senkrechten Einschnitte nach außen gedrückt werden. Für physiologische Experimente ist die Strangulierung nicht verwendet worden, weil es naturgemäß schwierig ist, bei allen Ästen oder Stämmen eine gleichmäßige Stauung zu erzielen. Es bleibt uns schließlich übrig, die Frage zu prüfen, ob die Ringelung und Strangulierung als Maßnahmen zur Erhöhung der Blütenbildung im praktischen Obstbau sinnvolle Eingriffe seien. Trotzdem sie früher oft empfohlen wurden, haben sie sich nicht einzubürgern vermocht und kommen höchstens im Garten- und Liebhaberobstbau in Frage, wenn allzu kräftig wachsende Bäume mit den üblichen Kulturmaßnahmen (Auslassen der Stickstoffdüngung, Erziehung von langem, waagrecht oder schief nach abwärts gestelltem Fruchtholz) nicht zur Fruchtbarkeit gebracht werden können. Die Ringelung oder Strangulierung muß jedoch im Frühjahr, kurze Zeit nach dem Austrieb, erfolgen, damit die Stauung der Assimilate möglichst früh einsetzt. Wenn geringelt wird, muß man darauf achten, daß die Wundränder nicht vor Ende Juli verwachsen. Ein Verstreichen der Ringelwunde mit Baumwachs ist nötig, weil die Gefahr der Wundinfektion besteht. Es ist am zweckmäßigsten, nur einige Hauptäste zu ringeln. Die Ringelung des ganzen Stammes kann gefährlich werden. Die Strangulierung ist aus der obstbaulichen Praxis völlig verschwunden.

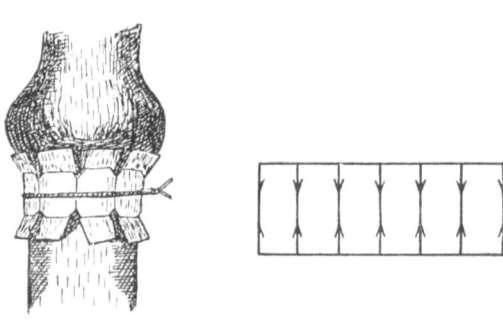

Abb. 44. Fruchtgürtel. Rechts: Der mit Einschnitten versehene Zinkblechstreifen. Links: Ein Stamm nach der Strangulierung. Oberhalb des Gürtels hat sich eine Rindenwulst gebildet. (Nach POENICKE aus MOLISCH.)

5. Die Beeinflussung der Blütenanlage durch den Baumschnitt.

Der Zweck des Baumschnittes. — Die Beeinflussung des Chemismus durch den Baumschnitt. — Blühwilligkeit und Baumschnitt bei jungen Bäumen. — Die Regulierung der Blühwilligkeit durch den Baumschnitt bei älteren Bäumen. — Der Grünschnitt.

Über die Schnittmethoden und ihren Wert wird sehr viel geschrieben. Eine befriedigende Einstellung zu dieser komplexen Frage läßt sich nur erreichen, wenn wir den Einfluß des Schnittes auf die wichtigsten Lebensäußerungen des Baumes kennen. Bevor wir darauf im einzelnen eintreten, wollen wir uns jedoch vergegenwärtigen, daß alles, was wir vom Baum herunterschneiden, für den Baum die Zerstörung geleisteter Arbeit bedeutet. Wir müssen daher so schneiden, daß dieser Verlust möglichst klein wird. Zudem dürfen wir uns nicht verschweigen, daß durch den Schnitt die Gefahr der Wundinfektion geschaffen wird. Unsere Kern- und

Steinobstbäume sind allerdings — im Gegensatz zum Walnußbaum — während der Vegetationsperiode befähigt, die entstehenden Wunden rasch zu schließen. Die verwundeten Gefäße scheiden dicht verschließende Pfropfen einer gummiartigen Substanz aus, die wahrscheinlich aus der in der Nähe der Schnittwunde eingelagerten Stärke entsteht. SWARBRICK (1925) hat diesen Wundverschluß eingehend untersucht. Er hat beobachtet, daß er in den Monaten Mai bis August rasch, im September und Oktober nur langsam und vom November bis April überhaupt nicht erfolgt. Der englische Forscher leitet aus dieser Tatsache ab, daß der Frühjahrs- und Sommerschnitt dem Winterschnitt vorzuziehen seien. Dieser Folgerung muß entgegengehalten werden, daß während der warmen Jahreszeit die Austrocknung der Wunden viel gefährlicher ist als im Winter und daß auch die Gefahr der Infektion durch Pilze mit steigender Temperatur zunimmt. Zudem entstehen durch den Schnitt nach dem Austrieb Verluste an wertvoller Substanz, weil die in den Wurzeln, Stämmen und Ästen aufgespeicherten Reservestoffe bereits verbraucht sind.

HOOKER (1924) hat untersucht, in welcher Weise durch den Baumschnitt die chemischen Verhältnisse in den Zweigen verändert werden. Er analysierte 2 Wochen nach dem Baumschnitt, der am 3. April erfolgte (bei 5jährigen Apfelbäumen der Sorte Jonathan), das Gewebe in der Umgebung der Schnittstellen. Er fand den Wasser- und Stickstoffgehalt in diesen Geweben gegenüber denjenigen vergleichbarer Zweigstücke an nichtgeschnittenen Bäumen wesentlich erhöht. Der Stärke- und Zuckergehalt war dagegen in den beschnittenen Zweigen niedriger als in den Kontrollen. Es wurde festgestellt, daß diese chemischen Veränderungen sich nur auf die dem Schnitt benachbarten Teile beschränken. Die Einflüsse sind aber derart, daß das vegetative Wachstum begünstigt und die Voraussetzungen für die Blütenbildung verschlechtert werden. Wir verwundern uns deshalb nicht, daß als auffällige Wirkung des Schnittes ein starker Austrieb derjenigen Knospen zu beobachten ist, welche der Schnittstelle am nächsten liegen, und daß sich der Einfluß nur auf wenige Knospen der nächsten Umgebung erstreckt. Durch den Wundreiz wird allem Anschein nach auch die Zufuhr von Wuchsstoffen ausgelöst. In der obstbaulichen Praxis wird man diese wachstumsauslösende Wirkung des Schnittes nach Möglichkeit ausnützen.

GRUBB (1922) hat in Versuchen mit 13 verschiedenen Apfelsorten die durch die Praxis vielfach bestätigte Beobachtung gemacht, daß Jungbäume um so früher mit der Blütenbildung einsetzen, je weniger sie geschnitten werden. Der Schnitt reizt eben immer wieder zu vegetativem Wachstum, wodurch die für die Blütenbildung nötigen Vorräte an Kohlenhydraten fortlaufend verbraucht werden. CAMERON (1923) ist es denn auch gelungen, bei Williams Christbirne und bei Aprikosenbäumen nachzuweisen, daß bei ungeschnittenen Bäumen die Stärkespeicherung viel früher einsetzt als bei geschnittenen. Man darf sich aber durch diese Beobachtungen keinesfalls verleiten lassen, den Schnitt bei Jungbäumen zu vernachlässigen. Wir haben hier zuerst die Aufgabe, durch sorgfältigen Schnitt und durch gute Formierung ein zweckmäßiges Kronengerüst aufzubauen, das später eine bedeutende und andauernde Leistungsfähigkeit verspricht. Die Ausnützung der frühen Fruchtbarkeit durch Vermeiden des Schnittes würde einem Raubbau entsprechen, indem sich solche Bäume frühzeitig erschöpfen müßten.

Bei Bäumen, deren Krone bereits aufgebaut ist, und die nun fruchten sollen, haben wir im Baumschnitt ein vorzügliches Mittel in der Hand, um das Wachstum und die Bl hwilligkeit in die gewünschten Bahnen zu lenken. Am einfachsten gehen wir bei Hochstämmen und Halbstämmen vor, wo ein Schneiden jedes einzelnen Zweiges aus betriebswirtschaftlichen Gründen nicht in Frage kommt. Wir erziehen, z.B. nach der Methode des Öschbergschnittes (KOBEL und SPRENG 1949), Leitäste, Fruchtäste und Fruchtholz, dessen Blätter möglichst gut im Lichte stehen. Ist der Baum starkwüchsig, so beschränkt sich der Schnitt im wesentlichen auf ein Auslichten und Entfernen der aufrecht und quer zur Stammverlängerung wachsenden Triebe. Ein Rückschnitt erfolgt nur in dem Ausmaße, das nötig ist, um die Fruchtäste mit Fruchtholz zu garnieren. Man läßt alles schwache Holz unbeschnitten oder entfernt nur die Endknospe. Damit stellen sich bald an

Abb. 45. Krone eines Hochstammes, in 5 Jahren nach dem Öschbergschnitt erzogen. (Aus KOBEL und SPRENG „Neuzeitliche Obstbautechnik und Tafelobstverwertung.") (Phot. H. SPRENG.)

diesen schwachen Trieben eines starkwüchsigen Baumes jene in anderem Zusammenhang besprochenen physiologischen Bedingungen ein, die zur Blütenanlage führen, da ja diese Triebe in chemisch-physiologischer Beziehung von den übrigen Baumteilen weitgehend unabhängig sind.

Bei mäßig wachsenden Bäumen sorgen wir durch den Schnitt dafür, daß stets eine ausreichende Zahl von Trieben da ist, die genügend kräftig sind, um Blüten zu bilden, während das Triebwachstum nach Möglichkeit noch ausgenützt wird, um die Leitäste und Fruchtäste der Krone weiter aufzubauen. Wenn ein Baum in diesem Zustand ist, bereitet die Regulierung der Blühwilligkeit am wenigsten Schwierigkeiten.

Bei älteren Bäumen, deren Triebwachstum nachgelassen hat und deren Fruchtholz ruhend geworden ist, müssen wir durch den Schnitt die Bildung neuer Triebe anregen. Wenn wir dies nicht tun, so wird das Fruchtholz nach und nach, wenigstens bei Apfel-, Birn- und Zwetschgenbäumen, derart schwach, daß es nicht mehr zur Blütenbildung fähig ist. Bevor dieser Zustand eintritt, fallen allerdings die Bäume dieser Obstarten meist in Alternanz, d.h. sie bilden im einen Jahr enorme

Mengen von Blüten und Früchten aus, um im anderen leer zu stehen. Wir werden dieses heikle Problem in einem anderen Zusammenhang besprechen. Die Verjüngung des Fruchtholzes solcher Bäume, d. h. die Anregung zur Bildung neuer Triebe durch Rückschnitt ins mehrjährige Holz, sollte mit guter Baumdüngung verbunden werden; denn nur auf diese Weise ist es möglich, die gewünschte Erneuerung des Triebwachstums zu erreichen. Wollte man zu diesem Ziel allein durch den Baumschnitt gelangen, so würde nach und nach die Krone immer kleiner werden, da der Neuaufbau nicht mehr ausreichen würde, um den mit dem Schnitt verbundenen Verlust zu ersetzen.

Bei kleineren, auf schwächeren Veredlungsunterlagen stehenden Baumformen, vor allem bei Pyramiden, sind die gleichen einfachen Grundsätze anwendbar. Beim Spindelbusch nützt man konsequent die Waagrechtstellung der Triebe als Mittel zur Schwächung des Wachstums, und damit zur Einleitung der Blütenbildung, aus. Bei Spalierformen ist ein eigentlicher Fruchtholzschnitt, wie er früher allgemein üblich war, durchaus angebracht, da es mit diesem Mittel gelingt, strenger erzogene Formen mit einem gewissen Zierwert zu gewinnen. Es ist durch die individuelle Behandlung jedes einzelnen Zweiges möglich, eine gegebene Wandfläche völlig zu bekleiden und auszunützen. Es gelingt, kurzes Fruchtholz zu erhalten, an dem die Früchte gut verteilt sind und fest haften. Wir begünstigen zudem die alljährliche Tragbarkeit, da durch den Rückschnitt stets für die Entstehung von neuen, blühbaren Trieben gesorgt werden kann. Dabei muß man sich allerdings klar sein, daß nicht die sklavische Befolgung irgendeiner der zahlreichen Schnittmethoden zum Ziele führen kann, sondern daß einzig eine gute Kenntnis der Lebensvorgänge und der Reaktionsweise des Baumes uns erlaubt, in jedem praktisch vorkommenden Fall die beste Maßnahme zu ergreifen. Vor allem wird man nie junge, allzu kräftig treibende Bäume in schematischer Weise kurz schneiden. Man wird vielmehr bei ihnen vorerst längeres, waagrecht stehendes Fruchtholz erziehen und erst später, wenn nach eingetretener Fruchtbarkeit das Triebwachstum nachläßt, nach und nach die einzelnen Fruchtholzsysteme einkürzen. Schneidet man in solchen Fällen von Anfang an kurz, so erwirkt man die stets neue Produktion von Holztrieben, und die Fruchtbarkeit tritt erst sehr spät ein. Der „klassische" Fruchtholzschnitt ist nur noch im Garten- und Liebhaberobstbau sinnvoll. Im Erwerbsobstbau erfordert er, auch wenn kleine Baumformen gewählt werden, einen viel zu großen Arbeitsaufwand, der sich nicht bezahlt macht.

Eine besondere Betrachtung erfordert der *Grünschnitt* oder *Sommerschnitt*. Wir verfolgen damit den Zweck, die Reaktion der Bäume auf den Winterschnitt auszuwerten und zu lenken. Alle nicht erwünschten Triebe werden eingekürzt oder gänzlich entfernt. Eine direkte Einwirkung des Grünschnittes auf die Anlage von Blütenknospen ist nur möglich, wenn er sehr frühzeitig, in unseren Breiten spätestens in den ersten Tagen des Juni, ausgeführt wird. Der Grünschnitt ist an Spalieren, namentlich bei Pfirsich und Aprikose, fast unerläßlich, aber auch beim Apfel- und Birnbaum wertvoll. Er sollte zudem im Erwerbsobstbau bei Jungbäumen, deren Kronengerüst noch formiert werden muß, bei stark zurückgeschnittenen und bei frisch umgepfropften Bäumen als selbstverständliche Pflegemaßnahme betrachtet werden. Wir ersparen durch die frühzeitige Wegnahme unerwünschter Triebe solchen Bäumen viel unnütze Aufbauarbeit, und wir erleichtern mit verhältnismäßig geringem Arbeitsaufwand die Erziehung eines leistungsfähigen Kronengerüstes. Wenn der Grünschnitt in solchen Fällen auch nicht direkt die Blühwilligkeit verbessert, so ist er doch, auf weite Sicht betrachtet, ein Eingriff, durch welchen die Ertragsfähigkeit der Bäume wesentlich gehoben werden kann.

IV. Die Fruchtbildung.

A. Die Entfaltung der Blüten.

Die Aufblühfolge der einzelnen Obstarten. — Die Beeinflussung der Blütezeit durch Umweltsfaktoren. — Die relative Blütezeit der einzelnen Sorten. — Der Bau der Blütenstände und Einzelblüten. — Der Verlauf der Obstblüte.

Wir haben in einem anderen Abschnitt die Entwicklung der Blütenknospen unserer Obstgewächse bis zum Spätherbst verfolgt und gesehen, daß sie bereits zur Zeit der Winterruhe in allen ihren Organen vorgebildet sind und sich beim Eintritt wärmerer Witterung nur zu entfalten brauchen. Sie sind jedoch, wie die Blattknospen, vorerst einer obligatorischen Winterruhe unterworfen (s. S. 60). In unseren Breiten öffnen sich zuerst die Blüten der Aprikosen, bald gefolgt von denjenigen der Mandeln, Pfirsiche, Triflora- und Cerasiferapflaumen. Nachher erblühen die Kirschen und die Domesticapflaumen, dann die Birnen und Äpfel und schließlich folgen als letzte die Quitten nach. Aus einem Diagramm von PHILLIPS (1922) ersehen wir aber, daß die Aufblühfolge der Obstarten nicht überall gleich zu sein braucht (Abb. 46). Im Süden der pazifischen Küste von Nordamerika erblüht der Pfirsich anscheinend fast 3 Wochen nach dem Apfelbaum, und die Birne folgt erst 1 Woche nach dem Pfirsich. Diese für unsere Begriffe sehr merkwürdigen Verschiebungen hängen teilweise damit zusammen, daß die verschiedenen Obstarten ungleiche Anforderungen an die Ruheperiode stellen. Die Entwicklung der Pfirsichblüten erscheint in diesen warmen Gegenden deshalb verzögert, weil die Knospen die Winterruhe infolge zu geringer Kälteeinwirkung noch nicht abgeschlossen haben, wenn wärmere Witterungsperioden den Apfelbaum bereits zum Austrieb veranlassen. Zu einem anderen Teil mögen diese Verschiebungen in der Aufblühfolge auch auf die ungleichen Wachstumsreaktionen der verschiedenen Obstarten im Herbst zurückzuführen sein. So hat beispielsweise BRADFORD (1922) beobachtet, daß die Blütenknospen der Pfirsichsorte Crawford durch abnorm hohe Temperaturen im September in ihrer Entwicklung wesentlich gefördert wurden, während diejenigen der Apfelsorte King sich nicht mehr weiterentwickelten.

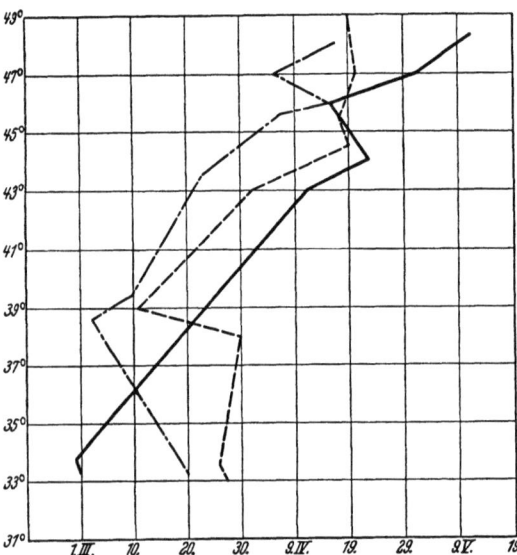

Abb. 46. Verschiebung der Blütezeit der verschiedenen Obstarten bei verschiedener geographischer Breite an der pazifischen Küste der Vereinigten Staaten von Nordamerika. Die Daten sind Durchschnittswerte aus 10 Beobachtungsjahren (1902—1911). Sie sind auf gleiche Meereshöhe reduziert. ———— = Apfelsorte Yellow Transparent, ------ = Williams Christbirne, —·—·—·— = Pfirsich Early Crawford. (Nach PHILLIPS.)

Diese Beziehungen zwischen den klimatischen Bedingungen und der Aufblühfolge sind mitbestimmend für die Frage der Anbauwürdigkeit einer Obstart in einem bestimmten Gebiet. Die frühe Blütezeit der Pfirsiche, Aprikosen und Triflorapflaumen in unseren nördlichen Obstbaugebieten ist beispielsweise ihrem allgemeinen Anbau hinderlich, weil die durch die Spätfröste bedingte Gefahr viel zu groß wird.

Verschiedene Forscher haben gezeigt, daß der entscheidende Umweltsfaktor für die Entwicklung der Blütenknospen die Lufttemperatur ist. Wir wählen als Beispiel eine Untersuchung von SISLER und OVERHOLSER (1943) im Obstbaugebiet des Wenatcheetales im Staate Washington. Die beiden Forscher operieren mit der Summe der mittleren Tagestemperaturen vom 1. Februar an, wobei sie nur Temperaturen über 6°C (43°F) berücksichtigen. Es wäre vorsichtiger, von 3° oder 4°C auszugehen, da das Wachstum schon bei dieser Temperatur beginnt. Die auf diese Weise ermittelte Temperatursumme vom 1. Februar bis zur Vollblüte der Apfelsorte Delicious schwankte in den Jahren 1926–1943 zwischen 922 bis 1148°F (= 513 bis 639°C). Die einzelnen Angaben zeigen, daß eine ziemlich enge Korrelation zwischen Blütezeit und Temperatursumme besteht, daß aber allem Anschein nach noch andere Faktoren mitspielen. Die beiden amerikanischen Autoren messen darunter insbesondere der Sonnenscheindauer eine wesentliche Bedeutung bei, da an sonnigen Tagen die Zweige eine höhere Temperatur aufweisen als die umgebende Luft, während dies bei nebligem oder bewölktem Wetter nicht der Fall ist. Die statistische Auswertung der meteorologischen Beobachtungen ergab aber, daß dieser Faktor einen viel geringeren Einfluß ausübt als die Lufttemperatur. Zwischen der Menge der Niederschläge in den kritischen Monaten und dem Beginn der Blütezeit ergab sich keine Korrelation. NAEGLER (1912) glaubte, daß die Zeit des Aufblühens in wesentlicher Weise von der Bodentemperatur abhänge, und MOEHRING (1942) ist der gleichen Auffassung. Es handelt sich dabei wahrscheinlich um einen jener sekundären Faktoren, deren Existenz auch SISLER und OVERHOLSER annahmen. Daß die Bodentemperatur neben der Lufttemperatur einen gewissen Einfluß ausübt, ergibt sich auch aus der Erfahrungstatsache, daß die Blüte von Bäumen auf leichtem, warmem Boden unter im übrigen gleichen Bedingungen früher beginnt als von solchen, die auf schwerem, kaltem Boden stehen. BROWN (1940–1941) fand keine Zusammenhänge zwischen Sonnenscheindauer und Blütezeit, mißt dagegen der Lufttemperatur ebenfalls wesentliche Bedeutung bei, ebenso WEGER (1943). Da die nötige Wärmesumme an ein und demselben Ort nicht in allen Jahren gleichzeitig erreicht wird, beginnt die Blüte der Obstbäume bald früher, bald später. In der erwähnten Zeit fanden SISLER und OVERHOLSER zwischen dem frühesten und dem spätesten Jahr einen Unterschied von 23 Tagen. Genau die gleiche Differenz stellte auch BROWN fest.

Da durch die Einstrahlung an südexponierten Spalierwänden eine wesentliche Temperaturerhöhung erfolgt, blühen die Spalierbäume viel früher als die freistehenden der gleichen Sorten. Klimatisch günstig gelegene Gebiete stehen früher im Blütenschmuck als die kälteren Gegenden. PHILLIPS (1922) hat beispielsweise auf Grund eingehender Erhebungen in den Vereinigten Staaten von Amerika ausgerechnet, daß durchschnittlich die Verschiebung um einen Breitengrad nach Norden die Blütezeit um 4,6 Tage hinausschiebe. Bei zunehmender Erhebung über den Meeresspiegel um 33–34 m wird das Aufblühen ebenfalls durchschnittlich um 1 Tag verzögert. Durch lokalbedingte Einflüsse ergeben sich aber im einzelnen sehr bedeutende Abweichungen von diesen Mittelwerten. Die Obstbäume blühen an Südhängen unter sonst gleichen Bedingungen wesentlich früher als an schattigen Nordhängen. Auch lokale, warme Windströmungen, wie der Föhn in manchen schweizerischen Tälern, vermögen das Aufblühen um mehrere Tage vorzuschieben.

Da die meisten unserer Obstarten und -sorten zu den Fremdbefruchtern gehören, ist es für den Obstbau von großer Wichtigkeit, zu untersuchen, welche Sorten ein und derselben Obstart gleichzeitig blühen, denn nur bei gleicher Blütezeit ist eine gegenseitige Befruchtung denkbar. Die Wichtigkeit dieser Frage ist schon seit langem erkannt worden, und es fehlt nicht an Beobachtungen. Es fragt sich nur, ob die *relative* Blütezeit der verschiedenen Sorten in verschiedenen Jahren und an verschiedenen Orten so weitgehend konstant sei, daß man die in einem bestimmten Jahr und an einem bestimmten Ort gemachten Beobachtungen verallgemeinern darf. Diese Frage ist eingehend von CHITTENDEN (1911) untersucht worden. Er kommt, wie auch andere, die sich später damit beschäftigt haben, zum Schluß, daß im einzelnen die Blütezeiten sehr weitgehend von der Witterung in den betreffenden Jahren und von den klimatischen Bedingungen der betreffenden Orte abhängig sind, daß aber die *relativen* Blütezeiten der verschiedenen Sorten sich immer ungefähr gleichbleiben. Er verarbeitete die ihm aus den verschiedenen Gebieten vorliegenden Angaben, indem er die ganze Blütezeit einer Obstart in 4 Teile einteilte und dann feststellte, in welcher Periode jede Sorte an jedem Ort blühte. Die erste Periode umfaßt die sehr früh- und frühblühenden, die zweite die früh- bis mittel-, die dritte die mittel- bis spät- und die vierte die spät- bis sehr spätblühenden. Sorten, deren Blütezeit sich deutlich der nächstniedrigeren Gruppe näherte, sind mit einem „—", solche, die sich der nächsthöheren näherten, mit einem „+" bezeichnet. Ich gebe die Zusammenstellung CHITTENDENS sehr gekürzt wieder, indem ich mich nur auf diejenigen Sorten beschränke, die an wenigstens 4 Orten, wovon mindestens 2 außerhalb Englands liegen, untersucht wurden. Die Angaben von Wye und Bedfordshire beruhen nur auf einjährigen Beobachtungen. Die Zusammenstellung stützt sich auf die Veröffentlichungen von BEDFORD und PICKERING (1910) für Woburn, HOOPER (1911) für Wye, WATKINS für Herefordshire, WALLIS (1911) für Victoria, HEDRICK (1908) für New York, LEWIS und VINCENT (1909) für Oregon und PRICE (1905) für Virginia, sowie direkte Mitteilungen aus Sowbridgeworth und eigene Beobachtungen CHITTENDENS in Wisley.

Zusammenstellung der relativen Blütezeiten von Apfelsorten an verschiedenen Beobachtungssorten nach CHITTENDEN.

Sorte	Wisley (Engl.)	Sowbridgeworth (Engl.)	Woburn (Engl.)	Wye (Engl.)	Herefordshire (Engl.)	Victoria (Australien)	New York (USA)	Oregon (USA)	Virginia (USA)
Bismarck	2+	1	2	1	1	2	3—	—	—
Herzogin v. Oldenburg .	1	1	1	1	1	1	2—	1	1
Dutch Mignonne = Kasseler Reinette . . .	—	2+	2	3	—	—	2	3	—
Kaiser Alexander	4—	2+	—	—	3—	2	3	—	2
Hausmutterapfel	4	4	3+	2	4—	—	4	—	4
Mr. Gladstone	4—	3	3	1	1+	2	3	—	—
Gravensteiner	1	—	2	1	1+	2	1	1	1
Keswick Codlin	1+	2—	2	—	1	—	1	3	2
Roter Astrachan	1+	1	1	—	1—	2—	3—	1	1
Kanada-Reinette	3+	3+	3+	—	3	3—	2+	3+	—
Ribston Peping	2	3	2	1	3—	2	4	—	—
Zwanzig-Unzen-Apfel .	3+	—	2	2	—	—	1	3	—
Wagener	2—	2+	—	1	—	—	2	3	3
Wealthy	3	—	2	—	—	—	3	2+	3
Williams Favorite	4	3	4—	—	—	2+	—	3	—

Wir ersehen aus dieser Zusammenstellung, daß im großen und ganzen die relativen Blütezeiten sich gleichbleiben. Ausnahmen kommen zwar vor, sind aber meist von untergeordneter Bedeutung. Wenn wir berücksichtigen, daß lokale Standortsunterschiede, Verschiedenheiten in der Veredlungsunterlage, Sortenverwechslungen und andere Fehlerquellen in solchen Zusammenstellungen eine Rolle spielen, müssen wir sogar erstaunt sein über das relative Gleichbleiben der Blütezeiten in verschiedenen Erdteilen und in verschiedenen Jahren. Wenn also irgendeine Sorte irgendwo als Frühblüher bekannt geworden ist und wir sie bei uns einführen, so bleibt sie auch bei uns ein Frühblüher. Was hier für die Apfelsorten dargelegt wurde, gilt auch für die Birn- und Steinobstsorten.

CHITTENDEN (1911) hat auch versucht, die relative Aufblühzeit der Sorten *schärfer* zu fassen. Er hat zu diesem Zweck als Ausgangspunkt die Aufblühzeit der Sorte Roter Astrachan genommen und bestimmt, wie viele Tage später die anderen Sorten ihre Blüten öffnen. Aus den Beobachtungen der verschiedenen Jahre wurden dann die Mittelwerte berechnet und so eine gute Zusammenstellung gewonnen. Auch H. KESSLER (1928) hat mit gutem Erfolg den gleichen Weg benutzt, indem er Gravensteiner als zuerst blühende Sorte an die Spitze stellte.

Dieses Verfahren liefert ohne Zweifel die besten Vergleichswerte. Doch können die Zahlen verschiedener Forscher aus verschiedenen Jahren und Orten nicht miteinander verglichen werden, weil die Dauer der Blütezeit von Jahr zu Jahr und Ort zu Ort in sehr breitem Rahmen schwankt. Die Methode erscheint deshalb fast zu gut für die vorhandenen Voraussetzungen. Denn wie HATTON und GRUBB (1924) nachwiesen, kann die Blütezeit einer Sorte unter sonst gleichen Umweltsbedingungen allein durch die Veredlungsunterlage wesentlich verschoben werden. BROWN (1940—1941) stellte fest, daß auf E. M. XIII die Blüten der Apfelsorte Lanes Prinz Albert sich 7 Tage später öffneten als auf Typ IX. Auch die Baumbehandlung ist von bedeutendem Einfluß. So beobachteten HATTON und GRUBB einmal eine Hinausschiebung der Blütezeit von 15 Tagen bei frisch geschnittenen Bäumen gegenüber ungeschnittenen der gleichen Sorte. Sehr auffällige Verzögerungen sah der Verfasser mehrfach bei verjüngten Kirschbäumen. Auch scheinen kleine Verschiebungen in der Aufblühfolge der Sorten in verschiedenen Klimaten nicht ganz ausgeschlossen zu sein, wie beispielsweise die Angaben für die Apfelsorten Schöner von Bath und Bismarck vermuten lassen, die von KESSLER zu den Frühblühern, von CHITTENDEN eher zu den mittelspät blühenden gerechnet werden müssen.

Seit den Untersuchungen CHITTENDENS sind sehr viele Beobachtungen über die relative Blütezeit der Obstarten durchgeführt worden, so von HOOPER, EWERT, JUNGE, PLANKH (nach EWERT 1929), CRANDALL, DUFOUR, KESSLER, KRUFT, DUHAN, ZANON, MORETTINI, ELLENWOOD, BROWN, BEAKBANE, RUDLOFF und Mitarbeitern und anderen. Es sei auf die Angaben im Literaturverzeichnis verwiesen. Größte Unterschiede zwischen den einzelnen Sorten ergeben sich beim Apfel- und Kirschbaum. Bei den Pflaumen finden wir die Triflora-, Cerasifera- und Americana-nigra-Gruppen unter den extremen Frühblühern. Die Pflaumen der Domesticagruppe blühen später, und die Unterschiede zwischen den einzelnen Sorten sind verhältnismäßig gering. Auch die Birnsorten weisen wenige extreme Früh- und Spätblüher auf. Über die relative Blütezeit der Pfirsichsorten finden wir z. B. Angaben bei NORTON (1918) und MORETTINI (1934), über die Mandeln bei TUFTS (1919) und über Aprikosen bei MORETTINI (1934).

Die Erfahrung hat gezeigt, daß Sorten zweier benachbarter Gruppen, also früh- und mittelfrühblühende, mittelfrüh- und mittelspätblühende, sowie mittelspät- und spätblühende, sich in ihrer Blütezeit so weitgehend überdecken, daß eine gegenseitige Befruchtung gesichert ist, sofern nicht besondere Sterilitätserscheinungen im Spiele sind. Ausnahmen bestehen bloß für extreme Frühblüher und extreme Spätblüher unter den Apfel- und Süßkirschensorten. In den folgenden Zusammenstellungen, die keinen Anspruch auf Vollständigkeit erheben, sind die Sorten, deren relative Blütezeit sich der nächstfrüheren Gruppe nähert, mit einem —, diejenigen, die auch der nächstspäteren Gruppe zugeordnet werden könnten, mit einem + gekennzeichnet. Extreme Frühblüher sind mit „früh —", extreme Spätblüher mit „spät +" angeführt.

Relative Blütezeiten.

(Die mit − bezeichneten Sorten könnten ebensogut der nächstfrüheren, die mit + bezeichneten der nächstspäteren Gruppe zugeordnet werden.)

Apfelsorten.

Frühblühend.

Astrachan, roter −
Astrachan, weißer −
Bismarck +
Braddicks Nonpareil
Charlamowsky +
 (Borowitzky)
Early Peach
Fiessers Erstling +
Flava

Geheimrat Dr. Oldenburg
Geisenheimer Augustapfel
Golden Spire
Gravensteiner −
Herzogin von Oldenburg
Irish Peach
Jägers Reinette
Klarapfel, weißer (Weißer Transparent)

Lady Derby
Liveland Respby
Manks Küchenapfel +
Pfirsichroter Sommerapfel +
Prinz Nikolaus von Nassau
Roter Margaretenapfel
Tower of Glamis
Transparent von Croncels +

Mittelfrühblühend.

Abbondanza
Alfriston +
Ananas-Reinette
Annurca
Antonowka
Api, roter
Arkansas
Barapfel (Schafnase)
Batullenapfel
Baumanns Reinette
Bens Roter
Bietigheimer Roter
Blanche de Melrose
Bohnapfel +
Boston-Reinette
Bramleys Seedling
Brownlees Reinette
Calville de Bovelingen
Calville des Femmes
Calville de St. Sauveur
Cellini +
Claygate Parmäne
Colonel Vaughan
Coulon-Reinette
Cousinot, purpurroter
Cox' Orangen-Reinette +
Damason-Reinette
Deans Codlin
Der Böhmer
Devonshire Quarrenden
Doktor Seeligs Peping
Domino
Doppelter Bellefleur
Duchesse Favorite
Early Rivers
Early Strawberry
Early Victoria +
Ecklinville Seedling +
Edelgrauech
Ellisons Orange
Endsleigh Beauty
Englische Spitalreinette
Frogmore Prolific
Fürstenapfel, grüner
Gaesdonker Reinette
Géante de l'Exposition

Gelber Richard +
General von Hammerstein
Glockenapfel +
Gloria mundi (Lewen alma)
Gold Medal
Granatapfel von Trieblitz
Großherzog von Baden
Hagedornapfel −
Hambleys Seedling
Hanwells Souring
Herbstkalvill, roter
Herbstreinette, graue
Himbeerapfel von Holowaus
Hoarmaed Parmäne
Hoary Morning
Hoffingers Erdbeerapfel
Jacques Lebel +
Ilzer Rosenapfel
Kaiser Wilhelm +
Kandil Sinap
Kardinal
Karmeliter Reinette
Karoline Augusta
Kerry Peping
Keswick Küchenapfel −
Kronprinz Rudolf
Landsberger Reinette
Langtons Sondergleichen
Leopold de Rothschild
Lesans Kalvill
Lord Grosvenor +
Lord Hindlip
Lord Suffield +
McIntosh +
Maiden Blush
Mélanie Moereman
Melba
Minister von Hammerstein
Morgenduft
Muskat-Reinette (Margil)
Neustadts gelber Peping
Noire de Vitry
Notaris Apple
Ohio-Reinette +
Old Nonpareil
Osnabrücker Reinette

Pearsons Plate
Président Gaudy
Prinz Edward
Radoux
Rambour Mortier
Red Victoria
Reinette de Cuzy (Reinette d'Angleterre) +
Reinette grise de Vignat
Reinette von Egermont
Reverend W. Wilks
Rheinlands Ruhm
Rhode Island Greening
Ribston Peping
Rosenapfel, virginischer
Rosenapfel, weißer
Ross' Nonpareil
Roundway Magnum bonum
San Jacinto
Scharlachparmäne
Schmittbergs rote Reinette
Schöner von Bath −
Schöner von Boskoop −
Schöner von Clyde
Schöner von Dubois
Schöner von Kent +
Schöner von Miltenberg
Schöner von Nordhausen
Schöner von Norfolk
Schöner von Pontoise +
Schweizer Breitacher
Senator (Oliver) +
Sommerparmäne
Signe Tillisch +
St. Edmunds Peping
St. Everard
Stettiner, grüner
Stettiner, roter
Stirling Castle +
Strauwaldparmäne
Striped Beefing
Stürmer Peping
Summers Goldpeping
Titowka
Wagener
Warners King

Washington
Watcombe Hero
Weidners Goldreinette
Weihnachtsparmäne
Wellington-Reinette

White June Eating
Wilerrot
Wintermaschansker, steirischer +
Winter-Quarrenden +

Wintertaubenapfel, roter
Wintertaubenapfel, weißer
Yellow Ingestrie
Yorkshire Greening
Zuccalmaglio-Reinette

Mittelspätblühend.

Adams Parmäne —
Allens Everlasting
Allington Peping —
Baldwin
Bänziger (Amerikaner)
Bedfordshire Findling
Ben Davis —
Berner Rosenapfel —
Bihorel-Reinette
Blue Parmain
Boikenapfel —
Bowhill Peping
Calville Bois Bunel
Calville Malingre
Charles Ross
Cockle Peping
Cornish Gilliflower
Cortland
Danziger Kantapfel
Delicious
Diamond Jubilee
Duke of Devonshire
Dumelows Sämling
Ernst Bosch
Esopus Spitzenberg —
Forsters Sämling
Frau Margarete von Stosch
Galoway Peping
Gano
Gelber Bellefleur (Linneous Peping) —
Goldzeugapfel
Goldreinette, englische
Golden Delicious
Goldreinette von Blenheim —
Grantomian

Graue französische Reinette —
Grenadier
Grimes Golden —
Harberts Reinette —
Hubbards Parmäne
James Grieve —
Jonathan
Kaiser Alexander —
Kanada-Reinette (Pariser Rambur)
Kasseler-Reinette (Reinette de Caux, Dutch Mignonne)
Keulemann
King David
King of Tompkins County —
Königinapfel (The Queen)
Lady Sudeley
Lanes Prinz Albert —
Langley Peping
Lewis Incomparable
Livermore Favorite
Loans Parmäne
London Peping (Citron d'Hiver, Calville du Roy)
Lord Derby —
Lothringer Rambur
Macoun
Manningtons Parmäne
Minister Gladstone
Mrs. Baron
Nathusius Taubenapfel
Normänner Peping
Ontario
Orléans-Reinette +
Parkers Peping
Peasgoods Sondergleichen —

Pecks Pleasant
Pitmaston-Reinette
Posson rouge de France
Potts Sämling
Prinzenapfel (Melonenapfel)
Punschapfel
Rival —
Sauergrauech —
Schöner von Havre
Schöner von Stoke
Schulmeister
Season House
September Beauty
Signe Tillisch
Södliapfel
St. Martin
Stones Apple
Stayman Winesap —
Tobiäsler +
Walthan Abbey
Wealthy —
Werders Goldreinette
Winesap
Winter Banana —
Wintergoldparmäne (King of Pippins, Reine des Reinettes)
Winter-Greening
Winterkalvill, weißer —
Winterzitrone
Worcester Parmäne +
Wunder von Chelmsford
Wyken Peping
Yellow Newtown —
Zwanzig-Unzen-Apfel

Spätblühend.

Alantapfel
Annie Elisabeth
Bedan des Parts
Bellefleur de Brabant
Belpberger Reinette +
Bossard +
Brugger Reinette +
Carpentin
Champagner-Reinette
Christy Manson
Chüsenrainer
Cox' Pomona —
Deutscher Goldpeping
Edelapfel, gelber (Golden Noble)
Edelborsdorfer (Maschansker)
Edelroter
Eiserapfel, roter
Elise Rathke

Fenchelapfel, goldartiger
Fraurotacher (Pomme Châtaigne, Franc Roseau)
Freiherr von Berlepsch
Gallia Beauty
Gascognes Scarlet
Goldgelbe Reinette
Grahams Jubiläum
Gulderling, langer, grüner
Hansuli +
Hausmutterapfel
Hedingerapfel
Herefordshire Beefing
Hessenreuter Blauacher
Hollandburry
Jungfernapfel, roter
König Eduard VII —
Königlicher Jubiläumsapfel
Königlicher Kurzstiel +

Kupferschmied
Lady Henniker
Leuenapfel
Lord Burghley
Luikenapfel
Luxemburger Reinette
Marie Joseph d'Othée
Menznauer Jägerapfel —
Mrs. Phillimore
Newton Wonder —
Northern Greening
Oberdiecks Reinette
Oberrieder Glanzreinette +
Oetwiler Reinette
Paroquet
Pine Goldpeping
Posson de Hollande
Quastress
Rambour Papelin

Red June Eating
Reinette Descardre
Reinette von Breda
Rheinischer Winterrambour
Rome Beauty
Roter Rosmarin
Salomonsapfel
Sandringham
Schöner von Surrey

Späher des Nordens
(Northern Spy)
Stäfner Rosenapfel —
Sterapfel —
Sternreinette, rote
Surprise
Thomas Rivers
Thurgauer Weinapfel
Tiroler Spitzlederer

Trierscher Weinapfel
Wachsreinette
Waldhöfler
Williams Favorite —
Winter-Majetin
Winterpostoph
Wintertaffetapfel, weißer +

Birnsorten.

Frühblühend.

Alexander Douillard +
André Desportes +
Belle Angevine
Belle des Abrès +
Bergamotte Crassane
Bergamotte de Montuel
Bergamotte Fortunée
Besi de Chaumontel
Besi de St. Vaast
Beurré Bennert
Beurré Bronzé +
Beurré Gendron
Beurré Marcolini
Blanche Claude
Bleekers Meadow
Blutbirne (Fleischbirne) +
Brockworth Park
Bunte Julibirne +
Canada
Charles Cognée +
Clara Frijs
Colmar ancien
Comtesse de Paris
Conseiller Pardon
D'Adam

De Chypre
Dewis Prem
Doktor Capron
Doppelte Philippsbirne +
(Doyenné Bousoch)
Dowton
Epargne (Jargonelle)
Epine Dumas
Erzbischof van Hons
Eugène Appert
Fidéline
Figue d'Alençon
Fondante de Cuerne
Frangipane
Geheimrat Dr. Thiel +
Gute von Ezée +
Herzogin Elsa
Jeanne d'Arc +
Juli-Dechantsbirne
(Doyenné d'été) +
Kieffer
Lawson
Leconte
Liegels Winterbutterbirne
Lindauer Butterbirne

Marie Guise
Marie Margritha
Monchallard
Napoléon Savinien +
Präsident Bartmann Lüdicke
Präsident Parigot
Präsident Roosevelt +
Prof. Bazin
Reine des Hâtives
Rousselet d'Anvers
Salzburger Birne
Sanguine de France
Sanguine d'Italie
Sorlus
Spada Spina +
Sucrée de Montluçon
Tardive de Torpe
Tavenier de Boulogne
Weilersche Mostbirne
Willermoz
Winter-Dechantsbirne
(Doyenné d'hiver, Beurré
Easter)

Mittelfrühblühend.

Achrental
Adolphe Fouquet
Alexander III.
Alexander Lambré
Alexander Lucas +
Amanlis Butterbirne
(Hubart) +
Amédée Thirriot
Ananas de Courtrai
Archiduc Charles d'hiver
Arlequin musqué
Auguste Royer
Baronne Leroy
Beauvalot
Belle d'Avril
Belle de Jumet
Belle Guérondaise
Bergamotte d'Automne
Bergamotte de Jodoigne
Bergamotte Hertrich
Bergamotte Philippot
Bergamotte sans pépin
Besi Dubost
Besi Macaron

Beurré Bachelier
Beurré Baguet
Beurré Baltet père
Beurré Benoist
Beurré Boisnard
Beurré Burnet
Beurré Chaboceau
Beurré d'Avalon
Beurré de Ghelin
Beurré de Jonge
Beurré Dumont
Beurré Fouqueray +
Beurré Goubault
Beurré Kossuth
Beurré Moudel
Beurré Oswego
Beurré Six +
Birne von Tongre (Durondeau) +
Blumenbachs Butterbirne
(Soldat laboureur)
Bon Chrétien de Nikita
Bonne Soeur de St. Denis
Cadet de Vaux

Calebasse Oberdieck
Celina Jacobs
Charles Ernest
Chaumontel
Citron des Carmes +
Clairgeau +
Colmar de Mars
Colmar d'été
Columbia
Comte de Lamy
Conitzer Butterbirne
Conseiller Bauwe
D'Ange
De la Foresterie
Delannoys Butterbirne
(Beurré Dilly) +
Délice de Lovenjoul
Délice d'hiver
Diels Butterbirne (Beurré
magnifique) +
Doktor Chaineau
Doktor Kock
Doyenné de Bery
Doyenné Flon Ainé

Doyenné Louis
Doyenné Madame Cornau
Dubreuil père
Duc de Nemours
Duchesse Bérerd
Duchesse de Bordeaux
Edelcrassane (Passe Crassane) +
Ellis
Emile Desblois
Emile d'Heyst
Enfant Nantaise
Esperens Herrenbirne
Flemish Beauty
Fondante de la Maître-Ecole
Frühe von Trévoux —
Gelbmöstler
Giffards Butterbirne +
Graciole
Graue Herbstbutterbirne (Brown Beurré)
Gros Trouvé
Grünmöstler
Henri Decaisnes
Herzogin von Angoulème +
Hochfeine Butterbirne
Hofrats Butterbirne +
Holzfarbige Butterbirne (Fondante des Bois) +
Howell
Internationale
Jufarouwpeer (de Jogneau)
Klettgauer Dornbirne
Kneights Monarch
Knollbirne
Kollstock
Konferenzbirne +

König Karl von Württemberg
Köstliche von Charneu (Légipont)
La Postale
Laure Gilbert
Lebruns Butterbirne +
Le Lectier +
Léon Leclerc
Léon Rey
Louis Vilmorin
McLanglin
Madame Bonnefont
Madame Elisa
Madame Ernest Baltet +
Madame Gillekens
Madame Henri Desportes
Madame Millet
Madame Treyve
Magnate
Marie Benoist
Marie Jallais
Mariette de Millepieds
Marquis
Marxenbirne
Mathilde de Rochefort
Merveille d'été
Messire Jean
Milan d'hiver +
Minister Vigor
Monseigneur Affre +
Muscat allemand d'hiver
Nouvelle Aglae
Oeuf de Cygne
Passe Colmar (Regentin)
Pastorenbirne (Curé)
Personage
Pierre Patermotte

Président Delahaye
Président Deviolaine
Président Drouard
Président Müller
Président Sesard
Prinzeß
Prince Impérial de France
Reinholzbirne
Robert de Neufville
Robert Hogg
Rogers
Rousselet von Reims
Saint Michel Archange
Schmelzende von Thirriot
Schweizer Wasserbirne
Seckel +
Seigneur Esperen (Fondante d'Automne)
Sommer Apothekerbirne
Sorbetto del Ossela
Souvenir de Mme. Charles
Sterneburgs Sommerbutterbirne
Stuttgarter Gaishirtel
Sucrée de Troyennes
Tardive d'Anvers
Triomphe de Jodoigne +
Triomphe Dumont
Van Mons (Baronne de Mello)
Verulan
Virginie Baltet +
Virgouleuse
Von Heimburgs Butterbirne
Waltson
Wettinger Holzbirne
Williams Prince
Winter Forellenbirne

Mittelspätblühend.

Aimée Agnereau
Alexander Bivert
Andenken an den Kongreß —
Aspasie Aucourt
Barillet Descamps
Belle de Beaufort
Belle de la Croix-Morel
Belle de Thouars
Belle d'Ixelles
Belle Duvergnies
Belle Julie
Belle Lionaise
Bellissime d'hiver
Bequesne
Bergamotte de Millepieds
Besi de Montigny
Besi des Vétérans
Besi musqué
Beurré Allard
Beurré d'Avril
Beurré de Nivelles
Beurré Jalais
Beurré Lagasse
Beurré Luizet

Beurré Rance
Bicolor d'hiver
Bon Chrétien d'Espagne
Bronzée d'Enghien
Buffum
Calebasse de la Reine
Colmar d'Arenberg —
Colomas Herbstbutterbirne (Urbaniste, Beurré Knox) —
Congrès de Gand
Dame Jeanne
Dechantsbirne von Alençon
De Longue Garde
Denis Dauvresse
Deux Soeurs
Dix
Doktor Delatosse
Doktor Desportes +
Doktor Jules Guyot
Doyenné Bougron
Doyenné crotte blanc
Duchesse Anne
Dumortiers Butterbirne
Emile d'Heyst

Esperens Bergamotte
Espérine
Eugène Thirriot
Eva Baltet
Fertility —
Fondante de Noël
Fondante du Panisel
Forellenbirne
Frau Luise Goethe +
Friedrich von Württemberg
Geisenheimer Köstliche
Gellerts Butterbirne (Hardy)
Gros Blanquet
Grüne Sommermagdalene —
Grüne Tafelbirne
Gute Luise von Avranches (Louise bonne de Jersey)
Hardenponts Winterbutterbirne (Beurré d'Arenberg, Glou morceau)
Henriette Bouvier
Himmelfahrtsbirne (Beurré de l'Assomption)

Jeanne d'Arc
Josephine von Mecheln
Jules d'Airolles
Kelways King
La France
Levard
Liegels Winterbutterbirne
Longue verte
Madame André Leroy
Madame de Prinz
Madame Eugène Jacobs
Madame Favre
Madame Grégoire
Madame Solange
Madame Verté (Besi de Caën)
Madame von Siebold
Magherman
Marguerite Marillat
Marie Louise

Mathilde de Rochefort
Metzer Bratbirne +
Napoleons Butterbirne +
Nec plus Meuris (Beurré d'Anjou)
Neue Poiteau
Nouvelle Fulvie
Obosenski
Oken
Olivier de Serres
Président Barabe
Président Mas
Prinzessin Marianne
Punktierter Sommerdorn
Rihas Kernlose
Rote Bergamotte
Rote Dechantsbirne
Saint Germain +
Saint Remy

Saint Yves
Sparbirne
Sterkmanns Butterbirne +
Sucrée du Comice
Tardive de Ninove
Tardive de Toulouse
Thompson —
Triomphe de Vienne
Van Marums Flaschenbirne —
Vereins-Dechantsbirne (Doyenné du Comice)
Weiße Herbstbutterbirne
Williams Christbirne (Bartlett)
Williams Duchesse
Winter Bartlett
Winter Nelis
Winter Orange
Zéphirine Grégoire

Spätblühend.

Adelaide de Rêves
Admirable
Amade double
Amande nouvelle
Antoine Delfosse
Apasie Aucourt
Arthur Bibort
Bacon
Belle Julie
Beurré Capiaumont
Beurré de Counik
Beurré Georges Bordillon
Beurré Greble
Beurré Monchoux
Beurré Naghin
Bon Chrétien d'hiver
Bon Chrétien François Frével
Bosc' Flaschenbirne (Beurré d'Apremont, Kaiserkrone)
Calebasse d'hiver
Calebasse de Tirlemont
Chevalier Eviard

Clapps Liebling —
D'Amour
De Klevenouw
Deutsche Nationalbergamotte
Doktor Andry
Epine d'hiver
Ferdinand de Lesseps
Fondante Moulins-Lille
Gansels Bergamotte
General Tottleben
Grégoire Bordillon
Großer Katzenkopf (Catillac)
Grumkower Butterbirne —
Gute Graue
Hacons Incomparable
Henri IV.
Jean de Witte
Isabelle de Malves
Lepère
Louis Grégoire

Madame Appert
Marie Elskamps
Marie Vazille
Minister Bara
Mortillets Butterbirne
Napoleon III.
Notaire Lépin —
Phelps
Pitmaston
Poire de Fer
Rateau blanc
Richardson Seedling
Rousselet Bivort
Rudolph Goethe
Souvenir de Léopold I.
St. Dorothée
St. Edmund
Sucrée de Heyer
Transylvanienne
Van Mons
Vineuse Esperen

Kirschensorten (Süßkirschen).

Frühblühend.

Abbesse de Mouland
Belle d'Orléans
Bettenburger Herzkirsche
Blanquette
Bigarreau Jaboulay
Bigarreau Moreau

Bigarreau Rockford
Early Rivers
Erstfrühe
Flamentiner (Türkine)
Früheste der Mark
Schumacherkirsche

Schwarze von Guben
Werdersche Frühkirsche
Windsor
Winiger
Zweitfrühe

Mittelfrühblühend.

Ampfurter schwarze Herzkirsche
Badeborner
Basler Adler
Basler Langstieler
Belle Agathe
Bigarreau Antoine Nomblot
Bigarreau de Metzel
Bigarreau gros Coeuret

Bigarreau gros rouge
Bingkirsche
Black Eagle
Braunauer
Braune Herzkirsche
Eltonkirsche
Fricktaler Rotstieler
Frühe Luxburger
Kassins Frühe

Kunzes Kirsche
Lucienkirsche
Maiherzkirsche
Napoleons Knorpelkirsche
Ohio Beauty
Schwarze von Chavannes (= Geisenheimer Schwarze = Faltenkirsche)
Waterloo

Die Entfaltung der Blüten.

Mittelspätblühend.

Ampfurter schwarze Knorpelkirsche
Bigarreau Pélissier
Büttners späte rote Knorpelkirsche
Dankelmann —
Doenissens gelbe Knorpelkirsche
Esperens Knorpelkirsche

Gouverneur Wood
Gravium —
Große Germersdorfer
Hedelfinger Riesenkirsche
Knights frühe Herzkirsche
Maibigarreau
Ochsenherzkirsche
Prinzessinkirsche
Rieskirsche

Rote Lauber
Sammetkirsche
Sauerhäner
Schauenburger
Schneiders späte Knorpelkirsche
Weiße Herzkirsche (Lyoner)

Spätblühend.

Bigarreau Frogmore
Emperor Francis
Fromms schwarze Herzkirsche

Mischler +
Muskateller
Rigikirsche (Lauerzer)
Schlangenkopf

Späte Holinger
Winklers weiße Herzkirsche

Pflaumensorten.

Frühblühend.

Japanische Pflaumen

Kirschpflaumen.

Mittelfrühblühend.

Admiral Rigny
Althans Reineclaude +
Angelina Burdet —
Belle de Paris
Biondecks Frühzwetschge
Cochetpflaume
Ebersweier Frühzwetschge
Emma Leppermann
Frühe gelbe Mirabelle

Großherzog —
Jefferson +
Hallpflaume
Katalonischer Spilling +
Königspflaume von Tours +
Late Orange
Lützelsachser Frühzwetschge
Lepine
Mirabelle von Bergthold

Montfortpflaume
Reineclaude de Juillet
Reineclaude d'Oullins
Reineclaude noire +
Reineclaude violette
Rivers Frühpflaume
Ruth Gerstetter
Serbische Zwetschge
Tragédie

Mittelspätblühend.

Altesse double
Anna Späth
Bossard
Bunte Perdrigon
Coës Goldtropfen
Coës Violet
Crimson Drop
Czar
Des Béjonnières
Early Transparent
Ersinger Frühzwetschge
Esperens Goldzeugpflaume
Frankfurter Pfirsichzwetschge
Frühe Fruchtbare
Frühzwetschge aus Rüdesheim
Fürsts Frühzwetschge

Gelbe Herrenpflaume
Gelbe Katharinenpflaume
Gros Louis
Grosse bleue précoce
Große grüne Reineclaude
Große Zuckerzwetschge
Hartwiß' gelbe Zwetschge
Italienische Frühzwetschge
Jaune hâtive
Kirkes Pflaume
Kleine gelbe Eierpflaume
Königsbacher Frühzwetschge
Laxtons Frühe
Mirabelle, große
Mirabelle, kleine
Mirabelle, späte
Mirabelle von Flotow

Mirabelle von Metz
Mirabelle von Nancy +
Montfortpflaume
Ontariopflaume
Ottomanische Kaiserpflaume
Prinz Engelbert
Reineclaude Diaphane
Reineclaude von Bavay
Reineclaude von Boddaert
Reineclaude von Jodoigne
Royal de Vilvorde
Sasbacher Frühpflaume
Ungarische Dattelzwetschge
Viktoriapflaume
Violette Diapré +
Washington —
Zimmers Frühzwetschge —

Spätblühend.

Abbaye d'Arton
Agenzwetschge (French)
Belle de septembre
Borsumer Zwetschge
Braunauer aprikosenartige Pflaume
Bühler Frühzwetschge —
Coopers Large Red
Deutsche Hauszwetschge

Dobranerzwetschge
Doppelte Herrenhauser Mirabelle
Fellenbergzwetschge (= Ital. Zwetschge)
Giant
Lucas' Zwetschge
Merlodts Reineclaude
Monarch

Ponds Seedling
Rangheris Mirabelle
Rote Eierpflaume
Rote Katharinenpflaume
Schöne von Löwen —
Ste. Cathérine
Violette Jerusalempflaume
Wahre Zwetschge
Wangenheims Frühzwetschge

Bevor wir auf die Blühverhältnisse der einzelnen Obstsorten näher eingehen, wollen wir uns die Form der Blütenstände vergegenwärtigen. Bei flüchtiger Betrachtung scheinen diejenigen des Apfel- und Birnbaumes in gleicher Weise als Dolden gebaut zu sein. Sie unterscheiden sich aber grundsätzlich in ihrer Aufblühfolge. Bei den Birnsorten öffnet sich die unterste Blüte zuerst, nach und nach gefolgt von den nächst höherstehenden. Obschon, wie OSTERWALDER (1910) hervorhebt, bedeutende Abweichungen vorkommen, ist ihr Blütenstand deshalb als Doldentraube (Corymbus) zu bezeichnen. Bei den Apfelsorten öffnet sich dagegen regelmäßig die Gipfelblüte zuerst; der Blütenstand muß deshalb nach OSTERWALDER als Trugdolde (Cyma) aufgefaßt werden. Die Blütenzahl ist bei den beiden Fruchtarten je nach der Sorte und den Ernährungsverhältnissen verschieden. Einzelne Birnensorten, wie Liegels Butterbirne, können sogar zusammengesetzte Doldentrauben entwickeln, wobei dann die Blüten zweiter Ordnung später zum Aufblühen kommen als diejenigen erster Ordnung.

Die Blüten der Steinobstarten stehen einzeln oder in Büscheln in der Achsel von frühzeitig abfallenden Blattschuppen. Wir übergehen die Einzelheiten, da sie für unsere Fragestellung von geringer Bedeutung sind. Eine eingehende Schilderung der Blütenmorphologie erscheint ebenfalls nicht notwendig.

EWERT (1906 usw.) hat mehrfach festgestellt, daß es Apfel- und Birnsorten mit langen und solche mit kurzen Griffeln gibt. Bei Baumanns Reinette und der Birne Gute von Ezée sind sie kürzer als die Staubblätter, während sie diese bei Antonowka oder der Birne Nina weit überragen. Andere Sorten verhalten sich intermediär. Bereits OSTERWALDER (1910) hat darauf hingewiesen, daß es sich um erblich fixierte Sorteneigentümlichkeiten handelt, die jedoch nicht der Heterostylie bei *Primula* oder *Lythrum* an die Seite zu stellen sind. Sie stehen mit der gegenseitigen Befruchtungsfähigkeit in keinem Zusammenhang.

Bei den Birnsorten werden an der Basis von 5 Fruchtblättern je 2 Samenanlagen ausgebildet. Bei vielen Apfelsorten sind in jedem Fruchtblatt nicht nur 2, sondern 4 oder 6 Samenanlagen enthalten, so daß bei ausreichender Befruchtung die Zahl der Samen 10 weit übersteigen kann. KRUMBHOLZ (1935) hat sich beim Apfel eingehend mit diesen Verhältnissen befaßt. Er stellt fest, daß die Gipfelblüten (die Blüten erster Ordnung) bei manchen Sorten mehr Samenanlagen enthalten als die seitlich stehenden. Er konnte klare sortentypische Unterschiede nachweisen und versuchte, die Sorten auf dieser Grundlage — und auf Grund der Tatsache, daß ein Teil derselben in den Seitenblüten nur 4 Fruchtblätter ausbildet — in Gruppen einzuteilen. Bei den Quitten finden sich in jedem Fach zahlreiche Samenanlagen. In dem einzigen Fruchtblatt der Steinobstblüte bilden sich regelmäßig 2 Samenanlagen aus. Davon ist aber normalerweise nur die eine entwicklungsfähig, während in der anderen sich zwar die Embryosackentwicklung normal vollzieht, aber die Weiterentwicklung kurz vor der Öffnung der Blüte abgebrochen wird.

Von größerer Bedeutung als die morphologischen Verhältnisse sind für unsere Fragestellung die physiologischen. Wir wollen uns vorerst ein Bild von der Entwicklung einer einzelnen Blüte und des ganzen Blütenstandes machen. Nach OSTERWALDER (1910) hängt die Blütedauer einer Einzelblüte weitgehend von der Witterung ab. An einer Südwand öffneten sich sämtliche Staubbeutel einer Blüte von Hardenponts Butterbirne im Verlauf eines einzigen sonnigen Tages, während dieser Vorgang bei kalter regnerischer Witterung sich erst im Verlauf von 4 bis 6 Tagen vollzog.

Aus einer Veröffentlichung von WERTH (1925), in der über die Einzelheiten beim Aufblühen viele Angaben gemacht werden, ist Abb. 47 entnommen, die anschaulich darstellt, wie das Aufblühen eines Büschels der Ananasreinette vor sich geht. Die schraffierten Strecken bedeuten die „weibliche Phase", d. h. die Zeit, während der zwar die Griffel empfängnisfähig, aber die Staubbeutel noch nicht geöffnet sind. Diese protogyne Phase ist bei den verschiedenen Sorten ungleich lang. Wir verdanken EWERT (z. B. 1906, 1929) zahlreiche Beobachtungen über diese Frage. Ananasreinette gehört zu den ausgesprochen protogynen Formen; denn wie aus dem Diagramm hervorgeht, sind die Griffel der einzelnen Blüten schon 1—3 Tage bestäubungsfähig, bevor sich die Staubgefäße öffnen. Diese Protogynie spielt aber praktisch keine Rolle. Sie ist zwar ein Mittel, die Bestäubung mit blüteneigenem Pollen zu hemmen, aber die Bestäubung mit Pollen von anderen Blüten desselben Baumes, die sich ja nicht alle zu derselben Zeit öffnen, kann dadurch keineswegs verhindert werden. Eine solche Bestäubung mit sorteneigenem Pollen kommt jedoch, wie mehrfach durch Versuche gezeigt wurde, bei unseren Obstbäumen physiologisch einer Bestäubung mit blüteneigenem Pollen

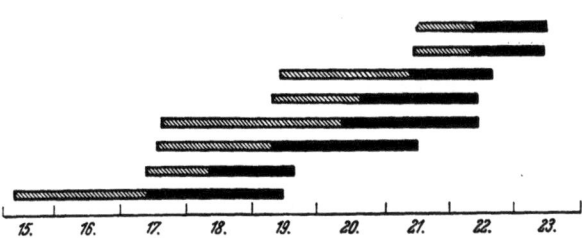

Abb. 47. Schema der Aufblühverhältnisse eines Blütenbüschels der Ananasreinette vom 15.—23. Mai. Jede horizontale Strecke stellt die Blütezeit einer einzelnen Blüte dar. Schraffiert sind die weiblichen Phasen mit bestäubungsfähigen Narben, aber ungeöffneten Staubbeuteln, schwarz ausgezogen die zwittrigen Phasen. Ananasreinette ist verhältnismäßig stark protogyn. (Nach WERTH, etwas abgeändert.)

gleich. Die Verhinderung der Selbstbestäubung wird bei ihnen, wie wir sehen werden, dadurch erreicht, daß die Pollenschläuche im sorteneigenen Griffelgewebe nicht wachstumsfähig sind.

Wie die Öffnung der Staubgefäße, hängt auch die Empfänglichkeit der Narben von der Witterung ab. Sie dauert, wie schon WAUGH (1896—97, 1899) beobachtete, einige Tage, bei Pflaumen 4—6, und ist vorüber, wenn sich die Narben braun verfärben.

In gleicher Weise wie die Dauer der einzelnen Blüte und des Blütenstandes ist naturgemäß auch die Blütezeit eines ganzen Baumes weitgehend von der Witterung abhängig. Bei anhaltend schönem Wetter ist ein Baum im Verlauf einer Woche fast völlig abgeblüht, während sich die Blüte bei schlechtem Wetter wochenlang hinziehen kann. Beobachtungen über diese Frage liegen beispielsweise von CHITTENDEN (1911), PHILLIPS (1922) und CRANDALL (1924) vor. Der letzterwähnte Beobachter glaubt, daß die Temperatur der wichtigste Faktor für die Gestaltung der Blühverhältnisse sei, daß aber die Blühdauer der einzelnen Sorten noch von manchen anderen Faktoren abhänge, die nicht leicht zu überblicken seien. In neuerer Zeit haben deutsche Forscher die phänologischen Beobachtungen verfeinert und eine eigentliche Phänometrie entwickelt, indem sie in sehr zahlreichen Beobachtungen täglich das Aufblühen und Abblühen in Prozenten der gesamten Blütenzahl errechneten und graphisch darstellten (HERBST und RUDLOFF 1939). Es zeigte sich dabei, daß es Sorten gibt, die in den einzelnen Jahren relativ träg auf die verschiedenen Umwelteinflüsse reagieren (stabile Sorten), während andere sich durch größere Reaktionsfähigkeit auszeichnen (labile Sorten). Für den Fruchtansatz und die Fruchtbarkeit lassen sich aus den errechneten Zahlen für die einzelnen Sorten keine Schlüsse ableiten. Wir müssen die Abklärung dieser schwierigen Probleme mit anderen Untersuchungsmethoden in Angriff nehmen.

B. Der Fruchtansatz als Folge der Befruchtung.

1. Der normale Befruchtungsvorgang.

a) Die Ausbildung des Pollens.

Das Vorhandensein von Blüten sichert nicht in allen Fällen eine Ernte. Es kommen vielmehr bei unseren Obstbäumen allerhand Abweichungen vom normalen Verlauf der Samen- und Fruchtbildung vor, durch welche ein genügender Ertrag in Frage gestellt wird. Um diese Hemmnisse der Fruchtbildung zu verstehen und geeignete vorbeugende Maßnahmen für die Fruchtbarmachung unserer Obstpflanzen finden zu können, müssen wir vorerst die normale Ausbildung der männlichen und weiblichen Geschlechtszellen und ihre Vereinigung im Befruchtungsvorgang kennenlernen.

Wir wollen uns zuerst die Entstehung der männlichen Geschlechtszellen, der Pollenkörner, vergegenwärtigen und wählen als Beispiel den Birnbaum. Wenn wir im Frühjahr, zur Zeit, da die Blütenknospen ihre Schuppen abzuwerfen beginnen und die grünen Gewebe zum Vorschein kommen, durch die Knospen Querschnitte herstellen und diese unter dem Mikroskop untersuchen, so sehen wir die Organe, in denen die männlichen Geschlechtszellen ausgebildet werden, die Staubbeutel, in ihrer Entwicklung schon weit fortgeschritten. Wir finden die 4 Fächer mit einem großzelligen und großkernigen, eiweißreichen Gewebe erfüllt. Die Zellen haben ihre Vermehrung durch Teilung bereits eingestellt. Vor uns liegen die Mutterzellen der Pollenkörner, die *Pollenmutterzellen* (Abb. 48a). Hätten wir die Zellteilung beobachtet, durch welche sie entstanden sind, so hätten wir gesehen, daß sämtliche Zellkerne 34 Chromosomen enthalten, von denen 17 von der Vater- und 17 von der Muttersorte stammen, so daß je 2 gleich gebaut sind und einander entsprechen. Die Bildung der Pollenkörner erfolgt durch 2 besondere Kernteilungen, die zusammen als Meiose bezeichnet werden. In einem vorbereitenden Schritt zur ersten dieser Teilungen finden wir das Chromatin in Doppelfäden angeordnet.

Die nun folgenden Vorgänge wurden von KOBEL (1926, 1927) eingehend beobachtet. Auf diese Prophasenstadien folgt das Diakinesestadium (Abb. 48b). Die Fäden haben sich zusammengezogen, und an ihrer Stelle finden wir 17 Paare von intensiv gefärbten Körperchen. Die 34 Chromosomen, die Träger der Erbanlagen, haben sich also paarweise vereinigt und ordnen sich nun in allen Zellen des ganzen Staubbeutelfaches fast gleichzeitig in einer Ebene zu Platten an. Jedes Paar ist zu einem anscheinend einheitlichen Chromosom verschmolzen. Während dieser Gruppierung verschwindet die Kernwand und das Kernkörperchen wird aufgelöst (Abb. 48c). Auf dieses Stadium der Äquatorialplatte, das auch als Metaphase der Teilung bezeichnet wird, folgt nun die wichtige Reduktionsteilung. Die Bezeichnung soll andeuten, daß bei diesem Teilungsschritt die Chromosomenzahl auf die Hälfte reduziert wird. Die beiden Paarlinge eines jeden Chromosoms werden wieder sichtbar, trennen sich und wandern gegen die beiden Pole der Teilungsspindel (Anaphase, Abb. 48d–f). Jede der wandernden Gruppen enthält also nur je das eine der beiden einander entsprechenden Chromosomen der Pollenmutterzelle. Wenn diese Chromosomenwanderung abgeschlossen ist, bildet sich um die Chromosomen wiederum eine Kernwand, so daß in der Haut der Pollenmutterzelle nunmehr 2 Tochterkerne mit je 17 Chromosomen enthalten sind. Eine Zellwand wird zwischen den beiden Kernen in diesem Zweikernstadium nicht gebildet (Abb. 48g). Bald aber lösen sich die Kernwände neuerdings und die Chromosomen ordnen sich zu 2 Platten an (Abb. 48h). Nun aber teilt sich jedes Chromosom in den beiden Gruppen der Länge nach in 2 Hälften; es setzt eine neue Kernteilung ein, indem die Chromosomen einer jeden Gruppe für sich entlang neuer Spindeln abwandern und so 4 Chromosomengruppen entstehen, von denen jede soviel Chromosomen enthält wie die Kerne des Zweikernstadiums, nämlich je 17, also bloß halb soviel wie die Kerne der Pollenmutterzellen und aller übrigen Zellen des ganzen Birnbaumes. Um jede der 4 Gruppen entstehen schließlich neuerdings Kernhäute; die

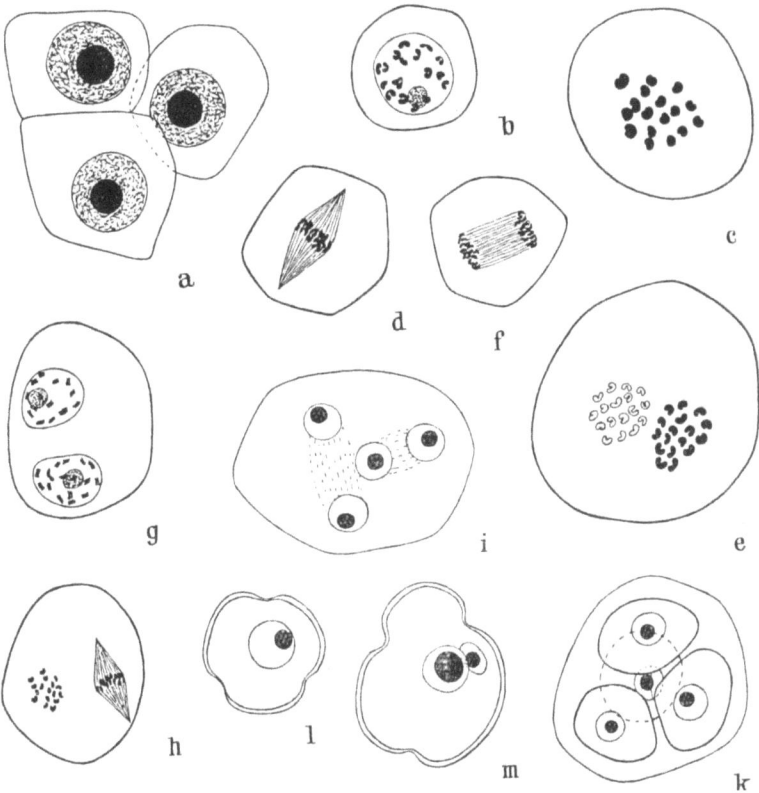

Abb. 48. Normale Pollenbildung bei Apfel- und Birnsorten. a Drei Pollenmutterzellen von Vereins-Dechantsbirne mit großen Zellkernen und Nucleolen (schwarz). b Diakinesestadium von Williams Christbirne; man sieht 17 Chromosomenpaare und den Nucleolus (punktiert). c Metaphase der Reduktionsteilung von Williams Christbirne mit 17 zweiwertigen Chromosomen, Polansicht. d Beginnende Anaphase der Reduktionsteilung von Gellerts Butterbirne, Seitenansicht. e Anaphase der Reduktionsteilung von André Desportes, Polansicht. Man findet zwei Gruppen von je 17 Chromosomen. f Späte Anaphase der Reduktionsteilung von Gellerts Butterbirne, Seitenansicht; die Chromosomen liegen an den Enden der Teilungsspindel in zwei Gruppen. g Zweikernstadium von Vereins-Dechantsbirne; die Chromosomen sind in den Kernen erkennbar, aber nicht deutlich zählbar. h Metaphase der zweiten Teilung von André Desportes; die eine Platte mit 17 Chromosomen in der Polansicht, die andere seitlich. i Vierkernstadium von Vereins-Dechantsbirne; man sieht noch einige Spindelreste. k Normales Tetradenstadium von Williams Christbirne. l Junges, einkerniges Pollenkorn von Williams Christbirne; die Wand ist bereits verdickt, zeigt aber drei Einschnürungen. m Zweikerniges Pollenkorn von Transparent von Croncels; der vegetative, runde Kern ist größer als der generative. c und e nach Carminessigsäurepräparaten (Zellen und Chromosomen gequollen), die übrigen nach Mikrotomschnitten (FLEMMING-HAIDENHAIN). Vergrößerung 1500. Original.

Chromosomen zerteilen sich in ein feines Kerngerüst, und das Kernkörperchen wird wieder gebildet. In diesem Vierkernstadium (Abb. 48i) liegen die Kerne der 4 aus einer Pollenmutterzelle entstehenden Pollenkörner vor uns. Es grenzen sich später um sie herum Plasmaklumpen ab, so daß aus jeder Pollenmutterzelle 4 Zellen geworden sind, die in einer Tetrade beieinander liegen (Abb. 48k). Zum Schluß runden sich die 4 Zellen ab, verdicken ihre Wand (Abb. 48l) und werden, nachdem sich in ihnen noch eine Kernteilung abgespielt hat, zu den Pollenkörnern (Abb. 48m). Von den beiden Kernen jedes Pollenkorns wird der eine, der generative, zum eigentlichen Geschlechtskern und teilt sich später bei der Pollenkeimung noch einmal. Der andere, größere, aber weniger gut färbbare, wird als vegetativer Kern bezeichnet. Er spielt bei der Befruchtung selbst keine Rolle.

Wir sehen also, daß aus jeder Pollenmutterzelle 4 gleichwertige Pollenkörner entstehen, deren beide Kerne je die halbe (haploide) Chromosomenzahl, 17, aufweisen. Diese Vorgänge wurden in allen Teilungsschritten beobachtet bei Gellerts Butterbirne (Beurré Hardy), Vereins-Dechantsbirne, Williams Christbirne, André Desportes, Neue Poiteau, Gute Luise von Avranches und einigen anderen Sorten. Auch die Wildformen *Pyrus sinensis* (= *P. ussuriensis*) und *P. salicifolia* haben in ihren Geschlechtszellen 17 Chromosomen, dasselbe gilt für *P. elaeagrifolia*, in deren Wurzelspitzen RYBIN (1926) 34 Chromosomen fand.

Die Pollenbildung der Apfel- und Birnsorten wurde fast gleichzeitig von RYBIN (1926, 1927) und KOBEL (1926, 1927) untersucht. Beide Obstarten verhalten sich im wesentlichen gleich. Später wurden die Angaben ergänzt und vertieft durch HEILBORN (1928, 1930, 1935), NEBEL (1929a, 1929b, 1930), CRANE und LAWRENCE (1929), NATIVIDADE (1932), ROSCOE (1933), MOFFETT (1934), FLECKINGER (1937) und WANSCHER (1939). Nicht nur die meisten Kultursorten der beiden Obstarten haben diploid 34 und haploid 17 Chromosomen; die gleichen Chromosomenverhältnisse werden auch beim größten Teil der Wildformen gefunden. Daneben gibt es jedoch auch wild vorkommende Arten mit 68 Chromosomen. Die bis jetzt untersuchten *Malus*arten sind:

(R. = RYBIN, N. = NEBEL, K. = KOBEL.)

Diploide, $2n = 34$.

Malus pumila var. *praecox* C. K. SCHNEIDER = Paradiesapfel (R., K.).
Malus pumila var. *dulcis* C. K. SCHNEIDER = Doucin = Splittapfel (R., N.).
Malus silvestris MILL. = Holzapfel (R., N., K.).
Malus niedzweckyana DIECK = rotlaubiger Zierapfel (N., K.).
Malus baccata BORKH. (R., N.).
Malus prunifolia BORKH. (R.).
Malus spectabilis BORKH. (R.).
Malus zumi REHD. (R.).
Malus angustifolia MICHX (R.).
Malus floribunda SIEB. (N., K.).
Malus fusca C. K. SCHNEIDER (N.).
Malus glaucescens REHD. (N.).
Malus halliana KOEHNE (N.).
Malus ionensis BRITT. (N.).
Malus sargenti REHD. (N.).
Malus scheideckeri ZABEL (N., K.).
Malus sieboldi REHD. (N.).
Malus soulardi BRITT. (N.).

Tetraploide, $4n = 68$.

Malus sargenti REHD. (R., gezählt 64—69).
Malus coronaria var. *ionensis* C. K. SCHNEIDER (R., gezählt 65).
Malus coronaria MILL. (N.).
Malus toringo SIEB. (R., gezählt 64—71).

Wir sehen daraus, daß die Angaben nicht restlos übereinstimmen. So zählt NEBEL *Malus sargenti* zu den 34chromosomigen, RYBIN dagegen zu den 68chromosomigen. Solche Unstimmigkeiten dürften darauf beruhen, daß die Systematik dieser Wild- und Zieräpfel, die teilweise zur Züchtung neuer Sorten und Unterlagen von Bedeutung sind, noch sehr im argen liegt.

17 Chromosomen wurden auch in den Geschlechtszellen der *Quittensorten* Mammuth und Beretzky sowie bei den Scheinquitten *Cydonia japonica* und *C. maulei* gefunden (KOBEL 1926, 1927 und RYBIN 1926). Die verwandten Gattungen *Sorbus, Mespilus, Eriobotrya* und andere Pomoideen zeigen die gleichen Chromosomenverhältnisse (MOFFET 1931).

In gleicher Weise, wie wir es hier beschrieben haben, geht die Bildung der Pollenkörner nach den Untersuchungen von KOBEL (1927), DARLINGTON (1926, 1928, 1930), SHOEMAKER (1928), LINDENBEIN (1929), NATIVIDADE (1932) und PRYWER (1936) auch bei den Steinobstarten vor sich. Die Pfirsiche, Mandeln, Süßkirschen, Aprikosen sowie die Pflaumen aus der *Triflora-, Cerasifera-* und *Americana-nigra*-Gruppe, ferner die Weichsel *(Prunus mahaleb)* und die untersuchten japanischen Zierkirschen *(P. yeddoensis* und *P. serrulata)* haben in ihren Geschlechtszellen 8, diejenigen der Sauerkirschen, Schlehen *(Prunus spinosa)* und Traubenkirschen *(P. padus)* 16 und alle Pflaumen und Zwetschgen der *Domestica*gruppe 24 Chromosomen. Der Kirschlorbeer hat ungefähr 72 Chromosomen (KOBEL 1927, MEURMAN 1928).

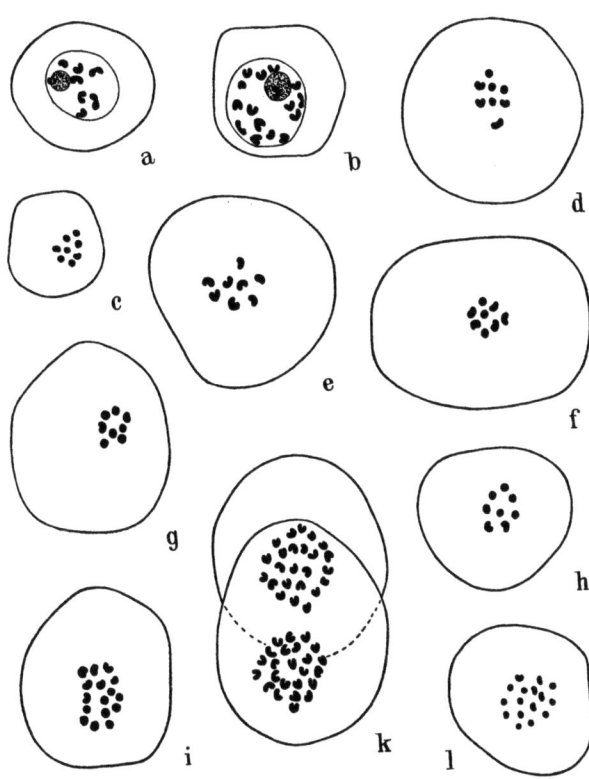

Abb. 49. Normale Reduktionsteilung bei der Pollenbildung der Steinobstarten. a Diakinesestadium der Süßkirsche (Rigikirsche) mit 8 Chromosomenpaaren. b Diakinesestadium von Sauerkirsche (Ostheimer Weichsel) mit 16 Chromosomenpaaren. c Metaphase der Strauchweichsel *(Prunus mahaleb)* mit 8 zweiwertigen Chromosomen. d Gleiches Stadium einer gefülltblühenden Mandel, e der Pfirsichsorte Sieger, beide mit 8 zweiwertigen Chromosomen. f Metaphase von Aprikose (Luizet-Aprikose), g von Kirschpflaume, h von *Prunus nigra* mit je 8 zweiwertigen Chromosomen. i Metaphase von Schlehe *(Prunus spinosa)* mit 16 zweiwertigen Chromosomen. k Anaphase der Reduktionsteilung von *Prunus domestica* (Italienische Zwetschge) mit zwei Gruppen von je 24 Chromosomen. l Anaphase der Traubenkirsche *(Prunus padus)* mit 16 zweiwertigen Chromosomen. a–c nach Mikrotomschnitten (FLEMMING-HEIDENHAIN), die übrigen nach Carminessigsäurepräparaten (Plasma und Chromosomen gequollen). Vergrößerung 1500. Original.

b) Die Ausbildung des weiblichen Geschlechtsapparates.

Nachdem OSTERWALDER bereits 1910 die Bildung des Embryosackes bei der Birnsorte Gute Luise von Avranches in ihren großen Zügen beschrieben hatte, führte STEINEGGER (1933) eingehende Untersuchungen bei Apfelsorten aus. Seine Angaben sind im wesentlichen durch WANSCHER (1939) bestätigt worden. Erst wenn die Blütenknospen sich geöffnet haben, aber die Blütenblätter noch fest von den Kelchblättern umschlossen sind, findet man im Fruchtblatt die ersten Anfänge der Samenanlage als einfache Höcker. Zur Zeit, da sich die Umhüllungen (Integumente) der Samenanlagen zu entwickeln beginnen, krümmen sich diese in die anatrope Lage. Zu gleicher Zeit erkennt man eine oder mehrere Zellen der dritten oder vierten Zellschicht, die sich durch ihre Größe und den stärker färbbaren Kern von der Umgebung abheben. Der Zellkern einer solchen Archesporzelle, der dem Kern einer Pollenmutterzelle entspricht, tritt in die Prophase der Reduktionsteilung, wenn die Integumente ungefähr die halbe Höhe des Nucellus

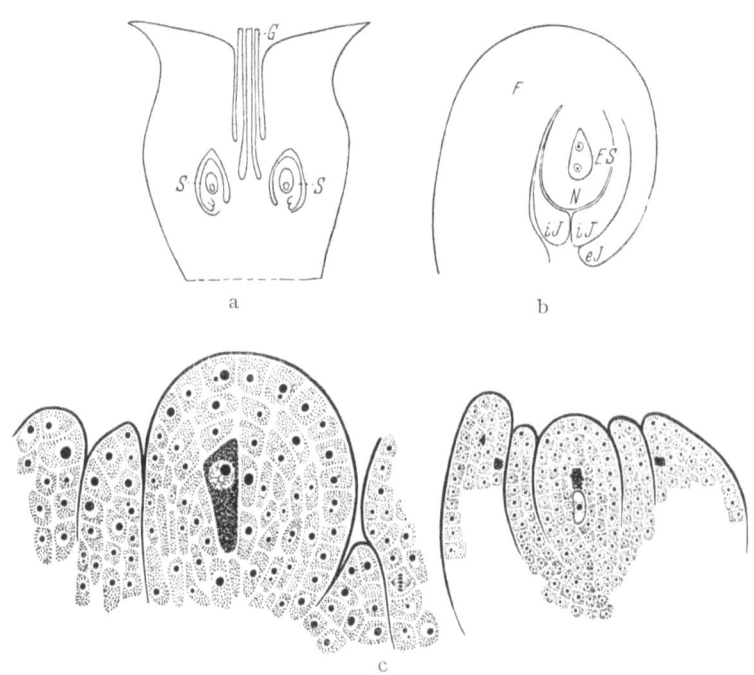

Abb. 50. Bildung des weiblichen Geschlechtsapparates der Apfelblüte. a Übersichtsbild, Längsschnitt durch den Fruchtknoten einer Blütenknospe. G = Griffel, S = Samenanlage, schwach vergrößert. b Junge Samenanlage im Längsschnitt. F = Funiculus, ES = Embryosack im Zweikernstadium, N = Nucellus, iJ = inneres Integument, eJ = äußeres Integument. Vergrößerung etwa 170. c links: Archespor einer Samenanlage in Prophase. Vergrößerung etwa 500. c rechts: Einkerniger Embryosack mit den Resten der 3 degenerierten Tetradenzellen. Vergrößerung etwa 200. (Die beiden unteren Abbildungen nach STEINEGGER.)

erreicht haben. Die beiden meiotischen Teilungen vollziehen sich in der Folge in entsprechender Weise, wie dies bei der Pollenbildung beschrieben wurde, indem im ersten Teilungsschritt die Chromosomenzahl auf die Hälfte reduziert wird, während die zweite Teilung eine Äquationsteilung ist. Zum Unterschied bei der Pollenbildung bildet sich jedoch nach der ersten Teilung eine Scheidewand zwischen den beiden Kernen, und die 4 Tochterzellen sind nicht in einer Tetrade, sondern in einer Reihe angeordnet. Zur Zeit der Meiose haben sich die Kelchblätter geöffnet und die Blütenblätter sind zwischen ihnen sichtbar.

Von den 4 Tochterzellen gehen die 3 gegen die Spitze der Samenanlage gelegenen bald zugrunde, während die hinterste als Embryosackmutterzelle rasch heranwächst. Sie ist indessen in die Mitte des Nucellus gerückt. Es vollziehen sich in der Folge 3 Teilungen, die vorerst zum 2kernigen, dann zum 4kernigen und zum 8kernigen Embryosack führen, wobei schließlich je 4 Kerne an beiden Polen liegen. Von jeder Vierergruppe wandert je 1 Kern zur Mitte. Die 3 Kerne der vorderen, gegen die Mikropyle hin gelegenen Gruppe umgeben sich mit Zellwänden. Die eine dieser Zellen ist die Eizelle mit dem Eikern. Die anderen beiden, meist etwas kleineren, werden Gehilfinnenzellen (Synergiden) genannt. Die 3 gegen die Chalaza gelegenen Kerne, die Antipoden, degenerieren bei unseren Kern- und Steinobstsorten frühzeitig. Der befruchtungsreife Embryosack einer normalchromosomigen Apfelsorte birgt somit 3 Zellen (die Eizelle und die beiden Synergiden), deren Kerne je 17 Chromosomen enthalten, und die beiden Polkerne, die schließlich zum sekundären Embryosackkern verschmelzen. Unterdessen haben sich die Integumente entwickelt und umschließen den Nucellus völlig. Die letzten Phasen dieser Entwicklung vollziehen sich erst in der offenen Blüte. Der männliche Geschlechtsapparat wird somit bei unseren Obstgewächsen viel früher ausgebildet als der weibliche. Trotzdem sind die Narben des Griffels betäubungsfähig, bevor sich die Staubbeutel öffnen.

Die Entwicklung des Embryosackes der Birn- und der Steinobstsorten vollzieht sich in grundsätzlicher Beziehung gleich wie bei den Apfelsorten.

c) Die Befruchtung und Samenbildung.

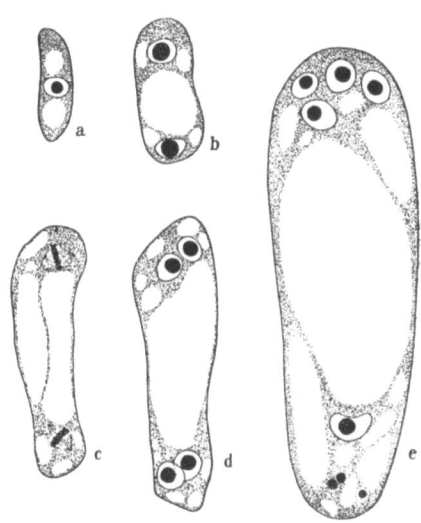

Abb. 51. Bildung des Eiapparates diploider Apfelsorten. a E.nkerniger Embryosack. b Zweikerniger Embryosack. c Zweikerniger Embryosack mit sich synchron teilenden Kernen. d Vierkerniger Embryosack. e Achtkerniger Embryosack, von jedem Pol beginnt ein Kern gegen die Mitte abzuwandern. Die Antipodenkerne sind bereits teilweise resorbiert. Vergrößerung etwa 600. (Nach STEINEGGER.)

Nachdem die männlichen und weiblichen Geschlechtskerne gebildet sind und auch ihre Träger, das Pollenkorn und der Embryosack, sich entwickelt haben, sind die Vorbedingungen für die Befruchtung geschaffen. Sie ist durch OSTERWALDER (1910) bei der Birne und durch STEINEGGER (1933) und WANSCHER (1939) beim Apfel näher beschrieben worden. Weitere Angaben finden sich bei ELSSMANN und VON VEH (1931) und GORCZYNSKI (1934). Sie beziehen sich jedoch auf die Verhältnisse bei triploiden Sorten und entsprechen deshalb nicht in allen Teilen der Norm.

Zur Zeit, da die Eizellen fertig ausgebildet sind, sondern die Narben der Griffel das klebrige, zuckerhaltige Narbensekret aus. Gelangen Pollenkörner einer geeigneten Sorte in diese Narbenflüssigkeit, so keimen sie aus. Schon nach einigen Stunden ist aus einer Keimpore des Pollenkorns ein mit einem dichten, weißgrauen Plasma gefüllter Keimschlauch ausgetreten. In dessen Spitze finden wir mit geeigneten Färbeverfahren vorerst 2 Kerne. Nach etwa 24 Stunden teilte sich in den Präparaten von OSTERWALDER der hintere dieser beiden Kerne, so daß nun im Pollenschlauch 2 generative und 1 vegetativer Kern enthalten waren.

Der Pollenschlauch wächst auf der Narbe chemotropisch in das sich unterhalb der Narbe fächerartig ausbreitende Leitgewebe des Griffels hinein. In diesem, aus langgestreckten, lose verbundenen Zellen bestehenden Gewebe wächst er hinab, bis er durch eine trichterförmige Austrittsstelle ins Samenfach gelangt.

Dieses Wachstum durch den Griffel wird dem Pollenschlauch durch den Besitz von Fermenten ermöglicht, mit deren Hilfe er die Vorratsstoffe des Leitgewebes aufschließt und sich dienstbar macht. Er verhält sich im Griffel wie ein Parasit. PATON (1921) hat bei einem sibirischen Wildapfel die Fermente Amylase, Invertin, Katalase, Reduktase, Pektinase und Zymase nachgewiesen.

Im Samenfach wachsen die Pollenschläuche den Wänden entlang, aus deren Zellen sie offenbar auch noch Nahrung aufzunehmen vermögen und die sie nach STEINEGGER zum Verquellen bringen. Sie gelangen schließlich bis zu der feinen

Öffnung der Samenknospe, der Mikropyle. In eine Mikropyle wächst gewöhnlich nur ein Pollenschlauch hinein. Der Pollenschlauch entleert nun die beiden generativen Kerne — der vegetative ist bereits verschwunden — ins Innere des Embryosackes. Der eine der beiden verschmilzt mit der Eizelle, während der andere sich mit dem sekundären Embryosackkern vereinigt. Die Gehilfinnenzellen gehen während der Verschmelzung des einen generativen Kernes mit der Eizelle, der eigentlichen Befruchtung, zugrunde. In befruchteten Eizellen werden sie als in Auflösung begriffene Gebilde gefunden.

OSTERWALDER beobachtete die Befruchtung ungefähr 4 Tage, STEINEGGER 4—6 Tage nach der Bestäubung. RAGLAND (1934) fand befruchtete Eizellen beim Pfirsich erst 14 Tage nach der Bestäubung.

Wir wollen uns nun überlegen, wie sich bei der Befruchtung die Chromosomenverhältnisse gestalten. Wir wissen, daß sowohl die Eizellen als auch die generativen Kerne des Pollenschlauches die Chromosomenzahl 17 besitzen, und daß jedes dieser 17 Chromosomen ein Paarling der 17 im Diakinesestadium beobachteten ist. Durch die Befruchtung werden also die sich entsprechenden Paarlinge wiederum miteinander vereinigt, so daß die befruchtete Ei-

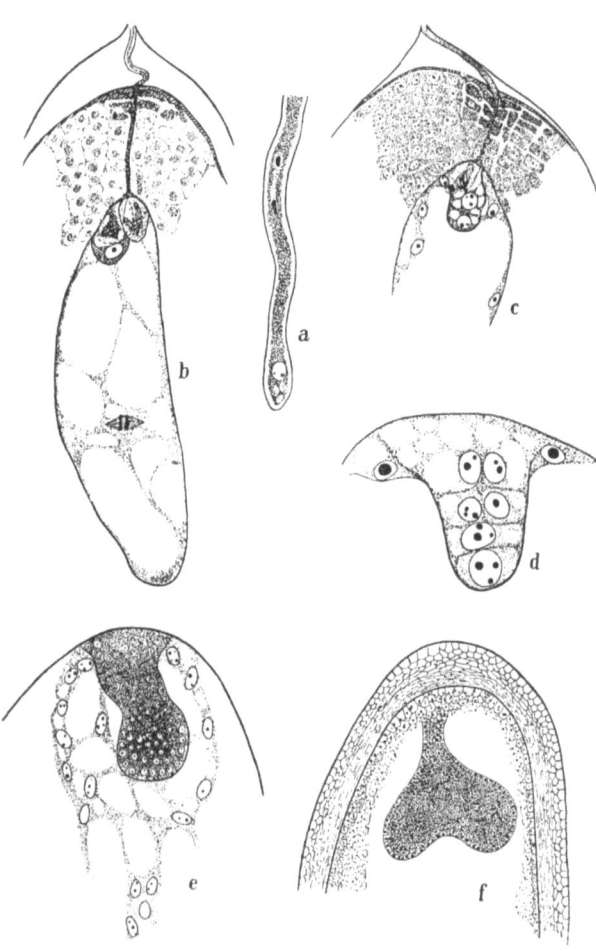

Abb. 52. Befruchtung und Entwicklung des Embryos bei diploiden Apfelsorten. a Pollenschlauch mit den beiden generativen Kernen (schwarz) und dem vegetativen Kern in der Spitze. Vergrößerung etwa 450. b Befruchteter Eiapparat 6 Tage nach der Bestäubung; die Gehilfinnenzellen sind degeneriert, der primäre Endospermkern befindet sich in Teilung; die Antipoden sind resorbiert. Vergrößerung etwa 270. c Zweikerniger Vorkeim 11 Tage nach der Bestäubung; es haben sich bereits mehrere Endospermkeime gebildet. Das Nucellusgewebe ist in der Umgebung des eingedrungenen Pollenschlauches stark verquollen. Vergrößerung etwa 180. d Sechskerniger Vorkeim und zwei Endospermkerne 14 Tage nach der Bestäubung. Vergrößerung etwa 450. e Großer Vorkeim mit beginnender Köpfchenbildung, zahlreiche Endospermkerne. 25 Tage nach der Bestäubung. Vergrößerung etwa 180. f Junger Embryo. Die Anlage der beiden Keimblätter ist bereits erkennbar. Der Nucellus ist auf seiner Innenseite obliteriert. Im Endosperm beginnt die Zellwandbildung. 54 Tage nach der Bestäubung. Vergrößerung etwa 75. (Nach STEINEGGER.)

zelle 17 Chromosomen*paare*, die sich bei den folgenden Zellteilungen als 34 Einzelchromosomen zeigen, enthält. Da man in den Chromosomen die Träger der Erbanlagen erkannt hat, besitzen also die befruchteten Eizellen, die als Zygoten bezeichnet werden, gleichviel Erbmasse von der Vaterpflanze wie von der Mutterpflanze.

Etwas anders liegen die Verhältnisse bei der anderen Kernverschmelzung, die zu ungefähr derselben Zeit wie die eigentliche Befruchtung vor sich geht. Der in der Mitte des Embryosackes gelegene Kern besitzt schon 34 Chromosomen, da er aus der Vereinigung zweier Embryosackkerne hervorgegangen ist. Mit ihm vereinigen sich nun noch die 17 Chromosomen des zweiten generativen Kernes, so daß ein Kern mit 51 Chromosomen zustande kommt. Da jeder folgenden Teilung die Längsspaltung sämtlicher Chromosomen vorangeht, besitzen alle aus diesem Kern abstammenden Kerne ebenfalls diese triploide Chromosomenzahl 51. Durch fortwährende Teilung dieser triploiden Kerne entsteht vorerst in der sich rasch vergrößernden Samenknospe eine große Anzahl freier Kerne, so daß z. B. in den Versuchen OSTERWALDERS am 31. Mai der Embryosack als eine Art Schlauch den Nucellus in der Längsrichtung durchzog und etwa 100 dieser freien Kerne besitzen mochte. Etwa am 12. Juni setzte nun um die Kerne herum in der oberen Hälfte des Embryosackes Zellbildung ein, aber so, daß sich nicht um jeden Kern, sondern um 3—4 Kerne eine Zellwand bildete. Später geht diese Wandbildung weiter; auch einige Kernverschmelzungen mögen vorkommen, so daß die Zellen schließlich einkernig werden. Sie stellen das Nährgewebe für den Embryo, ein vorübergehendes Endosperm, dar. Der junge Embryo selbst ist schließlich ganz in dieses Endosperm eingebettet.

Auf der Seite des Embryosackes, welche der Mikropyle gegenüberliegt, bildet sich ein Chalazahaustorium. Hier bleiben die Kerne, die ebenfalls Abkömmlinge jenes triploiden Kernes sind, frei, indem keine Zellwände gebildet werden. Dieses Gebilde hat aber eine kurze Lebensdauer. Es wurde im Material OSTERWALDERS schon zwischen dem 10. und 23. Juli vom heranwachsenden Endospermkörper verdrängt. Aber auch das Leben dieses Endospermgewebes selbst dauert nicht lange an. ,,Kaum hat sich letzteres über den ganzen Samen ausgedehnt und den größten Teil vom Nucellusgewebe resorbiert, setzt ein kräftiges Wachstum des Embryos ein, der in kurzer Zeit das eben entstandene Endosperm verzehrt, an dessen Stelle tritt und den Samen ausfüllt." (OSTERWALDER 1910.)

Der aus der befruchteten Eizelle hervorgehende Vorkeim bleibt gegenüber dem Endosperm zuerst im Wachstum etwas zurück. Er war in den am 10. Mai bestäubten Blüten am 17. Mai erst zweizellig (Abb. 52), während schon 8 Endospermkerne vorlagen. Am 31. Mai zählte er erst 16 Zellen, während das Endosperm ungefähr hundertkernig war. Die Form dieses Vorkeimes ist nicht immer dieselbe. Manchmal stellt er einen aus einer Zellreihe bestehenden Faden dar, manchmal teilen sich seine Zellen quer, immer ist er aber in der Richtung des Embryosackes längsgestreckt. In der ersten Hälfte des Juni schwoll im Untersuchungsmaterial OSTERWALDERS der vorderste Teil dieses undifferenzierten Vorkeimes köpfchenförmig an. Aus diesem Teil entwickelt sich nun der eigentliche Embryo (Abb. 52), während die fadenförmige Partie einen Suspensor darstellt. Zur Zeit, da im Endospermgewebe etwa die Zellwandbildung vor sich ging, in der zweiten Hälfte des Juni, war der Embryo so weit entwickelt, daß man die eigentliche Hautschicht, das Dermatogen, erkannte. Am 10. Juli wurden die ersten Anlagen der Keimblätter gefunden, auch die Wurzelhaube war bald erkennbar. Nach einer Periode intensiven Wachstums war am 23. Juli auch die Plumula, der zukünftige Vegetationspunkt, als höckerartiges Gebilde wahrzunehmen. Durch Ausbildung des Gefäßbündelsystems und der übrigen Organe des Embryos ist die weitere Zeit bis zur Samenreife gekennzeichnet.

Ausnahmsweise hat OSTERWALDER auch zwei Embryonen in derselben Samenanlage gefunden, und zwar sowohl innerhalb eines und desselben Nucellus als auch in zwei verschiedenen Samenknospen (,,unechte Polyembryonie").

Die Entwicklung des Endosperms und der befruchteten Eizelle spielt sich nach den Untersuchungen, welche OSTERWALDER an der Sorte Böhmischer Rosenapfel durchführte, beim *Apfelbaum* in sehr ähnlicher Weise ab wie beim Birnbaum. STEINEGGER (1933) hat die Beobachtungen OSTERWALDERS in allen wesentlichen Teilen bestätigt, ebenso SCHANDERL (1949).

Grundsätzlich ähnlich vollzieht sich die Befruchtung und Samenbildung auch bei den Steinobstarten. Sie ist beispielsweise durch RAGLAND (1934) beim Pfirsich untersucht worden.

2. Abweichungen vom normalen Befruchtungsvorgang.

a) Morphologisch bedingte Sterilität.

Bei wildlebenden Pflanzen und Kulturformen der verschiedensten Familien finden wir allerhand Verkümmerungen der männlichen oder weiblichen Geschlechtsapparate. Solche Formen mit teilweise rückgebildeten Geschlechtsorganen kommen gelegentlich auch bei unseren kultivierten Kern- und Steinobstarten vor. KOBEL (1930) und andere Forscher, z.B. CRANE und LAWRENCE (1930), sprechen in solchen Fällen von morphologisch bedingter Sterilität. Sofern nur die männlichen Organe verkümmert sind, braucht die Kulturwürdigkeit nicht unbedingt verlorenzugehen. Wenn für Fremdbestäubung gesorgt ist, können weibliche Formen durchaus kulturwürdig sein. Wird aber das weibliche Geschlecht rückgebildet, so ist damit eine fast völlige Sterilität verbunden. Männliche Sorten sind daher bloß unter den Zierformen möglich.

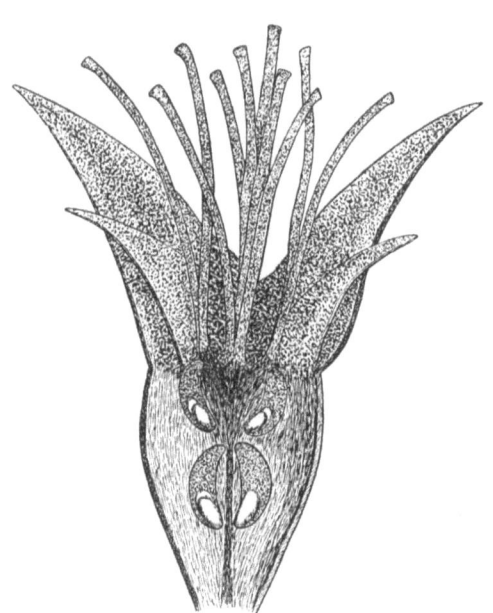

Abb. 53. *Malus apetala*. Längsschnitt durch eine Blüte; Staubblätter und Kronblätter fehlen. Von den 15 Griffeln sind 10 sichtbar. Die Samenanlagen stehen in zwei Stockwerken. (Nach POITEAU; Pomologie française.)

Unter den Kulturäpfeln kommen Formen vor, deren Blüten weder Kronblätter noch Staubgefäße ausbilden. Sie waren schon KASPAR BAUHIN, der sie unter dem Namen *Pyrus apetala* beschrieb, bekannt. Dagegen bilden sich in den Blüten, die sich zur gewöhnlichen Zeit öffnen, zahlreiche, meist 15 Griffel aus. Die normal ausgebildeten Samenanlagen stehen in 2 Stockwerken übereinander. Diese Abnormität findet sich sowohl bei frühreifenden als auch spätreifenden Sorten. Wahrscheinlich ist sie erblich bedingt, und zwar muß das Gen für die Ausbildung staubblattloser Blüten rezessiv sein; denn EWERT (1929) hat aus der Befruchtung einer solchen Form mit Pollen der Sorte Cellini einen Baum erhalten, der vollkommen ausgebildete Blüten entwickelt. Im übrigen setzen diese des Schauapparates entbehrenden Formen gewöhnlich nur Jungfernfrüchte an, weil sie von Bienen nicht beflogen werden. Von irgendwelcher praktischer Bedeutung sind diese Obstsorten, deren häufigster Vertreter „Spencers Kernloser" ist, nicht. Die Bezeichnung mit Artnamen (*Pyrus apetala* MÜNCHH., *Malus apetala* BECHST., *Pyrus dioica* AUDIBERT und *Malus dioica* WILLD.) ist für diese Formen keineswegs gerechtfertigt.

Ähnliche Abnormitäten des Birnbaumes sind mir nicht bekannt geworden. Dagegen fand SMITH (1927) Sämlinge von *Prunus umbellata*, die keine Staubgefäße ausbilden. An der Stelle derselben standen 10—20 Griffel, die aber mit den Samenanlagen keine Verbindung aufwiesen. Die Petalen waren sehr klein, so daß die Blüten, wie diejenigen der eben erwähnten Apfelsorten, kronblattlos aussahen.

Daneben kommen in der Gattung *Prunus* Formen mit unvollkommenen Staubgefäßen vor. Die bekannteste ist der J.-H.-Hale-Pfirsich, eine in den Vereinigten Staaten und neuerdings auch in Europa häufig angepflanzte Sorte. CONNORS (1922) berichtet, daß sich seine Blüten durch blaß gefärbte, kleine, auf kurzen Fäden sitzende Staubbeutel auszeichnen. In diesen entwickelt sich nur wenig mangelhaft keimfähiger Pollen. KNOWLTON (1924) untersuchte die Sorte ebenfalls und konnte die Beobachtungen von CONNORS bestätigen. Er bewies auch, daß es sich nicht um eine im Chromosomensatz begründete Pollensterilität handeln kann; denn er fand in den Reduktionsteilungen 8 Chromosomen. Nach der Tetradenbildung wachsen aber die Pollenkörner nicht mehr wesentlich weiter, und sie verdicken auch die Wände nicht. Eine Teilung des Kernes findet nicht mehr statt. Alle Versuche, die Sorte durch bessere Ernährung mit Stickstoff und Phosphor zur Ausbildung von besserem Pollen zu bringen, schlugen fehl. Die Pfirsichsorte Late Crawford weist nach KNOWLTON die gleiche Abnormität auf, und KERR (1927) fand sie auch beim June-Elberta-Pfirsich. Dagegen berichten TUFTS, HENDRICKSON und PHILP (1927), daß der J.-H.-Hale-Pfirsich in Kalifornien normalen Pollen besitze. Es handelt sich aber offenbar dort um eine verschiedene Sorte; denn DORSEY (1927) fand neben der pollensterilen auch eine normalpollige Form dieser Sorte, die offenbar den kalifornischen Forschern vorgelegen hat.

Ähnliche Mißbildungen kommen nach JOHANSSON (1926) bei der der Domesticagruppe angehörenden Pflaumensorte „Gemeine gelbe Pflaume", einer schwedischen Lokalform, und nach CRANE (1927) bei Golden Esperen (Esperens Herrenpflaume) vor, die beide keinen Pollen auszubilden vermögen. Auch die Stäfner Zwetschge verhält sich nach E. SCHAER (1952) in der gleichen Weise. Es gibt zudem Obstsorten, die zwar befruchtungsfähigen Pollen ausbilden, jedoch nur in geringer Menge. Dies trifft beispielsweise nach ROBERTS und STRUCKMEYER (1948) für die Apfelsorte Winesap zu.

Noch häufiger sind ähnliche Abnormitäten unter den Zierformen der Gattung *Prunus* zu finden. BECKER (1920) hat sie untersucht und zusammengestellt. Vielfach handelt es sich auch um mehr oder weniger vollständige Blütenfüllung auf Kosten der Staubblätter. Es gibt z. B. eine „Gefüllt blühende Reineclaude", deren Staubgefäße teilweise in Kronblätter verwandelt sind.

Über Unvollkommenheit der *weiblichen* Geschlechtsorgane bei Kern- und Steinobstarten liegt eine Angabe von ALDERMAN (1926) vor. Er erwähnt einen stempellosen Bastard zwischen Zwergmandel *(Prunus nana = Amygdalus nana)* und Pfirsich, der von der Versuchsstation Minnesota unter dem Namen Manitou als Zierstrauch empfohlen wurde. Wahrscheinlich haben auch die Kultursorten Vaterapfel ohne Kern, Lebruns Butterbirne und Rihas Kernlose vermindert funktionsfähige weibliche Organe.

b) Die Pollensterilität.

α) *Die Untersuchung des Pollens im künstlichen Medium.*

Eine wesentliche Vorbedingung für das Zustandekommen der Befruchtung ist die Keimung des Pollens. Es ist deshalb wichtig, die Bedingungen zu kennen, von welchen dieser Vorgang abhängig ist. Sie lassen sich am besten im künstlichen Keimungsmedium prüfen, sofern man über Methoden verfügt, welche ein getreues

Abbild der Pollenkeimung auf der Narbe vermitteln. Diese müssen erlauben, die wichtigsten Faktoren, von welchen die Pollenkeimung abhängig sein könnte, konstant zu halten und jeden einzelnen derselben nach Belieben zu variieren. Als Keimungsmedium eignet sich Rohrzuckerlösung vorzüglich, aber auch andere Zuckerarten, z. B. Dextrose (ALDERMAN 1915–1916), sind brauchbar. Die Konzentration wird dadurch konstant erhalten, daß wir mit einer feuchten Kammer arbeiten. Die Zuckerlösung darf nur mit einwandfreiem destilliertem Wasser hergestellt werden, da sich gezeigt hat (z. B. PASSECKER 1926), daß Brunnenwasser die Pollenkeimung sehr nachteilig beeinflussen kann. Manche Forscher, z. B. BEAUMONT und KNIGHT (1922) arbeiten mit zuckerhaltiger Gelatine oder Agar.

Der Verfasser (KOBEL 1924, 1926) hat folgendes Verfahren benützt und damit durchaus befriedigende Ergebnisse erhalten, wobei aber darauf hingewiesen sei, daß es ohne Nachteile in mancher Beziehung modifiziert werden kann.

Mit chemisch reiner Saccharose und destilliertem Wasser werden Lösungen der gewünschten Konzentration hergestellt, die wegen der Infektion durch Pilze und Bakterien nach wenigen Tagen erneuert werden müssen. Hierauf werden Blüten der zu untersuchenden Sorten gesammelt, die im Begriff sind, die Blütenblätter zu entfalten, deren Staubbeutel aber noch geschlossen sind. Die Kronblätter werden entfernt und die Blüten im Laboratorium ausgelegt. Nach wenigen Stunden öffnet sich in der trockenen Luft der größte Teil der Staubbeutel. Nachher werden etwa 20 Blüten über schwarzem Glanzpapier ausgestäubt, um auf diese Weise eine gute Durchschnittsprobe zu erhalten. Muß man sich die Blüten von auswärts durch die Post zustellen lassen, so erbittet man sich am besten Zweige mit teilweise noch ungeöffneten Blüten, lose, jedoch nicht zu trocken verpackt. Nachdem man die geöffneten Blüten entfernt hat, stellt man diese Zweige in Wasser, bis man genügend Blüten im geeigneten Stadium zur Verfügung hat.

Der Pollen hält sich auf dem Glanzpapier wenigstens 12 Stunden, ohne daß er wesentlich an Keimfähigkeit einbüßt. Zur Prüfung der Keimfähigkeit verwendet man mit Vorteil Objektträger mit aufgekittetem 2–3 mm dickem Glasring, dessen Durchmesser etwa 18 mm beträgt. Auf ein in eine CORNETsche Pinzette eingeklemmtes Deckgläschen wird mit einem Glasstab ein Tropfen der Zuckerlösung gebracht und in diesem mit Hilfe eines feinen Pinselchens eine Mischprobe des Pollens verteilt. Die Pinzette mit dem Deckgläschen wird rasch umgedreht und dieses auf den vorher mit Vaseline eingeschmierten Schliff des Glasringes derart aufgedrückt, daß keine Luft in die Kammer eindringen kann. Die Pollenmenge hat man so gewählt, daß der Tropfen 200–300 Pollenkörner enthält. Nach einiger Übung erreicht man bald die richtige Dosierung.

Für manche Obstsorten bietet diese Methode nicht optimale Keimungsbedingungen. Es fehlen offenbar im Keimungsmedium gewisse, durch die Narbe ausgeschiedene Reizstoffe. OSTERWALDER (1910) hat daher, wohl als erster, die bei anderen Pflanzen gewonnene Erkenntnis, daß die Beifügung einer Narbe oder eines Stückes einer solchen die Keimung fördere, auch auf die Keimungsversuche mit Apfel- und Birnpollen übertragen. Damit führt man allerdings in die Versuche eine Fehlerquelle ein. Man kann deren Einfluß dadurch verkleinern, daß man immer annähernd gleich große Tropfen und ganze Narben verwendet. BRANSCHEID (1929) hat mit Recht darauf hingewiesen, daß man damit neben dem Narbensekret auch Griffelsubstanzen einführt, die aus der Schnittfläche heraus diffundieren. Er ist diesem Fehler dadurch ausgewichen, daß er ziemlich lange Griffelstücke verwendete und nur die Narben in die Flüssigkeit hineinragen ließ. Zu Vergleichszwecken verwendet man am besten immer die sorteneigene Narbe, obschon damit, wie wir später sehen werden, nicht immer optimale Keimungen erhalten werden. Das

Alter der Narbe scheint keine große Rolle zu spielen, wie KOBEL (1926c) in Versuchen mit Kirschen nachwies.

Es ist nicht restlos abgeklärt, durch welche mit der Narbe in das Medium gebrachten Substanzen die Keimung gefördert wird. Sicher ist jedoch, daß dabei Wuchsstoffe eine Rolle spielen, und möglicherweise werden auch Spuren von Borverbindungen ausgeschieden. OESTLIND (1945) ist es gelungen, durch Zusatz von β-Indolylessigsäure und Borsäure eine Verbesserung der Pollenkeimung zu erzielen. In den meisten Fällen dürften die nötigen Vorräte an diesen Substanzen bereits im Pollenkern enthalten sein.

Eingehende Versuche von KOBEL (1924, 1926c) und anderen Forschern haben ergeben, daß die optimale Zuckerkonzentration für die meisten Obstarten und in den meisten Fällen zwischen 10 und 15% beträgt. Dabei scheint der Pollen von Birnen, Kirschen und Pflaumen empfindlicher auf Konzentrationsunterschiede zu reagieren als beispielsweise der Apfelpollen. Wenn man die Angaben von FLORIN (1920) sowie diejenigen von ZIEGLER und BRANSCHEIDT (1927) mit denjenigen des Verfassers und auch mit neueren Untersuchungen vergleicht, so erkennt man, daß für ein und dieselbe Sorte nicht immer die gleiche optimale Konzentration angegeben wird. Sie ist je nach Umweltsbedingungen und deshalb unter Umständen von Jahr zu Jahr verschieden (OESTLIND 1945). Dies dürfte auf Verschiebungen des osmotischen Druckes im Pollenkorn zurückzuführen sein.

Wenn wir Pollenkörner in reines Wasser oder in Zuckerlösungen niedriger Konzentration bringen, so platzen sie des geringen osmotischen Druckes wegen. Daraus dürfen wir schließen, daß die Durchnässung der Pollenkörner auf den bereits geplatzten Antheren oder die Durchtränkung der noch geschlossenen Staubbeutel mit Wasser die Keimfähigkeit des Pollens wesentlich vermindert. Dagegen soll nach HOOKER (1922) die Gefahr der Auswaschung des Pollens auf der Narbe bei Regenwetter sehr gering sein, offenbar deshalb, weil er im Narbensekret bereits etwas geschützt ist und weil die Schläuche bald zwischen den Narbenpapillen ins Leitgewebe des Griffels eindringen.

Beobachtungen über den Einfluß anderer Faktoren auf die Pollenkeimung sind seit langem in ziemlich reichlicher Weise durchgeführt und für unsere Obstarten von ZIEGLER und BRANSCHEIDT (1927) erstmals zusammengestellt worden. Nach SANDSTEN (1909) und ADAMS (1916) spielt das Licht keine Rolle. Dagegen ist der Vorgang der Pollenkeimung weitgehend von der Temperatur abhängig. Nach ADAMS liegt die optimale Temperatur für den Apfelpollen bei 21—23°C, nach KNOWLTON und SEVY (1925) bei 18—21°C. ROBERTS und STRUCKMEYER (1948) stellen für McIntosh das Optimum bei 20°C, für Wealthy und Winesap bei 24°C fest. McIntosh keimte innert 24 Stunden noch bei 8°C, während die beiden anderen erst bei 12°C zu keimen begannen. ADAMS erhielt gelegentlich noch Keimungen von Apfelpollen bei $3^1/_2$ und 7°C. Anderseits sollen nach KNOWLTON und SEVY Temperaturen von 25—30°C die Pollenschläuche bereits schädigen. In den Versuchen von ROBERTS und STRUCKMEYER platzten die Schläuche erst bei 36°C. Nach OESTLIND (1945) wird die Keimfähigkeit durch plötzliche Temperaturunterschiede wesentlich beeinträchtigt. Zusammenfassend können wir sagen, daß die Pollenkeimung in einem weiten Temperaturbereich möglich ist und daß während der Obstblüte nur ausnahmsweise Temperaturen vorkommen, bei denen sie nicht eintreten kann.

Schädigungen des trockenen Pollens durch tiefe Temperaturen sind nicht besonders gefährlich. Durch 1—2°C unter Null wird beispielsweise Apfelpollen in seiner Keimfähigkeit nicht benachteiligt. Wie weitgehend die Kombination von Kälte und Nässe schädigend wirkt, ist nicht genügend untersucht. Aber es ist jedenfalls nicht zu befürchten, daß sie einen so großen Einfluß ausübt wie etwa bei der Befruchtung von Rebensorten (SARTORIUS 1926).

Sehr widerstandsfähig ist der Pollen unserer Obstbäume gegen Austrocknen. SANDSTEN (1909) und CRANDALL (1912) haben bereits gezeigt, daß es leicht ist, den Pollen von Frühblühern in keimfähigem Zustand zu bewahren, um damit die letzten Spätblüher der betreffenden Obstart zu bestäuben. Die Konservierung erfolgt im Exsikkator über konzentrierter Schwefelsäure. NEBEL (1940) ist es gelungen, den Pollen von Apfel-, Birn-, Sauerkirschen- und Pflaumensorten (Domesticagruppe) 4 Jahre lang befruchtungsfähig zu erhalten, während derjenige von Pfirsichen und Aprikosen nach $2^1/_2$—3 Jahren die Keimfähigkeit weitgehend verlor. Als optimal erscheint eine Aufbewahrung im Dunkeln bei einer Temperatur von 2—8° C und einer Luftfeuchtigkeit von 50%, wobei die Exsikkatoren alle 6 Monate geöffnet werden. KING und HESSE (1939), die ähnliche Versuche durchführten, wählten mit gutem Erfolg eine Temperatur von $2^1/_2$° C bei 28% Luftfeuchtigkeit. Praktisch wird man kaum je in die Lage kommen, Pollen so lange aufzubewahren. In der freien Natur dauert die Keimfähigkeit infolge der großen Luftfeuchtigkeit nur kurze Zeit.

LATIMER (1937) hat durch Versuche an McIntosh-Bäumen, die in Zelten eingeschlossen waren, die Frage geprüft, wie lange Pollen im Haarkleid der Bienen bestäubungsfähig bleibt. Er brachte Bienenvölker, die vorher in Obstpflanzungen gesammelt hatten, unter die Zelte. Beim einen Baum wurde ein Volk am gleichen Abend unter das Zelt gebracht, bei einem anderen nach 2 und bei einem dritten nach 4 Tagen. Diese beiden Völker waren inzwischen bei 7° C eingeschlossen. Nur bei dem am Abend nach dem Flug eingebrachten Volk ergab sich gegenüber der unbestäubten bzw. selbstbestäubten Kontrolle eine leichte Verbesserung der Ernte und des durchschnittlichen Samengehaltes. Wir müssen jedenfalls damit rechnen, daß der Pollen in der feuchten Atmosphäre des Bienenstockes nicht lange keimfähig bleibt. Dies ist schade, da durch andere Versuche nachgewiesen ist, daß immer etwas Pollen im Haarkleid der sammelnden Bienen zurückbleibt.

ANNELIESE NIETHAMMER (1929) hat die Frage geprüft, ob die Pollenkeimung durch Pflanzenschutzmittel beeinträchtigt werde, indem sie je 1% des betreffenden Mittels in das Keimungsmedium brachte. Als schädlich zeigten sich das Bleiarseniat, das kupferhaltige Mittel Nosperit sowie Solbar, während sich Nikotinseife und Schwefelkalkbrühe in diesen Konzentrationen als unschädlich erwiesen. Man könnte somit, ohne die Pollenkeimung zu schädigen, eine Schorfbekämpfung durch Spritzen mit Schwefelkalkbrühe in die offene Blüte durchführen. Es ist jedoch darauf hinzuweisen, daß man mit diesem Spritzmittel die Bienen für längere Zeit von den Obstblüten fernhält, so daß sich ebenfalls eine Verminderung des Fruchtansatzes ergeben müßte. Es ist daher auch mit diesem Mittel eine Bespritzung in die offene Blüte zu unterlassen. Die Angabe von McDANIELS und FURR (1930), daß durch Verstäuben von Schwefel die Pollenkeimung herabgesetzt werde, bedarf der Überprüfung.

β) Die cytologisch bedingte Pollensterilität.

Die Entstehung des Pollens, wie sie S. 116 beschrieben wurde, stellt die Norm dar. Es gibt davon mancherlei Abweichungen, die wir der großen Konsequenzen halber, welche sie für den praktischen Obstbau haben, eingehender verfolgen müssen. DARLINGTON und MOFFETT (1930) haben eindrücklich darauf hingewiesen, daß gelegentlich in der Metaphase der Reduktionsteilung diploider Apfelsorten nicht alle Chromosomen in Paaren angeordnet sind, daß vielmehr auch ein-, drei-, vier- und sogar sechswertige Gruppen von Chromosomen beobachtet werden können. Sie ziehen daraus den Schluß, daß die Gattungen *Pyrus* und *Malus* eigentlich Polyploide seien — das gleiche gilt von den übrigen Gattungen der *Pomoiceen* — und sich von Formen ableiten mit der bei den Rosenblütlern festgestellten Grundzahl von $n = 7$ Chromosomen. Von diesen Chromosomen sind in einer diploiden Zelle des Apfel- oder Birnbaumes 3 sechsmal und 4 viermal vertreten ($3 \cdot 6 + 4 \cdot 4 = 34$). Diese Herkunft führt zu einer gewissen Affinität der ursprünglich homologen Chromosomen, die sich deshalb gelegentlich bei der Meiose in mehr als zweiwertige Gruppen miteinander vereinigen. Diese Auffassung wurde später von HEILBORN (1935) durch eingehende Untersuchungen gestützt. Die mit dieser Poly-

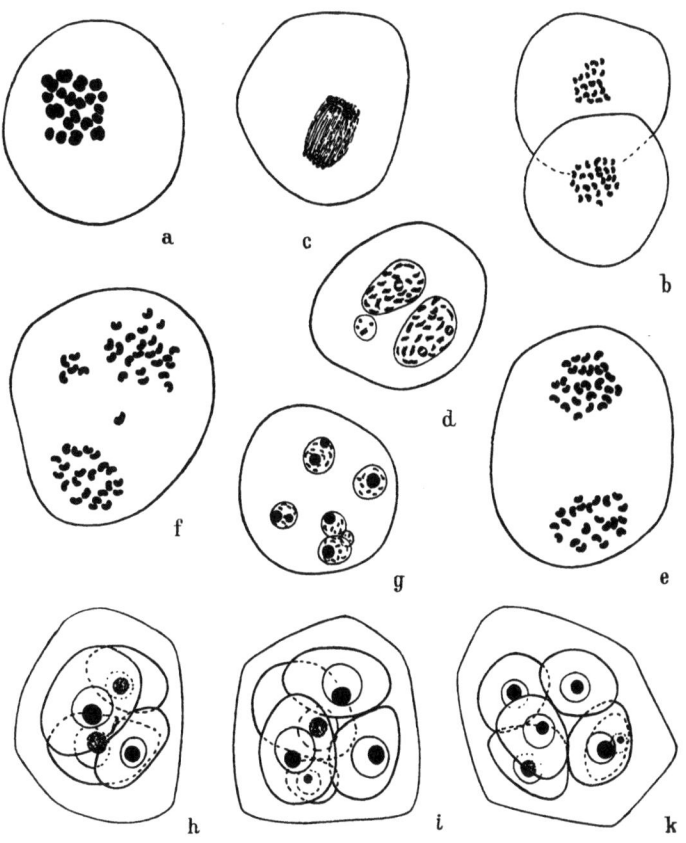

Abb. 54. Abnorme Pollenbildung bei triploiden Apfel- und Birnsorten (vgl. Abb. 48). a Metaphase der Reduktionsteilung von Damasonreinette; die Chromosomen sind ungleich groß und ungleichwertig. b Anaphase der Reduktionsteilung von Diels Butterbirne; es ist eine Gruppe mit 26 und eine mit 19 Chromosomen zählbar. c Späte Anaphase der Reduktionsteilung von Pastorenbirne; es sind mehrere Chromosomen in der Teilungsspindel zurückgeblieben. d Zweikernstadium von Pastorenbirne mit einem kleinen Nebenkern. e Metaphase der zweiten Teilung von Wintercitronenapfel; in der einen Platte sind 22, in der anderen 26 Chromosomen zählbar. f Gleiches Stadium von Bärikerbirne; es sind zwei Platten zu 23 und 22 Chromosomen zählbar, daneben finden sich 5 + 1 im Plasma ausgeschiedene. g Abnormes Vierkernstadium von Bärikerbirne mit 6 Kernen. h Vierzelliges Tetradenstadium von Pastorenbirne; es sind zwei große und zwei kleine Zellen vorhanden. i Fünfzelliges Tetradenstadium von Bärikerbirne; die überzählige Zelle ist klein. k Sechszelliges Tetradenstadium von Pastorenbirne. a, e und f nach Carminessigsäurepräparaten, die übrigen nach Mikrotomschnitten (FLEMMING-HEIDENHAIN). Vergrößerung 1500. Original.

ploidie verbundenen geringen Störungen der Pollenbildung haben praktisch keine Bedeutung, dagegen ergeben sich wesentliche Konsequenzen für das Vererbungsgeschehen.

Von viel größerer Tragweite für den Wert des Pollens ist die durch RYBIN (1926, 1927), KOBEL (1926, 1927), R. FLORIN (1927), HEILBORN (1928—1935), NEBEL (1929), CRANE und LAWRENCE (1929), DARLINGTON und MOFFETT (1930), NATIVIDADE (1932) sowie ROSCOE (1933) festgestellte und seither durch mehrere Forscher, z.B. FLECKINGER (1937) und WANSCHER (1939), bestätigte Tatsache, daß es Apfel- und Birnsorten gibt, deren Chromosomenzahl nicht $2n = 34$, sondern $3n = 51$ beträgt. Sie sind somit nicht normal diploid — wenn wir die normalen Formen der Einfachheit halber als diploid bezeichnen wollen —, sondern triploid. Die Zählung dieser Chromosomen ist in der Diakinese und Metaphase der Reduktionsteilung schwierig, da die Gruppierung in ein-, zwei-, drei- und mehrwertige variabel ist und da zudem die Chromosomen in der Metaphase nicht ordentlich in einer Ebene liegen, so daß die Platten schwer zu interpretieren sind. Dies hat dazu geführt, daß anfänglich Falschzählungen vorkamen, indem von $3n = 51$ abweichende Zahlen angegeben wurden (KOBEL 1926).

Wie ungleich die Metaphasenplatten der Reduktionsteilung dieser triploiden Sorten zusammengesetzt sein können, ergibt eine Reihe von Beobachtungen von DARLINGTON und MOFFETT (1930), die nachstehend wiedergegeben ist.

Beobachtungen von Metaphasen der Reduktionsteilung bei triploiden Apfelsorten nach DARLINGTON und MOFFETT (1930). (Weitere Erklärungen im Text.)

Sorte	Chromosomen							
	1 wertige	2 wertige	3 wertige	4 wertige	5 wertige	6 wertige	7 wertige	8 wertige
Goldreinette von Blenheim:								
Platte 1	2	2	15					
Platte 2	2	7	9	1				
Platte 3	3	9	10					
Platte 4	4	12	5	2				
Platte 5	5	14	2	3				
Platte 6	1	3	7	2		1		1
Platte 7	2	5	7	1		1	1	
Platte 8	5	10	6	3				
Ribston Peping:								
Platte 1	3	4	11	2				
Baldwin:								
Platte 1	6	6	10	1				
Platte 2	2	4	10	3				
Platte 3	3	12	8					

Diese Befunde sind durch HEILBORN (1935) für den Apfel bestätigt worden, während MOFFETT (1934) bei triploiden Birnen nie Gruppen von mehr als 3 Chromosomen feststellte.

Die Triploidie und die unregelmäßige Paarung der Chromosomen führen dazu, daß die Reduktionsteilung gestört wird. In der Anaphase findet man neben den beiden Platten fast stets in der Spindel zurückgebliebene Chromosomen in wechselnder Zahl (Abb. 54c). Manchmal gelangen diese Nachzügler noch rechtzeitig an die Pole. Häufig bilden sich jedoch die Wände der Interkinesekerne, bevor alle Chromosomen nachgerückt sind. Diese zurückbleibenden Chromosomen bilden im Zweikernstadium einzelne Gruppen, die sich ihrerseits mit einer Kernwand umgeben können, oder sie liegen einzeln zwischen den beiden Kernen. Auch im Verlauf der zweiten Teilung werden diese ausgeschiedenen Chromosomen nicht wieder in die Kerne aufgenommen. Die Auszählung der Platten der Äquationsteilung, in denen nach DARLINGTON und MOFFETT auch mehrwertige Chromosomen enthalten sein können, ergibt deshalb ganz unregelmäßige Zahlen. Es kommt wohl überhaupt nicht oder nur äußerst selten vor, daß in einer solchen Platte der zweiten Teilung die 17 Chromosomen des haploiden Chromosomensatzes enthalten sind. Wir finden vielmehr fast immer $17 + x$ Chromosomen, wobei x zwischen 1 und 17 schwanken kann. Am häufigsten dürften 4—10 Chromosomen überzählig sein. Je höher die Zahl der Chromosomen ist, desto größer ist der Zellkern und desto größer wird auch das junge daraus entstehende Pollenkorn. Da in der zweiten Teilung gewöhnlich keine besonderen Störungen mehr auftreten und die beiden Tochterkerne gleiche Chromosomenzahlen aufweisen, beobachten wir in den Vierkernstadien meist 2 größere und 2 kleinere Kerne, in den Tetraden meist 2 kleinere und 2 größere Zellen. Die bei der Reduktionsteilung gebildeten Nebenkerne teilen sich gelegentlich ebenfalls. Wir finden daher statt normaler Vierkernstadien Zellen mit 4, 5 oder 6 Kernen und entsprechend auch statt Tetraden Pentaden und Hexaden. Der junge Pollen erweist sich als ein Gemisch von sehr kleinen Körnern mit einer Chromosomenzahl weit unter 17 — entstanden aus den Nebenkernen — und Körnern, die meist größer sind als diejenigen diploider Sorten. Sie enthalten fast ausnahmslos mehr als 17 Chromosomen. Bei der weiteren Entwicklung des Pollens ergeben sich infolge dieser abnormen Zusammensetzung Störungen. Die kleinen Körner, aber auch viele solche mit überzähligen Chromosomen, schrumpfen ein oder nehmen eine abnorme Form an, während andere prall bleiben und abnorm groß erscheinen. Triploide Sorten sind daher an der Mischkörnigkeit ihres Pollens meist mit Leichtigkeit von diploiden zu unterscheiden. FLORIN (1927) beschreibt für die triploide Birnsorte Alexander Lucas folgendes Pollenbild:

4,6% der Pollenkörner sind plasmareich, quellen auf und besitzen 1—3 Keimporen.
55% der Körner sind plasmareich, quellen auf, besitzen aber keine Keimporen.
23,7% der Körner quellen zwar auf, aber ihr plasmatischer Inhalt ist mehr oder weniger mangelhaft.
14,7% der Körner sind geschrumpft und besitzen weder Keimporen noch einen plasmatischen Inhalt.

Bestimmen wir nun in der im vorangehenden Abschnitt dargelegten Weise die Pollenkeimfähigkeit bei diploiden und triploiden Apfel- und Birnsorten, so sind wir nicht verwundert, wenn wir zwischen beiden Gruppen sehr wesentliche Unterschiede finden. Die triploiden Sorten zeichnen sich in der Tat durch eine sehr verminderte Keimfähigkeit ihres Pollens aus. Wir wählen als Beispiel die Untersuchungen von KOBEL (1924, 1926, 1927 und 1930).

Zusammenhang zwischen Chromosomensatz, Pollenkeimfähigkeit und Pollenbild.
Es wird das höchste, in verschiedenen Konzentrationen bestimmte Keimprozent angegeben.
* bedeutet, daß die Zahl von ZIEGLER und BRANSCHEIDT (1927) bestimmt wurde. Alle übrigen Zahlen nach eigenen Untersuchungen.

Sorte	Pollenkeimfähigkeit %	Chromosomensatz	Pollenbild
Apfelsorten:			
Berner Rosenapfel	97	diploid	sehr gleichmäßig
Weißer Klarapfel	92	diploid	sehr gleichmäßig
Weißer Astrachan	85	diploid	gleichmäßig
Cellini	82	diploid	gleichmäßig
Danziger Kantapfel	77	diploid	Körner teilweise klein
Muskat-Reinette	76	diploid	gleichmäßig
Kasseler Reinette	72	diploid	recht gleichmäßig
Ontario-Reinette	68	diploid	gleichmäßig
Sommer-Gewürzapfel	60	diploid	ungleichmäßig
Transparent von Croncels	55	diploid	ungleichmäßig
Pfirsichroter Sommerapfel	50	diploid	ungleichmäßig
Baumanns Reinette	50	diploid	etwas ungleichmäßig
Menznauer Jägerapfel	34	triploid	ungleichmäßig
Warners King	27	triploid	ziemlich ungleichmäßig
Stäfner Rosenapfel	25	triploid	ziemlich ungleichmäßig

Sorte	Pollen-keimfähigkeit %	Chromosomen-satz	Pollenbild
Ribston Peping	23*	triploid	ungleichmäßig
Damason-Reinette	23	triploid	ungleichmäßig
Wintercitronenapfel	21	triploid	ungleichmäßig
Harberts Reinette	16	triploid	ungleichmäßig
Roter Eiserapfel	16	triploid	ungleichmäßig
Jacques Lebel	13	triploid	ungleichmäßig
Schöner von Boskoop	13	triploid	ungleichmäßig
Baldwin	11	triploid	ungleichmäßig
Bohnapfel	10	triploid	sehr ungleichmäßig
Gravensteiner, gelber	7	triploid	sehr ungleichmäßig
Kanada-Reinette	4	triploid	ungleichmäßig
Birnsorten:			
Vereins-Dechantsbirne	78	diploid	gleichmäßig
Gellerts Butterbirne	72	diploid	recht gleichmäßig
Gute Luise von Avranches	54	diploid	etwas ungleichmäßig
André Desportes	54	diploid	etwas ungleichmäßig
Williams Christbirne	46	diploid	gleichmäßig
Lebruns Butterbirne	43	diploid	etwas ungleichmäßig
Neue Poiteau	31	diploid	etwas ungleichmäßig
Fondante Thirriot	31	diploid	ziemlich ungleichmäßig
Hardenponts Butterbirne	31	diploid	ungleichmäßig
Frühe von Trévoux	29	diploid	ungleichmäßig
Amanlis Butterbirne	25*	triploid	ungleichmäßig
Theilersbirne	22	triploid	ungleichmäßig
Hofratsbirne	13	triploid	ungleichmäßig
Schweizer Wasserbirne	13	triploid	ungleichmäßig
Bärikerbirne	11	triploid	ungleichmäßig
Diels Butterbirne	6	triploid	sehr ungleichmäßig
Pastorenbirne	4	triploid	sehr ungleichmäßig

Es geht aus dieser Zusammenstellung sehr deutlich hervor, daß die Pollenkeimfähigkeit der diploiden Sorten (34 Chromosomen) besser ist als diejenige der triploiden (Abb. 55). Diese 51 chromosomigen Sorten haben nie hochwertigen, in der Korngröße ausgeglichenen Pollen. Umgekehrt kommen aber auch bei den diploiden gelegentlich recht niedrige Keimfähigkeiten und recht unausgeglichene Pollenbilder vor. Solche Fälle sind allerdings in der Zusammenstellung besonders häufig enthalten, weil ihre cytologische Untersuchung interessant erschien. Wir werden auf diese Vorkommnisse im nächsten Abschnitt zurückkommen. In Wirklichkeit ist die Pollenkeimung der diploiden Sorten durchschnittlich viel höher, als aus der Zusammenstellung hervorzugehen scheint.

Es stellt sich nun die wichtige Frage, ob der Pollen der triploiden Sorten trotz seiner weitgehenden Sterilität noch genügend befruchtungsfähig sei. Es lagen schon aus dem letzten Jahrzehnt des verflossenen und aus den beiden ersten des laufenden Jahrhunderts recht zahlreiche Befruchtungsversuche mit Apfelsorten vor, so von WAITE, EWERT und MÜLLER-THURGAU. Zudem hatte MÜLLER-THURGAU (1901 bis 1903) wohl als erster beobachtet, daß der Pollen von Kernobstsorten in künstlichen Medien oft nicht zum Keimen zu bringen ist. Auch BOOTH (1906) und OSTERWALDER (1910) hatten die gleiche Beobachtung schon frühzeitig gemacht. Niemand hat aber die Konsequenzen gezogen und die geringe Pollenkeimfähigkeit mit der Befruchtungsfähigkeit in Zusammenhang gebracht. Erst AUCHTER (1921) und KOBEL (1924, 1926) bewiesen, daß Apfelpollen, der in geeigneten künstlichen Medien schlecht keimt, für die Befruchtung nicht tauglich ist. Die Befruchtungsversuche ergaben in Wädenswil bei Verwendung von gutem Pollen, der meist von Berner Rosenapfel stammte, einen durchschnittlichen Fruchtansatz von 13%, bei

Verwendung von Pollen von triploiden Sorten (Schöner von Boskoop, Gravensteiner, Bohnapfel, Wintercitronenapfel) einen solchen von nur $1^1/_2\%$.

Die Minderwertigkeit des Pollens triploider Sorten für die Befruchtung ist seither durch viele Untersuchungen immer wieder bestätigt worden, so vorerst durch HOWLETT (1927) in sehr umfangreichen Versuchen. Ich entnehme seinen ausgedehnten Zusammenstellungen nur die Befruchtungsversuche mit Baldwin, Grimes Golden, Jonathan und Wealthy als Muttersorten. Die gleiche Kombination wurde von HOWLETT meist an verschiedenen Bäumen und auch an verschiedenen Orten wiederholt. Da sich im wesentlichen immer dieselben Resultate ergaben, sind in der folgenden Zusammenstellung die gleichen Kombinationen nicht getrennt aufgeführt. HOWLETT hat bei einem Teil seiner Versuche, wie allgemein üblich, die entmannten Blüten mit Tüten vor dem Insektenbesuch geschützt, bei weitern hat er nach dem Vorgehen von SAX (1922) und anderen nur die Blütenblätter entfernt, da die Bienen die des Schauapparates beraubten Blüten nicht oder wenigstens nur sehr selten aufsuchen. Es sind nur die Versuche mit eingetüteten Blüten in die Zusammenstellung übernommen worden.

Befruchtungsversuche mit guten und schlechten Pollenbildnern nach HOWLETT.

Bestäubung mit guten Pollenbildnern				Bestäubung mit schlechten Pollenbildnern			
Kombination	Anzahl Blüten	Anzahl Früchte	Ansatz %	Kombination	Anzahl Blüten	Anzahl Früchte	Ansatz %
Baldwin ×				*Baldwin* ×			
Grimes Golden	306	186	61	Stayman Winesap .	64	0	0
Jonathan	412	130	32	Banks (= Roter			
Wealthy	96	55	52	Gravensteiner) ..	58	0	0
Delicious	936	590	63	Ohio Nonpareil....	58	0	0
Ensee	48	39	81	Rh. Island Greening	144	3	2,1
McIntosh	210	67	32				
Yellow Transparent	92	38	41				
Total bzw. Mittel:	2100	1105	53	Total bzw. Mittel:	324	3	0,9
Grimes Golden ×				*Grimes Golden* ×			
Jonathan	10	3	30	Baldwin	162	2	1,2
Wealthy	86	8	9	Ohio Nonpareil....	56	0	0
Delicious	144	45	31	Rh. Island Greening	124	3	2,4
McIntosh	142	24	17				
Ensee	44	22	50				
Golden Delicious ..	96	48	50				
Rome Beauty	96	16	18				
Total bzw. Mittel:	618	166	27	Total bzw. Mittel:	342	5	1,5
Jonathan ×				*Jonathan* ×			
Grimes Golden	168	49	29	Stayman Winesap .	96	3	3,1
Delicious	248	82	33	Rh. Island Greening	100	1	1,0
McIntosh	266	62	23	Baldwin	260	0	0
Yellow Transparent	100	22	22				
Golden Delicious ..	38	26	68				
Total bzw. Mittel:	820	241	29	Total bzw. Mittel:	456	4	0,9
Wealthy ×				*Wealthy* ×			
Grimes Golden	192	61	32	Ohio Nonpareil....	84	3	3,6
Jonathan	98	33	34	Baldwin	276	2	0,7
Delicious	50	32	64	Nero	64	0	0
Golden Delicious ..	46	17	37				
Rome Beauty	58	20	34				
Total bzw. Mittel:	444	163	37	Total bzw. Mittel:	424	5	1,2

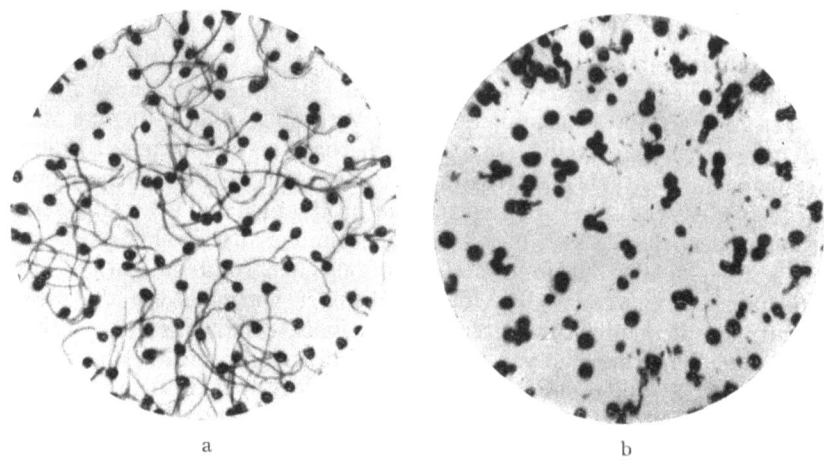

Abb. 55. Pollenkeimung bei diploiden und triploiden Apfelsorten, 4 Stunden nach Aussaat in 10%ige Rohrzuckerlösung bei Zimmertemperatur. a Thurgauer Weinapfel (diploid); b Menznauer Jägerapfel (triploid). Vergrößerung etwa 80. Original.

Weniger deutlich zeigt sich die Minderwertigkeit des Pollens triploider Sorten in den Versuchen von CRANE und LAWRENCE (1929). Greift man die Kombinationen diploid × diploid heraus und stellt sie den Kombinationen diploid × triploid gegenüber, so erhält man die nachstehenden Ergebnisse.

Befruchtungsversuche mit diploiden und triploiden Apfelsorten nach CRANE.

Kombination	Anzahl Blüten	Anzahl Früchte	Ansatz %	Gute Samen Total	je Frucht
Diploid × diploid.					
Golden Spire × Schöner von Bath	61	10	16	76	7,6
Royal Jubilee × Northern Greening	70	10	14	64	6,4
Royal Jubilee × Lanes Prince Albert	62	10	16	54	5,4
Encore × Kings Acre Pippin	12	3	25	17	5,6
Brownlees Russet × Reverend W. Wilks	94	2	2	11	5,5
Cox' Orange-Reinette × Reverend W. Wilks	132	9	7	42	4,6
Cox' Orange-Reinette × Stirling Castle	45	7	16	36	5,1
Cox' Orange-Reinette × Stürmers Peping	300	26	9	86	3,3
Cox' Orange-Reinette × Lanes Prince Albert	257	26	10	57	2,7
Cox' Orange-Reinette × Newton Wonder	150	14	9	33	2,2
Cox' Orange-Reinette × Peasgoods Nonsuch	89	10	11	29	2,9
Cox' Orange-Reinette × St. Everard	160	10	6	8	0,8
Stürmers Peping × Cox' Orange-Reinette	130	14	11	82	5,8
Lanes Prince Albert × Cox' Orange-Reinette	352	22	6	35	1,6
Lanes Prince Albert × Charles Ross	159	10	6	4	0,4
Winter Ribston × Cox' Orange-Reinette	101	14	14	26	2,6
Winter Ribston × Encore	56	6	11	11	1,8
Total bzw. Durchschnitt:	2230	203	9,1	671	3,3
Diploid × triploid.					
Cox' Orange-Reinette × Goldreinette von Blenheim	454	40	9	36	1,0
Cox' Orange-Reinette × Crimson Bramley	180	18	10	24	1,4
Norfolk Beauty × Crimson Bramley	147	2	1	1	0,5
Lanes Prince Albert × Goldreinette von Blenheim	220	20	9	55	2,8
Peasgoods Nonsuch × Goldreinette von Blenheim	42	2	5	4	2,0
Total bzw. Durchschnitt:	1043	82	7,8	120	1,5

Der durchschnittliche Samengehalt der Früchte nach Bestäubung mit Pollen diploider Sorten ist mehr als doppelt so hoch wie derjenige nach Bestäubung mit triploiden. Der Unterschied in bezug auf den Fruchtansatz ist wesentlich bescheidener (9,1% Früchte gegenüber 7,8%). Wir dürfen daraus, wie alle späteren Versuche stets wieder ergaben, nicht schließen, daß dem Pollen triploider Sorten eine praktisch ausreichende Befruchtungsfähigkeit zukomme. Die guten Fruchtansätze nach Verwendung von Pollen triploider Sorten in den Versuchen der beiden englischen Forscher ist auf die Verwendung von Topfobstbäumen zurückzuführen. Diese neigen, solange sie in gutem Ernährungszustande sind, zur Bildung von samenlosen Jungfernfrüchten und vermögen ihre Früchte auch auszubilden, wenn nur vereinzelte Samenanlagen befruchtet wurden, was bei kräftigeren Bäumen meist nicht der Fall ist. Anderseits ist ihre Blattfläche im Verhältnis zur Zahl der Blüten klein, so daß sie nicht befähigt sind, bei guter Bestäubung hohe Fruchtansätze zu liefern. Trotz der Ergebnisse der beiden englischen Forscher muß der Pollensterilität der Apfelsorten in der obstbaulichen Praxis eine große Bedeutung beigemessen werden.

Ganz ähnliche Verhältnisse ergeben sich für die Birnen, mit dem Unterschied, daß nach Bestäubung mit Pollen triploider Sorten gelegentlich recht bedeutende Fruchtansätze zu beachten sind. Dies ist jedoch nicht auf eine Befruchtung zurückzuführen, sondern auf die bei dieser Obstart recht häufig vorkommende Jungfernfrüchtigkeit, d.h. die Bildung samenloser Früchte ohne Befruchtung. Bereits aus den Versuchen von KAMLAH (1928) und E. H. FLORIN (1926) geht mit aller Deutlichkeit hervor, daß der Pollen triploider Birnsorten ebenso wertlos ist wie derjenige triploider Apfelsorten. Alle bisherigen Erfahrungen haben diese Tatsache immer wieder bestätigt.

Eigentlich sollten wir eine bessere Befruchtungsfähigkeit des Pollens der triploiden Apfel- und Birnsorten erwarten. Bei einer Keimfähigkeit von 5—30% müssen wir in Anbetracht der Überproduktion des Pollens annehmen, daß bei guter Bestäubung immer noch genügend keimfähige Körner auf die Narbe gelangen. Aber schon bei der Keimung des Pollens in künstlichen Medien stellen wir fest, daß die Keimschläuche bei triploiden Sorten zum größten Teil kurz bleiben. Sie sind zudem oft auffallend dick und mißgestaltet. Dies hängt ohne Zweifel mit dem abnormen Chromosomenbestand ihrer Kerne zusammen. Die überzähligen Chromosomen haben zur Folge, daß der Ablauf der physiologischen Vorgänge gestört wird. Auch wenn die Pollenschläuche ins Leitgewebe des Griffels eingedrungen sind, vermag der größte Teil derselben nicht derart zu wachsen, daß sie innert nützlicher Frist zu den Eizellen gelangen (MODLIBOWSKA 1945). *Die Befruchtungsfähigkeit des Pollens triploider Apfel- und Birnsorten ist weit geringer als man aus seiner Keimfähigkeit schließen sollte.*

Wir ziehen aus diesen Beobachtungen den Schluß, daß in jeder Apfel- oder Birnpflanzung genügend diploide Sorten als gute Pollenbildner zugegen sein müssen. Wie wir sehen werden, kommen sortenreine Pflanzungen infolge der weitgehenden Selbststerilität nicht in Frage. Wären in einer Pflanzung jedoch nur triploide Sorten vorhanden, so könnte eine ausreichende Befruchtung ebenfalls nicht stattfinden. Ist nur *eine* diploide Sorte zugegen, so vermag sie die gleichzeitig blühenden triploiden Sorten zu befruchten, kann aber selbst nicht befruchtet werden. Es müssen daher in jeder Anlage wenigstens zwei gleichzeitig blühende gute Pollenbildner in genügender Zahl und in nicht zu großer Entfernung zugegen sein. Wir werden auf diese Fragen in einem anderen Abschnitt zurückkommen.

Welche Folgen eintreten, wenn diesen Anforderungen nicht Genüge geleistet ist, mag an einem Beispiel dargelegt werden, das JANSON (1925) aus Schweden bekanntgab. Ein Obstpflanzer wollte die diploide Sorte Cox' Orange-Reinette anpflanzen. Um aber eine Sortenmischung zu haben, bepflanzte er jede dritte Reihe mit der uns als triploid bekannten Goldreinette von Blenheim. Die Anlage umfaßte 1024 Bäume. Auf der einen Seite grenzte sie an einen alten Baumgarten mit buntem Sortengemisch, auf den anderen Seiten waren dagegen keine Osbtbäume vorhanden. In dieser Anlage konnte nun die Blenheim-Reinette durch die Cox' Orange-Reinette befruchtet werden, nicht aber umgekehrt. Eine Befruchtung der Cox' Orange-Reinette war nur vom alten Obstgarten her möglich. In der Tat setzte diese Sorte in den der alten Pflanzung benachbarten Reihen gute Ernten an. Diese nahmen aber in größerer Entfernung mehr und mehr ab. Während die beiden der alten Pflanzung am nächsten stehenden Reihen zusammen 275 Liter Früchte trugen, sank der Ertrag in dem von der alten Pflanzung entferntesten Teil auf 10—20 Liter für je 2 benachbarte Reihen. Die Einzelheiten sind aus Abb. 56 ersichtlich.

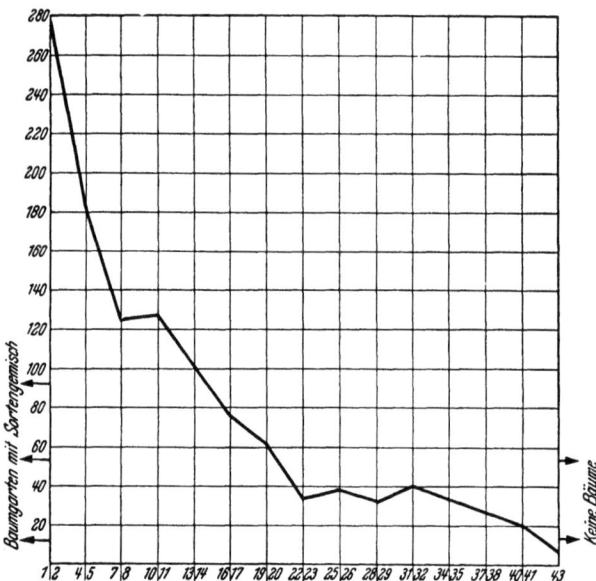

Abb. 56. Untauglichkeit der triploiden Goldreinette von Blenheim zur Befruchtung von Cox' Orange Reinette. Die Kurve stellt die mittleren Erträge von je 2 Reihen von Cox' Orange-Reinette in Litern dar. Die Reihen 3, 6, 9 usw. bestanden aus Goldreinette von Blenheim. Weitere Erklärung im Text. (Nach JANSON-EISENACH, vom Verfasser gezeichnet.)

R. FLORIN hat als erster die Apfel- und Birnsorten in gute, mittelgute und schlechte Pollenspender eingeteilt. Andere Forscher, darunter auch der Verfasser, haben diese Einteilung vorerst übernommen. Die Erfahrung hat aber gezeigt, daß die einfache Zweiteilung in gute Pollenspender (diploide Sorten) und schlechte Pollenspender (triploide Sorten) richtiger und zweckmäßiger ist. Wohl schwankt die Pollenkeimfähigkeit bei diploiden Sorten in weiten Grenzen, und es ist wahrscheinlich, daß Sorten vorkommen, die trotz normaler Chromosomenverhältnisse auch bei bester Ernährung stets einen bestimmten Prozentsatz schlechter Pollenkörner ausbilden, so beispielsweise der Apfel Transparent von Croncels oder die Birnsorte Frühe von Trévoux, bei denen der Verfasser regelmäßig Pollenkeimfähigkeiten von weniger als 60% feststellte. Im Gegensatz zu den Verhältnissen bei den triploiden Sorten sind aber die Pollenschläuche der keimenden Körner normal ausgebildet und voll wachstumsfähig. Ihre Befruchtungsfähigkeit ist deshalb normal. Infolge der Überproduktion des Pollens spielt diese nicht cytologisch begründete Pollensterilität praktisch keine Rolle.

Für den Obstpflanzer ist es wichtig zu wissen, welche Sorten diploid sind und als gute Pollenspender in Betracht kommen. Es wurden deshalb aus der Literatur Listen guter und schlechter Pollenspender zusammengestellt. Alle unsicheren Bestimmungen und eine Anzahl für die Benützer des Buches kaum interessanter Sorten wurden weggelassen.

Zusammenstellung guter und schlechter Pollenbildner beim Apfel- und Birnbaum.

Apfelsorten.

Gute Pollenspender.

Abbondanza
Adams Parmäne
Adersleber Kalvill
Akerö
Alantapfel
Alfriston
Allington Peping
Allsops Beauty
Alnarps Rosmarin
Alnarps Winterstreifling
Alnö
Altenländer Pfannkuchenapfel
Ananasapfel, roter
Ananas-Reinette
Anisim
Anna Stina
Annie Elizabeth
Annurca
Antonowka
Apfel aus Lunow
Apfel aus Ülzen
Arescow
Arvide Äpple
Astrachan, roter
Astrachan, weißer
Ballarat Seedling
Bänziger
Baumanns Reinette
Beechamvilles Seedling
Bellefleur, gelber (Linneous Pippin)
Belpberger Reinette
Ben Davis
Berner Rosenapfel
Betty Geeson
Bielyi Naliv
Bismarck
Bittenfelder
Black Ben Davis
Bodil Neergaard
Böhmischer Rosenapfel
Boikenapfel
Borsdorfer, gestreifter böhmischer
Broholms Rosenapfel
Brugger Reinette
Brunsäpple von Halland
Calville d'Oullins
Campanner (= Wachs-Reinette)
Carlisle Peping
Carpentin
Carters Blue
Cellini
Champagner-Reinette

Champion
Charlamowsky (Borowitzky)
Charles Ross
Chenago
Chüsenrainer
Climax
Cludius Herbstapfel
Collins
Collorado Orange
Cornish Gilliflower
Coronation
Cortland
Cousinot, gestreifter
Cousinot, purpurroter
Cox' Orange-Reinette
Cox' Pomona
Crawley Beauty
Danziger Kantapfel
Deans Küchenapfel
Delicious
Degeneapfel
Der Böhmer
Doberaner Borsdorfer
Domine
Doktor Dormann
Dronning Louise
Duke of Devonshire
Dumelow
Early Harvest
Early McIntosh
Early Victoria
Ecklinville Seedling
Edelapfel, gelber (Golden Noble)
Edelborsdorfer (Maschansker)
Edelgrauech
Edelrambur von Winnitza
Eduard VII.
Ekelyäpple
Eldrod Pigeon
Elise Rathke
Ellisons Orange
Elmelundsäpple
Encore
Ensee
Ernst Bosch
Esopus Spitzenberg
Etterby Beauty
Fall Wine
Fameuse
Fierys roter Taubenapfel
Fießers Erstling
Filippa
Finkenwerder Herbstapfel
Flädie

Fleiner du Roix
Folkstone
Frass' Sommerkalvill
Follmers Pomona
Fraurotacher (Franc Roseau)
Freiherr von Berlepsch
Frogmore prolific
Fromms Goldreinette
Fulleröapfel
Fürstenapfel, grüner
Gallia Beauty
Gano
Gascoynes Seedling
Geheimrat Breuhahn
Geheimrat Dr. Oldenburg
Gelber Richard
General von Hammerstein
Gladstone
Glockenapfel
Gloria mundi (Lewen alma)
Golden Delicious
Goldparmäne (King of Pippins, Reine des Reinettes)
Grahams Jubiläumsapfel
Granny Smith
Grenadier
Grimes Golden
Großherzog von Baden
Gruschewka Krasnaja
Guldborgsäpple
Hagedorn (Hawthornden)
Hampus
Hanaskog
Hans Mathiesen
Hansuli
Hedenlunda
Herbergsapfel
Herbstkalvill, roter
Herzogin Olga
Herzogin von Oldenburg
Hibernal
Himbeerapfel, langer, roter
Himbeerapfel von Holowaus
Hohenstaufens Rosenapfel
Hoover
Hörningholmes Rosenapfel
Hornsberg
Hubbardston
Ilroed Pigeon
Ilzer Rosenapfel
Ingrid Marie
Irish Peach
James Grieve
James Hög
Jonathan

Jungfernapfel, roter
Kaiserapfel
Kaiser Alexander
Kandil Sinap
Kanicker (Scanish)
Kao
Karmeliter
Karrabowka
Kasseler Reinette (Reinette de Caux)
Kathrinedal
Kavlas
Kentischer Küchenapfel
Kerry Peping
Kesäter (Kleiner Langstiel)
Keswick Küchenapfel
King David
Klarapfel, weißer
Kleopatra
Königinapfel (The Queen)
Königlicher Kurzstiel
Kronenreinette
Kronprinz Rudolph von Österreich
Krügers Dickstiel
Kruzenberg
Lady Carrington
Ladys Finger
Lady Sudeley
Lambron
Landsberger Reinette
Lanes Prince Albert
Langleys Peping
Langstons Sondergleichen
Lavanthaler Bananenapfel
Laxtons Superb
Leopold von Rothschild
Lesans Kalvill
Lodi
London Peping
Longford
Lord Derby
Lord Grosvenor
Lord Suffield
Lord Wolseley
Lothringer
Luikenapfel
McIntosh
Macoun
Maiden Blush
Manks Küchenapfel
Manningtons Parmäne
Margaretha
Matapfel, brauner
Medina
Melba
Menigasker
Milton
Minister von Hammerstein
Missouri Peping
Mona Hay
Müllers roter Spitzapfel
Muskatreinette (Margil)
Nathusius' Taubenapfel

Neuer englischer Taubenapfel
Newton Peping (Newton wonder)
Nickajack
Northwestern Greening
Oberdiecks Reinette
Oberrieder Glanzreinette
Odenwälder
Oetwiler Reinette
Okabena
Ontario-Reinette
Oranje
Orléansreinette
Oslins
Osterkalvill, roter
Paergaard
Papirowka
Parkers Peping
Patton
Peasgoods Sondergleichen
Pederstrup
Pennington
Pewaukee
Pfirsichroter Sommerapfel
P. J. Bergius
Plodowitka
Präsident Bruard
Princesse Noble
Prinzenapfel (Melonenapfel)
Quetier
Rafzer Weißapfel
Reinette Berk
Reinette grise de Saintonge
Reinette von Breda
Reinette von Egremont
Reinette von Granville
Rheinischer Krummstiel
Risetter
Rival
Rome Beauty
Rosenhäger
Rosmarin-Reinette
Rudolphs Liebling
Rudolphs Zwiebelborsdorfer
Rymer
Säftstaholm
Salatorewka
Samuelsons Äpple
San Jacinto
Sauergrauech
Scharlachparmäne
Schöner von Bath
Schöner von Bedford
Schöner von Nordhausen
Schöner von Pontoise
Schwaben-Fraurotacher
Schwarzenbachparmäne
Schwedischer Winterpostoph
Schweizer Breitacher
Seeapfel, roter
Senator
Signe Tillisch
Skovfoged
Skvosnoj Nalif

Sommergewürzapfel
Sommerreinette, goldgelbe
Sommerrambur
Späher des Nordens (Northern Spy)
Sparreholm
Spitzlederer
Springdale
Standkyrkeapfel
Stäringe
Statesman
Stensberg
Sternreinette, rote
Stettiner, roter
Stettiner, weißer
St. Lawrence
St. Louis Taubenapfel
Stone Peping
Stürmers Peping
Suislepper
Sutton
Svanetorp
Taffetapfel, spätblühender
Tettowo
The Houblon
Thomas Rivers
Thurgauer Weinapfel
Titowka
Tobiäsler
Tosterup
Transparent von Croncels
Trierscher Weinapfel, roter
Tschernogutz
Tschulanowka
Ullerud
Unseldapfel
Vineuse Rouge
Virginischer Rosenapfel
Wädenswiler Rosenapfel
Wagener
Waldhöfler
Wärnanäs
Wealthy
Weidners Goldreinette
Wellington-Reinette
Wildling von Berneck
Wildmuser
Wilerrot
Williams Favorite
Winesap
Winterbanana
Winterkalvill, roter
Winterkalvill, weißer
Wintermajetin
Wintertaffetapfel, weißer
Wolf River
Worcester Parmäne
Wunder von Chelmsford
Yellow Transparent
York Imperial
Zürichapfel
Zuccalmaglio-Reinette
Zwanzig-Unzen-Apfel

Schlechte Pollenspender.

(Die mit * bezeichneten Sorten sind cytologisch untersucht.)

Aargauer Jubiläumsapfel
Arkansas (Mammoth Black Twig) *
Baldwin *
Beauty of Australia
Bedfordshire Foundling *
Belle du Havre *
Bentelsbacher Rambur
Bohnapfel *
Bossanka
Bostonreinette
Bramleys Seedling *
Brettacher
Brünnerling *
Bühlers Erdbeerapfel *
Colville
Coulon-Reinette *
Crimson Bramley *
Damason-Reinette *
Dr. Nansen
Eiserapfel, roter *
Fallawater
Flintinge
Frösaker
Genet Moyle
Goldreinette von Blenheim *

Goldreinette, englische
Graue Herbstreinette
Graue französische Reinette
Gravensteiner, gelber *
Gravensteiner, roter (Banks)*
Hamblings Seedling
Harberts Reinette *
Hausmutterapfel
Jacques Lebel *
Joseph Musch
Kaiser Wilhelm
Kalmar Glasapfel
Kanada-Reinette (Pariser Rambur) *
Kardinal, geflammter
King of Tompkins County *
Lohrer Rambur
Luxemburger Reinette
Martin Becker
Menznauer Jägerapfel (Roter Bellefleur) *
Nero
Ohio Nonpareil
Osnabrücker Reinette
Paragon
Reinette, graue französische

Reinette grise de Vitry
Reinette, weiße, spanische
Rhode Island Greening *
Ribston Peping
Riesenboikenapfel
Rosswicks Apfel
Roxbury Russet (Nonpareil) *
Schöner von Boskoop *
Schöner von Kent *
Schmidtbergers Reinette
Souvenir de l'Evêque
Stäfner Rosenapfel *
Stark *
Stayman Winesap *
Teuringer Rambur
Van Proque
Warners King *
Welschbrunner
Welsh Isnier
Weyermannsapfel
Winterrambur, rheinischer
Wintercitronenapfel *
Yellow Newton *
Zabergäu Reinette

Birnensorten.

Gute Pollenspender.

André Desportes
Appenzeller Wasserbirne
Baronne de Mello
Baronne Leroy
Belle des Abrès
Beurré Baltet père
Beurré Bedford
Beurré Bencke
Beurré d'Anjou (Nec plus Meuris)
Beurré de l'Assomption (Himmelfahrtsbirne)
Beurré Goubault
Blumenbachs Butterbirne (Soldat laboureur)
Bunte Julibirne
Boscs Flaschenbirne
Cäciliabirne (Schweden)
Capiaumont
Cayuga
Chaumontel
Clairgeau
Clapps Liebling
Clara Frijs
Comte de Chambord
Comtesse de Paris
Conférence
Dänische Dechantsbirne
Deutsche Nationalbergamotte
Doktor Jules Guyot
Doyenné d'Alençon

Duchesse de Berry d'été
Edelcrassane (Passe Crasane)
Emile d'Heyst
Erzbischof Hons
Esperens Bergamotte
Esperens Herrenbirne
Esperine
Eva Baltet
Eyenwood
Fertility
Fischbächler
Flemish Beauty
Forellenbirne
Frühe von Tivoli
Frühe von Trévoux
Gansels Bergamotte
Gellerts Butterbirne (Hardy)
General Tottleben
Giffards Butterbirne
Giram
Gorham
Göteborgs Diamantbirne
Guntesshauser
Gute Luise von Avranches
Gute von Ezée
Hardenponts Butterbirne (Glou morceau)
Hélène Grégoire
Herzogin Elsa
Herzogin von Angoulême
Hochfeine Butterbirne

Hofsta
Höst Bergamotte
Hoyerswerder
Howell
Jakobsbirne (Schweden)
Jaminette
Jeanne d'Arc
Johanntorps Winterbirne
Josephine von Mecheln
Juli-Dechantsbirne
Kieffer
Kleine Herbstlängler
König Karl von Württemberg
Köstliche von Charneu (Légipont)
La France
Landsknechtler
Lebruns Butterbirne
Le Lectier
Liegels Butterbirne
Lübecker Bergamotte
Madame Bonnefond
Madame Hutin
Madame Treyve
Madame Verté
Marie Louise
Mockenholzbirne
Monchallard
Mortillets Butterbirne
Mostbirne von Kindstrup
Mouille Bouche

Naghins Butterbirne
Napoleons Butterbirne
Neue Poiteau
Nordhäuser Winterforelle
Olivier de Serres
Packham
Rebenbirne
Reinholzbirne
Roosevelt
Rotbärtler
Rotlängler
Schmelzende von Thirriot

Schwarzlängler
Seckel
Six' Butterbirne
Sommerlängler
Sommermagdalene
Späte Weinbirne
Sterkmanns Butterbirne
St. Swithins
Stuttgarter Gaishirtel
Succès de la Milleraye
Tongre (Durandeau)
Triumph von Jodoigne

Triumph von Vienne
Urbaniste (Colomas Herbstbutterbirne)
Van Marum
Van Mons
Vereins-Dechantsbirne
Weilersche Mostbirne
Williams Christbirne (Bartlett)
Winter-Dechantsbirne
Winter Nelis
Winter-Williams

Schlechte Pollenspender.

(Die mit * bezeichneten Sorten sind cytologisch untersucht.)

Alexander Lucas *
Amanlis Butterbirne *
Andenken an den Kongreß
Bärikerbirne *
Beurré Mantecat
Charles Cognée
Chriesibirne
Colmar d'Arenberg
Constant Lesueur
Diels Butterbirne *
Fin de Siècle
Fullerö
Gelbmöstler

Graf Moltke
Grotzenbirne
Grünmöstler
Gute Graue
Hofratsbirne *
Jargonelle (Epargne)
Kalchbühler
Klettgauer Dornbirne
Knollbirne
Marguerite Marillat
Marxenbirne
Metzer Bratbirne
Ottenbacher Schellerbirne

Pastorenbirne (Curé, Vicar of Wenkfield) *
Pitmaston
Re Umberto
Schweizer Wasserbirne
Sülibirne
Sulserlängler
Theilersbirne *
Trockener Martin
Virgoleuse
Wettinger Holzbirne

Es stellt sich die Frage, auf welche Weise die triploiden Sorten entstehen. KOBEL (1927) hat festgestellt, daß bei unseren normalchromosomigen Kern- und Steinobstarten recht oft diploide Pollenkörner gebildet werden. Besonders häufig konnte dieser Vorgang bei der Zierform *Prunus pissardi mooseri* beobachtet werden. In den Prophasen findet man abnormerweise keine Paarung der Chromosomen. In der „Diakinese" erkennt man nicht 8 Paare (Grundzahl $n = 8$), sondern 16 Einzelchromosomen. Die Metaphasenplatte der Reduktionsteilung wird nicht in ordentlicher Weise ausgebildet. Die Chromosomen beginnen sich unregelmäßig in der Spindel zu verteilen. Diese erste Kernteilung wird nicht abgeschlossen. Es entsteht vielmehr um die 16 Chromosomen eine Kernwand. (Bildung eines Restitutionskernes im Sinne von ROSENBERG.) Dieser diploide Kern macht hierauf eine einfache Äquationsteilung durch. An Stelle der Tetrade mit 4 haploiden entsteht eine Dyade mit 2 diploiden Zellen. Jede entwickelt sich zu einem Pollenkorn, das infolge der verdoppelten Chromosomenzahl auffallend groß ist. Diese Bildung von Dyaden und diploiden Pollenkörnern wurde bei allen untersuchten Kern- und Steinobstarten als Ausnahme gefunden. Wenn eine normal haploide Eizelle durch ein solches diploides Pollenkorn befruchtet wird, gelangen in die Zygote $n + 2n$, im Falle des Apfels und der Birne somit $17 + 2 \cdot 17 = 51$ Chromosomen.

KOBEL (1927) hat neben diploiden Pollenkörnern auch diploide Eizellen gefunden. Bei der Apfelsorte Transparent von Croncels vermögen sie sich, wie wir bei anderer Gelegenheit sehen werden, ohne Befruchtung zu entwickeln. Sie sind bei dieser Sorte somit nicht befruchtungsbedürftig. Ob sie aber befruchtungsfähig sind und ob neben diploiden Pollenkörnern auch diploide Eizellen zur Entstehung triploider Sorten führen können, ist nicht abgeklärt.

Daß aus diploiden Sorten triploide Sämlinge hervorgehen können, hat als erster RYBIN (1927) festgestellt. Er zählte in den Wurzelspitzen eines Abkömmlings der 34chromosomigen Wintergoldparmäne 51 Chromosomen.

HEILBORN (1928, 1930) hat nachdrücklich darauf hingewiesen, daß auch bei diploiden Apfelsorten der Chromosomenmechanismus so weitgehend gestört werden kann, daß fast lauter sterile Pollenkörner entstehen. Wenn man nämlich die Reduktionsteilung im Warmhaus bei Temperaturen über 20°C vor sich gehen läßt, so erfolgt die Paarung der Chromosomen nicht mehr normal. HEILBORN beobachtete zwei verschiedene Störungen. Im einen Fall bildeten sich neben zweiwertigen auch einwertige Chromosomen in variabler Zahl. Alle ordneten sich zur Platte. Wie fast immer, wenn einwertige und zweiwertige nebeneinander liegen, teilten sich zuerst die zweiwertigen. Die einwertigen blieben zurück, teilten sich aber nachträglich ebenfalls. HEILBORN hat die späteren Geschehnisse nicht verfolgt, glaubt aber, daß aus solchen Teilungen ein gewisser Prozentsatz keimfähiger Pollenkörner hervorgehe.

Die Erhöhung der Temperatur kann aber unter Umständen noch weit gefährlicher wirken und sogar die Entstehung von Teilungsspindeln verunmöglichen, so daß die Bildung von Metaphasenplatten ausgeschlossen ist. Die Chromosomen liegen ungeordnet durcheinander und eine einigermaßen regelmäßige Teilung ist verunmöglicht. Aus so beschaffenen Pollenmutterzellen bilden sich natürlich keine keimfähigen Pollenkörner, sofern nicht die oben erwähnte Bildung von Restitutionskernen erfolgt.

Diese Störungen der Pollenbildung durch erhöhte Temperatur sind wahrscheinlich ohne wesentliche praktische Bedeutung; denn es ist zu berücksichtigen, daß zur Zeit der Reduktionsteilung, die in unseren Breiten von Ende März bis anfangs Mai stattfindet, im Freien solche Temperaturen kaum in Betracht kommen. Wenn auch vielleicht an einem warmen Föhntag kurze Zeit die Temperatur von 20°C erreicht werden sollte, so spielt dies bei der großen Überproduktion von Pollen, der nicht in allen Blüten und Staubgefäßen gleichzeitig reift, keine wesentliche Rolle.

Nachdem wir die abnorme Pollenbildung bei Apfel- und Birnsorten besprochen und ihre Konsequenzen geprüft haben, müssen wir uns fragen, ob ähnliche Erscheinungen auch bei *Steinobstarten* vorkommen. Der Verfasser (KOBEL 1926) hielt dies für wahrscheinlich, da er bei fast allen untersuchten Steinobstarten Fälle von geringer Pollenkeimfähigkeit fand. Er untersuchte deshalb die Chromosomenverhältnisse (KOBEL 1927). Zu gleicher Zeit und unabhängig wurden entsprechende Untersuchungen auch von DARLINGTON (1926, 1928, 1930) und vom Japaner OKABE (1927, 1928) durchgeführt. Später lieferten andere Forscher, z.B. NATIVIDADE (1932) und PRYWER (1936), weitere Beiträge.

Die Süßkirschen *(Prunus avium)* haben normalerweise diploid 16 Chromosomen. DARLINGTON (1926, 1928) glaubte vorerst, daß Sorten mit 1—3 überzähligen Chromosomen vorliegen, hat aber diese Angabe später widerrufen (DARLINGTON 1933). Dagegen stellten KOBEL und SACHOFF (1929) bei der Sorte Sauerhäner und der wenig verbreiteten Schlattkirsche je ein überzähliges Chromosom fest. Die Pollenkeimfähigkeit ist durch diese Trisomie nicht beeinträchtigt. Triploide Sorten wurden nicht gefunden und cytologisch bedingte Pollensterilität kommt bei dieser Obstart nicht vor. MATHILDE VON SCHELHORN (1947) berichtet über einen spontan aufgetretenen einzelnen triploiden Süßkirschenbaum, den TRENKLE „Theißinger Sämling" benannte. Der Baum ist auffallend starkwüchsig. Die Fruchtbarkeit ist aber sehr gering, was auf Grund der Abnormitäten bei der Reduktionsteilung leicht begreiflich erscheint. Man findet univalente, bivalente und trivalente Chromosomen in wechselnder Zahl. Es bilden sich neben Tetraden, ähnlich wie bei den triploiden Äpfeln, Pentaden und Hexaden, daneben aber verblüffend häufig auch Dyaden. Da man annehmen darf, daß die Zellkerne derselben, und folglich auch die aus Dyadenzellen entstehenden Pollenkörner, triploid sind, dürfte es möglich sein, mit Hilfe dieser triploiden Süßkirsche tetraploide Sorten zu züchten.

Etwas anders vollzieht sich die Pollenbildung nach DARLINGTON (1926, 1928), KOBEL (1927) und PRYWER (1936) bei den Sauerkirschen *(Prunus cerasus)*. Von allen 3 Forschern wurden sowohl Vertreter der *var. frutescens Neilr.* bzw. *subsp. acida Ascherson* und *Graebner* (Ostheimer Weichsel, Schattenmorelle) als auch der *var. typica C. K. Schneider* bzw. *subsp. eucerasus Ascherson* und *Graebner* (z. B. Montmorency, May Duke, Kaiserin Eugénie, Königin Hortense) untersucht. In der zweiten Gruppe, die auch etwa als „Glaskirschen und Amarellen" zusammengefaßt wird, sind auch die „Edelweichseln" enthalten, die man seit alters her als Bastarde zwischen Süß- und Sauerkirschen auffaßt. Daneben erstrecken sich die Untersuchungen auch auf einige Wildformen. Mit einer einzigen Ausnahme wurden somatisch 32 Chromosomen gefunden, also doppelt soviel wie bei den Süßkirschen. Nur SACHOFF (briefliche Mitteilung) fand in Bulgarien bei einer dort als „Ostheimer Weichsel" bezeichneten Sauerkirsche 40 Chromosomen. Sie zeigte von allen untersuchten Sorten die geringste Pollenkeimfähigkeit, und es scheint aus den Versuchen hervorzugehen, daß bei ihr eine bedeutende cytologisch bedingte Pollen- und Eizellensterilität vorliegt.

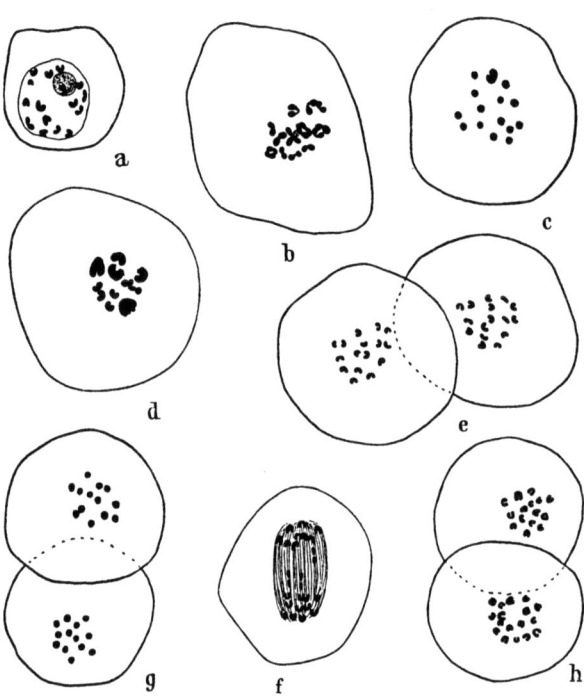

Abb. 57. Abnorme Reduktionsteilung bei der Pollenbildung von Sauerkirschen. a Normale Diakinese mit 16 Chromosomenpaaren von Ostheimer Weichsel. b Übergang von Diakinese zu Metaphase mit 16 Chromosomenpaaren (Impératrice Eugénie). c Metaphase der Reduktionsteilung mit 14 zweiwertigen und einem vierwertigen Chromosom (Ostheimer Weichsel). d Metaphase der Reduktionsteilung mit 5 vierwertigen, 5 zweiwertigen und 2 einwertigen Chromosomen (Impératrice Eugénie). e Normale Anaphase der Reduktionsteilung mit 16 + 16 Chromosomen (Impératrice Eugénie). f Anormale Anaphase der Reduktionsteilung mit 6 in der Spindel zurückgebliebenen Chromosomen (Schattenmorelle). g Dieselbe Zelle wie f, aber in Polansicht, die beiden Platten mit je 13 Chromosomen (die in der Spindel zurückgebliebenen sind nicht gezeichnet). h Anaphase der Reduktionsteilung mit 15 + 17 Chromosomen (Griotte du Nord). (a nach einem FLEMMING-HEIDENHAIN-Präparat, die übrigen nach Carminessigsäurepräparaten.) Vergrößerung 1500. Original.

Aber auch bei den übrigen Sauerkirschen ist die Paarung der Chromosomen, wie wir im Diakinesestadium und in der Metaphase der Reduktionsteilung feststellen können, nicht immer normal. Häufig finden wir Viererguppen, daneben aber auch dreiwertige und einwertige Chromosomen (Abb. 57 c—d). Die Platten sind oft schwer interpretierbar. Ihre Zusammensetzung kann bei ein und derselben Sorte sehr ungleich sein. Solche Unregelmäßigkeiten finden sich bei allen Kultursorten, gleichgültig welcher der beiden Unterarten sie angehören. Sie verursachen anormale Reduktionsteilungen. Wir finden häufig in der Spindel zurückgebliebene Chromosomen (Abb. 57 f), die vielfach nicht mehr in die Tochterkerne gelangen. Wir haben also ähnliche Bilder vor uns wie bei den triploiden Apfel- und Birnsorten. Die Störungen sind aber bei weitem nicht so groß. Aus den Anaphasen ersehen wir, daß oft die Verteilung der Chromosomen keine normale ist. Statt 16 + 16 finden wir oft 15 + 17 (Abb. 57h), seltener 14 + 18. DARLINGTON hat sogar 13 + 19 beobachtet. Ausnahmsweise wurden sowohl von DARLINGTON als auch von KOBEL und PRYWER größere Abnormitäten beobachtet, die sich in der Bildung von fünf- und mehrzelligen Tetradenstadien äußern können. PRYWER beobachtete Dyaden und Riesenpollenkörner.

Der Pollen der Sauerkirschen sieht in der Regel weniger gleichmäßig aus als derjenige von Süßkirschen. Ein Teil der Unregelmäßigkeiten muß ohne Zweifel auf die abnorme Reduktionsteilung zurückgeführt werden. Eine eigentliche Befruchtungsunfähigkeit dieses Pollens liegt aber, wie sich aus den Befruchtungsversuchen verschiedener Forscher ergibt, nicht vor. Es scheinen auch Pollenkörner mit abnormen Chromosomenzahlen keimfähig zu sein.

Diese eigenartigen Chromosomenverhältnisse werfen einiges Licht auf die Entstehung der ganzen Gruppe der Sauerkirschen. Sie sprechen gegen die Artreinheit dieser Kulturformen. Es wäre denkbar, daß es sich einfach um Süßkirschen mit doppelter Chromosomenzahl handelt. Tatsächlich hat DARLINGTON unter den Abkömmlingen von Süßkirschen eine solche tetraploide Form gefunden. Sie erinnert in ihren Eigenschaften sehr an Glaskirschen. Die Entstehung solcher Formen erscheint uns nicht mehr unbegreiflich, seitdem wir wissen, daß diploide funktionsfähige Geschlechtszellen gebildet werden können. Diese Abstammung kann aber nur für wenige ganz süßkirschenähnliche Glaskirschen, z. B. Kaiserin Eugénie, Königin Hortense, in Betracht kommen. Die eigentlichen Sauerkirschen wie Schattenmorelle, Ostheimer Weichsel u. a. weichen dagegen so sehr von den Süßkirschen ab, daß wir an eine andere Entstehung denken müssen. Am meisten Wahrscheinlichkeit hat die Annahme, daß sie ursprünglich aus der Kombination von einer 32chromosomigen wildwachsenden Art, etwa einer wilden *Cerasus*form oder der Strauchweichsel (*Prunus fruticosa* PALLAS), mit diploiden Geschlechtszellen von Süßkirschen hervorgegangen sind. Durch weitere Bastardierung zwischen den nun einmal entstandenen 32chromosomigen Formen wären dann all die Kultursorten entstanden, die wir zu *Prunus cerasus* zählen.

Normale Bastarde zwischen Süß- und Sauerkirschen müßten triploid sein und in ihren vegetativen Zellen 8 + 16 = 24 Chromosomen aufweisen. Solche Formen entstehen offenbar nicht allzu selten, werden aber von der Kultur ausgeschlossen, weil sie weitgehend steril sind. Sie kommen nur als Zierformen in Betracht. DARLINGTON hat in den Wurzelspitzen solcher künstlich erhaltener Bastarde mehrfach die Chromosomenzahl 24 festgestellt. Bei einer als *Prunus avium nana* bezeichneten triploiden Zierform, die wahrscheinlich auch ein Bastard zwischen Süß- und Sauerkirschen ist, hat DARLINGTON die Reduktionsteilung beobachtet. Es bilden sich viele dreiwertige Chromosomen neben zwei- und einwertigen. Die Reduktionsteilung wird dadurch in ähnlicher Weise gestört wie bei den triploiden Apfel- und Birnsorten. Dies bedingt wahrscheinlich, was allerdings nicht untersucht ist, eine bedeutende Pollensterilität.

Unter den *japanischen Zierkirschen,* die zu *Prunus serrulata* gehören, hat OKABE (1927) 9 triploide Formen beobachtet.

In der Gruppe der *Pflaumen* müssen wir 4 verschiedene Verwandtschaftskreise unterscheiden.

1. Die *europäischen Pflaumen* und *Zwetschgen* der Domesticagruppe mit somatisch 48 Chromosomen (DARLINGTON 1926, 1928, 1930, KOBEL 1927) RYBIN (1936) hat die Vermutung dieser beiden Forscher bestätigt, daß diese Gruppe als Additionsbastarde von *Prunus cerasifera* mit $2n = 16$ und *Prunus spinosa* mit $4n = 32$ Chromosomen aufzufassen ist ($2 \cdot 8 + 2 \cdot 16 = 48$ Chromosomen). Die gewöhn-

lichen Bastarde zwischen der Kirschpflaume und dem Schwarzdorn sind triploid ($8 + 16 = 24$ Chromosomen) und steril. RYBIN fand jedoch unter seinen Bastarden zwischen den beiden Wildformen eine Pflanze, die in jeder Hinsicht einem Pflaumen- oder Zwetschgensämling glich und 48 Chromosomen aufwies. Die europäischen Pflaumen und Zwetschgen kommen in wildem Zustand nicht vor. Eine Unterteilung in *P. insititia* (L.) POIRET = Pflaumen, *P. italica* BORKH. = Edelpflaumen und *P. oeconomica* BORKH. = Zwetschgen, ist botanisch nicht gerechtfertigt. Es bestehen zwischen den 3 Gruppen alle möglichen Übergänge.

2. Die *Kirschpflaumen (Prunus cerasifera)*, zu denen auch die als Veredlungsunterlage benützte *ssp. myrobalana* und die rotlaubige Zierform *ssp. pissardi* gehören. Diese Formen besitzen somatisch 16 Chromosomen. In diesen Formenkreis gehört auch die vorderasiatische *Prunus divaricata*, mit welcher RYBIN experimentiert hat.

3. Die Gruppe der *japanischen Pflaumen*, die von *Prunus triflora* und verwandten Arten abstammen und die gelegentlich auch als Satsumapflaumen oder Burbankpflaumen bezeichnet werden, weil LUTHER BURBANK sich mit ihrer züchterischen Verbesserung befaßt hat. Sie besitzen ebenfalls somatisch 16 Chromosomen.

4. Die *amerikanischen Pflaumen*, die Bastarde zwischen *Prunus americana*, *P. nigra* und verwandten Arten darstellen und ebenfalls somatisch 16 Chromosomen aufweisen.

Die Reduktionsteilung der oktoploiden europäischen Pflaumen- und Zwetschgensorten verläuft ziemlich normal. Man findet in den Diakinesen gewöhnlich 24 Paare. Die Metaphasenplatten und die Anaphasen der Reduktionsteilung zeigen keine wesentlichen Abnormitäten. Immerhin kommen recht oft ein-, drei- und namentlich vierwertige Chromosomen vor, was darauf hinweist, daß ein Teil der Chromosomen der 8 Sätze homolog ist. Diese kleinen Abnormitäten bewirken jedoch keine namhafte Pollensterilität.

Der Bastard *P. triflora* × *P. cerasifera*, welcher von DARLINGTON untersucht wurde, zeigte geringe Abnormitäten in der Reduktionsteilung. Der weitere Verlauf der Pollenbildung ist leider nicht bekannt. Wir dürfen aber bei Bastarden zwischen gleichchromosomigen Eltern aus einer mehr oder weniger normalen Reduktionsteilung keineswegs auf hochwertigen Pollen schließen, weil durch den Bastardchromosomensatz, der in die einzelnen Pollenkörner gelangt, allerlei Entwicklungsstörungen verursacht werden können. Dies gilt in noch höherem Maße auch für den von DARLINGTON untersuchten Bastard *P. triflora* × *P. persica*, dessen Eltern miteinander noch weniger verwandt sind, dessen Reduktionsteilung aber ebenfalls recht regelmäßig verläuft.

Unter allen Steinobstarten hat KOBEL (1926) die größte Pollensterilität bei Pfirsichen und Aprikosen beobachtet. Keimfähigkeiten von weniger als 20% waren keine Seltenheit. Die Reduktionsteilung von 18 Pfirsichsorten, worunter sich auch diejenigen mit der geringsten Pollenkeimfähigkeit befanden, und 3 Aprikosensorten wiesen keine nennenswerten Unregelmäßigkeiten auf. Es wurden stets 8 Chromosomenpaare gefunden. Sorten mit abnormen Chromosomenverhältnissen konnten nicht beobachtet werden. Die Pollensterilität läßt sich also nicht auf Störungen im Chromosomenmechanismus zurückführen, und wir müssen ihre Ursachen anderswo suchen.

Überblicken wir die Verhältnisse beim Steinobst noch einmal, so finden wir, daß, im großen Gegensatz zu den Apfel- und Birnsorten, Pollensterilität infolge Triploidie praktisch keine Rolle spielt und nur bei Zierformen vorkommt. Geringe, durch die Polyploidie verursachte Störungen der Reduktionsteilung bei den Sauerkirschen und Domesticapflaumen vermögen nicht zu einer praktisch bedeutsamen Pollensterilität zu führen.

γ) Die ernährungsphysiologisch bedingte Pollensterilität.

Wir haben im vorangehenden Abschnitt gesehen, daß die vielfach beobachtete Pollensterilität bei Apfel- und Birnsorten zur Hauptsache auf eine abnorme Zusammensetzung des Zellkerns zurückzuführen ist und deshalb als Sorteneigentüm-

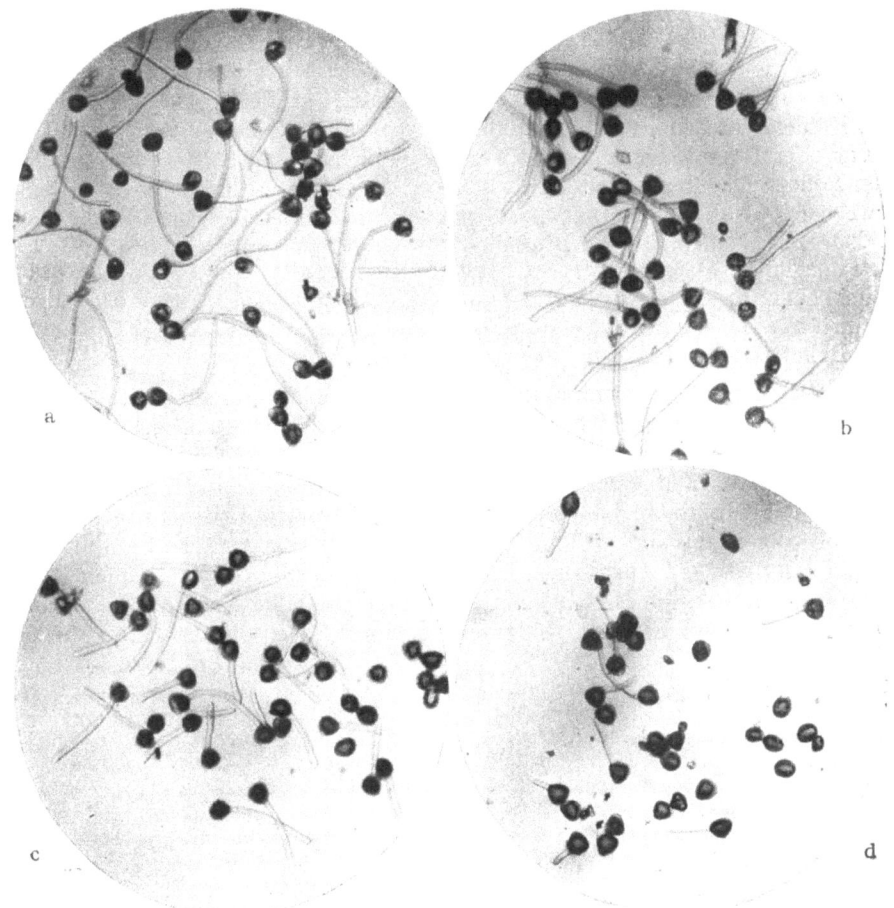

Abb. 58. Einfluß des Standortes der Blüten am Zweig au die Pollenkeimung bei der Pfirsichsorte Teton de Venus. Keimung 2 Stunden nach der Aussaat in 10%iger Rohrzuckerlösung. a Unterste Blüte, b Sechste Blüte von unten, c Achte Blüte von unten, d Zwölfte = oberste Blüte. (Mikrophotographien.) Vergrößerung etwa 100. Original.

lichkeit zu gelten hat. Wir fanden aber auch bei cytologisch normal zusammengesetzten Sorten 50 und mehr Prozent taube Pollenkörner, so bei den Apfelsorten Tobiäsler, Pfirsichroter Sommerapfel, Sommergewürzapfel, Fraurotacher u. a. und den Birnsorten Frühe von Trévoux usw. Der zur Untersuchung vorliegende Pollen dieser Sorten stammte meist von Bäumen in schlechtem Ernährungszustand, und es fällt auf, daß sogenannte „degenerierte" Sorten, die oft bei geringem Wuchs zu einer auffallenden Überproduktion von Blüten neigen, recht häufig trotz normaler

10 Kobel, Lehrbuch des Obstbaus, 2. Aufl.

Chromosomenzahl nur eine geringe Keimfähigkeit ihres Pollens aufweisen. In einer frisch gesammelten Pollenprobe der alten „degenerierten" diploiden Apfelsorte Hans Uli, die von einem stark verkrebsten Baum stammte, fand KOBEL (1930) eine Pollenkeimfähigkeit von nur 14%. Es waren viel verkrüppelte Pollenkörner vorhanden, so daß das Pollenbild demjenigen einer triploiden Sorte nicht unähnlich war. Zudem stimmen die von verschiedenen Forschern gefundenen Keimfähigkeiten für ein und dieselbe Sorte nicht immer völlig überein, und es ist mir bei meinen Untersuchungen vielfach aufgefallen, daß sich der Pollen verschiedener Bäume der gleichen Sorte recht ungleich verhalten kann. Auch andere Forscher, wie EWERT (1921, 1922), haben auf diese Erscheinung hingewiesen.

Die Pollensterilität der Steinobstarten konnten wir nur zu einem sehr geringen Teil auf Abnormitäten im Chromosomenmechanismus zurückführen.

Nun sind in den Pollenkörnern verhältnismäßig große Mengen von Eiweißen und Kohlenhydraten als Reservestoffe, und wohl auch kleine Vorräte von Wuchsstoffen oder notwendigen Mineralstoffen, aufgespeichert, die bei der Pollenkeimung dem Pollenschlauch ein selbständiges Leben ermöglichen, bis er soweit ins Leitgewebe des Griffels eingedrungen ist, daß er sich als Parasit zu ernähren vermag. Es kann offenbar vorkommen, daß diese Speicherung eine ungenügende wird und die Pollenkörner deshalb an Lebensfähigkeit einbüßen. In dieser Weise sind wohl Pollenkeimungsversuche mit Pfirsichsorten zu deuten, welche KOBEL (1927) durchgeführt hat. Es wurde von sämtlichen Blüten von Endzweigen (Langtrieben) und Bukettzweigen (Kurztrieben) von 9 Pfirsichsorten die Pollenkeimfähigkeit einzeln bestimmt. Als Keimungsmedium diente 10%ige Rohrzuckerlösung, der jeweils eine sorteneigene Narbe beigegeben wurde. Sowohl die *Pollenkeimfähigkeit*, also die Prozentzahl der gekeimten Körner, als auch die *Keimkraft*, d.h. die in einer bestimmten Zeit erreichte Schlauchlänge, waren an Bukettrieben durchschnittlich besser als an Langtrieben. Auffallend war eine ziemlich regelmäßige Abnahme der Keimfähigkeit und Keimkraft von der Basis gegen die Spitze des Zweiges hin (Abb. 58). Ausnahmen kamen zwar vielfach vor. Einzelne mehr gegen die Spitze hin sitzende Blüten konnten sogar recht hohe Keimfähigkeiten aufweisen. Als Beispiel möge ein Endzweig der Sorte Sneed dienen. Es ergab sich:

Stellung der Blüte:	Keimfähigkeit des Pollens	Stellung der Blüte:	Keimfähigkeit des Pollens
1. = unterste Blüte	89%	7. Blüte	45%
2. Blüte	75%	9. Blüte	45%
3. Blüte	57%	10. Blüte	56%
4. Blüte	57%	11. Blüte	29%
5. Blüte	58%	12. Blüte	43%
6. Blüte	58%	13. = oberste Blüte	38%

Die 8. und 14. Blüte dieses Zweiges waren abgestorben. Die Zahlen für die 6. und 7. „Blüte" sind als Mittelzahlen von je 2, diejenige der „Blüte" 4 von 3 gleich hoch gestellten Blüten bestimmt worden.

Hin und wieder waren an Bukettzweigen die untersten Blüten klein und mangelhaft ausgebildet. Sie wiesen eine auffallend geringe Keimfähigkeit ihres Pollens auf.

Wie groß die Schwankungen der Pollenkeimfähigkeit der einzelnen Blüten des gleichen Zweiges sein können, ergibt sich aus folgenden Maximal- und Minimalzahlen für den gleichen Langtrieb:

Noire de Montreuil	24—65%	Belle de Vitry	20—54%
Karl Inguf	19—80%	Sieger	14—87%
Grosse Mignonne tardive	1—18%	Bon ouvrier	69—85%
Aribaud	30—83%	Sneed	29—89%
Teton de Venus	49—93%		

Noch auffälliger als durch die Auszählung der gekeimten Pollenkörner nach 24 Stunden ergeben sich die Unterschiede bei der Beobachtung der Keimung nach wenigen Stunden, wie dies Abb. 58 zeigt. Die Schläuche der Pollenkörner aus basalen Blüten treiben eher und kräftiger aus als diejenigen von mehr distal gelegenen. Durch den verschiedenen Standort der Blüten wird also nicht nur die *Keimfähigkeit* des Pollens, sondern auch seine *Keimkraft* beeinflußt.

Es ist aus den Mikrophotographien ersichtlich, daß im Pollen der gegen die Spitze des Zweiges hin sitzenden Blüten relativ mehr degenerierte, geschrumpfte Pollenkörner vorhanden sind. Diese Beobachtung konnte bei jeder Sorte wiederholt werden.

Trotz diesen Schwankungen scheint die Keimfähigkeit des Pollens bis zu einem gewissen Grade Sorteneigentümlichkeit zu sein, indem z.B. bei Grosse Mignonne tardive überhaupt nie eine Pollenkeimfähigkeit von über 20% gefunden wurde, während die unter gleichen Bedingungen entwickelten Blüten von Karl Inguf und Aribaud bis 80% und mehr keimfähige Pollenkörner aufwiesen.

Bei anderen Obstarten ist die Differenzierung von Lang- und Kurztrieben nicht so ausgesprochen wie beim Pfirsich. Es ist daher auch anzunehmen, daß zwischen den Blüten ein und desselben Baumes nicht so große Schwankungen existieren. Immerhin gelang es, an einem Zweig der Sauerkirsche Montmorency analoge Verhältnisse, wie bei den erwähnten Pfirsichen, zu finden.

SEELIGER (1925) hat untersucht, ob sich ein Unterschied in der Keimfähigkeit des Pollens der verschiedenen Apfelblüten ein und desselben Blütenstandes geltend mache. Leider hat er zu dieser Untersuchung die Sorte Goldreinette von Blenheim gewählt, die cytologisch bedingte Pollensterilität aufweist. Es können daher aus seinen Untersuchungen keine Schlüsse gezogen werden. Dagegen hat MACOUN (1924) beobachtet, daß der Pollen von Blüten, die sich aus starken Knospen entwickelt haben, besser keimt als derjenige von Blüten aus schwachen Knospen.

Es ist klar, daß Unterschiede in der Pollenkeimfähigkeit, wie wir sie bei Pfirsichsorten feststellten, sich nicht nur zwischen den verschiedenen Blüten eines Baumes, sondern auch zwischen den Blüten von verschiedenen Bäumen einer bestimmten Sorte geltend machen müssen. Denn wenn die Ernährung des Pollens eine so bedeutende Rolle spielen kann, so muß ein großer Unterschied der *durchschnittlichen* Pollenkeimfähigkeit, also derjenigen einer Mischprobe aus möglichst vielen Blüten, um so größer sein. Eingehende Untersuchungen über diese Fragen liegen nicht vor. Die Beobachtungen verschiedener Versuchsansteller dürfen infolge Verwendung ungleicher Versuchstechnik nicht ohne weiteres als gleichwertig herangezogen werden. Doch ist aus dem verschiedenen Verhalten derselben Sorte an verschiedenen Orten und in verschiedenen Jahren zu schließen, daß diese Einflüsse tatsächlich vorhanden sind. Sie sind namentlich bei Steinobstsorten auffällig. So fanden KOBEL und SACHOFF (1929) im Frühjahr 1929 im Kanton Baselland bei einzelnen Süßkirschensorten ganz andere Keimfähigkeiten des Pollens, als sie KOBEL 1926 festgestellt hatte.

Diese durch mangelhafte Ernährung verursachte Pollensterilität ist, im Gegensatz zu der cytologisch bedingten, durch Kulturmaßnahmen (Schnitt, Düngung) weitgehend zu beheben. Sie ist nur zu einem geringen Teil Sorteneigentümlichkeit. Ob aber diese Herabsetzung der Pollenkeimfähigkeit infolge ungünstiger Ernährungseinflüsse auf die Befruchtungsfähigkeit des Pollens von erheblichem Einfluß ist, wurde bisher experimentell noch wenig geprüft. Es kommt hier jedenfalls sehr weitgehend auf die Menge des zur Bestäubung verwendeten Pollens an. KOBEL und SACHOFF (1928) erhielten mit Pollen der Kirschensorte Späte Holinger, der im künstlichen Medium zu weit weniger als 50% keimte und viel geschrumpfte

Körner enthielt, durchschnittlich einen ebenso hohen Fruchtansatz wie mit anderen Sorten, die hohe Pollenkeimfähigkeit aufwiesen. Die mit dem Pinsel vorgenommene Bestäubung war allerdings reichlich. KAMLAH (1928) machte bei Kirschen ähnliche Beobachtungen. Der Verfasser (KOBEL 1931) suchte diese Frage im Frühjahr 1930 auch beim Apfelbaum zu prüfen. Er bestäubte die Blüten verschiedener Sorten mit Pollen von diploiden Sorten. Es wurden einerseits Vatersorten mit sehr gut keimfähigem Pollen, anderseits solche mit vermindert keimfähigem ausgewählt. In der ersten Gruppe betrug die Keimfähigkeit wohl immer über 80%, in der zweiten überschritt sie dagegen kaum je 50%. Die Ergebnisse sind nachstehend zusammengestellt.

Befruchtungsversuche mit sehr hochwertigem und vermindert keimfähigem Pollen von diploiden Apfelsorten nach KOBEL.
Sorten mit mäßigem Pollen sind mit * bezeichnet.

Muttersorte	Vatersorte	Zahl der Blüten	Zahl der Früchte	Ansatz %	Gute Samen je Frucht
Danziger Kantapfel	Sauergrauech	66	7	11	5,6
	Berner Rosenapfel	100	9	9	5,3
	Ontario-Reinette	100	13	13	4,5
	Total bzw. Mittel bei sehr gutem Pollen	266	29	11	5,1
	Fraurotacher *	81	8	10	5,6
Weißer Klarapfel	Weißer Astrachan	68	12	18	2,5
	Pfirsichroter Sommerapfel *	62	23	28	3,6
Oetwiler Reinette	Champagner-Reinette	45	3	7	6,3
	Fraurotacher *	113	12	11	6,2
Gravensteiner	Weißer Klarapfel	98	5	5	0,8
	Weißer Astrachan	112	3	3	1,0
	Total bzw. Mittel bei sehr gutem Pollen	210	8	4	0,9
	Pfirsichroter Sommerapfel *	122	23	19	2,0
Bohnapfel	Sauergrauech	60	18	27	3,9
	Tobiäsler *	86	10	10	3,1
Gesamttotal bzw. Mittel mit sehr gutem Pollen:		649	70	11	3,7
Gesamttotal bzw. Mittel mit „mittelgutem" Pollen:		464	76	16	4,1

Trotzdem der Pollen eines Teiles dieser diploiden Vatersorten auf Grund der in vitro festgestellten Pollenkeimfähigkeit nicht sehr hochwertig erscheint, erwies er sich für eine ausreichende Befruchtung als vollkommen genügend. Die Ergebnisse sind durchaus verschieden von denjenigen mit Pollen, der infolge abnormer Chromosomenverhältnisse vermindert keimfähig ist. Dieser auffallende Unterschied ist darauf zurückzuführen, daß die Pollenschläuche, sobald sie ins Griffelgewebe eingedrungen sind, sich als Parasiten verhalten und nicht mehr auf die Nährstoffvorräte des Pollenkornes angewiesen sind. Während nun diejenigen aus den diploiden Pollenkörnern durch keine Entwicklungshemmungen mehr beeinträchtigt werden, vermögen sich, wie wir gesehen haben, die Schläuche mit abnormen Zellkernen der triploiden Sorten nicht weiter zu entwickeln. Ernährungsphysiologisch bedingte partielle Pollensterilität wirkt sich daher praktisch in der Befruchtungsfähigkeit nicht aus.

Mit der cytologisch bedingten und der durch mangelhafte Ernährung hervorgerufenen Pollensterilität haben wir noch nicht alle Ursachen für die Degenerationserscheinungen des Pollens erfaßt. HEILBORN (1935) hat bestätigt, daß es diploide Apfelsorten gibt, deren Pollenkeimfähigkeit stets sehr hoch, andere, bei denen sie etwas niedriger, und solche, bei welchen sie verhältnismäßig sehr niedrig liegt, wie z. B. Cellini, Gyllenkooks Astrachan, Eneroths Klarapfel. Er versucht, die Sorten nach ihrer durchschnittlichen Keimfähigkeit in Gruppen einzuteilen und die Verminderung der Keimfähigkeit auf Erbanlagen zurückzuführen, welche diese Sterilität der Gameten verursachen, wobei er die oben erwähnte Auffassung von DARLINGTON über die Zusammensetzung des Chromosomensatzes zugrunde legt. Wir müssen jedenfalls annehmen, daß eine faktoriell bedingte Sterilität der männlichen Gameten bei unseren Apfelsorten — und wohl auch bei den Birnsorten — vorkommt. Sie spielt aber in Anbetracht der Überproduktion des Pollens praktisch für die Bewertung der einzelnen Sorten als Pollenspender eine ebenso geringe Rolle wie die ernährungsphysiologisch bedingte Pollensterilität.

c) Die Sterilität der weiblichen Geschlechtszellen.

Die cytologisch bedingte Bildung abnormer Embryosäcke. — Weitere Möglichkeiten der Bildung nicht entwicklungsfähiger Embryosäcke.

Gleich wie die männlichen Geschlechtszellen gehen auch die weiblichen aus einer Reduktionsteilung hervor. Es war deshalb zu vermuten, daß bei der Bildung der Eizellen triploider Sorten Störungen vorkommen. RYBIN (1927) hat als erster den Nachweis erbracht, daß die Reduktionsteilung in den Samenanlagen der triploiden Kanada-Reinette ähnliche Abnormitäten aufweist, wie sie bei der Pollenbildung der gleichen Sorte vorkommen. STEINEGGER (1932, 1933) hat diese Frage eingehend geprüft. Er konnte nachweisen, daß in der Diakinese und in der Metaphase der heterotypischen Teilung bei den triploiden Apfelsorten Gravensteiner und Schöner von Boskoop ein-, zwei- und mehrwertige Chromosomen vorkommen. Als Folge dieser Abnormität bleibt — wie bei der Pollenbildung — in der Anaphase ein Teil der Chromosomen in der Teilungsspindel zurück. Es können sich aus ihnen Nebenkerne bilden. Diese können als Einschlüsse in den Tochterzellen bleiben. In anderen Fällen entstehen aus ihnen überzählige Zellen, so daß man neben Tetraden auch Pentaden findet. Manchmal führen diese Störungen bereits während der heterotypischen Teilung zum Absterben des Archespors. Es bilden sich dann aus überzähligen Archesporzellen oder aus somatischen Zellen des Nucellus neue Archespore.

Wie bei den diploiden Sorten bildet sich auch bei den triploiden die hinterste Tetradenzelle zum Embryosack aus, sofern eine Weiterentwicklung möglich ist. Wenn die Tetradenzelle nur einen Kern enthält, so entsteht wohl gewöhnlich nach den drei Teilungen ein mehr oder weniger normal aussehender 8kerniger Embryosack. Dabei ist jedoch zu bedenken, daß seine Kerne nicht die Normalzahl von 17 Chromosomen enthalten, sondern $17 + x$. Dies ist ohne Zweifel die Ursache für Entwicklungsabweichungen, die sich beispielsweise in einer übermäßigen Größe der Eizelle, in einer Verkümmerung des Eiapparates oder einer abnormen Gestaltung der Polkerne äußern können. Gelegentlich sind diese Entwicklungsstörungen noch auffallender, und es entstehen Embryosäcke mit abnormen Kernverhältnissen. Haben die Tetradenzellen überzählige Kerne enthalten, so können aus ihnen Embryosäcke mit mehr als 8 Kernen hervorgehen. Einige Fälle solcher abnormer Embryosäcke sind in Abb. 59 wiedergegeben.

Ein Teil der abnormen Embryosäcke ist derart mißgestaltet, daß sie nicht befruchtungsfähig sind. Es liegt somit eine partielle Eisterilität vor. Sie ist schuld daran, daß die durchschnittliche Samenzahl triploider Sorten geringer ist als diejenige diploider.

Im Gegensatz zu STEINEGGER glaubten ELSSMANN und VON VEH (1931) feststellen zu können, daß die Embryosackentwicklung bei triploiden Apfelsorten normal verlaufe, und VON VEH (1933) hat an dieser Deutung auch später festgehalten. GORCZYNSKI (1934) und WANSCHER (1939) haben jedoch die Untersuchungsergebnisse STEINEGGERS bestätigt und durch weitere Formen des abnormen Entwicklungsablaufes ergänzt. GORCZYNSKI hat namentlich auf die Tatsache hingewiesen,

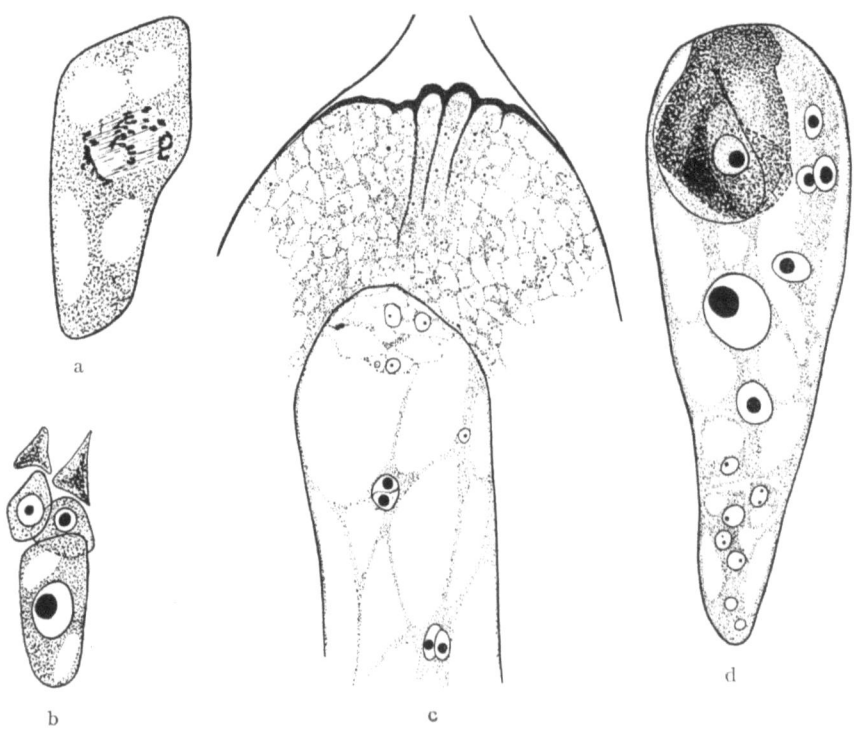

Abb. 59. Bildung abnormer Eiapparate bei triploiden Apfelsorten. a Reduktionsteilung mit zurückbleibenden Chromosomen. b Entwicklung einer Pentade an Stelle einer Tetrade. c Der Eiapparat ist nicht vollkommen ausgebildet. Es ist wohl ein verkümmerter Eikern, aber keine Eizelle angelegt; auch die Embryosackkerne sind abnorm. d Eizelle mehr oder weniger normal aussehend, aber Embryosackkerne vermehrt und abnorm. (Nach STEINEGGER.)

daß sich aus somatischen Zellen des Nucellus neue Archespore bilden können, wenn das primäre auf einer frühen Entwicklungsstufe abgestorben ist. Da die Weiterentwicklung dieser sekundären Archespore allem Anschein nach ohne Reduktionsteilung erfolgt, müssen daraus triploide Eizellen hervorgehen. Wenn diese sich ohne Befruchtung weiterentwickeln, entstehen triploide Sämlinge, die mit der Muttersorte identisch sind. Solche Fälle sind aber offenbar, wie aus den oben angeführten Untersuchungen der Chromosomenverhältnisse in den Sämlingen triploider Sorten hervorgeht, recht selten. Wenn triploide Eizellen durch ein normales haploides Pollenkorn befruchtet werden, müssen tetraploide Sämlinge entstehen.

Die Verminderung der durchschnittlichen Samenzahl der triploiden Apfelsorten braucht nicht unbedingt deren Fruchtbarkeit herabzusetzen. Es ist damit zu rechnen, daß in jeder Blüte normalerweise mindestens 10 Samenanlagen enthalten sind, von denen in den meisten Fällen ein Teil befruchtungsfähige Eizellen entwickelt. Zudem ist zu berücksichtigen, daß die Fruchtbarkeit einer Sorte nicht allein vom Samengehalt ihrer Früchte abhängt. Es sind andere Faktoren, wie die

Fähigkeit zur Bildung großer Mengen von Assimilaten, die Widerstandsfähigkeit gegen Krankheiten und namentlich auch die mehr oder weniger große Neigung zu Parthenokarpie, mit im Spiel. Würden triploide Sorten ein geringes Fruchtungsvermögen aufweisen, so wären sie unter unseren wichtigen Kultursorten nicht in einem so hohen Prozentsatz zu finden. Wenn unter ihnen auch einige vorkommen — wie beispielsweise der Gravensteiner —, deren Fruchtansatz recht oft zu wünschen übrig läßt, so zeigen auf der anderen Seite ausgesprochen fruchtbare Sorten, wie der Bohnapfel, der Baldwin und andere, daß keine allgemeingültigen und ausschlaggebenden Beziehungen zwischen Triploidie und Fruchtungsvermögen bestehen.

Die Embryosackbildung triploider Birnsorten ist nicht untersucht. Es ist aber nicht daran zu zweifeln, daß bei ihnen die gleichen Abnormitäten vorkommen wie bei den Apfelsorten.

Bei den Steinobstarten ist in jedem Fruchtknoten nur ein einziger entwicklungsfähiger Embryosack enthalten. Wenn seine Entwicklung fehlschlägt, so kann sich, da Jungfernfrüchtigkeit nicht in wesentlichem Maße vorkommt, keine Frucht ausbilden. Dies ist wohl der Grund dafür, daß wir triploide Steinobstsorten nur unter den Zierformen finden. Sie sind aus cytologischen Gründen so weitgehend unfruchtbar, daß eine obstbauliche Verwendung nicht in Frage kommt. Dies zeigt sich besonders schön am Beispiel des triploiden Süßkirschensämlings, den TRENKLE auffand. Als Zierpflanzen sind sie dagegen wertvoll, weil keine Baustoffe für die Ausbildung von Früchten verbraucht werden und deshalb alljährlich eine sehr reichliche Blütenbildung ermöglicht wird. Als Beispiel können die triploiden japanischen Zierkirschen (*Prunus serrulata* und verwandte Arten) erwähnt werden.

Es stellt sich schließlich noch die Frage, ob neben der cytologisch bedingten auch andere Formen der Eisterilität vorkommen. Unfruchtbarkeit der Eiapparate infolge ungenügender Ernährung ist denkbar, aber nicht nachzuweisen. Wir wissen zwar, daß die Blüten schlecht ernährter Bäume kleiner und schwächer sind als diejenigen gut ernährter und daß sie oft nicht fähig sind, Früchte anzusetzen. Ob und wie weitgehend dies auf mangelhafte Ausbildung der Embryosäcke zurückgeführt werden muß, ist jedoch nicht abgeklärt. Es ist auch nicht ausgeschlossen, daß neben der von HEILBORN (1932) nachgewiesenen faktoriell bedingten Pollensterilität auch eine durch besondere Gene verursachte Eizellensterilität vorkommt. Diese Frage könnte nur durch statistische Auswertung besonders sorgfältig angestellter Befruchtungsversuche abgeklärt werden.

d) Die Ausbildung tauber Samen.

Cytologisch bedingte Zygotensterilität. — Schwachwüchsigkeit der Sämlinge triploider Sorten. — Faktoriell bedingte Zygotensterilität. — Ernährungsphysiologisch bedingte Zygotensterilität.

Nachdem sich eine Verschmelzung eines männlichen mit einem weiblichen Geschlechtskern vollzogen hat, ist die Ausbildung eines lebensfähigen Keimlings noch nicht gewährleistet. Die befruchtete Eizelle, die Zygote, ist nicht in jedem Fall entwicklungsfähig. Neben der Sterilität der Geschlechtszellen, der Gametensterilität, die wir in den vorangehenden Abschnitten besprochen haben, kommt auch Zygotensterilität vor.

Es sind dabei 3 Fälle denkbar: *cytologisch* bedingte Zygotensterilität, wenn sich die befruchtete Eizelle infolge eines abnormen Chromosomensatzes nicht zu lebensfähigen Embryonen zu entwckeln vermag, *faktoriell* bedingte Zygotensterilität, wenn durch Zusammentreffen bestimmter väterlicher mit bestimmten mütterlichen Erbanlagen Entwicklungsstörungen eintreten, und *ernährungsphysiologisch* bedingte Zygotensterilität, wenn die nötigen Baustoffe, Mineralstoffe oder Hormone, für die Ausbildung der Samen mangeln. Die Zygotensterilität kann eine

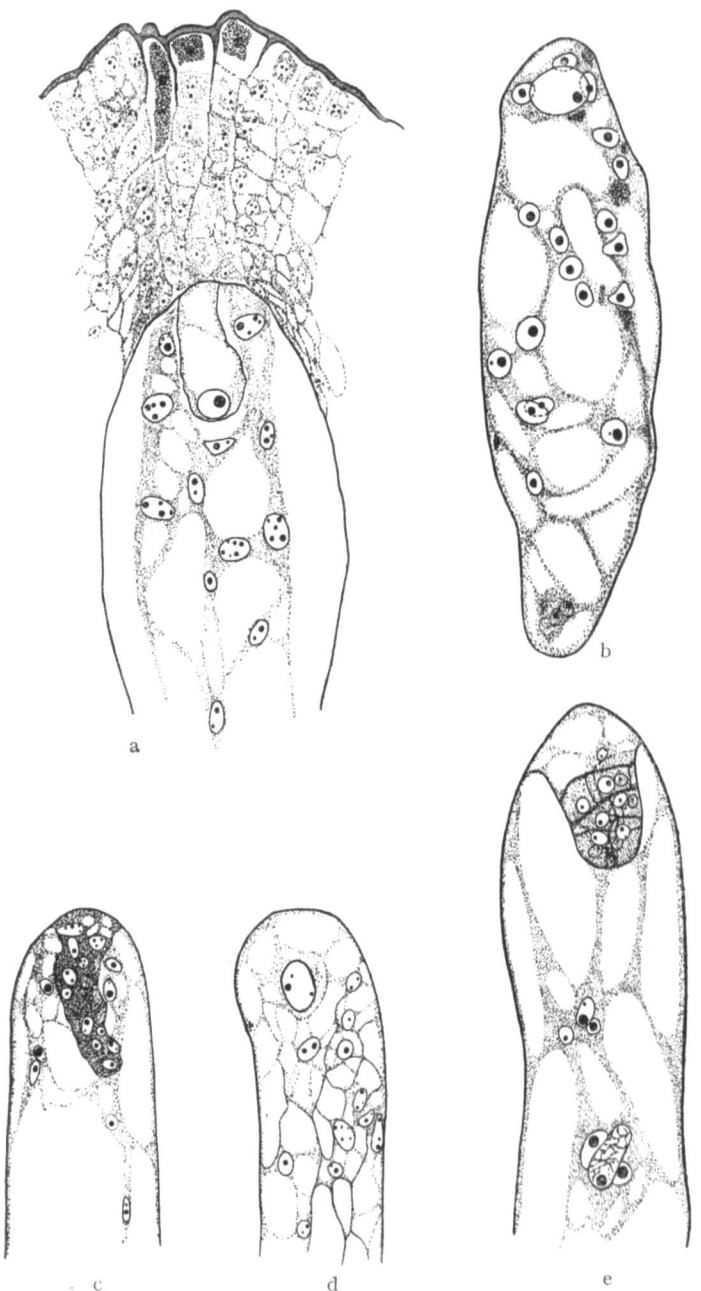

Abb. 60. Abnorme Embryobildung bei triploiden Apfelsorten. a Die wahrscheinlich befruchtete Eizelle entwickelt sich nicht weiter und schrumpft, während das Endosperm normal erscheint. b und d Der Eikern teilt sich nicht, dagegen hat sich ein Endosperm gebildet. c Sowohl der Vorkeim wie auch das Endosperm sind kümmerlich entwickelt. e Der Vorkeim entwickelt sich normal, dagegen erscheint das Endosperm abnorm. (Nach STEINEGGER.)

vollständige sein, oder es können Teil- und Fehlentwicklungen eintreten, die nur zu einer teilweisen Ausbildung der Keimlinge und Samen führen.

STEINEGGER (1932, 1933) hat die Entwicklung der Embryonen und die Ausbildung des Endosperms bei triploiden Apfelsorten eingehend untersucht, und GORCZYNSKI (1934) sowie WANSCHER (1939) haben seine Befunde ergänzt. Es können sich auf den verschiedensten Entwicklungsstufen Hemmungserscheinungen geltend machen. So wurde festgestellt, daß eine Befruchtung der Eizelle und des sekundären Embryosackkerns erfolgen kann, ohne daß später Teilungsvorgänge zu beobachten sind. In anderen Fällen teilt sich die befruchtete Eizelle, aber es wird kein Endosperm gebildet, so daß der Vorkeim abstirbt. In weiteren befruchteten Embryosäcken teilt sich sowohl die befruchtete Eizelle und die Bildung eines Endosperms wird eingeleitet. Es kommt aber vor, daß entweder der Embryo seine Entwicklung früher oder später einstellt und abstirbt oder das Endosperm sich nicht voll ausbildet. Schließlich bleibt in vielen Fällen der Embryo bis zur Samenreife am Leben, ist aber mehr oder weniger verkümmert.

Die Folge dieser cytologisch bedingten Entwicklungsstörungen sind mangelhaft ausgebildete Samen. Der Verfasser (KOBEL 1926, 1927, 1930) hat bereits vor den Untersuchungen STEINEGGERS darauf hingewiesen, daß die triploiden Apfel- und Birnensorten sich durch einen hohen Prozentsatz nahezu leerer, „tauber" Samen auszeichnen, und er vermutete, daß diese Tatsache auf Störungen der Reduktionsteilung und der Embryosackbildung zurückzuführen sei. Es finden sich alle Übergänge von kleinen, verkümmerten Samen zu größeren, leeren oder fast leeren bis zu voll ausgebildeten. STEINEGGER hat die Samen von 50 Früchten der Apfelsorte Schöner von Boskoop näher untersucht und gibt folgende Zusammenstellung:

Samen ohne wahrnehmbaren Embryo:

Samen unter 5 mm Länge	13	
Samen von 5—7 mm Länge	10	
Samen über 7 mm Länge	34	57

Samen mit Embryo:

Samen scheinbar leer		
Embryo weniger als 2 mm lang	129	
Embryo über 2 mm lang	62	191
Samen scheinbar voll		
Samenhaut vom Embryo nicht ganz ausgefüllt	18	
Samenhaut vom Embryo ganz ausgefüllt	44	62
Unklare Fälle		10
Total		320 Samen.

Das Aussehen der verkümmerten Embryonen ist sehr ungleichartig. Einzelne bleiben bereits auf dem Stadium der Kotyledonenbildung zurück, manche erschienen bei fast normaler Länge sehr dünn, während wieder andere durch ihre Dicke auffallen. Auch die prallen Samen von normaler Größe zeichnen sich manchmal durch einen abnormen Inhalt aus. Es kommt vor, daß im reifen Samen das Endosperm abnormerweise einen großen Raum einnimmt, während der Embryo klein geblieben ist. Hin und wieder findet man auch in scheinbar normalen Samen abgestorbene Keimlinge.

Gelegentlich finden sich bei triploiden Apfelsorten Früchte, die nur Samen ohne ausgebildete Embryonen enthalten. Offenbar genügte jedoch die Befruchtung, um den nötigen Entwicklungsreiz auszuüben. KOBEL (1926) hat solche Fälle als „Scheinparthenokarpie" bezeichnet. Bei den triploiden Birnen liegen die Verhältnisse etwas komplizierter. MÜLLER-THURGAU und EWERT hatten bereits darauf hingewiesen, daß sich in Birnen, die aus entmannten, unbefruchteten Blüten hervorgegangen waren, lange, schmale, leere Schläuche ausbilden können, die sich bei der Fruchtreife braun färben. Bei den Birnen kommen somit, im Gegensatz

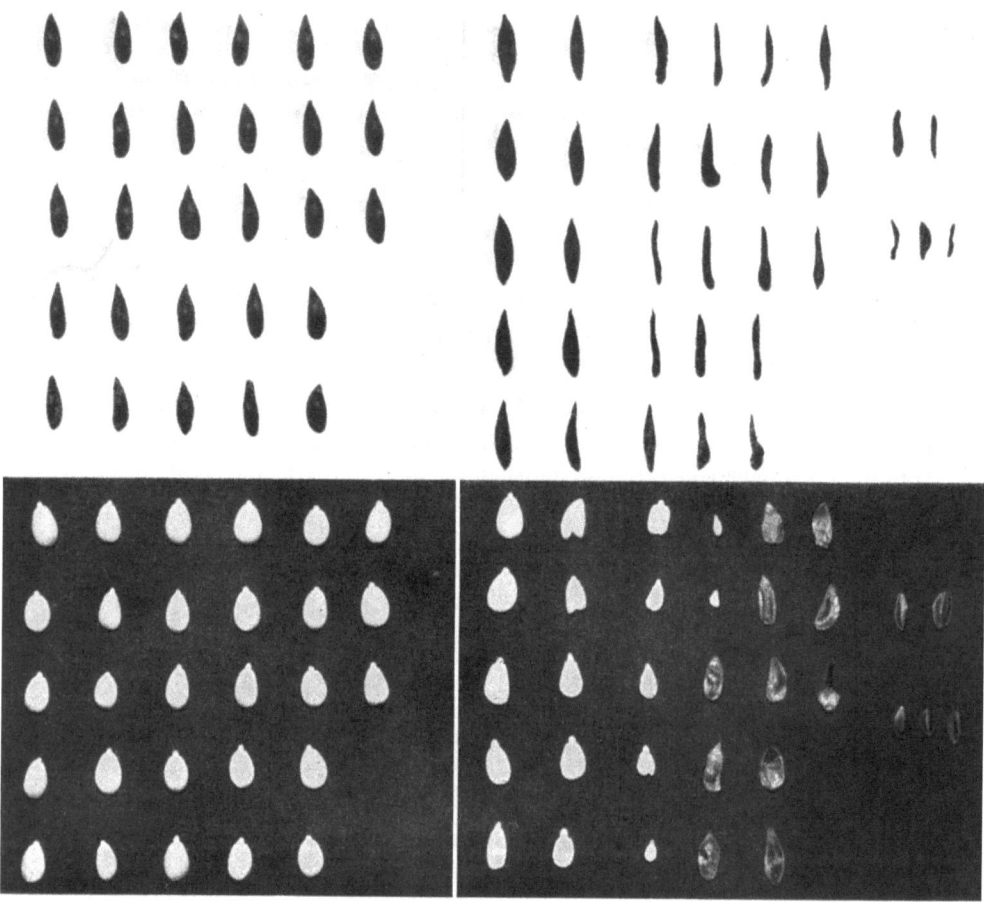

Abb. 61. Samen und dazugehörige Embryonen von je 5 Früchten einer diploiden und einer triploiden Apfelsorte. Links von Sauergrauech. Alle Samen sind prall gefüllt, ihre Embryonen normal. Rechts von Schöner von Boskoop. 10 Samen = 50% scheinbar voll, die anderen „taub". Embryonen: 1. Reihe normal, 2. Reihe: die obersten beiden Embryonen nicht ausgebildet, die Samen enthielten noch viele Nucellus- und Endospermgewebe, dritter Embryo krank, vierter normal, unterster klein mit dünnen Kotyledonen. 3. Reihe und 4. Reihe oben: kleine Embryonen aus „tauben" Samen. 4.—6. Reihe: Nucellushäute aus „tauben" Samen ohne oder mit sehr kleinen oder abgestorbenen Embryonen. 7.—8. Reihe: kleine „taube" Samen ohne Endosperm- und Embryoreste (vgl. Text).

zu den Äpfeln, samenartige Gebilde vor, die nicht auf eine Befruchtung zurückzuführen sind. Diese leeren Samenschläuche sind bei triploiden Birnen in den meisten Fällen von den befruchteten tauben Samen zu unterscheiden. Die letzterwähnten sind meist breiter oder lassen oft in ihrem Innern Reste eines verkümmerten Embryos erkennen. Ob sich ohne Befruchtung leere, schmale Samenschläuche entwickeln, hängt von der Sorte ab. Bei der Theilersbirne scheinen sie sich nur auszubilden, wenn ein Teil der Samenanlagen befruchtet wurde, während sich bei eigentlichen Jungfernfrüchten dieser Sorte überhaupt keine Andeutung einer Samenbildung erkennen läßt.

Daß die Keimfähigkeit der Samen triploider Apfel- und Birnsorten gering sein muß, geht ohne weiteres aus dem Vorhandensein eines großen Prozentsatzes tauber Samen hervor. DAHL und JOHANSSON (1924) haben wohl als erste darauf hingewiesen, daß die Keimfähigkeit der Samen schlechtpolliger Apfelsorten weit

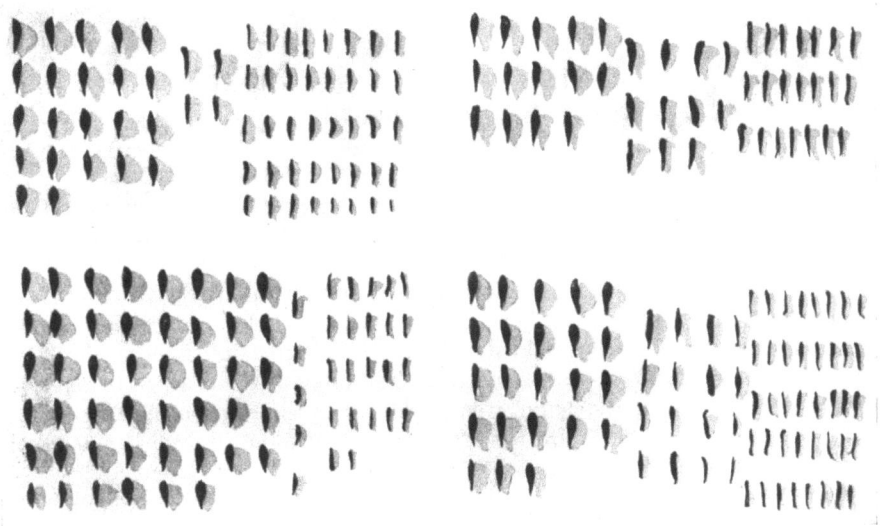

Abb. 62. Ausbildung der Samen von diploiden und triploiden Birnsorten. Samen von je 8 Früchten. In jedem Bild links die vollkommenen Samen, in der Mitte (um eine halbe Reihe nach unten verschoben) befruchtete, aber taube Samen, rechts unbefruchtete, schmale, hohle Schläuche. Die breiten, befruchteten tauben Samen sind auf den Bildern von den schmalen, unbefruchteten an der Breite des Schattens zu unterscheiden. Links oben: Le Lectier (diploid), links unten: Esperens Bergamotte (diploid), beide mit wenig befruchteten tauben Samen. Rechts oben: Pastorenbirne (triploid), rechts unten: Diels Butterbirne (triploid), beide mit zahlreichen befruchteten tauben Samen. (Verkleinert.) Original.

geringer ist als diejenige der guten Pollenspender. Sie geben für die diploiden Sorten Zahlen zwischen 70% und 87% an (gewöhnlich ist die Keimfähigkeit besser!), bei triploiden solche zwischen 31% und 47%. Wenn wir diese Zahlen mit der oben angeführten näheren Untersuchung von STEINEGGER vergleichen, so dürfen wir annehmen, daß die beiden schwedischen Forscher die schlechtesten Samen nicht mitgerechnet haben.

Aber nicht nur die Keimfähigkeit der Samen triploider Sorten ist gering. Auch der Wuchs der aus ihnen hervorgehenden Sämlinge ist, wie wiederum bereits DAHL und JOHANSSON (1926) feststellten und seither durch viele Forscher stets wieder bestätigt wurde, auffallend schwach. Dabei ist die Unausgeglichenheit der Sämlinge weit größer als dies bei diploiden Sorten der Fall ist. Nur ein sehr geringer Prozentsatz erreicht die Wuchsstärke derjenigen von diploiden Sorten. Den Schlüssel zum Verständnis dieser Schwachwüchsigkeit und dieser Variabilität liefern uns die Untersuchungen der Chromosomenzahl der Sämlinge triploider Sorten. DARLINGTON und MOFFETT (1930) haben folgende Zahlen gefunden: 2 Sämlinge mit 38, 1 mit 39, 3 mit 40, 4 mit 41, 1 mit 53, 1 mit 46 und 1 mit 47 Chromosomen. NEBEL (1933), der diese Untersuchungen wiederholte, fand die in nachstehender Zusammenstellung angeführten Zahlen:

Chromosomenzahl	35	36	37	38	39	40	41	42	43	44	45	46	48
Anzahl Sämlinge	2	2(1)	2	4	3	2(1)	4(1)	5(1)	2(1)	(2)	1	2(1)	(1)

(in Klammer: relativ kräftig wachsende)

Daneben untersuchte NEBEL auch die Sämlinge, die aus einer diploiden Muttersorte nach Bestäubung mit Pollen von triploiden Vatersorten hervorgegangen waren. Es ergaben sich Chromosomenzahlen von der gleichen Größenordnung und eine ähnliche Variationsbreite (32—50). Ein Teil der Sämlinge wuchs relativ kräftig. Es zeigt sich auch aus dieser Tatsache, daß die Chromosomenverhältnisse in den Eizellen und in den Pollenkörnern triploider Sorten ungefähr gleich sind und daß auch die Lebensfähigkeit der beiderlei abnormchromosomigen Gameten sich in ähnlicher Weise verhält.

Schließlich untersuchte NEBEL noch die Sämlinge, die aus der Kreuzung triploid × triploid hervorgegangen waren. Die durchschnittliche Chromosomenzahl war höher. Sie schwankte zwischen 36 und 56. Nur ein einziger der 31 Sämlinge, ein solcher mit 51 Chromosomen, erwies sich als relativ kräftig wachsend.

Es ist nicht daran zu zweifeln, daß die mangelhafte Ausbildung der Samen und die Schwachwüchsigkeit der Sämlinge triploider Sorten eine Folge der abnormen Chromosomenverhältnisse sind. Durch die abnorme Kombination der Erbanlagen ergeben sich beim Wachstum des Embryos und der Sämlinge Entwicklungsstörungen der mannigfachsten Art. Die große Variabilität der Abwegigkeit in der Entwicklung ist durch die verschiedenen Kombinationsmöglichkeiten der überzähligen Chromosomen ohne Schwierigkeit verständlich. Ausbalancierte Entwicklungsbedingungen ergeben sich nur, wenn jedes der 17 Chromosomen in der Zygote entweder zweimal (diploide Sorten) oder dreimal (triploide Sorten) im Zellkern enthalten ist.

Die Erkenntnis, daß die Samen triploider Apfel- und Birnsorten mangelhaft keimfähig sind und eine schwachwüchsige Nachkommenschaft ergeben, ist für den Baumschulbetrieb von großer Bedeutung. Man darf Saatgut triploider Sorten nicht für die Heranzucht von Wildlingsunterlagen verwenden, auch wenn es dem Laien schwerfällt, einzusehen, daß die starkwüchsigen und robusten triploiden Sorten Gravensteiner, Bohnapfel oder Roter Eiserapfel eine viel schwächere Nachkommenschaft ergeben als beispielsweise die schwachwüchsigen diploiden Sorten Goldparmäne oder Ananas-Reinette.

Viel weniger gut als die cytologisch bedingte ist die *faktoriell* bedingte Zygotensterilität untersucht. Es fällt jedoch auf, daß einzelne diploide Sorten, wie Transparent von Croncels, Cox' Orangen-Reinette und andere fast regelmäßig einen recht hohen Prozentsatz tauber Samen aufweisen. Es kann sich kaum in allen Fällen um eine ungenügende Ernährung handeln. Es scheint vielmehr, daß in ihren Eizellen vielfach Kombinationen von Erbanlagen vorkommen, die zusammen mit den Erbanlagen bestimmter Pollensorten zur Bildung tauber Samen infolge von Zygotensterilität führen. KOBEL (1931) glaubte beim Weißen Klarapfel solche Kombinationen gefunden zu haben. Es zeigte sich jedoch später, daß die von ihm beobachtete mangelhafte Samenbildung auf eine zu frühe Ernte der Früchte zurückzuführen war. Ob die faktoriell bedingte Zygotensterilität, die bei anderen Pflanzenarten vielfach gefunden wurde, für den Obstbau von praktischer Bedeutung ist, könnte nur durch groß angelegte und sorgfältig durchgeführte Befruchtungsversuche abgeklärt werden. Sie ist nicht mit der im nächsten Abschnitt zu besprechenden Intersterilität zu verwechseln.

Es unterliegt keinem Zweifel, daß sich lebensfähige Embryonen nur entwickeln können, wenn die befruchteten Eizellen richtig ernährt werden. Dies trifft offenbar nicht in allen Fällen zu. Wir finden recht oft einzelne Früchte, deren Samenanlagen anscheinend befruchtet waren, deren Samen aber taub sind. Seltener findet man Fälle, in denen alle oder die meisten Früchte eines ganzen Baumes einer diploiden Sorte schlecht entwickelte Samen enthalten. Welche Mängel der Ernährung diese Taubsamigkeit bedingen können, ist nicht untersucht. Wir sind überhaupt über die Ansprüche, welche die Keimlinge der Samen an die Ernährung stellen, viel weniger unterrichtet als über die in einem späteren Abschnitt zu besprechenden Voraussetzungen für die normale Ausbildung des Fruchtfleisches.

Zum Schlusse dieser Übersicht über die Ursachen der mangelhaften Entwicklung der Samen sei darauf hingewiesen, daß die meisten Frühkirschen und Frühpfirsiche in ihren Samen keine voll ausgebildeten Keimlinge enthalten. Sie schwimmen meist auf dem Wasser und sind taub oder enthalten nur kleine Embryonen. Doch läßt sich, wie TUKEY (1933, 1934) gezeigt hat, eine Entwicklung der verkümmerten Keimlinge erreichen, wenn man diese herauspräpariert und nach dem Entfernen der Samenhaut auf Nähragar bringt. Die Weiterentwicklung erfolgt in normaler Weise, was beweist, daß die Embryonen aus ernährungsphysiologischen Gründen und nicht infolge einer mangelhaften erblichen Konstitution zurückgeblieben sind.

Wir erhalten den Eindruck, das Fruchtfleisch der erwähnten Frühsorten bilde sich derart schnell aus, daß die Entwicklung der Keimlinge nicht Schritt zu halten vermöge, daß dagegen die Befruchtung und der Beginn der Ausbildung des Embryos durchaus genüge, um als Anreiz zur Ausbildung der Frucht zu wirken. Ähnliche Erscheinungen, wenn auch nicht in dieser ausgesprochenen Form, finden wir bei frühreifen Apfel- und Birnsorten. So sind beispielsweise die Kerne des Weißen Klarapfels sehr oft zur Zeit der Fruchtreife noch weiß und die Keimlinge noch nicht voll ausgebildet.

e) Die Selbststerilität und die Gruppensterilität.

α) *Begriffe und Untersuchungsmethoden.*

Wenn der Pollen trotz guter Keimfähigkeit aus physiologischen Gründen nicht fähig ist, die Samenanlagen der Blüte zu befruchten, aus der er stammt, spricht der Botaniker von *Selbststerilität*. Selbststerile Pflanzen nennt er auch *Fremdbefruchter*, weil sie auf die Bestäubung durch fremden Blütenstaub angewiesen sind. Ist der blüteneigene Pollen befruchtungsfähig, so spricht man von *Selbstfertilität*. Selbstfertile Pflanzen heißen auch Selbstbefruchter. Sie können jedoch ebenfalls durch fremden Pollen der gleichen Art befruchtet werden.

Man hat früher geglaubt, daß bei Fremdbefruchtern der Pollen anderer Blüten des gleichen Individuums eine bessere Befruchtungsfähigkeit aufweise als der blüteneigene. Später hat sich jedoch gezeigt, daß dies nicht zutrifft. Der Pollen sämtlicher Blüten ein und derselben Pflanze verhält sich gleich wie der blüteneigene. Und da bei ungeschlechtlich vermehrten Gewächsen alle durch Stecklingsvermehrung, durch Pfropfen oder andere Verfahren erhaltenen Abkömmlinge im Grunde genommen nur Teile des ursprünglichen Sämlingsindividuums sind, so verhält sich auch der Pollen verschiedener Pflanzen einer vegetativ vermehrten Sorte in gleicher Weise. Wir beziehen deshalb die Ausdrücke „Selbstfertilität" und „Selbststerilität" nicht nur auf eine einzelne Blüte oder die Blüten einer einzelnen Pflanze, sondern auf die Gesamtheit der von einem Sämling aus auf ungeschlechtlichem Wege erhaltenen Abkömmlinge, d. h. auf die ganze Sorte. Die Gründe für dieses Vorgehen sind im nächsten Abschnitt dargelegt.

Wir werden in einem anderen Zusammenhang sehen, daß recht oft innerhalb einer vegetativ vermehrten Sorte durch somatische Mutation Formen entstehen, die sich von der Ausgangssorte meist in einem einzigen Merkmal, beispielsweise der Farbe oder der Reifezeit, unterscheiden. Da sie in allen anderen Eigenschaften mit der Stammsorte übereinstimmen, sind sie, sofern es sich um Fremdbefruchter handelt, mit deren Pollen nicht befruchtbar und vermögen diese auch nicht zu befruchten. Die als Knospenmutationen entstandenen Spielformen können deshalb nicht mit Pollen der Stammsorte befruchtet werden und umgekehrt.

In ähnlicher Weise, wie von Selbst- und Fremd*befruchtung* spricht man auch von Selbst- und Fremd*bestäubung*. Es ist nötig, die beiden Begriffe klar auseinanderzuhalten; denn dadurch, daß die Narbe eines Griffels mit sorteneigenem oder sortenfremden Pollen belegt, also bestäubt wird, ist die Befruchtung der Blüte noch in keiner Weise gesichert.

Die Selbststerilität ist, wie wir sehen werden, nur ein Spezialfall der *Gruppensterilität*. Es gibt bei den auf Fremdbefruchtung angewiesenen Gewächsen nämlich ganze Gruppen von Individuen — oder aus solchen durch vegetative Vermehrung erhaltener Sorten —, die sich verhalten wie ein einziges selbststeriles Individuum. Sie vermögen sich gegenseitig aus physiologischen Gründen in keiner Kombination zu befruchten, trotzdem sie normalen Pollen ausbilden und der gleichen Art angehören. Die Gruppensterilität wird auch als *Kreuzsterilität* oder als *Intersterilität* bezeichnet.

In der obstbaulichen Literatur werden die erwähnten Begriffe recht oft in unklarer Weise gebraucht, oder es wird ihnen ein anderer Inhalt gegeben. Es entsteht dadurch viel Unklarheit und Unsicherheit, die am einfachsten dadurch vermieden werden können, daß wir die Fachausdrücke in gleicher Weise anwenden wie die Botaniker. So ist es beispielsweise nötig, die Selbstfertilität von der *Parthenokarpie* oder *Jungfernfrüchtigkeit* zu unterscheiden. Es gibt Apfel- und Birnsorten, die nach der Bestäubung mit sorteneigenem Pollen, oder auch ohne jegliche Bestäubung, samenlose Früchte ausbilden. Eine Befruchtung hat somit nicht stattgefunden. Aber auch durch das Vorhandensein von Samen wird nicht unbedingt bewiesen, daß eine Befruchtung der Samenanlage erfolgt ist, da es Gewächse gibt, deren Eizellen sich ohne Befruchtung zu entwickeln vermögen oder in deren Samenanlagen eine Nucelluszelle direkt zu einem Embryo auswächst. Diese verschiedenen Möglichkeiten der Samenbildung ohne Befruchtung werden als *Apomixis* zusammengefaßt.

Für den Praktiker scheinen die drei Möglichkeiten der Selbstbefruchtung, Parthenokarpie und Apomixis gleichwertig zu sein, da sie die Anpflanzung von fremden Sorten als Pollenspender unnötig machen. Sie wurden deshalb von EWERT als „eigenes Fruchtungsvermögen" zusammengefaßt, und in der englischen Literatur werden Sorten, die entweder infolge von Selbstfertilität oder Jungfernfrüchtigkeit befähigt sind, Früchte ohne Fremdbefruchtung zu bilden, vielfach als „selffruitfull" bezeichnet, was vereinzelt in der Form „selbstfruchtbar" auch in die deutsche Fachliteratur übernommen wurde. Es ist aber nicht nur für den Forscher und den Lehrer nötig, diese verschiedenen Möglichkeiten der Fruchtbildung in klarer Weise auseinanderzuhalten, sondern auch für diejenigen Obstpflanzer, die ihre Arbeit mit Verständnis ausführen; denn die Erscheinungen sind für sie durchaus nicht gleichwertig. So vermag beispielsweise eine parthenokarpe oder eine apomiktische Sorte Früchte auszureifen, auch wenn die Griffel der Blüten vor der Bestäubung erfroren sind, was bei einer selbstfertilen jedoch nicht der Fall ist.

Auch die Gruppensterilität muß in eindeutiger Weise von der in einem früheren Abschnitt behandelten Pollensterilität oder der morphologisch bedingten Sterilität unterschieden werden. Es führt zu Unklarheiten, wenn man unter dem Begriff „Kreuzsterilität" oder „Intersterilität" in ihrem Wesen völlig verschiedene Sterilitätserscheinungen zusammenfaßt, wie es gelegentlich getan wurde. Das gleiche gilt auch für die in einem andern Zusammenhang erwähnte faktoriell bedingte Zygotensterilität.

Um abzuklären, welche Sterilitätserscheinungen vorliegen, stehen uns bei den durch Insekten bestäubten Gewächsen folgende Versuchsanstellungen offen:

1. Die Blüten werden, bevor sie sich öffnen, in Baumwollsäcke oder Pergamintüten eingeschlossen und nach dem Aufblühen mit dem eigenen Blütenstaub bestäubt. Es ist nötig, diese Bestäubung vorzunehmen, da bei vielen Gewächsen keine Gewähr gegeben ist, daß der Pollen von selbst rechtzeitig auf die Narbe gelangt. Bilden sich nach Selbstbestäubung Früchte aus, so muß geprüft werden, ob sie samenhaltig sind. Sind sie samenlos, so ist bewiesen, daß es sich um eine parthenokarpe Sorte handelt. In manchen Fällen ist es angezeigt, zu untersuchen, ob die Jungfernfrüchte nur entstehen, wenn ein Anreiz durch eindringende, nicht befruchtungsfähige Pollenschläuche erfolgt (induzierte Parthenokarpie), oder ob sie sich auch ohne Bestäubung ausbilden. Zu diesem Behuf werden in den Blüten vor dem Öffnen der Staubbeutel die Staubgefäße entfernt und die eingeschlossenen Blüten unbestäubt gelassen. Bei den jungfernfrüchtigen Apfel- und Birnsorten scheint ein Anreiz durch keimenden Pollen nicht nötig zu sein.

2. Sind im Versuch 1 samenhaltige Früchte entstanden, so ist weiter zu prüfen, ob die Samenbildung auf Selbstbefruchtung oder auf Apomixis beruht. Zu diesem Zwecke werden die Blüten vor dem Öffnen ihrer Staubgefäße beraubt (entmannt). Wenn die Narben klebrig geworden sind, wird ein Teil mit nicht befruchtungsfähigem Pollen (z.B. bei Apfelblüten mit Birnpollen) belegt und die anderen im Baumwollsack oder Pergaminbeutel sich selbst überlassen. Bilden sich keine Früchte, so liegt Apomixis nicht vor und die im ersten Versuch festgestellte Samenbildung ist auf Selbstbefruchtung zurückzuführen. Bilden sich samenhaltige Früchte nur nach Bestäubung mit nicht befruchtungsfähigem Pollen, so handelt es sich um induzierte Apomixis. Welche Form von Samenbildung ohne Befruchtung vorliegt, ob beispielsweise apomiktische Entwicklung diploider Eizellen oder Nucellarembryonie, kann nur durch zytologische Untersuchungen abgeklärt werden.

3. Wenn sich im Versuch 1 keine Früchte entwickelten und dieses Verhalten bei einer Nachkontrolle unter anderen Außenbedingungen sich bestätigt und zugleich nach Bestäubung mit sortenfremdem Pollen samenhaltige Früchte gebildet werden, so muß man schließen, daß es sich um eine selbststerile Sorte handelt. In diesem Fall ist zu prüfen, welche andern Sorten der gleichen Obstart sich als Pollenspender eignen. Dabei ist es durchaus nicht nötig, die Blüten vor dem Bestäuben mit den verschiedenen Pollensorten zu entmannen. Der blüteneigene, nicht befruchtungsfähige Pollen stört die Befruchtung durch sortenfremden keineswegs. Man darf ohne Bedenken bei Sorten, deren Selbststerilität erwiesen ist, die Prüfung auf Gruppensterilität an Blüten vornehmen, die einfach vor dem Aufblühen in Baumwollsäcke oder Pergamintüten eingeschlossen wurden. Diese Methode hat sich in sehr zahlreichen Versuchen verschiedener Forscher stets wieder bewährt. Das Vorgehen entspricht auch den natürlichen Verhältnissen, da die Blüten der Fremdbefruchter durch die Insekten mit sehr viel mehr sorteneigenem als mit sortenfremdem Pollen belegt werden. Die Bedenken EWERTS (z.B. 1929), daß durch das Einsacken der Blüten abnorme Bedingungen entstehen, die den Fruchtansatz in ungünstiger Weise beeinflussen könnten, hat sich als nicht gerechtfertigt erwiesen. Durch VISSER (1951) wurde in eingehenden Versuchen bewiesen, daß der Fruchtansatz eingesackter Blüten normal ist. Dabei erscheint es ziemlich gleichgültig, ob Baumwoll- oder Pergaminsäcke verwendet werden. Dagegen werden die Blüten durch das Entmannen mehr oder weniger geschädigt, namentlich, wenn neben den Staubbeuteln auch der Kelch verletzt wird.

Zur Durchführung von Befruchtungsversuchen sammelt man am besten Blütenknospen, die unmittelbar vor dem Öffnen stehen. Ihre Kronblätter werden abgezupft, da sie nach dem Eintrocknen die Entnahme des Pollens stören würden. Hierauf werden die so präparierten Blüten der Pollenspender an einem trockenen Ort in einer Schale ausgebreitet. Am folgenden Tag haben sich bereits die meisten

Staubbeutel geöffnet. Die Entnahme des Pollens kann leicht mit einem feinen Pinsel erfolgen. Bei Obstarten, deren Blüten nicht behaart sind, ist es oft angezeigt, die stäubenden Blütenknospen in der geschlossenen Schale zu schütteln und den an den Wänden klebenden Pollen nachher mit dem Pinsel aufzunehmen. Der Pollen bleibt in trockener Zimmerluft mehrere Tage keimfähig. Muß er länger frisch erhalten werden, so ist die Verwendung von Exsikkatoren und die Aufbewahrung bei tiefer Temperatur nötig (s. S. 128). In Zweifelsfällen überzeuge man sich durch Ansetzen einer Keimprobe im künstlichen Medium. Die Bestäubung erfolgt durch Betupfen der empfängnisfähig gewordenen Narbe der eingesackten Blüten mit dem Pinsel. Dabei können bereits die Narben von Blüten bestäubt werden, die kurz vor dem Öffnen stehen. Der Erfolg ist aber weniger gut als bei Bestäubung von Griffeln geöffneter Blüten (VISSER 1951). Dagegen dürfen die Narben noch nicht gebräunt sein. Dabei belegt man nur einen Teil der Blüten mit dem zu prüfenden Pollen, indem man sie gleichzeitig zählt. Die übrigen nicht bestäubten Blüten stören den Versuch in keiner Weise.

SAX (1922), HOWLETT (1927) und andere amerikanische Forscher haben zur Prüfung auf Selbststerilität und Gruppensterilität vor dem Öffnen der Blüten zugleich die Staubgefäße und die Blütenblätter entfernt und auf das Einschließen in Säcke zum Schutz vor Insektenbesuch verzichtet. Sie stützten sich dabei auf die alte Beobachtung von LEWIS und VINCENT (1909), daß derartige, des Schauapparates beraubte Blüten normalerweise von Bienen und anderen Insekten nicht besucht werden. VISSER (1951) hat sie durch Versuche neuerdings bestätigt. Doch ist die Methode nicht einwandfrei. Dies zeigt beispielsweise die Tatsache, daß die Apfelsorte Spencers Kernloser, deren Blüten weder Staubgefäße noch Kronblätter aufweisen, gelegentlich kernhaltige Früchte ausbildet. Eine solche Beobachtung teilte mir Herr Stalder, Baumschulbesitzer in Meggen, mit, und ich konnte sie selbst wiederholen.

EWERT hat einen Teil seiner Befruchtungsversuche an Topfobstbäumen durchgeführt, und CRANE hat diese Methode im großen benützt. Sie scheint auf den ersten Blick besonders geeignet zu sein, da sie eine saubere Arbeitsweise ermöglicht. Die Versuchsergebnisse sind jedoch mit einiger Vorsicht auszuwerten, da diese Bäumchen andere physiologische Voraussetzungen für den Fruchtansatz aufweisen als die stärker wachsenden Freilandbäume, wie wir bereits bei der Gegenüberstellung der Befruchtungsverhältnisse diploider und triploider Sorten gesehen haben.

ZIEGLER und BRANSCHEIDT (1927) glaubten, über die Frage, ob bei einer Sorte Selbstbefruchtung vorkomme oder nicht, und ob sich bei Fremdbefruchtern verschiedene Sorten gegenseitig befruchten lassen, auch ohne zeitraubende Befruchtungsversuche Aufschluß zu erhalten. Sie stützten sich dabei auf die Tatsache, daß im Pollenkeimungsversuch im hängenden Tropfen durch Beigabe von Narben oder Narbenstücken die Pollenkeimung je nach der Sortenzugehörigkeit dieser Narbe gefördert oder gehemmt werden kann. Sie sprechen in mißverständlicher Weise von ,,künstlichen Kreuzungen" und ,,Selbstungen". Obschon KAMLAH (1928) aus seinen Befruchtungsversuchen mit Kirschensorten abgeleitet hatte, daß der Einfluß der Narbe auf die Pollenkeimung keinen Hinweis für die gegenseitige Befruchtungsfähigkeit der Sorten geben könne, ging BRANSCHEIDT (1929) später so weit, auf Grund solcher Pollenkeimungsversuche mit Zusatz verschiedener Narben der Praxis bestimmte Sortenkombinationen mit gesicherten Befruchtungsverhältnissen zu empfehlen. EWERT (1929) hat mit allem Nachdruck für solche weittragenden Schlüsse die Durchführung von Befruchtungsversuchen gefordert und KOBEL (1931) hat gezeigt, daß die Landsberger Reinette, die nach BRANSCHEIDT ein schlechter Pollenspender für Schöner von Boskoop sein müßte, diese Sorte voll zu befruchten vermag. Die ,,künstlichen Kreuzungen und Selbstungen" im hängenden Tropfen lassen weder Schlüsse über die Selbstfertilität noch über die Gruppensterilität zu.

Wir werden in einem nächsten Abschnitt die Verbreitung von Selbstfertilität bzw. Selbststerilität und Gruppensterilität bei den verschiedenen Obstarten im einzelnen besprechen. Dabei werden wir sehen, daß die Selbstfertilität völlig ungehemmt sein kann, daß dagegen die Selbststerilität selten vollständig ist. Bei den meisten selbststerilen Obstarten bilden sich gelegentlich nach Selbstbestäubung einzelne samenhaltige Früchte aus. Dabei ist allerdings meist nicht im einzelnen untersucht, ob es sich um sehr geringe Selbstfertilität handelt oder ob die apomiktische Samenbildung bei unseren Obstarten weiter verbreitet ist als man glaubt Aus den Untersuchungen von CRANE und LAWRENCE (1929) über die Sterilitätsfaktoren der Kirschen ist aber mit aller Bestimmtheit zu schließen, daß auch bei selbststerilen Obstarten gelegentlich eine Befruchtung mit sorteneigenem Pollen erfolgt. Auch die von KOSTINA (1928) erwähnte und von CRANE und LAWRENCE (1929) bestätigte Tatsache, daß die Keimfähigkeit der aus Selbstbestäubung hervorgegangenen Apfelsamen und die Lebensfähigkeit der daraus entstandenen Sämlinge gering sei, spricht gegen eine apomiktische Herkunft. Vielmehr muß man an eine Schwächung infolge Inzucht denken. Es liegt also sowohl bei den Apfelsorten wie auch bei den Süßkirschen und anderen selbststerilen Obstarten keine reine, vollkommene Selbststerilität vor. Man spricht bei diesem geringen Grad von Selbstbefruchtung von Pseudofertilität oder auch von Parasterilität. Den höchsten Prozentsatz von Samenbildung nach Selbstbestäubung bei Apfelsorten fand CRANE (zusammengestellt in CRANE und LAWRENCE 1929) bei Topfobstbäumen. KOSTINA (1928) stellte einen bedeutend höheren Samengehalt fest als NEBEL (1929) in Geisenheim. Der Grad der Pseudofertilität scheint weitgehend von den Umweltsbedingungen abhängig zu sein. Offenbar wird sie bei Topfobstbäumen besonders begünstigt und ist auch in südlichen Gebieten stärker als in nördlichen. Bei den selbststerilen Obstarten reicht jedoch diese Pseudofertilität nicht aus, um einen genügenden Fruchtansatz zu gewährleisten. Vom Standpunkt des Obstpflanzers aus müssen diese Obstarten durchaus als Fremdbefruchter betrachtet werden.

In entsprechender Weise ist auch die Gruppensterilität selten eine vollständige. In intersterilen Kombinationen vermögen sich vielmehr gelegentlich einige Samen auszubilden. Genügend fruchtbare Kombinationen zwischen Sorten, die der gleichen Sterilitätsgruppe angehören, sind nicht bekannt.

Manche Forscher glauben, daß zwischen der eigentlichen Intersterilität und der völligen Interfertilität Zwischenstufen bestehen, daß somit bei Fremdbefruchtern nicht alle Sorten als Pollenspender gleich wertvoll seien. So schien sich beispielsweise in Bestäubungsversuchen von TYDEMAN (1937) zu ergeben, daß bei Apfel- und Birnsorten die Entwicklung der Jungfrüchte je nach der gewählten Pollensorte ungleich rasch verläuft. Es muß aber darauf hingewiesen werden, daß solche kleinen Unterschiede äußerst schwer nachzuweisen sind. Der physiologische Zustand der einzelnen Zweige, welche für die Versuche verwendet werden, kann verschieden sein, ohne daß dies äußerlich erkennbar wäre. Ein gesichertes Ergebnis ist nur zu erreichen, wenn solche Versuche unter verschiedenen Bedingungen wiederholt werden. Von einem praktischen Standpunkt aus betrachtet können wir jedenfalls zwischen intersterilen und interfertilen Kombinationen schlechthin unterscheiden. Es gibt bei Fremdbefruchtern nicht ungeeignete und mehr oder weniger geeignete Pollenspender, sondern ganz einfach ungeeignete und geeignete.

β) Die physiologischen Gründe der Selbststerilität und Gruppensterilität.

Die alten Blütenbiologen glaubten, die Fremdbefruchtung sei für die Erhaltung der Art viel wertvoller als die Selbstbefruchtung. Sie suchten deshalb nach Merkmalen im Bau der Blüten, welche die Fremdbestäubung und damit die

Fremdbefruchtung begünstigen. Dabei bezogen sie den Begriff der Selbstbestäubung auf die einzelne Blüte und nicht — wie wir es heute mit guten Gründen tun — auf das ganze Individuum. Erst als gegen die Jahrhundertwende in der Blütenbiologie die beschreibende Naturwissenschaft wieder durch die experimentelle Forschung abgelöst wurde, erkannte man die Gefahren dieser finalen, d.h. nach dem Zwecke fragenden Betrachtungsweise. Aus Befruchtungsversuchen hat sich ergeben, daß der Blütenbau nicht unbedingt Hinweise dafür bietet, ob die Pflanzenarten oder ihre Rassen zu den Selbstbefruchtern oder den Fremdbefruchtern gehören. So läßt sich beispielsweise aus dem Blütenbau nicht erkennen, daß die Mandelsorten selbststeril, die Pfirsichsorten dagegen selbstfertil sind, oder daß die Schattenmorelle mit eigenem Pollen bestäubt ebenso reichlich Früchte ansetzt wie nach Fremdbestäubung, während die Ostheimer Weichsel unbedingt auf Fremdbestäubung angewiesen ist.

Der erste Forscher, der den wirklichen Grund für die Selbststerilität der Birnen- und Apfelsorten erkannte, war OSTERWALDER (1910). Er beobachtete bei der Birnsorte Gute Luise nach Selbstbestäubung eine bedeutende Verzögerung des Pollenschlauchwachstums im Griffelgewebe. In den Blüten, die am 10. Mai mit Pollen der Sorte Erzbischof Hons bestäubt wurden, fanden sich am 14. Mai bereits befruchtete Samenanlagen, während die Schläuche des sorteneigenen Pollens erst 3—3,5 mm in den Griffel eingedrungen waren. Auch am 17. Mai waren sie nicht weitergewachsen. Sie zeigten an ihren Enden keulenförmige Anschwellungen. Die gleichen Verhältnisse wurden in Griffeln der Sorte Erzbischof Hons beobachtet, die mit sorteneigenem Pollen bestäubt worden waren. Bei keiner der beiden Sorten konnte nach Selbstbestäubung ein Pollenschlauch in einem Samenfach beobachtet werden. Die Verhütung der Selbstbefruchtung beruht somit nicht auf irgendeiner morphologischen Einrichtung, sondern auf einer physiologisch bedingten Hemmung des Wachstums der Pollenschläuche. Ganz ähnliche Beobachtungen konnte OSTERWALDER (1910) auch an selbstbestäubten Blüten des Böhmischen Rosenapfels machen.

Die Angaben OSTERWALDERS wurden später durch NAMIKAWA (1923) angezweifelt. Er glaubte, der Pollenschlauch wachse normalerweise an der Außenseite des Griffels, und nur wenn er ins Leitgewebe eindringe, käme die beschriebene Anschwellung vor. Durch die Untersuchungen von KNIGHT (1913), BEAUMONT und WILOX (1922), die mit selbststerilen Pflaumen arbeiteten, ROBERTS (1926), BEAUMONT (1927), COOPER (1928) und zahlreichen weiteren Forschern ist jedoch die Richtigkeit der Beobachtungen OSTERWALDERS bestätigt worden.

In der klassischen Arbeit OSTERWALDERS (1910) findet sich eine wichtige Beobachtung. Er hatte am 10. Mai die Griffel der Birnsorte Gute Luise nicht nur mit Pollen von Erzbischof Hons, sondern auch mit solchem von Williams Christbirne bestäubt. Merkwürdigerweise zeigten die Pollenschläuche der letzterwähnten Sorte das gleiche Verhalten wie die sorteneigenen. Sie blieben ebenfalls nach 3—3,5 mm stecken und schwollen an ihren Enden an. Leider hat OSTERWALDER die Konsequenzen aus dieser Beobachtung nicht gezogen. Er wäre sonst der Entdecker der Gruppensterilität bei den Obstgewächsen geworden; denn heute wissen wir, daß die Birnsorten Gute Luise und Williams Christbirne intersteril sind. Eine Hemmung des Pollenschlauchwachstums im Griffel haben CRANE und LAWRENCE (1929) auch bei der gegenseitigen Bestäubung intersteriler Kirschen- und Pflaumensorten beobachtet. Die Gruppensterilität ist somit in gleicher Weise bedingt wie die Selbststerilität.

Zum besseren Verständnis dieser Sterilitätserscheinungen müssen wir auf die Untersuchungen an anderen Pflanzenarten zurückkommen. JOST (1907) hatte versucht, die Selbststerilität auf *Individualstoffe* zurückzuführen, indem er annahm, daß jedes Individuum von selbststerilen Formen besondere Stoffe ausscheide, durch welche das Wachstum der Pollenschläuche im eigenen Griffelgewebe verhindert werde. Später wies aber CORRENS (1912) am Wiesenschaumkraut nach, daß es ganze Gruppen von Individuen der gleichen Pflanzenart gibt, die sich gegenseitig nicht zu befruchten vermögen. Die Substanzen, welche das Wachstum der Pollenschläuche im Griffelgewebe hemmen, werden deshalb von ihm als *Gruppenstoffe* bezeichnet.

Diese *Gruppensterilität*, die auch als *Kreuz-* oder *Intersterilität* bezeichnet wird, ist später bei fast allen selbststerilen Pflanzenarten gefunden worden. Es hat sich gezeigt, daß sie auf Erbfaktoren beruht. EAST und MANGELSDORF (1925) haben auf Grund von Untersuchungen an *Nicotiana sanderae* die genetischen Grundlagen abgeklärt. Sie weisen nach, daß die Gruppensterilität der selbststerilen Pflanzenarten durch multiple Serien von Sterilitätsfaktoren bedingt wird, die sie mit S_1, S_2, $S_3 \ldots S_n$ bezeichnen. Ein Pollenschlauch ist immer dann im Griffelgewebe wachstumsfähig — und deshalb befruchtungsfähig —, wenn der in ihm enthaltene Sterilitätsfaktor nicht mit einem der im Griffelgewebe enthaltenen Sterilitätsgene übereinstimmt, und er wird dann in seinem Wachstum gehemmt, wenn in der bestäubten Pflanze sein Sterilitätsgen ebenfalls enthalten ist. Dabei liegen die Verhältnisse so, daß in allen Zellkernen einer normalen diploiden

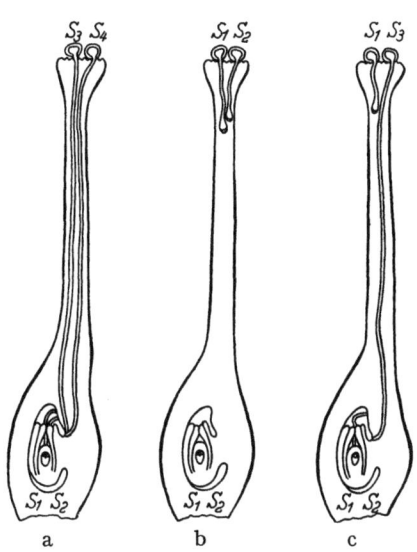

Abb. 63. Schematische Darstellung des Verhaltens der Pollenschläuche im Griffelgewebe. a Die Pollenkörner der Vatersorte enthalten Sterilitätsgene, welche mit denjenigen der Muttersorte nicht identisch sind; alle Pollenschläuche durchwachsen den Griffel. b Sämtliche Pollenkörner der Vatersorte enthalten Sterilitätsgene, die im Griffel der Muttersorte enthalten sind. Die Pollenschläuche bleiben im obersten Teil des Griffels zurück und verquellen. c Die Hälfte der Pollenschläuche der Vatersorte enthalten eines der Sterilitätsgene des Griffels und bleiben zurück, während die andern durchwachsen, da ihr Sterilitätsgen im Griffelgewebe nicht vorkommt. (Nach KOBEL, STEINEGGER und ANLIKER.)

Pflanze — und deshalb auch im Leitgewebe des Griffels — zwei Sterilitätsgene vorkommen, also z. B. S_1 und S_2. Bei der Reduktionsteilung werden sie auf die beiden Tochterkerne verteilt, so daß schließlich die Hälfte der Pollenkörner den einen Faktor, also z. B. S_1, die andere Hälfte den anderen, z. B. S_2, enthält.

Bei der gegenseitigen Bestäubung selbststeriler diploider Sorten sind in bezug auf die Sterilitätsgene 3 Möglichkeiten vorhanden (Abb. 63). Wenn beide Sterilitätsgene der Muttersorte von denjenigen der Vatersorte verschieden sind, so können in den zur Bestäubung gelangenden Pollenkörnern nur Sterilitätsgene vorkommen, die nicht im bestäubten Griffel enthalten sind. Sämtliche Pollenschläuche wachsen deshalb ungehemmt durch (Abb. 63 links). Die Kombination ist voll interfertil. Wenn die beiden Sterilitätsgene der Vatersorte mit denjenigen der Muttersorte übereinstimmen, so werden sämtliche Pollenschläuche gehemmt (Abb. 63 mitte). Die Sorten gehören der gleichen Sterilitätsgruppe an und vermögen sich gegenseitig nicht zu befruchten. Wenn die Vatersorte mit der Muttersorte nur das eine Sterilitätsgen gemeinsam hat, so vermag nur die Hälfte der Pollenschläuche zu den Samenanlagen vorzudringen, während die anderen gehemmt werden (Abb. 63 rechts). Die Kombination ist theoretisch halb intersteril, praktisch — infolge der Überproduktion an Pollen — voll interfertil.

Es ergeben sich aus diesen Zusammenhängen einige für das Verständnis der Befruchtungsverhältnisse bei selbststerilen Pflanzen wichtige Konsequenzen, nämlich:

a) Die Tatsache, daß der Pollen der eigenen Blüte, derjenige einer anderen Blüte der gleichen Pflanze und derjenige eines durch vegetative Vermehrung gewonnenen Abkömmlings für die Befruchtung gleichwertig sind, wird leicht verständlich, da in allen diesen Blüten die gleichen Sterilitätsgene enthalten sind.

b) Die Selbststerilität muß als Spezialfall der Gruppensterilität betrachtet werden.

c) Bei normalen diploiden Arten ist die physiologisch bedingte Intersterilität stets reziprok: wenn sich Sorte A nicht mit Sorte B befruchten läßt, dann kann auch B nicht mit Pollen von A befruchtbar sein.

Es stellte sich die Frage, ob das durch EAST und MANGELSDORF an einer Tabakart gefundene und durch andere Forscher bei anderen Pflanzen ebenfalls beobachtete Verhalten der Sterilitätsgene auch bei unseren Kern- und Steinobstarten vorkomme. CRANE und BROWN (1937) haben die aus Kreuzungen von Kirschensorten, deren gegenseitige Befruchtungsverhältnisse bekannt waren, erzogenen Sämlinge auf ihre Befruchtungsverhältnisse untersucht. Aus den Kreuzungen mit den Stammsorten und unter sich ergaben sich keine Widersprüche mit der Theorie. KOBEL, STEINEGGER und ANLIKER (1938) haben, vorerst bei Süßkirschen, den anderen möglichen Weg der Untersuchung eingeschlagen. Sie bestäubten entmannte Blüten von Vertretern der vorher gefundenen Sterilitätsgruppen mit Pollen anderer Gruppen und verfolgten das Wachstum der Pollenschläuche im Griffelgewebe. 4 Tage nach der Bestäubung wurden die Griffel abgeschnitten, in 70%igem Alkohol fixiert und dann mit Hilfe einer leicht abgeänderten Färbemethode nach WATKINS (1925) mit in Lactophenol aufgelöstem Baumwollblau gefärbt. Nachher wurden die Griffel quer in 3 Stücke geschnitten, jedes auf dem Objektträger der Länge nach zerteilt und nach leichtem Aufkochen unter dem Deckglas zerquetscht. Auf diese Weise ließen sich die zurückgebliebenen Pollenschläuche dank der intensiven Blaufärbung der aufgequollenen Enden und der sie umgebenden Schleimhüllen sehr leicht auffinden. Aber auch die ungehemmt durchwachsenden Spitzen hoben sich deutlich hervor, und es ließen sich infolge der starken Lichtbrechung ihrer Wände ebenfalls die leeren Schläuche auffinden, deren Spitzen bereits bis zu den Samenanlagen vorgedrungen waren.

Ein Ausschnitt aus den Untersuchungsergebnissen ist in der nachstehenden Tabelle wiedergegeben.

Muttersorten \ Vatersorten →	Basler Adler	Sauerhäner	Langstieler	Ovale frühe Herzkirsche	Rosmarin	Bingkirsche	Erstfrühe	Rigikirsche	Mischlerkirsche	Späte Basler
Basler Adler	1	½	½	½	0	½	½	0	0	½
Sauerhäner	½	—	0	0	—	½	½	0	0	½?
Langstieler	½	—	—	½	0	0?	½	0?	—	
Ovale frühe Herzkirsche	½	0	—	1	½	½	½	0	½	½
Rosmarin	—	½	—	—	—	—	—	—	—	½
Bingkirsche	½	½	0	½	½	—	0	0	0?	—
Erstfrühe	½	—	½	½	½	0	1	0	—	—
Rigikirsche	0	0	0?	0	0	0	0	—	½	0
Mischlerkirsche	0?	—	—	½?	½	½	0?	½	—	0?
Späte Basler	—	—	0?	½	—	1?	—	—	0?	—

Die Sorten sind Vertreter verschiedener Intersterilitätsgruppen oder konnten bisher keiner solchen zugeordnet werden (Sauerhäner und Basler Langstieler). ,,1" bedeutet, daß sämtliche Pollenschläuche im Griffelgewebe zurückblieben, ,,$\frac{1}{2}$", daß ungefähr die Hälfte zurückblieb, und ,,0", daß sämtliche ungehemmt durchwuchsen. Wenn wir die Sterilitätsfaktoren der ersten Sorte der Tabelle (Basler Adlerkirsche) willkürlich mit $S_1 S_2$ bezeichnen, kommen wir zu nachfolgender Aufstellung:

1. Basler Adlerkirsche .... $S_1 S_2$
2. Sauerhäner: $\frac{1}{2}$ mit Basler Adler, also ein gemeinsamer Faktor .... $S_1 S_3$
3. Langstieler: $\frac{1}{2}$ mit Basler Adler, 0 mit Sauerhäner. Also nicht S_1, S_3, somit: S_2 (wegen Basler Adler) .... $S_2 S_4$
4. Ovale frühe Herzkirsche: $\frac{1}{2}$ mit Basler Adler und Langstieler, 0 mit Sauerhäner. Also nicht S_1, S_3, somit: S_2 (wegen Basler Adler), nicht S_4, weil nicht intersteril mit Langstieler .... $S_2 S_5$
5. Rosmarin: $\frac{1}{2}$ mit Ovale frühe Herzkirsche und Sauerhäner, 0 mit Basler Adler und Langstieler. Also nicht S_1, S_2, S_4, somit: S_3 (wegen Sauerhäner) und S_5 (wegen Ovale frühe Herzkirsche) .... $S_3 S_5$
6. Bingkirsche: $\frac{1}{2}$ mit Basler Adler, Sauerhäner, Ovale frühe Herzkirsche und Rosmarin, 0 mit Langstieler. Also nicht S_2, S_4, somit: S_1 (wegen Basler Adler) und S_5 (wegen Ovale frühe Herzkirsche) .... $S_1 S_5$
7. Erstfrühe: $\frac{1}{2}$ mit Basler Adler, Sauerhäner, Ovale frühe Herzkirsche und Rosmarin, 0 mit Bingkirsche. Also nicht S_1, S_5, somit: S_2 (wegen Basler Adler und Ovale frühe Herzkirsche) und S_3 (wegen Sauerhäner und Rosmarin) .... $S_2 S_3$
8. Rigikirsche: 0 mit Basler Adler, Sauerhäner, Langstieler, Ovale frühe Herzkirsche, Rosmarin, Bingkirsche und Erstfrühe. Also nicht S_1, S_2, S_3, S_4, S_5, somit: ...... $S_6 S_7$
9. Mischlerkirsche: $\frac{1}{2}$ mit Ovale frühe Herzkirsche, Rosmarin, Bing und Rigi, 0 mit Basler Adler, Sauerhäner und Erstfrühe. Also nicht S_1, S_2, S_3, somit: S_5 (wegen Ovale frühe Herzkirsche, Rosmarin und Bing) und S_6 (wegen Rigikirsche) .... $S_5 S_6$
10. Späte Basler: 1? mit Bing, $\frac{1}{2}$ mit Basler Adler, Sauerhäner, Ovale frühe Herzkirsche, Rosmarin, Mischler, 0 mit Langstieler und Rigi. Also nicht S_2, S_4, S_6, S_7, somit: S_1 (wegen Basler Adler) und S_5 (wegen Ovale frühe Herzkirsche) .... $S_1 S_5$

Die Sterilitätsgene der 10 Sorten lassen sich leicht miteinander in Beziehung setzen und numerieren. Sie stellen verschiedene Kombinationen von im ganzen 7 Faktoren dar, wobei Späte Basler sich als zur Binggruppe gehörig erwies, was vorher durch Befruchtungsversuche nicht bekannt geworden war. Die Zahl der möglichen Kombinationen zwischen diesen 7 Sterilitätsgenen beträgt $\frac{n(n-1)}{2} = \frac{7 \cdot 6}{2} = 21$.

Es müßten somit bei Süßkirschen wenigstens 21 verschiedene Sterilitätsgruppen möglich sein. In Wirklichkeit ist die Zahl der Sterilitätsfaktoren, und damit der Gruppen, wesentlich größer.

Diese Untersuchungen vermitteln uns einen guten Einblick in die Gesetze, denen die Gruppensterilität gehorcht. Es stellt sich die Frage, ob ein ähnliches Verhalten auch bei anderen Obstarten zu finden sei. Zu ihrer Abklärung haben KOBEL, STEINEGGER und ANLIKER (1939) entsprechende Untersuchungen auch mit Apfelsorten ausgeführt, bei denen Gruppensterilität viel seltener vorkommt als bei der Kirsche. Vorher hatte bereits AFIFY (1933) in allerdings wenig umfangreichen Untersuchungen das Verhalten der Pollenschläuche im Griffelgewebe des Apfels geprüft. Er glaubte in der Kombination Cox' Orangen-Reinette × Ellison Orange bei den Pollenkörnern viererlei verschiedenes Verhalten feststellen zu können. Er fand solche, die überhaupt nicht keimen (und außer Betracht zu lassen sind), solche, deren Schläuche nur sehr wenig weit eindringen und dann nach oben umbiegen, solche, deren Schläuche etwa $\frac{1}{3}$ der Griffellänge durchwachsen und dann ebenfalls steckenbleiben, und schließlich solche, die bis zu den Samenanlagen vordringen. Er glaubte dieses Verhalten auf die sekundäre Polyploidie dieser Obstart (s. S. 128) zurückführen zu müssen und nahm deshalb an, daß in jeder Geschlechtszelle der diploiden Apfelsorten 2, in den somatischen Zellen somit 4 Sterilitätsgene vorkommen. KOBEL und Mitarbeiter fanden in ihren Untersuchungen für die Richtigkeit der Auffassung von AFIFY keinerlei Anhaltspunkte. Sie beobachteten, wie bei den Kirschen, zum weitaus größten Teil entweder in den obersten Griffelteilen zurückbleibende oder ungehemmt durchwachsende Pollenschläuche. Nur vereinzelt wurden Pollenschlauchspitzen im mittleren Teil des Griffels gefunden, wie dies auch bei Kirschen der Fall war. Im einzelnen ergab sich folgendes Bild:

Narbensorte ↓ / Pollensorte →	Berner Rosenapfel	Sauergrauech	Champagner-Reinette	Weißer Klarapfel	Transparent von Croncels	Oberrieder Glanzreinette	Danziger Kantapfel	Ontario	Wellington-Reinette	Möriker
Berner Rosenapfel	1	½	½	½	½	o	½	½	o	o
Sauergrauech	½	1	o	½	½	½	o	½	o	o
Champagner-Reinette	½	o	—	o	½	o	½	o	o	o
Weißer Klarapfel	½	½	o	—	o	o	o	½	o	o
Transparent von Croncels ..	½	½	½	o	1	½	½	o	o	o
Oberrieder Glanzreinette ...	—	½	o	o	½	1	½	o	o	o
Danziger Kantapfel	½	o	½	o	½	½	—	o	o	o
Ontario	½	½	o	½	o	o	o	—	½	o
Wellington-Reinette	o	—	—	—	—	—	—	½	—	o
Möriker	o	o?	—	o?	o	o	—	o	o	—

Die Numerierung erfolgte in ähnlicher Weise wie bei den Kirschensorten, indem die Sterilitätsgene von Berner Rosenapfel willkürlich mit S_1 und S_2 bezeichnet wurden.

Berner Rosenapfel .... S_1S_2

Sauergrauech: ½ mit Berner Rosen, also 1 gemeinsamer Faktor .... S_1S_3

Champagner-Reinette: ½ mit Berner Rosen, o mit Sauergrauech. Also nicht S_1,S_3, somit S_2 (wegen Berner Rosen) und ein neuer Faktor .... S_2S_4

Weißer Klarapfel: ½ mit Berner Rosen und Sauergrauech, o mit Champagner. Also nicht S_2, S_4, somit S_1 (wegen Berner Rosen), nicht S_3, weil nicht intersteril mit Sauergrauech .... S_1S_5

Transparent von Croncels: ½ mit Berner Rosen, Sauergrauech und Champagner, o mit Klarapfel. Also nicht S_1, S_5, somit S_2 (wegen Berner Rosen) und S_3 (wegen Sauergrauech) .... S_2S_3

Oberrieder Glanzreinette: ½ mit Sauergrauech und Croncels, o mit Berner Rosen, Champagner und Klarapfel. Also nicht S_1, S_2, S_4, S_5, somit S_3 (wegen Sauergrauech und Croncels) und ein neuer Faktor .... S_3S_6

Danziger Kantapfel: ½ mit Berner Rosen und Croncels, o mit Sauergrauech, Klarapfel und Oberrieder. Also nicht S_1, S_3, S_5, S_6, somit S_2 (wegen Berner Rosen und Croncels), nicht S_4, weil nicht intersteril mit Champagner .... S_2S_7

Ontario-Reinette: ½ mit Berner Rosen, Sauergrauech und Klarapfel, o mit Champagner, Croncels, Oberrieder, Danziger. Also nicht S_2, S_3, S_4, S_6 S_7, somit S_1 (wegen Berner Rosen und Sauergrauech), nicht S_5, weil nicht intersteril mit Klarapfel ... S_1S_8

Wellington-Reinette: ½ mit Ontario, o mit Berner Rosen, Sauergrauech, Champagner, Klarapfel, Croncels, Oberrieder, Danziger, Also nicht S_1, S_2, S_3, S_4, S_5 S_6, S_7, somit S_8 (wegen Ontario) und ein neuer Faktor .... S_8S_9

Möriker: o mit Berner Rosen, Sauergrauech, Champagner, Klarapfel, Croncels, Oberrieder, Danziger, Ontario, Wellington. Also nicht S_1 bis S_9, somit 2 neue Faktoren .... $S_{10}S_{11}$

Man fand somit bei den 10 in Betracht gezogenen Apfelsorten weit mehr Sterilitätsgene als bei ebenso vielen Kirschensorten, nämlich 11 gegenüber 7. Daraus ergibt sich eine Zahl von $\frac{n(n-1)}{2} = \frac{11 \cdot 10}{2} = 55$ möglichen Sterilitätsgruppen. Es kommen offenbar bei den Äpfeln weit mehr Sterilitätsfaktoren — und damit mögliche Gruppen — vor als bei den Süßkirschen. Die Wahrscheinlichkeit, daß in Befruchtungsversuchen Sorten mit der gleichen Kombination von Sterilitätsfaktoren gefunden werden, ist daher viel geringer als bei den Kirschen oder anders ausgedrückt: die Gruppensterilität ist seltener.

Da keine Anhaltspunkte für eine Komplikation infolge der sekundär polyploiden cytologischen Struktur der Apfel- und Birnsorten in bezug auf die Sterilitätsgene gefunden wurden, darf man annehmen, daß auch bei diesen Obstarten die Gruppensterilität den gleichen einfachen Gesetzmäßigkeiten folgt wie bei den Kirschen, d. h., daß sie vollständig und reziprok ist. Bei den durch Befruchtungsversuche aufgefundenen verhältnismäßig wenig zahlreichen Fällen trifft dies zu.

Eine Besonderheit ergibt sich einzig bei den triploiden Sorten. Wenn die diploiden in ihren somatischen Zellen 2 Sterilitätsgene enthalten, so müssen es bei den triploiden 3 sein. Damit vergrößert sich die Wahrscheinlichkeit, daß der Pollen der zur Bestäubung benützten Sorte Sterilitätsgene enthält, die im Griffel der triploiden enthalten sind. Jede triploide Sorte gehört zugleich 3 Intersterilitätsgruppen an, z. B. die Kombination $S_1 S_2 S_3$ den Gruppen $S_1 S_2$, $S_1 S_3$ und $S_2 S_3$, denn in keiner dieser Gruppen werden Pollenkörner mit Sterilitätsfaktoren gebildet, die nicht im Griffelgewebe von $S_1 S_2 S_3$ enthalten wären. Es ist also damit zu rechnen, daß bei triploiden öfter als bei diploiden Sorten physiologisch bedingte Intersterilität auftritt. KOBEL und Mitarbeiter (1939) haben deshalb diesen Sorten besondere Aufmerksamkeit geschenkt und die Annahme bestätigt gefunden.

Für die Untersuchung des Verhaltens der Pollenschläuche können triploide Sorten naturgemäß nur als Mutterpflanzen verwendet werden, da ihr Pollen nicht genügend befruchtungsfähig ist. Bei den in der nachstehenden Zusammenstellung enthaltenen 7 triploiden Sorten konnte nachgewiesen werden, daß sie je 3 der in den oben erwähnten diploiden Sorten aufgefundenen Sterilitätsgrenze enthalten.

Narbensorte ↓ / Pollensorte →	Berner Rosenapfel	Sauergrauech	Champagner-Reinette	Weißer Klarapfel	Transparent von Croncels	Oberrieder Glanzreinette	Danziger Kantapfel	Ontario	Wellington-Reinette	Möriker
Kanada-Reinette	1	1	½	—	1	½	½	—	0	—
Jakob Lebel.............	½	1	½	½	½	½	0	½	0	0
Goldreinette von Blenheim .	½	1	½	½	½	½	0	½	0	0
Schöner von Boskoop	½	½	½	½	1	½	½	0	0	0?
Stäfner Rosenapfel........	0	½	0	0	½	1?	½	½	½	—
Menznauer Jägerapfel	0	½	0	½	½	½	0	0	½	—
Ribston Peping	½	½	0	½	0	0	½	½	—	
Brünerling	0	0	0	½	0	—	½	0	0	½

Kanada-Reinette: 1 mit Berner Rosen, Sauergrauech und Croncels, ½ mit Champagner, Klarapfel, Oberrieder, Danziger, 0 mit Wellington. Also nicht S_8, S_9, somit S_1, S_2, S_3 (wegen Berner Rosen, Sauergrauech, Croncels) .... $S_1 S_2 S_3$

Goldreinette von Blenheim: 1 mit Sauergrauech, ½ mit Berner Rosen, Champagner, Klarapfel, Croncels, Oberrieder, Ontario, 0 mit Danziger, Wellington, Möriker. Also nicht S_2, S_7, S_8, S_9, S_{10}, S_{11}, somit S_1 (wegen Sauergrauech, Berner Rosen, Ontario), S_3 (wegen Sauergrauech und Croncels) und S_4 (wegen Champagner) $S_1 S_3 S_4$

Jakob Lebel: 1 mit Sauergrauech, ½ mit Berner Rosen, Champagner, Klarapfel, Croncels, Oberrieder, Ontario, o mit Danziger, Wellington, Möriker. Ableitung wie Goldreinette von Blenheim .... $S_1S_3S_4$

Schöner von Boskoop: 1 mit Croncels, ½ mit Berner Rosen, Sauergrauech, Champagner, Klarapfel, Oberrieder, Danziger, o mit Ontario, Wellington. Also nicht S_1, S_8, S_9, somit S_2 (wegen Croncels und Berner Rosen), S_3 (wegen Croncels und Sauergrauech) und S_5 (wegen Klarapfel) .... $S_2S_3S_5$

Stäfner Rosenapfel: ½ mit Sauergrauech, Croncels, Oberrieder, Danziger, Ontario und Wellington, o mit Berner Rosen, Champagner, Klarapfel. Also nicht S_1, S_2, S_4, S_5, somit S_3 (wegen Sauergrauech und Croncels), S_7 (wegen Danziger) und S_8 (wegen Ontario) .... $S_3S_7S_8$

Menznauer Jägerapfel: ½ mit Sauergrauech, Klarapfel, Croncels, Oberrieder, Wellington, o mit Berner Rosen, Champagner, Danziger, Ontario. Also nicht S_1, S_2, S_4, S_7, S_8, somit S_3 (wegen Sauergrauech und Croncels), S_5 (wegen Klarapfel) und S_9 (wegen Wellington) .... $S_3S_5S_9$

Brünerling: ½ mit Danziger, Klarapfel und Möriker, o mit Berner Rosen, Sauergrauech, Croncels, Champagner, Ontario, Wellington. Also nicht S_1, S_2, S_3, S_4, S_8, S_9, somit S_5 (wegen Klarapfel), S_7 (wegen Danziger) und S_{10} (wegen Möriker) . $S_5S_7S_{10}$

Die Sorten Jakob Lebel und Goldreinette von Blenheim entsprechen der gleichen Kombination. Sie wären intersteril, sofern sie befruchtungsfähigen Pollen ausbilden würden. Bei anderen triploiden Sorten konnte nachgewiesen werden, daß sie weitere, bei den 10 untersuchten diploiden nicht vorkommende Sterilitätsgene enthalten. So muß beispielsweise Gravensteiner neben dem Faktor S_4 entweder S_{10} oder S_{11} enthalten und daneben einen mit der Ordnungszahl >11. Bei Bohnapfel müssen neben S_9 2 Sterilitätsgene mit der Ordnungszahl >11 vorkommen.

Wesentlich komplizierter liegen die Verhältnisse bei den eigentlichen Polyploiden, den tetraploiden Sauerkirschen (*Prunus cerasus* im weiteren Sinn) und den hexaploiden Zwetschgen und Pflaumen (*Prunus domestica* im weiteren Sinn). Bei den einen kommen im Soma 4 und in den Pollenschläuchen 2, bei den anderen im Soma 6 und in den Pollenschläuchen 3 Sterilitätsgene vor. Bei beiden Arten gibt es zudem neben selbststerilen auch selbstfertile Sorten, was die Untersuchung noch einmal erschwert. AFIFY (1933) hatte geglaubt, bei Domesticapflaumen neben Pollenschläuchen, die im obersten Teil des Griffels anschwellen und ungehemmt durchwachsen, auch solche, die ungefähr ¼ der Griffellänge, und solche, die ungefähr die halbe Griffellänge durchwachsen, beobachten zu können. Die Nachprüfung durch ROY (1938) hat jedoch ergeben, daß sich die Pollenschläuche im Griffelgewebe der hexaploiden Pflaumen in gleicher Weise verhalten wie bei den Kirschen: sie werden entweder in den obersten Griffelteilen gehemmt oder wachsen durch. Die im mittleren Teil des Griffels zurückbleibenden sind nicht zahlreicher als bei den Kirschen. Damit ist auch bei dieser Obstart die Voraussetzung dafür gegeben, daß 2 selbststerile Sorten entweder intersteril oder interfertil sein können, daß es aber Übergänge nicht gibt. Dagegen geht aus den Untersuchungen von CRANE und Mitarbeitern, auf die wir im nächsten Abschnitt zurückkommen, mit aller Deutlichkeit hervor, daß die Intersterilität bei dieser Obstart nicht in jedem Fall reziprok ist. Wie diese Besonderheit bedingt ist, läßt sich nicht entscheiden.

Die Hemmung des Pollenschlauches in den obersten Griffelteilen ist nicht die einzige physiologisch bedingte Art und Weise der Verhinderung der Selbstbefruchtung im Reich der Blütenpflanzen. Es sind, z.B. bei Orchideen, auch Arten bekannt, bei denen bereits die Keimung des Pollens auf der Narbe verhindert wird. In anderen Fällen durchwachsen die Pollenschläuche bei Selbststerilen die ganze Griffellänge, ohne daß sie jedoch bis zu den Eizellen vorzudringen vermöchten. Unter den Kernobstarten zeigt nach ASAMI (1926) die japanische, offenbar zu *Pyrus sinensis* gehörende Birnsorte Chojuro dieses Verhalten. Später wurde von

USHIKOSHI und TOKUYASU (1930, zitiert nach ASAMI und HAYAMI 1934) darauf hingewiesen, daß bei anderen Arten der gleichen Gruppe nur knapp die halbe Griffellänge durchwachsen werde. Die Nachprüfung durch ASAMI und HAYAMI (1934) ergab, daß die Strecke, welche die Pollenschläuche durchwachsen, nicht immer gleich lang ist, daß jedoch nach Selbstbestäubung und nach Kreuzung mit intersterilen Sorten das Pollenschlauchwachstum in jedem Fall verlangsamt ist und die Hemmung genügt, um die Befruchtung zu verunmöglichen.

γ) Die Selbststerilität und Gruppensterilität bei den einzelnen Obstarten.

Die Selbststerilität und Gruppensterilität beim Apfel. Über die Selbst- und Fremdbefruchtung von Apfelsorten sind sehr zahlreiche Versuche durchgeführt worden. Die Auswertung war aber vielfach, wie bereits in anderem Zusammenhang erwähnt, ungenügend, da nicht auf den Samengehalt der Früchte geachtet wurde. Es kann deshalb oft nicht entschieden werden, ob der Fruchtansatz einer Befruchtung oder der Ausbildung von Jungfernfrüchten zu verdanken ist.

Es seien neben WAITE (1898), WAUGH (1901), MÜLLER-THURGAU (1898) und EWERT (1906), welche die ersten grundlegenden Versuche ausführten, ohne Anspruch auf Vollständigkeit folgende Autoren genannt: AUCHTER (1921), AUCHTER und SCHRADER (1925), BACH (1928), BACKER (1928), BODO (1928), CALLMAR und JOHANSSON (1935), F. L. S. CHITTENDEN (1914), F. J. CHITTENDEN (1927), CRANDALL (1926), CRANE und Mitarbeiter (1923, 1927 usw.), DUHAN (1949), EINSET (1930), R. FLORIN (1927), GOWEN (1920), HOWLETT (1927, 1931, 1933), EMIL JOHANSSON (1926, 1929, 1931, 1938), NILS JOHANSSON (1923), KEIL (1923), KOBEL (1924, 1926, 1931), KOBEL und STEINEGGER (1934), KOBEL, STEINEGGER und ANLIKER (1939), KOLESNIKOW (1927), KOSTINA (1927, 1928), KVAALE (1927), LATIMER (1937), LINDFORS (1922), McDANIELS (1925), McDANIELS und HEINICKE (1929), MACOUN (1922, 1924), MORRIS (1920), NEBEL (1929), OVERHOLSER (1927), OVERHOLSER und OVERLEY (1932), REINECKE (1930), ROBERTS (1926), RUDLOFF und SCHANDERL (1937), RUDLOFF und SCHMIDT (1938), SAX (1922), SCHANDERL (1932), STOUT (1927), SUTTON (1918, 1920), WELLINGTON (1923, 1926, 1927), WELLINGTON und Mitarbeiter (1929), WENTWORTH (1933).

Als Beispiel für die Bedeutung und das Ausmaß der Selbstbefruchtung bei den Apfelsorten wählen wir die Zusammenstellung von KOSTINA. Sie bezieht sich auf Untersuchungen, die in der Krim ausgeführt wurden.

I. bedeutet die Ergebnisse nach freier Bestäubung an einem nicht eingesackten Ast.
II. nach künstlicher Selbstbestäubung an einem eingesackten Ast.

Sorte	Zahl der Blüten	Reife Früchte %	Mittlere Samenzahl
I. Adersleber Kalvill	210	9,0	6,6
II. Adersleber Kalvill	166	1,5	2,0
I. Cellini 1925	160	15,6	5,0
II. Cellini 1925	171	4,0	2,5
I. Cellini 1926	155	30,0	5,2
II. Cellini 1926	95	39,0	1,1
I. Champagner-Reinette	100	1,0	6,0
II. Champagner-Reinette	185	0,5	3,0
I. Cox' Orange-Reinette 1926	214	11,7	6,5
II. Cox' Orange-Reinette 1926	110	7,3	0,0
I. Cox' Orange-Reinette 1927	124	13,7	6,5
II. Cox' Orange-Reinette 1927	120	5,8	3,2
I. Gelber Bellefleur	318	3,8	6,3
II. Gelber Bellefleur	321	0,3	2,0
I. Gloria mundi	79	8,8	14,8

Sorte	Zahl der Blüten	Reife Früchte %	Mittlere Samenzahl
II. Gloria mundi	106	4,7	11,8
I. Gravensteiner	183	5,4	4,0
II. Gravensteiner	134	1,5	2,5
I. Hohenzoller	107	11,2	5,7
II. Hohenzoller	115	11,3	2,3
I. Kanada-Reinette 1926	205	9,7	4,7
II. Kanada-Reinette 1926	207	4,8	3,7
I. Kanada-Reinette 1927	216	20,8	3,8
II. Kanada-Reinette 1927	114	2,6	2,7
I. Landsberger Reinette	119	6,6	13,3
II. Landsberger Reinette	125	1,6	2,0
I. Orléans-Reinette 1926	226	21,2	7,7
II. Orléans-Reinette 1926	258	1,5	3,9
I. Orléans-Reinette 1927	175	4,6	4,7
II. Orléans-Reinette 1927	151	0,7	0,0
I. Parkers Peping	178	8,4	8,7
II. Parkers Peping	106	2,8	1,6
I. Peasgoods Goldreinette	143	14,0	7,8
II. Peasgoods Goldreinette	106	0,9	3,0
I. Roter Gravensteiner	235	23,0	6,5
II. Roter Gravensteiner	135	3,7	1,4
I. Schöner von Pontoise	145	13,8	9,4
II. Schöner von Pontoise	100	11,0	1,4
I. Weißer Winterkalvill	174	8,6	5,8
II. Weißer Winterkalvill	183	2,2	1,0
I. Winterbanane	164	16,4	7,8
II. Winterbanane	212	1,8	1,7
I. Wintergoldparmäne	239	8,7	7,5
II. Wintergoldparmäne	152	0,6	1,6

Wir erkennen aus dieser Zusammenstellung, daß sämtliche untersuchten Apfelsorten bei Fremdbestäubung wesentlich größere Ernten ergeben als nach Selbstbestäubung, eine Tatsache, die durch alle Versuchsansteller stets wieder bestätigt wurde. Auch die Ausbildung von Samen ist in jedem Fall nach Selbstbestäubung geringer. Ausnahmen machen in bezug auf die Fruchtbildung die stark parthenokarpe Sorte Cellini und in bezug auf die Samenbildung Gloria mundi, wobei aber nicht untersucht ist, ob es sich hier um Selbstbefruchtung oder um Samenbildung infolge von Apomixis handelt. Aber auch andere Apfelsorten ergaben gelegentlich nach Selbstbestäubung beachtenswerte Mengen samenhaltiger Früchte, so beispielsweise Weidners Goldreinette und Carpentin in den Versuchen von RUDLOFF und SCHANDERL (1937). Dabei wurde im Fall der letzterwähnten Sorte experimentell bewiesen, daß nicht Apomixis vorliegt. Bei keiner der sehr zahlreichen untersuchten Sorten ist aber bisher nach Bestäubung mit sorteneigenem Pollen ein ebenso hoher Fruchtertrag erreicht worden wie nach Fremdbestäubung mit einem geeigneten Pollenspender. Wir müssen deshalb, trotz des schwankenden, nur selten ansehnlichen Grades von Pseudofertilität, die Apfelsorten vom Standpunkt des Obstpflanzers aus als selbststeril betrachten. Keine soll in reinem Satz angepflanzt werden.

RUDLOFF und SCHMIDT (1938) haben Wildformen der Gattung *Malus* geprüft. Größere Fruchtansätze lieferten nach Selbstbestäubung *M. kaido* WENZIG (wahrscheinlich *M. ringo* × *M. spectabilis*), *M. micromalus* MAK., *M. Zumi* REHD. und gelegentlich Formen von *M. baccata* BORKH. Als eigentlich selbstfertil kann aber höchstens die ersterwähnte Art gelten. Eine Bedeutung für züchterische Zwecke scheint diese Selbstfertilität nicht zu haben, da sich die aus Selbstbefruchtung hervorgegangenen Sämlinge als schwachwüchsig erwiesen.

In Ergänzung der im vorangehenden Abschnitt gemachten Angaben seien nachstehend die wenigen bisher bekannten Fälle von Gruppensterilität zusammengestellt:

a) *Diploid × diploid* (alle untersuchten Fälle reziprok):
Berner Rosenapfel und Parkers Peping ⎫ KOBEL und
Oetwiler Reinette und Oberrieder Glanzreinette ⎭ STEINEGGER (1934).
Sauergrauech und Goldparmäne ⎫ KOBEL, STEINEGGER
Transparent von Croncels und Chüsenrainer ⎭ und ANLIKER (1939).
Rome Beauty und Gallia Beauty, HOWLETT (1933).
Cellini und Bismarck, SCHANDERL (1932), bedarf der Bestätigung.
Cortland und Early McIntosh, LATIMER (1937), bedarf der Bestätigung.

b) *Triploid × diploid*. Ribston Peping × Cox' Pomona, JOHANSSON (1931).
Arkansas × Grimes Golden, AUCHTER und SCHRADER (1925), EINSETT (1930), HOWLETT (1933).
Kanada-Reinette × Weißer Winterkalvill (BACH 1928, RUDLOFF und SCHANDERL 1937), Sauergrauech, Goldparmäne, Berner Rosenapfel, Parkers Peping, Transparent von Croncels und Chüsenrainer (KOBEL und Mitarbeiter 1939).
Schöner von Boskoop × Transparent von Croncels und Chüsenrainer.
Goldreinette von Blenheim × Sauergrauech und Goldparmäne.
Jakob Lebel × Sauergrauech und Goldparmäne (KOBEL und Mitarbeiter 1939).

Die in der Versuchsanstalt Wädenswil von KOBEL und Mitarbeitern ausgeführten Versuche über Intersterilität bei Apfelsorten sind in der nachstehenden Übersicht zusammengestellt. Die obere Zahl jedes Feldes bedeutet die Zahl der bestäubten Blüten, die Ziffer unten links den Fruchtansatz nach dem Junifall in Prozenten und die eingeklammerte Ziffer die Zahl der reifen Früchte in Prozenten der bestäubten Blüten.

Insterilität von Apfelsorten.

	Berner Rosenapfel	Parkers Peping	Sauergrauech	Goldparmäne	Transparent von Croncels	Chüsenrainer
Berner Rosenapfel	48 0(0)	421 3(0,4)	107 23(10)	120 39(9)		152 34(5)
Parkers Peping	482 3(0)	46 0(0)				
Sauergrauech			127 0(0)	109 24(17)	112 11(4)	
Goldparmäne	102 47(23)		124 8(0)	109 17		
Transparent von Croncels			532 52(13)		524 9(0)	110 1(0)
Chüsenrainer	139 9(9)		104 11(3)	173 36(24)	124 0(0)	64 0(0)
Kanada-Reinette	289 4(2)		311 5(1)	260 9(1)	65 1(0)	
Goldreinette von Blenheim	156 30(8)		258 2(1)	223 4(1)	40 32(12)	101 5(5)?
Jakob Lebel	110 33(13)		89 12(2)	70 9(1)	94 50(23)	67 60(29)
Schöner von Boskoop	190 42(13)		73 48(18)	119 24(8)	256 0(0)	134 0(0)

Es sei auch in diesem Zusammenhang darauf hingewiesen, daß die durch Knospenmutation entstandenen Spielformen mit der Stammsorte und unter sich intersteril sind, wie beispielsweise OVERHOLSER und OVERLEY (1932) nachgewiesen haben.

Die Selbststerilität und Gruppensterilität bei der Birne. Die Befruchtungsverhältnisse dieser Obstart sind ebenfalls in verschiedenen Ländern von zahlreichen Forschern untersucht worden, so durch CHITTENDEN (1927), CRANE und LAWRENCE (1929), EWERT (1906), FLETSCHER (1900, 1911), R. FLORIN (1927), JOHANSSON und CALLMAR (1936), JOHNSTON und Mitarbeiter (1927), KAMLAH (1928), KOBEL und Mitarbeiter (1934, 1939), MORETTINI (1935), MÜLLER-THURGAU (1898 usw.), POWELL (1902), PRESCOTT (1911), RAWES (1933), SCHANDERL (1932, 1937), TUFTS (1919), TUFTS und PHILP (1923), WAITE (1894), WELLINGTON (1923, 1927) und andere. Da die Parthenokarpie bei den Birnen öfter und auch in einem höheren Grad vorkommt als bei den Äpfeln, sind die Verwechslungen mit dieser Art der Fruchtbildung und der Selbstfertilität noch viel häufiger. Aus den Untersuchungen von KAMLAH, SCHANDERL, KOBEL und MORETTINI, die den Samengehalt der nach Selbstbestäubung erhaltenen Früchte untersuchten, geht aber mit aller Deutlichkeit hervor, daß die Angaben der anderen Autoren über das Vorkommen selbstfertiler Birnsorten nicht den Tatsachen entsprechen. Bei keiner einzigen der zahlreichen geprüften Birnsorten ergab sich nach Selbstbestäubung ein nennenswerter Samengehalt. Die Pseudofertilität kommt in einem wesentlich geringeren Ausmaß vor als beim Apfel.

Die Gruppensterilität spielt bei den Birnen, ähnlich wie beim Apfel, nur eine untergeordnete Rolle. Der älteste bekannte Fall (OSTERWALDER 1910, KAMLAH 1928, KOBEL und ANLIKER 1934, SCHANDERL 1937) ist die Intersterilität zwischen Gute Luise und Williams Christbirne. Merkwürdigerweise ergab sowohl in den Versuchen von KOBEL und Mitarbeitern wie auch von SCHANDERL die reziproke Kreuzung samenhaltige Früchte, wenn auch der Samengehalt wesentlich geringer war als nach der Bestäubung mit anderen diploiden Sorten. Ob es sich hier um Zufälligkeiten handelt oder ob tatsächlich eine nicht volle Intersterilität vorliegt, kann nicht entschieden werden, da das Verhalten der Pollenschläuche im Griffelgewebe nicht untersucht ist. Sowohl KOBEL und Mitarbeiter als auch SCHANDERL fanden nach der Kreuzung von Williams Christbirne mit Frühe von Trévoux keine samenhaltigen Früchte.

Reziproke Intersterilität wurde durch JOHANSSON und CALLMAR (1936) auch festgestellt zwischen Gute Luise und Seckel, ebenfalls reziprok zwischen Seckel und Esperens Herrenbirne und zwischen Esperens Herrenbirne und Gute Luise. MARSHALL und Mitarbeiter (1929, zitiert nach SCHANDERL) fanden ferner eine reziproke Intersterilität zwischen Williams Christbirne und Seckel. Schließlich hat SCHANDERL (1937) in 2jährigen Versuchen keine Fruchtbildung gefunden nach der Kreuzung von Präsident Drouard und Le Lectier, und er vermutet Intersterilität zwischen diesen beiden Sorten.

Zusammenfassend können wir feststellen, daß bei den zur Gruppe von *Pyrus communis* gehörenden Kultursorten bisher eine einzige Intersterilitätsgruppe mit Sicherheit nachgewiesen ist. Zu ihr gehören: Williams Christbirne, Gute Luise, Seckel, Esperens Herrenbirne und vielleicht auch Frühe von Trévoux. Ob aber die Intersterilität in allen Fällen reziprok ist, müßte nachgeprüft werden.

Selbststerilität kommt auch beim ostasiatischen, zu *Pyrus sinensis* bzw. *P. ussuriensis* gehörenden Formenkreis vor. Auch in dieser Gruppe von Kultursorten ist Selbstbefruchtung nicht gefunden worden. Dagegen wurde Gruppensterilität nachgewiesen (USHIKOSHI und TOKUYASU 1930, ASAMI und HAYAMI

1934), nämlich zwischen den Sorten Ichiharawasi und Meigetsu einerseits und Taihaku und Waseaka anderseits.

Die Wildarten von *Pyrus* sind, soweit sie untersucht wurden (RUDLOFF und SCHMIDT 1938), ebenfalls selbststeril. Dies gilt vor allem auch für die dem Formenkreis der europäischen Kultursorten nahestehenden *P. elaeagrifolia* PALL. und *P. betulifolia* BGE.

Die Befruchtungsverhältnisse der Quitten. Die Quitten dürfen allgemein als Selbstbefruchter betrachtet werden, obschon seit WAITE (1898), der einzig mit den Sorten Orange Rea, Champion und Meech arbeitete, meines Wissens keine eingehenden Versuche mehr ausgeführt wurden. Es sind jedoch keine Fälle bekannt, daß alleinstehende Bäume infolge Selbststerilität unfruchtbar blieben.

Wie die Quitten verhalten sich anscheinend auch die Scheinquitten *Cydonia (= Chaenomeles) japonica* und die Mispel *(Mespilus germanica)*. Alleinstehende Sträucher oder Bäume dieser beiden Pomoideen pflegen ebenfalls reichlich samenhaltige Früchte zu bilden, was auf Selbstfertilität hinweist, da Apomixis bei diesen Arten kaum in Betracht zu ziehen ist.

Die Selbststerilität und Gruppensterilität bei den Süßkirschen. Die Untersuchungen über die Befruchtungsverhältnisse der zu *Prunus avium* gehörenden Kirschensorten wurden dadurch erschwert, daß die Sortenverhältnisse in vielen Ländern lange Zeit wenig abgeklärt waren. Infolge der auch heute noch nicht genügend überprüften Synonymie ist es oft nicht möglich, die an verschiedenen Orten durchgeführten Versuche miteinander zu vergleichen. Zudem gibt es häufig sehr ähnliche, kaum auseinanderhaltbare Sorten, dies namentlich unter denjenigen mit nur lokaler Verbreitung. Es kommen daher vielfach Verwechslungen vor, und es gibt gelegentlich scheinbar sortenreine Pflanzungen, in denen man darauf schließen möchte, daß die betreffende Sorte Selbstbefruchtung aufweise, während es sich in Wirklichkeit um eine Mischung ähnlicher Sorten handelt, so daß Fremdbestäubung möglich ist.

Befruchtungsversuche mit Süßkirschen haben unter anderen durchgeführt: CRANE (1923, 1925, 1927), CRANE und LAWRENCE (1929, 1931), CRANE und BROWN (1937), EINSET (1932), EWERT (zusammengefaßt 1929), FLORIN (1924), GARDNER (1913), HOOPER (1924), JOHANSSON (1923, 1929), JOHANSSON und CALLMAR (1936), KAMLAH (1928), KOBEL (1931), KOBEL und SACHOFF (1929), KOBEL und STEINEGGER (1933), KOBEL, STEINEGGER und ANLIKER (1938), KOSTER (1929), KOSTINA (1927, 1928), KRUEMMEL (1932, 1933), MACOUN (1922), MIEDZYRZECKI (1934), MORETTINI (1934), NEBEL (1929), ROBERTS (1922), ROH (1929), SACHOFF (1931), SHOEMAKER (1928), SCHANDERL (1932), SCHUSTER (1922, 1924, 1925), SPRENGER (1908, 1927), SPRENGER und ZWEEDE (1927), IDA SUTTON (1918, 1920), TUFTS und PHILP (1925), TUKEY (1924, 1927), VAN OIJEN GOETHALS (1913, 1916, 1917), VINCENT (1921), WELLINGTON (1927).

Als Ergebnis der zahlreichen Untersuchungen kann festgestellt werden, daß sämtliche Sorten dieser Obstart selbststeril sind. Einige gegenteilige Literaturangaben werden von CRANE und BROWN (1937) diskutiert und widerlegt. Pseudofertilität kommt gelegentlich in geringem Ausmaß vor, spielt aber praktisch keine Rolle. Sämtliche Süßkirschensorten können nicht in reinem Satz gepflanzt werden.

Selbststeril sind nach RUDLOFF und SCHANDERL auch sämtliche von ihnen untersuchten wildwachsenden Verwandten der Untergattung *Cerasus*.

Wie bereits in einem früheren Abschnitt dargelegt wurde, ist bei den Süßkirschen Gruppensterilität sehr häufig. Es muß auf sie bei der Gruppierung der Sorten in den Anpflanzungen ebensoviel Rücksicht genommen werden wie auf die Pollensterilität bei den Apfel- und Birnsorten, was um so wichtiger ist, als auch die Blütezeiten der verschiedenen Sorten sich oft nicht überdecken. Diese Intersterilität ist stets vollständig und reziprok. Als Beispiel seien die Untersuchungsergebnisse von KAMLAH und KRUEMMEL nachstehend dargestellt.

Abb. 63 bis. Die Befruchtungsverhältnisse deutscher Kirschensorten.

Erklärung der Zeichen: ■ = interfertil, mehrjähriges oder reziprok bestätigtes Ergebnis. ☐ = nicht geprüfte Kombination. ◻◯ = intersteril. ▨ = anscheinend interfertil, einjähriges Ergebnis.

Es sind bisher folgende Intersterilitätsgruppen gefunden worden:

Von amerikanischen Forschern:
1. Gruppe: Big. Napoléon, Bingkirsche, Lambertkirsche.

Von englischen Forschern:
1. Gruppe: Baumanns Maikirsche, Bedford Prolific, Schwarze Cirkassische, Schwarze Downton, Schwarze Adler (Black Eagle), Schwarze Tartarische A, Schwarze Tartarische B, Early Rivers, Knights Frühe Schwarze, Leicester Schwarze, Ronalds Herzkirsche, Roundel Herzkirsche.
2. Gruppe: Schöne Agathe, Big. Schrecken, Black Cluster, Schwarze Elton, Schwarze Herzkirsche B, Frühe Frogmore, Sämling von Burr, Schwarze Viktoria, Waterloo.
3. Gruppe: Big. Napoléon, Emperor Francis, Ohio Beauty.
4. Gruppe: Kentish Bigarreau, Ludwigs Bigarreau, Weiße Bigarreau, Spanische Gelbe.
5. Gruppe: Böhmische Schwarze, Späte Schwarze Knorpelkirsche, Türkische Herzkirsche.
6. Gruppe: Elton Herzkirsche, Gouvernor Wood, Starks Gold.
7. Gruppe: Hedelfinger Riesenkirsche, Hookers Schwarze, Monstrueuse de Mezel.
8. Gruppe: Schmidts Schwarze, Peggy Rivers.
9. Gruppe: Rote Türkische, Ursula Rivers.
10. Gruppe: Big. Jaboulay, Schwarze Tartarische D.
11. Gruppe: Cryalls Sämling, Guigne d'Annonay.

Von schwedischen Forschern:
1. Gruppe: Annonay, Frühe Maiherzkirsche (Sorten wahrscheinlich identisch!).
2. Gruppe: Early Rivers, Schwarze Tartarische (welche?), Flamentiner (Sortenechtheit nicht gesichert), Coe's Transparente, Lucie.
3. Gruppe: Früheste der Mark, Wils Frühe.
4. Gruppe: Big. Napoléon, Emperor Francis.
5. Gruppe: Elton, Ohio Beauty.

Vom russischen Forscher ROH:
1. Gruppe: Doenissens Gelbe, Drogans Gelbe.
2. Gruppe: Grolls Weiße Knorpelkirsche, Rumjanije Schteky.

Vom bulgarischen Forscher SACHOFF:
1. Gruppe: Hedelfinger Riesenkirsche, Küstendiler Schwarze Knorpelkirsche, Große schwarze Knorpelkirsche.
2. Gruppe: Big. Napoléon, Weiße Spanische Knorpelkirsche.

Von deutschen Forschern:
1. Gruppe: Büttners Späte rote Knorpelkirsche, Badeborner, Dankelmann, Große Prinzessinkirsche, Große schwarze Knorpelkirsche (Geisenheim), Ochsenherzkirsche.
2. Gruppe: Maibigarreau, Kunzes Kirsche, Ampfurter.
3. Gruppe: Kassins Frühe, Weiße Spanische.
4. Gruppe: Braunauer, Doenissens gelbe Knorpel.
5. Gruppe: Bopparder Hängische, Spanische Braune.

Von schweizerischen Forschern:
1. Gruppe: Basler Adlerkirsche, Schumacherkirsche, Schüracher, Schauenburger.
2. Gruppe: Rosmarin, Weinrebenkirsche, Flumser, Süßwelsche.
3. Gruppe: Ovale frühe Herzkirsche, Zimmermänner, Weißler, Frühe Rosmarin.
4. Gruppe: Hedelfinger Riesenkirsche, Weiße Herzkirsche, Braune Herzkirsche, Graberkirsche, Frühe Luxburger, Schägger.
5. Gruppe: Große Rotstieler, Zuckerkirsche, Spielkirsche, Schöne v. Einigen, Oberlandkirsche.
6. Gruppe: Bingkirsche, Big. Napoléon, Gravium, Cantienienkirsche.
7. Gruppe: Rigikirsche, Schüpfkirsche, Rote Lauber.
8. Gruppe: Mischlerkirsche, Güpferkirsche, Blaserkirsche, Truppler, Helener, Seewer, Späte Holinger.
9. Gruppe: Sammetkirsche, Buchhölzler, Bündner Herzkirsche.
10. Gruppe: Hofkirsche, Immenser.
11. Gruppe: Fricktaler Rotstieler, Lampnästler.
12. Gruppe: Erstfrühe, Krallenkirsche.
13. Gruppe: Zweitfrühe, Seeländer Langstieler.
14. Gruppe: Rieskirsche, Berner Adlerkirsche.
15. Gruppe: Edelweiß, Frühe Edelkirsche.
16. Gruppe: Lamper, Sämling Müller.
17. Gruppe: Baschimeiri, Germersdorfer (nicht identisch mit der deutschen Sorte gleichen Namens!).

Über die Identität der Gruppen verschiedener Forscher läßt sich wenig Bestimmtes aussagen. Zusammenfallen dürften die Gruppe der amerikanischen Forscher mit Gruppe 3 der englischen, Gruppe 6 der schweizerischen, Gruppe 4 der schwedischen, vielleicht auch Gruppe 2 von SACHOFF und möglicherweise Gruppe 3 der deutschen (sofern SACHOFF unter der Bezeichnung „Weiße Spanische" dieselbe Sorte verwendet hat wie die deutschen Forscher). Möglicherweise sind unter sich auch identisch Gruppe 7 der englischen Forscher mit Gruppe 1 von SACHOFF und Gruppe 4 der schweizerischen Forscher, da an allen 3 Orten eine Sorte unter dem Namen Hedelfinger Riesenkirsche verwendet wurde. Nach den schwedischen Forschern müßte Ohio Beauty mit Eltonkirsche und daher mit der 6. englischen Gruppe intersteril sein. Nach den englischen Untersuchungen gehört sie dagegen in die Bing-Napoléon-Gruppe. Es muß also irgendeine Verwechslung vorliegen. Dagegen dürfte die russische Gruppe 2 mit der deutschen Gruppe 4 übereinstimmen.

Nach EINSET (1932), KRUEMMEL (1932) und anderen lassen sich die Süßkirschen auch mit Sauerkirschen befruchten. Doch ist der Ansatz nicht so gut wie nach Bestäubung mit geeigneten Süßkirschen. Noch geringer ist der Fruchtansatz, wenn man Bastardkirschen als Pollenspender für Süßkirschen verwendet.

Die Befruchtungsverhältnisse der Sauerkirschen. Die Gruppe der Sauerkirschen (*Prunus cerasus* im weiteren Sinn) ist nicht einheitlich. Sie umfaßt die eigentlichen Sauerkirschen mit gefärbtem Saft vom Typus der Schattenmorelle und Ostheimer Weichsel, Sauerkirschen mit ungefärbtem Saft und die Glaskirschen, die im englischen Sprachgebiet „Duke" heißen. Sie werden als Bastarde zwischen *P. cerasus* und *P. avium* aufgefaßt. Zwischen den 3 Gruppen kommen alle Übergänge vor.

Ebenso unübersichtlich wie die Herkunft dieser Obstart sind auch die Befruchtungsverhältnisse, was teilweise auf die komplizierte Abstammung, teilweise auf die Tetraploidie zurückzuführen sein dürfte. Es haben sich mit ihrer Untersuchung befaßt: CRANE (1923, 1925, 1927), EINSET (1932), FLORIN (1924), JOHANSSON und CALLMAR (1936), KAMLAH (1928), KOSTINA (1927, 1928), KRUEMMEL (1932, 1935), NEBEL (1929), ROBERTS (1922), SACHOFF (1931), SCHANDERL (1932, 1933), SCHUSTER (1924, 1925) und andere. Es gibt Sorten, die ohne Zweifel nach Selbstbestäubung ebenso reichlich ansetzen wie nach Bestäubung mit geeignetem sortenfremdem Pollen. Andere sind völlig selbststeril. Zwischen diesen beiden Gruppen scheint es Übergänge zu geben. Ob es eine physiologisch bedingte teilweise Selbststerilität gibt, d.h. ob Sorten vorkommen, deren Pollenschläuche nach Selbstbestäubung im Griffelgewebe teilweise gehemmt werden, so daß die Befruchtung unsicher wird, ist dagegen keineswegs mit Sicherheit entschieden. Es scheint vielmehr, daß der Pollen gewisser Sauerkirschen, vor allem von Glaskirschen, an sich wenig wert ist. So hat EINSET (1932) gefunden, daß er weder für die Befruchtung von Süßkirschen noch von eigentlichen Sauerkirschen, noch auch für die Selbstbefruchtung genügend brauchbar ist. Auch KRUEMMEL (1935) sieht die Glaskirschen als schlechte, die eigentlichen Sauerkirschen als gute Pollenspender an. Die Keimfähigkeit des Pollens von Glaskirschen ist denn auch durchwegs gering, was größtenteils auf die S. 142 beschriebenen Störungen der Reduktionsteilung zurückgeführt werden darf. Es ist wohl zweckmäßig, wenn beim Anbau der „teilweise selbstfertilen" Sorten wie der völlig selbststerilen für geeignete Pollenspender gesorgt wird. Auf Grund der bisherigen Untersuchungen können wir gruppieren:

Völlig selbstfertile Sorten	Teilweise selbstfertile Sorten	Selbststerile Sorten
Schattenmorelle (= Große lange Lotkirsche = Griotte du nord = English Morello)	Kaiserin Eugénie	Kentish Red
Diemitzer Amarelle	Late Duke	Königin Hortense
Kurzstielige Montmorency (= Großer Gobet)	May Duke (= Anglaise hâtive = Rote Maikirsche)	Ostheimer Weichsel
Schöne von Choisy	Royal Duke (= Königliche Amarelle)	Minister Podbielski (= Kochs verbesserte Ostheimer)
Early Richmond	Brassington	Süße Frühweichsel
Lotowska	Doppelte von der Natte	Chase
Stora Klarbär	Louis Philippe	Abbesse d'Oignie
Bettenburger Glaskirsche		Nouvelle Royal
Ludwigs Frühe		Olivet
Spanische Glaskirsche *		
Schöne von Châtenay (= Belle Magnifique) *		
Maikönigin		
Doktorkirsche		
Brüsselsche Braune *		
Flämische Rote		
Triaux		
Carnation		
Dyehouse		
Ämli (= Landschäftler Weichsel = Zahmkirsche)		

* vielleicht nicht völlig selbstfertil.

Die von SCHANDERL (1933) untersuchte "selbststerile Spielart der Schattenmorelle", die auch morphologisch nicht mit der Schattenmorelle übereinstimmt, betrachtet man am besten als eine andere Sorte. Es liegt ganz offenbar eine Verwechslung vor.

Die von RUDLOFF und SCHMIDT (1938) untersuchten nächsten Verwandten der kultivierten Sauerkirschen und Bastardkirschen, *P. fruticosa* PALL. und *P. acida* DUM., sind ebenfalls selbststeril. Einzig die Form *P. fruticosa var. pendula* wies einen geringen Grad von Pseudofertilität auf.

Trotzdem bei einer ganzen Anzahl Sauerkirschen Selbststerilität nachgewiesen ist, konnte bisher bei dieser Obstart noch keine Intersterilitätsgruppe beobachtet werden. Es ist aber wahrscheinlich, daß physiologisch bedingte Kreuzsterilität vorkommt.

Die Selbststerilität und Gruppensterilität bei den Pflaumen und Zwetschgen. Die Abklärung dieser Frage bot ziemlich große Schwierigkeiten. Sie hängen damit zusammen, daß wir bei dieser Obstart entsprechend der Herkunft verschiedene Gruppen von Sorten auseinanderhalten müssen, nämlich die hexaploiden, die zu *Prunus domestica* (im weiteren Sinn) gehören, die diploiden Formen von *Prunus cerasifera*, die diploiden Formen von *Prunus triflora* und weitere diploide Arten wie *P. besseyi*, *P. americana* und *P. nigra*, sowie Hybriden zwischen den diploiden Arten. Eine praktische Bedeutung haben zur Zeit, wenigstens in Europa, nur die 3 ersterwähnten Gruppen, auf die wir uns beschränken wollen.

Mit den Formen von *Prunus domestica* hat sich eine ganze Reihe von Forschern befaßt, so BODO (1928), CRANE (1923, 1925, 1927), CRANE und BROWN (1939), MCDANIELS (1923), E. H. FLORIN (1927), HENDRICKSON (1918, 1922), JOHANSSON und CALLMAR (1936), KOSTINA (1928), MACOUN (1923, 1925), MARSHALL (1919), MORETTINI (1932), NEBEL (1929), PASHKEWITCH (1930), RAWES (1921), RUDLOFF (1934), RUDLOFF und SCHANDERL (1933, 1937), SACHOFF (1931), SCHANDERL (1932), IDA SUTTON (1918, 1920), WELLINGTON (1926, 1927). Die Grenzen zwischen eigentlichen selbstfertilen und eigentlichen selbststerilen scheinen noch verwischter zu sein als bei den Sauerkirschen. Es kommen offenbar einzelne Sorten vor, die mit dem eigenen Pollen zwar regelmäßig Erträge geben, aber doch weniger reichliche als mit Bestäubung von sortenfremdem Pollen. Es ist allerdings nicht zu verkennen, daß diese Gruppe der nicht voll selbstfertilen bei fortschreitender Forschung immer kleiner geworden ist, indem ein Teil der Sorten sich später als voll selbstfertil erwiesen hat, wie das beispielsweise für die Fellenbergzwetschge der Fall ist. Zudem ist der Ansatz bei Zwetschgen und Pflaumen der Domesticagruppe ziemlich launenhaft. Die zahlreichen Sortenverwechslungen und die unabgeklärte Synonymie tragen zur Verwischung des Gesamtbildes bei. Wir kommen, unter Weglassung einiger unwichtiger und durch die Bezeichnung nicht klar umschriebener Sorten, zu folgender Zusammenstellung:

Selbstfertil.

Admiral Rigny (= Dennistons Superb)	Doppelte Mirabelle	Küstendilerzwetschge
	Mirabelle von Metz	Monarch
Anna Späth	Mirabelle von Nancy	Niagara
Borsumer Zwetschge	Späte Mirabelle	Pershore
Bühler Frühzwetschge	Ontario-Pflaume	Prinz von Wales
Deutsche Hauszwetschge	Reineclaude von Oullins	Reineclaude von Bavay
Ebersweier Frühzwetschge	Violette Reineclaude	Schöne von Löwen
Frühe Fruchtbare	Rüdesheimer Frühzwetschge	Sugar
Italienische Zwetschge (Fellenbergzwetschge)	Wangenheims Frühzwetschge	Early Laxton
	Czar	Laxtons Supreme
Königin Viktoria	Dolaner Zwetschge	Prinz Engelbert
Lucas' Frühzwetschge	Giant	Emma Leppermann
Mirabelle von Bergthold	Goliath	Frühe von Smyrna

Teilweise selbstfertil.

Biondecks Frühzwetschge
Königsbacher Frühzwetschge
Agen

Blue Rock
Großherzog

Reineclaude von Cambridge
Rivers Early Prolific

Selbststeril.

Bonne de Bry
Bunter Perdrigon
Coës Goldtropfen (und die aus Knospenmutation entstandenen
Coës Violette und Crimson drop)
Decaines-Pflaume
Violette Diaprée
Esperens Goldpflaume (enthält keinen Pollen!)
Frankfurter Pfirsichzwetschge
Gelbe Herrenpflaume

Großherzog von Luxemburg
Jefferson (und die Knospenmutation Algroves Superb)
Kirkes Pflaume
Königspflaume aus Tours
Lützelsachser Frühzwetschge
Mirabelle von Flotow
Montfort-Pflaume
Nektarinenpflaume
Durchscheinende Reineclaude
Graf Althans Reineclaude
Große grüne Reineclaude
Rivers Frühpflaume
Sarbacher Frühzwetschge

Katalonischer Spilling
Tragédie
Washington
Zimmers Frühzwetschge
Late Orange
Lincoln
Pfirsich-Pflaume
Ponds Seedling
Président
Reineclaude von Bryanstone
Robe de Sergeant
McLaughlins Reineclaude
Späths Früheste
Wilhelmine Späth

Gruppensterilität ist bei den Pflaumen nur in geringem Umfang aufgefunden worden, zuerst wohl von DORSEY (1919). Es sind intersteril Jefferson (und die aus ihr durch Knospenmutation entstandene Algroves Superb) mit Coës Goldtropfen (und den aus ihr durch Knospenmutation entstandenen Coës Violette und Crimson drop). Eine weitere Gruppe besteht aus den Sorten Président und Late Orange. CRANE (1927) hat nachgewiesen (an Hand von Sämlingen, die aus der Kreuzung von Graf Althans Reineclaude mit Jefferson hervorgegangen waren), daß die Intersterilität bei Pflaumen nicht unbedingt reziprok zu sein braucht, indem beispielsweise der Sämling 1024 sich von Coës Goldtropfen und den zugehörigen Knospenmutationen sowie von Jefferson und der zugehörigen Knospenmutation Algroves Superb nicht befruchten ließ, daß dieser Sämling jedoch fähig war, die beiden Sortengruppen zu befruchten. Eine Untersuchung des Verhaltens der Pollenschläuche im Griffelgewebe nach diesen Kreuzungen würde wohl Aufschluß über die Gründe des merkwürdigen Verhaltens geben. Interessant ist auch die Tatsache, daß die Bestäubung mit Pollen der Reineclaude von Cambridge und einer Form der „Alten grünen Reineclaude" bei den Sorten Président und Late Orange stets einen vollen Erfolg gab, während umgekehrt der Pollen von Président und Late Orange die erwähnten Reineclauden nur unvollständig zu befruchten vermochte.

Auffällig ist die Angabe von RUDLOFF und SCHANDERL (1937), daß die selbstfruchtbare Sorte Deutsche Hauszwetschge nach Bestäubung mit Pollen selbststeriler Arten eine verminderte Fruchtbarkeit aufweise. Trotzdem diese Aussage auf der Bestäubung zahlreicher Blüten beruht, sollte sie unter anderen Bedingungen überprüft werden. Es wäre namentlich auch das Verhalten der Pollenschläuche im Griffelgewebe zu untersuchen. Dieser Fall bietet nur theoretisches Interesse, da ja immer genügend eigener Pollen für die Selbstbefruchtung vorhanden ist. Dagegen ist die Tatsache, daß die reziproke Kreuzung — selbststeril × selbstfertil —, wie CRANE und BROWN (1939) nachwiesen, stets interfertil ist, von sehr großer Bedeutung. Denn wir können daraus ableiten, daß in Pflaumen- oder Zwetschgenpflanzungen der Domesticagruppe eine einzige selbstfertile Sorte von geeigneter Blütezeit genügt, um einen vollen Fruchtansatz zu garantieren.

Nach CRANE und BROWN (1939) und JOHANSSON und CALLMAR (1936) lassen sich Domesticapflaumen auch durch *Prunus cerasifera* und *P. spinosa* befruchten. Doch scheint der Fruchtansatz geringer zu sein als nach Bestäubung mit einer geeigneten Domesticasorte. Alle bisher untersuchten Formen der *Kirschpflaume Prunus cerasifera* (inkl. *P. divaricata*), auch die Myrobalanen und die rotlaubige Zierform *P. pissardi*, sind selbststeril (z.B. MORETTINI [1932], JOHANSSON und CALLMAR [1936], RUDLOFF und SCHMIDT [1938]). Einzig die von CRANE untersuchte Sorte Red Myrobalan ergab einen namhaften Fruchtertrag nach Selbstbestäubung. Die Formen und Sorten der *Prunus cerasifera* lassen sich auch durch Vertreter der ebenfalls diploiden *P. triflora* befruchten. Auch mit *Prunus-domestica*-Pollen ergibt sich ein geringer Fruchtansatz, ebenso mit *P. spinosa*. Gruppensterilität könnte ohne Zweifel durch nähere Untersuchungen aufgefunden werden.

In südlichen Gebieten hat im Verlauf der letzten Jahrzehnte die Gruppe der *Japanischen Pflaume* (Burbank-Pflaumen, Satsuma-Pflaumen) ziemlich große Bedeutung erlangt, was ohne Zweifel auf die große Fruchtbarkeit zurückzuführen ist. Die Systematik dieser Sorten ist wenig abgeklärt. Es dürfte zweckmäßig sein, sie als Triflorapflaumen zusammenzufassen, ähnlich wie man die heterogene Gruppe der hexaploiden Pflaumen als Domesticapflaumen bezeichnet. Diese Sorten sind restlos als selbststeril befunden worden (z.B. HENDRICKSON [1918, 1922], GALLI [1931], MORETTINI [1932]). Ein gewisser Grad

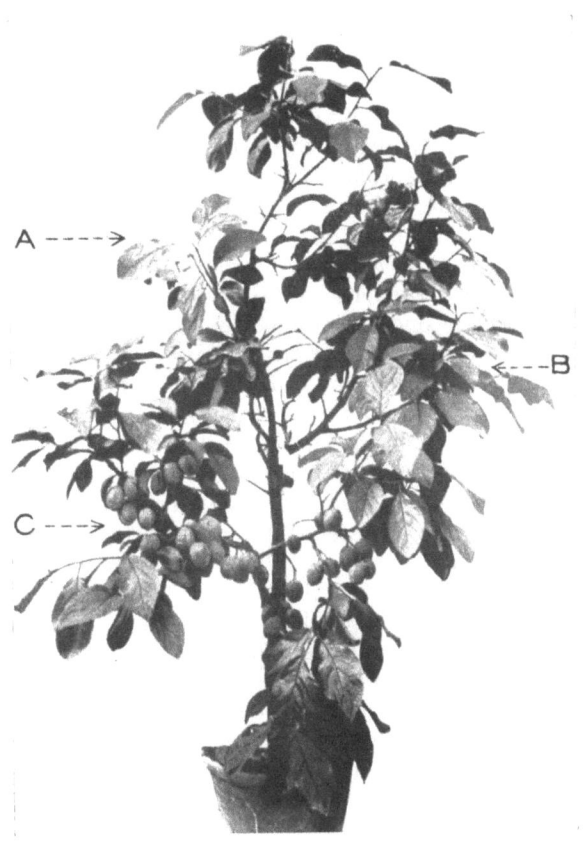

Abb. 64. Selbst- und Intersterilitat bei Pflaumen. Topfobstbaum von Coës Violet. Äste bei *B* selbstbestäubt, keine Frucht; bei *A* bestäubt mit der intersterilen Sorte Jefferson, keine Frucht; bei *C* bestäubt mit Reineclaude von Bryanstone, reichliche Fruchtbildung. (Nach CRANE.)

von Pseudofertilität scheint immerhin vorzukommen, so z.B. nach PHILP und VANSELL (1932) bei den Sorten Methley, Climax, Beauty und Santa Rosa. Doch reicht er nicht aus, um in sortenreinen Pflanzungen einen genügenden Ertrag zu sichern. Die Sorten Formosa und Gaviota sind nach HENDRICKSON (1922) reziprok intersteril.

Die Sorten der Trifloragruppe können auch mit Pollen von *P. cerasifera* und solchem anderer diploider Arten wie *P. nigra* und *P. americana* befruchtet werden.

Soweit aus den bisherigen Untersuchungen und Erfahrungen Schlüsse zu ziehen sind, scheinen auch die Formen der verwandten diploiden Arten, z.B. *Prunus americana* und *P. nigra*, selbststeril zu sein (s. RUDLOFF 1934).

Die Befruchtungsverhältnisse der Aprikosen. Untersuchungen über das Vorkommen von Selbststerilität bei Aprikosen haben KOSTINA (1927, 1928), NEBEL (1929), SCHULTZ (1948) sowie TUFTS, HENDRICKSON und PHILP (1927) durchgeführt. Die meisten Sorten haben sich als völlig selbstfertil erwiesen. KOSTINA hatte aber bereits festgestellt, daß es in Südrußland auch völlig selbststerile gibt, so Schwarze von Alexandrien, Bairam Ali, Domasam, Frühe von Montplaisir, Zuckeraprikose und Taubenzuckeraprikose. Neuerdings hat SCHULTZ in sorgfältigen Versuchen nachgewiesen, daß auch die beiden amerikanischen Sorten Perfection und Riland völlig selbststeril sind. Während KOSTINA die Pollenkeimfähigkeit nicht untersucht hatte, so daß nicht sicher abgeklärt war, ob physiologisch bedingte Selbststerilität oder irgendeine Form der Pollensterilität vorlag, kann dieser Vorbehalt gegenüber den Untersuchungen von SCHULTZ nicht angebracht werden. Es besteht die Tatsache, daß bei der diploiden Obstart *Prunus armeniaca* neben selbstfertilen Sorten auch selbststerile vorkommen. Bisher war Selbstfertilität neben Selbststerilität nur bei den polyploiden Arten *P. cerasus* und *P. domestica* bekannt. Völlige Selbstfertilität ist bei folgenden Aprikosensorten nachgewiesen: Luizet, Moorpark, Paviot, Pfirsichaprikose (= Aprikose von Nancy), Ambrosia, Liabau, Aprikose von Breda, Ungarische Aprikose, Wenatchee Moorpark, Royal, Blenheim, Tilton.

Die mit *P. armeniaca* verwandte *P. mume* ist nach RUDLOFF und SCHANDERL selbststeril. Gruppensterilität wurde bisher bei der Aprikose nicht beobachtet, insbesondere sind auch die beiden erwähnten amerikanischen Sorten interfertil.

Die Befruchtungsverhältnisse beim Pfirsich und bei der Nektarine. Mit dieser Obstart haben sich eine ganze Anzahl Forscher beschäftigt, so CRANDALL (1920), KERR (1927), KNOWLTON (1924), KOSTINA (1927, 1928), NEBEL (1929), SCHANDERL (1932) und namentlich MORETTINI (1934), nachdem in Italien MANARESI (1911) sich bereits sehr frühzeitig mit den Befruchtungsverhältnissen des Pfirsichs befaßt hatte. Bei den sehr zahlreichen untersuchten Sorten konnte physiologisch bedingte Selbststerilität nicht gefunden werden. Alle Sorten setzen mit eigenem Pollen ebenso reichliche Ernten an wie nach Fremdbestäubung. Dagegen bilden die Sorten J. H. Hale, Late Crawford und June Elberta, wie amerikanische Forscher gezeigt haben, keinen Pollen aus. Sie sind daher auf Fremdbefruchtung angewiesen und zudem unfähig, eine andere Sorte zu befruchten, wie bereits in einem früheren Abschnitt ausgeführt wurde.

MORETTINI hat die Pfirsichsorte J. H. Hale mit Pollen von *Prunus pissardi*, mit Mandelpollen und solchem der Burbankpflaume *(P. triflora)* bestäubt. Er hat einzig mit der letzten Pollenart einen geringen Fruchtansatz erhalten.

Selbststerilität und Intersterilität bei der Mandel. Im Gegensatz zu den Pfirsichsorten sind die Mandelsorten selbststeril. TUFTS (1919) sowie TUFTS und PHILP (1922), die eine ganze Anzahl in Kalifornien angebaute Sorten untersuchten, haben keine einzige selbstfertile gefunden. Die beiden Autoren fanden bei dieser Obstart auch 2 Intersterilitätsgruppen. Die eine umfaßt die Sorten Nonpareil und JXL, die andere Texas und Languedoc.

Die Befruchtungsverhältnisse anderer Obstarten. Bei der Walnuß, der Edelkastanie und der Haselnuß kann man nicht im gleichen Sinne von Selbststerilität und Selbstfertilität sprechen wie bei den anderen Obstarten, da ihre Blüten nicht zwitterig, sondern teils männlich, teils weiblich sind. Doch weiß man, daß bei der Walnuß *(Juglans regia)* die männlichen Blüten die weiblichen des gleichen Baumes zu befruchten vermögen (z. B. SCHANDERL 1950). Allerdings kommt es sehr häufig vor, daß der Pollen nicht zur Zeit reift, da die Narbe empfänglich ist, so daß doch eine Fremdbefruchtung nötig wird (Dichogamie).

Bei den untersuchten Edelkastanien (*Castanea sativa* und verwandte Arten) ist die Befruchtung der weiblichen Blüten mit dem Pollen der gleichen Sorte nicht möglich. Diese Obstart kann somit in einem weiteren Sinn als selbststeril bezeichnet werden. Sortenreine Pflanzungen bleiben unfruchtbar.

Das gleiche gilt auch für die meisten Haselnüsse *(Corylus avellana* und *C. maxima)*. Eingehende Untersuchungen wurden z.B. von EMIL JOHANSSON (1935) durchgeführt. Er fand bei den Sorten Apolda und Bandnuß einen nennenswerten Grad von Selbstfertilität, während alle anderen auf sortenfremden Pollen angewiesen waren. Zudem konnten zwei Intersterilitätsgruppen nachgewiesen werden, wovon die eine aus den Sorten Bollwiller (= Hallesche Riesen), Hempels Zellernuß und Längliche Riesennuß, die andere aus den Sorten Braunschweiger, Weiße Lambert und Lambert Filbert besteht.

3. Die Übertragung des Pollens.

Kommt Windbestäubung in Betracht? — Auf Obstblüten beobachtete Insekten. — Die Bedeutung der Honigbiene als Pollenüberträgerin. — Die Voraussetzungen für eine ausreichende Bestäubung.

Die Übertragung des Pollens erfolgt bei den Blütenpflanzen entweder durch den Wind oder durch Insekten, seltener durch andere Tiere. Die Frage, ob die Windbestäubung bei unseren Obstbäumen von Bedeutung sei, ist auf 2 verschiedenen Wegen geprüft worden. LEWIS und VINCENT (1909) entfernten bei allen 1500 Blüten eines 7jährigen Apfelbaumes im Knospenstadium die Kronblätter und die Staubbeutel. Diese des Schauapparates beraubten Blüten wurden von den Bienen nicht oder nur ausnahmsweise beflogen. Es ergaben sich nur 5 Früchte, obschon der fragliche Baum nur etwa $6^{1}/_{2}$ m von anderen blühenden Bäumen entfernt war. Würde die Windbestäubung eine Rolle spielen, dann müßte der Fruchtansatz größer gewesen sein. Dieser Versuch wurde vielfach wiederholt, und die erwähnte Methode wurde von HOWLETT und anderen, wie in einem früheren Abschnitt ausgeführt worden ist, sogar benützt, um die gegenseitige Befruchtbarkeit von Sorten zu prüfen, indem die der Blütenblätter beraubten Blüten ohne weitere Schutzmaßnahme mit verschiedenen Pollensorten bestäubt wurden.

Eine weitere Möglichkeit, um die Bedeutung der Windbestäubung abzuklären, hat wohl zuerst WAUGH (1899) ausgenützt. Er stellte im Obstgarten Glasplatten (Objektträger) auf, die mit Vaseline überzogen waren und zählte unter dem Mikroskop die angeflogenen Pollenkörner. LEWIS und VINCENT (1909) stellten ähnliche Untersuchungen an. Der Versuch ist später von anderen Forschern — auch vom Verfasser — mehrfach wiederholt worden. In allen Fällen beobachtete man nur ganz vereinzelte Pollenkörner von Kern- oder Steinobstarten, dagegen oft sehr viele von Windblütlern. Der Schluß ist durchaus berechtigt, daß die Windbestäubung bei diesen beiden wichtigen Gruppen von Obstarten praktisch keine Rolle spielt. Dagegen gehören die Walnuß und die Haselnuß zu den Windblütlern. Die Edelkastanie nimmt eine Zwischenstellung ein, indem bei ihr sowohl Pollenübertragung durch Insekten als auch durch den Wind möglich ist.

Wenn auch zugegeben sei, daß gelegentlich einmal ein Pollenkorn von einer Kern- oder Steinobstblüte auf eine andere durch den Wind verfrachtet wird, so müssen wir doch der Bestäubung durch Insekten eine sehr viel größere Bedeutung beimessen als der Windbestäubung.

Die Angaben über die auf Obstblüten beobachteten Insekten lauten naturgemäß nicht einheitlich. Je nach der Umgebung der Pflanzung, den Witterungsbedingungen und der Obstart kommen ganz bedeutende Schwankungen vor. Als Beispiel sei eine Beobachtung von HOOPER (1913) herausgegriffen. Er fand an 2 verschiedenen Standorten:

Honigbienen	493	Käfer	22
Hummeln	49	Wildbienen	16
Fliegen	24	Wespen	3
Ameisen	23	andere Insekten	13

Drei Viertel der Obstblüten besuchenden Insekten waren somit Honigbienen. Auch ZANDER (1921, 1924, 1930, 1936) kommt auf einen Anteil der Honigbienen von 75%. Vereinzelte Autoren finden noch etwas höhere Prozentsätze. MOMMERS (1948) beobachtete dagegen in Holland wesentlich geringere, nämlich an einer Stelle in einer jungen Obstpflanzung 37%, an einer anderen 33% und an einer dritten sogar nur 13% Bienen. Die meisten Angaben bewegen sich zwischen den erwähnten extremen Zahlen.

Ameisen, Käfer und Wespen kommen als Pollenüberträger bei den Obstgewächsen nicht in Frage. Die Fliegen sind ohne Zweifel schlechte Bestäuber. MOMMERS (1938) hat festgestellt, daß die „aktivste Fliege" je Minute eine Blüte besuchte, während die Bienen durchschnittlich auf 5 verschiedene Blüten fliegen. Dazu kommen die Fliegen im allgemeinen wenig mit dem Pollen in Berührung. Nach SPEYER (1929) sind in den niederdeutschen Marschgebieten die Schlammfliegen *(Eristalis)* für die Pollenübertragung bei Obstgewächsen von etwelcher Bedeutung.

Wertvolle Pollenüberträgerinnen sind die Wildbienen, vor allem die Vertreterinnen der Gattungen *Andrena* und *Osmia*. Ihr Körperbau und ihre Lebensgewohnheiten machen sie zu dieser Aufgabe durchaus befähigt. Dagegen sind sie während der Obstblüte wenig zahlreich, da die überwinterten Weibchen zu dieser Zeit noch keine neuen Kolonien gebildet haben. Das gleiche gilt für die zahlreichen Arten der Gattung *Bombus*, die Hummeln. Sie haben, wie HOOPER (1912), KOBEL und SACHOFF (1929) und andere feststellten, gegenüber den Bienen den großen Vorteil, daß sie auch bei kühler Witterung und am späten Abend noch die Blüten besuchen, wenn der Bienenflug längst eingestellt ist. SAX (1922) mißt ihnen für die Obstbaugebiete von Maine ebenfalls große Bedeutung zu.

Diese wildlebenden Verwandten der Honigbiene sind für die Bestäubung der Obstblüten um so wirksamer, je mehr Gebüsche, Wälder und unbebautes Land sich in der Nähe der Obstpflanzungen befinden. Wo die Obstanlagen ausgedehnte Monokulturen darstellen, und wo sie inmitten von anderem Kulturland stehen, treten diese Pollenüberträgerinnen stark zurück, weil ihnen die Nistgelegenheiten fehlen. Die Obstanlagen, in denen eine genügende Übertragung ohne Mithilfe der Honigbiene gesichert ist, dürften sehr selten sein. Nach BRITTAIN und NEWTON (zitiert nach ZANDER 1934) kommen im Tal von Annapolis (Neu-Schottland, Kanada) derart viele wildlebende Insekten vor, daß die Bienenhaltung nicht nötig ist. Im allgemeinen ist aber der Satz „Ohne Bienenzucht kein Obstbau" richtig. Schon ZANDER schätzte den Wert der Honigbienen auf Grund von Beobachtungen in Deutschland für den Obstbau 10mal höher ein als für den Honigertrag. Dieses Verhältnis dürfte beispielsweise auch für die Schweiz und wohl noch für manche anderen Obstbauländer ungefähr zutreffen.

ZANDER (1930, 1936) hebt hervor, daß die besondere Eignung der Honigbiene für die Pollenübertragung sowohl in ihrem Körperbau als auch in ihren Lebensgewohnheiten begründet ist. Sie überwintert *in volkreichen Kolonien*, so daß die Zahl der sammelnden Honigbienen zur Zeit der Obstblüte bereits sehr groß ist. Es liegt im Interesse des Obstpflanzers, alles zu tun, damit die Bienenvölker im Frühjahr bereits gekräftigt ihre wichtige Arbeit aufnehmen können. Wie KOBEL (1942), der die Beziehungen zwischen Obstbau und Bienenzucht ausführlich besprochen hat, darlegt, vermag der Obstpflanzer dem Bienenzüchter in dieser Beziehung wertvolle Dienste zu leisten. Er soll dafür besorgt sein, daß reichlich Frühpollenspender, wie Haseln, Erlen, Pappeln, Ulmen und namentlich Weiden zugegen sind. Der Pollen dieser frühblühenden Sträucher und Bäume reizt die Bienen zum Brüten. Die zur Zeit ihrer Blüte erzogene Bienengeneration erwächst früh genug, um die Bestäubungsarbeit bei unseren Kern- und Steinobstarten auszuführen. Auch sonst wird der Obstpflanzer alles tun, um die Bienen zu schonen. Insbesondere wird er dafür besorgt sein, daß er diese wichtigen Helfer nicht durch Spritzmittel, z.B. Dinitrokresol, Arsen, Hexa, Phosphorsäureester oder andere Bienengifte, schädigt. Das Spritzen in die offene Blüte sollte auf alle Fälle vermieden werden. Wo Unterkulturen, z.B. Wiesen mit Löwenzahn, vorhanden sind, muß beim Spritzen auch auf den Beflug dieser Trachtpflanzen Rücksicht genommen werden.

Die Biene *sammelt im Sitzen*, so daß ihr dichtes Haarkleid mit Blütenstaub eingepudert wird. LATIMER (1937) hat die Frage experimentell geprüft, ob der Apfelpollen längere Zeit im Haarkleid der Bienen befruchtungsfähig bleibe. Es zeigte sich, daß dies nicht der Fall ist. Ein Bienenvolk, das am einen Tag auf verschiedenen Apfelsorten gesammelt hatte, über Nacht in einen kühlen Keller und anderntags in ein Zelt mit einem blühenden Baum der Sorte McIntosh gebracht wurde, vermochte den Fruchtertrag und den Samengehalt je Frucht nur unwesentlich zu erhöhen. In diesem Zusammenhang sei auch eine Veröffentlichung von STADHOUDERS (1949) erwähnt. Er glaubt auf Grund von Beobachtungen in Süßkirschenpflanzungen die Richtigkeit der Annahme von SLITS nachgewiesen zu haben, daß durch die enge Berührung der Bienen im Stock Pollen des einen Individuums in das Haarkleid eines anderen übertragen werde. Wenn die Biene A in einer nur aus der Sorte I bestehenden Pflanzung sammelt, die Biene B in einer aus Sorte II bestehenden, dann könnte, nach STADHOUDERS, im Stock Pollen ausgetauscht werden, so daß die Biene A mit Pollen des Feldes II und die Biene B mit solchem von Feld I an ihren Arbeitsplatz zurückfliegt. Es ist möglich, oder sogar wahrscheinlich, daß auf diese Weise gelegentlich eine ,,Kreuzbestäubung im Bienenstock" stattfindet. Die praktische Bedeutung scheint jedoch, wie MOMMERS (1951) auf Grund von Erfahrungen im Samenanbau von Kohlgewächsen darlegt, nicht groß zu sein. Würde dieser Pollenaustausch nämlich eine namhafte Rolle spielen, so wäre es nicht möglich, im Abstand von 120—150 m Samen von verschiedenen der Gattung *Brassica* angehörenden und leicht miteinander bastardierenden Kohlgewächsen ohne nennenswerte Verunreinigung durch Bastardierung anzubauen, wie es in Holland üblich ist.

Eine weitere Eigenschaft der Honigbiene, die sie als Pollenüberträgerin wertvoll macht, ist ihre *Blütenstetigkeit*. Das einzelne Individuum bleibt einer Trachtpflanze, auf die es einmal angeflogen ist, treu. Es fliegt z.B. nicht vom Löwenzahn auf einen Obstbaum und von diesem auf ein Vergißmeinnicht. Diese Blütenstetigkeit ist allerdings nicht eine absolute. Bei geringer Tracht oder bei Versiegen einer Trachtquelle werden andere Trachtpflanzen aufgesucht (z.B. SINGH 1950).

Schließlich ist die Biene auch *ortsstet*, d.h. ein und dasselbe Individuum kehrt immer wieder ungefähr an den gleichen Ort zurück, auf den es eingeflogen ist. MINDERHOUD (1931) glaubte feststellen zu können, daß das von einer einzelnen Biene ausgebeutete Areal nicht größer als 10×10 m sei und daß deshalb die Kreuzbestäubung zwischen großen Obstbäumen, die in Abständen von 17 m stehen, nicht mehr gesichert sei. ZANDER (1936) und KOBEL (1942) haben bereits darauf hingewiesen, daß diese Annahme mit der praktischen Erfahrung keineswegs übereinstimmt. MOMMERS (1948) stellte fest, daß Bienen bei Jungbäumen, die in der Reihe 2 m voneinander entfernt standen, bis 18 m vom Baum entfernt gefunden werden konnten, an welchem sie gezeichnet wurden. Zwischen den Reihen, bei Baumabständen von 4 m, war die Wanderung geringer. SINGH (1950), der über die Ortsstetigkeit eine Reihe schöner Beobachtungen publizierte, vermochte einzelne Bienen über 4—5 Obstbäume zu verfolgen, die 6 m voneinander entfernt standen. Derartige Beobachtungen sind im übrigen recht schwierig. Es ist damit zu rechnen, daß infolge von Wind, Störungen durch andere Lebewesen usw. recht oft Bienen von einem Baum zum anderen abgetrieben werden. Ein nicht unbedeutender Grund für das Aufsuchen anderer Bäume durch die nektarsammelnden Bienen dürfte vielfach auch eine unbefriedigende Nektarmenge oder ein zu niedriger Zuckergehalt des Nektars sein.

Wir haben nun die Frage zu prüfen, ob der Beflug der Kern- und Steinobstblüten durch Bienen stets notwendig oder wenigstens wertvoll sei, wie dies aus Kreisen der Bienenzüchter immer wieder hervorgehoben wird. Wir werden in einem nächsten Abschnitt sehen, daß die Parthenokarpie in den seltensten Fällen ausreicht, um eine genügende Ernte zu sichern. Bei den Selbstbefruchtern, also den Quitten, Pfirsichen, den meisten Aprikosen und einem Teil der Sauerkirschen, Pflaumen und Zwetschgen, ist abzuklären, ob der Pollen in genügendem Ausmaß von selbst auf die Narbe gelangt, um die Selbstbefruchtung zu sichern. Bereits HENDRICKSON (1918) schloß Bäume der Agen-Zwetschge (= French), die in Kalifornien häufig angebaut wird, in Zelte ein. Wenn keine Bienen im Zelt vorhanden waren, blieb der Ansatz gering, wurde ein Bienenvolk eingeschlossen, so befriedigte er. Ähnliche Versuche, oft nur mit einzelnen eingesackten Ästen, an denen der Ansatz ohne Bestäubung und nach Selbstbestäubung mit dem Pinsel verglichen wurde, haben stets wieder das gleiche Resultat ergeben. Auch bei den selbstfertilen Obstarten ist eine Pollenübertragung durch Insekten praktisch notwendig, wobei allerdings zugegeben sei, daß fast immer ohne ihr Zutun ein geringer Fruchtansatz festzustellen ist. Im einzelnen ergeben sich zwischen den verschiedenen Obstarten und -sorten recht beträchtliche Unterschiede. Wenn die Griffel kurz sind und die Narben zwischen den Staubbeuteln stehen, ist naturgemäß eine spontane Selbstbestäubung wahrscheinlicher als bei Sorten, deren Griffel weit über die Antheren hinausragen.

Daß bei Fremdbefruchtern, die nicht jungfernfrüchtig sind, eine Pollenübertragung durch Insekten ohne Zweifel von größter Bedeutung ist, braucht nicht besonders ausgeführt zu werden. Es ist deshalb nötig, die *Anforderungen, welche unsere Obstpflanzungen an die Bienenhaltung stellen*, etwas eingehender zu untersuchen, wobei im wesentlichen 3 Teilfragen zu beantworten sind.

1. In welcher Entfernung vom Bienenstand ist der Bienenflug noch genügend, um eine sichere Pollenübertragung zu gewährleisten?

2. Wie weit voneinander entfernt dürfen Bäume stehen, deren Blüten sich gegenseitig befruchten sollen?

3. Wie viele Bienenvölker sind für eine genügende Pollenübertragung in einer Obstpflanzung von bestimmter Größe nötig?

Der *Bienenflug* ist sehr weitgehend von der Witterung abhängig. Es ist schwer, genaue Temperaturgrenzen zu ermitteln, da er nicht nur vom Wärmegrad, sondern weitgehend auch von der Besonnung, vom Wind und von der Nähe guter Trachtquellen beeinflußt wird. Unterhalb einer Schattentemperatur von 9°C verlassen die Bienen den Stock kaum je zum Sammeln von Pollen und Nektar, höchstens zum Eintragen von Wasser. Nur wenn die Sonne direkt ins Flugloch scheint und etwa eine Salweide oder ein blühender Kirschbaum in nächster Nähe steht, kann bei windstillem Wetter ausnahmsweise ein Sammelflug unterhalb 9°C beobachtet werden. Ein reichliches Eintragen von Pollen und Nektar setzt aber in der Regel erst bei 12°C ein. Immerhin kann bei windstillem, sonnigem Wetter in der Nähe des Bienenhauses auch zwischen 9 und 12°C eine beachtenswerte Pollenübertragung durch Bienen erfolgen.

In Anbetracht der Abhängigkeit des Bienenfluges von den Witterungsbedingungen ist es schwer, festzustellen, in *welchen Abständen vom Bienenhaus die Pollenübertragung noch genügend gesichert sei*. Es ergibt sich jedoch aus der Praxis des landwirtschaftlichen Obstbaus im schweizerischen Mittelland, daß eine Distanz von 600—700 m im allgemeinen nicht zu groß ist. Wo Hindernisse, z. B. Baumgruppen oder Häuser zwischen dem Bienenstand und den Obstbäumen stehen, kann dieser Abstand bereits zu groß sein. Auch vorherrschende Windrichtungen und Höhenunterschiede können ungünstig wirken. Ein Beispiel hierfür erwähnen KOBEL und SACHOFF (1929, s. auch KOBEL, Schweizerische Bienenzeitung 1929). Die Kirschbäume, an denen Befruchtungsversuche ausgeführt wurden, standen in Frenkendorf (Baselland) im Abstand von 700—800 m vom nächsten Bienenstand auf einem Höhenzug. Zur Blütezeit der frühblühenden Sorten herrschte schönes, sonniges Wetter. Die Blüten wurden sehr ausgiebig von Bienen besucht. Als die Spätblüher ihre Blüten zu öffnen begannen, setzte kühle Witterung ein. Der Nordwind strich von den Versuchsbäumen in der Richtung gegen den Bienenstand. Es wurden nur ganz vereinzelt Bienen beobachtet, während in der Nähe des Bienenstandes, im Windschatten des Hügels, ein ordentlicher Flug festzustellen war. Diese Verhältnisse hatten zur Folge, daß in der Nähe des Bienenstandes sowohl die frühblühenden als auch die spätblühenden Kirschensorten einen vollen Ertrag brachten. In der Gegend der Versuchsbäume waren dagegen nur die Frühblüher reichlich behangen, während die Spätblüher keine namhaften Ernten aufwiesen. Einzig die mit geeignetem Pollen bestäubten Versuchsäste waren voll behangen. Der Abstand von 700—800 m vom Bienenstand ist also bei günstigen Witterungsbedingungen während der Blütezeit nicht zu groß, wohl aber bei schlechtem Wetter, namentlich, wenn noch Höhenunterschiede und ungünstige Windverhältnisse im Spiele sind. Das größte Hindernis für den Bienenflug sind die blühenden Obstbäume selbst. MOMMERS (1948) beobachtete, daß bereits in einem Abstand von 250 m vom Bienenstand der Beflug wesentlich geringer war als in dessen Nähe, was eine wesentliche Ertragseinbuße zur Folge hatte. Dabei waren 5 Völker je Hektar Obstpflanzung zugegen. Man wird daraus den Schluß ziehen, daß in größeren Obstpflanzungen eine Verteilung der Bienenvölker zweckmäßig ist.

Beim Entscheid der Frage, in *welcher Entfernung voneinander Bäume stehen dürfen, deren Blüten sich gegenseitig befruchten sollen*, ist ebenfalls weitgehend auf die lokalen Bedingungen Rücksicht zu nehmen. Interessante Angaben hierüber macht CHANDLER (1925), der mitteilt, daß nach der Ansicht amerikanischer Farmer die Erträge der Apfelsorte Ben Davis in Jahren mit ungünstiger Witterung zurückgehen, wenn die Bäume mehr als 50 m vom nächsten Pollenspender entfernt stehen. Er selbst kommt zum Schluß, daß 75—90 m für Apfel-, Birn- und Zwetschgenbäume als einzuhaltende Grenze zu betrachten seien, während Kirschbäume nicht mehr als 50 m voneinander entfernt stehen sollten. Wir dürfen wohl im allgemeinen mit Abständen von 50—80 m rechnen, sofern nicht Häusergruppen oder hohe Bäume zwischen der zu bestäubenden und der Pollensorte stehen.

Von großer praktischer Bedeutung ist in Anbetracht einer arbeitstechnisch geschickten Einrichtung der Obstpflanzung die Frage, wie manche Reihen ein und derselben Obstsorte nebeneinander stehen dürfen, ohne daß die Pollenübertragung eine ungenügende werde. Wir dürfen, wie die Erfahrung und auch die Untersuchungen über die Ortsstetigkeit der Bienen zeigen, ohne Bedenken bei Hoch- und Halbstämmen 3 Reihen, bei kleineren Baumformen 4 Reihen der gleichen Sorte nebeneinander anpflanzen; dies immer unter der Voraussetzung, daß auf beiden Seiten dieser Reihen geeignete Pollenspender zugegen seien. In Blockpflanzungen mit einer einzigen Sorte sollte ungefähr jeder 6.—8. Baum für die Befruchtung geeignete Sorten tragen.

Es ist ebenfalls unmöglich, mit bestimmten Zahlen anzugeben, *wie viele Bienenvölker je ha* Obstpflanzung nötig seien, um die Pollenübertragung zu sichern. Auch hierüber bestehen keine durch Versuche bestimmte Zahlen. Alle Angaben beruhen auf Schätzungen. HOOPER (1912) teilte bereits mit, daß nach Angaben von Australien für 2 acres ein Bienenvolk nötig sei, also für 1 ha ungefähr ein Bienenvolk. Nach dem Engländer HERROD, dem damaligen Sekretär des englischen Bienenzüchtervereins, sollte 1 Volk für 2 ha genügen. PELLETT (1947) und WEBSTER und Mitarbeiter (1949) rechnen mit 1 Volk je acre, also ungefähr 2 Völkern je ha. In den Niederlanden werden nach MOMMERS (1951) normalerweise 5 Völker je ha in Betracht gezogen, bei Kirschenpflanzungen sogar 10 Völker.

Die Menge der nötigen Bienenvölker hängt weitgehend von den Trachtpflanzen ab, die gleichzeitig mit den Obstbäumen blühen. In Gebieten mit Gras als Unterkultur, so beispielsweise im schweizerischen Mittelland und in Süddeutschland, lockt der Löwenzahn einen großen Teil der Bienen an und macht sie für die Pollenübertragung im Obstbau wertlos. Im übrigen kommt es nicht nur auf die Zahl der Völker, sondern vor allem auch auf deren Volkreichtum an. Der Verfasser glaubt, daß in den meisten Fällen, gute Verteilung starker Kolonien vorausgesetzt, mit 2 Bienenvölkern je ha Obstpflanzung auszukommen ist.

Es sei zugegeben, daß vielfach befriedigende Obsternten erzielt werden, wo den soeben erwähnten Bedingungen bezüglich der Menge und der Verteilung der Bienen und der Baumabstände nicht Genüge geleistet ist. Wir dürfen uns aber nicht auf solche Zufallsergebnisse stützen. Wir müssen vielmehr darauf Bedacht nehmen, daß auch in Jahren mit ungünstiger Witterung zur Zeit der Obstblüte eine ausreichende Befruchtung gesichert sei.

Es gibt Länder, wie beispielsweise die Schweiz, in welchen die Menge der Bienenvölker in den Obstbaugebieten ausreicht, um die Pollenübertragung zu sichern, wenn auch die Verteilung der Bienenstände nicht überal optimal ist. In anderen Obstbaugebieten sind die Plantagenbesitzer auf die Miete von Bienenvölkern während der Blütezeit angewiesen. In Holland wurde nach MOMMERS (1951) im Jahre 1950 ein Mietpreis von 7,50 Gulden je Volk bezahlt. In England ist er meist noch höher. PELLETT (1947) gibt für die USA Mietpreise von 3—7,5 Dollars an. Auch im Obstbaugebiet des Alten Landes bei Hamburg ist man auf das Einstellen von Bienenvölkern in die Obstpflanzungen während der Blütezeit angewiesen.

Hin und wieder findet man Obstpflanzungen, in welchen auch bei Anwesenheit von Bienen eine erfolgreiche Bestäubung nicht erfolgt, sei es, weil eine einzige selbststerile Sorte vorhanden ist, sei es, daß Intersterilität oder Pollensterilität vorliegt oder die Blütezeiten der Sorten sich nicht genügend decken. In solchen Fällen kann man sich durch Einstellen von blühenden Ästen oder Zweigen geeigneter Pollenspender in Wasser und Unterbringen derselben in den Kronen der Obstbäume helfen, indem man die Pollenübertragung den Insekten überläßt. Gelegentlich wird in den Vereinigten Staaten auch eine Handbestäubung vorgenommen, indem man den in großen Mengen gesammelten Pollen mit dem Pinsel überträgt. Nach MRAZ (1949) kann man sich auch dadurch helfen, daß man Höschen von Bienen, die geeignete Obstpflanzungen besuchen, mit sogenannten Pollenfallen sammelt, den Pollen wieder pulverisiert und die ausfliegenden Bienen über diese Pollenmischung krabbeln läßt. Dagegen scheinen nach MOMMERS (1951) in den USA Versuche, den in Wasser aufgeschwemmten Pollen auf die Blüte zu spritzen, ebensowenig erfolgreich gewesen zu sein wie das Verstäuben von Pollen vom Boden oder von der Flugmaschine aus mit zweckentsprechenden Geräten.

Normalerweise werden in unseren Obstpflanzungen viel mehr Blüten erfolgreich bestäubt, als der Baum Früchte zu ernähren vermag. Wir werden in einem späteren Abschnitt Verfahren kennenlernen, um die Überschüsse in jenen Fällen zu entfernen, in denen der Baum nicht selbst zur Zeit des Junifalles sich ihrer entledigt. Man könnte daran denken, schon die Bestäubung der Blüten nur in jenem Ausmaß ausführen zu lassen, das uns die gewünschte Menge von Früchten liefert.

Die Faktoren, durch welche die Bestäubungsarbeit der Insekten, und insbesondere der Honigbienen, beeinflußt wird, sind jedoch derart komplex, daß an eine richtige Steuerung nicht zu denken ist.

4. Die Xenienfrage.

Die Entstehung der eigentlichen Xenien. — Gibt es Metaxenien?

FOCKE (1881) bezeichnet als Xenien „Abweichungen von der normalen Gestalt oder Färbung, welche an irgendwelchen Teilen einer Pflanze durch die Einwirkung fremden Blütenstaubes hervorgebracht werden". In der neueren Literatur über Vererbung versteht man unter diesem Ausdruck vor allem die durch den zur Bestäubung gelangenden Pollen verursachten Veränderungen des Samens. Bezieht sich der wirkliche oder vermeintliche Einfluß des Pollens auf die Frucht, also auf Gewebe, das keine durch den Geschlechtskern des Pollenschlauches mitgebrachte Erbmasse enthält, so spricht man von Carpoxenien, Xenien zweiter Ordnung, oder seit SWINGLE (1928) von Metaxenien. Es muß darauf hingewiesen werden, daß dadurch die ursprüngliche Definition geändert wurde, da FOCKE nicht differenziert hat.

Das klassische Beispiel von Xenien, das jederzeit leicht nachgeprüft werden kann, liefert der Mais. Bestäuben wir die Blüten einer gelbsamigen Maissorte mit Pollen einer violettsamigen, so sind alle aus dieser Befruchtung hervorgegangenen Maiskörner violett. Diese merkwürdige Erscheinung ist leicht verständlich. Die Samenfarbe violett ist dominant über gelb. Bei der Befruchtung der Blütenpflanzen verschmilzt, wie wir gesehen haben, der eine Geschlechtskern des Pollenschlauches mit der Eizelle, der andere mit dem sekundären Embryosackkern. Aus der ersterwähnten Kernverschmelzung geht der Embryo, aus der anderen das Endosperm hervor. Die Kerne des Endosperms besitzen somit, gleich wie diejenigen des Embryos, Erbmasse der Vaterpflanzen. Dominante Erbanlagen der Vaterpflanzen können sich somit im Endosperm geltend machen. Im vorliegenden Fall kommt das dominante Gen violett schon im Endosperm zum Ausdruck. In gleicher Weise können sich auch im Embryo bereits väterliche Merkmale zeigen. Einflüsse der Vaterpflanze auf den *Samen* der Mutterpflanze sind damit leicht verständliche Erscheinungen.

Beispiele, die dem soeben erwähnten beim Mais analog wären, sind bei unseren Kern- und Steinobstarten nicht möglich, da ihre Samen kein Endosperm enthalten. Es wird ja, wie in einem früheren Abschnitt beschrieben wurde, vom heranwachsenden Embryo aufgezehrt. Dagegen ist es denkbar, daß am Embryo des Samens väterliche Merkmale zur Geltung kommen, die sich beispielsweise auch auf die Form und Größe des Samens beziehen könnten.

Einflüsse einzelner Erbanlagen sind bisher nur durch NEBEL (1929) beobachtet worden. Dagegen haben KRUMBHOLZ (1932) sowie TUFTS und HANSEN (1933) bei Äpfeln keine Einflüsse der Pollensorten auf die Form und die Gestalt der Kerne feststellen können. KOBEL (1927) hat eine Art Xenienbildung gefunden, wobei aber der Einfluß der Vatersorten nicht durch einzelne Erbanlagen, sondern durch den ganzen Chromosomensatz bedingt ist. Die Zellgröße *nahe verwandter Formen* ist vom Chromosomensatz abhängig, und zwar derart, daß mit zunehmender Chromosomenzahl das Volumen zunimmt. Bei Verdoppelung der Chromosomenzahl sind vergleichbare Zellen häufig ungefähr doppelt so groß. Wenn wir nun die Eizellen der Süßkirschen (8 Chromosomen) mit Pollen von Sauerkirschen (16 Chromosomen) befruchten, so ergeben sich Embryonen, die in ihren Zellen 24 Chromosomen enthalten statt deren 16. Die Zellen werden dadurch offenbar vergrößert. Wie aber nachgewiesen werden konnte, vergrößern sich als Folge davon auch die ganzen Embryonen und damit die Samen. So maßen die Steine der Rigikirsche *(Prunus avium)*, wenn diese mit Pollen anderer Süßkirschen bestäubt wurde, durchschnittlich 9,36 ± 0,048 mm in der Länge und 6,106 ± 0,035 mm in der Dicke. Wenn aber die Blüten am gleichen Baum unter sonst gleichen Bedingungen mit Pollen von Sauerkirschen befruchtet waren, so ergaben sich Steine von durchschnittlich 9,670 ± 0,067 mm Länge und 6,350 ± 0,057 mm Dicke. Die Differenz betrug somit für die Länge 0,308 ± 0,087 mm und für die Dicke 0,244 ± 0,067 mm, ist also statistisch gesichert. Abb. 65 stellt eine graphische Übersicht der Messungen dar. Umgekehrt wurde die durchschnittliche Größe der Sauerkirschensteine herabgesetzt, wenn die Befruchtung mit Süßkirschenpollen erfolgte. Dies ist eben-

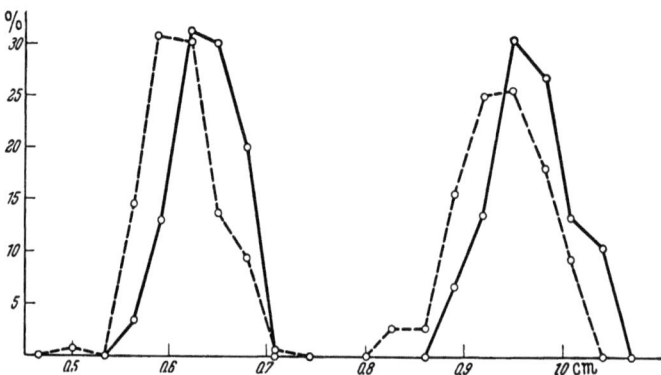

Abb. 65. Einfluß des Pollens auf die Steingröße bei Bastardierung von Süß- und Sauerkirschen. Links die Kurven der Steindicke, rechts diejenigen der Steinlänge. - - - - - - = Süßkirsche × Süßkirsche (Rigikirsche × Hedelfinger Riesenkirsche). ———— = Süßkirsche × Sauerkirsche (Rigikirsche × Ostheimer Weichsel und Rigikirsche × Schattenmorelle). Die Kurven sind auf 100 berechnet, die Ordinatenwerte geben daher die Zahl der Varianten für die betreffenden Dicken und Längen in Prozent an. Original.

falls verständlich, da die normalen Embryonen der Sauerkirschen in ihren Zellen 32 Chromosomen, die aus den Kreuzungen mit Süßkirschen hervorgegangenen jedoch nur 24 Chromosomen enthalten. In beiden Fällen liegt somit eine Art Xenienbildung vor; denn die Veränderungen des Samens sind auf den Einfluß des väterlichen Pollens zurückzuführen.

Wenn die Vergrößerung des Steines auch eine Vergrößerung der Frucht zur Folge hätte, könnte man von einer Carpoxenie sprechen. Ein solcher Einfluß war im vorliegenden Beispiel nicht nachzuweisen, da infolge der Weichheit der Früchte ein einwandfreies Messen nicht möglich erschien.

Das Vorkommen von Metaxenien ist bei unseren Obstsorten immer wieder behauptet worden. Es sei auf die Veröffentlichungen von BACH (1928), HUSZ (1942), KOSTOFF (1931), NEBEL (1930), PETROW (1925), ROH (1929) und ZEDERBAUER (1926) hingewiesen. Kritischer haben sich STUMMER und FRIMMEL (1930) geäußert. Ablehnend verhalten sich EWERT (1926), HÖSTERMANN (1924), KRUMBHOLZ (1930, 1932), MUTH und VOIGT (1928), SCHANDERL (1932) sowie TUFTS und HANSEN (1933), die in teils ausgedehnten und in sorgfältiger Weise statistisch ausgewerteten Untersuchungen keine Metaxenien gefunden haben.

Man muß sich klar sein, daß die Bildung von Metaxenien nicht ohne weiteres mit der den Vererbungsforschern geläufigen Xenienbildung verglichen werden kann. Bei diesen handelt es sich um die einfache Auswirkung von Erbanlagen — oder von ganzen Chromosomensätzen — in den Zellen selbst, die diese Anlagen enthalten. Bei Metaxenien müßte sich ein Einfluß außerhalb dieses Gewebes geltend machen. SWINGLE (1928) nimmt an, daß vom Embryo oder vom Endosperm — oder beiden — Hormone ausgeschieden werden, die das umliegende

Fruchtgewebe beeinflussen. KOSTOFF (1930) hält diese Erklärung für nicht befriedigend. Es soll eine wechselseitige Stimulation zwischen Fruchtgewebe und Bastardembryo durch die Stoffwechselprodukte der beiden Gewebe erfolgen. Man erkennt aus diesen beiden Theorien, namentlich der letzterwähnten, daß die Argumente zur Begründung der Möglichkeit der Bildung von Carpoxenien recht weit hergeholt werden.

Die meisten Angaben über Carpoxenienbildung bei Obstgewächsen haben keine Beweiskraft. BACH, HUSZ, PETROW und ZEDERBAUER tragen der in der Ausbildung der Früchte ein und derselben Sorte bestehenden Variationsbreite keine Rechnung. Die russisch geschriebene Arbeit von ROH (1929) vermag ich aus Unkenntnis der Sprache nicht kritisch zu sichten. Mit KRUMBHOLZ (1932) kann ich mich des Eindrucks nicht erwehren, daß die Zahl der erhaltenen und verglichenen Früchte nicht groß genug war, um eindeutige Schlüsse zu ziehen. Der Punkt 6 der deutschen Zusammenfassung lautet: ,,Auf Grund der vorhandenen Materialien kann man die Schlußfolgerung ziehen, daß äußerlich merkbare wie auch verborgene Xenien 2. Ordnung als tägliche gewöhnliche Erscheinungen im Obstbau anzusehen sind. Abwesenheit der Metaxenien ist nur bei selbstbestäubten oder parthenokarpischen Früchten denkbar." Er steht nicht nur im Widerspruch zu den Erfahrungen zahlreicher sorgfältiger Forscher. Er offenbart eine Denkweise, die nicht geeignet ist, um zur Abklärung derart schwieriger Fragen beizutragen.

Von allen Untersuchungen über das Vorkommen von Metaxenien verdient diejenige von NEBEL (1930) die meiste Beachtung. Er hat die Apfelsorte Fameuse einerseits mit Pollen des hochgebauten gelben Bellefleur, anderseits mit solchem des mehr flachen McIntosh bestäubt. Die Samen aus der letzterwähnten Bestäubung waren länger als diejenigen der ersterwähnten. Es könnte eine eigentliche Xenie vorliegen, deren Vorkommen weiter nicht verwundern würde. Anderseits findet aber NEBEL auch hinsichtlich der Form der Früchte gewisse Unterschiede. Sie sind jedoch weder in bezug auf die Höhe noch in bezug auf den Querdurchmesser noch auch hinsichtlich des Verhältnisses Länge : Dicke mathematisch gesichert, was NEBEL, der an das Vorkommen von Carpoxenien glaubt, der kleinen Zahl von Früchten zuschreibt. Statistisch nachgewiesen ist einzig, daß der Querdurchmesser der aus der Bestäubung mit McIntosh hervorgegangenen Früchte weniger variabel ist als der aus der Bestäubung mit Bellefleur erhaltenen. Dies dürfte jedoch auf den ungleichen Samengehalt der beiderlei Äpfel zurückzuführen sein; denn TUFTS und HANSEN (1933) haben in ihrer sorgfältigen Untersuchung an Williams Christbirne gezeigt, daß das Verhältnis von Länge : Breite von der Zahl der Samen abhängig ist, während eine Beeinflussung durch die Herkunft des Pollens sich nicht ergab.

Zusammenfassend müssen wir feststellen, daß bis heute kein einwandfreier Beweis für das Vorkommen von Carpoxenien hinsichtlich der Fruchtform bei unseren Obstgewächsen besteht. Dagegen ist nach den Untersuchungen von KRUMBHOLZ (1932) nicht ausgeschlossen, daß ein Einfluß der Pollensorte auf die Größe der Früchte vorkommt. Er fand bei den Sorten Ananas-Reinette, Graue Herbstreinette und Kanada-Reinette regelmäßig nach Bestäubung mit Baumanns Reinette größere Früchte als nach Bestäubung mit Kaiser Alexander. Bevor man dieses an sich nicht wahrscheinliche Ergebnis verallgemeinert, sollte der Versuch in größerem Ausmaß wiederholt werden.

Recht häufig wurde auch behauptet, daß die Farbe der Frucht vom Pollen, der zur Bestäubung diente, abhängig sei. So glaubten LEWIS und VINCENT (1909), daß die Farbe der rotfrüchtigen Apfelsorte Esopus Spitzenberg durch die Befruchtung mit Pollen von gelbfrüchtigen Sorten verschlechtert, durch die Befruchtung mit der rotfrüchtigen Arkansas verbessert werde. Dieser Vergleich kann schon deshalb nicht stimmen, weil Arkansas als triploide Sorte für die Befruchtung von Esopus Spitzenberg gar nicht in Betracht fällt. In den zahlreichen Befruchtungsversuchen, darunter auch denjenigen des Verfassers, sind bei kritischer Sichtung nie solche Farbxenien beobachtet worden. Die scharf abgegrenzten roten Sektoren, die man gelegentlich bei rotgestreiften Apfelsorten findet, sind nicht, wie man früher glaubte, darauf zurückzuführen, daß die Samenanlagen in den betreffenden Fächern durch Pollen einer rotfrüchtigen Sorte befruchtet wurden. Es handelt sich um *somatische Mutation*.

Noch schlechter steht es mit der in Praktikerkreisen hin und wieder gehörten Meinung, daß die Vatersorte auf den *Geschmack* der Frucht einen Einfluß habe. Der Nachweis wäre äußerst schwer zu erbringen, da ja in dieser Beziehung je nach Umweltsbedingungen zwischen den einzelnen Früchten eine besonders große Variationsbreite besteht und man fast ausschließlich auf subjektive Empfindungen angewiesen ist. Es besteht kein ernster Grund, an das Vorkommen einer solchen Beeinflussung zu glauben. Wir dürfen ohne Gefahr der geschmacklichen Beeinträchtigung eine hochfeine Tafelbirne mit der gerbstoffreichsten aller Mostbirnen bestäuben.

Wir haben heute keine Ursache, in irgendwelcher Hinsicht bei der Anlage von Obstpflanzungen auf die Möglichkeit der Entstehung von Metaxenien Rücksicht zu nehmen. Bei der Zusammenpflanzung der Sorten ist einzig auf die Selbststerilität, die Gruppensterilität, die Pollensterilität, die morphologisch bedingte Sterilität und die Blütezeit der Sorten zu achten.

5. Die Sicherung günstiger Befruchtungsverhältnisse in einer Obstanlage.

Gesichtspunkte für die Sortenwahl. — Die Anlage einer neuen Pflanzung. — Straßenpflanzungen. — Die Verbesserung bestehender Obstpflanzungen.

Wir haben in den vorhergehenden Abschnitten gesehen, daß infolge von Selbststerilität, Intersterilität, Pollensterilität und ungleicher Blütezeit der Sorten die Befruchtung, und damit die Fruchtbildung, in einer Obstpflanzung in Frage gestellt sein kann. Wir wissen auch, wie die Pollenübertragung stattfindet, und haben zudem im letzten Abschnitt festgestellt, daß es für die Form, Farbe und Qualität der Früchte gleichgültig ist, wie die Vatersorte beschaffen sei, da diese die Ausbildung des Fruchtfleisches in keiner Weise zu beeinflussen vermag. Wir wollen uns nun auf Grund dieser Erkenntnisse überlegen, welche Anforderungen eine Obstpflanzung erfüllen müsse, damit die Befruchtung der Blüten als Voraussetzung für eine genügende Fruchtbildung in richtiger Weise erfolge.

Gute Voraussetzungen für eine reichliche Befruchtung der Blüten boten die alten, überlebten Obstanlagen mit buntem Gemisch von zahlreichen Sorten. Sie genügen jedoch den heutigen Anforderungen aus betriebswirtschaftlichen Gründen nicht mehr. Die Maßnahmen zur Bekämpfung von Schädlingen und Krankheiten, die Kronenpflege und vor allem auch die Erntearbeiten werden durch systematisches Zusammenpflanzen der Bäume gleicher Sorten wesentlich erleichtert. Wie weit darf man nun, ohne ungenügende Befruchtungsverhältnisse zu verursachen, im Zusammenpflanzen der gleichsortigen Bäume gehen, und welche Gesichtspunkte hat man dabei zu berücksichtigen?

Wir wollen als Beispiel uns vorstellen, wir hätten irgendwo ein Obstgut neu anzulegen. Dabei haben wir als erstes die Wahl der Obstarten und der Obstsorten zu treffen. Sie darf sich einzig nach den gegebenen klimatischen und wirtschaftlichen Bedingungen richten. Alle übrigen Gesichtspunkte sind unterzuordnen. In rauhen Lagen würden wir auch bei bester Pflege mit empfindlichen Sorten Mißerfolge haben. Anderseits kann uns in einer guten Obstlage die qualitativ beste

Sorte größte Sorgen bereiten, wenn sie transportempfindlich ist und wir sie dem Grosshandel übergeben müssen.

Sind einmal diese Überlegungen gemacht, so müssen wir entscheiden, welche Teile des Gutes sich für die einzelnen Obstarten eignen. Für die Apfelbäume wählen wir möglichst tiefgründige Parzellen, in denen das Grundwasser nicht hoch stehen darf und in denen auch bei langandauernden Regenperioden keine stagnierende Bodenfeuchtigkeit entsteht. Das gleiche gilt in vermehrtem Maße für Birnen, sofern diese auf Quitte veredelt sind. Auf Wildlingen stehende Birnbäume ertragen wesentlich größere Bodenfeuchtigkeit. Wir bedenken, daß die Kirschbäume gut durchlüftete Böden verlangen und weniger empfindlich gegenüber Trockenheit sind als die meisten anderen Obstarten. Die Zwetschgenbäume gedeihen in Parzellen mit etwelcher stagnierender Bodenfeuchtigkeit besser als auf leichten, rasch trocken werdenden Böden. Auf keinen Fall pflanzen wir verschiedene Obstarten durcheinander. Diese früher vielfach übliche und im französischen ,,jardin fruitier" in systematischer Art geübte Pflanzweise bietet nicht die geringsten Vorteile, erschwert aber unsere Kulturmaßnahmen in der mannigfachsten Art.

Gleichzeitig überlegen wir uns auch, welche Baumformen wir wählen wollen, ob Gras unter den Bäumen zweckmäßig sei, oder welches System der Bodenpflege den gegebenen Boden- und Niederschlagsbedingungen angepaßt erscheine.

Erst nachdem alle diese Fragen entschieden sind, nehmen wir auf die Befruchtungsverhältnisse der ausgewählten Sorten Rücksicht. Bei geschickter Disposition der Anlage wird man in weitaus den meisten Fällen auch bei wenigen ausgewählten Sorten günstige Befruchtungsverhältnisse erreichen. Es wird nur in Ausnahmefällen nötig sein, zu Pollenspendern greifen zu müssen, die wir auf Grund wirtschaftlicher Überlegungen lieber vermeiden möchten.

Wir ordnen vorerst die Sorten der wichtigsten Obstart, z.B. des Apfels, nach ihrer Blütezeit (s. S. 108). Dann merken wir uns die triploiden Sorten (S. 139) und überprüfen, ob intersterile (S. 157 ff.) in unserer Auswahl enthalten seien. Für großfrüchtige Sorten wählen wir mit Vorteil die windgeschützten Stellen, frühreife pflanzen wir am liebsten in der Nähe des Hauses oder Ökonomiegebäudes.

Wenn es sich um diploide Sorten handelt, dürfen wir bei Hochstämmen ohne Bedenken 3 Reihen, bei Buschbäumen 4 Reihen der gleichen Sorten nebeneinander pflanzen, sofern auf beiden Seiten geeignete Pollenspender stehen. Von triploiden Hochstämmen pflanzen wir höchstens 3, bei Buschbäumen höchstens 4 Reihen zwischen 2 als Befruchter geeignete diploide Sorten. Wir müssen aber darauf achten, daß auch diese diploiden Sorten neben guten Pollenspendern stehen. In einer solchen Anlage ist die Befruchtung gesichert, sofern Bienen zugegen sind. Auch in arbeitstechnischer Hinsicht bietet sie keine Schwierigkeiten.

Muß aus wirtschaftlichen Gründen das Hauptgewicht auf eine einzige Sorte gelegt werden oder kommen nur wenige Sorten in Betracht, die sich infolge ungleicher Blütezeit oder aus anderen Gründen nicht zu befruchten vermögen, so wählt man das Blocksystem. Man pflanzt die Bäume jeder Sorte in geschlossener Pflanzung und streut einzelne Bäume eines geeigneten Pollenspenders ein. Die Angaben über die Zahl der nötigen Pollenbäume lauten ungleich, und die ganze Frage ist experimentell nicht abgeklärt. Die Überlegungen ergeben aber, daß es genügt, wenn jeder 6.–8. Baum der Bestäubersorte angehört. Ist die als Block angepflanzte Sorte triploid, so müssen 2 Pollenspender gewählt werden, damit sich auch diese gegenseitig befruchten können.

Die gleichen Überlegungen wie für die Apfelpflanzungen gelten auch für die Anlagen mit *Birnen*. Man soll dabei nicht darauf spekulieren, daß bei Birnen Parthenokarpie häufiger und in höherem Grad vorkommt. Denn bei vielen Sorten sind die Jungfernfrüchte mißgestaltet. Man muß ferner bedenken, daß die Birnblüten in manchen Jahren wesentlich weniger von Bienen beflogen werden als diejenigen des Apfels.

Bei den *Süßkirschen* bietet gelegentlich die Anordnung der Pflanzung infolge der ungleichen Blütezeit der Sorten und der Häufigkeit der Intersterilität etwas größere Schwierigkeiten. Anderseits wird sich der Kirschenpflanzer in den meisten Fällen nicht nur auf wenige Sorten verlegen, da er bei dieser leicht verderblichen Frucht die Pflückzeit möglichst verlängern muß, was er durch geschickte Wahl einer etwas größeren Zahl von Sorten erreichen kann. Im übrigen gelten für die Anordnung der Sorten zur Sicherung gegenseitiger Befruchtung die gleichen Überlegungen wie für die Apfel- und Birnsorten.

Bei *Sauerkirschen, Pflaumen, Zwetschgen* und *Aprikosen* muß zwischen selbststerilen und selbstfertilen Sorten unterschieden werden. Bei den ersterwähnten

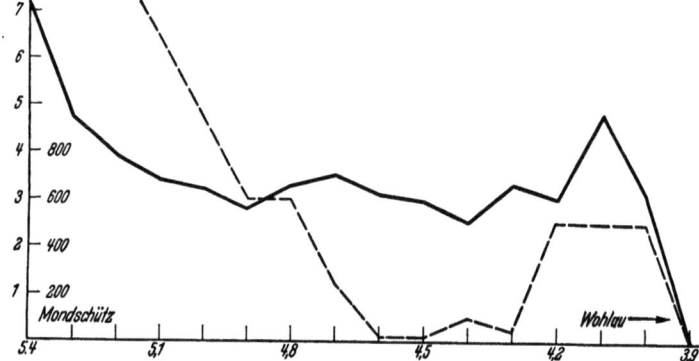

Abb. 66. Die Befruchtungs- und Fruchtbildungsverhältnisse bei einer Straßenpflanzung von Goldparmäne zwischen Mondschütz und Wohlau. Die Zahlen auf der Abszisse bedeuten Kilometer. Links das Dorf Mondschütz mit vielen Bienenvölkern und anderen Apfelsorten, rechts ein Wald. Die ausgezogene Kurve gibt die durchschnittlichen Kernzahlen der Früchte bei den betreffenden Stationen an (Maßstab links), die gestrichelte die Zahl der Früchte je Baum (Maßstab rechts). Bei der Station 4,1 befand sich offenbar eine fremde Sorte. (Nach EWERT.)

liegen die Voraussetzungen für die Anordnung in einer Anlage gleich wie bei den Äpfeln, Birnen und Süßkirschen. Man wird aber häufig die Tatsache ausnützen können, daß die Selbstbefruchter fähig sind, alle Fremdbefruchter von entsprechender Blütezeit zu befruchten. Bei den selbstfertilen Sorten braucht man keinerlei Rücksicht auf die Nachbarsorten zu nehmen. Voraussetzung für die Sicherung guter Befruchtungsverhältnisse ist einzig das Vorhandensein von Bienen in der Nähe der Pflanzung.

Eine besondere Besprechung verdienen die Straßenpflanzungen und alle anderen aus einer einzigen Baumreihe bestehenden Pflanzungen längs Feldwegen, Flurgrenzen, Wassergräben usw. Hier ist die Gefahr für ungenügende Befruchtung besonders groß, weil die sammelnden Bienen längs der blühenden Baumreihen nicht große Distanzen zurücklegen. Zudem stehen derartige Pflanzungen oft recht weit von den Dörfern oder Höfen entfernt, in welchen die Bienenvölker untergebracht sind. Es muß daher bei solchen einreihigen Pflanzungen ganz besonders auf genügende Sortenmischung geachtet werden. Mehr als 2—3 Bäume der gleichen Sorte sollten nicht nebeneinander stehen. Auf ungleiche Blütezeit, Intersterilität und Pollensterilität ist unbedingt Rücksicht zu nehmen. EWERT (1921) hat Straßenpflanzungen angeführt, die ungenügende Befruchtungsverhältnisse aufwiesen. Abb. 66 stellt eine schematische Darstellung eines solchen Beispieles dar. Die Beobachtungen beziehen sich auf das Jahr 1920. Die nur mit Bäumen der Sorte Goldparmäne bepflanzte Strecke mißt 1,5 km. Am einen Ende befindet sich das schlesische Dorf Mondschütz, in welchem damals 99 Bienenvölker standen, am anderen eine Kiefernwaldung. Alle Bäume hatten reichlich geblüht. Wir ersehen aus der graphischen Darstellung, wie der durchschnittliche Kerngehalt als Maß der Fremdbefruchtung vom Dorf weg rasch abnimmt, um in größerer Entfernung gleichzubleiben. Noch viel rascher als die Kernzahl nimmt aber der Ertrag der Bäume ab. Offenbar entfernen sich nur wenige mit geeignetem Pollen beladene Bienen der blühenden Baumreihe entlang so weit vom Dorf. Merkwürdigerweise nimmt sowohl der durchschnittliche Samengehalt wie auch der Ertrag gegen den Wald hin wieder zu. EWERT glaubt, dies auf eine ,,Stauung" der

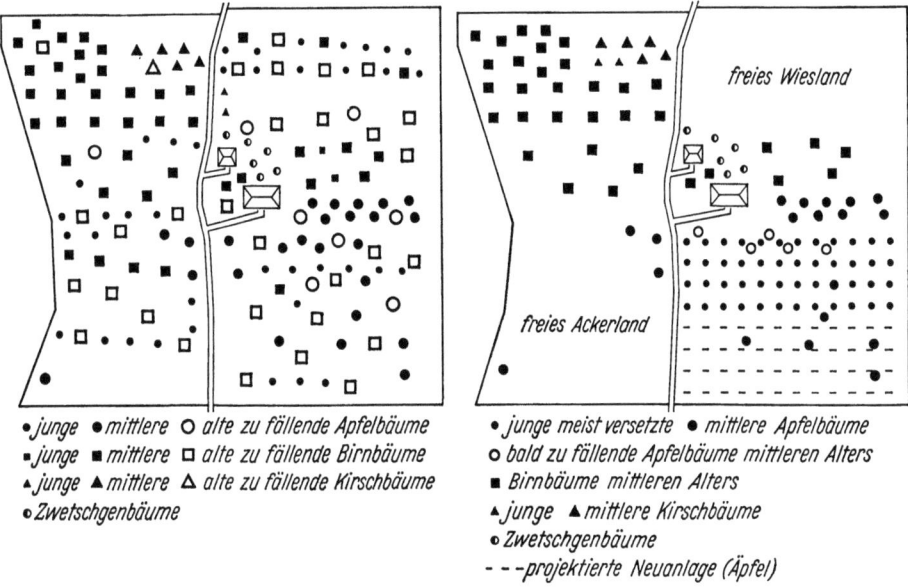

Abb. 67. Praktisches Beispiel einer Betriebsumstellung nach W. HOLENSTEIN. Links: vor der Umstellung. Die Obstarten stehen kunterbunt durcheinander gewürfelt. 602 Aren mit Obstbäumen bepflanzt, nur 48 Aren baumfrei. Rechts: nach der Sanierung. Die alten, nicht mehr wirtschaftlichen Bäume wurden entfernt und die Jungbäume, soweit nötig, verpflanzt. Die Obstarten stehen getrennt. Nur noch 390 Aren mit Obstbäumen bestanden. Dadurch sind 260 Aren baumfreies Acker- und Wiesland gewonnen worden. Die Apfelbäume sind zuungunsten der Mostbirnbäume bevorzugt. (Aus KOBEL, SCHMID, KESSLER: Der Schweizer Obstbau.)

Bienen vor dem Wald zurückführen zu dürfen. Viel näher liegt die Vermutung, daß sich in dieser Gegend ein sortenfremder Baum befand, der vom Beobachter übersehen wurde. Die Bestäubung dürfte in der Nähe des Waldes zur Hauptsache durch Hummeln und Wildbienen erfolgt sein. Die Ernte betrug für die ganze Pflanzung bloß 120 Zentner. Daran war, wie wir aus der Abb. 66 leicht ersehen können, zur großen Hauptsache der dem Dorf benachbarte Teil der Anlage beteiligt. EWERT berechnet den Vollertrag auf 600 Zentner. Durch geeignete Sortenmischung und Aufstellen einzelner Bienenvölker längs der Pflanzung wäre somit eine sehr bedeutende Steigerung der Ernte möglich gewesen.

Größere Schwierigkeiten als die Neuerrichtung von Obstpflanzungen bietet die Sanierung von bestehenden, unzweckmäßigen Anlagen. *Diese Umstellung ist aber in manchen alten Obstbaugebieten auch heute noch die wichtigste Aufgabe.*

Man wird in dem zu verbessernden Betrieb in erster Linie ein Inventar der vorhandenen Obstarten und -sorten aufnehmen und einen Plan der bestehenden Bepflanzung zeichnen. Diesem Plan stellt man einen zweiten gegenüber, in welchem die Anordnung der Bäume so ist, wie man sie machen würde, wenn es sich um eine Neuanlage handeln würde. Durch Verpflanzen der jüngeren Bäume, durch Setzen von Jungbäumen und durch Umpfropfen sucht man sich in den folgenden

Jahren mehr und mehr dem Idealplan zu nähern. Dabei nützt man die älteren, wertvollen Bäume aus, sofern sie die Umgestaltung der Obstanlage nicht allzu sehr stören. Bäume, welche eine Pflege nicht mehr lohnen, werden selbstverständlich entfernt. Der Weg erscheint mühsam und er verlangt große Ausdauer. Er ist jedoch der einzig mögliche für die Sanierung vieler alter Obstbaugebiete. Wird er nicht beschritten, so sind sie gegenüber den neuen Obstbaugebieten mit rationeller Bewirtschaftung in arbeitstechnischer Beziehung derart benachteiligt, daß sie der Konkurrenz unterliegen müßten. Über ein erstes Beispiel einer solchen Betriebsumstellung aus der Schweiz hat E. TSCHUMI (1927) berichtet. Seither sind solche Sanierungen im schweizerischen Mittelland in Hunderten von Bauernbetrieben erfolgt. In ähnlicher Weise geht man auch in anderen Ländern vor. (Abb. 67)

C. Der Fruchtansatz ohne Befruchtung.

1. Die Parthenokarpie.

Parthenokarpie und Scheinparthenokarpie. — Der Nachweis der Parthenokarpie. — Abhängigkeit von Umwelteinflüssen. — Verbreitung bei Kern- und Steinobstarten. — Praktische Bedeutung. — Erzeugung parthenokarper Früchte mit Hilfe von Wuchsstoffen.

Man nennt die bei vielen Kulturpflanzen vorkommende Fähigkeit, ohne Befruchtung der Blüten samenlose Früchte zu bilden, Jungfernfrüchtigkeit oder Parthenokarpie. Bei manchen Gewächsen muß zur Entwicklung des Fruchtknotens durch Pollenschläuche, welche in den Griffel hineinwachsen, ein Anreiz erfolgen. In diesem Fall spricht man von induzierter Parthenokarpie. In anderen Fällen ist ein derartiger Entwicklungsreiz nicht nötig.

Die Jungfernfrüchtigkeit ist im Reich der Blütenpflanzen weit verbreitet. Bei manchen tropischen und subtropischen Obstarten spielt sie eine wirtschaftlich sehr bedeutende Rolle, so bei den Orangen, Trauben (Sultaninen, Korinthen), Bananen und Ananas. Sie ist aber beispielsweise auch bei den Feigen und bei den Kaki *(Diospyros kaki)* nachgewiesen. Bei manchen Gewächsen sind die samenlosen Früchte kleiner als die befruchteten, so beispielsweise bei den Trauben, wo sie mit samenhaltigen vielfach untermischt sind. Der Winzer nennt sie Kleinbeeren.

Gelegentlich wird in den Lehrbüchern der Botanik die Jungfernfrucht als Frucht ohne *keimfähige* Samen definiert. Es wurde schon in einem früheren Abschnitt darauf hingewiesen, daß diese Umschreibung für die Apfel- und Birnsorten nicht richtig ist, da bei den triploiden Sorten nach der Befruchtung der Samenanlagen vielfach nur schlecht entwickelte, nicht keimfähige Samen entstehen. Es ist zweckmäßig, in solchen Fällen von *Scheinparthenokarpie* zu sprechen, da Früchte, die sich infolge einer Befruchtung entwickeln, nicht als Jungfernfrüchte bezeichnet werden dürfen. Anderseits muß aber auch darauf hingewiesen werden, daß samenartige, keinen Embryo enthaltende Gebilde im Kernhaus von Birnen nicht immer auf Scheinparthenokarpie hinweisen. Wenn wir die Blüten mancher Birnsorten vor ihrer Entfaltung entmannen und vor der Bestäubung durch Einsacken schützen, entwickeln sich in den Jungfernfrüchten dennoch lange, samenartige, zur Zeit der Fruchtreife braun werdende Schläuche, die nur aus der leeren Samenhaut bestehen. Diese Schläuche sind wesentlich schmäler als die aus einer Befruchtung hervorgegangenen tauben Samen triploider Sorten, erreichen aber gelegentlich fast die Länge normaler Samen. Auf diese leeren Samenschläuche in Jungfernfrüchten haben bereits EWERT (1907, 1909), MÜLLER-THURGAU (1910) und OSTERWALDER (1910, 1915) nachdrücklich hingewiesen. Sie treten aber in parthenokarp entstandenen Birnen durchaus nicht immer auf. So beobachtet man beispielsweise bei Lebruns Butterbirne oft kaum Spuren der Samenanlagen im klein gebliebenen Kernhaus. Bei Apfelsorten werden diese Gebilde nur ausnahmsweise gefunden. Bei den Jungfernfrüchten dieser Obstart bleiben die Samenanlagen unentwickelt. Sie sind in der reifen Frucht meist als winzige, gebräunte Gebilde zu erkennen.

Die größten Verdienste um die Untersuchung der Parthenokarpie unserer Apfel- und Birnsorten hat entschieden EWERT (1907, 1909 usw.). Während WAITE (1894, 1898) noch glaubte, die von ihm nach Ausschluß fremden Blütenstaubes erhaltenen Früchte seien durch Selbstbefruchtung entstanden, wies EWERT nach, daß diese Früchte meist samenlos sind. Ungefähr zur selben Zeit kam auch MÜLLER-THURGAU zum gleichen Schluß. Dieser Forscher hatte vorerst geglaubt, daß die Entstehung der samenartigen Gebilde nur durch das Eindringen von Pollenschläuchen im Griffel ausgelöst werden könne, hat sie aber später in Birnen gefunden, die sich aus entmannten und eingesackten, nicht bestäubten Blüten entwickelt hatten. Es ist somit seit langem erwiesen, daß bei unseren Obstgewächsen ein Anreiz durch eindringende Pollenschläuche für die Entwicklung samenloser Früchte nicht unbedingt nötig ist. Ob dadurch aber eine Erhöhung des Grades der Parthenokarpie bewirkt wird, ist nicht abgeklärt.

Parthenokarpie kann am einfachsten dadurch aufgefunden werden, daß man eine größere Zahl von Früchten der betreffenden Sorten auf ihren Samengehalt prüft. Findet man samenlose Exemplare, so ist damit bereits bewiesen, daß die betreffende Sorte jungfernfrüchtig ist. Über den Grad der Jungfernfrüchtigkeit vermag der Prozentsatz an samenlosen Früchten wenig auszusagen, da man nicht weiß, ob im Frühjahr günstige Befruchtungsverhältnisse vorlagen. Ein negativer Befund sagt nichts aus, da entweder eine reichliche Bestäubung mit geeignetem Pollen oder ungünstige Ernährungsverhältnisse des Baumes die Parthenokarpie zu verdecken vermögen.

Will man sich ein richtiges Bild über die Fähigkeit zur Bildung samenloser Früchte bei einer Sorte machen, so schließt man vor dem Aufblühen eine größere Anzahl von Blüten — am besten ganze Äste — in Baumwollsäcke ein. Bei Selbstbefruchtern ist es zweckmäßig, die Blüten zu entmannen, sofern es sich um Sorten handelt, bei denen der Pollen sehr leicht auf die Narbe der Blüten gelangt, aus denen er stammt. Die entstandenen Früchte sind in jedem Fall auf ihren Samengehalt zu prüfen.

EWERT vertrat die Auffassung, daß durch das Einsacken der Blüten abnorme Entwicklungsbedingungen für die Früchte entstehen. Wie wir bereits sahen, trifft dies nicht zu, sofern die Säcke groß genug gewählt werden. Er hat daher einen anderen Weg gesucht, um die Prüfung auf Jungfernfrüchtigkeit unter möglichst natürlichen Bedingungen durchzuführen. Man könnte auf den Gedanken kommen, einfach die Griffel abzuschneiden, um die Bestäubung zu verhindern. Dieser Weg führt nicht zum Ziel, da sich gezeigt hat, daß auf dem Griffelstumpf der Pollen keimen kann, so daß eine Befruchtung möglich ist. Zudem hat EWERT beim Pfirsich eine Regeneration von Narbenpapillen auf dem Wundrand beobachtet. Er stellte daher eine Flüssigkeit zusammen, welche die Narbe abtötet und unempfänglich macht, vor Pilzen schützt und derart kennzeichnet, daß die behandelten Blüten leicht wieder aufgefunden werden. Es handelt sich um das handelsübliche, etwa 50%ige Natronwasserglas, dem 1% Nigrosin, 1% Eosin und 0,1% Kupfersulfat in schwach ammoniakalischer Lösung beigesetzt wurden. EWERT hat der Bildung samenloser Früchte eine derartige Bedeutung beigemessen, daß er diese Lösung sogar unter der Bezeichnung „Kernlos" in den Handel brachte. Er erhielt bei der Anwendung des gefärbten Wasserglases in seinen Versuchen im allgemeinen befriedigende Ergebnisse. Immerhin fand er mehrfach Früchte mit voll ausgebildeten Samen. Ob der Schutz des „Kernlos" nicht genügte, oder ob Apomixis vorlag, läßt sich nicht entscheiden.

Schließlich hat EWERT zur Prüfung der Sorten auf Parthenokarpie auch Topfobstbäumchen verwendet, die er vortrieb, also zu einer Zeit blühen ließ, in welcher eine Fremdbestäubung gar nicht möglich war. Er erhielt damit bei der Apfelsorte Charlamowsky vorzügliche Ergebnisse. Sie bildete zahlreiche Jungfernfrüchte. Wenn aber EWERT diesen Weg für die beste Art der Untersuchung auf Parthenokarpie hält, so kann ich ihm nicht beipflichten. Topfobstbäume sind infolge des geringen Wurzelwachstums während einiger Jahre so blühwillig und fruchtbar, daß man die Ergebnisse nicht ohne weiteres auf Buschobstbäume, geschweige denn auf Hochstämme übertragen darf.

Wie die Erfahrung zahlreicher Forscher stets wieder ergeben hat, ist der *Grad der Parthenokarpie* bei ein und derselben Sorte noch weit mehr vom zufällig vorhandenen physiologischen Zustand des Versuchsbaumes abhängig als der Grad der Selbstbefruchtung. Ist der Baum mit organischen Nährstoffen gesättigt, aber mit Mineralstoffen nicht besonders reichlich versorgt, so werden Früchte mit und ohne Befruchtung viel leichter angesetzt als an Bäumen, deren Ernährungsbedingungen ungünstig liegen. Deshalb findet man oft in sortenreinen Pflanzungen einen besonders hohen Grad von Parthenokarpie. Dadurch, daß die Bäume infolge ungenügender Befruchtung nicht jene Erträge brachten, die man nach Alter und Ernährungszustand erwartet hätte, werden sie mit Reserven vollgestopft, und daher wird ihre Willigkeit, Jungfernfrüchte auszubilden, wesentlich erhöht. Ohne Zweifel sind auch die auf schwacher Unterlage stehenden Bäume einer Sorte in einem höheren Grad parthenokarp als die auf Wildling veredelten, vorausgesetzt, daß ihr Ernährungszustand nicht abnorm ist. Gute Witterungsverhältnisse während der Blüte und in der kritischen Periode des Junifalles helfen mit, im einen Jahr namhafte Mengen von Jungfernfrüchten zur Ausbildung zu bringen, während in einem anderen Jahr diese Bedingungen wesentlich ungünstiger liegen können. Es ist auch nicht gleichgültig, ob in der Nähe der kernlosen Früchte kernhaltige vorhanden sind, ein Umstand, auf den bereits EWERT hinwies. Wir werden später sehen, daß samenreiche Jungfrüchte besser imstande sind, die Nährstoffe an sich zu ziehen als Jungfernfrüchte, die deshalb bei Konkurrenz wesentlich benachteiligt sind. Nur darf man diese Beeinflussung nicht auf den ganzen Baum beziehen, wie es EWERT tat, da die einzelnen Äste — und sogar die einzelnen Zweige eines Astes — in ihren Ernährungsverhältnissen weitgehend autonom sind.

Diese bedeutende Abhängigkeit der Parthenokarpie vom Ernährungszustand des Baumes und von den Witterungsverhältnissen zur Zeit der Blüte und des Junifalles ist schuld, daß die Angaben der verschiedenen Forscher für ein und dieselbe Sorte bei weitem nicht übereinstimmen. Für die Literatur sei auf die in den Abschnitten über die Befruchtungsverhältnisse der einzelnen Obstarten angeführten Zitate verwiesen. Es ist nicht leicht, sich einen Begriff von der *praktischen Bedeutung der Parthenokarpie* zu machen; dies um so weniger, als manche Versuchsansteller Selbstbefruchtung und Parthenokarpie nicht säuberlich auseinandergehalten haben. Es ist aber kaum ein Fall festgestellt, in dem sich ohne Bestäubung mit geeignetem Pollen ein ebenso reichlicher Fruchtansatz bildete wie nach günstiger Fremdbestäubung.

Bei den *Apfelsorten* ist die Jungfernfrüchtigkeit nie so ausgeprägt, daß man darauf verzichten könnte, in den Obstanlagen für günstige Befruchtungsverhältnisse zu sorgen. Immerhin gibt es einzelne Sorten, bei denen die Neigung zu Parthenokarpie einen beachtlichen Grad erreicht. Sie ist beispielsweise festgestellt worden bei (Sorten mit * sind ausgesprochen parthenokarp):

Adams Parmäne
Aderslebener Kalvill
Baldwin *
Bohnapfel
Cellini *
Kanada-Reinette
Lord Derby
Lord Suffield

Melba
Parkers Peping
Peasgoods Goldreinette
Schöner von Pontoise
Spencers Kernloser
Weißer Klarapfel
Weißer Winterkalvill

Unter den *Birnsorten* ist Jungfernfrüchtigkeit häufiger als unter den Apfelsorten. Zudem ist der Grad der Parthenokarpie, im ganzen gesehen, bedeutend höher. Es gibt einzelne Tafelbirnen, wie Lebruns Butterbirne, Rihas Kernlose, Frühe von Trévoux und andere, die oft ohne Befruchtung beträchtliche Ernten von samenlosen Früchten bringen. Eine ganz bedeutende Rolle spielt die Jungfernfrüchtigkeit in den zentral- und ostschweizerischen Mostbirngebieten. Hier stehen oft ausschließlich oder fast ausschließlich triploide Sorten nebeneinander (KOBEL 1924, 1926). Die Theilersbirne findet sich zudem in einzelnen Gegenden oft in reinem Satz. OSTERWALDER (1915) hat aber gezeigt, daß die in Betracht kommenden Sorten hochgradig jungfernfrüchtig sind. Er fand 1909 und 1912 bei der Schweizer Wasserbirne je 42%, bei der Knollbirne 1912 sogar 71% kernlose Früchte. Da es sich um triploide Sorten handelt, dürfte es bei einem Teil dieser Birnen Scheinparthenokarpie gewesen sein. Dennoch ist die große Bedeutung der Parthenokarpie nicht von der Hand zu weisen. Aber auch hier müßte geprüft werden, ob nicht durch Einpflanzen geeigneter Pollenspender höhere Erträge erzielt werden könnten. Parthenokarpie wurde beispielsweise gefunden bei den Sorten (* sind ausgesprochen parthenokarp):

Abbé Fétel
Alexander Lucas
Amanlis Butterbirne
André Desportes
Beurré d'Anjou
Boscs Flaschenbirne
Diels Butterbirne
Doppelte Philippsbirne
Esperens Herrenbirne (schwach)
Esperine
Fertility
Frühe von Trévoux *
Gellerts Butterbirne (schwach)
Giffards Butterbirne
Gute Graue (schwach)
Gute Luise von Avranches
Hardenponts Winterbutterbirne
Herzogin von Angoulême
Holzfarbene Butterbirne *

Juli-Dechantsbirne
Kieffer
Knollbirne *
König Karl von Württemberg
Köstliche von Charneu
Lebruns Butterbirne *
Lübecker Bergamotte
Marxenbirne
Minister Lucius
Pitmaston
Neue Poiteau
Nina
Reinholzbirne
Rihas Kernlose *
Schweizer Wasserbirne
Theilersbirne
Vereins-Dechantsbirne (schwach)
Williams Christbirne (schwach)
Winter-Dechantsbirne

Bei einigen Birnsorten, z.B. Williams Christbirne, Frühe von Trévoux, Gute Luise von Avranches und anderen, aber auch bei Äpfeln, sind, wie bereits WAITE (1894), OSTERWALDER (1915), TUFTS (1919), EWERT (z.B. 1928) und andere festgestellt haben, die samenlosen Früchte an ihrer mehr walzenförmigen Gestalt zu erkennen. Bei manchen Apfelsorten und einzelnen Birnsorten bleiben die samenlosen Früchte klein und krüppelig und reifen nicht aus.

Bei den *Steinobstarten* gibt es nur wenig Angaben über das Vorkommen von Jungfernfrüchtigkeit. EWERT (1909) hat von einem sehr schwachen Fruchtansatz ohne Befruchtung bei der Frühen Maiherzkirsche berichtet. Auch CRANE (1927) erwähnt Kirschen ohne keimfähige Samen. CHANDLER (1925) gibt an, daß er bei der Pfirsichsorte Sneed nie samenhaltige Früchte gefunden habe. Wahrscheinlich handelt es sich in diesen Fällen überhaupt nicht um Jungfernfrüchtigkeit, sondern um die schon in einem anderen Zusammenhang besprochene Tatsache, daß bei Frühsorten der Embryo vielfach auf einem frühen Jugendstadium abstirbt.

In einzelnen Jahrgängen und an Orten mit häufiger Frostgefahr zur Blütezeit kann die Parthenokarpie von Vorteil sein. Wenn die empfindlichen Teile der Blüten, die Griffel und die Samenanlagen, erfroren sind, vermögen jungfernfrüchtige Sorten trotzdem Früchte anzusetzen. Über derartige Fälle berichten beispielsweise EWERT (1911) und HÖSTERMANN (1913). Ein bereits von WHIPPLE (1912) erwähnter Fall bei der Apfelsorte Wealthy kann streng genommen nicht als durch Frost verursachte Jungfernfrüchtigkeit betrachtet werden. Die Frosteinwirkung trat erst 3 Tage nach dem Fall der Blütenblätter auf. Wir müssen somit annehmen, daß hier die Samenanlagen abgetötet wurden, nachdem die Befruchtung — und damit der Anreiz zur Entwicklung des Fruchtknotens — bereits erfolgt war. LEWIS (1942) hat Birnblüten künstlich tiefen Temperaturen ausgesetzt. Es ist ihm gelungen, durch Frosteinwirkung auf blühenden Ästen eines eingetopften Baumes die Fruchtknoten zur Entwicklung zu bringen, während an den nicht behandelten Ästen alle Blüten abfielen. Allerdings wurden die meisten Früchte während des Junifalles abgestoßen und nur 2 erreichten die Reife. Sie waren samenlos. LEWIS vermutet, daß durch das Abtöten des Griffelgewebes und der Samenanlagen die Bildung von Stoffen angeregt werde, welche die gleiche Wirkung haben wie die Wachstumshormone. Er glaubt, daß bei manchen Birnsorten in Jahren mit kaltem Wetter zur Blütezeit, durch das der Bienenflug verhindert werde, ein Frost sogar vorteilhaft sein könne, indem dieser die Ausbildung von Jungfernfrüchten auslöse.

Abb. 68. Formverschiedenheit von parthenokarpen und befruchteten Birnen. Links: walzenförmiges, unbefruchtetes Exemplar von Williams Christbirne, mit kleinem Kerngehäuse. Rechts: birnförmiges, befruchtetes Exemplar der gleichen Sorte mit größerem Kernhaus. (Nach TUFTS.)

Die bisher durchgeführten Versuche, bei Äpfeln und Birnen Parthenokarpie durch die Behandlung der Blüten mit Wuchsstoffen anzuregen, haben OSBORNE und WAIN (1951) gesichtet. Sie haben selbst bei den Birnsorten Pitmaston, Dr. Jules Guyot und Fertility sowie bei den Apfelsorten Bramleys Seedling, King Edward VII. und Monarch während 4 Jahren zahlreiche Versuche mit ungefähr

30 verschiedenen synthetischen Wuchsstoffen durchgeführt. Es zeigte sich dabei, daß nur einzelne dieser Substanzen befähigt sind, die parthenokarpe Entwicklung der Fruchtknoten einzuleiten. Ferner ergab sich, daß spezifische Wirkungen vorliegen. Im ganzen gesehen sind die Möglichkeiten viel geringer als etwa bei der Tomate. Dabei genügt bei Äpfeln und Birnen in den meisten Fällen eine einzige Anwendung des Wuchsstoffes während der Blütezeit nicht. Es wird dadurch wohl eine Entwicklung eingeleitet, aber diese wird später unterbrochen. Es ist vielmehr während längerer Zeit ein stets neuer Zufluß von Wuchsstoffen nötig. Die besten Ergebnisse wurden 1949 bei Birnen erzielt, wenn 5 Spritzungen mit α-2-Naphthoxypropionsäure in einer Verdünnung von 100 ppm (d.h. 100 Teilen auf 1 Million und entspricht somit einer Konzentration von 1 : 10 000) in Abständen von 3 Tagen ausgeführt wurden. Auf diese Weise gelang es bei der an sich jungfernfrüchtigen Sorte Pitmaston 40% der behandelten Jungfrüchte bis zur Reife zu bringen. Bei der nicht parthenokarpen Dr. Jules Guyot waren es 12%. Wurde die Behandlung öfters wiederholt, so war der Ansatz bei der ersterwähnten Sorte geringer, bei der anderen reiften überhaupt keine Früchte aus. Bei 1- und 2maliger Behandlung war der Erfolg geringer. 1950 wurde der Versuch mit 5maliger Behandlung bei Pitmaston und Fertility noch einmal ausgeführt. Die eine ergab einen Ansatz von 18% der entmannten Blüten, die andere einen solchen von 20%. Pitmaston erwies sich in den Kontrollversuchen erneut als in hohem Grade jungfernfrüchtig, während die von den anderen Autoren als schwach jungfernfrüchtig bezeichnete Fertility alle unbestäubten und unbehandelten Früchte fallen ließ.

Bei Äpfeln führte der gleiche Wuchsstoff, α-2-Naphthoxypropionsäure, zu keinen namhaften Ergebnissen. Er vermochte, wie übrigens eine Anzahl anderer Verbindungen, wohl ein sofortiges Abwerfen der Blüten zu verhindern, aber zu einer andauernden Entwicklung kam es nicht. Das beste Ergebnis wurde beim Apfel erzielt mit α-Phenoxypropionsäure bei 5maliger Wiederholung und einer Konzentration von 100 ppm. Bei dieser Behandlung reiften 4 Jungfernfrüchte von Bramleys Seedling aus, während bei der Sorte Monarch alle vorzeitig abgestoßen wurden.

Es ist möglich, daß Wuchsstoffe und Verfahren gefunden werden, die noch besser wirksam sind als die erwähnten. Vorläufig sind wir aber weit davon entfernt, in Anlagen, in welchen die Befruchtungsverhältnisse ungünstig sind, durch Wuchsstoffbehandlung die Befruchtung der Blüten in wirtschaftlich tragbarer Weise zu ersetzen. Es wird auch stets am zweckmäßigsten sein, dafür zu sorgen, daß die Befruchtung in unseren Obstanlagen gesichert ist. Dagegen wäre es wertvoll, ein Verfahren zu kennen, das uns erlaubt, nach Zerstörung der Obstblüten durch Frost einen namhaften Teil der Ernte durch Anwendung von Wuchsstoffen zu retten. In dieser Hinsicht bedeutet die Untersuchung von Osborn und Wain einen vielversprechenden Anfang.

2. Die Apomixis.

Vorkommen von Apomixis bei der Apfelsorte Transparent von Croncels. — Nucellarembryonie beim Katalonischen Spilling.

Neben der Bildung samenloser Jungfernfrüchte kommt im Reich der Blütenpflanzen auch eine Ausbildung samenhaltiger Früchte ohne Befruchtung vor. Sie kann auf verschiedenartige Weise zustande kommen, indem sich entweder die normale haploide oder eine diploide Eizelle entwickelt. Diese kann aus dem Archespor oder aus somatischen Zellen stammen. Schließlich kommt es auch vor, daß sich Zellen des Nucellus direkt zum Embryo entwickeln. Die Bezeichnungen für diese mannigfachen Bildungsabweichungen werden nicht von allen Forschern in der gleichen Weise benützt. Dies gilt insbesondere für die Ausdrücke Parthenogenesis und Apogamie. Wir wollen die bei unseren Obstgewächsen nachgewiesenen Vorkommnisse unter dem Überbegriff Apomixis zusammenfassen.

ERNST (1918) hat die Hypothese aufgestellt, daß die Ursache der Apomixis (bzw. Apogamie) in der Bastardierung wenig verwandter Formen zu suchen sei. Da ein großer Teil unserer Obstsorten aus Artbastardierungen hervorgegangen ist, lag es nahe, bei ihnen nach apomiktischen Vorgängen zu suchen, dies besonders, als der Verfasser in der Versuchsanstalt Wädenswil Sämlinge von Transparent von Croncels fand, die von der Muttersorte nicht zu unterscheiden waren. Da bei apomiktischer Samenbildung keine fremde Erbmasse im Spiel ist, müssen die aus solchen Samen hervorgegangenen Abkömmlinge erbmäßig mit der Muttersorte übereinstimmen, was nach der Befruchtung mit sortenfremdem Pollen nie der Fall ist. Tatsächlich gelang es (KOBEL 1926, 1927) nachzuweisen, daß diese Apfelsorte befähigt ist, Samen ohne Befruchtung auszubilden. Es wurden Blüten im Knospenstadium entmannt und bis nach dem Verwelken des Griffels in Baumwollsäcklein eingeschlossen. Die meisten Fruchtknoten wurden im jungen Stadium abgenommen und untersucht. Es konnte nachgewiesen werden, daß sich aus einem Teil der Eizellen Vorkeime entwickelt hatten. Diese Beobachtung in Verbindung mit der Tatsache,

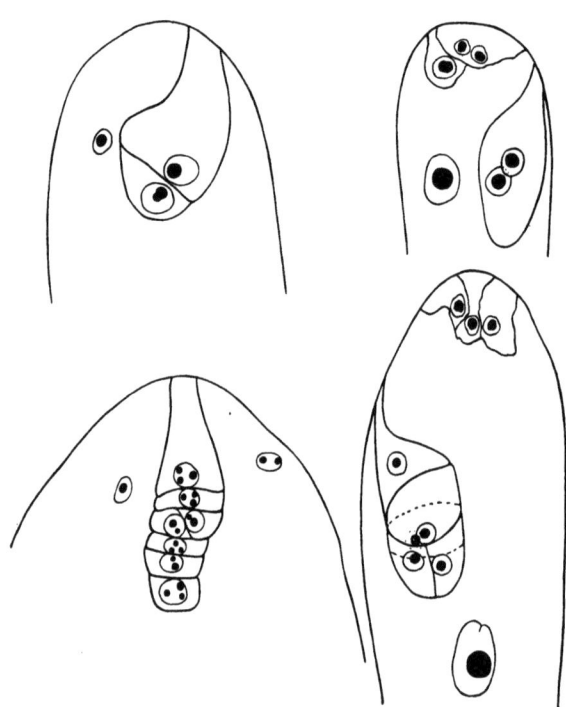

Abb. 69. Apomixis bei Kern- und Steinobstarten. Links: Transparent von Croncels. Oben: die unbefruchtete Eizelle hat sich einmal geteilt, links davon ein Endospermkern. Unten: 7zelliger Vorkeim aus einer unbefruchteten Eizelle, daneben zwei Endospermkerne. Rechts: Nucellarembryonie in entmannten, unbefruchteten Blüten von Katalonischem Spilling. Oben: der Eiapparat ist noch vorhanden, der Embryosackkern ungeteilt. Daneben hat sich aus der Nucelluswand ein zweikerniger Vorkeim gebildet. Seine Kerne sind groß und stark gefärbt. Unten: geschrumpfter Eiapparat und ungeteilter Embryosackkern. Aus der Nucelluswand hat sich ein 5kerniger Vorkeim gebildet. (Nach Mikrotomschnitten.) Vergrößerung etwa 1000. Original.

daß samenkonstante Sämlinge von Croncels bekannt waren, läßt den Schluß zu, daß die sich entwickelnden Eizellen diploid waren, also nicht aus einer Reduktionsteilung hervorgegangen sind.

Von den sich im erwähnten Versuch entwickelnden Früchten wurden nur wenige am Baum belassen. Es reifte eine einzige aus. Sie enthielt 5 voll ausgebildete und 2 taube Samen sowie 3 unentwickelte Samenanlagen. Eine ähnliche Beobachtung wurde 1927 bei einer Kreuzung von Transparent von Croncels mit dem Weißen Klarapfel gemacht. Auch in diesem Fall entwickelten sich samenhaltige Früchte ohne Befruchtung aus entmannten, eingeschlossenen Blüten. Die Samen waren teils normal, teils taub. Die Samenzahl war eine geringe. Aus diesem Befund ergibt sich, daß die Neigung zu apomiktischer Samenbildung vererbbar ist.

Neben diploiden Eizellen, aus denen mit der Muttersorte übereinstimmende Sämlinge hervorgehen, müssen bei der Apfelsorte Transparent von Croncels auch normale, haploide Eizellen gebildet werden. Die Versuchsanstalt Wädenswil besaß eine Anzahl Bastarde zwischen Croncels und Weißem Klarapfel, die mit der Muttersorte nicht identisch waren. Die cytologische Untersuchung von 7 dieser Bäume ergab, daß sie diploid waren. Sie sind somit aus der normalen Befruchtung von haploiden Eizellen hervorgegangen. Die vom Verfasser bei der erwähnten Apfelsorte aufgefundene Apomixis ist also nicht obligat. Es kommen haploide und diploide Eizellen vor, die letzterwähnten wohl seltener als die ersten. Man darf wohl annehmen, daß auch bei anderen Apfelsorten gelegentlich apomiktische Samenbildung vorkommt. Ob die diploiden Eizellen befruchtungsfähig sind, kann nicht entschieden werden. Das Vorkommen diploider Eizellen ist sehr wahrscheinlich von der Temperatur während der Reduktionsteilung ebenso abhängig wie dasjenige der diploiden Pollenkörner.

Wenn apomiktische Samenbildung in genügend starkem Ausmaß vorkäme, so würde die Fruchtbildung unabhängig von der Befruchtung. Zudem wären die betreffenden Sorten samenkonstant. Dies würde uns ermöglichen, aus Samen erbmäßig identische Veredlungsunterlagen zu gewinnen. Bei den beiden untersuchten Sorten ließ sich diese Konsequenz nicht auswerten, da der Grad der fakultativen Apomixis viel zu gering ist.

In unbefruchteten Samenanlagen der Pflaumensorte Katalonischer Spilling, die am 29. April 1927 entmannt und in Baumwollsäcklein eingeschlossen worden waren, fand der Verfasser am 7. Mai mehrfach junge Vorkeime, die nicht aus einer Eizelle, sondern aus einer Zelle der Nucelluswand hervorgegangen waren. Die Eiapparate waren in allen Fällen geschrumpft, aber noch deutlich erkennbar. Es handelt sich also um Nucellarembryonie. Ob sich solche Vorkeime zu lebensfähigen Embryonen zu entwickeln vermögen, ist nie abgeklärt worden. Der Umstand, daß in keinem Fall eine Endospermbildung beobachtet werden konnte, und die Tatsache, daß keine Sämlinge von Pflaumen- oder Zwetschgensorten gefunden wurden, die mit der Muttersorte völlig übereinstimmen, scheinen dagegen zu sprechen.

D. Die Entwicklung der Frucht.

1. Das Abfallen von Blüten und Jungfrüchten.

a) Allgemeines.

Perioden des Abfallens. — Zusammenhänge zwischen dem Abfallen von Blüten und dem Junifall.

Die Zahl der Blüten unserer Obstbäume ist normalerweise so groß, daß es für den Baum unmöglich ist, aus allen Früchte zu entwickeln. Die Erscheinung, daß ein großer Prozentsatz der Anlagen abfällt, ist uns deshalb so geläufig, daß wir ihr oft wenig Beachtung schenken. Da es jedoch häufig vorkommt, daß trotz überreicher Blütenbildung ein zu geringer Fruchtansatz entsteht, und da anderseits oft zu viele Früchte zur Ausbildung kommen und infolge Unterernährung klein und geringwertig bleiben, müssen wir diesem Abfallen von Blüten und Jungfrüchten unsere Aufmerksamkeit schenken. Nach CRANE (1923) genügt bei reichlich blühenden Apfel- oder Birnbäumen ein Fruchtansatz von 4%. Auch die Angabe von BOWMAN (1940), daß es für eine normale Ernte ausreiche, wenn aus jeder 4.—5. Blütenknospe eine Frucht übrig bleibe, führt zu ungefähr dem gleichen Prozentsatz. Ähnliche Zahlen finden wir auch bei anderen Forschern. Bei spärlicher blühenden Bäumen müssen naturgemäß prozentual mehr Blüten befruchtet werden. Bei Steinobst sind die entsprechenden Angaben im allgemeinen etwas höher. Sie liegen zwischen 15% und 25%.

DORSEY (1919), der die Erscheinung des Abfallens von Blüten und Jungfrüchten bei Pflaumen eingehend untersucht hat, unterscheidet 3 Fallperioden: Eine 1. sogleich nach dem Abfallen der Kronblätter, eine 2. etwa 14 Tage nach der Blüte und eine 3. noch einmal 14 Tage später. BOWMAN (1941) hat bei der gleichen Obstart ebenfalls 3 Fallperioden festgestellt. Bei Sauerkirschen ist BRADBURY (1929) zu den gleichen Ergebnissen gelangt. Bei den meisten Kirschen färben sich die einschrumpfenden Früchte vor der 3. Fallperiode rot. Die Erscheinung ist deshalb in der Schweiz unter dem bezeichnenden Ausdruck „Rötel" bekannt.

HEINICKE (1917, 1918, 1919, 1923), der eingehende Untersuchungen über das Abstoßen der überflüssigen Blüten und Jungfrüchte bei Apfel- und Birnsorten ausgeführt hat, unterscheidet nur 2 Fallperioden, eine 1. sogleich nach dem Fall der Kronblätter und eine 2., die in der Umgebung von New York erst im Juni oder Anfang Juli auftritt. Sie wird von den amerikanischen Forschern als „June drop" bezeichnet. In der deutschen Literatur hat sich, entsprechend dem Vorschlag des Verfassers in der ersten Auflage dieses Buches, dafür allgemein die wörtliche Übersetzung „Junifall" eingebürgert. Früher haben die Praktiker gelegentlich vom „Putzen des Baumes" oder vom „Scheiden" gesprochen. Mit dem oft massenhaften Abfallen von Jungfrüchten während des Junifalles haben sich bereits MÜLLER-THURGAU (1898 usw.), OSTERWALDER (1907, 1909, 1910, 1919) und andere eingehend beschäftigt. MURNEEK (1933) unterscheidet beim Apfel bis zum Junifall 4 Fallperioden, LUCKWILL (1952) neuerdings deren 3.

Bei der 3. Fallperiode der Pflaumen bildet sich nach DORSEY (1919) zwischen der Frucht und dem Fruchtstiel eine Ablösungsschicht. Bei der 1. und 2. Fallperiode des Steinobstes und bei der 1. Fallperiode und dem Junifall des Kernobstes löst sich die Blüte oder die Jungfrucht an der Basis des Fruchtstieles von der Unterlage. Einige Forscher, darunter MCDANIELS (1937) und MCCOWN (1939, 1943) haben den Mechanismus des vorzeitigen Ablösens von Blüten und Jungfrüchten eingehend untersucht. MCCOWN stellt fest, daß zur Zeit dieser ersten Fallperiode die Zellen an der Basis des Fruchtstieles wenig differenziert erscheinen, so daß Zellteilungen noch möglich sind. Er fand beim Apfel Zellteilungen an der Basis des Fruchtstieles, die zu einer Ablösungszone führten. Sie war 6—8 Zellschichten dick. An der Basis der Stiele von Früchten, welche den Junifall überdauerten, sah er dagegen nie Anfänge einer solchen Ablösungsschicht. Er schließt daraus, daß das Abfallen der jungen Frucht nicht rückgängig gemacht werden kann, wenn sich die ersten Zellteilungen bereits vollzogen haben. Daraus läßt sich ableiten, daß beträchtliche Zeit vor dem Junifall darüber entschieden wird, ob eine Frucht am Baum bleibt oder abgestoßen wird. Zu dieser Ansicht kam auch BOWMAN (1941). Im Gegensatz zu den Fallperioden bis und mit dem Junifall finden nach MCCOWN beim vorzeitigen Fruchtfall im Herbst und vor dem Abfallen der reifen Früchte an der Basis der Fruchtstiele keine neuen Zellteilungen mehr statt. Die Ablösung erfolgt infolge chemischer Veränderungen der Zellwände an der erwähnten Stelle. Auf diesen Unterschied im Mechanismus der Ablösung dürfte die Tatsache zurückzuführen sein, daß die Wuchsstoffe vor dem Junifall und vor dem Ausreifen der Frucht nicht in gleicher Weise einwirken.

Meist sind die Stellen, an denen abgefallene Blüten oder Früchte saßen, im Herbst oder auch im nächsten Jahr noch sichtbar. Bereits HEINICKE (1919) hat jedoch darauf hingewiesen, daß sich beim Apfel und bei der Birne an Blütentrieben, deren sämtliche Blüten abgefallen waren, im Fruchtkuchen eine neue

Ablösungsschicht bilden kann. In diesem Fall wird später der äußerste Teil des Fruchtspießes ebenfalls abgestoßen. Dies trifft namentlich in feuchten Jahren und in feuchten Gegenden zu, während in trockener Luft dieser Stumpf vorzeitig eintrocknet. McCown (1943) stellte fest, daß in diesen Fällen die Ablösung sich in gleicher Weise vollzieht wie an der Basis der Blütenstiele oder der Fruchtstiele zur Zeit des Junifalles, daß sich also eine durch Zellteilungen gekennzeichnete Ablösungsschicht bildet.

Heinicke (1917) zeigte, daß bei Apfelsorten der Junifall um so bedeutender wird, je weniger Blüten abgestoßen wurden. Dies geht aus folgender Zusammenstellung hervor:

Zusammenhang zwischen dem Abfallen von Blüten und dem Junifall nach Heinicke.

Sorte	Zahl der beobachteten Blüten	Abgefallen 1. Periode %	Abgefallen Junifall %	Ansatz %
Westfield	281	2,5	80,8	16,7
Maiden Blush	281	32,0	44,8	23,1
Tompkins King	557	74,7	6,8	18,5
Fallawater	252	76,2	4,0	19,8
Rhode Island Greening	154	75,3	5,2	19,5
Baldwin	258	78,7	3,5	17,8

Bradbury (1929) hat diese Zusammenhänge bestätigt. Sie sind im übrigen jedem achtsamen Obstpflanzer bekannt. Man gewinnt den Eindruck, daß der Junifall die wichtigste Gelegenheit zur Regulierung des Fruchtansatzes darstelle. Der physiologische Zustand des Baumes sollte derart sein, daß während dieser Krisenperiode nicht mehr und nicht weniger Früchte am Baum verbleiben als — vom physiologischen Standpunkt aus betrachtet — für die Ausbildung einer genügenden, jedoch nicht überreichen Menge von Blütenknospen für das nächste Jahr vorhanden sein dürfen oder — vom wirtschaftlichen Standpunkt aus gesehen — für die Gewinnung einer normalen Ernte wohl ausgereifter Früchte nötig sind.

Vielfach wird angenommen, daß die Ursache des Abfallens im Stadium der Blüte im Ausbleiben der Befruchtung zu suchen sei. Dies trifft ohne Zweifel auch in sehr vielen Fällen zu. Bei überreich blühenden, schwachwüchsigen Apfel- und Birnbäumen fallen aber vielfach alle Blüten ab, trotzdem man annehmen muß, daß ein Teil derselben befruchtet worden sei. Anderseits können die Fruchtknoten unbefruchteter Blüten sich bei gutem Ernährungszustand des Baumes eine Zeitlang weiter entwickeln. Bei Zwetschgen, Pflaumen und Kirschen und bei anderen Steinobstarten stoßen sie den Kelch ab, bleiben aber klein und werden zur Zeit der 2. der von Dorsey festgestellten Fallperioden abgestoßen. Bei den Kernobstarten bleiben sie vielfach bis zum Junifall, bei jungfernfrüchtigen Sorten teilweise bis zur Baumreife. Wir stellen somit fest, daß sowohl unmittelbar nach dem Blühen wie auch zur Zeit des Junifalles Befruchtung und Ernährungsverhältnisse gleichzeitig über das Abstoßen oder die Weiterentwicklung entscheiden, wobei allerdings in der 1. Fallperiode — und beim Steinobst auch in der 2. — vor allem unbefruchtete Blüten, zur Zeit des Junifalles und der 3. Fallperiode des Steinobstes vornehmlich befruchtete Jungfrüchte abgestoßen werden. Der Junifall und die entsprechende Fallperiode beim Steinobst stellen daher in der Entwicklung der Frucht die *Krisenzeit* dar, in welcher durch den Ernährungszustand des Baumes und durch die Witterungsbedingungen der Ausfall der Ernte entschieden wird. Wir wollen deshalb im nächsten Abschnitt die Faktoren, durch welche sie beeinflußt werden, näher betrachten.

b) Der Junifall.

Mangelhafte Befruchtung. — Abhängigkeit von der Wuchskraft. — Abhängigkeit von der Wasserversorgung. — Abhängigkeit von der Versorgung mit Mineralstoffen. — Abhängigkeit von der Versorgung mit organischen Stoffen. — Wuchsstoffe und Junifall.

Obschon sich das Fehlen der Befruchtung zur Hauptsache bereits in den ersten Fallperioden auswirkt, muß bei den Kernobstarten auch auf die *Zusammenhänge zwischen Befruchtung und Junifall* hingewiesen werden. Hier können wir nicht zwischen befruchteten und unbefruchteten Früchten schlechthin unterscheiden. Je nach der Zahl der in einer Blüte befruchteten Eizellen müssen wir von einer *besseren* oder einer *geringeren Befruchtung* sprechen. MORRIS (1920) versuchte, den Junifall bei Kernobst hauptsächlich auf ungenügende Befruchtung zurückzuführen. HEINICKE hat in den im vorangehenden Abschnitt erwähnten Untersuchungen die Zusammenhänge eingehender verfolgt und nachgewiesen, daß die kernreicheren Jungfrüchte im Durchschnitt größer, also besser ernährt sind als die kernarmen. Indem er die Samenzahl der zur Zeit des Junifalls sich eben vom Baum lösenden Früchtlein mit derjenigen der festsitzenden verglich, kam er — bei Berücksichtigung von ungefähr gleich starken Fruchtzweigen — zu den nachstehend wiedergegebenen Zahlen:

Zusammenhänge zwischen dem Grad der Befruchtung und der Neigung zum Abfallen junger Früchte nach HEINICKE.

Sorte	Abgefallene Früchte		Bleibende Früchte	
	Zahl der beobachteten Früchte	Durchschnittl. Samenzahl	Zahl der beobachteten Früchte	Durchschnittl. Samenzahl
Baldwin	48	3,38	47	4,47
Rhode Island Greening	66	3,51	29	6,43
Maiden Blush	65	3,94	66	6,28

Die Samenzahl war somit bei allen 3 untersuchten Sorten in den abgefallenen Früchten im Durchschnitt erheblich geringer, oder umgekehrt ausgedrückt: schlechte Befruchtung gewährleistet unter den gegebenen Bedingungen ein geringeres Haftungsvermögen der Jungfrüchte am Baum als gute Befruchtung. Auch SAX (1921) und TYDEMAN (1943) haben diese Beobachtung bestätigt. Der letzterwähnte Autor hat zu diesem Behuf bei einem Teil der Blüten nur eine, bei anderen 2, 3, 4 oder 5 Narben bestäubt. Leider arbeitete er nur mit einer kleinen Anzahl von Blüten, so daß die Beziehungen zwischen Samenzahl und Junifall nicht besonders klar zum Ausdruck kommen.

Mangelhafte Befruchtung kann bei triploiden Sorten auch auftreten, wenn infolge der abnormen Chromosomenverhältnisse nicht entwicklungsfähige, frühzeitig absterbende Embryonen entstehen. Da aber diese Sorten meist zu Jungfernfrüchtigkeit neigen und befähigt sind, Früchte mit geringer Samenzahl zur Reife zu bringen, muß die Bildung tauber Samen nicht unbedingt als ein Zeichen von verminderter Fruchtbarkeit angesehen werden. Immerhin hat HOWLETT (1927) gerade bei triploiden Apfelsorten, wie Stayman Winesap, Rhode Island Greening und anderen, über ein häufiges Abstoßen in frühen Entwicklungsstadien berichtet.

Bei den Steinobstarten können nicht ungleiche Grade der Befruchtung unterschieden werden, da je Blüte normalerweise nur eine befruchtungsfähige Samenanlage vorkommt. Dagegen ist es nicht ausgeschlossen, daß das oft beobachtete frühe Absterben der Embryonen bei frühreifen Sorten eine vermehrte Neigung zum Abstoßen während der 3. Fallperiode zur Folge hat. Es gibt einzelne extrem früh reifende Kirschen, wie beispielsweise die Maiherzkirsche, die besonders stark zu Rötel neigen.

Es ist wieder das Verdienst HEINICKES, nachgewiesen zu haben, daß bei gleicher Samenzahl die *Früchte an stärkeren Zweigen mehr Aussicht haben, zur Reife zu gelangen, als diejenigen an schwachen.* 595 Fruchtzweige, an denen die Früchte die Periode des Junifalles überstanden, hatten ein mittleres Gewicht von 2,55 g, während dasjenige von 760 Fruchtzweigen des gleichen Baumes, die ihre Früchte hatten fallen lassen, im Mittel nur 1,50 g betrug. Auch setzten die Fruchtzweige mit größeren Blütenzahlen und diejenigen, die im Vorjahr ein stärkeres Wachstum aufgewiesen hatten, besser an als diejenigen mit kleineren Blütenzahlen und geringerem letztjährigem Zuwachs. HEINICKE nimmt mit Recht das höhere Gewicht, die größere Blütenzahl und den besseren letztjährigen Zuwachs als Ausdruck vermehrter Kraft der betreffenden Zweige an. Es setzten übrigens auch diejenigen Zweige besser an, bei denen die Triebe, die sich aus den Blattaugen der Blütenknospen gebildet hatten, länger waren, was auch ein Anzeichen für vermehrte Wuchskraft ist. BLASBERG (1943) wies nach, daß sich aus größeren Blütenknospen verhältnismäßig mehr Früchte entwickeln als aus den schwächeren des gleichen Baumes. GAYNER (1940) hat seinerseits gezeigt, daß an ein und demselben Baum die größeren, also kräftigeren Blüten eher Früchte bilden als die kleineren. Bei der Birnsorte Conférence ist die zweitvorderste die kleinste und leichteste; sie setzt am schlechtesten an. Am besten entwickelt sind die mittleren, aus denen prozentual am meisten Früchte hervorgehen.

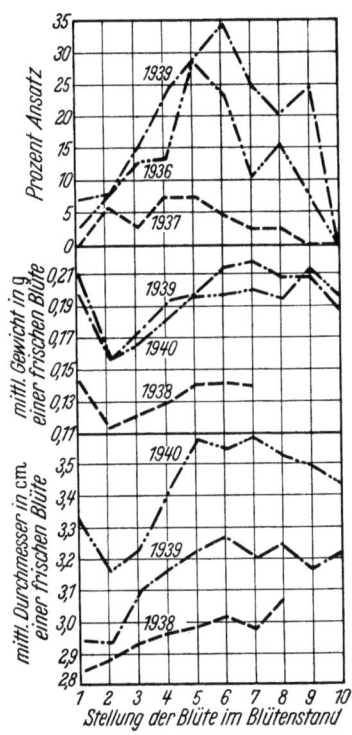

Abb. 70. Zusammenhänge zwischen der Stellung der Blüte im Blütenstand, ihrem mittleren Durchmesser (unten), ihrem mittleren Gewicht (Mitte) und dem prozentualen Fruchtansatz (oben) bei der Birnsorte Conférence. (Nach GAYNER.)

Bei Apfelbäumen setzt dagegen nach den Beobachtungen von HOWLETT (1926) die zentrale Blüte am leichtesten an. Sie ist die kräftigste. Weil der Winterschnitt des Fruchtholzes den Austrieb aus den verbleibenden Knospen kräftigt, kam HEINICKE (1923) zum Schluß, daß dadurch auch der Fruchtansatz gefördert werde. Ein Versuch mit 50 Fruchtzweigen, die vor dem Austrieb geschnitten wurden, ergab einen Fruchtansatz von 37,4% bei einem gleichzeitigen mittleren Zuwachs aus den Seitenaugen der Blütenknospen von 2,68 g. Bei den 50 ungeschnittenen Kontrollzweigen war bloß ein Ansatz von 20% und ein mittlerer Zuwachs von 1,9 g zu verzeichnen. ROBERTS (1925) erreichte bei einem McIntosh-Apfelbaum ebenfalls durch Rückschnitt eine wesentliche Verbesserung des Fruchtansatzes. Zu dem gleichen Resultat war bereits GRUBB (1922) bei anderen Sorten gelangt. Der winterliche Rückschnitt schwachwüchsiger Obstbäume, und die damit verbundene bedeutende Verminderung der Zahl der Blütenknospen, sind vorzügliche Mittel zur Verbesserung des Fruchtansatzes.

Es ist eine alte Erfahrungstatsache, *daß der Fruchtansatz von der Wasserversorgung abhängig ist.* Wenn vor und während der kritischen Periode des Junifalles oder der 3. Fallperiode der Steinobstarten Trockenperioden eintreten, so fallen viel mehr Früchte ab als bei guter Wasserversorgung. Jahre mit Trockenperioden zur Krisenzeit des Junifalles gehören deshalb nicht zu den obstreichen. Wie wir schon bei anderer Gelegenheit sahen, verfügen die Blätter über eine bedeutend größere Saugkraft als die Früchte, so daß sie bei eintretendem Wassermangel den Früchten Wasser zu entziehen vermögen. HEINICKE (1923) hat versucht, diese Zusammenhänge experimentell nachzuweisen. Er hat zu diesem Zweck an Ästen sorgfältige Ringelungen ausgeführt. Nach vorsichtigem Herausnehmen des Rindenringes wurde das Holz ringsherum eingesägt und der Rindenring sorgfältig wieder an seine Stelle gebracht. Dieser verheilte rasch, so daß HEINICKE glaubt, mit der Versuchsanstellung keine wesentliche Hemmung der Assimilatezufuhr verursacht zu haben, dagegen eine Verminderung der Wasserzufuhr. An allen eingesägten Ästen fielen die Früchte größtenteils ab. Im Gegensatz zu HEINICKE findet DETJEN (1925), daß reichlicher Regen und starke Taubildung das Ablösen von Jungfrüchten zur Zeit des Junifalles viel mehr fördere als trockenes Wetter. Es scheint, daß eine mittlere Wasserversorgung am günstigsten ist.

Durch die Versorgung mit mineralischen Nährstoffen wird der Junifall ebenfalls beeinflußt. Am besten sind die Zusammenhänge zwischen Stickstoffversorgung und Junifall untersucht. KRAUS und KRAYBILL (1918) stellten fest, daß die Tomaten ihre Früchte sowohl bei sehr spärlicher als auch bei sehr reichlicher Stickstoffversorgung fallen lassen. Es gibt also bei diesem Gewächs ein Stickstoffoptimum. LEWIS und BROWN (1917) hatten schon vorher beobachtet, daß bei Apfelbäumen der Sorte Esopus, die infolge von Stickstoffarmut des Bodens nur spärlich wuchsen, durch eine 2 Wochen vor dem Blühen verabfolgte Stickstoffgabe der Fruchtansatz ganz wesentlich vergrößert wurde. REINER (LEWIS, REINER und BROWN 1920) bestätigte diese Angabe bei der gleichen Apfelsorte und bei Birnbäumen der Sorte Winter Nelis. BALLOU (1920), HOOKER (1922) und ROBERTS (1925) erhielten bei Apfelbäumen ähnliche Ergebnisse. Seither sind diese Erfahrungen bei schwachwüchsigen Bäumen vielfach bestätigt worden.

Die Gründe für diesen erhöhten Stickstoffbedarf in der Zeit zwischen der Blüte und dem Junifall sind leicht ersichtlich. Es ist die Periode der Zellteilung, während nachher fast nur noch Streckungswachstum stattfindet. Die sich teilenden Zellen sind plasmareich. Die Kerne der unzähligen neuen Zellen erfordern ebenfalls zu ihrem Aufbau beträchtliche Mengen von Stickstoff. Zudem findet das Wachstum der eiweißreichen Samen zur Hauptsache in diesem Zeitraum statt. Auch das frühjährliche Triebwachstum benötigt gleichzeitig Zufuhr weiterer stickstoffhaltiger Bausteine.

Es ist denn auch bereits von HOWLETT (1923) nachgewiesen worden, daß die zur Zeit des Junifalles abgestoßenen Äpfel nur 3% Stickstoff, bezogen auf das Trockengewicht, enthalten, die am Baum verbleibenden dagegen 4%. MÜLLER-THURGAU (1917) fand am 14. Juni 1914 in abfallenden Früchtlein der Apfelsorte Lord Grosvenor, verglichen mit den am Baum haftenden, die in nachstehender Zusammenstellung angeführten Werte:

Stickstoffgehalt in abfallenden und am Baum verbleibenden Jungfrüchten der Apfelsorte Lord Grosvenor (Prozente bezogen auf das Frischgewicht).

	Sich lösende Früchte	Sich nicht lösende Früchte
Stickstoff löslich	0,048%	0,056%
Stickstoff unlöslich	0,145%	0,157%
Löslicher Stickstoff in 100 Früchten	0,055 g	0,155 g
Unlöslicher Stickstoff in 100 Früchten	0,161 g	0,426 g

Es stellt sich die Frage, ob bei Bäumen, die infolge ihrer geringen Stickstoffversorgung einen ungenügenden Fruchtansatz aufweisen, die Stickstoffgabe, die am zweckmäßigsten in Form eines leicht löslichen Salpeters verabfolgt wird, auch zu hoch sein könne, wie dies KRAUS und KRAYBILL bei Tomaten festgestellt hatten. HEINICKE hat 12jährigen Apfelbäumen, die zudem in gut gedüngtem Boden standen, nicht weniger als 11 kg Natronsalpeter verabfolgt, ohne daß dadurch der Fruchtansatz vermindert worden wäre. Dagegen wissen wir, daß durch eine übermäßige Stickstoffdüngung das Abfallen von Aprikosen während der 3. Fallperiode sehr stark begünstigt wird. Statt der Ausbildung der Früchte tritt übermäßiges vegetatives Wachstum ein. Eine ähnliche Erscheinung, das Verrieseln infolge allzu starken Triebwachstums, ist bei der Rebe sehr häufig. Aber auch bei Kernobstbäumen darf diese frühjährliche Stickstoffdüngung nicht zu weit getrieben werden. Die Früchte übermäßig gedüngter Bäume werden erfahrungsgemäß lockerfleischig und wenig haltbar. Vielfach werden sie durch Stippigkeit entwertet. Auf diese Tatsache hat bereits HUBER (1913) hingewiesen. Zudem besteht die Gefahr, daß die Bäume ihr Triebwachstum zu spät einstellen und deshalb frostempfindlich werden.

Es ist wohl möglich, daß der Fruchtansatz in ähnlicher Weise wie von der Stickstoffzufuhr auch von der Phosphorversorgung abhängig ist. Daß während der ersten Entwicklungsperiode beträchtliche Mengen von Phosphorsäure verbraucht werden, läßt sich aus der Tatsache ableiten, daß eine vermehrte Zellteilung stattfindet und daß sich die Samen entwickeln. Zudem hat HOOKER in Fruchtspießen in der kritischen Zeit des Junifalles einen auffallend hohen Phosphorgehalt festgestellt. Experimentelle Ergebnisse liegen nicht vor. Auch über die Beziehungen zwischen Kaliversorgung und Fruchtansatz sind wir ungenügend orientiert. Immerhin dürfte es nicht zweckmäßig sein, bei schwachwüchsigen, übermäßige Mengen von Blütenknospen aufweisenden Bäumen nach dem Vorschlage der oben erwähnten amerikanischen Forscher spätestens 2—3 Wochen vor dem Blühen nur eine spezielle Salpetergabe zu verabfolgen. Sicherer ist ohne Zweifel eine reichliche Volldüngung mit erhöhter Stickstoffgabe, wobei etwa das Verhältnis $P_2O_5 : N_2 : K_2O = 2 : 4 : 3$ zu wählen wäre. Selbstverständlich ist es angezeigt, diese Maßnahme mit einer Verjüngung des Fruchtholzes zu kombinieren.

Daß Zusammenhänge zwischen der Versorgung mit organischen Stoffen und dem Fruchtansatz bestehen, hat wohl als erster MÜLLER-THURGAU (1898, 1910) nachgewiesen. Er hat Tragschosse von Reben 14 Tage vor dem Aufblühen geringelt und dadurch einen besseren Fruchtansatz, insbesondere auch von parthenokarpen Beeren erhalten. Ähnliche Erfolge sind bei Apfel- und Birnbäumen zu erzielen. HEINICKE (1923) hat beispielsweise nach Ringelung einen verminderten Junifall sowohl bei reichlich mit Stickstoff versorgten Bäumen als auch bei in mageren Böden stehenden festgestellt. Man weiß, daß durch die Ringelung eine Anhäufung von Kohlenhydraten entsteht, und ist geneigt, den vermehrten Ansatz darauf zurückzuführen. Merkwürdigerweise zeigte sich aber in abfallenden Früchten am 14. Juni 1914 bei der Apfelsorte Lord Grosvenor keine wesentliche Verminderung des Zuckergehaltes (MÜLLER-THURGAU und KOBEL 1928). Es wurde gefunden:

Zuckergehalt in abfallenden und am Baum verbleibenden Jungfrüchten der Apfelsorte Lord Grosvenor am 14. Juni:

Zuckergehalt	Sich lösende Früchte	Sich nicht lösende Früchte
Reduzierender Zucker in % des Frischgewichtes	1,15	1,25
Nichtreduzierender Zucker in % des Frischgewichtes	1,16	1,17
Reduzierender Zucker in 100 Früchten	1,29 g	3,41 g
Nichtreduzierender Zucker in 100 Früchten	1,31 g	3,19 g

Der Unterschied war also nur beachtenswert, wenn man die je Frucht vorhandene Zuckermenge in Betracht zieht, da die abfallenden Früchte kleiner sind. HOWLETT (1923) hat in abfallenden Früchten prozentual sogar mehr reduzierende Zucker gefunden als in den am Baum verbleibenden, ohne daß ein Ersatz in Form von Rohrzucker zu finden gewesen wäre.

In ähnlicher Richtung weisen auch die Versuche von MURNEEK (1921) mit entblätterten Zweigen. Der Fruchtansatz wurde durch diesen Eingriff vermindert. Die entblätterten Zweige wiesen aber gleich viel lösliche Zucker auf wie die Kontrollzweige und die Gesamtmenge der hydrolysierbaren Kohlenhydrate war sogar leicht erhöht. Dagegen nahm der Stickstoffgehalt nach der Entblätterung ab. Da anderseits durch die Ringelung eine Erhöhung des Stickstoffgehaltes eintritt, kommen wir zum unerwarteten Schluß, daß die Verbesserung des Fruchtansatzes durch diesen Eingriff nicht — wie wir erwartet hätten — einer Stauung der Kohlenhydrate, sondern einer Anhäufung stickstoffhaltiger Verbindungen zu verdanken ist. Dieses Ergebnis steht in Übereinstimmung mit der Verbesserung des Fruchtansatzes durch eine frühzeitige Stickstoffdüngung. Welcher Art jedoch die in Betracht kommenden Stickstoffverbindungen sind, wissen wir nicht. In Frage kommen in erster Linie Aminosäuren als Bausteine für die Eiweißverbindungen der Zellkerne und des Protoplasmas während der Periode der Zellteilung, und namentlich auch für die Ausbildung der Samen.

Da die Kohlenhydratzufuhr nicht direkt für das Ausmaß des Junifalles entscheidend ist, erscheint es auch erklärlich, daß vielfach schwachwüchsige Obstbäume das Übermaß von Jungfrüchten zur Zeit des Junifalles nicht in genügendem Maße abstoßen. Das Ergebnis ist eine übermäßige Ernte an schlecht entwickelten Früchten. Es besteht kein Zweifel, daß derartige Bäume ungenügend mit Kohlenhydraten versorgt sind. Die Reservestoffe sind durch die riesige Zahl von Blüten und die Ernährung der Jungfrüchte aufgebraucht. Infolge des übermäßigen Fruchtansatzes bleiben die Blätter klein, eine Tatsache, auf die BOWMAN (1940) hinwies und die immer wieder beobachtet werden kann. Die Assimilation steht daher zum Verbrauch in einem sehr ungünstigen Verhältnis. Wenn eine geringe Kohlenhydratzufuhr einen vermehrten Junifall bedingen würde, müßten diese Früchte abfallen. Trotzdem dürfen wir nicht etwa auf den Gedanken kommen, durch Verminderung der Kohlenhydratversorgung einen besseren Fruchtansatz erreichen zu wollen. Wir müssen vielmehr dafür sorgen, daß den Früchten stets der zur vollen Entwicklung benötigte Bedarf zur Verfügung steht und daß zudem von Ende Juni an jener Kohlenhydratüberschuß in den Bäumen vorhanden ist, der für die Anlage von Blütenknospen benötigt wird.

Es bleibt uns noch übrig, die *Beeinflussung des Junifalles durch Wuchsstoffe* in Betracht zu ziehen. In ihren grundlegenden Arbeiten kommen GARDNER, MARTH und BATJER (1939, 1940) zum Schluß, daß gewisse Naphthylverbindungen den vorzeitigen Fruchtfall im Herbst zu verhindern vermochten, jedoch wenig oder keinen Einfluß auf den Junifall ausübten. In der Folge wurde wohl an vielen Orten und mit sehr viel Ausdauer das ersterwähnte Problem verfolgt. Weniger Beachtung schenkte man aber den Zusammenhängen zwischen den Wuchsstoffen und dem Junifall. Erst VYVYAN und BARLOW (1947) ist es gelungen, mit Hilfe einer Lösung von 10 ppm α-Naphthylessigsäure den Junifall bei Cox' Orange-Reinette wesentlich zu vermindern, während die gleiche Behandlung bei der Sorte Worcester-Parmäne ohne Einfluß blieb. Methoden, die genügend sicher wären, um den Junifall nach Belieben mit Wuchsstoffen zu regulieren, sind bisher nicht bekanntgeworden.

2. Die Entwicklung der Früchte bis zur Baumreife.

a) Der Vorgang des Reifens.

Die Periodizität des Wachstums. — Der Aufbau des Fruchtfleisches. — Die Veränderung der Atmungsintensität. — Die Veränderung des Kohlenhydratgehaltes. — Die Veränderung des Säuregehaltes. — Die Veränderung der Pektinstoffe. — Weitere chemische Veränderungen zwischen Junifall und Pflückreife.

Die nach der Krisenzeit des Junifalles einsetzende Periode in der Entwicklung der Früchte kann als das *Ausreifen* bezeichnet werden. Sie dauert bis zu dem Zeitpunkt, da die Frucht den höchsten Grad der Genußreife erreicht hat. Ein Teil dieser Entwicklungsperiode erfolgt am Baum, der Rest auf dem Lager. Es ist oft nicht leicht, den Zeitpunkt zu bestimmen, in welchem es zweckmäßig ist, die Früchte zu pflücken. Er ist dann erreicht, wenn erfahrungsgemäß die Früchte jenen Reifegrad aufweisen, nach welchem sie auf dem Lager sich am besten weiterentwickeln und den höchsten qualitativen Wert erlangen. Man nennt diesen Entwicklungszustand die *Pflückreife*. Frühreife Apfel- und Birnsorten sowie die Steinobstarten werden erst gepflückt, wenn sie genießbar oder nahezu genießbar sind. Nur die lagerfähigen Kernobstsorten machen nach dem Pflücken eine länger andauernde Weiterentwicklung durch. Wir müssen uns klar sein, daß die Ausdrücke „Pflückreife" und „Genußreife" oder „Vollreife" praktische Begriffe sind. Sie können physiologisch nicht scharf umschrieben werden. Bei physiologischer Betrachtung müßte man als Reife jenen Zustand der Frucht definieren, in welchem die Samen voll ausgebildet und keimfähig sind. Es ist klar, daß dieser Maßstab für die Zwecke des Obstpflanzers und -verwerters in keiner Weise brauchbar erscheint. Statt von Pflückreife spricht man gelegentlich von Baumreife. Doch erscheint dieser Ausdruck nicht besonders glücklich, da man darunter sich auch ein über das Stadium der besten Pflückreife hinausgehendes volles Ausreifen am Baum vorstellen kann. MÜLLER-THURGAU hat im Weinbau den Begriff der *Vollreife* eingeführt. Er versteht darunter jenen Zeitpunkt, in welchem die Frucht am meisten Zucker angehäuft hat. Die Vollreife kann im Weinbau vorteilhaft durch die Überreife abgelöst werden, indem zwar durch Atmung ein Teil des Zuckers verbraucht wird, aber der relative Zuckergehalt durch Verdunsten von Wasser durch die Beerenhaut zunimmt. Da gleichzeitig in diesem Entwicklungsstadium die Säure weiter abgebaut wird und sich spezielle Bukett- und Geschmacksstoffe entwickeln, kann es wirtschaftlich sein, die Trauben überreif werden zu lassen. Bei den Obstarten liegen die Beziehungen zwischen bester Qualitätsstufe und Zuckerabbau nicht so einfach. Sie schwanken von Obstart zu Obstart und von Sorte zu Sorte.

Über die *anatomischen, morphologischen und chemischen Veränderungen der Früchte während der Periode des Ausreifens* liegt eine sehr umfangreiche Literatur vor. Sie wurde durch ULRICH (1952) in seinem vorzüglichen Buch „La Vie des Fruits" gesichtet. Es sei ausdrücklich auf diese Zusammenfassung hingewiesen. Im folgenden können wir nur die für das Verständnis des Reifevorganges wesentlichen Beobachtungen zusammenfassen.

Wie TUKEY und YOUNG (1942) und SMITH (1950) gezeigt haben, entspricht die *Wachstumskurve der Früchte* im Prinzip einer S-Kurve. Nach einem langsamen Einsetzen des Wachstums ergibt sich eine längere Periode, während welcher es gleichmäßig verläuft, um dann gegen die Vollreife hin wieder langsam abzunehmen. Es scheint nach den bisherigen Untersuchungen zur Zeit des Junifalles — d.h. in jener Krisenperiode, in welcher die Zellteilung im wesentlichen aufhört und durch die Zellstreckung abgelöst wird — kein Knick in der Wachstumskurve beobachtbar zu sein. Unter den natürlichen Bedingungen verläuft jedoch das Wachstum vielfach nicht mit dieser Regelmäßigkeit. Es kann während Perioden günstiger Witterung und guter Versorgung mit Baustoffen relativ rasch, während länger andauernden Kälterückschlägen verhältnismäßig langsam werden. Ob dabei, wie BLAKE (1925) für den Elbertapfirsich angibt, dieser Rythmus auch durch entwicklungsphysiologisch bedingte Perioden stärkeren Wachstums überlagert wird, ist nicht mit Sicherheit zu entscheiden. BLAKE stellte bei dieser Obstsorte eine erste Periode kräftigeren Wachstums 45—52 Tage nach der Blüte und eine zweite kurz vor der Pflückreife im August fest. Auf diesen letzten Teil der Entwicklung der Frucht am Baum werden wir in einem anderen Zusammenhang zurückkommen.

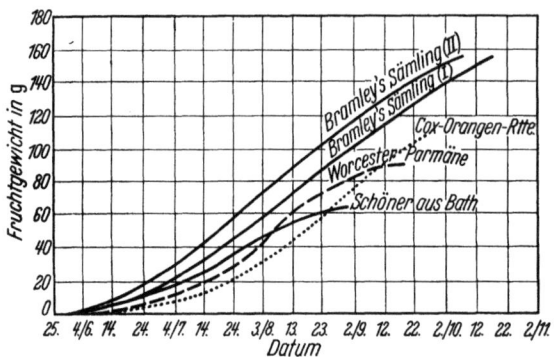

Abb. 71. Gewichtszunahme der Früchte verschiedener Apfelsorten bis zur Fruchtreife. (Nach SMITH aus ULRICH 1952.)

Die Vorgänge der Zellteilung und Zellstreckung und der Ausbildung der einzelnen Gewebe der Frucht wurden von URSULA TETLEY (1930), TUKEY und YOUNG (1942) sowie von SMITH (1950) eingehend untersucht. Es sei für Einzelheiten auf diese grundlegenden Arbeiten verwiesen. SMITH (1937) hat die interessante Tatsache festgestellt, daß bei ein und derselben Obstsorte die Größe der Zellen direkt proportional der Fruchtgröße ist. Man kann daraus schließen, daß die Entscheidung über die endgültige Größe der Frucht nicht während der Teilungsperiode vor dem Junifall, sondern erst während der Streckungsperiode getroffen wird. Je besser die Ernährung der Frucht ist, desto mehr strecken sich die einzelnen Zellen. Es wird dadurch verständlich, daß das Fruchtfleisch ein und derselben Sorte um so lockerer erscheint, je größer die einzelne Frucht ist. Dagegen besteht nach dem gleichen Forscher (SMITH 1950) keine Beziehung zwischen dem Volumen, welches die Intercellularräume einnehmen, und der Zellgröße. Ebenso fehlen Beziehungen zwischen Intercellularvolumen und Größe der einzelnen Frucht. Im übrigen nehmen die Intercellularräume beim Apfel je nach Sorte ungefähr $1/5$ bis $1/3$ des Gesamtvolumens ein, nach den Messungen von SMITH z.B. bei der festfleischigen Sorte Stürmers Peping 20,6% bzw. 23,6%, bei Cox' Orange-Reinette 25,6%, bei Bramleys Seedling 27,4% bzw. 32,3% und bei der lockerfleischigen Frühsorte Early Viktoria 35,7% bzw. 35,4%.

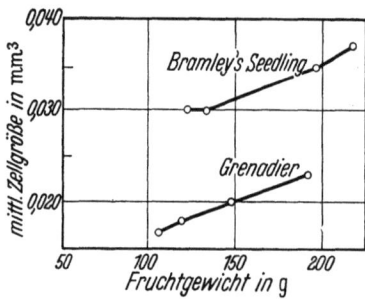

Abb. 72. Korrelation zwischen der Zellgröße und dem Gewicht der reifen Früchte bei 2 Apfelsorten. (Nach SMITH aus ULRICH 1952.)

Eine besondere Betrachtung verdient bei den sich entwickelnden Früchten die *Wundheilung*, da sie die Bildung eines Wundgewebes voraussetzt. Weil die Fähigkeit zur Zellteilung nach dem Junifall rasch zurückgeht, vollzieht sich die Heilung um so besser, je jünger die Frucht ist. Die Vorgänge wurden durch ULRICH (1936) verfolgt. Wird an einer jungen Frucht die Epidermis verletzt, so trocknen die Parenchymzellen des Fruchtfleisches in einer Tiefe von wenigen Zellschichten ein, so daß ein provisorischer Wundverschluß entsteht. Die sich darunter befindenden Parenchymzellen verdicken hierbei ihre Wände, die verholzen und verkorken. In den unter dieser Korkschicht befindlichen Zellen vollziehen sich später tangentiale Zellteilungen. Es entsteht ein eigentliches Phellogen, so daß schließlich der Abschluß der Wunde mit einem richtigen Korkgewebe erfolgt. Jede Entwicklungsstörung wie Frostschäden, Hagelschlag, Minierschäden durch die Apfelsägewespe (*Hoplocampa*), Fraßstellen von Insekten, Ätzungen durch Spritzmittel usw. erkennt man daher in späteren Entwicklungsstadien als Korkgewebe bzw. als „Rost" (Abb. 74). Bei Rost-Reinetten und bei manchen Birnen wird die Epidermis, die mit ihrer cuticularisierten Oberseite die Frucht gegen außen abschließt, auch ohne äußere Einwirkungen ganz oder teilweise durch ein Korkgewebe ersetzt. Dieses

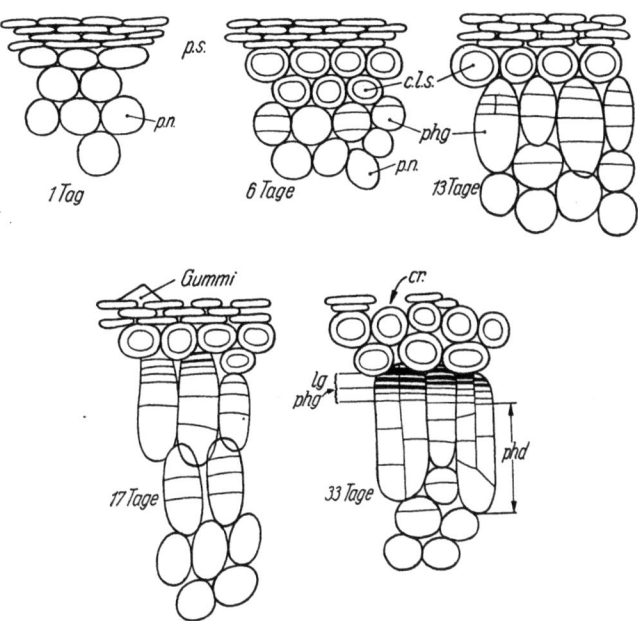

Abb. 73. Wundheilung bei Früchten. Verschiedene Stadien der Ausbildung des Wundgewebes bei einer großen, flachen Wunde des Pfirsichs, 1—33 Tage nach der Verletzung. *p.s* = abgestorbene und abgeflachte Parenchymzellen; *cls* = Parenchymzellen, die absterben, nachdem ihre Wand verholzt und verkorkt; *phg* = Phellogen, das gegen die verletzte Oberfläche hin Kork (*lg*) und gegen das Fruchtinnere ein Phelloderm (*phd*) bildet; *cr* = Spalten im abgestorbenen Parenchym . . . Tage = . . . Tage nach der Verletzung. Schematisch. (Nach ULRICH.)

ist im allgemeinen durchlässiger als die Cuticula, so daß Früchte von rostigen Sorten auf dem Lager meist stärker schrumpfen als glatte. Je mehr sich die Frucht der Reife nähert, desto mehr geht auch die Fähigkeit der Korkbildung zurück. Es entsteht nach Verletzungen nur noch der erwähnte provisorische Wundverschluß. Daher bilden zu dieser Zeit alle Verletzungen gefährliche Eintrittsstellen für Fäulnispilze.

Als weitere Besonderheit der Fruchthaut verdienen die *Lenticellen* spezielle Beachtung. Sie entstehen in frühen Entwicklungsstadien an der Basis abfallender Haare. Es handelt sich um feine Löcher in der Epidermis, unter denen sich Zellen mit verkorkten Wänden befinden. Sie sind je nach Sorte zahlreich oder spärlicher, groß oder klein, gut oder schlecht abgeschlossen, durchlässig für Wasserdampf und andere Gase oder undurchlässig. Namentlich bei manchen Apfelsorten erweisen sie sich als empfindliche Stellen, deren Wasserdurchlässigkeit wegen die Frucht leicht schrumpft, durch die Fäulnispilze eindringen oder in deren Umgebung das Gewebe zusammensinkt, so daß Lenticellennekrosen entstehen. Mit dem Studium der Lenticellen haben sich beispielsweise MURNEEK (1923) und CLEMENTS (1935) befaßt.

Ein gutes Maß für die Intensität der Stoffumsetzungen in einer Pflanze ist die *Atmungsintensität*. Man berechnet die Menge CO_2, die in der Zeiteinheit durch eine bestimmte Anzahl Kilogramm frischer Früchte bei einer bestimmten Temperatur ausgeschieden wird. Der Engländer KIDD (1934, 1935) und seine Mitarbeiter (z.B. KIDD und WEST 1945) haben diesen Fragen eine Reihe wichtiger Untersuchungen gewidmet. Sie finden eine von anderen Forschern, z.B. ULRICH (1952) ebenfalls beobachtete, sehr charakteristische Kurve (Abb. 76). In der Zeit zwischen

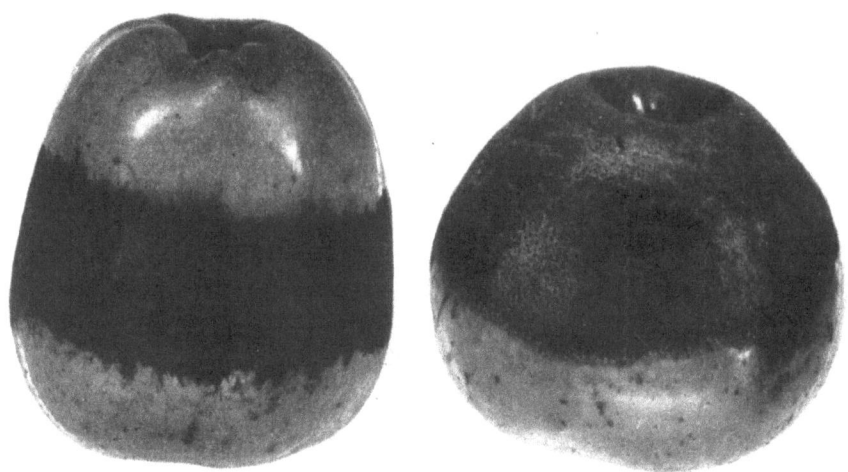

Abb. 74 Verkorkungen infolge Frosteinwirkung. Früchte von Zuccalmaglioreinette, die kurz nach der Blüte geschädigt wurden. Links: mit Frostring in der Mitte; rechts: mit Korkbildung gegen den Kelch hin. Original. (Phot. R. ISLER.)

der Blüte und dem Junifall nimmt die Atmungsintensität wesentlich ab. Das Streckungswachstum ist nicht durch einen großen Umsatz von Baustoffen gekennzeichnet. Es wird vielmehr hauptsächlich Wasser in die Vakuolen der Zellen gepumpt. Kurz vor der Reife steigt die Kurve, nach Erreichen eines Minimums, plötzlich wieder steil an. Der Stoffverbrauch steigert sich. Es handelt sich um die

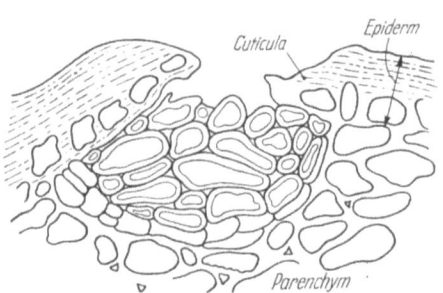
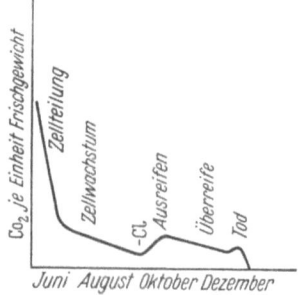

Abb. 75. Querschnitt durch eine Lenticelle. Man beachte die dicke Cuticula der Fruchthaut und die abgestorbenen Zellen, die vom Parenchym des Fruchtfleisches durch eine korkartige Schicht abgegrenzt werden. (Nach ULRICH.)

Abb. 76. Veränderung der CO_2-Ausscheidung von Äpfeln während ihrer Entwicklung, bezogen auf das Frischgewicht. Cl = klimakterische Krise. (Nach KIDD 1934.)

Periode, in der sich die besonderen Duft- und Geschmacksstoffe ausbilden. In ihren Beginn fällt gewöhnlich die Pflückreife. Nach kurzer Zeit ist wieder ein Maximum der Atmungsintensität erreicht. In der Periode der Überreife nimmt die Atmungsintensität stetig ab, flackert aber gewöhnlich vor dem Zerfall der Früchte noch einmal auf.

KIDD und seine Mitarbeiter nennen diese Periode vermehrter Atmung *klimakterische Krise*, das Maximum *Klimakterium*. Wir werden auf diesen Teil der

Respirationskurve bei der Besprechung der Pflückreife und der Frischaufbewahrung zurückkommen. Er ist bei vielen Obstarten immer wieder gefunden worden. Immerhin scheint es Fälle zu geben, in denen keine oder nur eine undeutliche klimakterische Krise zu beobachten ist. HANSEN (1945) konnte sie beispielsweise bei den Apfelsorten Delicious und Yellow Newton nicht auffinden.

Auf welche Ursachen die klimakterische Krise zurückgeführt werden muß, ist nicht klar. ULRICH (1952) erwägt die übermäßige Anhäufung von Baustoffen in den Zellen, einen reichen Zufluß von Sauerstoff oder von Äthylen (von dem man weiß, daß es die Reifevorgänge beschleunigt) oder schließlich eine Vermehrung der diastatischen Vorgänge aus unbekannten Gründen. Vermutlich handelt es sich um das Zusammenspiel verschiedener Faktoren.

Nach KIDD (1935) kann man die Entwicklungsphasen und die Veränderung der Atmungsintensität bei Kernobst wie folgt miteinander in Beziehung bringen:

Entwicklungsphase der Frucht	*Atmungsintensität*	
a) Periode der Zellteilung, dauernd 3–4 Wochen nach der Befruchtung (die Frucht hat die Größe einer Nuß erreicht und besteht aus ungefähr 100 Millionen Zellen).	Vorerst sehr groß, dann abnehmend.	vorklimakterische Periode.
b) Periode der Streckung der einzelnen Zellen.	Langsam abnehmend.	
c) Periode des Ausreifens: Entwicklung der Saftigkeit und des Aromas. Die Früchte werden meist am Ende dieser Periode gepflückt.	Anstieg.	Klimakterium.
d) Überreife.	Abnahme.	nachklimakterische Periode.
e) Zersetzung und Tod.	Leichter Anstieg, dann plötzliche Abnahme.	

Das nähere Studium der Atmungsintensität gibt mancherlei Aufschlüsse über das verschiedene Verhalten der Obstarten und -sorten während des Ausreifens und auf dem Lager. So hat beispielsweise SMITH (1938) beobachtet, daß eine Korrelation besteht zwischen der Ausscheidung von CO_2 und der Zellgröße. Die frühreifen Apfelsorten, deren Fruchtfleisch je Gewichtseinheit wesentlich mehr — dafür kleinere — Zellen aufweist als dasjenige von Spätsorten, geben in der gleichen Zeit wesentlich mehr CO_2 ab. Es besteht kein Zweifel daran, daß die erhöhte Atmungsintensität bei diesen Sorten der Grund für das frühere Ausreifen ist.

Die *Veränderung der Inhaltsstoffe* in der heranreifenden Frucht können wir zusammenfassend wie folgt überblicken.

In ganz jungen Äpfeln ist, wie beispielsweise KIDD (1935) nachweist, keine *Stärke* zu finden. Nach und nach vermehrt sie sich aber sehr beträchtlich. In den grünen Früchten erreicht sie nach ARCHBOLD (1932) ein Maximum von annähernd 2%, bezogen auf das Frischgewicht, um gegen die Reife hin wieder allmählich abzunehmen. BROWN (1899) fand am 7. August in völlig unreifen Äpfeln sogar 4,14% bei gleicher Bezugsgröße. Nach BIGELOW, GORE und HOWARD (1905) verschwindet die Stärke vorerst in den inneren Teilen der Frucht. Am längsten ist sie in den äußersten 3 mm und in der Nähe der vom Stiele ausgehenden Gefäßbündel zu finden. In reifen Äpfeln findet man höchstens noch Spuren dieses Kohlenhydrates. Nur in der Umgebung von Wunden und Narben fand WARCOLLIER (1905) beträchtliche Stärkemengen auch in reifen Früchten.

Die *Hemicellulosen* findet man nach KROTKOV und NELSON (1946) hauptsächlich in den ganz jungen Früchten. WIDDOWSON (1932) stellt einen prozentualen Rückgang zur Zeit der Stärkeanhäufung fest. Bezogen auf die einzelne Frucht ergibt sich aber eine Zunahme bis zur Fruchtreife. Das gleiche gilt nach EGGENBERGER (1949) auch für die *Cellulose*.

Als Beispiel der Veränderung der *Zuckerarten* während der Reifezeit wollen wir ebenfalls die Zahlen von ARCHBOLD (1932) herausgreifen. Er fand bei der Sorte Bramleys Seedling einen ständigen Anstieg des Rohrzuckers bis zur Pflückreife und einen leichten Rückgang auf dem Lager. Die Glucose ist von Anfang an in geringer Menge vorhanden und steigt im Verlauf der Entwicklung nicht an. Sie übersteigt nicht 1% des Frischgewichtes. Dagegen nimmt der Gehalt an Fructose in der reifenden Frucht in ähnlicher Weise zu wie der Rohrzuckergehalt, mit dem Unterschied jedoch, daß er nach der Pflückreife weiterhin leicht ansteigt. Saccharose und reduzierende Zucker halten sich ungefähr das Gleichgewicht. KIDD (1935) sowie KROTKOV und NELSON (1946) haben diese Angaben im wesentlichen bestätigt. Die beiden letzterwähnten Forscher haben zur Zeit, da die Atmungsintensität wieder zu steigen beginnt, also zu Beginn der klimakterischen Krise, eine Vermehrung der Saccharose und der Fructose und das Weiterschreiten der Hydrolyse der

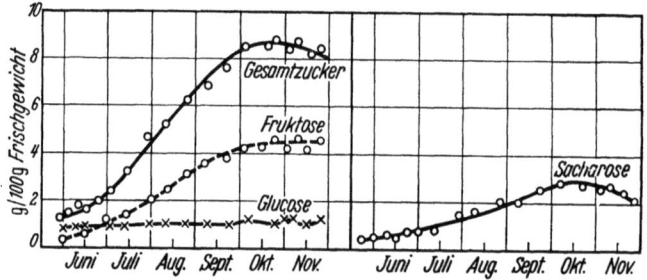

Abb. 77. Veränderung des Gehaltes an verschiedenen Zuckerarten im Verlauf der Fruchtreife im Fruchtfleisch der Apfelsorte Bramleys Seedling. Die Werte sind auf 100 g Fruchtgewicht bezogen. (Nach ARCHBOLD.)

Stärke beobachtet. In dieser Periode nahm das Fruchtgewicht noch leicht zu. Das klimakterische Maximum fällt zusammen mit dem Rückgang des Rohrzuckers und — in diesem Beispiel — auch des Fruchtzuckers. Es liegt damit in einer Entwicklungsperiode, in welcher bereits mehr Zucker veratmet als zugeführt wird (Abb. 77). KIDD, WEST, GRIFFITH und POTTER (1952), die der Veränderung des Saccharosegehaltes eine besondere Untersuchung widmen, finden eine kleine Zunahme während des Klimakteriums.

Bei der *Birne* finden im Verlauf der Entwicklung anscheinend ähnliche Veränderungen im Gehalt der Kohlenhydrate statt wie beim Apfel. Nach MAGNESS (1920) herrscht unter den reduzierenden Zuckern ebenfalls die Fructose gegenüber der Glucose vor. ULRICH (1952) hat festgestellt, daß die reduzierenden Zucker bis Mitte Juli rasch zunehmen, während der relative Gehalt an Saccharose vorerst langsam ansteigt, um dann bis Anfang August abzunehmen, erst später steigt er wieder an. Der höchste Rohrzuckergehalt wird zur Zeit des klimakterischen Maximums erreicht.

Beim *Pfirsich* ist nach BIGELOW und GORE (1905) der Stärkegehalt zur Zeit des Junifalles bereits derart zurückgegangen, daß dieses Kohlenhydrat vernachlässigt werden kann. Der Gehalt an reduzierenden Zuckern war (bezogen auf das Frischgewicht) von der Zeit des Junifalles bis zur Fruchtreife im Mittel von 6 Sorten von 2,71% auf 1,98% leicht zurückgegangen, während der Saccharosegehalt in der gleichen Zeit von 0,18% auf 5,7% stieg. Reife Pfirsiche enthalten somit zur Hauptsache Rohrzucker. Ähnliche Angaben macht auch TARR (1921), der feststellte, daß in den jüngsten Entwicklungsstadien dieser Obstart Stärke und reduzierende Zucker, aber kein Rohrzucker enthalten ist. Später hielt sich der Gehalt an reduzierenden Zuckern, bezogen auf das Frischgewicht, in einer Höhe von 2,25—2,75% ziemlich konstant, während der Rohrzuckergehalt bedeutend zunahm.

Unter den *organischen Säuren*, die in den Früchten der Kern- und Steinobstarten vorkommen, herrscht die Äpfelsäure bei weitem vor. Es findet sich daneben, wie TAVERNIER und JACQUIN (1947, 1948) nachgewiesen haben, bei der Aprikose wenig, bei der Birne oft viel Citronensäure, beim Apfel neben wenig Citronensäure auch Bernsteinsäure. Der prozentuale Säuregehalt nimmt beim Apfel nach ARCHBOLD (1932) zuerst rasch zu, bis ungefähr zur Zeit des Junifalles, um nachher bis zur Fruchtreife sehr langsam zu sinken. Die gleiche Beobachtung hat bereits SNYDER (1916) gemacht. Zu ähnlichen Ergebnissen sind auch BROWN (1899), BIGELOW, GORE und HOWARD, MAGNESS und andere gelangt. MAGNESS (1920) hat durch eingehende Untersuchungen an Williams Christbirne nachgewiesen, daß die Veränderung des Säuregehaltes weitgehend von den klimatischen Bedingungen abhängig ist. Er fand in den letzten Wochen vor der Reife in Kalifornien eine beträchtliche Abnahme des Säuregehaltes, in Oregon eine weit geringere und im noch nördlicher gelegenen Staate Washington sogar eine beträchtliche Zunahme in derselben Periode. Dies steht in Parallele mit der Beobachtung, daß Birnen der gleichen Sorte während der Lagerung bei tiefen Temperaturen ihren Säuregehalt erhöhen, wogegen er sich bei gewöhnlicher Lagerung vermindert. MAGNESS und BOURROUGHS (1921/1922) glauben daher, daß diejenigen Bedingungen, welche die Atmung erhöhen, den Abbau der Säuren gegenüber denjenigen der Zuckerarten fördern. Aus diesen Zusammenhängen erscheint auch begreiflich, warum die Früchte ein und derselben Apfel- oder Birnsorte in südlichen Gebieten weniger sauer schmecken als in nördlichen. Diese Veratmung von Säuren bezieht sich jedoch nach PEYNAUD (1946) nur auf die Äpfelsäure, während die Citronensäure von den Atmungsfermenten nicht angegriffen wird. Darum schmecken die hauptsächlich Citronensäure enthaltenden Früchte (z. B. Agrumen und Johannisbeeren) auch bei Vollreife sauer.

Eine besondere Beachtung verdienen die *Pektinstoffe* und ihre Veränderungen im Verlaufe der Ausbildung der Früchte. Unter Hinweis auf das zusammenfassende Buch von KERTESZ (1951) wollen wir nur jene Gesichtspunkte betrachten, die für das Verständnis der Reifevorgänge wesentlich sind. CARRÉ und HORNE (1927) haben beim Apfel festgestellt, daß Pektinstoffe nicht nur in der sehr dünnen und kaum unterscheidbaren Mittellamelle der Zellwand vorkommen, sondern nach der Zellstreckung auch in Form von Überzügen an der Außenseite der Zellwände in den größer gewordenen Zwischenzellräumen. Diese Verdickungen der Zellwände nehmen später die Form von Scheiben, Warzen, Papillen und Bändern an. Bei der Vollreife werden diese Gebilde abgebaut und die Mittellamelle löst sich auf. Die Zellen trennen sich deshalb leicht voneinander, was zum Mehligwerden der Früchte führt. Bei der Birne finden sich ähnliche Verdickungen, jedoch wird bei der Vollreife der Zellverband meist nicht gelockert. Pektinstoffe kommen bei den Früchten aber nicht bloß in der Zellwand, sondern auch im Zellsaft vor, was dadurch leicht zu beweisen ist, daß man z. B. den Saft von nicht voll reifen Äpfeln zum Gelieren bringen kann.

Das Grundgerüst der Pektinstoffe besteht aus Molekülen der Galakturonsäure, die durch je ein Sauerstoffatom miteinander verbunden sind. In der unreifen Frucht finden wir die Protopektine, die gelegentlich auch als Pektosen bezeichnet werden. Sie sind nicht wasserlöslich und ihr chemischer Aufbau ist wenig abgeklärt. Vielleicht sind sie in irgendeiner Weise an die Cellulose gebunden. Nach anderer Auffassung stellen sie polymerisierte Pektine dar. Zum Teil kommen die natürlichen Pektinverbindungen als Calcium- oder Magnesiumpektate vor. Diese

Protopektine können durch Fermente oder auch durch Kochen in heißem Wasser oder mit Hilfe verdünnter Säuren in wasserlösliche Pektine übergeführt werden. Dieser Vorgang führt beim Apfel zum erwähnten Zerfall des Zellverbandes. Bei der Überreife wird das Pektin weiter zu Pektinsäuren abgebaut.

Untersucht man die Reifevorgänge, so sieht man, daß dem Abbau des Protopektins eine Vermehrung des Pektins entspricht. Es besteht kein Zweifel, daß das Weichwerden der Früchte durch diesen Abbau des Protopektins verursacht wird. Wir entnehmen der Arbeit von ULRICH, RENAC und LAFOND (1949) die Abb. 78, die diese Zusammenhänge mit aller Deutlichkeit erkennen läßt. Dabei ist jedoch festzustellen, daß die Festigkeit einer Frucht nicht allein durch den mehr oder weniger weit fortgeschrittenen Abbau der Protopektine bedingt wird, sondern auch durch die Größe der einzelnen Zellen und ihre Turgeszenz, durch die Größe der Intercellularräume, die Dicke der Zellwand usw. BIGELOW und Mitarbeiter glauben, daß ein Apfel um so saftiger erscheine, je fester der Zellverband zusammenhält und je mehr Zellen deshalb beim Zerbeißen zerstört werden. Beim Steinobst sind die Zellen viel dünnwandiger als beim Apfel. Im Zustand der Überreife lösen sie sich deshalb nicht aus dem Zellverband. Sie fallen vielmehr zusammen, was zum Saftaustritt führt.

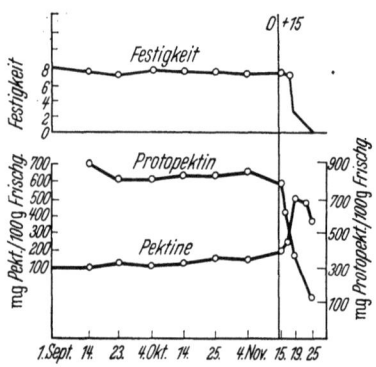

Abb. 78. Zusammenhänge zwischen Festigkeit des Fruchtfleisches, Pektingehalt und Protopektingehalt von Williams Christbirnen, die zuerst bei 0° und dann bei 15°C aufbewahrt wurden. Gehalte bezogen auf das Frischgewicht bei Beginn der Einlagerung. (Nach ULRICH, RENAC und LAFOND.)

Der Abbau des Protopektins ist in deutlicher Weise von der Temperatur abhängig. Dabei verhalten sich die verschiedenen Obstarten und -sorten recht verschieden. So besteht ein charakteristischer Unterschied zwischen dem Apfel und der Birne darin, daß die ersterwähnte Obstart bei 0° einen deutlichen Umbau der Pektinstoffe zeigt, während das Protopektin der Birne bei dieser Temperatur nicht abgebaut wird. Doch findet bei der letzterwähnten Obstart eine rasche Umsetzung in Pektin bereits bei $+5°C$ statt. Wichtig ist auch, daß die Umbildung der Pektinstoffe bei Verminderung des Sauerstoff- und Erhöhung des CO_2-Gehaltes der Luft wesentlich verlangsamt wird, und daß diese Verlangsamung auch bestehen bleibt, wenn die Früchte wieder in Luft normaler Zusammensetzung gebracht werden. In dieser Tatsache liegt die wichtigste Grundlage der Gaslagerung.

Leider ist sehr wenig über die Zusammenhänge zwischen dem Pektinabbau und gewissen physiologischen Krankheiten, wie den verschiedenen Formen der Fleischbräune, der Kernhausbräune usw., bekannt.

Über die Veränderung der *stickstoffhaltigen Verbindungen* im Verlauf der Entwicklung der Früchte unserer Kern- und Steinobstarten sind wir nicht besonders gut unterrichtet. Beispielsweise fanden HAYNES und ARCHBOLD (1930 zitiert nach SMOCK und NEUBERT) während der ersten 6 Wochen nach der Blüte beim Apfel eine rasche Zunahme und nachher eine leichte Abnahme des Totalstickstoffgehaltes. HULME (1935) dagegen fand eine Zunahme während 130—140 Tagen nach der Blüte und erst dann eine Abnahme.

Die Bausteine der Eiweißstoffe, die Aminosäuren, kommen in den Früchten in geringer Menge vor. An basischen Aminosäuren sind beispielsweise im Apfel in sehr geringer Menge nachgewiesen Arginin, Histidin und Lysin. Daneben scheint die Asparaginsäure eine bedeutende Rolle zu spielen. Sie soll 50% des löslichen Stickstoffes ausmachen (Literatur bei SMOCK und NEUBERT 1950). Ferner ist durch JOSLYN und STEPKA (1949) sowie HULME und ARTHINGTON (1950) eine Reihe anderer Aminosäuren in Früchten gefunden worden. Interessant ist die Angabe von JOSLYN und STEPKA, daß die Aminosäuren in den Birnen am spärlichsten vertreten seien. Dies erklärt die Tatsache, daß Birnsäfte oft infolge ungenügender Stickstoffernährung der Hefen nur mangelhaft gären.

Der Proteingehalt der Äpfel, Birnen, Aprikosen, Kirschen und Pflaumen schwankt nach ULRICH (1952) zwischen 0,5 und 1,5%. DAVIS, FELLERS und ESSELEN (1949) machen Angaben über die im Apfelprotein enthaltenen Aminosäuren. Über die Zusammensetzung der noch komplexer gebauten Eiweißstoffe unserer Obstarten, z.B. der im Zellkern enthaltenen Nucleoproteine, ist nichts bekannt. Sie spielen eine sehr große Rolle in der Periode der Zellteilung bis zum Junifall. In den reifen Früchten sind sie nur spärlich enthalten.

Der Stickstoffgehalt ein und derselben Obstart ist ebensowenig eine konstante Größe wie der Zuckergehalt. Er schwankt je nach den Ernährungsbedingungen. Früchte, die auf stickstoffreichen Böden gewachsen sind, enthalten einen höheren Prozentsatz von Proteinen und Aminosäuren (WALLACE 1930). In ein und demselben Boden haben die Veredlungsunterlagen auf den Stickstoffgehalt der Früchte einen recht bedeutenden Einfluß. Dabei scheint es sich nach BROWN (1926) um einen spezifischen Einfluß zu handeln und nicht bloß um die Folge der ungleichen Wuchskraft.

Andere Stoffe, wie beispielsweise die Farbstoffe, die flüchtigen Duftstoffe und das Äthylen, wollen wir im Abschnitt über die Pflückreife der Früchte behandeln.

b) Die Beeinflussung der heranreifenden Früchte durch Umweltsfaktoren.

Die Wasserversorgung. — Die Versorgung mit Kohlenhydraten. — Die Versorgung mit Mineralstoffen. — Der Einfluß der Veredlungsunterlage. — Der Einfluß des Baumschnittes. — Beziehungen zwischen Erntemenge und Qualität.

Über die *Wasserversorgung der heranreifenden Früchte* sind wir nicht besonders gut unterrichtet. Wir haben aber bereits in einem anderen Zusammenhang gesehen, daß die Saugkraft der Blätter größer ist als diejenige der Früchte, so daß diesen bei knapper Versorgung Wasser entzogen werden kann. Es bildet sich in diesem Fall vorzeitig eine Ablösungsschicht, so daß die Früchte unreif abfallen. Eine ausreichende Wasserversorgung ist aber auch nötig, um die normale Ernährung der Früchte sicherzustellen. Bei Wasserknappheit bleiben sie klein. Wir dürfen nie vergessen, daß das Wasser als Transportmittel für die Mineralstoffe und für zahlreiche organische Verbindungen — darunter die als Baustoffe notwendigen Zucker und die Aminosäuren — dient. In Trockengebieten ist daher die Möglichkeit einer ausreichenden Bewässerung eine unbedingte Voraussetzung für den Obstbau.

Der absolute Wassergehalt der heranreifenden Frucht nimmt nach SMOCK und NEUBERT (1950) bis zur Pflückreife ständig zu. Dagegen nimmt der prozentuale Gehalt leicht ab. Der Wassergehalt der reifen Frucht schwankt bei ein und derselben Obstart bedeutend, beim Apfel beispielsweise nach CHATFIELD und McLAUGHLIN (zitiert nach SMOCK und NEUBERT) zwischen 78,9% und 90,9% des Frischgewichtes. Meist beträgt er bei dieser Obstart zwischen 83 und 86%.

Die Transpiration, und damit der Wasserbedarf, ist bei jungen Früchten nach PIENIAZEK (1943) hoch. Dies ist einerseits auf die im Verhältnis zum Volumen geringe Oberfläche, anderseits aber auch auf die noch dünne Cuticula der Epidermis zurückzuführen. Die Intensität der Transpiration nimmt später ab bis einige Wochen vor der Pflückreife, um dann wieder anzusteigen. Es ist nicht bekannt, auf welche Ursache dieser Anstieg zurückzuführen ist. Es ist klar, daß im einzelnen die Transpiration von der Luftfeuchtigkeit und der Temperatur abhängig ist. In bewegter Luft ist sie wesentlich größer als in ruhender. Nach PIENIAZEK sollen bei der Apfelsorte Bramleys Seedling nur 30% des Wassers durch die Lenticellen austreten, während 70% des Wasserverlustes der cuticularen Transpiration zuzuschreiben wären. Es ist jedoch zu vermuten, daß sich in dieser Beziehung die einzelnen Apfelsorten sehr verschieden verhalten. Bei den Lederreinetten und bei glatthäutigen Sorten mit dünner Cuticula ist ohne Zweifel die cuticulare Transpiration sehr bedeutend. Es gibt aber auch leicht schrumpfende Sorten mit großen Lenticellen, wie beispielsweise Grenadier, Ohio-Reinette und andere, bei denen der Wasserverlust zur Hauptsache durch die Lenticellen stattfinden dürfte. Die Transpiration wird schließlich auch durch die Wachsschicht beeinflußt, die aus noch nicht abgeklärten Gründen bei ein und derselben Sorte bald stärker, bald schwächer sein kann.

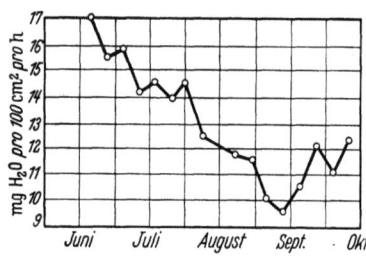

Abb. 79. Transpiration von Baldwin-Äpfeln während der Wachstumsperiode, gemessen bei 25°C und 63% relativer Luftfeuchtigkeit. (Nach PIENIAZEK aus SMOCK und NEUBERT.)

Wir haben gesehen, daß bis zur Krisenperiode des Junifalles die Stickstoffversorgung für den Fruchtansatz von größerer Bedeutung ist als die *Versorgung mit Kohlenhydraten.* Wenn wir jedoch die Menge der Kohlenhydrate in Betracht ziehen, die in Vollernten eines Obstbaumes enthalten sind, so können wir uns leicht vorstellen, wie wichtig eine genügende Zufuhr von Zucker in die heranreifenden Früchte ist. Es besteht, wie z.B. HALLER und MAGNESS (1926, zitiert nach SMOCK und NEUBERT 1950) nachgewiesen haben, ein klarer Zusammenhang zwischen dem Zuckergehalt und der Anzahl Blätter je Frucht. Der Zuckergehalt und damit der qualitative Wert der Früchte ist daher vom Behang der Bäume abhängig. Ist dieser übermäßig, so erhalten wir zuckerarme Früchte, die zudem die mittlere Größe nicht erreichen. Bei kleiner Ernte werden die Früchte mancher Apfelsorten nicht nur abnorm groß und zuckerreich. Ihre Fleischbeschaffenheit wird zudem derart, daß sie vorzeitig reif werden und physiologischen Krankheiten, namentlich den verschiedenen Formen der Fleischbräune und der Stippigkeit, unterworfen sind. Am wertvollsten sind die Früchte von Bäumen mit mittlerem Behang. Ein solcher ist erreicht, wenn beim Apfel- und Birnbaum je nach Sorte etwa 30—40 Blätter je Frucht vorhanden sind. Wir kommen auf diese Frage in einem anderen Zusammenhang zurück.

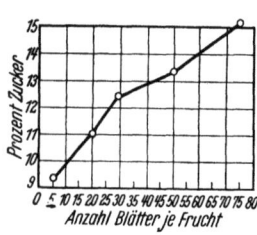

Abb. 80. Die Veränderung des Zuckergehaltes der Früchte durch das Verhältnis der Anzahl Blätter zur Anzahl Früchte bei reifen Früchten der Apfelsorte Ben Davis. (Nach HALLER und MAGNESS.)

Wir ersehen, daß es das Ziel der Erziehung und Pflege der Bäume sein muß, am gegebenen Baum so viele Blätter zur Ausbildung zu bringen, daß die Ausnützung des Sonnenlichtes eine optimale wird. Wir haben bereits in einem anderen Abschnitt die Abhängigkeit der Assimilation von Außenfaktoren besprochen und wollen nicht mehr darauf zurückkommen und lediglich feststellen, daß für die Entwicklung der Frucht in bezug auf die Assimilation die gleichen Überlegungen gelten, die wir uns bei der Besprechung der Anlage von Blütenknospen gemacht haben. In beiden Fällen ist eine möglichst hohe Produktion von Kohlenhydraten zu erstreben.

Die Frage, nach welchen Gesichtspunkten die aufgebauten Kohlenhydrate auf die heranwachsenden Früchte, auf die im Wachstum begriffenen Zweige oder Wurzeln und auf die Speichergewebe verteilt werden, ist nicht abgeklärt. Die Beobachtung zeigt jedoch, daß in erster Linie die Früchte versorgt werden. Reichlich mit Früchten beladene Baumkronen weisen ein geringes Wachstum auf. Daß auch eine rechtzeitige Anhäufung von Reserven bei derartigen Bäumen nicht erfolgt, ergibt sich aus der Tatsache, daß übermäßig tragende Bäume im Herbst ihr Laub spät fallen lassen, was als Zeichen einer ungenügenden Ausreifung des Holzes zu werten ist.

Über die Beeinflussung der heranreifenden Früchte durch die mehr oder weniger gute *Versorgung mit Mineralstoffen* wissen wir sehr wenig. Da nach HULME (1937) bis 130 Tage nach der Blüte bei englischen Apfelsorten eine Vermehrung des löslichen Stickstoffes festzustellen ist, darf man annehmen, daß eine gewisse Stickstoffzufuhr zur Entwicklung der Frucht nötig sei. Sie ist jedoch unbedeutend. POTTER (1927) erhielt bei Apfelbäumen, die er teils anfangs, teils Ende Juli mit Stickstoff düngte, keine Erhöhung des durchschnittlichen Fruchtgewichtes. Steht zu viel Stickstoff zur Verfügung, so bleiben die Früchte grün (POTTER 1927). Eine Düngung mit Stickstoff im Verlauf der Vegetationsperiode erscheint nicht nötig. Sie kann sogar schädlich sein, da sie, wie wir in einem anderen Zusammenhang bereits feststellten, unter Umständen ein spätes Triebwachstum und eine schlechte Holzreife verursacht. Immerhin muß der Baum in der Lage sein, im Verlauf des Sommers eine ordentliche Reserve an organischen Stickstoffverbindungen aufzubauen. Doch dürfte dies durchaus möglich sein, wenn man den Stickstoff in einer einzigen Düngung vor dem Austrieb verabfolgt.

Im Vegetationsversuch von Wädenswil (KOBEL, FRITZSCHE, GERBER und BUSSMANN 1952) zeigt sich, daß auch ein bedeutender Einfluß der Phosphor-, Kali- und Calciumversorgung auf die heranreifende Frucht besteht. Doch ist es äußerst schwer, im einzelnen zu entscheiden, ob es sich um direkte Einwirkungen oder um Beeinflussungen des Wachstums, der Assimilation oder anderer physiologischer Vorgänge handelt, die sich ihrerseits bei den Früchten geltend machen. So ist beispielsweise schwer zu sagen, ob die Verkleinerung und das späte Ausreifen der Früchte von Bäumen, die keine oder nur wenig Phosphorsäure erhalten, einer ungenügenden Versorgung des Gewebes der Frucht mit Phosphorsäure zuzuschreiben ist oder ob es sich nicht viel mehr um eine ungenügende Versorgung mit Kohlenhydraten handelt, da die Blattzahl bei diesen Bäumen infolge der schlechten Verzweigung vermindert ist und zudem viele Blätter vorzeitig abfallen. Das gleiche gilt vor allem auch für die geschmacklichen Veränderungen des Fruchtfleisches, die bei verschiedener Versorgung mit Mineralstoffen festgestellt wurden. Es ist wohl noch verfrüht, diese Ergebnisse im einzelnen zu erwähnen, da erst einjährige Beobachtungen vorliegen. Eine besondere Beachtung verdient die Versorgung der heranreifenden Früchte mit Bor, da sich im Vegetationsversuch von Wädenswil gezeigt hat, daß die Früchte bei starkem Bormangel vorzeitig abgestoßen werden. Die am Baum verbleibenden weisen Verkrüppelungen und Nekrosen im Fruchtfleisch auf. Anderseits zeigen bei überreicher Borgabe die Früchte eine rauhe Haut und eine Fleckenbildung um die Lenticellen.

Die heranreifende Frucht wird in wesentlicher Art und Weise durch die *Veredlungsunterlage* beeinflußt. Es handelt sich dabei um ein sehr komplexes Problem. Der Chemismus der Unterlage ist nicht unbedingt derselbe wie derjenige des Edelreises. Es stellt sich die Frage, ob Stoffe, die nur vom Partner aufgebaut werden, welcher die Wurzel bildet, unverändert in die Edelsorte übergehen oder ob das Edelreis sie in die adäquaten Substanzen umbaut. Bei *Helianthus*-Veredlungen hat man festgestellt, daß dies beispielsweise für das Inulin nicht der Fall ist. Auch weiß man aus Erfahrung, daß der Fuchsgeschmack oder der Grasgeschmack amerikanischer Rebenarten, die als Veredlungsunterlagen gebraucht werden, in den Trauben der Edelsorten ebensowenig auftreten wie der Quittengeschmack bei Birnen, die auf Quitten veredelt sind, oder der Pflaumengeschmack in Pfirsichen, die von Bäumen auf irgendeiner Domesticaunterlage stammen. Die im Edelreis enthaltenen chemischen Stoffe bleiben durch die Veredlungsunterlage unverändert, und auch in die Unterlage gehen keine speziellen Stoffe des Edelreises über. HARTIG hat dies wie folgt formuliert: ,,Die im Edelreis erzeugten Bildungsstoffe repräsentieren eine beiden Pflanzenformen verdauliche Nahrung, und ebenso wie die Kuhmilch nicht nur zur Ernährung des Kalbes, sondern auch eines Menschenkindes dienen kann, ohne daß letzteres deshalb die Eigenschaften der Kuh annimmt, ebenso ernährt sich der Wildling von den Bildungsstoffen des Edelreises, ohne dessen Eigenschaften anzunehmen." Dieser Ausspruch gilt heute noch und auch in bezug auf den Einfluß der Unterlage auf das Edelreis.

Wenn auch eine direkte chemische Veränderung des Edelreises durch die Unterlage fehlt, so darf anderseits die ernährungsphysiologische Beeinflussung nicht vernachlässigt werden. Die Veredlungsunterlage entscheidet über die Menge des aus dem Boden aufgenommenen Wassers und der Mineralstoffe. Je wüchsiger die Unterlage ist, desto größere Mengen vermag sie aufzunehmen, desto wüchsiger wird deshalb der Baum. Wir wissen, daß durch die Wüchsigkeit nicht nur die Blütenbildung, sondern auch die Entwicklung der Früchte beeinflußt wird. Je wüchsiger der Baum, desto später reifen — gleiches Verhältnis zwischen Blattmenge und Früchten vorausgesetzt — die Früchte. Damit ergeben sich nicht nur Unterschiede in bezug auf die Ausbildung der Grundfarbe und der Deckfarbe, sondern auch wesentliche qualitative Verschiebungen. Es ist dabei klar, daß man vielfach eine gleichartige Beeinflussung nicht nur durch eine stärkere Veredlungsunterlage, sondern auch durch eine reichlichere Düngung erzielen kann. Die verschiedenen Veredlungsunterlagen brauchen sich in verschiedenen Böden nicht gleich zu verhalten. So wird beispielsweise eine reichlich Faserwurzeln bildende Apfelunterlage, etwa E.M. Typ I, für die Ausnützung verschiedener Böden nicht in gleicher Weise geeignet sein wie der lange, wenig verzweigte Wurzeln bildende Typ E.M. V.

Man vereinfacht das Problem oft, indem behauptet wird, die schwächere Unterlage ergebe schönere und bessere Früchte. Dies mag in bezug auf das Aussehen zutreffen, da bei früherer Reifezeit sich bessere Färbungen ergeben. Es ist auch richtig für spätreifende Sorten, die auf kräftiger Veredlungsunterlage nicht früh genug pflückreif werden. Die qualitativen Unterschiede können ganz beträchtlich sein, so z.B. bei spätreifen Tafelbirnen, die unter bestimmten Verhältnissen auf Quittenunterlage erstklassig werden, während sie auf Wildling rübig bleiben. Eine Verallgemeinerung ist aber unrichtig. Es gibt beispielsweise manche Apfelsorten, wie Berner Rosenapfel und Sauergrauech, die auf schwachwüchsiger Unterlage früh trocken oder mehlig werden, während sie nur auf Wildling die volle Saftigkeit erreichen, die sie bei den Konsumenten beliebt macht. Es ist die Kunst des Obstpflanzers, nach getroffener Sortenwahl diejenige Veredlungsunterlage zu finden, die ihm bei hoher Qualität der Früchte einen genügenden Ertrag verspricht.

Die verschiedenen für eine Obstart gewählten Veredlungsunterlagen treffen ohne Zweifel in einem gegebenen Boden nicht dieselbe Auswahl der Nährstoffe. Die eine dürfte befähigt sein, unter den gegebenen Bedingungen im Verhältnis zu Phosphorsäure eine höhere Stickstoffmenge aufzunehmen als eine andere und auch in bezug auf die Auswahl der Metallionen dürften ähnliche Verschiedenheiten vorkommen. Auch hierdurch könnte die Ausbildung der Früchte in verschiedener Beziehung verändert werden.

In wesentlicher Weise wird die Entwicklung der Frucht auch durch den *Baumschnitt* beeinflußt. Ältere Obstbäume, die man ungeschnitten läßt, neigen vorerst zur Bildung zahlreicher Blütenknospen und übermäßiger Ernten. Bald stellt sich jedoch bei den meisten Obstarten und -sorten Alternanz ein. Das Ziel des Baumschnittes muß sein, die Krone derart zu gestalten, daß stets junges, kräftiges Fruchtholz gebildet wird, welches befähigt ist, mäßige Ernten hochwertiger Früchte anzusetzen und zu ernähren. Der erste Schritt ist somit die Erziehung eines kräftigen, leistungsfähigen Kronengerüstes, an welchem sich wertvolles Fruchtholz entwickeln kann. Später darf sich der Baumschnitt darauf beschränken, dieses Fruchtholz zu verjüngen, d.h. durch Wegschneiden alter, abgetragener Fruchtholzpartien die übrigbleibenden Knospen zu kräftigem Austreiben zu veranlassen, damit neues, leistungsfähiges Fruchtholz entsteht. Je nach der Obstart und der gewählten Kronenform wird die Technik im einzelnen dabei etwas verschieden sein. Bei allzu starkem Rückschnitt bringt man den Baum in den gleichen physiologischen Zustand wie durch Überdüngung. Die Früchte werden übermäßig groß, lockerfleischig und frühreif.

Man wird bei Bäumen, die im Ertrag stehen, den Winterschnitt derart ausführen, daß ein Sommerschnitt nicht nötig wird, um auf diese Weise Arbeitskosten zu ersparen. Die zur Verfügung stehende Zeit wird besser dazu benützt, um durch eine Sommerbehandlung Jungbäume und umgepfropfte Bäume richtig zu erziehen. Hier lohnt sich der Arbeitsaufwand. Bei tragenden Bäumen kommt Sommerschnitt höchstens im Liebhaberobstbau in Frage, um die vorhandenen Früchte durch Entfernen von beschattenden Zweigen besser der Sonne auszusetzen.

Schließlich muß als Kulturmaßnahme, durch welche die Ausbildung der Früchte beeinflußt werden kann, auch das *Auspflücken* erwähnt werden. Dadurch, daß die Zahl der Früchte frühzeitig auf jene Menge reduziert wird, welche der Baum voll zu ernähren vermag, sichert man sich nicht nur eine qualitativ wertvolle Ernte an voll ausgebildeten Früchten, sondern daneben auch noch die Bildung von Blütenknospen und Neutrieben, durch welche die Ernte in den folgenden Jahren vorbereitet wird. Wir werden auf diese Frage bei der Besprechung der Alternanz zurückkommen.

c) Der Einfluß der Samenzahl auf die Größe und Qualität der Früchte.

Korrelationen zwischen Samenzahl und Fruchtgewicht. — Der Einfluß der Samenzahl auf den Zucker- und Säuregehalt der Früchte.

MÜLLER-THURGAU (1898) hat wohl als erster nachgewiesen, daß bei der Weinrebe eine positive Korrelation zwischen Kernzahl und Beerengröße besteht, daß also die Beeren *durchschnittlich* um so größer sind, je mehr Samen sie enthalten. Einige Wägungen zeigten ihm, daß wahrscheinlich auch bei Äpfeln eine ähnliche Korrelation vorhanden ist. Mit etwas größeren Zahlen hat dann EWERT (1910) gearbeitet. Auch er findet den gleichen Zusammenhang zwischen Kernzahl und Fruchtgröße. Zu den gleichen Ergebnissen kamen ferner in den Vereinigten Staaten AUCHTER (1917), SAX (1921) und MORRIS (1921).

Einige Untersuchungen über die Zusammenhänge zwischen Samenzahl und Fruchtgröße hat schließlich auch der Verfasser durchgeführt (KOBEL 1926), indem er jeweils eine größere Menge von Äpfeln und Birnen eines Baumes durchschnitt und sie, nachdem er die Kerne gezählt hatte, in Gewichtsklassen eintrug. Das Vorgehen sei an einem Beispiel von 641 Früchten eines Baumes der Sorte Schöner von Boskoop erläutert. Die Korrelationstabelle zwischen Kernzahl und Fruchtgewicht weist in senkrechter Richtung Gewichtsklassen auf, wobei eine Klasse jeweils alle Früchte von 30—40 g, 40—50 g usw. umfaßt. In der horizontalen Richtung sind die Kernzahlen von 0—6 angeordnet. Früchte mit mehr als 6 Samen kamen in dem vorliegenden Material nicht vor. Dabei wurden die „tauben" Samen nicht berücksichtigt. Scheinparthenokarpe Früchte, also solche mit nur tauben Samen, sind daher bei den 0-samigen eingeordnet. In jedem Feld der Tabelle ist diejenige Zahl der 641 untersuchten Früchte zu finden, die bei der oben angegebenen Kernzahl der auf der linken Tabellenseite angeführten Gewichtsklasse angehörte.

Korrelationstabelle zwischen Kernzahl und Fruchtgewicht von 641 Früchten eines Baumes der Sorte Schöner von Boskoop nach KOBEL.

Gewicht in g	Kernzahl							Total
	0	1	2	3	4	5	6	
30— 40		1	1					2
40— 50	4	12	6	4	1			27
50— 60	14	40	25	11			1	94
60— 70	20	41	40	17	3	2		123
70— 80	12	46	33	19	7	1		118
80— 90	8	30	39	20	9	1		107
90—100	6	15	35	10	6	1	1	74
100—110	2	13	13	10	4	1		43
110—120	4	6	8	8	5	1		32
120—130	1		3	5	2			11
130—140		1	1	2	1			5
140—150						1		1
150—160		1	2					3
160—170		1						1
Total:	71	206	205	108	41	8	2	641

Das mittlere Gewicht dieser 641 Früchte beträgt 78,71 ± 0,82 g und die mittlere Kernzahl 1,803 ± 0,045. In der Annahme, daß die Korrelation zwischen Kernzahl und Fruchtgewicht eine geradlinige sei, was nicht notwendig sein muß, wurde der Korrelationskoeffizient nach der Formel von BRAVAIS als 0,237 ± 0,037 berechnet. Eine ansehnliche positive Korrelation ist also auch rechnerisch nachweisbar. Sie kann übersichtlich dargestellt werden, indem man die mittleren Gewichte einer jeden einzelnen Kernklasse berechnet. Wenn wir diese zudem noch in einem relativen Maße — z. B. als Prozente des der niedrigsten Kernzahl zugehörigen mittleren Gewichtes — angeben, können wir die Korrelationen bei den verschiedenen Sorten etwas anschaulicher, als es mit dem BRAVAISschen Korrelationskoeffizienten möglich ist, miteinander vergleichen, und die mittlere prozentuale Zunahme des Gewichtes bei Vermehrung der Kernzahl um eine Einheit berechnen. Auf diese Weise ergibt sich für unser Beispiel nachstehende Zusammenstellung:

Vergleich der mittleren Fruchtgewichte für verschiedene Kernzahlen von 641 Früchten eines Baumes der Sorte Schöner von Boskoop.

Kernzahl	Mittleres Gewicht in g	Gewicht in % der 0-kernigen	Gewichtszunahme in %
0	73,5	100	
			→ 0,7
1	74,0	100,7	
			→ 7,7
2	79,7	108,4	
			→ 6,7
3	84,6	115,1	
			→ 5,8
4	88,9	120,9	
			→ 6,6
5	93,7	127,5	

Das durchschnittliche Gewicht der Früchte nahm also bei diesem Baum von den 0-kernigen zu den 5-kernigen im ganzen um 20,2 g zu. Setzt man das durchschnittliche Gewicht der 0-kernigen gleich 100 und berechnet man die mittlere prozentuale Gewichtszunahme je Erhöhung der Kernzahl um eine Einheit, so ergibt sich ein Wert von 5,5%.

Bei einer kernreichen Sämlingssorte der Eidgenössischen Versuchsanstalt für Obst-, Wein- und Gartenbau in Wädenswil ergab sich bei dieser Berechnungsweise ein Wert von 3,3% bis 6,6%, bei Danziger Kantapfel von 4,5%, bei Jakob Lebel von 11,4%, bei Theilersbirne von 4,5% und bei Seeschellerbirne von 6,6%.

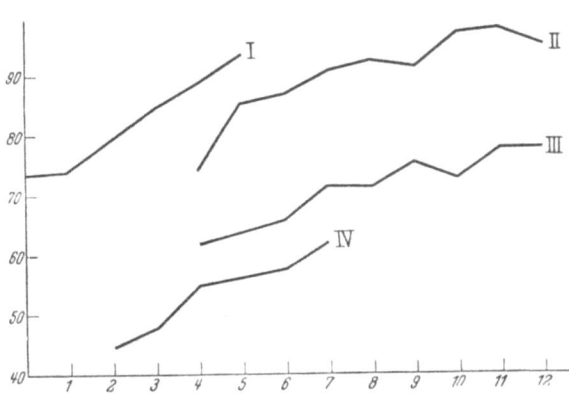

Abb. 81. Zunahme des durchschnittlichen Fruchtgewichtes mit steigender Samenzahl bei Apfel- und Birnsorten. Auf der Abszisse ist die Kernzahl, auf der Ordinate das Fruchtgewicht in Gramm angegeben. *I*: Schöner von Boskoop; *II* und *III*: Früchte einer Sämlingssorte, *III* unreif, *II* reif; *IV*: Früchte von Seeschellerbirne. Original.

Wir dürfen demnach annehmen, daß die Früchte unserer Apfel- und Birnsorten unter sonst gleichen Bedingungen — also an ein und demselben Baum — bei Anstieg der Kernzahl um eine Einheit durchschnittlich wenigstens um 3% bis 5% an Gewicht zunehmen. Einige dieser Untersuchungsergebnisse sind in Abb. 81 graphisch dargestellt.

Es geht aus diesen Versuchsergebnissen hervor, daß die Kernzahl für die Ausbildung der Frucht von Bedeutung ist. Offenbar sind die Samen imstande, die Baustoffe besonders energisch an sich zu ziehen, wobei dann auch das sie umgebende Fruchtfleisch zu erhöhtem Wachstum gereizt wird. Dies ergibt sich besonders deutlich auch daraus, daß die nur teilweise befruchteten Äpfel und Birnen sehr oft unsymmetrisch ausgebildet sind, indem diejenige Seite, in der die Kerne sitzen, mehr Fruchtfleisch entwickelt als die kernlose (Abb. 82).

Abb. 82. Unsymmetrische Entwicklung des Fruchtfleisches von Äpfeln bei unvollständiger, einseitiger Befruchtung. Oben: normale, voll befruchtete Jungfrüchte. Unten: einseitig befruchtete, unsymmetrische Jungfrüchte.

Man ist aber nur allzuleicht geneigt, daraus zu schließen, daß nur teilweise befruchtete Äpfel und Birnen zufolge unregelmäßiger Fruchtform minderwertig seien. Wenn man aber, wie der

Verfasser, mehrere tausend Früchte durchschnitten und nebenbei auch auf diese Erscheinung geachtet hat, so kommt man zum Schluß, daß diesen Beziehungen durchaus keine Allgemeingültigkeit zukommt. Die meisten Unregelmäßigkeiten der Früchte sind anderen Ursprungs (Wanzenstiche, Schorfflecken usw.), und ganz einseitig befruchtete Exemplare sind oft recht symmetrisch gebaut. Die Angabe von SAX (1921), daß die Asymmetrie meist nur dann nicht nachweisbar sei, wenn nur ein Samenfach keine Samen enthalte, konnte bei den uns vorliegenden Sorten nicht bestätigt werden. In früheren Entwicklungsstadien sind allerdings die durch einseitige Befruchtung hervorgerufenen Asymmetrien viel auffälliger. Später verwischen sich diese Ungleichheiten aber mehr und mehr, was leicht verständlich erscheint, da das Gewicht der Samen im Vergleich zum Gewicht der ganzen Frucht immer unbedeutender wird. Würde man deshalb die Untersuchungen über die Zusammenhänge zwischen Kernzahl und Fruchtgewicht früher, etwa zur Zeit des Junifalles, durchführen, so würde man wohl auch eine viel bedeutendere Korrelation auffinden.

Von einigem Interesse war noch die Frage, ob die „tauben" Samen, von denen wir schon da und dort gesprochen haben, auf die Entwicklung der Frucht den gleichen Einfluß ausüben wie die mit gesunden Keimlingen versehenen. Zu diesem Zwecke untersuchte der Verfasser 361 Früchte der Sorte Schöner von Boskoop, indem er jede Frucht in 2 verschiedene Korrelationstabellen eintrug, das eine Mal die tauben Samen mitzählend, das andere Mal dagegen nicht. Bei Mitberechnung der tauben Samen ergab sich für die Erhöhung der Kernzahl um eine Einheit eine mittlere Zunahme des Gewichtes von $7{,}7 \pm 2{,}4\%$, ohne Berechnung derselben dagegen von $6{,}7 \pm 3{,}9\%$. Die mittleren Fehler sind hier infolge der kleinen Fruchtzahl sehr groß. Doch scheint ein reeller Unterschied nach den beiden Berechnungsweisen sehr unwahrscheinlich. Der Einfluß der tauben Samen auf das Fruchtgewicht würde sich also in gleicher Weise geltend machen, wie derjenige der guten. Dieses auf den ersten Blick etwas verblüffende Ergebnis wird aber dadurch begreiflich, daß sich der Einfluß der Kernzahl auf das Fruchtgewicht vor allem in den jüngsten Entwicklungsstadien geltend macht, zu einer Zeit also, in der die tauben Samen noch nicht verkrüppelt sind und ihre Keimlinge noch Lebenskraft besitzen.

Aus den angeführten Untersuchungen könnte man den Schluß ziehen, daß die durchschnittliche Fruchtgröße mit dem reichlicheren Vorhandensein von befruchtungsfähigem Pollen zunehme. Doch ergibt eine nähere Betrachtung, daß dies nicht unbedingt zutreffen muß, da ja bei Vorhandensein von geeignetem Pollen in großer Menge auch der Fruchtansatz ein größerer wird, als wenn nur wenig oder minderwertiger Pollen auf die Narben gelangt. Es ist aber eine altbekannte Tatsache, daß die durchschnittliche Fruchtgröße um so geringer wird, je reichlicher der Behang eines Baumes ist. POTTER (1927) hat zwischen der Menge der Früchte und ihrem durchschnittlichen Gewicht die hohe Korrelation von $-0{,}647 \pm 0{,}088$ gefunden. Sie scheint also größer zu sein als diejenige zwischen Kernzahl und Fruchtgewicht, für die wir nur $0{,}237 \pm 0{,}037$ fanden. Es stehen sich somit hier zwei Gesetzmäßigkeiten gegenüber, die in entgegengesetzter Richtung auf die Fruchtgröße einwirken. Es ist daher dem Vorhandensein reichlicher Mengen von gutem Pollen in bezug auf die Größe der sich infolge der Bestäubung entwickelnden Früchte lange nicht diejenige Bedeutung beizumessen, die man im ersten Augenblick vermuten möchte.

In gleicher Weise wie den Einfluß der Samenzahl auf die Fruchtgröße kann man auch ihren Einfluß auf den *Zucker- und Säuregehalt* untersuchen. MÜLLER-THURGAU (1898) hat dies für Traubenbeeren durchgeführt und ist zum Ergebnis gekommen, daß der Zuckergehalt *reifer* Beeren mit zunehmender Kernzahl zunehme. Der Säuregehalt nahm ebenfalls zu. MÜLLER-THURGAU nimmt mit Recht an, daß hierfür der Reifegrad ausschlaggebend sei. Mit zunehmender Kernzahl werde die Reifezeit verzögert. EWERT (1910) hat ähnliche Untersuchungen mit Kernobst durchgeführt, und der Verfasser (KOBEL 1926) konstatierte bei Theilersbirnen, daß mit Anstieg der Kernzahl um eine Einheit der Zuckergehalt um $0{,}17\% \pm 0{,}06\%$ und der Säuregehalt um $0{,}25^0/_{00} \pm 0{,}10^0/_{00}$ zunahm. Daß dabei auch der Reifegrad eine Rolle spielt, ergab sich aus dem Beispiel mit Seeschellerbirnen. Der Zuckergehalt nahm hier bei nicht völlig reifen Früchten von den 0-kernigen bis zu den 3kernigen bei Erhöhung der Kernzahl um eine Einheit durchschnittlich um 2 bis 3% zu, bei den mehr als 3kernigen dagegen ab, während dieser Knick in der Kurve bei reifen Früchten derselben Sorte nicht mehr zu beobachten war. Daß die Reifezeit von der Kernzahl abhängig ist, war auch daraus ersichtlich, daß unter den kernreichen Früchten viel weniger teige zu finden waren als unter den kernarmen.

Eine entsprechende Untersuchung an Äpfeln der Sorte Schöner von Boskoop und der früher erwähnten Sämlingssorte ergab dagegen bei reifen Früchten weder für den Zucker- noch für den Säuregehalt eine Zunahme bei Erhöhung der Kernzahl. Wohl aber stieg der durchschnittliche Zuckergehalt bei Erhöhung des durchschnittlichen Gewichtes der Früchte, und zwar bei Schöner von Boskoop um 1% und bei dem Sämling um 1,6% bei Erhöhung des Gewichtes um je 10 g. Diese Tatsache beweist, daß die besser ernährten Früchte nicht nur größer werden, sondern auch relativ einen höheren Zuckergehalt erreichen. Der Nachweis dieser Beziehung wurde dadurch möglich, daß die Früchte jedes Feldes der Korrelationstabelle gesondert gemostet wurden.

d) Das vorzeitige Abfallen der Früchte im Herbst.

Die Ursachen des vorzeitigen Abfallens. — Dessen Verhinderung mit Hilfe von Wuchsstoffen.

Unmittelbar vor der Pflückreife durchlaufen die Früchte mancher Apfel- und Birnsorten eine Krisenperiode. Oft löst sich ein großer Prozentsatz zu früh vom Fruchtkuchen. Man spricht von ,,Tropfsorten''. In der englischen Literatur ist der Ausdruck ,,pre-harvest drop'' gebräuchlich. Die wörtliche Übersetzung ,,Vorerntefall'' klingt nicht gut, so daß wir lieber etwas umständlicher die Erscheinung als ,,Vorzeitiges Abfallen der Früchte im Herbst'' bezeichnen wollen.

Dieses Abstoßen kann rein mechanisch bedingt sein. Wenn die Früchte in Büscheln sitzen, so werden aus Platzmangel einzelne abgedrängt, sobald sie eine gewisse Größe erreicht haben. Dies gilt vor allem für Sorten mit kurzem Fruchtstiel. Aber es kommt auch bei langstieligen vor. Man kann in solchen Fällen gelegentlich beobachten, daß sich die Früchte nicht an der durch eine Einschnürung gekennzeichneten Stelle am Grunde des Fruchtstieles vom Baum lösen, daß vielmehr der Fruchtstiel aus der Frucht gerissen wird.

In weitaus den meisten Fällen ist dieser vorzeitige Fruchtfall der Tropfsorten auf die verfrühte Ausbildung einer Ablösungsschicht zurückzuführen. Diese wird jedoch nicht, wie beim Junifall, durch Zellteilungen an der vorgezeichneten Stelle eingeleitet. McCOWN (1939) hat festgestellt, daß die Ablösung bald im Mark, bald in der äußeren Partie des Fruchtstieles beginnt. Im Mark wird die Ablösung durch Verquellen der Mittellamellen und der sekundären Zellwände, sowie durch eine Verlängerung der Zellen eingeleitet. In den anderen Geweben beobachtete McCOWN nur ein Verquellen der Mittellamellen, während die sekundären Zellwände normal erschienen. Die Gefäße, die in der Zone der Ablösungsschicht nur kurz sind, und die Bastfasern werden zerrissen.

Die Gründe für die vorzeitige Ausbildung der Ablösungsschicht sind nicht genügend bekannt. Es muß jedoch angenommen werden, daß eine Störung in der

15 Kobel, Lehrbuch des Obstbaus, 2. Aufl.

Hormonzufuhr vorliegt, da durch Anwendung von Wuchsstoffen dem vorzeitigen Abfallen vorgebeugt werden kann. Sicher ist, daß es sich nicht um mangelhafte Ernährung handelt, da durch VAN STUIVENBERG (1941) und andere nachgewiesen ist, daß vor allem die größeren Früchte vorzeitig abfallen. Bei kühler Witterung ist die Gefahr weniger groß als nach warmen Tagen.

VYVYAN (1946) hat eine ausführliche Zusammenfassung der sich auf dieses Problem beziehenden Untersuchungen veröffentlicht. Es sei für die Einzelheiten darauf verwiesen. Wir wollen uns im folgenden nur auf die Darlegung der wesentlichen Gesichtspunkte beschränken.

GARDNER, MARTH und BATJER (1939) haben als erste in Form einer kurzen Notiz berichtet, daß die Ausbildung der Ablösungsschicht an der Basis des Fruchtstieles verhindert werden kann, wenn man einige Zeit vor der Ernte die Bäume mit einer sehr verdünnten Lösung von α-Naphthylessigsäure spritzt. Im folgenden Jahr (GARDNER, MARTH und BATJER 1940) berichteten sie in ausführlicher Weise über zahlreiche weitere Versuche. Diese Arbeit enthält schon fast alles Wesentliche, was wir heute über diese Frage wissen.

Von den untersuchten Wuchsstoffen haben sich einzig die α-Naphthylessigsäure sowie ihr Na-, K- und Ca-Salz und Naphthylacetamid als voll wirksam erwiesen. Das Acetamid hat ungefähr die gleiche Wirksamkeit wie die erwähnten Salze. Wie schon GARDNER und Mitarbeiter feststellten, sind die am längsten bekannten Wuchsstoffe, wie beispielsweise β-Indolylessigsäure und β-Indolylbuttersäure, nicht brauchbar. Auch weitere Wuchsstoffe erwiesen sich in den Untersuchungen von GARDNER und Mitarbeitern sowie von SWARBRICK (1944) und anderen als nicht oder wenig wirksam, darunter die bekannten Stoffe β-Naphtoxyessigsäure und 2,4-Dichlorphenoxyessigsäure. Die zahlreichen in den Handel gebrachten Präparate scheinen ausschließlich Salze der α-Naphthylessigsäure und Naphthylacetamid zu enthalten.

Die amerikanischen Forscher sind meist der Auffassung, daß eine Konzentration von 10 ppm (10 Teile auf 1 Million = 0,001%) ausreichend sei. Bei geringerem Gehalt der Spritzbrühe war oft die Reaktion nicht optimal. Immerhin glaubt SOUTHWICK (1943), daß man mit Konzentrationen bis 40 ppm den Erfolg noch verbessern könne. Die europäischen Forscher, z.B. SWARBRICK (1944) und FRITZSCHE (1947), verwenden meist 15 ppm oder 20 ppm. Es ist wahrscheinlich, daß die einzelnen Sorten etwas verschiedene Ansprüche stellen.

Bereits GARDNER und Mitarbeiter versuchten bei der Apfelsorte Delicious abzuklären, welche Teile der Frucht mit Wuchsstoff belegt werden müssen. Sie bespritzten einerseits die Fruchtstiele, anderseits die Kelchpartie der Früchte. Die Blätter wurden nicht gespritzt. Bei Behandlung der Fruchtstiele betrug der Fruchtfall nach 3 Wochen 17%, bei Behandlung der Kelchpartie 76% und bei der unbehandelten Kontrolle 98% der Gesamternte. Es war also eine gewisse Übertragung des Wuchsstoffes durch die Frucht — oder vielleicht auch an der Außenseite der Frucht durch Regenwasser — nachzuweisen; aber im wesentlichen war doch nur die lokale Anwendung wirksam. Ob eine Aufnahme des Wuchsstoffes durch Blätter erfolgt, wie OVERHOLSER und Mitarbeiter (1943) glauben, oder ob dies, wie GARDNER und Mitarbeiter vermuten, nicht der Fall ist, wurde bisher nicht eindeutig abgeklärt. Jedenfalls wird man die Spritzung so ausführen, daß die Fruchtstiele möglichst gut getroffen werden, was bei kurzstieligen Sorten oft recht schwierig ist. Diese scheinen denn auch für die Anwendung von α-Naphthylessigsäure am wenigsten dankbar zu sein.

Die schwierigste Frage bei der Anwendung von α-Naphthylessigsäure zur Verhinderung des vorzeitigen Fruchtfalles im Herbst ist ohne Zweifel die Bestimmung des richtigen Zeitpunktes für die Spritzung. Bereits GARDNER und Mitarbeiter hatten festgestellt, daß die Wirksamkeit 5—6 Tage nach der Spritzung am größten sei und dann je nach Sorte 2—3 Wochen anhalte, um sich später rasch zu verlieren. Bei der Apfelsorte McIntosh zeigte sich bereits nach 8 Tagen keine Wirksamkeit mehr. Gelegentlich kann aber die Wirksamkeit 4 und mehr Wochen andauern, so daß die Früchte am Baum überreif werden und aufspringen (z.B. SWARBRICK 1944 bei der Sorte Schöner von Bath). Es scheint, daß für den Beginn der Wirksamkeit die Temperatur ausschlaggebend sei; denn nach GARDNER und Mitarbeitern konnte bei warmem Wetter schon nach 24—48 Stunden eine Verminderung des Fruchtfalles festgestellt werden, während bei tiefen Temperaturen 4—5 Tage verstrichen. Diese Erfahrungen scheinen darauf hinzuweisen, daß es früh genug ist, wenn man erst wenige Tage vor dem Fruchtfall spritzt. Die Forscher, die sich zuerst mit der Frage befaßten, haben deshalb meist empfohlen zu warten, bis die ersten gesunden, normal ausgebildeten Früchte fallen. Die Praxis hat jedoch gezeigt, daß man auf diese Weise viel zu spät kommt. Man bezieht sich jetzt meist bei der Bestimmung des Zeitpunktes für die Spritzung auf die voraussichtliche Pflückzeit. COLE und MCALPIN (1941), die ihre Versuche in Australien durchführten, kommen beispielsweise zum Schluß, daß die Anwendung des Wuchsstoffes 10 Tage bis 3 Wochen vor der Ernte erfolgen müsse. SWARBRICK (1944) schließt sich dieser Auffassung an. FRITZSCHE (1947) dagegen kommt auf Grund seiner Versuche zur Ansicht, daß man etwa 4 Wochen vor Beginn der Ernte eingreifen müsse. In einzelnen Fällen hatte er sogar guten Erfolg, wenn er bereits 50 Tage vor der Ernte spritzte. Die Unterschiede in den Angaben sind wohl darauf zurückzuführen, daß in den kleinen schweizerischen Betrieben, in denen FRITZSCHE arbeitete, die Pflückzeit weiter hinausgeschoben wird als in den ausländischen Pflanzungen, die für den Großhandel produzieren. Dies geht z.B. daraus hervor, daß FRITZSCHE angibt, daß zur Zeit der Bespritzung von Early McIntosh und (im Fall Riedikon) von Gravensteiner das vorzeitige Abfallen bereits begonnen habe, während trotzdem mit dem Pflücken noch 21—30 Tage zugewartet wurde. Da je nach den örtlichen Verhältnissen, den in Frage kommenden Sorten und der Witterung die richtige Anwendungszeit recht großen Schwankungen unterworfen ist, muß der einzelne Pflanzer auf Grund von Erfahrungen selbst im oben angeführten Rahmen den richtigen Zeitpunkt für die Spritzung gegenüber vorzeitigem Fruchtfall ausfindig machen.

Es stellt sich die Frage, ob in Anbetracht der Schwierigkeiten in der Bestimmung des richtigen Zeitpunktes die Anwendung der Wuchsstoffe in wiederholten Spritzungen erfolgen sollte. Man könnte damit den richtigen Zeitpunkt treffen, auch wenn die erste Spritzung zu früh war, und man könnte die Dauer der Einwirkung der Wuchsstoffe verlängern. VYVYAN (1946) hat die zahlreichen über diese Frage ausgeführten Versuche zusammengestellt. Überblickt man die Angaben, so erhält man den Eindruck, daß gelegentlich eine ansehnliche Verbesserung der Ergebnisse durch wiederholte Spritzung möglich ist. Dies gilt namentlich für die heikle Sorte McIntosh, bei der die Einwirkungsdauer, wie bereits oben ausgeführt wurde, nur kurz ist. Im ganzen gesehen dürfte jedoch die wiederholte Anwendung von α-Naphthylessigsäure nicht wirksamer sein, sofern der Zeitpunkt der einmaligen Spritzung einigermaßen richtig gewählt wird. Man kann sich eine Erhöhung der Gestehungskosten durch eine zweite Behandlung ersparen.

Obschon zur Zeit der Spritzung gegen den vorzeitigen Fruchtfall im Herbst die Schädlingsbekämpfung zur Hauptsache abgeschlossen ist, war es wichtig, die Mischbarkeit von α-Naphthylessigsäure und ihren Salzen mit den üblichen Schädlingsbekämpfungsmitteln zu prüfen. HATCHER, der in East Malling arbeitete, hat festgestellt (VYVYAN 1946), daß weder Schwefelkalkbrühe noch Bordeauxbrühe noch Bleiarseniate die Wirksamkeit des Hormonpräparates herabmindern. Wir dürfen wohl annehmen, daß auch die bei uns zur Spätschorfbekämpfung verwendeten Kupferoxydule und Kupfercarbonate die Wirkung nicht verschlechtern. Immerhin ist die Frage, ob die Beimischung zu kalkhaltigen Mitteln die Wirksamkeit der α-Naphthylessigsäure vermindere, nicht restlos abgeklärt. Es gibt Forscher, wie KADOW und HOPPERSTEAD (1942), die dies behaupten, während andere gegenteiliger Meinung sind. Wir dürfen wohl annehmen, daß α-Naphthylessigsäure bei den Sorten, bei denen eine Spätschorfspritzung nötig erscheint, den gebräuchlichen Fungiziden beigemischt werden kann.

In gleicher Weise wie für die Äpfel ist α-Naphthylessigsäure auch für Birnen angewendet worden, unter denen es ebenfalls Tropfsorten gibt. FRITZSCHE (1947) hatte z.B. gute Erfolge bei Le Lectier. Es sind auch mehrere erfolgreiche Versuche mit Williams Christbirne durchgeführt worden, die unter gewissen Bedingungen auch zu vorzeitigem Fruchtfall zu neigen scheint.

Bei den Steinobstarten, die im ganzen weniger zu vorzeitigem Abfallen der Früchte im Herbst neigen, sind nur wenige Versuche ausgeführt worden. HESSE und DAVAY (1943) hatten bei der Aprikose im einen Jahr einen ordentlichen Erfolg, im anderen einen geringen. Beim Elbertapfirsich war die Wirkung ebenfalls ungenügend.

Es bleibt uns noch übrig, allfällige Nebenwirkungen der α-Naphthylessigsäure auf das Obst zu untersuchen. Mehrere Forscher, darunter FRITZSCHE (1947) haben festgestellt, daß die behandelten Früchte besser gefärbt seien. Dies trifft vor allem bei Sommer- und Herbstsorten, wie Schöner von Bath, Gravensteiner und Goldparmäne, zu. Die Erscheinung ist ohne Zweifel darauf zurückzuführen, daß diese Tropfsorten nach der Bespritzung ohne Bedenken am Baum belassen werden können, bis sie die volle Pflückreife erreicht haben, was ohne Bespritzung vielfach mit großen Verlusten verbunden wäre. Anderseits darf man sich durch das feste Halten am Baum nicht verleiten lassen, die Früchte derartiger Sorten zu spät zu pflücken, da sie sonst am Baum überreif und mehlig werden. VAN STUIVENBERG (1941) hat nachgewiesen, daß bei Anwendung des Wuchsstoffes in normaler Konzentration keine Beeinflussung der Reifezeit erfolgt. Erst bei Überdosierungen von über 50 ppm bis zu 200 ppm war eine deutliche Beschleunigung des Ausreifens feststellbar. Die Lagerungsversuche mit normal behandelten Früchten zeigten denn auch keine Beeinflussung der Lagerfähigkeit, sofern nicht das Pflückdatum zu weit hinausgeschoben wurde. Die Bedenken, die SMOCK und NEUBERT (1950) bezüglich der Lagerfähigkeit von Früchten äußern, die mit α-Naphthylessigsäure gespritzt wurden, scheinen deshalb bei Berücksichtigung der günstigen Pflückzeit nicht stichhaltig zu sein.

Die Frage der Wirtschaftlichkeit der Anwendung von α-Naphthylessigsäure kann nicht generell beantwortet werden. Sicher ist, daß diese zusätzliche Ausgabe für Spritzmittel und Arbeit bei all jenen Sorten nicht in Betracht gezogen werden kann, die keinen namhaften vorzeitigen Fruchtfall im Herbst aufweisen. Auch Wirtschaftssorten lohnen diesen Aufwand kaum. Bei den hochwertigen Sorten, die mehr oder weniger zum Tropfen neigen, muß von Fall zu Fall entschieden werden. Im Qualitätsobstbau hat sich die Spritzung mit α-Naphthylessigsäure an vielen Orten im Verlauf der letzten Jahre eingebürgert.

e) Die Pflückreife.

Anforderungen an die Frucht zur Zeit der Pflückreife. – Zunahme an Gewicht und Verbesserung der Qualität zur Zeit der Pflückreife. – Methoden zur Feststellung der Pflückreife. – Folgen zu früher Ernten. – Folgen zu später Ernten.

Der Erwerbsobstpflanzer wird seine Früchte in jenem Zeitpunkt ernten, in welchem sie so beschaffen sind, daß er damit die größten Einnahmen erzielt. Dies wird, auf die Dauer betrachtet, jenem Entwicklungszustand entsprechen, der bei der Weiterentwicklung bis zur Zeit der Ausreife den besten Ausbau des sortentypischen Geschmackes und der Duftstoffe gewährleistet. In manchen Fällen spielen jedoch auch andere Überlegungen mit. So müssen beispielsweise Pfirsiche, die bis zum Orte des Konsums einen längeren Transport erleiden, zu früh gepflückt werden, d. h. bevor sie die volle Güte zu entwickeln vermögen. Bei längerem Zuwarten würde die Transportfähigkeit allzu gering werden. Es ist aus diesem Zusammenhang ersichtlich, daß die Pflückreife für ein und dieselbe Sorte je nach den Anforderungen des Marktes recht verschieden definiert werden kann. Eine Erschwerung bei der Bestimmung des richtigen Zeitpunktes liegt auch darin, daß die verschiedenen Früchte eines Baumes oft recht ungleichzeitig reifen. Es wäre in sehr vielen Fällen für die beste Auswertung der Ernten nötig, die Bäume zu überpflücken, d. h. in einem ersten Pflückgang die reifen wegzunehmen und den Rest nachreifen zu lassen. Diese Maßnahme dürfte sich viel häufiger lohnen als gemeinhin angenommen wird, da die am Baum belassenen Früchte in qualitativer Hinsicht wesentlich besser werden und dadurch einen größeren Handelswert erreichen.

Vielfach wird Obst, namentlich wenn es sich um Frühsorten handelt, vorzeitig geerntet, um von den hohen Marktpreisen für frühe Ware zu profitieren. Diese Handlungsweise ist nicht nur deshalb kurzsichtig, weil man sich durch Lieferung schlechter Qualitäten für die Zukunft den Markt verdirbt, sondern auch, weil man ganz beträchtliche Gewichtsverluste in Kauf nimmt. Amerikanische Forscher haben die Größenzunahme der Früchte in der kritischen Zeit untersucht. Es seien aus einer Untersuchung von ALLEN (1932) folgende Beispiele herausgegriffen. Sie zeigen uns, um welche Größenordnungen es sich bei diesem Zuwachs handelt:

Sorte	Datum der Messung	Grundfarbe	Mittlerer Umfang cm	Mittleres Volumen ccm	Mittlere tägl. Zunahme ccm seit letzter Messung
Williams Christbirne	11. 6.	grün	15,1	58,1	—
Williams Christbirne	18. 6.	grün bis leicht gelblichgrün	16,3	73,1	2,14
Williams Christbirne	25. 6.	gelblichgrün	17,1	84,4	1,61
Williams Christbirne	2. 7.	gelblichgrün	17,6	92,0	0,95
Williams Christbirne	9. 7.	grünlichgelb	17,8	95,2	0,45
Williams Christbirne	16. 7.	grünlichgelb bis leicht gelb	18,0	98,5	0,47
Gravensteiner	17. 6.	gelblichgrün	20,5	145,5	—
Gravensteiner	24. 6.	gelblichgrün bis grünlichgelb	21,7	172,6	3,87
Gravensteiner	1. 7.	gelblichgrün bis grünlichgelb	23,5	219,2	5,82
Gravensteiner	7. 7.	gelblichgrün bis grünlichgelb	24,0	248,4	2,38
Gravensteiner	21. 7.	gelblichgrün bis grünlichgelb	24,5	248,4	1,06
Elberta (Pfirsich)	20. 7.	grünlichgelb	18,2	101,8	—
Elberta	30. 7.	leicht gelb, leichter roter Anflug	21,0	156,4	5,46
Elberta	6. 8.	gelb, gute Deckfarbe	22,4	189,8	4,77
Tuskena (Pfirsich)	6. 7.	grünlichgelb, bis ½ rot	16,2	71,8	—
Tuskena	9. 7.	gelb, ½ bis ⅔ rot	17,3	87,4	5,20
Tuskena	13. 7.	gelb, ¾ rot ausgefärbt	18,5	106,9	4,87
Tuskena	16. 7.	gelb, fast völlig rot	19,2	119,5	4,20

Es läßt sich aus diesen Zahlen leicht errechnen, wie groß der prozentuale Zuwachs je Tag ungefähr ist. Auf den ganzen Ertrag eines Baumes bezogen, ergibt sich eine sehr wesentliche Gewichtszunahme. Solange nicht infolge allzuweit fortgeschrittener Reife mehr gesunde Früchte fallen als die Gewichtszunahme beträgt, entsteht für den Pflanzer ein Wertzuwachs der Ernte. Das vorzeitige Abreißen von Frühobst dürfte nur selten einem wirklichen Mehrerlös entsprechen.

Diese Zusammenhänge sind um so wichtiger als gleichzeitig auch die Qualität der Früchte zunimmt. Auch dies soll durch einige Zahlen aus der Arbeit von ALLEN (1932) belegt werden.

Sorte	Pflückdatum	Total Zucker % des Frischgewichts		Total Säure ‰ des Frischgewichtes (als Äpfelsäure berechnet)	
		Beim Pflücken	Bei Eßreife	Beim Pflücken	Bei Eßreife
Williams Christbirne	24. 6.	5,53	7,00	0,52	0,39
Williams Christbirne	6. 7.	5,76	7,38	0,49	0,51
Williams Christbirne	16. 7.	6,69	7,81	0,48	0,45
Williams Christbirne	25. 7.	7,81	8,11	0,40	0,44
Williams Christbirne	4. 8.	8,22	9,64 nach 10 Tagen bei 21°C	0,51	0,45 nach 10 Tagen bei 21°C
Gravensteiner	30. 6.	6,92	8,56	0,96	0,74
Gravensteiner	14. 7.	7,60	10,27	0,80	0,73
Gravensteiner	29. 7.	8,50	10,45	0,82	0,68
Tuskena (Pfirsich)	3. 7.	7,32	8,00	0,96	
Tuskena	9. 7.	7,81	8,30	1,00	0,96
Tuskena	13. 7.	7,93	7,90	0,98	0,90
Tuskena	17. 7.	8,87	8,82	0,92	0,90
Burbank (Pflaume)	25. 6.	9,12	(strohgelb bis gelb)	1,97	—
Burbank	25. 6.	9,17	(strohgelb mit roter Spitze)	1,73	—
Burbank	6. 7.	10,37	(gelb, leicht rot)	1,46	—
Burbank	6. 7.	11,06	gelb, ½ rot)	1,41	—

Da sich in der letzten Periode der Entwicklung am Baum die Früchte erst richtig ausfärben, werden sie bei längerem Hängen auch schöner und damit leichter verkäuflich. Schließlich muß darauf hingewiesen werden, daß die jeder Sorte eigenen Aromastoffe ebenfalls nur in Früchten voll ausgebildet werden, die man nicht zu früh erntet. Anderseits ergeben sich, abgesehen vom Verlust durch vorzeitigen Fall, auch bei zu spätem Pflücken Nachteile. Es ist daher nötig, jenen Zeitpunkt feststellen zu können, der die beste Weiterentwicklung des Obstes bis zum Zeitpunkt des Konsums ergibt.

Es sind zahlreiche *Methoden* angeführt worden, um die *beste Pflückreife zu bestimmen*. Dabei müssen wir uns vorerst die Frage stellen, ob die Bestimmung der Atmungsintensität, die ein sehr gutes Maß für den Ablauf der biologischen Vorgänge ist, uns präzise Angaben ermöglicht. Wir wissen, daß die meisten Früchte beim Ausreifen eine klimakterische Krise durchmachen, und es ist zu überprüfen, ob dieser plötzliche Anstieg der Atmungskurve irgendwie mit der Pflückreife in Verbindung zu bringen sei. Eine Überprüfung der Frage in Amerika (SMOCK und GROSS 1950, SMOCK und NEUBERT 1950) hat ergeben, daß die Verhältnisse nicht eindeutig liegen. Während nach Angaben aus Kanada z.B. der Apfel McIntosh nach dem klimakterischen Maximum gepflückt werden soll, sind in Ithaca (New York) zu diesem Zeitpunkt die meisten Früchte dieser Sorte bereits abgefallen. In Cornell (New York) muß sie gepflückt werden, wenn die klimakterische Krise beginnt. Für andere Sorten, wie Rhode Island Greening und Northern Spy ergaben sich ebenfalls keine klaren Beziehungen zwischen Pflückreife und Atmungskoeffizient. Es trifft allerdings im allgemeinen zu, daß frühreife Sorten ihre klimakterische Krise früher durchmachen als spätreife. Insofern ergeben sich deutliche Zusammenhänge zwischen Klimakterium und Pflückreife. Es trifft auch zu, daß im allgemeinen frühreife Sorten ein höheres klimakterisches Maximum aufweisen als spätreife. Im einzelnen ergeben sich aber Komplikationen, indem die Verhältnisse bei ein und derselben Sorte von Jahr zu Jahr und Ort zu Ort bedeutenden Schwankungen unterworfen sind. Die Bestimmung der Atmungsintensität gibt uns somit im besten Fall Annäherungswerte für die Festsetzung des Pflückdatums. Einen objektiven Maßstab bietet sie uns jedoch nicht. Zudem ist sie für praktische Zwecke zu wenig handlich.

Ein viel benützter Reifetest bezieht sich auf die *Festigkeit des Fruchtfleisches*. Nach Untersuchungen von KIDD und WEST (1937) bestehen Zusammenhänge zwischen klimakterischer Krise und der Lockerung des Zellverbandes, und zwar beginnt bei Williams Christbirne der letzterwähnte Vorgang bei 21°C vor dem Einsetzen der erhöhten Atmung, bei 10°C ungefähr gleichzeitig und bei 4,5°C setzt die Periode des raschen Weichwerdens ein, nachdem der klimakterische Anstieg bereits begonnen hat. In den Vereinigten Staaten von Amerika hat man verschiedene Druckmesser (Penetrometer) konstruiert, um die Festigkeit des Fruchtfleisches zahlenmäßig anzugeben. Der gebräuchlichste ist wohl derjenige von MAGNESS und TAYLOR (1925). Der Druck wird in Pfund angegeben, die nötig sind, um einen Kolben von $7/_{16}$ Zoll Durchmesser $5/_{16}$ Zoll tief ins Fruchtfleisch einzudrücken. Um die Messung vorzunehmen, wird auf der Schattenseite der Frucht in der Mitte zwischen Kelch und Stiel vorerst die Haut mit einer dünnen Schicht Fruchtfleisch weggeschnitten. Es hat sich gezeigt, daß auch dieser Maßstab keine allgemeine Gültigkeit haben kann. Die Festigkeit des Fruchtfleisches ein und derselben Sorte schwankt von Jahr zu Jahr. So hat man z.B. die Erfahrung gemacht, daß bei der Apfelsorte McIntosh die beste Pflückzeit im einen Jahr bei einer Druckfestigkeit von 14 Pfund, in einem anderen bei 16 Pfund liegen kann. Die optimale Druckfestigkeit einer Sorte ist oft auch von Ort zu Ort verschieden. Reifere Früchte von der besonnten Außenseite der Krone können fester sein als weniger reife, die aus dem Innern der Krone stammen. Größere Früchte sind meist weniger fest als kleinere, die in der Reife gleich weit fortgeschritten sind. Die Druckmesser sind in den Obstbauzentren der USA im praktischen Gebrauch, werden jedoch mit Vorsicht benützt. Häufiger als zur Bestimmung der Pflückreife verwendet man sie wohl zur Feststellung der Zeit, in welcher eine Sorte vom Lager auf den Markt gebracht werden soll.

Ein weiterer, viel benützter Reifetest ist die mit fortschreitender Reife sich einstellende Veränderung der *Grundfarbe*. Der Chlorophyllgehalt geht zurück. Es bilden sich gelbe Farbstoffe aus der Gruppe der Flavone. Vielfach wird die Abstufung zwischen grün und gelb als Maß für die Reifung benützt. Um dies tun zu können, wurden spezielle Farbtafeln hergestellt, erstmals im Auftrag des amerikanischen Landwirtschaftsdepartements durch MAGNESS, DIEHL und HALLER (1926). Es ist selbstverständlich, daß die richtige Nuance für jede Sorte an einer anderen Stelle der Skala liegt. Aber es ergeben sich Unterschiede auch bei ein und derselben Sorte je nach Jahrgang. Immerhin scheint dieser Farbtest für die Großbetriebe der zuverlässigste Reifetest zu sein.

Auch die *Deckfarbe* verändert sich mit zunehmender Reife. Ihre Ausbildung ist jedoch viel stärker von Umweltfaktoren abhängig als die Veränderung der Grundfarbe. Es scheint, daß beim Apfel, bei der Birne und beim Pfirsich, also jenen Obstarten, deren rötliche Deckfarbe sich nur im Lichte ausbildet, die Sonnenscheindauer, aber auch die mehr oder weniger häufige Benetzung durch Regen sowie der Wechsel von hohen und tiefen Temperaturen von Einfluß sei. Anders verhalten sich die Kirschen, die meisten Pflaumen und die Zwetschgen, die ihre blaue Farbe auch im Dunkeln entwickeln, wie OVERHOLSER (1918) und OBATON (1923) durch umfangreiche Versuche gezeigt haben.

Ein praktisch unbrauchbares Kennzeichen, um die Reifezeit zu bestimmen, ist die *Braunfärbung der Samen* beim Kernobst. Der Zeitpunkt, in welchem sich diese Farbstoffbildung in den Samen vollzieht, ist von Sorte zu Sorte sehr verschieden. Frühsorten können genußreif sein, wenn die Samen noch weiß sind, und Spätsorten färben ihre Kerne oft lange vor der Pflückreife aus. Zudem scheinen von Jahr zu Jahr recht bedeutende Unterschiede zu bestehen.

Eines der mehr oder weniger brauchbaren Kennzeichen für die Pflückreife ist die Ausbildung der *Ablösungsschicht* am Fruchtstiel, oder anders ausgedrückt, die Festigkeit, mit welcher die Frucht am Baum hängt. Wir haben jedoch bereits in einem anderen Zusammenhang gesehen, daß der Zeitpunkt, in welchem sich die Ablösungsschicht ausbildet, nicht nur von Sorte zu Sorte recht verschieden ist, daß er vielmehr auch von Außeneinflüssen abhängt. Wir werden diesen Maßstab deshalb nur mit der nötigen Vorsicht verwenden.

In Amerika hat man die Frage geprüft, ob die Anzahl Tage zwischen der Vollblüte und der Pflückzeit eine mehr oder weniger konstante Größe sei. Es wurde beispielsweise nach SMOCK und NEUBERT (1950) von HALLER empfohlen, die McIntosh-Äpfel 135—140 Tage nach der Vollblüte zu ernten. Solche Empfehlungen mögen in Gebieten mit sehr regelmäßigem Witterungsablauf, wie beispielsweise Kalifornien, einigen Wert haben. An den meisten Orten, so vor allem auch in den mitteleuropäischen Obstbaugebieten, ist ein solcher „Reifetest" nicht denkbar. In Ithaca (New York), wo ebenfalls der Witterungsablauf in den verschiedenen Jahren sehr ungleich sein kann, hat man für McIntosh festgestellt, daß die beste Erntezeit zwischen 125 und 157 Tagen nach der Vollblüte liegen kann. Besser wäre es, die Temperatursumme zu bestimmen, d.h. die Differenzen zwischen den mittleren Tagestemperaturen und der für Wachstumsvorgänge maßgebenden Minimaltemperatur, z.B. 5°C, zusammenzuzählen. M. BIDER und A. MEYER (1946) haben seit Jahren solche Erhebungen für die Bestimmung des Zeitpunktes der Hauptkirschenernte im Kanton Baselland ausgeführt. Die Ergebnisse sind befriedigend und lassen eine gewisse Voraussage zu, was für den Handel wertvoll ist. Zur Vorausbestimmung der Pflückzeit einer einzelnen Sorte werden jedoch diese Erhebungen nicht gebraucht.

Es wurden ferner von verschiedenen Autoren die Veränderung der Leitfähigkeit des Fruchtfleisches für elektrischen Strom (ALLEN 1932) und die Bestimmung des Zuckergehaltes im Preßsaft (zusammen mit den übrigen im Zellsaft gelösten Stoffen) mit Hilfe des Refraktometers (SMOCK und NEUBERT 1950) als Möglichkeiten für die Bestimmung der Pflückreife untersucht. Auch damit lassen sich jedoch keine auswertbaren Ergebnisse erzielen.

Zusammenfassend können wir sagen, daß eine eindeutige Feststellung der Pflückreife schon deshalb nicht möglich ist, weil die Pflückzeit nicht nur physiologisch, sondern auch durch wirtschaftliche Gesichtspunkte bestimmt wird. Immerhin lassen die Veränderung der Grundfarbe, und bei Steinobst auch der Deckfarbe, die Festigkeit des Fruchtfleisches und die Lösbarkeit des Fruchtstieles vom Fruchtkuchen den richtigen Zeitpunkt ungefähr erfassen. Doch ist dies nicht in schematischer Weise möglich, sondern nur unter Auswertung genügender Erfahrungen am gerade vorliegenden Objekt. Der Festlegung des richtigen Pflücktermins sollte aber vielfach größere Beachtung geschenkt werden als bisher. Ob dabei die erwähnten technischen Hilfsmittel, wie Farbtafeln und Druckmesser, Verwendung finden oder ob man sich lediglich auf Erfahrung stützt, ist von geringerer Bedeutung.

Die *Nachteile zu früher Ernten* können wie folgt zusammengefaßt werden:

1. Gewichtsverlust, weil die Früchte noch nicht ausgewachsen sind. Es sei auf die oben angeführten Zahlen verwiesen.

2. Qualitative Minderwertigkeit. Die sortentypischen Aromastoffe bilden sich nur aus, wenn das Obst zur Zeit der Ernte genügend reif ist.

3. Ungenügende Färbung des Obstes. Bei zu früher Ernte verändert sich die Grundfarbe auf dem Lager nicht in normaler Weise; die Früchte bleiben grün.

4. Neigung der Früchte zum Schrumpfen. Manche Sorten, darunter wertvolle Spätsorten, wie beispielsweise der Glockenapfel, zeigen auf dem Lager einen zu großen Wasserverlust, wenn sie zu früh geerntet werden. Ob dies auf einer ungenügenden Ausbildung der Cuticula beruht oder ob die Lenticellen erst in einem späten Entwicklungsstadium genügend undurchlässig für Wasserdämpfe werden, ist im einzelnen nicht untersucht.

5. Neigung zu Hautbräune auf dem Lager. Die Erfahrung hat gezeigt, daß diese unliebsame, das Aussehen des Obstes sehr stark beeinträchtigende physiologische Krankheit viel häufiger bei Obst auftritt, das zu früh geerntet wurde, als bei spät geernteten Früchten der gleichen Sorte.

6. Vermehrung der Neigung zum Stippigwerden der Früchte auf dem Lager.

Bei zu *später Ernte* können sich folgende *Nachteile* ergeben:

1. Gewichtsverluste durch vorzeitigen Fruchtfall. Dieser Nachteil kann durch Spritzen mit α-Naphthylessigsäure behoben werden.

2. Verminderung der Transportfähigkeit, da die Festigkeit des Fruchtfleisches mit zunehmender Reife abnimmt. Dieser Tatsache ist vor allem bei den Steinobstarten, aber auch bei weichfleischigen Kernobstsorten Beachtung zu schenken.

3. Verminderung der Haltbarkeit. Im Herbst und Vorwinter genußreif werdende Apfel- und Birnsorten können am Baum zu reif werden, so daß sie zu früh in den Konsum gebracht werden müssen. Es ist nötig, sie rechtzeitig zu pflücken und das Fortschreiten der Reife durch entsprechende Lagerungsbedingungen zu verlangsamen. Bei Äpfeln und bei einzelnen Birnsorten kann allzu späte Ernte ein Mehligwerden des Fruchtfleisches zur Folge haben.

4. Neigung zu verschiedenen Formen der Fleischbräune. Es ist durch zahlreiche Lagerversuche in allen obstbautreibenden Ländern stets wieder festgestellt worden, daß vor allem die spät gepflückten, zu reif auf das Lager gelangenden Früchte diesen physiologischen Störungen unterworfen sind.

3. Die Weiterentwicklung der Früchte auf dem Lager.

Die Genußreife. — Die Beurteilung der Qualität. — Die Transpiration. — Die Atmung. — Die Ausscheidung von Äthylen. — Die Ausscheidung von Duftstoffen. — Die chemischen Veränderungen auf dem Lager. — Die Kühllagerung. — Die Gaslagerung. — Krankheiten des Lagerobstes.

In der gepflückten Frucht gehen die Lebensvorgänge weiter. Der natürliche Tod erfolgt erst infolge eines physiologisch bedingten Zerfalls, z.B. durch Mehligwerden des Fruchtfleisches oder infolge einer Zerstörung durch Bakterien oder

Fäulnispilze. Im Verlauf der Weiterentwicklung auf dem Lager wird ein Stadium erreicht, das wir als *Genußreife* bezeichnen. Es tritt dann ein, wenn die chemischen Umsetzungen so weit fortgeschritten sind, daß die Frucht dem menschlichen Gaumen zusagt. Es dauert eine bestimmte Zeit an und wird dann vom Stadium der Überreife abgelöst, in welchem die Frucht vielleicht noch eßbar, aber nicht mehr vollwertig erscheint. Die Beurteilung, ob eine Frucht genußreif sei, hängt weitgehend vom Geschmack des einzelnen ab. Frühobst wird vielfach auf den Markt gebracht, bevor es die volle Genußreife erlangt hat. Herbst- und Vorwinteräpfel, die rasch überreif werden, gelangen oft erst zum Konsumenten, wenn sie ihr bestes Stadium längst überschritten haben. Es gibt Sorten, die lange Zeit eine hohe Qualität aufweisen, während andere rasch vorübergehen. Im allgemeinen sind die Lagersorten länger genußfähig als die Frühsorten. Doch gibt es auch Ausnahmen, wie beispielsweise den Gravensteiner, der — gute Lagerung vorausgesetzt — seinen köstlichen Wohlgeschmack lange Zeit beibehält.

In diesem Zusammenhang sei kurz auf die Beurteilung der Qualität einer Frucht hingewiesen. Man hat versucht, sie objektiv durchzuführen, indem man den Zucker- und Säuregehalt verschiedener Sorten bestimmte. CHANDLER (1925) wies jedoch auf Grund von Analysen von SHAW (1911) nach, daß keine eindeutigen Zusammenhänge bestehen. Auch das Verhältnis des Zuckergehaltes zum Säuregehalt spielt keine entscheidende Rolle. Die qualitativ hochwertigste der in die Untersuchung einbezogenen Sorten (Green Newton) stimmte in dieser Beziehung mit der geringsten (Ben Davis) überein. Rome Beauty, ebenfalls ein geschmacklich ziemlich minderwertiger Apfel, hatte ein sehr ähnliches Zucker-Säure-Verhältnis wie die hochwertigen Sorten Fameuse, McIntosh, Jonathan und Northern Spy. Der absolute Zucker- und Säuregehalt kann ebenfalls keine überragende Rolle spielen, denn der sehr geschätzte Fameuse hat den zweitniedrigsten Zuckergehalt der Zusammenstellung und dazu einen der niedrigsten Säuregehalte, wogegen der ebenfalls hochwertige Esopus Spitzenberg einen der höchsten Säuregehalte aufweist. Im allgemeinen darf man jedoch feststellen, daß mit steigendem Zuckergehalt und — bis zu einem gewissen Grad — auch mit steigendem Säuregehalt die Qualität zunimmt. Der Geschmack erscheint uns kräftiger, voller. Säurearme Sorten schmecken oft süßlich fad, zuckerarme säuerlich fad. Im übrigen kommt es auch darauf an, welche Zuckerarten vorherrschen, da sie nicht alle dieselbe Süßkraft aufweisen. Viel hängt vom Gerbstoffgehalt ab. Ist er zu hoch, so schmeckt die Frucht herb. Ein gewisser Gerbstoffgehalt scheint aber zur Abrundung des ganzen Geschmackes beizutragen. Von sehr großer Bedeutung sind die besonderen Aromastoffe. Sie treten beim Apfel und bei der Birne in äußerst mannigfaltiger Ausbildung auf und verleihen den Sorten mehr als alle anderen den Geschmack beeinflussenden Komponenten den besonderen Charakter. Schließlich trägt auch die Beschaffenheit des Fruchtfleisches zu unserem Werturteil wesentlich bei. Es spielt dabei nicht bloß der Saftgehalt, sondern auch die Textur eine Rolle. Von Apfelsorten mit knackendem, feinkörnigem Fruchtfleisch gibt es alle Übergänge zu weich- und unangenehm lockerfleischigen, hart- oder zähfleischigen, schwammigen und grobfleischigen Sorten.

Eine einzige der erwähnten Komponenten kann eine Sorte geringwertig erscheinen lassen, z.B. zu hoher oder zu niedriger Gerbstoff- oder Säuregehalt, unangenehmes Gewürz, zu geringe Saftigkeit. Aber keine ist fähig, allein einer Sorte eine hohe Qualität zu verleihen. Das hervorragende Gewürz des Golden Delicious würde z.B. die Sorte nicht zur Qualitätsfrucht stempeln, wenn nicht zugleich das Zucker-Säure-Verhältnis und die Fleischbeschaffenheit angenehm wären. Die Güte einer Sorte ist deshalb immer durch das harmonische Zusammenspiel der erwähnten Faktoren bedingt. Dabei ist es klar, daß der eine einen milden, süßlichen Apfel, der andere einen rassigen vorzieht. Auch in bezug auf die Aromastoffe sind die Unterschiede in der Bewertung bedeutend. Manche lieben das eigenartige Aroma, das ein an der Grenze der Überreife stehender Roter Delicious entwickelt, während andere finden, eine solche Frucht stinke. Derartige Unterschiede kommen erfahrungsgemäß immer zur Geltung, wenn die Begutachtung von Sorten durch die verschiedenen Mitglieder einer Degustationskommission erfolgt.

In einem bestimmten Fall sein Werturteil über eine Frucht im einzelnen zu begründen, ist schwierig, aber lehrreich. Sich darüber klar zu werden, ist vor allem nötig, wenn es sich um die Bewertung von Neuzüchtungen handelt. Aber auch jeder, der Obst einlagert und in den Handel bringt, sollte sich über diese Frage Rechenschaft geben.

Wenden wir uns nun den Lebenserscheinungen zu, die sich in den Früchten nach der Ernte abspielen. Wir wollen vorerst die *Transpiration* in Betracht ziehen. Über diese Frage haben SMOCK und NEUBERT (1950) eine ausführliche Zusammenfassung gegeben. Trotzdem die Wasserzufuhr beim Pflücken plötzlich unterbunden wird, stellte LEONARD (1941) beim Apfel gleich nachher eine starke Verminderung, dann einen gleichmäßigen Verlauf und schließlich einen Anstieg der Transpiration fest. SMOCK und NEUBERT glauben daraus schließen zu können, daß früh gepflückte Äpfel weit weniger Wasser verlieren als spät gepflückte, was der landläufigen Annahme widerspricht und kaum allgemeine Gültigkeit hat.

Die Transpiration ist auch bei der vom Baume abgelösten Frucht einerseits abhängig vom Feuchtigkeitsgehalt der umgebenden Luft, von der Temperatur und von der Luftbewegung, anderseits von den Eigenschaften der Frucht selbst. Je größer der Unterschied der relativen Luftfeuchtigkeit der umgebenden Luft zu derjenigen in den Intercellularen der Frucht ist — sie kann bei frischen Früchten mit 100% angenommen werden —, desto leichter gibt die Frucht Wasser an die Umgebung ab. Da aber warme Luft mehr Wasser aufnehmen kann als kühle, müssen auch die Temperaturen der umgebenden Luft und der Früchte in Betracht gezogen werden. SMOCK und NEUBERT illustrieren diese Verhältnisse mit folgendem Beispiel: Angenommen, ein Quantum Äpfel komme mit einer Temperatur von 25°C von der Pflanzung direkt in einen Kühlraum von 0°C mit 100% Luftfeuchtigkeit. Wenn man die relative Luftfeuchtigkeit allein in Betracht zieht, würde man keinen Grund für eine Transpiration der Früchte erkennen. Es besteht jedoch infolge der ungleichen Temperaturen ein wesentliches Dampfdruckdefizit, was eine bedeutende Transpiration zur Folge hat. Die Berechnung ergibt, daß diese wesentlich größer ist, als wenn die Früchte in einen Raum von 4°C mit nur 50% relativer Luftfeuchtigkeit gebracht worden wären. Mit der Zeit werden die Früchte die Temperatur des Kühlraumes annehmen. Bis dahin ist aber der Wasserverlust bedeutend. SMOCK und NEUBERT weisen in diesem Zusammenhang darauf hin, wie wichtig es ist, die in Kühlhäuser gebrachten Früchte durch bewegte Luft möglichst rasch auf die Temperatur des Raumes zu kühlen. Bei gleicher Temperatur des Lagergutes und des Raumes ist dagegen innerhalb des für die Lagerung in Betracht kommenden Bereiches eine Erhöhung der Temperatur für die Transpiration ohne wesentlichen Belang.

Nach PIENIAZEK (1942) erscheint die Luftbewegung für die Transpiration im Lagerraum nicht von wesentlicher Bedeutung, sofern die Luftfeuchtigkeit hoch ist. Die Vermehrung soll keine 5% betragen. Dies würde bedeuten, daß die Kühlung mit bewegter Luft, gleiche Luftfeuchtigkeit vorausgesetzt, nicht wesentlich größere Schrumpfung der Früchte verursachen würde als die stille Kühlung, was mit der Praxis in Widerspruch zu stehen scheint. SMOCK und NEUBERT glauben jedoch, daß der raschen Abkühlung des Lagergutes durch die bewegte Luft größere Bedeutung zukomme. Die beiden Autoren messen überhaupt der Behandlung des

Obstes zwischen dem Pflücken und der Einlagerung in bezug auf den Wasserverlust des Obstes eine sehr wesentliche Bedeutung zu.

Nach SMOCK und NEUBERT (1950) sollten Äpfel auf dem Lager nicht mehr als 2—3% ihres Wassers verlieren. Bei einem Transpirationsverlust von 5—7% tritt oft bereits Schrumpfung ein, die den Handelswert vermindert. Diese Verluste sollen, wie wir bereits in einem anderen Zusammenhang gesehen haben, zu 70% auf cuticulare und zu 30% auf lenticellare Transpiration zurückzuführen sein. SMOCK und NEUBERT machen auf eine Angabe MEYERS aufmerksam, nach welcher bei der Apfelsorte Golden Delicious in der Cuticula zahlreiche Risse und Sprünge vorkommen. Sie werden für die Neigung dieser Sorte, auf dem Lager zu schrumpfen, verantwortlich gemacht. Eine gründliche Untersuchung des Baues der Haut und der Lenticellen unserer Obstarten wäre wünschenswert.

Nicht alles Wasser, welches die Frucht verdunstet, stammt aus dem Zellsaft. Ein Teil wird beim Abbau der Kohlenhydrate und organischen Säuren durch die Atmung gebildet. BABCOCK (zitiert nach ULRICH) hat bereits 1912 darauf hingewiesen, daß der Wassergehalt von Birnen, Äpfeln und Zwetschgen bei Lagerung in sehr feuchter Atmosphäre sogar zunehmen kann.

Die *Atmung* der vom Baum gelösten Früchte ist häufig untersucht worden. Gute Zusammenstellungen der Literatur finden sich bei SMOCK und NEUBERT (1950) und bei ULRICH (1952). Wir können uns deshalb im folgenden unter Hinweis auf diese beiden Darstellungen auf eine kurze Skizzierung einiger wesentlicher Gesichtspunkte beschränken. Dabei wollen wir stets bedenken, daß in der Luft, welche die atmenden Zellen des Fruchtfleisches umgibt, nicht die gleiche Atmosphäre herrscht wie im Lagerraum. Durch die Atmung wird in den Intercellularräumen der CO_2-Gehalt erhöht und die Sauerstoffkonzentration heruntergesetzt. So hat MAGNESS (1920) in den Intercellularräumen des Apfels bei steigender Temperatur folgende Zahlenwerte gefunden:

Temperatur °C	Sauerstoff %	Kohlendioxyd %	Stickstoff %
1,4	14,2	6,7	79,1
4,3	12,9	8,9	78,7
11	10,7	12,2	77,1
20	5,5	17,2	77,3
30	3,2	21,4	75,4

Es geht aus diesen Zahlen hervor, daß bei starker Atmung unter hohen Temperaturen der Gasaustausch durch die Fruchthaut ein ungenügender wird. Die Atmung der Zellen der Kern- und Steinobstfrüchte erfolgt somit oft unter sehr hohen CO_2- und unter niedrigen Sauerstoffkonzentrationen. Wir werden zwar sehen, daß durch solche Bedingungen die Atmung wesentlich vermindert wird und dadurch die Voraussetzungen für eine längere Haltbarkeit geschaffen werden. Anderseits entsteht eine Vergiftungsgefahr für die lebenden Zellen. Die Atmung geht in Fermentation über, d.h. der Abbau der organischen Stoffe erfolgt anaerobiob. Als Folge der ungenügenden Sauerstoffzufuhr bzw. der zu hohen CO_2-Konzentration treten bei manchen Apfelsorten die weiter unten beschriebenen Schädigungen auf. Diese Schädigungen können auch entstehen, wenn die Früchte mit Ölen oder Wachsen eingeschmiert werden, um die Transpiration herabzusetzen. Die Durchlässigkeit der Fruchthaut für Gase kann dadurch bei unsorgfältiger Arbeit allzusehr herabgesetzt werden.

Die Atmung der Früchte auf dem Lager wird durch eine Reihe von Faktoren in günstiger oder ungünstiger Weise beeinflußt. Es sei auf folgende Zusammenhänge hingewiesen.

Eine große Rolle spielt die Sortenzugehörigkeit. Im allgemeinen atmen frühreife Sorten unter gegebenen Bedingungen stärker als die Lagersorten. Dies gilt insbesondere auch für die Periode des Klimakteriums, die gewöhnlich um so früher und um so deutlicher in Erscheinung tritt, je frühreifer die Sorte ist. Bei späten Lagersorten kann ein klimakterischer Anstieg oft nicht nachgewiesen werden. Bei Früchten ein und derselben Sorte hängt das Verhalten auf dem Lager von der Pflückzeit ab, d. h. es ist unter Umständen verschieden, je nachdem die Krise des Klimakteriums am Baum durchgemacht wurde oder erst auf dem Lager erfolgt.

Wie in bezug auf den Wasserverlust ist auch hinsichtlich der Atmung die Zeit zwischen der Ernte und der Einlagerung gefährlich. Wenn hohe Temperaturen herrschen, können im Verlauf weniger Tage ganz beträchtliche Mengen von Kohlenhydraten veratmet werden, was naturgemäß auf Kosten der Lagerfähigkeit geht; denn vermehrte Atmung ist identisch mit Beschleunigung der Reife.

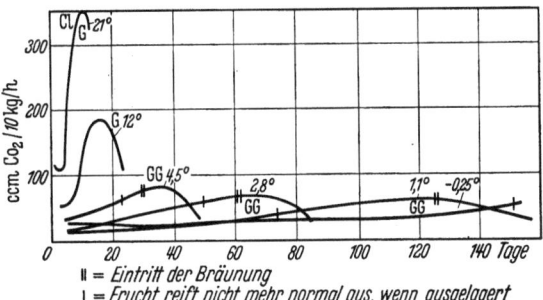

Abb. 83. Veränderung der Atmungsintensität von Früchten der Birnsorte Williams Christbirne als Funktion der Temperatur und der Lagerdauer. Cl = klimakterisches Maximum, G = Früchte gelb, GG = Früchte gelbgrün. // bedeutet den Zeitpunkt, von welchem an sich die Früchte bräunten. / bezeichnet den Zeitpunkt, von welchem an die an die Wärme gebrachten Früchte nicht mehr normal nachreiften. (Nach KIDD und WEST 1937, abgeändert.)

Die Atmung steigt bei einer Erhöhung der Temperatur um 10°C, entsprechend dem van t'Hoffschen Gesetz, auf das 2- bis 3fache. So hat man an der Cornell University für verschiedene Apfelsorten bei einem Anstieg von 0°C auf 10°C Koeffizienten von 2,0—3,0 gefunden. In dieser Tatsache liegt die Verlängerung der Lagerungsdauer durch tiefe Temperaturen begründet. Die in Abb. 83 wiedergegebenen Kurven von KIDD und WEST (1937) zeigen die Veränderung der Atmungskurve bei verschiedenen Temperaturen im Fall von Williams Christbirne. Durch rasch einsetzende Veränderungen der Temperatur können starke Verschiebungen der Atmung eintreten, die nicht nach dem van t'Hoffschen Gesetz verlaufen. Atmungsmessungen dürfen deshalb nur an Früchten ausgeführt werden, die in einem thermischen Gleichgewicht stehen.

Namentlich durch die zahlreichen Versuche von KIDD und WEST (z. B. 1937), aber auch durch andere Forscher ist bewiesen worden, daß die Atmungsintensität im allgemeinen mit zunehmendem CO_2-Gehalt der Luft abnimmt. Dabei ist die obere Grenze der CO_2-Konzentration bei den einzelnen Sorten recht ungleich hoch. So ertragen beispielsweise nach SMOCK und NEUBERT die Apfelsorten Rhode Island Greening und Baldwin bei 4°C nur 1—2% CO_2, während McIntosh 8—10% aushält, bei 0°C allerdings ebenfalls nicht mehr als 1—2%. Daneben wurde nachgewiesen, daß ein und dieselbe Apfelsorte in verschiedenen Jahren und je nach Kulturbedingungen sich ebenfalls recht verschieden verhalten kann. Solche Verschiedenheiten der Empfindlichkeit gegenüber hohem Kohlensäuregehalt der Luft bedeuten eine wesentliche Erschwerung der Gaslagerung. Dieses Verfahren kann praktisch nur dort erfolgreich sein, wo bedeutende Mengen möglichst gleichartiger Früchte einer Sorte vorhanden sind, deren Verhalten bei Lagerung in kohlensäurereicher Atmosphäre gut abgeklärt ist. Dies trifft beispielsweise in England für die Apfelsorte Cox' Orange-Reinette zu. Werden die Grenzkonzentrationen überschritten, so treten die obenerwähnten Schädigungen auf.

Interessant ist die Tatsache, daß Äpfel, die in kohlensäurereicher Atmosphäre gelagert wurden, noch eine verminderte Atmung aufweisen, nachdem man sie wieder in normale Luft gebracht hat. Aus dieser Nachwirkung ergibt sich einer der wesentlichen Vorteile der Gaslagerung gegenüber der Kühllagerung in gewöhnlicher Luft.

Auch durch Herabsetzung des Sauerstoffgehaltes kann die Atmung vermindert und die Haltbarkeit der Früchte verlängert werden. Der Sauerstoffgehalt darf nach SMOCK und NEUBERT bei tiefen Lagertemperaturen bis auf 2% sinken, auf diesem niedrigen Stand aber bloß wenige Tage bleiben. Aus der vorhandenen Literatur gewinnt man den Eindruck, daß die Grenzgebiete für die Sauerstoffkonzentration der Luft nicht genügend untersucht seien. Immerhin ist die Variationsbreite des Sauerstoffgehaltes der Luft im Gaskeller recht groß und bedeutender als diejenige für den CO_2-Gehalt. Das Problem der Gaslagerung besteht darin, für die praktisch wichtigen Lagersorten jenen CO_2-Gehalt und jenen Sauerstoffgehalt der Luft ausfindig zu machen, die für den vorliegenden Fall am geeignetsten erscheinen. Wird der nötige Sauerstoffgehalt längere Zeit unterschritten, so wird die Atmung durch Fermentation abgelöst, was bald zu einem unangenehmen Beigeschmack der Früchte führt, weil Äthylalkohol und Acetaldehyd entstehen.

Die Atmung kann durch verschiedene Stoffe, vor allem durch *Äthylen*, ganz wesentlich beschleunigt werden. Dieses Gas ist deshalb befähigt, die Reifungsvorgänge der Früchte zu beschleunigen.

Äthylen wird von reifenden Früchten ausgeschieden. Die Ausscheidung beginnt beim Apfel, nachdem das Klimakterium überschritten ist. In dieser Zeit hellt sich die Grundfarbe auf, das Fruchtfleisch wird weicher und lockerer und die Äpfel beginnen ihre sortentypischen Duftstoffe zu entwickeln. Reifende Früchte beschleunigen daher, wie als erste KIDD und WEST (1933) festgestellt haben, die Reifungsvorgänge eines in der Reife weniger fortgeschrittenen Postens von Äpfeln ganz wesentlich. Dabei genügt es nach SMOCK und NEUBERT, wenn 1% der Früchte eines Lagerraumes in einem Stadium ist, in welchem reichlich Äthylen ausgeschieden wird. Merkwürdigerweise wirkt Äthylen jedoch nur auf die Atmung von Früchten ein, welche das Klimakterium noch nicht überschritten haben. In der postklimakterischen Phase ist diese Beschleunigung der Atmung nicht mehr möglich. Dies gilt auch dann, wenn die kritische Periode des Klimakteriums nicht durch eine erhöhte Atmung festgestellt werden kann. Es ist möglich, daß diese Tatsache ganz einfach darauf zurückzuführen ist, daß solche Früchte nun selbst Äthylen auszuscheiden beginnen. Diese Äthylenausscheidung macht sich als reifebeschleunigender Faktor naturgemäß vor allem in schlecht gelüfteten Lagerräumen bemerkbar. Je besser die Lufterneuerung, desto geringer wird die Gefahr. Immerhin ist es zweckmäßig, vor allem im Herbst und Vorwinter, wenn der stimulierende Einfluß auf Lagerobst noch vorhanden ist, Äpfel, die für die Lagerung bestimmt sind, nicht in geschlossenen Räumen mit reifen Früchten zusammen aufzubewahren.

Einen ähnlichen reifebeschleunigenden Einfluß haben auch andere Stoffe wie Acetylen, 2,4-Dichlorphenoxyessigsäure und nach SMOCK und NEUBERT auch die zur Verhinderung des vorzeitigen Fruchtfalles im Herbst benützte α-Naphthylessigsäure. Die Forscher empfehlen deshalb, im Gebrauch dieses Mittels bei Lagerobst vorsichtig zu sein. Aus neueren Versuchen darf jedoch gefolgert werden, daß keine Gefahr für eine verminderte Lagerfähigkeit besteht, sofern die Anwendung 3—4 Wochen vor der Ernte erfolgt, und sofern die Früchte nicht zu spät gepflückt werden.

Über die Frage, ob die Atmung der Früchte auf dem Lager durch die Art der Baumdüngung beeinflußt werde, ist verschiedentlich geschrieben worden. Sichere

Schlüsse können aus den Versuchen nicht gezogen werden. Wahrscheinlich ist immerhin, daß unter Umständen durch Stickstoffdüngung eine Erhöhung der Atmungsintensität des geernteten Obstes erfolgt, da man weiß, daß eine erhöhte Atmung mit einer Vermehrung des Proteinstickstoffes parallel geht (KIDD, WEST und HULME 1939).

Neben dem Äthylen bilden sich in den reifenden Früchten zahlreiche *weitere flüchtige organische Stoffe*, deren chemische Natur schwer erfaßbar ist und deren Trennung Schwierigkeiten bietet. In diese Gruppe gehören auch jene Aromastoffe, welche der einzelnen Obstart und den einzelnen Sorten ihren besonderen Duft verleihen.

Messungen haben ergeben, daß die Ausscheidungen flüchtiger organischer Stoffe mit der klimakterischen Krise weitgehend zusammenhängen. Nach GANE (1936) und KIDD, WEST, GRIFFITH und POTTER (1940) fällt das Maximum in die Periode gesteigerter Atmung. Nach GERHARD und EZELL (1938) stellt es sich kurze Zeit nach Abschluß des Klimakteriums ein. Die Ausscheidung ist in ähnlicher Weise wie die Atmung von Außenfaktoren abhängig. Durch erhöhte Temperatur kann sie gesteigert werden, durch die Kühllagerung wird sie vermindert. So hat SMOCK (1944) darauf hingewiesen, daß McIntosh-Äpfel, nachdem sie vom Kühllager bei 0°C entfernt wurden, weniger flüchtige Stoffe ausbilden als vergleichbare Früchte, die bei 4°C gelagert waren. Ähnliche Angaben machte bereits CHANDLER (1925). Im übrigen scheinen sich die einzelnen Sorten in dieser Beziehung, wie die Erfahrung zeigt, verschieden zu verhalten. Glockenapfel bildet beispielsweise bei 0°C-Lagerung seine Aromastoffe voll aus. FIDLER (1948, 1950) hat für Äpfel die Bildung flüchtiger Stoffe bei Gaslagerung untersucht. Er stellte fest, daß Qualitätssorten wie Cox' Orange-Reinette bedeutend größere Mengen dieser Stoffe ausscheiden als Kochäpfel, wie beispielsweise Bramleys Seedling, und daß bei Kohlensäurelagerung die Ausscheidung wesentlich vermindert wird. Ähnliche Ergebnisse haben POTTER und GRIFFITH (1947) auch mit der Sorte König Eduard VII. erhalten.

Die Natur der Duftstoffe ist wenig abgeklärt. POWER und CHESTNUT (1920) destillierten aus Ben Davis- und Springdaleäpfeln sowie aus Wildformen die Amylester der Ameisen-, Essig-, Capron- und in geringer Menge auch der Caprylsäure. Daneben ergab sich eine beträchtliche Menge von Acetaldehyd. Bei Pfirsichen fanden die gleichen Forscher (POWER und CHESTNUT 1921) die Linalylester von Ameisen-, Essig-, Capryl- und Valeriansäure, daneben wieder Acetaldehyd und schließlich ein ätherisches Öl mit einem angenehmen, pfirsichähnlichen Geruch. In der stark duftenden Apfelsorte McIntosh und beim Pfirsich wurde Geraniol gefunden. Wahrscheinlich kommen neben den erwähnten noch zahlreiche andere, bisher unbekannte Duftstoffe in unseren Früchten vor.

Verschiedene Forscher, namentlich alle jene, welche die Duftstoffe durch Destillation von Früchten gewonnen haben, finden auch Acetaldehyd, während MÜLLER-THURGAU und OSTERWALDER (1915) diese Verbindung in Äpfeln nur ausnahmsweise nachweisen konnten. Dagegen war Acetaldehyd reichlich in teigen Birnen, und zwar sowohl bei Mostbirnen wie bei Tafelbirnen, zu finden. Die beiden Forscher gründen hierauf ihre Theorie über das *Teigwerden*, das auf ein Absterben der Zellen zurückzuführen ist und im Kernhaus der Früchte seinen Anfang nimmt. Infolge des Abbaues des Pektins in der Zellwand tritt Zellsaft in die Zwischenzellräume aus. Dadurch wird der Zutritt von Sauerstoff zu den Zellen unterbunden. Die Atmung ist nicht möglich. An ihre Stelle tritt die Gärung, die zur Bildung von Alkohol und Acetaldehyd führt. Auf einem in mancher Beziehung ähnlichen Vorgang beruhen die meisten Formen der Fleischbräune beim Apfel.

Die *chemischen Veränderungen* der eingelagerten Früchte sind charakterisiert durch eine langsame Verminderung des Zucker- und Säuregehaltes, durch einen

Abbau der Gerbstoffe und des Pektins, sowie durch eine Zunahme des Proteinstickstoffes auf Kosten des löslichen Stickstoffes. All diese chemischen Umsetzungen werden durch höhere Temperaturen beschleunigt, jedoch oft nicht in gleichem Ausmaß. So nahm beispielsweise in einer oft zitierten Untersuchung von MAGNESS, DIEHL und HALLER (1926) bei der Apfelsorte McIntosh der Säuregehalt bei tiefer Lagertemperatur wesentlich mehr ab als bei hoher Lagertemperatur, während bei Baldwin und Jonathan derartige Unterschiede nicht zu finden waren. Auf Äthylen reagieren die Früchte in bezug auf die erwähnten chemischen Veränderungen in gleicher Weise wie auf eine Temperaturerhöhung, sofern sie die klimakterische Krise noch nicht überschritten haben.

Durch Erhöhung des CO_2-Gehaltes oder Verminderung des Sauerstoffgehaltes der Lagerluft können die erwähnten chemischen Umsetzungen verlangsamt werden. Insbesondere wird nach SMOCK und ALLEN (zitiert nach SMOCK und NEUBERT) dadurch auch die Überführung des Protopektins in Pektin ganz wesentlich verlangsamt. Dies läßt es verständlich erscheinen, daß die Früchte das Gaslager im allgemeinen in einem festeren Zustand verlassen als das Kühllager. Dabei wirkt, wie wir bereits in einem anderen Zusammenhang gesehen haben, diese Behandlung nach, wenn die Früchte wieder in gewöhnliche Luft übergeführt werden.

Auffallend ist die schon durch ARCHBOLD (1925) festgestellte und durch HULME (1937) sowie KIDD, WEST und HULME (1939) bestätigte Erscheinung, daß eine gesteigerte Atmungstätigkeit stets von einer Erhöhung des Proteinstickstoffgehaltes gefolgt wird, während gleichzeitig der lösliche Stickstoff abnimmt. Wie man sich die chemischen Zusammenhänge vorstellen muß, ist nicht bekannt.

Den erwähnten Abhängigkeiten der Reifeprozesse von den Umweltsfaktoren muß Beachtung geschenkt werden, wenn man die Früchte längere Zeit in frischem Zustand aufbewahren will. Es haben sich im Verlaufe der Zeit zur Hauptsache 2 Systeme der Lagerung ausgebildet. Bei der *Kühllagerung* sucht man die Lebensvorgänge in den Früchten durch eine Aufbewahrung bei möglichst niedrigen Temperaturen zu verlangsamen, bei der *Gaslagerung* verändert man den CO_2- und den Sauerstoffgehalt des Aufbewahrungsortes derart, daß die Reifevorgänge möglichst langsam verlaufen. Der aus der englischen Literatur übernommene Ausdruck ,,Gaslagerung'' ist ungenau. Es handelt sich eigentlich um die ,,Lagerung in kondizionierter Atmosphäre.

Zum Verständnis der *Kühllagerung* müssen wir uns vorerst fragen, bei welchen Temperaturen die verschiedenen Obstsorten normal ausreifen und ihre volle Güte erreichen. Nach ULRICH, RENAC und LAFOND (1949) reift Williams Christbirne bei Temperaturen zwischen 10 und 24°C normal aus und erreicht die höchste Qualität bei 15—18°C. KIDD und WEST (1936) geben an, daß die Vereins-Dechantsbirne und die Sorte Conférence zwischen 3 und 18°C normal ausreifen. Winter Nelis soll nach TINDALE, TROUT und HUELIN (1938) sogar bei 0°C teilweise ausreifen. Das gleiche gilt für Doyenné d'Alençon (KESSLER in KOBEL-SPRENG 1949). Diese kritische Temperatur (KRUMBHOLZ 1941), unterhalb welcher die Reifevorgänge eingestellt werden, liegt bei Äpfeln im allgemeinen tiefer als bei Birnen. Immerhin gibt es Apfelsorten, die bei Temperaturen von 0—4°C wohl langsam reifen, aber nicht ihre volle Qualität erreichen, so z.B. die alte Qualitätsfrucht Weißer Winterkalvill.

KRUMBHOLZ (1941) hat unter Auswertung der Versuchsergebnisse von KIDD und WEST die ungleiche Reaktion der Lageräpfel und der spätreifenden Birnensorten auf die verschiedenen Lagertemperaturen schematisch dargestellt. Es geht daraus hervor, daß die Lagerperiode sich beim Apfel ziemlich gleichmäßig verlängert bis zu einem Absinken der Temperatur auf 2—3°C. Ein noch tieferes Absinken bis zu 0°C ist nicht mehr in gleichem Ausmaß wirksam. Bei spätreifen

Birnsorten beschleunigen dagegen Temperaturen bis zu 5°C die Reifevorgänge in fast gleicher Weise, während erst von dieser Temperatur an eine wesentliche Verlangsamung erfolgt, die erst bei 0 bis 1°C ihre volle Wirkung erlangt. Für Birnen ist daher eine Absenkung der Temperatur von 3 auf 0°C viel wichtiger als für Äpfel. Bei den Steinobstarten liegen die kritischen Temperaturen im allgemeinen viel höher als bei Apfel- und Birnsorten. So reifen die Pflaumen nach FIDLER (1938) bereits bei 7°C nur noch schlecht aus und die Pfirsiche benötigen zum Ausreifen nach TINDALE und Mitarbeitern (zitiert nach ULRICH) je nach Sorte Minimaltemperaturen von 7–13°C.

Wenn die Lagertemperatur bei Äpfeln und Birnen längere Zeit unter −1°C fällt, so treten Frostschäden ein. Der Gefrierpunkt liegt für die Äpfel je nach Zuckergehalt allerdings erst ungefähr zwischen −2,2 bis −2,8°C und ist bei Birnen noch etwas niedriger. Für kurze Zeit darf übrigens die Temperatur im Kühlraum wesentlich tiefer fallen — was bei Betriebsstörungen gelegentlich vorkommen kann —, ohne daß Schäden auftreten. Nur darf gefrorenes Obst nicht berührt werden.

Die Tatsache, daß Tafelbirnen bei einer Lagertemperatur von 0 bis −1°C hart und grün bleiben, macht es nötig, sie nach dem Verlassen des Kühlkellers vorerst während einiger Tage bei 15–20°C nachreifen zu lassen. Je länger die Früchte bei dieser tiefen Temperatur lagerten, desto länger dauert auch dieser Prozeß. Zudem gibt es für jede Birnsorte bei Kühllagerung eine kritische Zeit, die nicht überschritten werden darf.

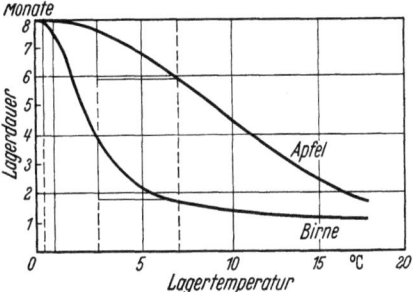

Abb. 84. Einfluß der Temperatur auf die Lagerdauer von Äpfeln und Birnen. Das unterschiedliche Verhalten der Äpfel und Birnen ist deutlich erkennbar. (Nach Versuchen von KIDD und WEST, zusammengestellt von KRUMBHOLZ.)

Werden die Birnen überlagert, so reifen sie überhaupt nicht nach, auch wenn sie äußerlich noch durchaus einwandfrei aussehen. Sie bleiben rübig. Der Lagerhalter muß den kritischen Zeitpunkt für jede Sorte aus Erfahrung kennen. Dieser tritt übrigens um so rascher ein, je weniger tief die Lagertemperatur war. Gewisse Sorten, wie beispielsweise Diels Winterbutterbirne, kann man sogar in einem guten gewöhnlichen Keller überlagern. Sie reifen auch bei diesen Temperaturen nicht genügend nach, scheinen zwar äußerlich frisch, werden jedoch bei höherer Temperatur nicht mehr schmelzend.

Die von KIDD und WEST (1935) in die Praxis eingeführte *Gaslagerung* beruht auf der Tatsache, daß die Atmung durch Erhöhung des CO_2-Gehaltes der Luft oder durch Verminderung des Sauerstoffgehaltes verlangsamt wird. Die Verlängerung der Lebensdauer der Früchte kann bei Sorten, die sich für diese Art der Lagerung eignen, und bei der Wahl der optimalen Gaskonzentration sehr bedeutend sein. So geben SMOCK und NEUBERT (1950) an, daß die Sorte McIntosh bei Gaslagerung und einer Temperatur von 4°C doppelt so lange haltbar ist wie bei gewöhnlicher Kühllagerung und einer Temperatur von 0°C. Diese Lagerungsmethode, die von England aus in Holland, Dänemark und auch in den Vereinigten Staaten von Amerika Eingang gefunden hat, weist aber neben Vorteilen auch bedeutende Nachteile auf. Sie verlangt gasdichte Aufbewahrungsräume, die mit Einrichtungen zur Dosierung des Sauerstoff- und CO_2-Gehaltes der Luft versehen sind, was die ganze Lagerung wesentlich verteuert. Der Lagerraum darf bis zur Auslagerung nicht betreten werden. Die Kontrolle ist einzig durch Fenster möglich, in deren Nähe leicht erreichbar Früchte für die Degustation aufgestellt werden. Jede Sorte stellt andere Ansprüche in bezug auf die Dosierung der beiden Gase. Es müssen deshalb für jede spezielle Vorversuche ausgeführt werden. Je nach Reifegrad zur Zeit der Einlagerung und je nach Jahrgang kann sich auch ein und dieselbe Sorte verschieden verhalten. Es darf gewöhnlich nur eine Sorte im gleichen Lagerraum untergebracht werden, da gegenseitige Beeinflussungen stattfinden können, indem die eine Sorte die andere durch Äthylenausscheidungen zum rascheren Reifen veranlaßt, oder indem sie bei der anderen Hautbräune hervorruft. Auch wenn eine einzige Sorte im Gaslager vorhanden ist, muß darauf Rücksicht genommen werden, daß nicht reifere Früchte durch Äthylenausscheidungen die späteren rascher zum Reifen bringen. Ein Vorteil der mit geeignetem Material durchgeführten Gaslagerung ist dagegen, abgesehen von der sehr wesentlichen Verlängerung der Lagerdauer, die Nachwirkung auf das Lagergut: die Verlangsamung der Atmung hält an, nachdem die Früchte das Lager längst verlassen haben. Die Gefahr, daß die Früchte fleischbraun werden, nimmt im Gaslager ganz wesentlich ab, dafür steigt die Gefahr der Hautbräune in entsprechender Weise, so daß in England für die Gaslagerung vielfach eine Packung in Ölpapierschnitzeln empfohlen wird. Sorten, die sich für Gaslagerung eignen, sind beispielsweise Cox' Orange-Reinette und McIntosh.

Die Früchte sind während der Lagerung verschiedenen *Pilzkrankheiten* ausgesetzt, die sich in Form von Fruchtfäulen äußern. Die wichtigsten Erreger seien kurz aufgeführt:

Pilze der Gattung *Monilia (M. fructigena, M. laxa, M. cinerea)* befallen Kern- und Steinobstfrüchte, indem sie durch Wunden eindringen. Bei Steinobst nimmt die Krankheit meist einen akuten Verlauf. Bei Äpfeln und Birnen dringen diese Pilze langsamer vor. Die Krankheit äußert sich in 2 Formen. Bei unreifem Kernobst tritt sie als Schwarzfäule auf, indem die Oberfläche der Frucht sich schwarz verfärbt, ohne daß jedoch die charakteristischen Sporenpolster gebildet wurden. Oft finden wir aber sowohl bei unreifen wie auch bei reifen Früchten konzentrisch angeordnete gelblichgraue Polster auf braun verfärbten Fäulnisstellen.

Die bei Äpfeln häufig auftretende Kernhausfäule wird durch ein *Fusarium (F. putrefaciens* OSTERWALDER*)* verursacht. Sie tritt vor allem bei Sorten auf, deren Kelchhöhle offen ist (z.B. Danziger Kantapfel, Schöner von Boskoop) und dem Pilz als Eingangspforte dient. Er kann aber auch durch den Stiel eindringen, besonders, wenn dieser abgebrochen wurde.

Bei Birnen, aber auch bei manchen Apfelsorten, z.B. Ananas-Reinette, treten recht oft Pilze der Gattung *Penicillium* als Fäulniserreger auf. Sie dringen ebenfalls meist durch Wunden, seltener wohl durch Lenticellen ein. Das gefaulte Fruchtfleisch wird weich, wäßrig und riecht unangenehm.

Die größten Ausfälle beim Lagerobst entstehen durch *Gloeosporium fructigenum* und *Gloeosporium album*, von denen das ersterwähnte auch schwerwiegende Schäden auf heranreifenden Kirschen verursachen kann. Diese Erreger der Bitterfäule sind besonders gefährlich, weil sie auch in die unverletzte Frucht einzudringen vermögen. Sie wählen gewöhnlich die Lenticellen als Eintrittspforte. Es gibt Sorten, die sehr anfällig sind und deshalb eine geringe Lagersicherheit aufweisen. Worauf die Tatsache beruht, daß bei einem Teil der Sorten die Lenticelleninfektionen sehr leicht, bei anderen nur ausnahmsweise erfolgen, ist nicht untersucht. *Gloeosporium album* ist in den Kühllagern sehr gefürchtet, da sein Temperaturminimum ausgesprochen tief liegt. Der Pilz wächst sogar bei 0°C, wenn zwar wesentlich langsamer als bei höheren Temperaturen (KESSLER und OSTERWALDER 1934).

Neben den Pilzkrankheiten spielen beim Lagerobst die *physiologischen Krankheiten* eine sehr wesentliche Rolle. Die wichtigsten sind:

Die *Stippigkeit* oder *Bitterfleckenkrankheit*. Sie kann bereits am Baum oder erst auf dem Lager auftreten und äußert sich in eingesunkenen, einige Millimeter breiten Flecken. Diese erscheinen oft noch grün, während die sie umgebende Haut bereits gelblich verfärbt ist. Unter der Haut finden wir braun verfärbtes, aus abgestorbenen Zellen bestehendes Fruchtfleisch. Diese toten Zellen enthalten noch Stärkekörner. Das abgestorbene Gewebe steht nach SMOCK und NEUBERT (1950) häufig, wenn nicht immer, mit Gefäßbündeln in Verbindung. Über die Ursachen der Stippigkeit ist man sich nicht im klaren. SMOCK (1944) glaubt, daß es sich um einen Wasserentzug durch die Blätter handle und daß alle jene Faktoren, welche die Saugkraft der Blätter gegenüber derjenigen des Fruchtfleisches vergrößern, die Bildung von Stippe fördern. Sicher ist, daß man mit hohen, einseitigen Stickstoffgaben bei jenen Bäumen die Bildung stippiger Früchte auslösen kann, denen vorher wenig Stickstoff zur Verfügung stand. Große Früchte der gleichen Sorte sind der Krankheit mehr unterworfen als kleine. Darum kann man durch starken Schnitt Stippigkeit hervorrufen. Unreif gepflückte Früchte werden eher stippig als reife. SMOCK (1944) hat auch

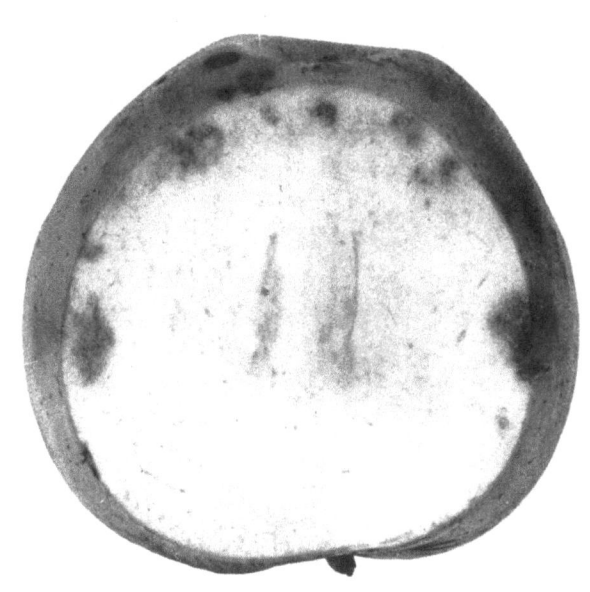

Abb. 85. Stippiger Apfel. Die Stippflecken sind gegen den Kelch sowohl auf der Haut wie auch im Schnitt erkennbar. Original. (Photo R. ISLER.)

festgestellt, daß Stippflecken um so mehr auftreten, je länger die Zeit zwischen Pflücken und Einlagerung dauert. Daß die Stippigkeit im Zusammenhang mit Störungen in der Wasserversorgung steht, geht auch daraus hervor, daß sie bei hoher Feuchtigkeit der Lagerluft weniger stark auftritt als bei niedriger.

Lenticellenflecken. Die häufigste Erscheinung dieser Gruppe ist der *Jonathan spot*. Das Gewebe unter den Lenticellen stirbt ab und sinkt ein. Doch sind nur die äußersten Zellen betroffen. Die Flecken können Bruchteile eines Millimeters bis mehrere Millimeter breit sein. Sie verfärben sich zuerst dunkelviolett, später braun. Die Sorte Jonathan ist dieser Krankheit besonders unterworfen. Doch findet man diese auch bei anderen. Die abgestorbenen Zellen werden später leicht durch Pilze befallen. Je reifer und farbiger die Früchte zur Pflückzeit sind, desto eher tritt Jonathan spot auf. Durch Kühllagerung wird die Gefahr des Auftretens herabgesetzt. Bei Gaslagerung tritt diese Fleckenkrankheit nicht auf.

Eine ähnliche Fleckenbildung wird von SMOCK und NEUBERT (1950) auch für die Sorte Northern Spy beschrieben. Die Flecken waren jedoch zahlreicher und kleiner. Die Bedingungen für das Auftreten liegen ähnlich wie bei der Sorte Jonathan. Eine Übereinstimmung mit Jonathan spot liegt auch darin, daß die Erscheinung durch Gaslagerung verhindert werden konnte. Schließlich trat im Herbst 1952 in der Schweiz, namentlich bei der Sorte Glockenapfel, an sehr vielen Orten eine bisher unbekannte Fleckenbildung auf (FRITZSCHE 1952). Die bei der Einlagerung völlig gesund erscheinenden Früchte zeigten bereits nach 14 Tagen bis 3 Wochen Lagerdauer sowohl auf der Sonnenseite wie auch auf der Schattenseite zahlreiche 1—3 mm breite, meist rundliche, eingesunkene hell- bis dunkelbraune Flecken. In den meisten Fällen bildeten sie sich um eine Lenticelle herum, seltener um feine Risse in der Epidermis. Bis zu 80% der eingelagerten Früchte waren im Verlauf dieser kurzen Zeit völlig entwertet. Die Erscheinung trat vor allem bei Früchten auf, die am Baum stark nachgereift waren. Früh gepflückte Früchte und

Abb. 86. Physiologisch bedingte eingesunkene Flecken um die Lenticellen bei einem Glockenapfel. Original. (Photo R. ISLER.)

solche, die zur Pflückzeit noch grün waren, blieben gesund. Je tiefer die Lagertemperatur war, desto weniger war die Fleckenbildung zu beobachten. Am stärksten trat sie dort auf, wo die Früchte längere Zeit in den Sortierräumen blieben. Die Erscheinung muß mit der abnorm kühlen und regnerischen Witterung im Herbst 1952 zusammenhängen. Wie sie jedoch im einzelnen bedingt ist, kann nicht entschieden werden.

Die Hautbräune (scald). Wie der Name sagt, ist diese physiologische Störung gekennzeichnet durch eine Bräunung der Haut. Das Fruchtfleisch wird nicht geschädigt. Doch verliert die Frucht durch die Hautbräune ihr frisches Aussehen. Sie wird im besten Fall zu Kochobst entwertet. Es können sehr große Schäden entstehen. Die Erscheinung tritt sowohl bei Äpfeln als auch bei Birnen auf. Die grüne Seite bräunt sich eher als die Sonnenseite. Es gibt Apfelsorten, wie Bohnapfel, Menznauer Jägerapfel, Brünerling, Rhode Island Greening, und Birnsorten, wie Großer Katzenkopf, die für die Hautbräune ganz besonders empfindlich sind. Man weiß seit langem, daß die Erscheinung auf dem Lager durch einen von den reifenden Früchten gebildeten flüchtigen Stoff ausgelöst wird. Sicher ist jedoch, daß es sich dabei nicht um das Äthylen und auch nicht um die Kohlensäure handelt. Welcher Art dieser Stoff ist, konnte noch nicht festgestellt werden. Es ist aber möglich, ihn bis zu einem gewissen Grade an Aktivkohle zu binden, wenn man die Lagerluft darüberstreichen läßt. Nach H. KESSLER (in KOBEL und SPRENG 1949) ist die Packung in Ölpapierschnitzel jedoch wirksamer, wobei sich ein Öl auf Naphthenbasis besonders gut eignet. Eine sichere Methode, das Auftreten von Hautbräune zu verhindern, ist bisher nicht bekanntgeworden. Wesentlich ist eine reichliche Frischluftzufuhr, um die schädlichen Stoffe durch die Ventilation wegzuführen. Da bei der Gaslagerung die Lufterneuerung geringer ist als bei Kühllagerung, tritt die Hautbräune bei dieser Aufbewahrungsart ganz besonders leicht auf. Die Früchte werden deshalb vielfach in Ölpapierschnitzel gepackt. Man weiß auch, daß die Hautbräune auf dem Lager bei spätreifenden Sorten durch die gasförmigen Ausscheidungen von frühreifenden hervorgerufen werden kann. Ferner hat sich gezeigt, daß sie bei hohem Feuchtigkeitsgehalt der Luft stärker auftritt als bei niedrigem. Sie ist im allgemeinen bei 4° C-Lagerung und im Hauskeller gefährlicher als bei 0° C.

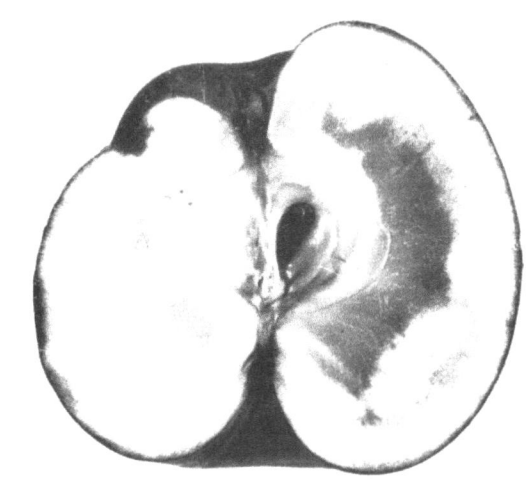

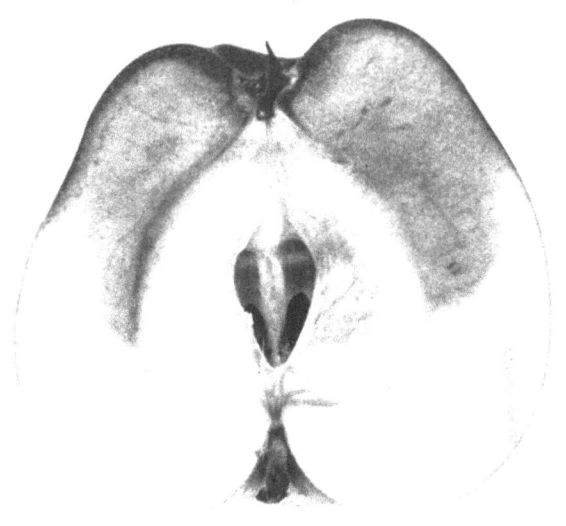

Abb. 87. Verschiedene Formen der Fleischbräune. Oben: nasse Fleischbräune (soggy breakdown) bei einem Jonathan. Unten: Fleischbräune als Folge der Lagerung bei tiefer Temperatur bei Aargauer Jubiläumsapfel. Original. (Photo R. ISLER.)

Bis zu einem gewissen Grad kann das Auftreten der Hautbräune durch spätes Pflücken verhindert werden. Unreif gepflücktes Obst wird viel leichter hautbraun. Schließlich weiß man auch, daß sie im allgemeinen um so stärker auftritt, je größer der Lagerverzug war.

Die verschiedenen Formen der Fleischbräune (breakdown). Als Fleischbräune bezeichnet man ein vorzeitiges Weichwerden des Fruchtfleisches, das dadurch gekennzeichnet ist, daß sich die Gewebe braun färben. Bei der gewöhnlichen Fleischbräune tritt der Zerfall einige Zeit nach dem Einlagern auf, indem kleine gebräunte Gewebeteile bald zuerst im äußeren Teil, bald mehr gegen das Kernhaus zu beobachten sind. Die Sonnenseite und die Kelchseite der Frucht sind am meisten gefährdet. Die befallenen Teile vergrößern sich meist rasch und erreichen bald die Haut und das Kernhaus. Das Gewebe wird weich und kollabiert. Der frische Geschmack geht verloren, und die Frucht ist für jegliche Verwertung unbrauchbar. Am gefährdetsten für Fleischbräune sind mastige, übermäßig große, spät gepflückte Früchte. Je länger der Lagerverzug, desto eher tritt die Krankheit auf. Sie kann auch als eigentliche Kühlhauskrankheit vorkommen und ist dann nach den Erfahrungen von H. KESSLER (in KOBEL und SPRENG 1949) bei 0°C-Lagerung viel gefährlicher als bei 4°C-Lagerung. Sorten wie Ontario, Schöner von Boskoop, Kanada-Reinette, Menznauer Jägerapfel, in manchen Jahren auch Champagner-Reinette und Jonathan, werden bei 0°C oft fleischbraun und sollten bei 3—4°C gelagert werden. Im Gaslager bei +4°C tritt Fleischbräune nicht auf.

Von dieser gewöhnlichen Fleischbräune gibt es alle Übergänge zur mehligen Fleischbräune und zur wäßrigen Fleischbräune. Die *mehlige Fleischbräune* tritt frühzeitig auf. Der Zellverband lockert sich vor dem Braunwerden. Die späteren Stadien sind von der eigentlichen Fleischbräune nur durch den geringen Saftgehalt des braun verfärbten Fruchtfleisches zu unterscheiden. Eine eigenartige Form ist die *wäßrige Fleischbräune* (soggy breakdown der Amerikaner), die 1952 in der Schweiz sehr häufig bei der Sorte Jonathan, aber auch bei Kasseler Reinette und Sauergrauech auftrat. Die sich braun verfärbende Zone war am Anfang ziemlich scharf gegen das Kernhaus und gegen die Haut abgegrenzt. Sie lag in der Gegend der äußeren Leitbündel und hatte eine Breite von $1/2$—$1\,1/2$ cm. Am Anfang erschien das kranke Gewebe wäßrig, war aber weicher als bei glasigen Früchten. Die Bräunung machte sich erst später geltend. Bei Kasseler Reinette ergaben sich schließlich infolge von Wasserverlust in der gebräunten Zone Hohlräume. In späteren Stadien erreichte die Bräunung die Rinde und dehnte sich auch weiter gegen das Kernhaus aus. Da die wäßrige Fleischbräune bisher in der Schweiz nur im kühlen, nassen Herbst 1952 in auffälliger Weise auftrat, muß man annehmen, daß sie durch spezielle Witterungsverhältnisse hervorgerufen wird. Sie tritt auf dem Lager früher oder später auf, am stärksten bei 0°C-Lagerung. Äußerlich bleiben die Früchte lange frisch und fest, weshalb die Erscheinung nicht so leicht erkannt wird wie die gewöhnliche Fleischbräune.

Die weiche Hautbräune (soft scald). Diese physiologische Krankheit ist gekennzeichnet durch scharf abgegrenzte, am Rande eingesunkene, sich über größere Teile der Frucht erstreckende braune Verfärbungen. Im Gegensatz zu der eigentlichen Hautbräune sterben mehrere Zellschichten der Haut ab. Später wird auch das Fleisch unter der toten Haut weich und verfärbt sich. Empfindlich sind beispielsweise die Sorten Jonathan, Golden Delicious, Berner Rosenapfel. Es handelt sich um eine ausgesprochene Kühlhauskrankheit, die gewöhnlich nur bei 0°C-Lagerung auftritt. Die Ursachen und Vorbedingungen sind nur ungenügend abgeklärt.

Die Kernhausbräune. Eine braune Verfärbung des Fruchtfleisches zwischen den Fruchtfächern und in deren Nähe ist normalerweise ein Anzeichen der Überreife. Diese Erscheinung ist mit einer charakteristischen Veränderung des Geschmackes verbunden. Die Früchte riechen nach Acetaldehyd; sie beginnen zu „ältelen". Bei einzelnen Sorten, so beispielsweise beim Sauergrauech, beginnt diese Bräunung an der Spitze der Fruchtfächer und wird als Kernhausscheitelbräune bezeichnet. Vielfach treten aber ähnliche Verfärbungen im Kernhaus auch vor der Fruchtreife auf, namentlich bei 0°C-Lagerung und bei Gaslagerung. Die Vorbedingungen für das Auftreten dieses Symptoms einer physiologischen Krankheit sind nicht genügend abgeklärt. Wahrscheinlich kann es durch verschiedene Ursachen hervorgerufen werden.

Schädigungen durch hohen CO_2-Gehalt der Lagerluft. SMOCK und NEUBERT (1950), die eine Zusammenstellung der Schädigungen der Früchte durch hohen CO_2-Gehalt geben, weisen darauf hin, daß die Symptome nicht bei allen Sorten gleich sind. Bei McIntosh äußern sie sich vorerst in der Haut. Sie wird gelblichbraun und sinkt ein. Sie ist rauh und schrumpelig, obschon das Fruchtfleisch hart bleibt. Bei hohem CO_2-Gehalt und zugleich tiefer Temperatur bräunt sich das Fruchtfleisch bei dieser Sorte gleichmäßig. Bei den Sorten Rhode Island Greening, Wealthy und Jonathan bilden sich trockene, markartige Stellen rund um das Kernhaus. Die Zellen der geschädigten Teile können kollabieren, so daß oft Hohlräume entstehen. Schädigungen der Haut und des Fruchtfleisches können auch gleichzeitig auftreten.

Schädigungen durch tiefe Temperaturen. Leichte Frostschädigungen zeigen sich beim Apfel in einer Art Mehligwerden. Solche Früchte riechen leicht nach Alkohol. Etwas stärkere Schädigungen sind an einer Braunverfärbung der Gefäßbündel zu erkennen. Wenn die Zellen des Fruchtfleisches abgetötet werden, so sieht die Schädigung ähnlich aus wie Fleischbräune.

V. Die Beziehungen zwischen vegetativem Wachstum, Blütenanlage und Fruchtbildung.

A. Allgemeine Übersicht.

Beziehungen zwischen Wachstum und Blütenanlage. — Beziehungen zwischen Wachstum und Fruchtbildung. — Beziehungen zwischen Fruchtbildung und Blütenanlage.

Wir haben in den vorangehenden Abschnitten das vegetative Wachstum, die Blütenanlage und die Fruchtbildung im einzelnen besprochen und stehen nun vor der Aufgabe, die gegenseitigen Beziehungen zu überblicken.

Wir haben gesehen, daß die Anlage der Blütenknospen mit der Wachstumsperiodizität in Beziehung steht. Anderseits wissen wir, daß — gute Versorgung mit Wasser, mit den lebenswichtigen Elementen und Kohlenhydraten vorausgesetzt — das Wachstum in auffälliger Weise durch die Menge des zur Verfügung stehenden Stickstoffes reguliert wird. Die schematische Abb. 88 läßt uns diese Zusammenhänge erkennen. Wir wissen, daß eine minimale Stickstoffversorgung nötig ist, damit Wachstum einsetzt. Mit zunehmender Stickstoffgabe steigt das Wachstum auf ein Maximum an. Wir kennen keine Beispiele dafür, daß bei noch weiterem Anstieg des zur Verfügung stehenden Stickstoffes wiederum eine Verminderung des Wachstums eintritt, es wäre denn, daß durch die allzu hohen Gaben Schädigungen ausgelöst werden. Anders verläuft, wie wir gesehen haben, die Beeinflussung der Blütenbildung mit steigender Stickstoffmenge. Wir wissen, daß sie bei geringer Stickstoffzufuhr verunmöglicht wird, mit größeren Gaben aber rasch ansteigt bis zu einem Maximum, um bei noch höheren Gaben langsam wieder kleiner zu werden und schließlich bei mit Stickstoff überdüngten Bäumen ganz auszubleiben. Beim Apfelbaum und beim Birnbaum erkennen wir besonders deutlich, daß die maximale Blütenbildung bei schwachem Wachstum und geringer Stickstoffversorgung eintritt. Bei mäßigem Wachstum finden wir dagegen nur eine mäßige Blütenbildung. POENICKE bezeichnet diesen Zustand als „physiologisches Gleichgewicht". Es ist der Idealzustand, in welchem sich unsere Obstbäume, namentlich diejenigen der mittleren Altersstufe, befinden sollten. Es muß das wichtigste Ziel der Baumpflege sein, die Bäume so lange als möglich im physiologischen Gleichgewicht zu bewahren. Wir erreichen dies durch eine geschickte Wahl der Veredlungsunterlage, verbunden mit einer zweckmäßigen Baumdüngung und Kronenbehandlung.

Junge Bäume dürfen sich noch nicht im physiologischen Gleichgewicht befinden. Bei ihnen muß das Wachstum gegenüber der Fruchtbarkeit überwiegen. Sie sollen eine leistungsfähige Krone entwickeln, bevor die Blütenbildung einsetzt. Anderseits ist es oft schwierig, alte Bäume im physiologischen Gleichgewicht zu erhalten. Es gelingt nur, wenn wir durch Verjüngen des Fruchtholzes die Bildung junger Triebe auslösen. In solchen Fällen steht der Baum, als Ganzes betrachtet,

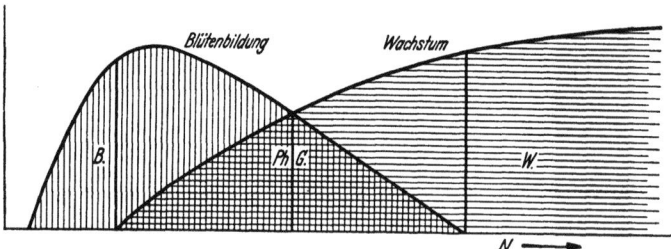

Abb. 88. Schematische Darstellung der Veränderung von Wachstum und Blütenbildung mit steigender Stickstoffzufuhr bei gleichbleibender Versorgung mit Kohlenhydraten. Bei *B* nur Blütenbildung, aber kein vegetatives Wachstum, bei *W* nur Wachstum, aber keine Blütenbildung, bei *PhG* sowohl Wachstum als auch Blütenbildung. Weitere Erklärungen im Text. Original.

zwar nicht mehr im physiologischen Gleichgewicht. Dagegen befinden sich die zurückgeschnittenen Äste in diesem Zustand. Es ist jedoch leicht einzusehen, daß durch ständigen Rückschnitt die Krone solcher Bäume stets kleiner werden müßte. Diese Reduktion der Krone kann aber durch gute Düngung wesentlich verlangsamt werden.

Durch ansteigende Versorgung mit Kali, Phosphorsäure und anderen Mineralstoffen können wir unter gegebenen Verhältnissen das Wachstum bis zu einem Maximum ebenfalls verbessern. In bezug auf die Blütenbildung scheint für diese Stoffe kein Optimum zu bestehen, das bei noch höheren Gaben überschritten wird. Wir dürfen annehmen, daß unter gegebenen günstigen Ernährungsverhältnissen durch eine Steigerung der Kali- und Phosphorgabe gleichzeitig eine Verbesserung des Wachstums und der Blütenanlage erfolgt, bis ein Maximum erreicht ist. Die Kurve wird erst absteigend, wenn die Gabe so groß bemessen wird, daß Schädigungen entstehen. Ähnlich ist der Einfluß der Kohlenhydratversorgung: je reichlicher sie wird, desto besser ist unter sonst gegebenen Verhältnissen sowohl das Wachstum als auch die Blütenanlage. Im Gegensatz zu der Steigerung der Kali- und Phosphorgabe kann aber die Kohlenhydratzufuhr beliebig erhöht werden, ohne daß irgendwelche Schädigungen zu befürchten sind. Wir haben bereits in einem früheren Abschnitt gesehen, daß im praktischen Obstbau nie ein Grund besteht, den Aufbau von Kohlenhydraten durch Kulturmaßnahmen zu verkleinern.

Für die Ausbildung der Blüten werden im Frühjahr sehr beträchtliche Mengen von Reservestoffen benötigt. Zudem gehen mit den abfallenden Blüten beträchtliche Vorräte an wertvollen Baustoffen verloren; denn MÜLLER-THURGAU hat gezeigt, daß die abfallenden Blütenblätter bedeutende Mengen von Zucker enthalten. Dieser wird, im Gegensatz zum herbstlichen Laubfall, nicht in die Zweige zurückgezogen. Wir machen ja oft die Beobachtung, daß die Natur bei der Samenbildung, die zur Erhaltung der Art dient, mit den Bau- und Reservestoffen sehr wenig haushälterisch umgeht. Die Erschöpfung durch ein übermäßiges Blühen kann derart groß sein, daß ein Längen- und Dickenwachstum ausbleibt. Ein übermäßiger Blütenansatz der Obstbäume bedeutet deshalb für den Baum eine unnötige Verschwendung von Baustoffen und eine ganz wesentliche Beeinträchtigung des Wachstums.

Betrachten wir die *Zusammenhänge zwischen dem vegetativen Wachstum und der Fruchtbildung*, so fällt uns ohne weiteres auf, daß die Früchte an kräftigen Bäumen im allgemeinen größer und vollkommener ausgebildet sind als diejenigen an schwachwüchsigen. Wir können daraus den Schluß ziehen, daß die gleichen Voraussetzungen, welche ein kräftiges Triebwachstum ermöglichen, in ähnlicher Weise auch für die Ausbildung des Fruchtfleisches maßgebend sind. Doch besteht auch in dieser Beziehung eine obere Grenze, die nicht überschritten werden sollte. Die Erstlingsfrüchte kräftiger Jungbäume sind zwar meist besonders groß. Sie sind aber lockerfleischig und wenig haltbar. Das gleiche gilt für diejenigen von allzu stark verjüngten oder überdüngten Bäumen. Vielfach tritt in solchen Fällen Stippigkeit auf. Anderseits werden bei zu schwachem vegetativem Wachstum oft allzuviele Früchte angesetzt, die klein bleiben und mangelhaft ausreifen. Wir dürfen feststellen, daß die Voraussetzungen für ein mäßiges Triebwachstum und eine mäßige Menge von Blütenknospen zugleich die Grundlagen für die Ausbildung von Früchten normaler Größe und normaler chemischer Zusammensetzung sind oder, anders ausgedrückt, daß die besten Voraussetzungen für die Ausbildung einer normalen Ernte an vollwertigen Früchten gegeben sind, wenn sich die Bäume im physiologischen Gleichgewicht befinden.

Im einzelnen sind die Zusammenhänge zwischen Wachstum und Fruchtbildung nicht leicht zu überblicken. Wir wissen immerhin, daß die Jungfrüchte die kritische Periode des Junifalles nur überdauern, wenn eine bedeutende Stickstoffzufuhr erfolgt, und daß bei schwachwüchsigen Bäumen Stickstoffmangel meist die Ursache für das Abfallen allzu großer Mengen von Jungfrüchten ist. Wenn wir somit schwachwüchsigen Bäumen im Frühjahr eine Volldüngung verabreichen, in welcher der Stickstoff überwiegt, so kräftigen wir nicht nur das Wachstum, wir verbessern zugleich den Fruchtansatz. Der Winterschnitt, der ebenfalls bei schwachwüchsigen Bäumen ein Mittel zur Verbesserung des Triebwachstums ist, bewirkt in ähnlicher Weise günstigere Voraussetzungen für den Fruchtansatz.

Anderseits wissen wir durch die Untersuchungen von HATTON, daß junge, kräftige Bäume im Anfang ihrer Blühfähigkeit einen verhältnismäßig geringeren Fruchtansatz aufweisen als schwächer wachsende, voll blühfähige. Unter im übrigen gleichen Verhältnissen ergibt sich somit bei steigendem Stickstoffgehalt und stärkerem Wachstum vorerst ein Optimum für die Blütenbildung, dann ein Optimum für den Fruchtansatz. Das vegetative Wachstum nimmt mit weiter ansteigender Stickstoffzufuhr noch weiterhin zu. Das Optimum für den Fruchtansatz dürfte, wie wir bereits gesehen haben, ziemlich genau mit dem physiologischen Gleichgewicht zwischen Wachstum und Blütenbildung zusammenfallen.

Nach dem Junifall ist die Entwicklung der Früchte nicht mehr in erster Linie von der Stickstoffzufuhr, sondern von der Versorgung mit Kohlenhydraten abhängig. Das Wachstum der Triebe hat sich verlangsamt, so daß die Zusammenhänge zwischen Wachstum und Fruchtbildung in dieser Periode nicht mehr so auffällig und eindeutig sind.

Im Verlauf des Sommers und Herbstes müssen die Reservestoffe für die frühjährliche Wachstumsperiode aufgespeichert werden. Wenn übermäßige Mengen von Früchten zu ernähren sind, erfolgt diese Bildung von Reservestoffen nicht in genügendem Ausmaß. Wir erkennen dies daran, daß die Blätter im Herbst bis zum Eintritt stärkerer Fröste an den Bäumen verbleiben. Der folgende frühjährliche

Austrieb wird schwach. Solche Verhältnisse bestehen vor allem bei abwechselnd tragenden Bäumen.

Die *Anlage von Blüten und die Ausbildung von Früchten* aus diesen Blüten sind zusammen für die Fruchtbarkeit eines Baumes entscheidend. In der landläufigen obstbaulichen Literatur wird vielfach von Fruchtbarkeit und namentlich von ihrem Gegenteil gesprochen, ohne daß man oft weiß, ob der Ernteausfall auf geringe Blütenanlage oder auf geringe Fruchtbildung zurückzuführen sei. Die beiden für den Ertrag maßgebenden Entscheidungen sind aber bei unseren Obstbäumen zeitlich so deutlich getrennt und in ihren physiologischen Voraussetzungen so weitgehend verschieden voneinander, daß man sie klar auseinanderhalten muß. Dennoch bestehen auch zwischen Blüten- und Fruchtbildung wichtige Beziehungen, die wir uns vergegenwärtigen wollen.

Die relativ höchsten Fruchtansätze ergeben sich im allgemeinen bei mäßig blühenden Bäumen, weil die einzelnen Blüten reichlich mit Bau- und Betriebsstoffen versorgt werden können. Bei überreich blühenden Bäumen entwickelt sich dagegen durchschnittlich ein weit geringerer Prozentsatz der Blüten zu Früchten. Immerhin kommt es recht oft vor, daß an solchen Bäumen ein überreicher Fruchtbehang entsteht, namentlich wenn die Witterung zur Blütezeit und in der kritischen Periode des Junifalles günstig ist und den Bäumen durch Düngung rechtzeitig eine genügende Stickstoffgabe verabfolgt wird. Ein solcher übermäßiger Fruchtansatz hat einen sehr hohen Kohlenhydratkonsum zur Folge, so daß im Verlauf des Juli die Bedingungen für die Anlage von Blütenknospen sehr ungünstig werden. Die überreiche Ernte wird damit zur Ursache für die Alternanz zwischen Trag- und Ausfallsjahren, denn im folgenden Sommer braucht der Baum keinen Fruchtansatz zu ernähren, so daß neuerdings die Voraussetzungen für die Anlage einer übermäßigen Zahl von Blütenknospen entstehen. Wir werden in einem anderen Zusammenhang sehen, wie schwierig es ist, diese unerwünschte Alternanz in alljährliche Tragbarkeit überzuführen.

Der Obstpflanzer muß sich bestreben, durch Schnitt und Düngung Bäume zu erhalten, die alljährlich nur eine mäßige Menge von Blütenknospen und einen mäßigen Fruchtertrag hervorbringen. Dieses Ziel erreicht er, wenn er dafür besorgt ist, daß zwar alljährlich neues Fruchtholz entsteht, daß aber das Triebwachstum des Baumes weder zu schwach noch zu kräftig wird.

B. Die Beeinflussung von Wachstum, Blütenanlage und Fruchtbildung durch die Veredlungsunterlage.

Die Gewinnung der Veredlungsunterlagen. — Die Arbeiten von HATTON und seiner Schule. — Die verschiedene Affinität zwischen Unterlage und Edelreis. — Die Beeinflussung des Edelreises durch die Unterlage. — Die Ursachen für das ungleiche Verhalten der einzelnen Unterlagen. — Die Zwischenveredlung. — Der Stand der Unterlagenforschung bei den einzelnen Obstarten.

Keine unserer Obstsorten ist reinerbig. Es ist daher grundsätzlich unmöglich, Sämlinge zu erhalten, die in bezug auf die Erbanlagen gleichmäßig sind. Jeder Sämling ist ein Individuum mit seinen besonderen erblich bedingten Anlagen. Die Verschiedenheiten der einzelnen Individuen einer Aussaat sind um so größer, je ausgesprochener die Bastardnatur der Eltern ist. Am gleichmäßigsten fallen die aus der Selbstbestäubung gewonnenen Sämlinge, sofern wenigstens die betreffenden Sorten ziemlich reinerbig sind. Aber wir dürfen nicht einmal bei den selbstbefruchtenden Obstarten mit einer derartigen Homozygotie rechnen, daß die aus Selbstbestäubung gewonnenen Sämlinge einer Sorte in bezug auf die für die Brauchbarkeit als Veredlungsunterlage entscheidenden Eigenschaften einheitlich sind.

Gleichartige Sämlinge würde man nur von Sorten mit apomiktischer Samenbildung gewinnen können. Solche sind jedoch bei unseren Kern- und Steinobstarten bisher nicht gefunden worden, oder die Apomixis ist, wie bei der Apfelsorte Transparent von Croncels, nur fakultativ.

Im allgemeinen fallen die Sämlinge von hochgezüchteten Kultursorten noch viel weniger gleichmäßig als diejenigen von Primitivsorten, z.B. von Mostäpfeln. Aber auch die Sämlinge von Wildäpfeln oder Wildbirnen sind durchaus nicht einheitlich. Wir müssen uns deshalb damit abfinden, daß wir durch Veredlung einer Kultursorte auf Sämlinge nie zu Bäumen gelangen, die in bezug auf Wachstum und Fruchtbarkeit gleichmäßig sind. Es treten immer mehr oder weniger bedeutende Unterschiede auf. Dennoch können wir im Obstbau, und namentlich im Hochstammobstbau, nicht völlig auf die Sämlingsunterlage verzichten. Um so größer muß die Sorgfalt bei der Gewinnung des Saatgutes sein. Während man sich früher mit Mischsaat bestimmter Herkünfte begnügte, hat man in manchen obstbautreibenden Ländern, z.B. auch in der Schweiz, durch Aussaaten festgestellt, welche Sorten relativ wüchsige und gleichmäßige Sämlinge liefern. Dabei hat sich gezeigt, daß sämtliche triploiden Sorten minderwertige Aussaaten ergeben, da die aneuploiden Sämlinge nicht lebenskräftig und deshalb nicht brauchbar sind (KOBEL 1927, JOHANSSON 1938, KEMMER und SCHULZ z.B. 1936).

Die ungeschlechtliche Vermehrung der Veredlungsunterlagen wurde anfänglich eingeführt, nicht um gleichmäßiges Pflanzmaterial zu erhalten, sondern um schwachwüchsige Bäume zu gewinnen. Wir können hier nicht auf die Geschichte dieser obstbaulichen Neuerung eintreten. Es sei auf die historische Einleitung in dem ausgezeichneten Buche von ERICH MAURER (1939) ,,Unterlagen der Obstgehölze" verwiesen. Danach beschreibt als erster AGRICOLA im Jahre 1716 in ausführlicher Weise die ungeschlechtliche Vermehrung.

Die vegetativ vermehrbaren Unterlagen, insbesondere diejenigen des Apfels, waren ohne Zweifel ursprünglich sortenmäßig getrennt. Später entstanden in den Baumschulen Vermischungen. Daraus ergab sich eine große Unsicherheit in bezug auf den Wert und die Eigenarten der einzelnen Sorten. Es ist das große Verdienst des Engländers HATTON und seiner Schule, die im Handel befindlichen Veredlungsunterlagen gesichtet und in klarer Weise voneinander getrennt zu haben. Er hat zu diesem Behuf alles ihm zugängliche Material gesammelt. Durch Herstellung von Klonen, d.h. durch getrennte Vermehrung einzelner Mutterpflanzen und Vergleich ihrer Abkömmlinge, und durch Einführung einer neuen Bezeichnungsweise vermochte er das entstandene Durcheinander zu entwirren. Diese Arbeiten der Versuchsanstalt East Malling sind nicht nur die Grundlage für das Studium der Zusammenhänge zwischen Unterlage und Edelreis geworden. Sie haben darüber hinaus eine große Menge physiologischer Untersuchungen unserer Obstgewächse erst ermöglicht und ausgelöst; denn auf Grund der Sicherheit, daß die Versuchsbäume auf genetisch einheitlicher Unterlage stehen, ist man erst in der Lage, genaue Untersuchungen über das Wurzelwachstum, die Baumdüngung sowie über die Zusammenhänge zwischen Wachstum, Blütenanlage und Fruchtbildung durchzuführen.

Die erbmäßig einheitlichen, vegetativ vermehrbaren Veredlungsunterlagen haben gegenüber dem Sämling den großen Vorteil, eine wesentliche Quelle für die Unausgeglichenheit in Wuchs und Leistung der einzelnen Bäume einer Pflanzung auszuschalten. Dadurch wird die Baumpflege und namentlich die Baumdüngung wesentlich vereinfacht. Sie ermöglichen zudem, für jeden Boden, für jede Baumform und jede Edelsorte diejenige Veredlungsunterlage auszuwählen, welche die größte Wirtschaftlichkeit verspricht. Dies ist der Grund dafür, daß die Untersuchungen von HATTON und seinen Mitarbeitern in allen obstbautreibenden Ländern aufgegriffen wurden, und daß man neben den damals bestehenden ungeschlechtlich vermehrbaren Unterlagen zahlreiche neue gezüchtet hat und weiterhin im Begriff ist, solche auf züchterischem Wege zu gewinnen. Wenn heute der Sämling noch nicht bei allen Obstarten und in allen Betriebsformen durch die ungeschlechtlich vermehrbare Unterlage ersetzt ist, so ist dies einzig auf das Fehlen von Typen zurückzuführen, die für die betreffenden Zwecke vollwertig sind.

Eine erste Voraussetzung für die Brauchbarkeit einer Veredlungsunterlage ist deren genügende *Affinität* zum Edelreis. Es ist nicht abgeklärt, aus welchen Gründen gewisse Unterlagen mit gewissen Edelreisern verträglich sind, mit anderen dagegen nicht. Einer der Gründe für Unverträglichkeit ist entschieden die ungenügende Verwandtschaft. Dabei geht die Verträglichkeit allerdings oft weit über die Art-, gelegentlich sogar über die Gattungsgrenzen hinaus. So besteht beispielsweise eine gute Affinität zwischen *Prunus domestica* mit *P. armeniaca* und *P. persica*, also zwischen wenig verwandten Arten. *Prunus avium* und *P. cerasus* sind mit der Strauchweichsel, *P. mahaleb*, ebenfalls nicht besonders nahe verwandt. Ferner sind miteinander verträglich die Gattungen *Cydonia* und *Pyrus* sowie *Cydonia* und *Crataegus*, während es nur selten gelingt, eine Apfelsorte auf Birne zu veredeln. Je weiter entfernt die Pfropfpartner in verwandtschaftlicher Beziehung sind, desto größer scheint die Gefahr der Unverträglichkeit zu sein. So gibt es recht zahlreiche Birnsorten, die auf den gebräuchlichen Quittenklonen nicht oder schlecht gedeihen, und HATTON (1920, 1928/29) hat gezeigt, daß es Quittenklone gibt, die sich mit den wenigsten Birnsorten vertragen.

Manchmal ergeben sich dagegen bereits zwischen ziemlich nahe verwandten Formen Schwierigkeiten, so beispielsweise bei der Veredlung unserer kultivierten Apfelsorten auf *Malus baccata* (KEMMER und SCHULZ 1941, HÜLSMANN 1949). In vielen Fällen kann überhaupt nicht die ungenügende Verwandtschaft die Ursache für die Unverträglichkeit sein. So läßt sich beispielsweise die Domesticapflaume Czar leicht auf die Domesticaunterlage Brompton und ebenso leicht auf die Myrobalane veredeln, während sie mit den Domesticatypen Brussel und „Common Plum" sehr schlecht verträglich ist (HATTON 1936).

Die Unverträglichkeit kann sich bereits darin äußern, daß die Edelaugen oder die Edelreiser von der Unterlage nicht angenommen werden. In anderen Fällen erfolgt eine ungenügende Verwachsung zwischen Edelauge oder Edelreis und Unterlage, so daß die Gefahr besteht, daß an dieser Stelle bei starkem Wind oder bei anderen mechanischen Beanspruchungen das Edelreis abgebrochen wird. Solche Brüche können oft erst nach Jahren erfolgen, wenn man meint, die Verwachsung sei eine vollständige. Vielfach entstehen an der Unterlage, seltener am Edelreis, bei der Verwachsungsstelle ausgesprochene Wucherungen. Diese Erscheinung wird namentlich bei der Apfelunterlage E.M. Typ IX beobachtet. Schließlich kommt es auch vor, daß trotz scheinbar guter Verwachsung das Edelreis auf einer bestimmten Unterlage nicht befriedigend gedeiht. Das Triebwachstum bleibt in auffallender Weise zurück, und der aufgepfropfte Teil verkümmert mehr und mehr. Diesen Fall beobachtet man recht oft auch bei Kronenveredlungen. Die Edelsorte bleibt schwach, während sich unterhalb der Veredlungsstelle auf der Unterlage zahlreiche Wasserschosse bilden, was anzeigt, daß die Stoffzufuhr durch die Veredlungsstelle gehemmt ist.

Die Vielfalt, in der sich die Unverträglichkeit äußert, scheint darauf hinzudeuten, daß sie auf verschiedenen Ursachen beruhen kann. Es ist dabei sehr wohl denkbar, daß bei guter Verwachsung sich Schwierigkeiten im Austausch chemischer Substanzen ergeben; denn die Unterlage muß die im Edelreis aufgebauten Assimilate in die ihr eigenen chemischen Substanzen umbauen, und das Edelreis muß die von der Unterlage gelieferten Stoffe in die ihm adäquaten Verbindungen überführen.

Zusammenhang zwischen Wachstum, Blütenanlage und Fruchtbildung der Apfelsorte Lanes Prince Albert auf vier verschiedenen Unterlagen nach HATTON.
W = durchschnittliches Wachstum sämtlicher Zweige in cm; BK = durchschnittliche Zahl der Blütenknospen; F = durchschnittliche Zahl der Früchte; A = Fruchtansatz in % der Blütenknospen.

	1920			1921			1922			1923			1924				1925				Total Durchschnitt			
	W	BK	F	W	BK	F	W	BK	F	W	BK	F	W	BK	F	A	W	BK	F	A	W	BK	F	A
Unterlage IX	80	6,6	—	241	3,0	0,25	528	19,4	3,35	1030	67,2	8,35	1379	103,0	48,95	15	1387	145,6	51,3	11	4696	344,8	112	9,7
Unterlage II	110	4,4	—	277	2,1	0,40	632	13,1	1,25	1679	58,9	3,60	3323	99,2	15,45	15	4896	262,3	45,4	8	10916	440,0	66	8,0
Unterlage I	132	—	—	354	0,5	—	941	4,4	—	2303	40,8	0,1	4790	90,6	9,4	12	7410	296,0	54,5	9	15930	432,3	65	7,3
Unterlage XII	140	—	—	429	0,6	—	1250	4,0	—	3219	3,9	0,1	7336	18,0	0,5	4	10958	203,6	8,95	4	23332	203,6	10	3,0

Es scheint, daß zwischen sehr guter Affinität bis zu völliger Unverträglichkeit alle Übergänge vorkommen. Wir kennen zahlreiche Fälle, in denen eine bestimmte Edelsorte auf einer bestimmten Unterlage trotz guter Verwachsung und ohne eigentliche Symptome, die auf ungenügende Verträglichkeit hinweisen würden, nicht derart kräftig wächst, wie man es erwartet hätte. Dies führt vielfach zu Verschiebungen der Reihenfolge in bezug auf die Wüchsigkeit, welche die Unterlagen den Edelsorten verleihen. So wächst beispielsweise in einem Versuch der Eidg. Versuchsanstalt Wädenswil die Apfelsorte James Grieve auf E.M.I schwächer als auf E.M.II, während sich die meisten anderen Sorten umgekehrt verhalten.

Wo keine Störungen durch mangelhafte Affinität im Spiele sind, vermittelt jede Veredlungsunterlage unter gegebenen Versuchsbedingungen eine ganz bestimmte Wuchskraft. Wir können daher schwachwüchsige oder Zwergunterlagen von mäßig schwachen, mäßig kräftigen und kräftig wachsenden unterscheiden. Da die Blütenbildung und der Fruchtansatz vom Wachstum abhängig sind, können wir im allgemeinen sagen, daß das Edelreis um so früher und um so reichlicher zu blühen beginnt, je schwächer die Veredlungsunterlage ist. Wir wollen diese grundsätzliche Feststellung an Hand eines umfangreichen Versuches besprechen, den HATTON im Jahre 1919 einleitete und über den er verschiedentlich berichtet hat (HATTON 1920, 1927, 1929, 1935). Wir greifen dabei nur die seither häufig verwendeten Unterlagen E.M. IX, II, I und XII als Vertreter je einer Wuchsgruppe, veredelt mit Lanes Prince Albert, heraus und beschränken uns vorerst auf die ersten 6 Jahre (Tabelle S. 253).

Die übrigen 12 in die Versuche einbezogenen Unterlagensorten und die 3 übrigen Edelsorten wollen wir vorläufig beiseite lassen.

Es wurden 8—30 einjährige Veredlungen jeder Kombination auf einem möglichst gleichmäßigen Boden angepflanzt. In den folgenden Jahren wurden sehr sorgfältige Erhebungen über das gesamte Längenwachstum jedes Bäumchens gemacht. Die Blütenknospen und die Früchte jedes Bäumchens wurden alljährlich gezählt.

Die Wachstumsunterschiede der 4 Unterlagentypen ergeben sich in jedem Jahr mit voller Klarheit. Immer zeigt die Edelsorte auf E.M. IX den schwächsten, auf E.M. II den zweitschwächsten, auf E.M. I den zweitstärksten und auf E.M. XII den stärksten Zuwachs. In den 6 Beobachtungsjahren hat Lanes Prince Albert auf XII 5mal mehr Zweige gebildet als auf IX.

Im umgekehrten Verhältnis zu diesen Wachstumsverhältnissen steht die Blütenbildung. Auf den schwachwüchsigen Unterlagen entwickelten sich Blüten schon 1920, im Jahr nach der Pflanzung, während auf XII die ersten spärlichen Blütenknospen erst 1921 entstanden. Bis 1924 verhielt sich die Zahl der Blütenknospen in eindeutiger Weise umgekehrt proportional zum Wuchs. Erst von 1925 an war die absolute Zahl der Blütenknospen auf den stärkeren Unterlagen größer als auf den schwächeren. Bezogen auf die Zahl der Zweige waren aber auf den starkwüchsigen Unterlagen die Blütenknospen immer noch wesentlich spärlicher als auf den schwachwüchsigen. Diese Bäume erschienen deshalb viel weniger blühwillig. Sie hatten die maximale Blühbarkeit noch nicht erreicht.

Nicht so leicht zu überblicken ist die Auswirkung der Unterlage auf den Fruchtansatz. Es kommt aber deutlich zum Ausdruck, daß im Anfang der Blühfähigkeit der relative Fruchtansatz geringer ist als zur Zeit der vollen Blühbarkeit. Auch war der relative Fruchtansatz im allgemeinen bei den stärkeren Unterlagen bis zum Jahre 1925 geringer als bei den schwächeren. Dies stimmt mit den im vorangehenden Abschnitt besprochenen Zusammenhängen überein.

1934, also 16 Jahre nach der Veredlung, betrug der totale Zuwachs in Metern, d.h. die Länge sämtlicher Triebe, die in dieser Zeit gebildet wurden:

bei Typ IX = 226 m, bei Typ II = 641 m,
bei Typ I = 2110 m, bei Typ XII = 2560 m.

Auf der stärksten Unterlage hat die Edelsorte somit in diesen Jahren ein mehr als 10mal stärkeres Triebwachstum entwickelt als auf der schwächsten. Wenn man auch die anderen untersuchten Unterlagen in Betracht zieht, so erkennt man deutlich, daß nicht alle den gleichen Wachstumsrhythmus aufweisen. Diese Tatsache ergibt sich deutlich aus Abb. 89. Wir sehen, daß Typ IX in den letzten 10 Jahren nur noch ein sehr geringes Längenwachstum aufwies und die mittelstarken beginnen ihr Wachstum zu verlangsamen. Auch der starkwüchsige Typ XVI geht im Wachstum etwas zurück, während Typ XIII seine volle Wüchsigkeit beibehalten hat. Auffallend ist, daß E.M. VII, der zuerst stärker wuchs als E.M. II, nun von diesem weit überflügelt wurde. Die letzterwähnte, viel verwendete Unterlage hat unterdessen auch den Typ IV überflügelt, der zuerst sogar kräftiger gewachsen war als E.M. I. Wir erkennen aus diesen Zusammenhängen mit aller Deutlichkeit, daß die Wuchskraft der verschiedenen Unterlagen sich im Verlauf der Jahre ganz wesentlich verschieben kann, eine Tatsache, die naturgemäß den Vergleich und die praktische Bewertung ganz wesentlich erschwert. Erwünscht sind Typen, die ihre Wuchskraft möglichst lange beibehalten. In dieser Beziehung scheint E.M. II eine Sonderstellung einzunehmen.

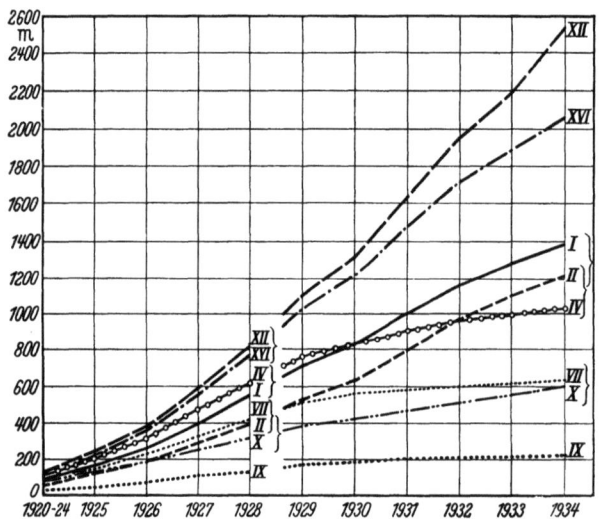

Abb. 89. Totales Triebwachstum von Bäumen der Sorte Lanes Prince Albert auf 8 verschiedenen Unterlagen in den Jahren 1920 bis 1934. (Nach HATTON.)

Die gleiche Beziehung ergibt sich auch, wenn man als Vergleichsmaßstab für die Wuchskraft die Fläche des berechneten Stammquerschnittes wählt, also im Grunde genommen das Dickenwachstum an Stelle des Längenwachstums. Aus

Abb. 90. Das Wachstum der Worcester Parmäne auf verschiedenen Veredlungsunterlagen. 16jährige Bäume. Oben links: auf EM IX, oben rechts: auf EM IV, unten links: auf EM I, unten rechts: auf EM XVI. (Nach HATTON.)

diesen Kurven ergibt sich jedoch, daß auch Typ XIII vom 15. Jahre an sein Dickenwachstum verlangsamte, während dies, wie wir sahen, für das Längenwachstum nicht zutrifft.

Der Vergleich des Stammquerschnittes der 4 in den Versuch einbezogenen Edelsorten auf den 4 wichtigen Unterlagen IX, II, IV und XVI ergibt nach 14 bzw. 16 Jahren folgendes Bild:

Unterlage	Lanes Prince Albert (16 Jahre)	Bramleys Seedling (16 Jahre)	Worcester-Parmäne (14 Jahre)	Cox' Orange-Reinette (14 Jahre)
	cm²	cm²	cm²	cm²
E.M. IX	35	142	45	41
E.M. II	118	225	110	84
E.M. IV	149	242	122	97
E.M. XVI	228	349	162	118

Wir ersehen aus dieser Zusammenstellung, daß die Wuchskraft der Edelsorte sich gegenüber dem Edelreis durchsetzt. Der kräftig wachsende Bramleys Seedling hat auf Typ IX in den 16 Jahren einen ebenso dicken Stamm hervorgebracht wie Lanes Prince Albert auf E.M. IV, und Cox' Orange-Reinette ist auf dem kräftigen Typ XVI nicht dicker geworden als Worcester-Parmäne auf E.M. IV.

Vergleichen wir das Dickenwachstum auf einer größeren Anzahl von Unterlagen miteinander, so erkennen wir, daß die Reihenfolge nicht für alle Sorten gleich bleibt. Dies sei durch nachstehende Zusammenstellung HATTONs illustriert (Stammquerschnitt in cm². Die Zahlen unter den Typen bedeuten die Rangstufe, beginnend mit der schwächsten Unterlage).

Sorte	Alter Jahre	I	II	IV	V	VI	VII	IX	X	XII	XVI
Lanes Prince Albert ...	16	7	6	4	5	8	2	1	3	10	9
Bramleys Seedling	16	8	7	4	6	6	3	1	2	10	9
Worcester-Parmäne ...	14	5	9	6	7	3	2	1	4	10	8
Cox' Orange-Reinette .	14	3	8	7	6	5	2	1	4	—	9

Wir stellen fest, daß wohl E.M. XII stets die kräftigste, E.M. IX die schwächste Unterlage ist. Im einzelnen ergeben sich aber nicht unbedeutende Verschiebungen. So wächst Cox' Orange-Reinette auf Typ I ausgesprochen schlecht, auf Typ II verhältnismäßig zu gut. Worcester-Parmäne gedeiht schlecht auf E.M. VI, während Lanes Prince Albert auf dieser Unterlage zu verblüffend gutem Wachstum gelangt. Bei Typ I und II kann sich die Reihenfolge verschieben. Lanes Prince Albert und Bramleys Seedling wachsen — wie die meisten Sorten — auf Typ I kräftiger, Worcester-Parmäne und Cox' Orange-Reinette gedeihen dagegen auf Typ II besser.

Es ist damit zu rechnen, daß auf anderen Böden die Reihenfolge in der Wuchsstärke der Unterlagen sich verschieben würde. So wächst beispielsweise auf dem ziemlich schweren Moränenboden der Versuchsanstalt Wädenswil E.M. XIII wesentlich kräftiger als Typ XII, während dies in den Versuchen von HATTON nicht der Fall ist. Der Vorsprung wird von Jahr zu Jahr größer. Eine Ausnahme macht einzig James Grieve, der auf XII besser gedeiht als auf XIII.

Über die Verschiebungen des Ernteertrages im Verlauf der Jahre geben die nachstehenden Zusammenstellungen Aufschluß, die wir den Tabellen von HATTON (1935) entnehmen. Die Unterlagen sind dabei in der ungefähren Wuchsstärke angeordnet, wie sie sich aus den Erhebungen über den Stammdurchmesser ergeben. Die Zahlen bedeuten kg je Baum.

Edelsorte Lanes Prince Albert.

Unterlage	Anzahl Bäume	1920-24	1925	1926	1927	1928	1929	1930	1931	1932	1933	1934
IX ...	20	8	17	18	29	33	67	93	119	150	180	204
VII ...	19	5	17	17	28	40	95	145	183	246	301	353
II ...	20	3	10	11	18	26	76	106	142	181	267	358
IV ...	9	2	14	14	23	42	116	181	220	294	370	440
I ...	20	2	11	11	21	34	100	139	196	267	371	439
XI ...	9	1	12	12	23	37	93	134	174	236	305	361
XIII ...	20	—	6	7	16	31	81	128	157	221	278	350
XVI ...	20	—	3	3	10	24	83	144	176	254	335	443
XII ...	29	1	2	2	5	10	49	93	101	148	213	290

Edelsorte Bramleys Seedling.

Unterlage	Anzahl Bäume	1920-24	1925	1926	1927	1928	1929	1930	1931	1932	1933	1934
IX ...	8	11	18	21	37	93	156	220	237	279	284	362
VII ...	8	4	10	15	17	68	161	233	273	310	346	449
II ...	8	5	13	18	22	71	167	246	317	389	444	584
IV ...	8	5	10	15	17	64	170	233	327	361	444	552
I ...	8	4	13	17	20	64	158	220	296	349	411	522
XI ...	4	2	7	10	12	70	140	224	243	335	351	493
XIII ...	8	—	—	3	3	24	76	133	160	242	271	391
XVI ...	8	—	2	4	5	40	93	180	192	293	309	447
XII ...	8	—	1	2	2	16	73	138	187	247	279	385

Edelsorte Worcester-Parmäne.

Unterlage	Anzahl Bäume	1920-24	1925	1926	1927	1928	1929	1930	1931	1932
IX ...	8	3	7	8	19	29	57	72	103	126
VII ...	8	1	3	4	13	23	44	58	86	103
II ...	8	2	5	6	18	36	57	75	95	113
IV ...	8	3	7	8	25	44	80	110	138	170
I ...	8	2	5	5	21	37	68	91	126	151
XI ...	7	2	6	8	23	46	88	117	161	194
XIII ...	8	—	1	2	10	23	39	50	71	90
XVI ...	8	1	2	3	13	32	52	75	92	121
XII ...	8	1	2	2	12	30	50	69	86	107

Aus diesen Zusammenstellungen erkennt man deutlich, daß die schwachwüchsigen Unterlagen wohl früh mit dem Ertrag einsetzen, aber bald gegenüber den mittelstarken zurückfallen. Die stärksten kommen 16 Jahre nach der Pflanzung noch nicht zur Geltung. Man erkennt jedoch, daß sie im Aufholen begriffen sind. Sie werden bei noch älteren Bäumen größere Erträge bringen als die mittelstarken. Es ist zudem wahrscheinlich, daß man mit einem anderen Schnitt, z.B. mit dem Öschbergschnitt, die volle Tragbarkeit der Bäume auf starkwüchsigen Unterlagen früher erreicht hätte. Mit dieser Methode wird langes, waagrecht stehendes Fruchtholz erzogen, das man nicht schneidet und das daher auch an starkwüchsigen Bäumen früh die Blühfähigkeit erreicht.

Es sei auch in diesem Zusammenhang darauf hingewiesen, daß die einzelnen Ergebnisse HATTONs nicht verallgemeinert werden dürfen. Auf anderen Böden und mit anderen Edelsorten würden sich in der Reihenfolge der Ertragsfähigkeit und in der Langlebigkeit der Unterlagen wohl nicht unbedeutende Verschiebungen ergeben.

Wenn wir im allgemeinen auch feststellen können, daß eine eindeutige negative Korrelation zwischen Wuchs und Eintritt der Tragbarkeit besteht, und wenn wir mit aller Deutlichkeit erkennen, daß die Bäume auf schwachwüchsigen Unterlagen sich rascher abtragen, so dürfen wir doch den Wert einer Veredlungsunterlage nicht nach dieser einfachen Formel bestimmen. Die Beziehungen zwischen Wuchs und Fruchtbarkeit sind keineswegs immer eindeutig. Es gibt in allen Versuchen stets wieder Kombinationen zwischen Edelreis und Unterlage, von denen man eine größere oder eine geringere Leistung erwartet hätte, oder anders ausgedrückt: es gibt Kombinationen zwischen Edelreis und Unterlage, die nicht befriedigen, trotzdem keine eigentliche Unverträglichkeit vorliegt, und es kommen anderseits solche vor, deren Wuchs und Ertragsleistung weit über dem liegt, was man voraussehen könnte. Dies zeigt sich auch in Versuchen, die in anderen Ländern durchgeführt wurden. So berichtet beispielsweise FRIEDRICH (1952/53) über die von HILKENBÄUMER in Prussendorf (Mitteldeutschland) angelegten Versuche auf den Unterlagen E.M. IX, II, IV, I und XI. Er weist deutlich darauf hin, daß sich die Beziehungen zwischen Wuchs, Eintritt der Tragbarkeit und Ertrag nicht auf eine einfache Linie zurückführen lassen. Im Prinzip muß für jeden Boden und für jede Edelsorte die Eignung der Veredlungsunterlage neu geprüft werden. Im trockenen Lößboden von Prussendorf hat beispielsweise E.M. IV verblüffend gute Ergebnisse gezeigt, während E.M. IX im ganzen gesehen eher enttäuschte.

Es gibt zahlreiche Besonderheiten der einzelnen Veredlungsunterlagen, die eine spezielle Aufmerksamkeit erheischen, auch wenn man von der Vermehrungsfähigkeit in der Baumschule und der Widerstandsfähigkeit gegen die Blutlaus absieht. Es ist durch zahlreiche Versuche immer wieder festgestellt worden, daß E.M. V im allgemeinen kleine Früchte ergibt, die sich zudem schlecht färben, auch wenn die Ernte nicht übermäßig ist. Im Gegensatz dazu sind auf E.M. IX die Früchte gewöhnlich besser gefärbt als auf den anderen Unterlagen, was allerdings zur Hauptsache mit der Beschleunigung der Fruchtreife durch diese schwache Unterlage erklärbar ist. Über die durchschnittliche Fruchtgröße der auf die verschiedenen Unterlagen veredelten Bäume gibt nachfolgende Zusammenstellung von HATTON (1935) Aufschluß.

Durchschnittliche Größe der Früchte von Lanes Prince Albert, bezogen auf die Gesamternte in den Jahren 1921–1933 (durchschnittliches Fruchtgewicht umgerechnet aus der Anzahl Früchte in 5 kg)

Unterlage	Zahl der beobachteten Bäume	Durchschnittliches Fruchtgewicht (g)	Total Anzahl der Früchte je Baum
XVI	20	152	2200
I	20	151	2459
II	20	151	1768
IV	9	147	2528
VI	20	146	2192
X	20	144	1870
XII	29	139	1518
IX	20	138	1312
VII	19	134	2232
V	20	130	1578

Wir erkennen aus dieser Zusammenstellung, daß die Früchte im allgemeinen auf den starkwüchsigen Unterlagen im Durchschnitt größer sind als auf den schwachwüchsigen. Doch sind, trotz kleinerem Behang, diejenigen auf E.M. XII kleiner als diejenigen auf E.M. II. Die stärkste (Typ XII) hat fast gleich große Früchte wie die schwächste (IX). Merkwürdig erscheint, daß die Größe der Früchte nicht stärker durch den Behang beeinflußt wird. Die Sorte mit dem zweitgrößten

Ertrag (E.M. I) hat fast die größten Früchte, während E.M. XII mit viel geringerem Ertrag deutlich abfällt. Bei Typ IX und Typ VII darf man wohl annehmen, daß die geringe Fruchtgröße durch einen im Verhältnis zum Kronengerüst zu hohen Behang bedingt ist. Eine Ausnahmestellung nimmt Typ V ein, der bei mäßigem Wuchs und recht geringem Behang die kleinsten Früchte aufweist.

HATTON (1923) hat schon frühzeitig auf die ungleiche Färbung der Früchte von Bäumen auf den verschiedenen Veredlungsunterlagen hingewiesen, und ROGERS (1927) hat darüber nähere Angaben gemacht. Gewöhnlich gab Typ IX bei Lanes Prince Albert und Bramleys Seedling die bestgefärbten Früchte. Diejenigen auf II waren etwas schlechter gefärbt als diejenigen auf I und VII.

Die Ursachen für das ungleiche Verhalten der verschiedenen Veredlungsunterlagen sind schwer zu erkennen und bisher nicht abgeklärt. Zuerst glaubte man, daß die Ausdehnung des Wurzelsystems entscheidend sei für die Stärke des Wachstums. Die ausgedehnten und sorgfältigen Ausgrabungen von ROGERS und VYVYAN (1927, 1934) zeigten aber deutlich, daß oft die Wurzeln schwacher Unterlagen ebensoweit in die Tiefe und Breite gehen wie diejenigen starker Unterlagen. Dagegen zeigte sich, daß für jede Kombination zwischen Edelreis und Unterlage auf einem gegebenen Boden ein konstantes Verhältnis zwischen Kronen- und Wurzelausdehnung besteht. Dies bedeutet, wie sich VYVYAN (1934) ausdrückt, ,,daß die Krone und die Wurzeln im gleichen Verhältnis wachsen, d.h. beide benötigen die gleiche Zeit, um ihr Gewicht zu verdoppeln. Wenn eine kräftig oder rasch wachsende Sorte mit einer schwach oder langsam wachsenden Veredlungsunterlage kombiniert wird, müssen sie die Wuchsstärken einander in einem gemeinsamen Ausmaß angleichen. So muß man annehmen, daß Edelreis und Unterlage gegenseitig ihre Wuchsstärken beeinflussen." AMOS, HATTON, HOBLYN und KNIGHT (1930) untersuchten die Morphologie der Wurzeln, indem sie hofften, den ungleichen Einfluß der verschiedenen Unterlagen durch die bedeutenden Unterschiede in bezug auf die Zahl und Dicke der Hauptwurzeln und die Menge und Verteilung der Faserwurzeln erklären zu können. Tatsächlich hat VYVYAN (1930) nachgewiesen, daß diese Unterschiede sorteneigentümlich und nicht durch die Art des Edelreises bedingt sind. Nur die Zahl der Wurzeln wird durch das Edelreis wesentlich beeinflußt, nicht aber ihr Charakter. BANE, BIRD und WETT (1935) kamen aber zur Überzeugung, daß, abgesehen von der Vermehrung der Wurzeln bei den stärkeren Unterlagen, gegenüber den schwächeren keine Korrelation zwischen dem Charakter des Wurzelsystems und der Ausbildung der Krone besteht. HÜLSMANN (1948) findet ebenfalls durch das Edelreis nur die Zahl der Wurzeln der Unterlage verändert, nicht aber deren botanischen Charakter.

BEAKBANE (1941) hat die Anatomie der Unterlagen E.M. IX, II und XII verglichen. Sie waren teils auf die Wurzel, teils in den Stamm mit Lanes Prince Albert veredelt worden. Die Verfasserin stellte fest, daß der anatomische Bau der Unterlage durch das Edelreis ebensowenig verändert wird wie derjenige des Edelreises durch die Unterlage.

Im einzelnen ergaben sich bedeutende Verschiedenheiten. Der schwachwüchsige Typ IX weist in den Wurzeln eine weit geringere Menge von Holzfasern, aber eine größere Zahl von Gefäßen, Holzparenchym- und Markstrahlzellen auf als die beiden anderen. Im Verhältnis zum Holz ist die Rinde dick, aber die Zahl der Bastfasern ist gering. Die Gefäße des Holzes sind im Vergleich zu Typ XII sehr klein, die Holzfasern dagegen dick. Die lebenden und deshalb speicherfähigen Zellen machten bei Typ IX 81% des Querschnittes aus, bei Typ XII nur 50%.

Umgekehrt waren beim kräftig wachsenden Typ XII die Holzfasern weit zahlreicher und die Gefäße spärlicher. Die Zahl der Holzparenchym- und Markstrahlzellen war gering. Im Verhältnis zum Holz war der Rindenteil schmächtig und die

Zahl der Bastfasern groß. Die Holzfasern waren dünn, aber die Gefäße viel größer als bei Typ IX. Die Abb. 91 gibt eine Vorstellung für diese Verschiedenheiten. Der mittelstarke Typ II verhält sich in jeder Beziehung intermediär, gleicht aber in seinem anatomischen Bau mehr dem Typ XII als dem Typ IX.

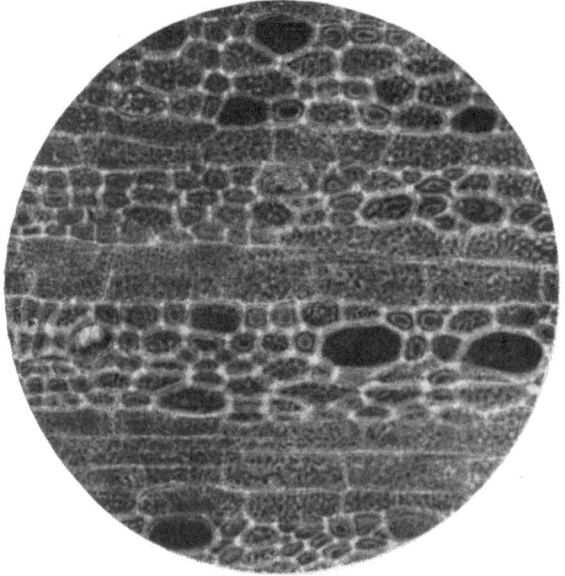

Abb. 91. Links: Querschnitt durch den Holzteil der Wurzel von EM IX, viel Holzparenchym und Markstrahlgewebe, wenig Holzfasern, kleine Gefäße. Rechts: Entsprechender Querschnitt durch den Holzteil der Wurzel von EM XII, wenig Parenchym, zahlreiche Holzfasern, große Gefäße. (Nach BEAKBANE.)

Diese anatomischen Verschiedenheiten machen uns einige Unterschiede im Verhalten der verschiedenen Veredlungsunterlagen verständlich. Wir begreifen z. B., daß Typ IX im Verhältnis zum Ausmaß des Wurzelsystems relativ viele Reservestoffe aufzuspeichern vermag. Wir sehen auch, daß die Zufuhr von Wasser bei den beiden extremen Typen anderen Bedingungen unterstellt sein muß, und wir begreifen, warum die Wurzeln von E.M. IX sich durch Brüchigkeit auszeichnen. Ein eigentliches Verständnis für die Verschiebungen in bezug auf Wuchs und Fruchtbildung des Edelreises vermögen sie uns jedoch nicht zu vermitteln.

Es stellt sich ferner die Frage, ob nur die Wurzel oder nicht auch das zur Veredlungsunterlage gehörende Stammstück für die Beeinflussung des Edelreises verantwortlich sei. KNIGHT (1927, 1934) war durch seine Versuche zur Überzeugung gelangt, daß das Wurzelsystem einen wesentlich größeren Einfluß ausübt. Schon GRUBB (1923) hatte gezeigt, daß die zwischen Unterlage und Edelreis eingesetzten, zu bestimmten Unterlagen gehörenden Stammstücke einen meßbaren, aber nicht sehr wesentlichen Einfluß haben.

Es ist durch WARNE und WALLACE (1935) nachgewiesen, daß die verschiedenen Unterlagen sich gegenüber den im Boden enthaltenen Mineralstoffen nicht gleich zu verhalten brauchen. Es war bereits bekannt, daß Bäume auf den Unterlagen E.M. II und E.M. V besonders häufig die für Kalimangel charakteristischen Blattrandnekrosen aufweisen. Tatsächlich fand sich in den Trieben der auf diesen Unterlagen veredelten Sorten wenig Kalium. Es dürfte damit nachgewiesen sein, daß die Typen II und V, die ein ähnliches Wurzelsystem aufweisen, in bezug auf ein lebenswichtiges Element ein geringeres Aufnahmevermögen besitzen als die übrigen E.M.-Typen. Ferner konnten die beiden Forscher zeigen, daß in den Trieben der auf den starkwüchsigen Unterlagen XII und OF_5 gepfropften Sorten ein auffallend hohes Kalium-Stickstoff-Verhältnis vorhanden war. Dagegen waren keinerlei chemische Unterschiede zu finden, durch welche sich der Zwergwuchs von Typ IX erklären ließe. Interessant ist ferner die Beobachtung von ROACH (1931), daß der schwachwüchsige Typ IX und der starkwüchsige Typ XII, die beide mit Lanes Prince Albert veredelt waren, sich chemisch dadurch unterschieden, daß in den Wurzeln und Wurzelstöcken von allen auf Typ IX stehenden Bäumen — und nur in diesem Teile — das Element Molybdän gefunden wurde, das jedoch bei Typ XII nie nachgewiesen werden konnte. Auch diese Tatsache beweist, daß die Typen durch ungleiche selektive Fähigkeiten in bezug auf die im Boden vorkommenden Mineralstoffe voneinander verschieden sein können.

Zusammenfassend müssen wir feststellen, daß wir nur einen sehr ungenügenden Einblick in die Ursachen der Beeinflussung des Wuchses der Edelsorten durch die verschiedenen Veredlungsunterlagen haben. Noch weniger ist uns bekannt, in welcher Weise die Verbesserung oder Verschlechterung der Tragbarkeit, die Verschiebung der Reifezeit sowie die Veränderung der Größe und der Färbung der Früchte zustande kommt. Denn diese Beeinflussungen können, wie wir gesehen haben, nur zu einem Teil als Folge des veränderten Wachstums erklärt werden. Da uns die tiefere Einsicht in die Zusammenhänge mangelt, müssen wir uns bei der Abklärung des Wertes der verschiedenen Veredlungsunterlagen ausschließlich auf die empirisch gewonnenen Erfahrungen stützen, wobei wir nie vergessen dürfen, daß die unter bestimmten Bedingungen gewonnenen Versuchsergebnisse nicht auf andere Verhältnisse ohne weiteres übertragbar sind.

Wir haben bereits in anderen Zusammenhängen gesehen, daß das Pfropfen von Stammstücken zwischen Veredlungsunterlage und Edelreis einen Einfluß auf die Edelsorte auszuüben vermag, der jedoch nicht so bedeutend ist wie derjenige der Veredlungsunterlage. Im praktischen Obstbau ist man auf solche *Zwischenveredlungen* gelegentlich angewiesen. So gelangt man beispielsweise zu schwachwüchsigen Birnbäumen jener Sorten, die eine ungenügende Affinität zu Quitte aufweisen, nur dadurch, daß man auf die Quittenunterlage vorerst eine verträgliche Sorte okuliert, z.B. Gellerts Butterbirne oder Pastorenbirne. Später wird auf ein Stammstück dieser Zwischenveredlung die mit Quitte unverträgliche Birnsorte, z.B. Alexander Lucas, Clairgeau usw. veredelt. Dieses Vorgehen ist seit langem gebräuchlich und bietet keine besonderen Probleme. Es erhöht jedoch nicht unwesentlich die Gestehungskosten für das Pflanzmaterial.

Schwieriger liegt die Frage der sogenannten *Kronenbildner* bzw. ,,Gerüstbildner", wie sie namentlich im landwirtschaftlichen Obstbau für schwachwüchsige Edelsorten mehr und mehr gebräuchlich werden. Man baut mit diesen Zwischenveredlungen einen großen Teil der Krone auf und pfropft diese erst um, wenn das Gerüst des Baumes bereits gebildet ist. Es handelt sich somit nicht um die Überbrückung einer Unverträglichkeit, sondern um die Verbesserung des Wachstums und der Ertragsfähigkeit der Edelsorte. Deshalb müssen an diese Kronenbildner ganz bedeutende Anforderungen gestellt werden. Man verlangt von ihnen, daß sie wüchsig seien und gute Baumschuleigenschaften aufweisen, z.B. Bildung gerader, konischer Stämme, kein Schleudern, Wüchsigkeit usw. Ferner sollten bei einem guten Kronenbildner die Leitäste von Natur aus nicht in einem spitzen Winkel entspringen, weil spitzwinklige Verzweigungen Krisenstellen für Krebsbefall sind und steil gestellte Leitäste eine zu dichte Krone bilden. Schließlich soll der Kronenbildner eine gute Affinität zu den gebräuchlichen Edelsorten aufweisen und frostwiderstandsfähig sein. Dadurch wird später die Gefahr der Bildung von Frostplatten und Frostrissen am Gerüst des Baumes verkleinert. Es wird oft behauptet, daß durch frostresistente Kronenbildner auch die aufgepfropften Edelsorten selbst gegen Kälte widerstandsfähiger werden. Schlüssige Beweise für eine direkte Einwirkung der Zwischenveredlung auf das Edelreis in dieser Hinsicht sind dem Verfasser nicht bekannt. Dagegen ist eine indirekte Wirkung denkbar und wahrscheinlich. Die Krone wird durch dieses Gerüst wesentlich gekräftigt. Das Triebwachstum der Edelsorte wird verstärkt. Die Gefahr, daß sich der Baum überträgt, wird vermindert. Die Krone der Edelsorte ist damit gegen Frost besser gefeit; denn wir haben in einem anderen Zusammenhang gesehen, daß die Frostgefahr besonders groß wird, wenn infolge allzu großer Ernten nicht genügend Reservestoffe aufgespeichert werden. In der gleichen Richtung wirkt auch die durch das stärkere Wachstum bedingte Vergrößerung der Blätter, die besser assimilieren. In Deutschland und in der Schweiz sucht man eifrig nach solchen Kronenbildnern. Von den zahlreichen früher zu diesem Zweck verwendeten Sorten ist bereits der größte Teil bei der gründlichen Prüfung durchgefallen; andere sind umstritten und nur wenige, wie in Deutschland der Maunzen- und der Jakob-Fischer-Apfel, in der Schweiz der Schneiderapfel, haben bisher an den meisten Orten den Anforderungen genügt. Bei aller Bedeutung, die man diesen Kronenbildnern zumessen darf, ist aber nie zu vergessen, daß die Veredlungsunterlage weit mehr für den Wuchs und die Tragbarkeit des zukünftigen Baumes verantwortlich ist als die Zwischenveredlung.

Die Forschung über die Veredlungsunterlagen ist bei weitem nicht abgeschlossen. Auch darf man annehmen, daß durch Züchtung für alle Obstarten Unterlagen gefunden werden können, welche den heute benützten überlegen sind. An eine gute Veredlungsunterlage müssen folgende Anforderungen gestellt werden: Leichte und sichere Vermehrbarkeit, gute Affinität zu den wichtigsten Edelsorten, Verwendbarkeit für möglichst viele Sorten, früher Eintritt der Fruchtbarkeit bei guter Wuchsleistung und Tragbarkeit der darauf veredelten Sorten, günstige Beeinflussung der Größe und der Färbung der Früchte, Standfestigkeit, Langlebigkeit, Widerstandsfähigkeit gegen die wichtigsten Krankheiten und Schädlinge. Wenn wir im folgenden die heute zur Verfügung stehenden Veredlungsunterlagen überblicken, so erkennen wir, daß noch viele Möglichkeiten der Verbesserung bestehen. Es sei dabei auf die zusammenfassenden Bearbeitungen von MAURER (1939) und VAN CAUWENBERGHE (1946) sowie auf das Merkblatt von KEMMER (1938) verwiesen, in welchem die Erfahrungen für die einzelnen Obstarten knapp zusammengefaßt sind.

Unterlagen für den Apfel. Der landwirtschaftliche Obstbau verwendet für die Anzucht von Hochstämmen immer noch fast ausschließlich Wildlinge, da auch die starkwüchsigsten der vegetativ vermehrbaren Unterlagen anscheinend für den Anbau im Wiesland nicht kräftig genug sind, namentlich nicht für schwachwüchsige Edelsorten. Während füher zur Hauptsache französische Saat verwendet wurde, benutzt man seit einiger Zeit in Deutschland und in der Schweiz sortenreine Saat. Die Erfahrung hat gezeigt, daß nur wenige Sorten gleichmäßige und genügend kräftige Sämlinge ergeben. In Deutschland werden vor allem Grahams Jubiläumsapfel und Bittenfelder, in der Schweiz die Mostäpfel Tobiäsler, Engishofer und Margräfler verwendet. Als Nachteil muß in Kauf genommen werden, daß vorläufig die Vatersorten für dieses Saatgut nicht bekannt sind. Eine Verbesserung ist dadurch möglich, daß man Anlagen erstellt, in denen nur 2 Sorten vorkommen, die erfahrungsgemäß gute Sämlinge liefern. Durch die gegenseitige Befruchtung kann man ohne Zweifel zu besonders hochwertiger Saat gelangen.

Von den durch HATTON selektionierten Unterlagen sind heute zur Hauptsache noch in Gebrauch:

E.M. I, breitblättriger englischer Paradies, mittelstark. Sehr häufig verwendet.

E.M. II, Echter Doucin, mittelschwach, oft verwendet, wertvoll, ausdauernd, aber wenig standfest.

E.M. IV, Holsteiner Doucin, in Wuchs ungefähr zwischen I und II, weniger oft verwendet.

E.M. V, Doucin amélioré, mittelstark, liefert auffallend schlecht fruchtbare Bäume, deren Früchte oft grün und klein bleiben.

E.M. VII, unbenannt, schwachwüchsig, zwischen IX und II, nicht oft verwendet.

E.M. IX, Gelber Metzer Paradies, die schwächste der gebräuchlichen Veredlungsunterlagen. Wenig standfest, Wurzeln brüchig.

E.M. XI, Grüner Doucin, mittelstark bis stark, in Deutschland neuerdings sehr oft verwendet als Ersatz für XVI.

E.M. XII, unbenannt, gilt in England als die starkwüchsigste der alten Unterlagen, ist in der Schweiz wesentlich schwächer, weniger standfest und weniger ausdauernd als E.M. XIII.

E.M. XIII, Schwarzer Doucin, starkwachsend, ausdauernd, neuerdings in der Schweiz als Ersatz für Typ XVI viel verwendet.

E.M. XVI, Ketziner Ideal, starkwachsend, wegen Frostempfindlichkeit heute viel weniger verwendet als früher.

Neben den alten East-Malling-Typen I–XVI, die teilweise gleichzeitig auch in der Baumschule Späth in Ketzin und in Pillnitz selektioniert wurden, stehen heute neuere Klonenunterlagen in Gebrauch oder wenigstens in Prüfung. Vorerst wurde in Wageningen Typ XVII selektioniert, der sich aber als mit Typ V identisch erwies. Auch Typ XVIII aus Wageningen wird nicht vermehrt. In Amerika ist seit längerer Zeit als Unterlage gebräuchlich die Sorte Northern Spy, die mit Typ I eine gewisse Ähnlichkeit hat und blutlauswiderstandsfähig ist. Nähere Angaben über diese Unterlage gibt Miß HEARMAN (1936). In England wurden als starkwüchsige Unterlagen geprüft OF_5 und Crab A. Sie haben sich nicht eingebürgert. Dagegen wird Crab C an verschiedenen Orten geprüft. Er ist starkwüchsig und soll gute Tragbarkeit ergeben (FLOOR 1951); dagegen gilt er als in der Baumschule schwer vermehrbar. Im Vordergrund des Interesses steht unter den neuen Apfelunterlagen daneben der in Alnarp (Schweden) selektionierte A_2, der nach den Angaben von JOHANSSON (1948) Starkwüchsigkeit mit früher Fruchtbarkeit und guten Erträgen kombiniert. Er soll zudem frostwiderstandsfähig sein. Im Stadium des Versuches steht ebenfalls Ivory's double vigour. Nachdem bereits John Innes Hortic. Institution eine Anzahl blutlauswiderstandsfähiger Typen für Versuche freigegeben hatte, wurden neuerdings durch die Versuchsanstalt East Malling 5 neue Apfelunterlagen herausgegeben, von denen 4 blutlauswiderstandsfähig sind (Fruit Grower 1952), nämlich:

MM 104 als Ersatz für E.M. IV, MM 106, der so wüchsig wie XII sein soll, MM 109 und MM 111, die als Verbesserungen von Typ II gedacht sind und den nicht blutlauswiderstandsfähigen E.M. XXV, der als Ersatz von E.M. XVI in Betracht kommt.

Typen, die im Wuchs zwischen dem empfindlichen Typ IX und Typ II stehen, werden weiterhin gesucht. Andere Forscher befassen sich mit der Anzucht von starkwüchsigen Sorten, die als Ersatz für den Wildling benützt werden können. Ob Crab C, Ivory's double vigour oder A_2 für diesen Zweck genügen, muß geprüft werden. Ein weiteres Zuchtziel sind frostwiderstandsfähige Formen. Es scheint, daß die Verwendung von Wildarten nördlicher Herkunft, z.B. *Malus baccata*, nötig sei, um es zu erreichen. Auch von dieser Art können, wie HÜLSMANN (1949) nachwies, verschiedene Wuchsformen von sehr schwach bis sehr stark selektioniert werden. Es scheinen aber Schwierigkeiten aufzutreten, da die Verträglichkeit mit den Edelsorten eine ungenügende ist, wie bereits KEMMER und SCHULTZ (1941) festgestellt hatten. Ob andere nördliche Arten, wie *Malus prunifolia* oder der amerikanische *M. ionensis*, oder ihre Bastarde bessere Ergebnisse liefern, muß noch geprüft werden. Die technischen Schwierigkeiten zur Gewinnung von Formen, die sich bewurzeln, sind nicht groß, da alle *Malus*-Sämlinge der Kultursorten und wohl auch diejenigen der Wildarten bewurzelungsfähig sind, solange sie in der Jugendform stehen. Sehr große Schwierigkeiten bietet jedoch, wie wir bereits sahen, die Eignungsprüfung.

Unterlagen für die Birne. Die Veredlungsunterlage für den Hochstamm ist im europäischen Obstbau der Sämling von *Pyrus communis*, also dem Bastardgemisch, aus dem unsere europäischen und amerikanischen Kultursorten hervorgegangen sind. In anderen Anbaugebieten werden auch asiatische Arten, vor allem *Pyrus ussuriensis* bzw. *P. sinensis* benützt. Die Erfahrung hat gezeigt, daß es nur ganz wenige Birnensorten gibt, die ein Sämlingsmaterial liefern, welches in der Baumschule befriedigt. Gerade die am kräftigsten wachsenden Mostbirnen, wie Schweizer Wasserbirne, Gelbmöstler usw., sind zu diesem Zweck ungeeignet, da sie triploid sind. Die Beschaffung von gutem, reinsortigem Birnensaatgut für die Baumschulen, die in Deutschland und in der Schweiz an die Hand genommen wurde, stößt auf einige Schwierigkeiten. Merkwürdigerweise zeigt sich, wie KEMMER und SCHULTZ (1943), HILKENBÄUMER (1942) und auch DE HAAS (1947) beobachteten, recht oft Unverträglichkeit zwischen Edelsorten und Birnsämlingen.

Die ungeschlechtliche Vermehrung der Birne ist viel schwieriger als diejenige des Apfels. Die von HATTON (1933) selektionierten Birnentypen vermochten sich deshalb in der Praxis nicht einzubürgern. Später hat man das Problem auch in Deutschland aufgegriffen. Die Versuche in Dahlem, über die HÜLSMANN (1947) berichtet, führten infolge geringer Neigung zu Bewurzelung zu keinen praktischen Ergebnissen. Mehr Erfolg versprechen die durch SCHINDLER eingeleiteten und durch LUCKAN weitergeführten Untersuchungen in Pillnitz, über die DE HAAS (1947) und MÜLLER (1950) berichten. Als Ausgangsmaterial dienten Sämlinge von *Pyrus communis*, *P. betulifolia* und *P. amygdaliformis*. LUCKAN hatte gefunden, daß sich durch Anhäufeln etiolierte Triebe, welche im Herbst nicht oder nicht genügend bewurzelt sind, im folgenden Jahr an ihrer Basis bewurzeln, wenn sie als Stecklinge verwendet werden. Voraussetzung ist, daß sie früh im Herbst vom Mutterstock getrennt und frostfrei in feuchtem Sand überwintert werden. Es finden sich bei allen 3 erwähnten Obstarten unter den zahlreichen Formen Sämlinge, die sich baumschulmäßig vegetativ durch Abrisse vermehren lassen, wobei sich die Bewurzelung teils im 1. Jahr, teils erst nach der erwähnten Stecklingsbildung im 2. Jahr erreichen läßt. Die besten Erfolge wurden bisher mit *P. betulifolia* erzielt, welche sich am leichtesten vermehren läßt. Die Triebbildung der darauf veredelten Sorten scheint aber, im ganzen gesehen, recht schwach zu sein, so daß diese aus Nord- und Mittelchina stammende Art eher als frostwiderstandsfähiger Ersatz für die Quittenunterlage denn als Ersatz für den Sämling in Betracht kommt.

Die Bewurzelung der vegetativ vermehrbaren Birnen erfolgt nicht in gleicher Weise wie diejenige der Äpfel, da Wurzeln immer nur an der Basis des Abrisses bzw. des Steckholzes gebildet werden. Ob dadurch, wie DE HAAS (1947) befürchtet, die Verankerung des Baumes im Boden stark beeinträchtigt wird, kann erst entschieden werden, wenn einmal ältere Standbäume vorliegen. Verblüffend ist die gute Verträglichkeit der *Betulifolia*unterlagen mit den untersuchten Edelsorten. Die Versuche von Pillnitz sind noch nicht so weit gediehen, daß einzelne Klone für die Praxis freigegeben werden könnten, sind aber erfolgversprechend; denn ein Ersatz der Quitte durch eine Unterlage, die eine ähnliche Wuchskraft und Fruchtbarkeit vermittelt und frostwiderstandsfähig ist, die zudem weniger Unverträglichkeit zeigt und weniger zu Chlorose neigt, würde für den Anbau von Tafelbirnen als wesentlicher Fortschritt zu werten sein.

Bisher ist man für kleine Baumformen auf die altbekannte *Quittenunterlage* angewiesen. Sie hat den Vorteil, daß sie in den gebräuchlichen Formen leicht vegetativ vermehrbar ist, nicht nur durch Ableger, sondern auch durch Stecklinge. Es gibt aber auch Quitten, die eine völlig ungenügende Vermehrbarkeit aufweisen. Ihre Nachteile sind die Frostempfindlichkeit, die ungenügende Verträglichkeit mit gewissen Edelsorten und die Chloroseempfindlichkeit in feuchten und kalkreichen Böden. Sie sind derart groß, daß ständig nach neuen Typen gesucht wird. So hat TYDEMAN (1949) eine Serie von Sämlingen geprüft, ohne etwas Brauchbares zu finden, und entsprechende Versuche wurden beispielsweise auch in Wädenswil eingeleitet. MITSCHURIN (1943) will allerdings aus der Kreuzung einer kaukasischen Wildform der *Cydonia oblonga* mit der Kultursorte Sarepta eine frostwiderstandsfähige Quitte (Sewernaja) gewonnen haben. Sie ist aber im Westen auf ihre Brauchbarkeit nicht geprüft worden.

Die erste Auslese von Klonen erfolgte durch HATTON (1920, 1928/29, 1934). Weitaus am besten in die Praxis eingeführt hat sich der aus der Quitte von Angers selektionierte Typ A, der mit den Pillnitzer Klonen R_3 und R_5 identisch ist. Typ C hat sich als zu schwachwüchsig erwiesen und verschwindet an den meisten Orten wieder aus den Baumschulen. Merkwürdigerweise ist der aus der „Gewöhnlichen Quitte" selektionierte Typ B von HATTON wenig gebräuchlich geworden, trotzdem die Versuchsergebnisse sowohl in der Baumschule wie auch in den Kulturen im ganzen gesehen kaum hinter denjenigen von Typ A zurückstehen. Ebenfalls nicht eingebürgert haben sich die nicht mit A identischen Pillnitzer Klone von SCHINDLER und die zahlreichen Selektionen von SPRENGER-Wageningen.

Unterlagen für Süß- und Sauerkirschen. Für hochstämmige Süßkirschenbäume und für größere Baumformen der Sauerkirsche wird der Süßkirschensämling verwendet. Meist werden Samen von Wildkirschen, die in Deutschland „Vogelkirsche" heißen, verwendet. Bekannt sind die „Hellrindige Harzer Vogelkirsche" und die „Weißschäftige Limburger Vogelkirsche", die aus Holland stammt. In Deutschland hat man, wie KÜPPERS und HILKENBÄUMER (1949) berichten, mit der Selektion hochwertiger Mutterbäume begonnen. Es zeigte sich, daß die einzelnen Bäume recht ungleichwertige Nachkommen ergeben. Es konnte keine positive Korrelation zwischen Farbe und Beschaffenheit der Rinde einerseits und Widerstandsfähigkeit gegen Gummifluß anderseits gefunden werden, wie von den Praktikern immer wieder behauptet wird. Die Bäume, welche die besten Sämlinge ergaben, waren weder hellrindig noch glattrindig, sondern grau- und rauhrindig, aber nicht borkig. Wie die Erfahrungen der Versuchsanstalt Wädenswil zeigen, gibt es auch unter den kultivierten Süßkirschen Sorten, die wüchsige und gleichmäßige Sämlinge liefern. Allerdings darf man nicht Frühkirschen verwenden, da sie erfahrungsgemäß oft schlecht ausgebildete Samen und daher eine geringe Keimfähigkeit aufweisen. Von den schweizerischen Baumschulen wird heute ausschließlich Saatgut der Sorte Rote Lauber verwendet. Sie gehört zu den mittelgroßen, mittelspät reifenden Herzkirschen.

Die ungeschlechtliche Vermehrung der Süßkirsche mit Ablegern stößt auf Schwierigkeiten. HATTON (1921) hat zwar Typen selektioniert und herausgegeben. In England und teilweise in Belgien und Holland werden der starkwüchsige Typ F 12/1 und der schwächer wachsende F 1/1 baumschulmäßig vermehrt. Entsprechende Versuche von SCHINDLER sowie von MAURER (1939) in Deutschland haben zu keinen auswertbaren Ergebnissen geführt, und auch der Versuch HILKEN-BÄUMERS, an Stelle der Vermehrung mit Ablegern Wurzelschnittlinge zu verwenden, ließ keine Verwertung in der Praxis zu (KÜPPERS und HILKENBÄUMER 1949). Dagegen scheinen die entsprechenden Anstrengungen der Versuchsanstalt in Wädenswil gute Erfolge zu versprechen. Aus mehreren Tausenden von Sämlingen von Kultursorten konnten einige Typen selektioniert werden, die sich ebenso gut oder besser als die englischen Unterlagen durch Ableger vermehren lassen und sehr schöne Jungbäume ergeben. Die Prüfung ist jedoch noch nicht abgeschlossen.

Prunus cerasus wird verhältnismäßig wenig als Unterlage gebraucht, trotzdem es Formen gibt, die sich viel leichter ungeschlechtlich vermehren lassen als die Süßkirsche. Sie scheinen sich für die Sauerkirsche als Unterlagen nicht besonders gut zu bewähren. Für Süßkirschen kommen sie gar nicht in Frage, auch nicht für kleine Formen. Am bekanntesten ist die aus Kalifornien stammende Stockton Morello, die auch in England verwendet wird, und der in Australien vermehrte Typ Kentish. Die Vermehrung scheint meist durch Wurzelschnittlinge zu erfolgen.

Viel gebräuchlicher als schwachwüchsige Unterlage, namentlich für Sauerkirschen, ist die Strauchweichsel, *Prunus mahaleb*. Ihre vegetative Vermehrung ist nicht einfach und erfolgt am besten durch Stecklinge. In Diskussion steht Gramms Mahaleb. Meist werden jedoch Sämlinge verwendet. Die Strauchweichsel, die wild in der trockenen Felsenheide vorkommt, ist eine Veredlungsunterlage für warme, trockene Gebiete, wo die Süßkirsche nicht gut gedeiht. Unter solchen Bedingungen kann man auf der Strauchweichsel sogar kräftige Hochstämme erziehen. Die Unverträglichkeit scheint, abgesehen von gelegentlich schlechter Annahme der Augen, keine große Rolle zu spielen.

Unterlagen für Pflaumen und Zwetschgen. Die Unterlagenfrage ist für diese Obstart recht unübersichtlich. Auffallend oft ist Unverträglichkeit zwischen Unterlage und Edelreis festgestellt worden. Es sind hauptsächlich Sämlinge und vegetativ vermehrte Typen von *Prunus domestica* (im weiteren Sinn, incl. *P. insititia*) und *P. cerasifera* gebräuchlich. Im ganzen gesehen liefern die als Myrobalanen bezeichneten Kirschpflaumen kräftigere Bäume als die Domesticaunterlagen. Die Tragbarkeit setzt entsprechend später ein. Dagegen gilt die Kirschpflaume als frostempfindlicher. Neben diesen beiden Arten wird ein als Marianna bekannter Klon verwendet, der meist als Bastard zwischen *P. munsoniana* und *P. cerasifera* aufgefaßt wird. Die Pflaumen und Zwetschgen lassen sich auch auf Schwarzdorn, *P. spinosa*, veredeln. Diese Art hat jedoch nirgends als Unterlage Bedeutung erlangt, wahrscheinlich weil sie zu schwachwüchsig ist.

In den Baumschulen werden noch vielfach Sämlinge von *P. domestica* verwendet. Zur Beschaffung des Saatgutes haben sich die Formen der Haferpflaume, die in der Praxis als St. Julien bezeichnet werden, als zweckmäßig erwiesen. Doch gilt für die Auswahl der Mutterbäume dasselbe wie für die Äpfel, Birnen und Kirschen: nicht alle Bäume liefern gleich wertvolle Sämlinge. Deshalb ist man z.B. in der Schweiz dazu übergegangen, durch Versuche die besten Formen ausfindig zu machen und zu vermehren. Als wertvoller Saatgutspender hat sich im Verlaufe dieser Untersuchungen auch der englische Typ Brompton erwiesen. Weniger gute Ergebnisse liefern die verschiedenen Edelsorten, unter denen die Mirabellen am häufigsten Verwendung finden, aber der Unzuverlässigkeit und Schwachwüchsigkeit wegen aufgegeben werden sollten.

Wenn infolge der vielfach etwas mühsamen vegetativen Vermehrung der Domesticaklone die Sämlinge von Domesticaformen noch eine gewisse Berechtigung haben, so sollten auf der anderen Seite die Myrobalanensämlinge aus der Baumschulpraxis verschwinden, weil wir über sehr gute und leicht vermehrbare Typen verfügen. Auch bei dieser Obstart hat sich gezeigt, daß die Sämlinge ungleichmäßig fallen, und daß nur bestimmte Herkünfte ein befriedigendes Aussaatmaterial liefern.

Die ersten Klone von *Prunus domestica* und *P. cerasifera ssp. myrobalana* verdanken wir wiederum HATTON (1921). Später haben HATTON, AMOS und WITT (1928/29) über die Versuche von East Malling berichtet, und schließlich hat der große englische Unterlagenspezialist selbst wieder eine zusammenfassende Darstellung über seine Erfahrungen gegeben (HATTON 1936). In Deutschland haben sich verschiedene Forscher mit dieser Gruppe von Unterlagen befaßt. Die Ergebnisse sind in der zusammenfassenden Darstellung von MAURER (1939) und im Merkblatt von KEMMER (1938) verwertet.

Die Vermehrung kann durch Bewurzelung von Ablegertrieben, durch Wurzelschnittlinge und durch Stecklinge erfolgen. Die einzelnen Methoden eignen sich nicht für alle Sorten in gleicher Weise. So geben nach HATTON Brussels und Common Plum mit der Ablegermethode gute Ergebnisse, während Mussel und Brompton sich leichter durch Wurzelschnittlinge vermehren lassen und Marianna und die Myrobalanen gute Bewurzelung von Stecklingen zeigen.

Mehr noch als beim Apfel ergeben sich Verschiebungen in der Reihenfolge der Wuchskraft der einzelnen Veredlungsunterlagen je nach der Edelsorte, die zur Verwendung kam, wenn auch gewöhnlich die Myrobalanen alle Domesticaunterlagen in dieser Beziehung übertreffen und Common Plum die schwächste Unterlage ist. Ähnliches gilt für die Beeinflussung der Tragbarkeit. Es sei dies an Hand einiger Zahlen aus den Versuchen von HATTON dargestellt:

Unterlage nach Wuchs geordnet	Viktoria Ertrag in 16 Jahren	Unterlage nach Wuchs geordnet	Rivers Early Prolific Ertrag in 16 Jahren
Myrobalane B	206 (2)	Myrobalane B	121 (1)
Brompton	155 (4)	Marianna	119 (2)
Brussels	118 (5)	Breitblättrige Mussel	106 (3)
Marianna	240 (1)	Brompton	75 (6)
Common Mussel	112 (7)	Common Plum	81 (4)
Pershore	157 (3)	Brussels	50 (8)
Common Plum	115 (6)	Common Mussel	77 (5)
Breitblättrige Mussel	107 (8)	Pershore	64 (7)

Unterlage nach Wuchs geordnet	President Ertrag in 16 Jahren	Unterlage nach Wuchs geordnet	Czar Ertrag
Myrobalane B	130 (1)	Myrobalane B	92 (1)
Breitblättrige Mussel	88 (6)	Breitblättrige Mussel	73 (5)
Brompton	103 (4)	Common Mussel	67 (6)
Pershore	127 (2)	Brompton	74 (4)
Marianna	122 (3)	Pershore	89 (2)
Common Mussel	75 (7)	Marianna	84 (3)
Brussels	45 (8)	Brussels	52 (7)
Common Plum	91 (5)	Common Plum	52 (8)

Die Ergebnisse dieses Versuches dürfen keinesfalls verallgemeinert werden. Es ist nicht nur möglich, sondern wahrscheinlich, daß auf einem nährstoffreichen, für den Anbau von Pflaumen geeigneten Boden die Myrobalane B zu starkwüchsige Bäume ergeben würde, namentlich, wenn die Edelsorten ebenfalls stark-

268 Die Beziehungen zwischen Wachstum, Blütenanlage und Fruchtbildung.

wüchsig sind. Es gilt daher auch bei den Pflaumen, die besten Unterlagen für bestimmte Böden und bestimmte Edelsorten experimentell ausfindig zu machen.

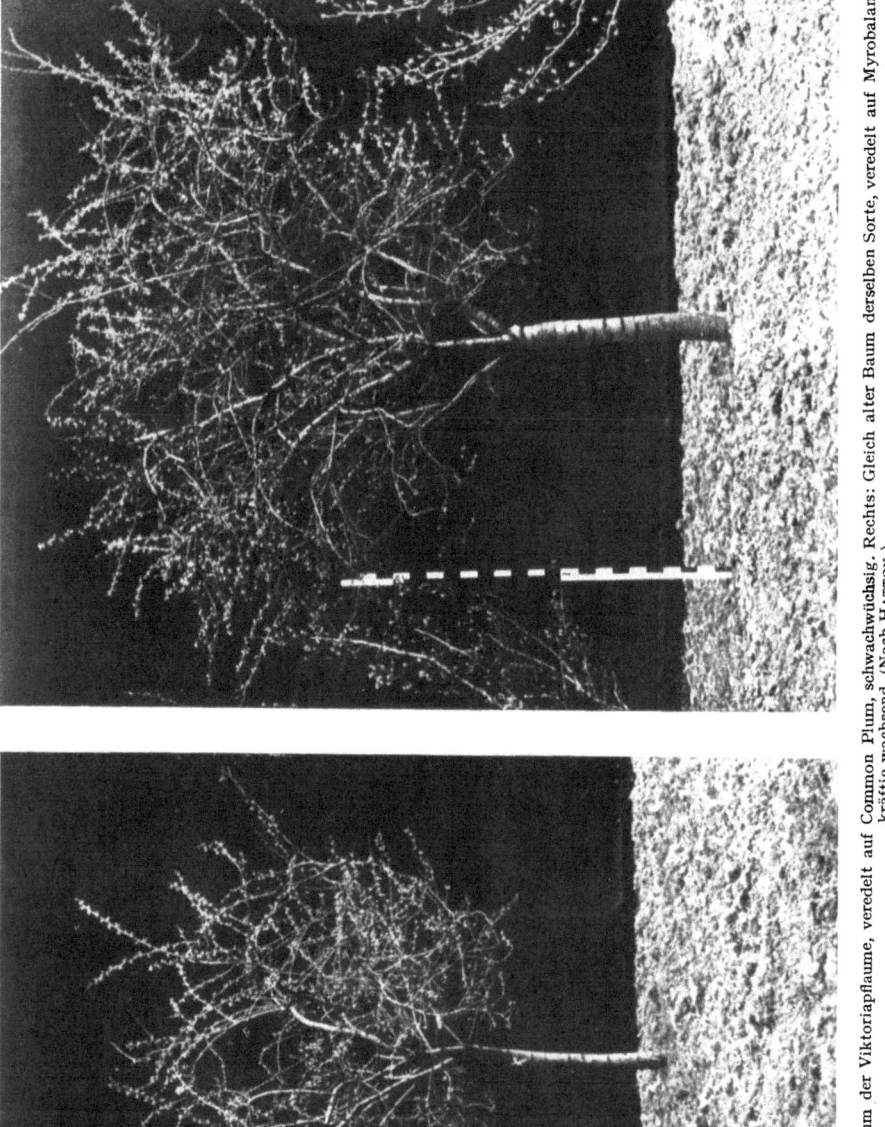

Abb. 92. Links: 13jähriger Baum der Viktoriapflaume, veredelt auf Common Plum, schwachwüchsig. Rechts: Gleich alter Baum derselben Sorte, veredelt auf Myrobalane, kräftig wachsend. (Nach HATTON.)

Die meist diskutierten Veredlungsunterlagen für Pflaumen sind gegenwärtig (wo nichts anderes bemerkt ist, handelt es sich um Domesticaformen):

St. Julien B. Ziemlich kräftig wachsend. Soll tragbare Bäume geben.

Common Mussel. Ziemlich kräftig, durch Ableger leicht vermehrbar. Macht zu viele Bodentriebe und muß deshalb aufgegeben werden.

Brompton. Wohl die starkwüchsigste Domestica. Zeigt wenig Unverträglichkeit mit Edelsorten, ist aber schwer zu vermehren.

Kroosje, gelbe. Stammt aus Holland. Mäßig kräftige Bäume liefernd, aber umstritten wegen Unverträglichkeit mit gewissen Edelsorten. Soll besser sein als die blaue Kroosje.

Pershore. Mäßige Wuchskraft und angeblich gute Tragbarkeit der Edelsorten vermittelnd. In England beliebt, aber Vermehrungsfähigkeit ungenügend.

Brussels. Leicht vermehrbar, aber Wuchs oft ungenügend und unverträglich mit gewissen Edelsorten (z.B. Czar). Oft gebraucht, aber umstritten.

Ackermannspflaume (= Marunke). Aus Deutschland stammend. Wächst mittelstark und zeigt gute Affinität zu den Edelsorten. In Deutschland und in der Schweiz gegenwärtig die am häufigsten verwendete vegetativ vermehrbare Domesticapflaume.

Hüttner IV. Wächst kräftig und nimmt die Edelsorten gut an, ist aber schwer vermehrbar. In Deutschland verwendet.

Wurzelechte große grüne Reineclaude. Gilt als kräftig wachsend und nimmt die Edelsorten gut an. In Deutschland im Gebrauch.

Myrobalane B (P. cerasifera). Sehr kräftig wachsend und Edelaugen gut annehmend. Für schwachwüchsige und sehr fruchtbare Sorten und für magere Böden wertvoll. Leicht durch Ableger und Stecklinge vermehrbar. Macht wenig Aufläufertriebe. Frostempfindlich!

Weiße Myrobalane, Pfälzertyp *(P. cerasifera).* Eigenschaften ähnlich Myrobalane B. In Deutschland neuerdings vielfach verwendet.

Marianna. Aus Texas stammend. Gilt als Bastard zwischen *Prunus munsoniana* und *P. cerasifera.* Ziemlich starkwüchsig mit den meisten Sorten. Keine Ausläufer bildend. Vermehrung durch Steckholz leicht. Mit einem Teil der Sorten, z.B. Czar, unverträglich. Gilt als kurzlebig und gegen Trockenheit empfindlich. Wird deshalb in Amerika und Deutschland meist abgelehnt.

Unterlagen für die Aprikose. Die häufigste Unterlage für diese Obstart ist der Aprikosensämling. Es fehlen jedoch Untersuchungen über die Eignung der verschiedenen Sorten zur Aussaat, wie sie bei anderen Obstarten durchgeführt wurden. PASSECKER (1947) hat nachgewiesen, daß auch bei der Aprikose eine vegetative Vermehrung durch Ableger und durch Grünstecklinge möglich ist, solange sich die Bäume in der Jugendform befinden. Es sind jedoch bisher keine Typen in den Handel gelangt.

Die Aprikose kann auch auf Domesticapflaumen veredelt werden. In vielen Fällen werden dadurch wertvolle, gesunde und langlebige Bäume erzielt. Doch wird häufig das Edelauge nicht gut angenommen, und es tritt auch „verzögerte" Unverträglichkeit auf, indem oft das Edelreis später auf dieser Unterlage schlecht gedeiht. Als geeignete Domesticatypen für die Aprikose gelten nach KEMMER (1938) beispielsweise Ackermannspflaume, Brompton und Hüttner IV. Die ganze Frage bedarf aber sehr einer gründlichen experimentellen Abklärung durch Kombination der wichtigsten Aprikosensorten mit den wertvollsten Domesticatypen.

Unzweckmäßig ist die häufig ausgeführte Veredlung der Aprikose auf Myrobalanen. Die Bäume treiben zwar, sofern die Veredlung gelingt, im allgemeinen kräftig, sind aber kurzlebig und empfindlich.

Unterlagen für den Pfirsich. Am sichersten ist vorläufig die Veredlung auf den Pfirsichsämling, wobei aber keine gründlichen Vergleiche der Aussaaten verschiedener Sorten als Grundlage für die Auswahl des Saatgutes vorliegen. Obschon sich die Pfirsiche anscheinend in der Jugendform durch Anhäufelung vermehren lassen, sind offenbar noch keine Typen allgemein gebräuchlich geworden.

Als Pfirsichunterlagen werden auch Domesticapflaumen verwendet. Wie bei der Aprikose ist aber bedeutend mehr Unverträglichkeit zu konstatieren als bei Verwendung des Pfirsichsämlings. Es gelten beispielsweise als geeignet: Brompton, Kroosje gelb (jedoch nach KEMMER unverträglich mit Proskauer und Mayflower), Ackermannspflaume, Hüttner IV und Damas C. Die Domesticaunterlagen scheinen im allgemeinen schwächere Bäume zu bilden als die Pfirsichsämlinge.

Die Myrobalanen nehmen gelegentlich Edelaugen des Pfirsichs ebenfalls an. Sie sind aber für diese Obstart, wie für die Aprikose, schlechte Unterlagen.

Schließlich kann der Pfirsich mit gutem Erfolge auf Sämlinge der Bittermandel veredelt werden. Diese Unterlage ist in südlichen Gebieten, und namentlich für trockene Böden, viel geeigneter als Pfirsichsämlinge oder Domesticapflaumen. Sie gehört aber nicht in kühle Gegenden und in feuchte Böden.

Die Frage der Eignung der verschiedenen Unterlagen für die wichtigsten Pfirsichsorten bedarf ebenfalls einer gründlichen Überprüfung unter Ausnützung der Erkenntnisse, die man bei anderen Obstarten gewonnen hat.

C. Das Problem der Alternanz.

Wesen und Ursache der Alternanz. — Ihre Nachteile. — Die Behebung der Alternanz.

Wir finden sehr häufig Obstbäume, die im einen Jahr überreichlich Früchte tragen, im nächsten aber leer stehen und diese Periodizität in der Folge beibehalten. Man nennt diese Erscheinung Alternanz und spricht vom Wechsel zwischen Ausfalls- und Tragjahren. Gelegentlich findet man Bäume, bei denen ein Teil der Leitäste im einen Jahr, der andere im folgenden Früchte trägt, so daß am gleichen Baum zugleich Ausfalls- und Tragjahr zu beobachten sind. Dies beweist einmal mehr die physiologische Unabhängigkeit der einzelnen Leitäste. Seltener kommt es vor, daß je 2 Ausfallsjahre mit einem Tragjahr wechseln.

Die Alternanz tritt am auffälligsten beim Apfelbaum auf. Sie ist aber auch beim Birnbaum, bei den Pflaumen und Zwetschgen und bei der Aprikose eine häufige Erscheinung. Sie kommt beim Pfirsich vor, wird aber bei dieser Obstart vielfach ersetzt durch einen Zusammenbruch der Bäume als Folge einer Reihe nicht unterbrochener übermäßiger Ernten. Am wenigsten neigen die Kirschbäume zu Alternanz.

Die Alternanz tritt nicht nur bei den verschiedenen Obstarten, sondern auch bei den Sorten ein und derselben Obstart in ungleich starker Ausprägung auf. Es gibt z.B. Apfelsorten, die ausgesprochen dazu neigen, wie Schöner von Boskoop, Winter-Goldparmäne, Weißer Klarapfel, Baldwin, während andere ihr wesentlich weniger unterworfen sind.

Der Wechsel von Ausfalls- und Tragjahren wird meist durch eine übermäßige Ernte eingeleitet. Wenn der Baum allzu viele Früchte zu ernähren hat, fehlen ihm die Voraussetzungen zur Bildung von Blütenknospen in der kritischen Periode der Monate Juli bis Anfang August. Er steht daher im nächsten Jahr leer. Da er im Ausfallsjahr keine Assimilate für die Ernährung von Früchten benötigt, sind neuerdings die Bedingungen für die Anlage einer übermäßigen Zahl von Blütenknospen gegeben. Sofern der Baum zudem die nötigen Stickstoffreserven aufzuhäufen vermag oder im Frühjahr genügend Stickstoff aus dem Boden aufnehmen kann, führt diese zu reichliche Blütenbildung im nächsten Jahr wiederum zu einem übermäßigen Fruchtansatz, so daß die unliebsame Periodizität beibehalten wird. Wenn die Stickstoffversorgung ungenügend ist, fallen die Jungfrüchte der Krisenperiode des Junifalles zum Opfer, so daß zwei Ausfallsjahre aufeinanderfolgen können. Dies trifft auch zu, wenn der Baum im Ausfallsjahr aus irgendeinem Grunde derart geschwächt ist, daß die Anlage von Blütenknospen ausfällt.

Da übermäßige Blütenbildung hauptsächlich bei schwachwüchsigen Bäumen vorkommt, tritt Alternanz in weitaus den meisten Fällen kombiniert mit geringem Triebwachstum auf. Die Ursache des geringen Wachstums kann in ungenügender Versorgung mit Wasser, Stickstoff, Kali oder Phosphorsäure liegen, oder es kann durch ungenügende Versorgung mit Kohlenhydraten infolge irgendwelcher Schädigung des Blattwerkes bedingt sein. In allen diesen Fällen wird übermäßige Blütenbildung ausgelöst. Ist einmal ein übermäßiger Fruchtansatz zu ernähren, dann ist der Circulus vitiosus zwischen Ausfallsjahren und Tragjahren mit großer Wahrscheinlichkeit geschlossen, da der Verbrauch von Baustoffen, deren Mangel die Einleitung der Alternanz bewirkte, durch die Ernährung der Früchte stets derart ist, daß im Tragjahr ein kräftiges Triebwachstum und die Blütenbildung ausgeschlossen sind. Im Frühjahr und Vorsommer des Ausfallsjahres häuft sich der die Blütenbildung auslösende Stoff wieder derart an, daß ein übermäßiger Ansatz von Blütenknospen entsteht. Es sei noch einmal darauf hingewiesen, daß die Alternanz nicht unbedingt durch einen übermäßigen Verbrauch der Kohlenhydrate bedingt sein muß. Es ist dies wohl der häufigste Fall. In gleicher Weise kann aber die Blütenbildung im Tragjahr auch durch ungenügende Vorräte an Stickstoff, Phosphorsäure oder Kali verhindert werden. Nach der Auffassung neuerer amerikanischer Forscher (HARLEY und Mitarbeiter 1942) müßte man schließlich an eine Erschöpfung der Vorräte an Blühhormonen oder an eine ungenügende Ausbildung derselben im Tragjahr denken. Doch haben wir bereits im Abschnitt über die Blütenanlage gesehen, daß es wohl nicht nötig ist, zu diesen hypothetischen Stoffen Zuflucht zu nehmen, um den Ausfall der Blütenanlage im Tragjahr verständlich zu machen.

Sehr häufig wird die Alternanz durch Vernichtung der Blüten oder Jungfrüchte infolge von Spätfrösten ausgelöst. Ein solches Beispiel findet sich bei POTTER (1937). In den Pflanzungen der Universität New Hampshire zerstörte 1932 ein strenger Spätfrost fast alle Blüten in einer Anlage der Sorte McIntosh, die aus kräftigen Bäumen bestand, welche bisher alljährlich mäßige Ernten brachten. Der Ernteausfall in diesem Jahr hatte 1933 einen übermäßigen Ansatz zur Folge, was nun Alternanz bewirkte. Die entsprechenden Zahlen lauten (bushels umgerechnet in Liter je Baum):

       1929 = 124 l je Baum,
       1930 = 145 l je Baum,
       1931 = 229 l je Baum,
       1932 = 29 l je Baum (Frost!),
       1933 = 523 l je Baum,
       1934 = 73 l je Baum,
       1935 = 472 l je Baum,
       1936 = 130 l je Baum.

Man muß damit rechnen, daß die durch den Frost ausgelöste Alternanz noch ausgesprochener gewesen wäre, wenn es sich nicht um kräftige, sondern um schwachwüchsige Bäume gehandelt hätte. Die Neigung, in den Ausfallsjahren nach und nach wieder mehr Früchte zu tragen, die wir 1934 und 1936 erkennen, wäre in diesem Fall nicht zu beobachten. Ein Naturexperiment großen Ausmaßes für die Auslösung eines Wechsels zwischen Ausfalls- und Tragjahren kann seit 1945 in der Schweiz beobachtet werden. In der Nacht vom 30. April auf den 1. Mai jenes Jahres waren im schweizerischen Mittelland zwischen der Linie Zürich—Winterthur und Genf fast sämtliche Apfelblüten erfroren. Seither hat dieser ganze Landstrich in den geraden Jahren große Ernten, in den ungeraden Fehlernten. Unterstützt durch die geringen Niederschläge behielten die Bäume bisher ihre Alternanz bei. Eine Ausnahme machen nur die kräftig wachsenden Jungbäume und diejenigen, bei welchen man in der noch anzuführenden Weise die abwechselnde Tragbarkeit in alljährliche überzuführen vermochte. Im Ausfallsjahr 1953 entstanden am 11. Mai im größten Teil des Frostgebietes von 1945 wieder ausgedehnte Frostschäden, so daß die erzielten Erfolge in der Umstellung auf alljährliche Tragbarkeit wieder zerstört wurden.

Auch die blütenvernichtenden Spätfröste leiten die Alternanz dadurch ein, daß eine übermäßige Blütenbildung einen zu hohen Fruchtansatz verursacht, welcher seinerseits im Tragjahr eine Blütenanlage verhindert.

Der Obstpflanzer muß dem Wechsel von Trag- und Ausfallsjahren seine volle Beachtung schenken und ihn zu verhüten suchen. Er darf nicht mit einer Ernte alle 2 Jahre zufrieden sein und im übrigen dem Baum seine Ruhe gönnen. Die Früchte der übermäßig tragenden Bäume sind meist klein, schlecht gefärbt und mangelhaft ausgereift, also minderwertig. Nach HOOKER (1925) ist zudem im Verlauf einer gegebenen Anzahl von Jahren die Totalernte der abwechselnd tragenden Bäume geringer als diejenige von vergleichbaren alljährlich tragenden. Diese Beziehung ist allerdings schwer nachzuweisen, da das physiologische Verhalten der alternierenden Bäume von demjenigen der alljährlich tragenden sehr verschieden ist. Sie leiden beständig Not. Im Tragjahr verbrauchen sie alle ihre Kohlenhydrat- und Eiweißvorräte und einen viel zu großen Anteil der neuen Assimilate für die Ernährung der übermäßigen Ernte. Ein ausreichendes Triebwachstum und die Einlagerung von genügend neuen Reservestoffen ist deshalb unmöglich. Man erkennt dies leicht daran, daß das Laub solcher Bäume im Tragjahr lange grün und am Baume hängen bleibt, ein Zeichen dafür, daß die Reservestoffbehälter noch nicht gefüllt sind. Die Folge ist, daß alternierende Bäume, wie bereits HOOKER (1925) nachgewiesen hat, im Frühjahr des Ausfallsjahres einen noch schwächeren Frühjahrstrieb entwickeln als im Tragjahr. Erst wenn neue Assimilate gebildet werden, vermag sich der Baum wieder zu erholen. Ein genügendes Triebwachstum kann aber nicht mehr einsetzen. Dafür werden in den meisten Endknospen der Triebe Blütenanlagen ausgebildet. Die Erholung von der Not im Ausfallsjahr ist von kurzer Dauer, da im nächsten Frühjahr infolge des übermäßigen Stoffverbrauches für die Entwicklung der Blütenknospen und die Ernährung der Jungfrüchte neuerdings alle Kräfte verbraucht werden.

Ein weiterer Nachteil abwechselnd tragender Bäume ist ihre übermäßige Frostempfindlichkeit im Winter nach dem Tragjahr. Sie ist auf die geringen Vorräte an Kohlenhydraten und stickstoffhaltigen Assimilaten zurückzuführen; denn wir wissen, daß ein Baum einer gegebenen Sorte um so frostempfindlicher ist, je weniger er sein Holz ausreifen konnte. Wo sämtliche Bäume in der gleichen Periodizität zwischen Trag- und Ausfallsjahren sind, entsteht für den Obstpflanzer eine unmögliche Situation: er hat im einen Jahr eine übermäßig große Ernte von geringer Qualität zu verwerten und deshalb mit Absatzschwierigkeiten zu kämpfen, während er im nächsten Jahr während der Obsternte in die Ferien gehen kann.

In Anbetracht all der Nachteile der Alternanz muß sich der Obstpflanzer bestreben, abwechselnd tragende Bäume so bald als möglich in alljährlich tragende überzuführen. Die Kenntnis der physiologischen Zusammenhänge läßt uns die Wege erkennen, die einzuschlagen sind. Wir müssen dafür sorgen, daß nicht infolge eines übermäßigen Fruchtbehanges die Anlage von Blütenknospen verunmöglicht wird, und wir müssen das Triebwachstum derart kräftigen, daß der Baum neben der Ernährung einer normalen Ernte noch befähigt ist, Blütenknospen auszubilden.

Man hat seit langem versucht, durch Auspflücken von Blüten oder jungen Früchten die Bildung übermäßiger Ernten zu verunmöglichen. ROBERTS (1920) fand, daß das Auspflücken von Blüten im Knospenstadium die Bäume zur Blütenbildung veranlaßte, nicht aber das Auspflücken von Jungfrüchten. AUCHTER und SCHRADER (1923) kamen zum gleichen Schluß. Sie behandelten einzelne Äste und kamen zu folgenden Ergebnissen:

Äste, an welchen

die Blüten 1919 im Knospenstadium entfernt wurden, bildeten
1920 an 37% des Fruchtholzes Blüten,
die Blüten mitten in der Blütezeit entfernt wurden, bildeten
1920 an 32% des Fruchtholzes Blüten,
die Früchte zur Zeit des Junifalles entfernt wurden, bildeten
1920 an 5% des Fruchtholzes Blüten,
die Früchte bis zur Ernte am Baume belassen wurden, bildeten
1920 an 1% des Fruchtholzes Blüten.

Später haben sich namentlich amerikanische Forscher eingehend mit der Frage befaßt, in welchem Zeitpunkte eine Verminderung der Zahl der Jungfrüchte noch wirksam sei, um die Anlage von Blütenknospen auszulösen (ALDRICH 1932, HARLEY und Mitarbeiter 1934, 1935, 1937, 1942, MAGNESS, FLETSCHER und ALDRICH 1934). Dabei hat sich auf Grund von Versuchen an geringelten Ästen gezeigt, daß eine gewisse Blattfläche je Frucht vorhanden sein muß, damit sich Blütenanlagen bilden. Die Zusammenhänge seien an einem eindrucksvollen Versuch dargestellt, über den HARLEY, MAGNESS, MASURE, FLETSCHER und DEGMAN (1942) in ihrer vorzüglichen, schon im Abschnitt über die Ursachen der Bildung von Blütenknospen besprochenen Arbeit berichteten. Es handelt sich um Versuche an einem ziemlich kräftigen, 6 Leitäste aufweisenden alternierenden Baum der Sorte Yellow Newton in seinem Tragjahr. Die Äste wurden *nicht* geringelt. Die Früchte wurden am einen Ast 33, am 2. 38, am 3. 54, am 4. 56, am 5. 76 Tage nach der Vollblüte ausgepflückt, und zwar derart, daß je Frucht immer 70 Blätter vorhanden waren. Der 6. Leitast blieb unbehandelt. Die Ergebnisse sind nachstehend zusammengestellt:

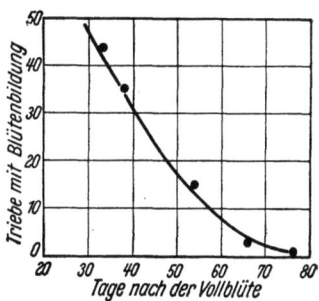

Abb. 93. Fruchtausdünnung und Blütenbildung. Prozentsatz der Triebe (Knospen) mit Blütenbildung an den Leitästen eines alternierend tragenden Baumes der Apfelsorte Yellow Newton nach periodischem Ausdünnen (70 Blätter je Frucht) im Abstand von 33, 38, 54, 66 und 76 Tagen nach der Vollblüte. Versuche in Wenatchee, Wash. (Nach HARLEY, MAGNESS und Mitarbeitern.)

Leitast Nr.	Tage zwischen Vollblüte und Auspflücken	Durchschnittliche Blattfläche je Frucht cm²	Anzahl Knospen total	blütenbildend %
1	33	1935	755	43,8
2	38	1882	907	34,8
3	54	1742	650	14,5
4	66	2108	878	3,1
5	76	1915	868	1,1
6	nicht ausgepflückt	91	532	1,3

Im Zeitpunkt, in welchem Ast 3 ausgepflückt wurde, 54 Tage nach der Vollblüte, zeigten sich die ersten Anfänge des Junifalles. Als der 4. Ast 66 Tage nach der Vollblüte ausgepflückt wurde, hatte der Junifall sein Maximum erreicht. Es ist anzunehmen, daß bei schwächer wachsenden Bäumen, mit welchen wir es bei der Behebung der Alternanz meist zu tun haben, die Beeinflußbarkeit der Blütenbildung durch Auspflücken nicht so lange andauert; denn wir wissen aus den Versuchen der gleichen amerikanischen Forscher, daß bei schwachwüchsigen Trieben die Anlage der Blütenknospen früher erfolgt als bei den kräftigen. Auch weitere Versuche von HARLEY und Mitarbeitern ergeben, daß wir mit dem Auspflücken bis 4, bei kräftigeren Bäumen sogar bis 5 Wochen nach der Vollblüte zuwarten dürfen, ohne daß wir befürchten müssen, daß die Einwirkung auf die Blütenknospenbildung verlorengeht. Dies ist wichtig, da in diesem Zeitpunkt der größte Teil der unbefruchteten Früchtlein meist bereits abgefallen ist, so daß wir einen ersten Anhaltspunkt für das Ausmaß des Fruchtansatzes haben. Anderseits dürfen wir jedoch nicht bis zum Junifall zuwarten, da in diesem Zeitpunkt die Knospenbildung nicht mehr beeinflußbar ist. Wir können mit so spätem Auspflücken einzig noch die Ausbildung der verbleibenden Früchte und das Ausreifen des Holzes verbessern.

Das Entfernen von Blüten und Jungfrüchten ist ohne Zweifel die wirksamste und beste Maßnahme zur Verhinderung der Alternanz. Sie ist deshalb in vielen Plantagen gebräuchlich geworden. An manchen Orten wird damit allerdings bloß die qualitative Verbesserung der Ernte bezweckt. Zahlreiche Forscher, namentlich in England und insbesondere in den Vereinigten Staaten von Amerika, haben sich mit dieser Frage befaßt (z.B. SWARBRICK 1933, DORSEY und McMUNN 1944, sowie die bereits erwähnten anderen amerikanischen Forscher). Fraglich bleibt die Menge der Früchte, die am Baum belassen werden darf, wenn neben ihrer Ausbildung sich eine genügende Menge von Blütenknospen bilden soll. Am gebräuchlichsten ist bei diesen Untersuchungen die Angabe der Anzahl Blätter je Frucht, wobei jedoch darauf hingewiesen werden muß, daß die Blattgröße von Sorte zu Sorte und je nach dem physiologischen Zustand des Baumes bedeutenden Schwankungen unterworfen ist. Ferner sind bei großfrüchtigen Sorten mehr Blätter je Frucht nötig als bei kleinfrüchtigen. Im Mittel dürften ungefähr 40 Blätter je Frucht — diejenigen der Langtriebe nicht mitgerechnet — nötig sein, um die Blütenknospenbildung neben der Ernährung einer Normalernte zu sichern. Bei schwachwüchsigen Bäumen wird man stärker auspflücken als bei kräftig wachsenden. Die Untersuchungen über die Frage, wie viele Blätter je Frucht nötig seien, um die Alternanz zu brechen, haben nicht immer eindeutige Ergebnisse geliefert (TSUIN SHEN 1941). Dies erscheint begreiflich, da wir wissen, daß nicht immer die Menge der zur Verfügung stehenden Kohlenhydrate in erster Linie über die Anlage von Blütenknospen entscheidet. Es gibt auch Fälle, in welchen die Stickstoffversorgung ausschlaggebend ist. Es kommt darauf an, welcher Faktor im Minimum ist.

Die Erfahrung hat gelehrt, daß die Obstpflanzer, welche das Auspflücken in ihre Praxis einführen, fast immer in den ersten Jahren zu viele Früchte an den Bäumen belassen (FRITZSCHE 1949), weil vielfach Jungfrüchte übersehen werden und weil bei 40 Blättern je Frucht durch die noch kleinen Früchtlein ein spärlicher Behang vorgetäuscht wird.

Im Plantagenobstbau ist das Auspflücken von Hand möglich und wirtschaftlich tragbar, sofern man über billige und eingeschulte Arbeitskräfte verfügt. Dagegen ist es im landwirtschaftlichen Obstbau sowohl aus betriebswirtschaftlichen wie auch aus arbeitstechnischen Gründen höchstens an kleineren Bäumen besonders wertvoller Sorten in Betracht zu ziehen. Man hat deshalb seit längerer Zeit versucht, das mechanische Auspflücken durch das Vernichten eines Teiles der Blüten oder jungen Früchte mit Hilfe von geeigneten Spritzbrühen zu ersetzen. Die ersten, die sich experimentell mit dieser Frage befaßten, waren wohl GARDNER, MERILL und PETERING (1939). Bald ergaben sich 2 Möglichkeiten der chemischen Ausdünnung: die Vernichtung eines Teiles der Blüten mit Hilfe von Dinitrokresol oder anderen ätzenden Chemikalien und die Entfernung von Blüten oder Jungfrüchten mit Hilfe von Hormonen.

Die Verwendung der Dinitroorthokresolsäure und ihrer Salze zur Vernichtung eines Teiles der Blüten stammt aus den Vereinigten Staaten von Amerika. HOFFMANN (1942) und seine Mitarbeiter (z.B. HOFFMANN, SOUTHWICK und EDGERTON 1947, ferner BATJER und Mitarbeiter 1945) berichten über gute Erfolge.

VRIJHOF (1950) sowie VRIJHOF und OELE (1951) haben entsprechende Versuche in Holland ausgeführt. Es kann der Schluß gezogen werden, daß alle diese Stoffe eine ausgesprochene phytocide Wirkung haben. Die Blütenblätter, die Griffel und teilweise auch die Staubgefäße der Blüten werden verbrannt. Auf dieser Vernichtung beruht das Ausdünnen. Daneben treten aber mehr oder weniger auch Schädigungen an den Blättern auf. Sie äußern sich teilweise in einem Verbrennen des Blattrandes, teilweise in Form von Chlorosen. Einige Wochen nach der Spritzung sind die Schäden meist ausgeheilt. HOWLETT (1943) hat allerdings festgestellt, daß sogar die schwächeren Fruchtspieße infolge dieser Spritzung absterben können. Die Salze bewirken eine geringere Schädigung als die Dinitroorthokresolsäure selbst. Das Ammoniumsalz verbrennt mehr als das Kalium- und Natriumsalz. In Amerika ist das Natriumsalz unter der Bezeichnung Elgetol gebräuchlich geworden. Die geeignete Konzentration liegt zwischen einem Dinitrokresolgehalt von 0,025% und 0,05%, wobei kräftig wachsende Sorten eine höhere Konzentration benötigen als schwachwüchsige. Die erforderliche Konzentration scheint bei Äpfeln, Birnen, Pflaumen und Pfirsichen ungefähr gleich zu sein. Ein wesentlicher Nachteil der Dinitrokresolpräparate liegt in der Tatsache, daß der Zeitpunkt der Anwendung sehr genau erfaßt werden muß. Es muß in die Vollblüte gespritzt werden, also wenn die ersten Kronblätter zu fallen beginnen, eher etwas zu früh als zu spät. Zu dieser Zeit kann man sich aber noch kein Bild machen über den Fruchtansatz. Man weiß noch nicht, wie gut die Befruchtung der Blüten sein wird und wie viele Blüten nach dem Blütenblattfall abgestoßen werden. Ein weiterer, sehr wesentlicher Nachteil, der merkwürdigerweise in der Literatur nicht genügend zur Geltung kommt, ist die Tatsache, daß Dinitrokresolverbindungen schwere Bienengifte sind. Es besteht die große Gefahr, daß die Bienen, welche die gespritzten Blüten besuchen, durch die Rückstände des Spritzmittels vergiftet werden.

Ähnlich verhalten sich die entsprechenden Verbindungen des Dinitrophenols, die ebenfalls geprüft wurden. Sie weisen gegenüber den Dinitrokresol enthaltenden Präparaten keine Vorteile auf.

FLORY und MOORE (1947) und KENWORTHY (1947) berichteten, daß auch die vom Chemiker GOODRICH vom Boyce Thompson-Institut hergestellte, aus der Mischung von Polyäthylenpolysulfid mit dem Reaktionsprodukt von Zinkthiocarbamat und Cyclohexamin bestehende Brühe zum Ausdünnen eines übermäßigen Fruchtansatzes brauchbar sei. Diese komplexe Brühe hätte den Vorteil, daß sie noch 14 Tage nach der Blüte angewendet werden könnte. Sie hat zudem keine wesentlichen Verbrennungen der Blätter zur Folge und ihre fungizide Wirkung ist unbestritten. Seither hat man nichts mehr über diese Möglichkeit der Verhinderung übermäßiger Ernten gehört.

Die größte Bedeutung für das chemische Ausdünnen hat das Spritzen mit stark verdünnten Hormonlösungen erlangt. Seitdem STEBBENS, NEAL und GARDNER (1946) mit dem Na-Salz der α-Naphthylessigsäure vielversprechende Ergebnisse erhalten haben, ist dieser Wuchsstoff in den Vereinigten Staaten durch mehrere Forscher, z.B. HOFFMANN, SOUTHWICK und EDGERTON (1947), SOUTHWICK und WEEKS (1949, 1950), STRUCKMEYER und ROBERTS (1950), HIBBARD und MURNEEK (1950) und andere weiter geprüft worden. In England hat LUCKWILL (1948, 1951) wertvolle Ergebnisse veröffentlicht. In Holland haben VRIJHOF und

OELE (1951) damit gearbeitet, und in der Schweiz wurden zahlreiche Versuche durch FRITZSCHE (1950, 1951) ausgeführt. Zusammenfassend kann man als Ergebnis aller dieser Untersuchungen folgende Schlüsse ziehen.

Die α-Naphthylessigsäure ist als solche, aber auch in Form ihrer Salze wirksam. Am häufigsten hat man das Na-Salz verwendet. Die Methode hat gegenüber der Bespritzung mit Dinitrokresolpräparaten den großen Vorteil, daß man nicht so genau an einen Zeitpunkt gebunden ist. Seitdem LUCKWILL sowie SOUTHWICK und WEEK gezeigt haben, daß die Spritzung auch nach dem Fall der Blütenblätter wirksam ist, haben die Forscher naturgemäß ihr Augenmerk hauptsächlich auf die postflorale Anwendung gerichtet; je länger wir diese Spritzung hinausschieben können, desto besser läßt sich beurteilen, ob sie notwendig ist oder ob der Baum von selbst den Behang auf ein normales Maß regulieren wird. Aus den Versuchen von SOUTHWICK und WEEKS (1950) und denjenigen von LUCKWILL erkennen wir, daß die Grenze der Wirksamkeit ungefähr bei 4 Wochen nach dem Fall der Blütenblätter liegt. Manchmal waren Spritzungen in diesem Abstand noch wirksam, manchmal nicht mehr. Es dürfte vorsichtig sein, die α-Naphthylessigsäurepräparate nicht später als 3 Wochen nach der Blüte anzuwenden. Anderseits wissen wir, daß ein Ausdünnen 4—5 Wochen nach der Vollblüte noch nicht zu spät ist, um die Voraussetzungen für die Anlage von Blütenknospen zu verbessern. Wir kommen also mit diesen Hormonpräparaten früh genug, um dieses Ziel zu erreichen.

Wir können das Hormonpräparat einer Spritzbrühe beimischen, z.B. der Schwefelkalkbrühe, dem Netzschwefel oder einem anderen Schorfbekämpfungsmittel bei der 1. oder besser noch bei der 2. Nachblütenbespritzung. Je weiter man die Spritzung hinausschiebt, desto höhere Konzentrationen sind notwendig. Während zur Zeit der Vollblüte 10—20 ppm (= 0,001—0,002%) oft wirksam sind, benötigt die gleiche Sorte 3—4 Wochen nach der Blüte eine ungefähr doppelte Konzentration. Ein Nachteil, der aber auch bei den Dinitrokresolpräparaten besteht, ergibt sich aus der Tatsache, daß nicht für alle Sorten einer Obstart die gleiche Konzentration optimal ist. In den Versuchen von FRITZSCHE hat beispielsweise die Apfelsorte Schöner von Boskoop bei Spritzung in die Blüte mit einer Konzentration von 50 ppm wohl einen namhaften Teil des übermäßigen Fruchtansatzes abgestoßen, aber doch nicht so viel, daß eine Blütenanlage möglich gewesen wäre. Anderseits hat die Sorte Sauergrauech bei Spritzung in die Blüte mit 20 ppm bereits günstig reagiert, während mit 50 ppm die Ausdünnung zu stark war. Es scheint, daß vor allem die triploiden Sorten höhere Konzentrationen benötigen. Aber auch kräftig wachsende diploide verlangen mehr als die schwachwüchsigen. Die Versuchsanstalt Wädenswil hat deshalb in ihren Empfehlungen die Apfelsorten in 3 Gruppen eingeteilt, wobei für die einen bei Spritzen in die jungen Früchte eine Konzentration von 25 ppm (z.B. Jonathan), für die andere 50 ppm (z.B. Berlepsch, Champagner-Reinette, Glockenapfel, Goldparmäne, Ontario) und für die dritte 80 ppm (z.B. Gravensteiner, Boskoop, Bohnapfel) empfohlen wird. Dabei ist allerdings zu berücksichtigen, daß auch die verschiedenen Bäume ein und derselben Sorte nicht gleich reagieren. SOUTHWICK und WEEKS (1949) haben für die Untersuchung dieser Frage als Maß für die Wuchsstärke den Durchmesser der Blütenknospen gewählt und gezeigt, daß die Früchtlein aus den schwächeren Knospen bereits bei wesentlich niedrigeren Konzentrationen abfallen als die aus kräftigen Knospen entstandenen.

Für die Birnen scheinen nach FRITZSCHE (1950) sowie VRIJHOF und OELE (1951) ähnliche Konzentrationen nötig zu sein wie für die Äpfel. Doch liegen weit weniger Versuche vor. Für den Elbertapfirsich haben HIBBARD und MURNEEK (1950) bei erwachsenen Bäumen 3—4 Wochen nach der Blüte 40—60 ppm als optimale

Konzentrationen bestimmt. Bei Pflaumen (Czar) liegt ein einziger Versuch von VRIJHOF und OELE vor. 30 ppm, in die Vollblüte gespritzt, ergab einen nicht genügenden Erfolg. Es werden in allen obstbautreibenden Ländern noch zahlreiche Versuche nötig sein, bis in der Praxis eine genügende Sicherheit in der Anwendung von α-Naphthylessigsäurepräparaten für das richtige Ausdünnen des Fruchtbehanges und insbesondere für die Brechung der Alternanz möglich ist. Noch nicht genügend abgeklärt ist auch die Frage, ob die gelegentlich am Baume verbleibenden, sehr kleinen Früchte als wesentlicher Nachteil der Methode zu betrachten sind und ob auch die normal aussehenden Früchte durchschnittlich kleiner werden. LUCKWILL (mündliche Mitteilung) hat derartige Beobachtungen machen können. Die verschiedenen Sorten scheinen sich in dieser Beziehung ungleich zu verhalten.

Ein wesentlicher Vorteil der α-Naphthylessigsäure gegenüber den Dinitrokresolpräparaten liegt in der Ungiftigkeit der Spritzbrühe für Mensch und Tier, insbesondere für die Bienen. Zudem ist die Beeinflussung des Blattwerkes minimal. Bei den höheren Konzentrationen können sich gelegentlich Verkrümmungen der Blattstiele und jungen Blätter ergeben, die aber nach 14 Tagen kaum mehr erkennbar sind. Eine Ausnahme macht z. B. der Weiße Klarapfel.

Bei oberflächlicher Betrachtung erscheint es merkwürdig, daß die gleiche Substanz benützt werden kann, um einen Teil der Blüten oder jungen Früchte zum Abstoßen zu bringen und um den vorzeitigen Fruchtfall im Herbst zu verhindern. Bei näherem Zusehen erkennt man, daß die α-Naphthylessigsäure und ihre Salze auch beim Spritzen in die Blüten und jungen Früchte vorerst bewirken, daß diese länger als die ungespritzten am Baume verbleiben (STRUCKMEYER und ROBERTS 1950, LUCKWILL 1948, 1951). Sie verhindert somit ebenfalls vorerst die Ausbildung einer Ablösungsschicht am Grunde des Stieles. Erst später kommt die Ablösung zustande. STRUCKMEYER und ROBERTS versuchen diese Tatsache ernährungsphysiologisch zu begründen. LUCKWILL (1951) nimmt dagegen auf Grund seiner Untersuchungen an, daß es sich — was viel wahrscheinlicher ist — um eine direkte hormonale Einwirkung handle. Es sei ein ständiger Strom von Wuchsstoffen von der Frucht durch den Fruchtstiel nötig, um die Bildung einer Ablösungsschicht zu verhindern. Dieser Strom habe seinen Ursprung zur Hauptsache im Endosperm der sich entwickelnden Samen. Wenn nun α-Naphthylessigsäure kurz nach dem Abfallen der Blütenblätter gespritzt werde, verhindere dieser Stoff die Entwicklung eines größeren Teiles der Samen und bringe diese zum Absterben. Dadurch werde der Zufluß des natürlichen Wuchsstoffes zur Basis des Fruchtstieles vermindert, was das Abstoßen eines großen Teiles der Jungfrüchte zur Folge habe.

LUCKWILL (1948) fand, daß ein vermehrter Fruchtfall auch durch Spritzen von 1 ppm 2,4-Dichlorphenoxyessigsäure oder 5 ppm β-Indolylessigsäure zur Zeit der Vollblüte möglich sei. Später (1951) hat der gleiche Forscher auch eine Reihe anderer Wuchsstoffe geprüft. Er fand, daß 2,4,5-Trichlorphenoxyessigsäure bei Anwendung nach dem Blütenblattfall in der gleichen Weise wirksam ist wie die α-Naphthylessigsäure. Eingehendere Versuche liegen jedoch mit diesen Substanzen nicht vor. Vorteile gegenüber α-Naphthylessigsäure scheinen nicht zu bestehen.

Wenn wir auch in den Dinitrokresolpräparaten und vor allem in den Salzen der α-Naphthylessigsäure Stoffe zur Hand haben, mit welchen wir die Zahl der Früchte derart vermindern können, daß neben ihnen die Anlage von Blütenknospen möglich ist, so haben wir damit den Kampf gegen die Alternanz höchstens bei kräftig wachsenden Bäumen gewonnen. Bäume mit wenig Triebwachstum werden bei nächster Gelegenheit, d.h. nach der nächsten großen Ernte, wieder in abwechselnde Tragbarkeit zurückfallen. Es ist deshalb unbedingt erforderlich, durch Kulturmaßnahmen dafür zu sorgen, daß der Baum das durch die Hormonspritzung erreichte Gleichgewicht zwischen Ernte und Triebwachstum beibehält.

Ist der Trieb schwach, so müssen wir ihn nach Möglichkeit kräftigen und damit die Voraussetzungen für eine alljährliche Tragbarkeit erst eigentlich schaffen; denn nur, wenn jedes Jahr neue Triebe entstehen, werden sich ohne Zwangsmaßnahmen Blütenknospen bilden können. Dies ist der Grund, warum das Brechen der Alternanz in vielen Fällen große Mühe verursacht hat oder mißlungen ist. Die beiden möglichen Kulturmaßnahmen sind angepaßter Baumschnitt und gute Düngung.

Der erste, der die Alternanz durch den Schnitt der Bäume zu brechen suchte, war wohl ROBERTS (1920). Er entfernte im Winter vor dem Ausfallsjahr viele kleine Äste und Zweige. Dadurch wurde die Bildung von kräftigen Neutrieben veranlaßt, an welchen sich im Sommer keine oder wenig Blütenknospen bildeten, wohl aber im folgenden Jahr, in welchem nach der alten Periodizität keine Blütenanlagen gebildet worden wären. Seither hat man erkannt (z.B. FRITZSCHE 1949), daß wir in einer kräftigen Verjüngung des Fruchtholzes ein wertvolles Mittel in der Hand haben, um die durch rechtzeitige mechanische oder chemische Verminderung des Fruchtbehanges eingeleitete alljährliche Tragbarkeit für die Zukunft zu sichern. Wenn es sich um ganz schwachwüchsige Bäume handelt, bei denen auch die Endtriebe kaum mehr wachsen, wird man besser die ganze Krone verjüngen, indem man die Leitäste selbst ins alte Holz zurückschneidet. Dabei wird man aus den in einem anderen Abschnitt erörterten Gründen die Kernobstarten auf Astring, die Steinobstarten auf Seitentriebe zurückschneiden. Gleichzeitig wird man in entsprechender Weise auch die Fruchtäste und das Fruchtholz verjüngen. Es ist für den Erfolg weniger entscheidend, ob die Verjüngung vor dem Ausfalls- oder vor dem Tragjahr durchgeführt wird. Wichtiger ist, daß ein *kräftiger* Eingriff erfolgt.

Aber auch die Verjüngung des Baumes genügt nicht, um jenen physiologischen Zustand dauernd beizubehalten, der allein die alljährliche Bildung von Blütenknospen sichert, das Gleichgewicht zwischen Wachstum und Ertrag. Dies ist nur möglich, wenn zugleich dem Baum die nötige Menge von Mineralstoffen zur Verfügung steht. Die durch das Ausdünnen und den Baumschnitt eingeleitete Umstellung des physiologischen Zustandes muß durch angepaßte Düngung so lange als möglich erhalten bleiben. HOOKER (1925) hat durch einfache Stickstoffdüngung bei schwachwüchsigen Bäumen in 4 aufeinanderfolgenden Jahren die Alternanz brechen können. Besser ist, mit Hilfe einer der in einem früheren Abschnitt besprochenen Methoden dem Baum alle nötigen Nährstoffe zu verabfolgen. Denn das schwache Wachstum ist nicht in allen Fällen auf Stickstoffmangel zurückzuführen, und wir müssen jede einseitige Düngung vermeiden, um nicht physiologische Störungen hervorzurufen. Dabei darf man im Winter oder Frühjahr vor dem Ausfallsjahr Volldünger mit einer erhöhten Stickstoffgabe verabfolgen. Vor dem Tragjahr ist ein hoher Stickstoffgehalt nur ratsam, wenn man ein mechanisches oder chemisches Ausdünnen der Jungfrüchte ohnehin in Aussicht nimmt; denn wir wissen, daß wir durch eine Verbesserung der Stickstoffversorgung bei schwachwüchsigen Bäumen den Fruchtansatz wesentlich fördern. Bäume, die auf die Düngung nicht mehr durch erhöhtes Triebwachstum reagieren, sind hoffnungslos und sollen ohne Bedenken entfernt werden.

Zusammenfassend können wir feststellen, daß die Alternanz eine sehr unliebsame Erscheinung ist. Sie läßt sich bei schwachwüchsigen Bäumen nicht leicht brechen. Am sichersten ist dies möglich, wenn man durch Auspflücken von Hand oder durch eine Spritzung mit einer 0,003—0,008%igen (30—80 ppm haltigen) Lösung des Natriumsalzes der α-Naphthylessigsäure nach dem Blütenblattfall bis 3 Wochen nach dem Blühet die Menge der Jungfrüchte derart vermindert, daß der Baum im gleichen Jahr befähigt ist, Blütenknospen anzulegen. Die Konzentration muß der betreffenden Obstart und Sorte angepaßt sein. Gleichzeitig ist es aber — vor allem bei schwachwüchsigen Bäumen — nötig, durch kräftiges Verjüngen des Fruchtholzes oder des ganzen Baumes ein genügendes Triebwachstum anzuregen und dieses durch alljährliche, den Erträgen und dem Wachstum angepaßte Düngung zu erhalten. Man muß dafür sorgen, daß der Baum so lange als möglich im physiologischen Gleichgewicht bleibt. Sollte infolge von übermäßigen Ernten oder ausgelöst durch die Zerstörung der Blüten neuerdings Alternanz auftreten, so wird man sie mit Hormonspritzungen zu brechen vermögen. Voraussetzung dazu bleibt aber immer ein genügendes Triebwachstum.

D. Die Auswertung der Beziehungen zwischen Wachstum, Blütenanlage und Fruchtbildung im praktischen Obstbau.

1. Die Gruppierung der Bäume nach Wuchs und Fruchtbarkeit.

Die Unmöglichkeit von Rezepten im praktischen Obstbau. — Die 12 theoretisch möglichen Gruppen nach Wuchs und Fruchtbarkeit. — Mäßig wachsende, alljährlich tragende Bäume als Ziel aller Pflegemaßnahmen.

Wir hatten in den vorangehenden Abschnitten oft Gelegenheit, auf die große Mannigfaltigkeit hinzuweisen, die im Obstbau herrscht. Die Verschiedenheit der Böden und der klimatischen Bedingungen, der Obstarten und -sorten und nicht zuletzt die Verwendung verschiedenartiger Veredlungsunterlagen machen es unmöglich, einfache, für jeden Fall passende Rezepte aufzustellen, nach denen der Baumschnitt und die Baumdüngung „richtig" auszuführen wären. Die Anwendung an sich guter Methoden am ungeeigneten Objekt hat vielfach zu unerquicklichen Diskussionen in der Literatur geführt. Wir brauchen nur an die vielen Veröffentlichungen über Schnitt, Düngung und Bodenbearbeitung zu denken, in welchen Einzelerfahrungen in unglücklicher Weise verallgemeinert werden. Die daraus abgeleiteten Empfehlungen, wie etwa die Düngung der Obstbäume mit einer bestimmten Menge von schwefelsaurem Ammoniak, Superphosphat oder Kali, oder die Angaben über die Ausführung des Schnittes sind im einen Fall durchaus richtig, können aber in einem anderen völlig verkehrt sein.

Wenn es einerseits nicht möglich ist, eine zweckmäßige Baumbehandlung nach allgemein gültigen einfachen Rezepten durchzuführen, so ist es anderseits doch kaum zu erreichen, daß jeder Obstbautreibende eine so gründliche Einsicht in die Lebensvorgänge der Obstbäume erarbeitet, daß er sich ohne weiteres immer auf Grund physiologischer Überlegungen die richtige Kulturmaßnahme abzuleiten vermag. Wir sind also trotz der Mannigfaltigkeit gezwungen, eine Übersicht zu suchen, mit Hilfe welcher ein intelligenter Obstpflanzer ohne spezielle physiologische Schulung in den wichtigsten vorkommenden Fällen den richtigen Eingriff finden kann. Dies gilt vor allem für den Garten- und Selbstversorgerobstbau, aber auch für den landwirtschaftlichen Obstbau, während man vom verantwortlichen Leiter von Obstplantagen eine gründliche Fachbildung sollte verlangen können. Es ist leicht ersichtlich, daß eine solche Übersicht sich gerade auf diese große Mannigfaltigkeit stützen muß.

Der Wert unserer Obstbäume wird vor allem durch ihren Wuchs und ihre Tragbarkeit bedingt. Wenn wir an Hand eines Schemas die anwendbaren Pflegemaßnahmen zur Erhöhung der Wirtschaftlichkeit unseres Obstbaues darzulegen versuchen, so müssen wir diese beiden Gesichtspunkte in den Vordergrund stellen. Wir gründen unsere Übersicht in erster Linie auf die Stärke des *vegetativen Wachstums;* denn keine andere Eigentümlichkeit der Bäume ist so sehr der Ausdruck der Reaktion auf die Bedingungen, welchen der Baum unterworfen ist. Er kann zu schwach, richtig oder zu kräftig wachsen. So erhalten wir vorerst 3 Hauptgruppen von Bäumen, die ohne Zweifel eine verschiedene Behandlung verlangen.

In zweiter Linie berücksichtigen wir die *Fruchtbarkeit*. Die Bäume jeder Wachstumsgruppe können in dieser Beziehung in 4 Untergruppen geordnet werden, wie die nachstehende Übersicht zeigt. So kommen wir theoretisch auf 12 verschiedene Gruppen, die sich auf den Wuchs und die Fruchtbarkeit als den beiden wichtigsten Kriterien für den Wert und für die Behandlung eines Obstbaumes gründen. Sie seien wie folgt zusammengestellt:

I. Wachstum zu schwach.
  a) Weder Blüten- noch Fruchtbildung.
  b) *Nur Blüten-, aber keine Fruchtbildung.*
  c) *Alle zwei Jahre tragend.*
  d) Alljährlich tragend.

II. Wachstum richtig.
  a) Weder Blüten- noch Fruchtbildung.
  b) Nur Blüten-, aber keine Fruchtbildung.
  c) *Alle zwei Jahre tragend.*
  d) *Alljährlich tragend.*

III. Wachstum zu kräftig.
  a) *Weder Blüten- noch Fruchtbildung.*
  b) Nur Blüten-, aber keine Fruchtbildung.
  c) Alle zwei Jahre tragend.
  d) Alljährlich tragend.

Diese 12 Gruppen sind naturgemäß nicht scharf voneinander abgegrenzt; sie gehen vielmehr allmählich ineinander über. Die bei solchen Zwischenstufen zu ergreifenden Kulturmaßnahmen ergeben sich ohne weiteres aus dem Vergleich der Nachbargruppen.

Gegen diese Einteilung könnte der Einwand erhoben werden, daß Bäume eines Teiles der theoretisch denkbaren Gruppen in Wirklichkeit gar nicht oder nur ausnahmsweise vorkommen. So ist tatsächlich ein Baum mit übermäßigem Wuchs und alljährlicher oder gar abwechselnder Tragbarkeit, wie wir in früheren Abschnitten gesehen haben, kaum denkbar. Doch müssen diese Gruppen berücksichtigt werden, weil ihnen die Übergänge zu den entsprechenden Gruppen der mäßig tragenden Bäume zugerechnet werden könnten. In der Übersicht sind die wichtigsten Gruppen kursiv gedruckt.

Es wäre verfehlt, wollte man die 12 Gruppen als physiologische Einheiten betrachten. So kann beispielsweise die Schwachwüchsigkeit, verbunden mit mangelhafter Tragbarkeit, sowohl auf einer ungenügenden Versorgung mit Mineralstoffen als auch auf einer geringen Zufuhr von Kohlenhydraten beruhen.

Das Ziel aller unserer Pflegemaßnahmen sind Bäume von mäßigem Wuchs und alljährlich befriedigender Tragbarkeit. Wir haben somit in jedem vorkommenden Fall diejenigen Eingriffe in das Leben der Obstbäume herauszufinden, welche diesen physiologischen Zustand herbeizuführen oder beizubehalten vermögen. Dabei wird man bei jungen Bäumen der Tragbarkeit vorerst keine Bedeutung beimessen. Man wird in erster Linie den Aufbau einer leistungsfähigen Krone erstreben und bedenken, daß die aufbauenden Elemente dieser Krone, d. h. die Leitäste, der Mitteltrieb und die Fruchtäste, in den ersten Jahren derart erzogen werden müssen, daß sie später eine möglichst gute Ausnützung des Sonnenlichtes ermöglichen. Dem Schnitt und der Gestaltung der Jungkrone wird im Obstbau vielfach zu wenig Beachtung geschenkt. Meistens muß in den ersten Jahren nach der Pflanzung der Rückschnitt ein kräftiger sein, um die richtige Formierung der Leitäste und ersten Fruchtäste zu erreichen. Man bedenke aber, wie sehr das Wachstum verbessert wird, wenn eine möglichst große Blattfläche den Kohlenstoff der Luft assimilieren kann. Man wird daher alles schwache Holz, an dem sich reichlich Blätter bilden, namentlich dann schonen, wenn zur Herstellung des Gleichgewichtes in der Krone die Leitäste stark zurückgeschnitten werden müssen. Je nach Obstart und Betriebsweise wird man im übrigen verschiedene Baumformen wählen. Das System des Aufbaues der Baumkrone ist weniger wichtig als das Ziel, physiologisch richtige Kronen zu erziehen, d.h. solche, bei welchen der zur Verfügung stehende Raum möglichst gut für die Assimilation des Kohlenstoffes ausgenützt wird. Es soll so bald als möglich und mit einem geringen Arbeitsaufwand erreicht werden. Es ist nötig, frühzeitig dafür zu sorgen, daß sich blühfähiges Fruchtholz bildet, was wir — wie in anderem Zusammenhang ausgeführt wurde — dadurch erreichen, daß wir die weniger kräftigen Triebe ungeschnitten lassen oder an ihnen nur die Endknospen entfernen oder daß wir sie, wenn nötig, horizontal heften. So behandelte Jungbäume werden in der Regel rechtzeitig mit der Ausbildung von Blüten und Früchten beginnen.

Bei alten Bäumen wird man umgekehrt vom Wuchs nicht mehr allzuviel verlangen können. Durch Verjüngung des Fruchtholzes müssen wir aber dafür sorgen, daß stets wieder junge Triebe gebildet werden, so daß ein Teil der Zweige, wenn auch nicht die Krone als Ganzes, jugendlichen Charakter hat. Je besser die Veredlungsunterlage und die Edelsorte den von uns gestellten Anforderungen entsprechen, desto weniger Mühe verursacht uns die Baumbehandlung und desto wirtschaftlicher gestaltet sich daher unsere Obstpflanzung.

2. Die Behandlung der zu schwach wachsenden Bäume.

Allgemeine Bemerkungen. — Schwachwüchsige, nicht blühbare Bäume. — Schwachwüchsige, nur blütenbildende Bäume. — Schwachwüchsige, abwechselnd tragende Bäume. — Schwachwüchsige, alljährlich tragende Bäume.

Ungenügendes Wachstum der Bäume kann durch sehr verschiedenartige Ursachen bedingt sein. Wir wollen die wichtigsten und häufigsten kurz zusammenstellen.

Unverträglichkeit zwischen Unterlage und Edelreis führt oft zu Bäumen, die trotz der besten Kulturmaßnahmen nicht gedeihen wollen. Im einzelnen sind diese Beziehungen infolge der Mannigfaltigkeit der Unterlagen und Edelsorten durchaus ungenügend erforscht. Es gibt zudem alle Übergänge zwischen sehr guter Affinität und völliger Unverträglichkeit. Bäume mit schlechter Verträglichkeit zwischen Unterlage und Edelreis sollten so bald als möglich aus den Kulturen verschwinden, da sie die Pflegearbeit nicht lohnen und in keiner Weise zu verbessern sind.

Unpassende Unterlage für den betreffenden Boden ist ein weiterer Grund für Bäume, deren Wuchs ungenügend bleibt. Recht oft ist beispielsweise im Plantagenobstbau die Apfelunterlage E.M. Typ IX für Böden verwendet worden, in denen ihre Wuchskraft nicht genügt. Insbesondere muß daran erinnert werden, daß bei Gras als Unternutzen für die gleiche Baumform und Edelsorte wesentlich kräftigere Unterlagen nötig sind als für offene Böden. Die Wahl der geeigneten Veredlungsunterlage ist wichtiger als die Wahl der Edelsorte; denn diese kann durch Umpfropfen gewechselt werden, wenn sie nicht befriedigt.

Sehr oft ist *ungeeignete physikalische Beschaffenheit des Bodens* schuld am ungenügenden Gedeihen der Bäume. Schwere, wasserundurchlässige Böden bieten keine passenden Lebensbedingungen für die Wurzeln unserer Obstbäume. Das gleiche gilt für stark saure und stark alkalische Böden. Viel häufiger, als wir wohl annehmen, ist der ungenügende Wuchs auf einen *ungünstigen Wasserhaushalt* der Böden zurückzuführen. Wo Wasser stagniert, vermögen die Wurzeln unserer Obstbäume nicht zu gedeihen. Auch ein hoher Grundwasserstand ist für die Obstbäume nicht zuträglich, namentlich wenn er schwankt. In solchen Fällen dringen die Wurzeln bei niedrigem Stand in tiefere Bodenschichten vor und ersticken nachher, wenn der Wasserspiegel wieder ansteigt. Umgekehrt sind auch Böden unzweckmäßig, die eine allzu geringe Wasserkapazität aufweisen und daher rasch austrocknen. Dies gilt vor allem für Sandböden, die aber durchaus brauchbar erscheinen, wenn gute Bewässerungsmöglichkeiten vorliegen. Ob sich die Kosten für künstliche Bewässerung und Entwässerung lohnen, muß in jedem einzelnen Fall überprüft werden.

Die *Nährstoffarmut des Bodens* als häufige Ursache für ungenügendes Wachstum ist in den meisten Fällen durch Düngung leicht zu beheben, sofern man erkannt hat, welche Nährstoffe im Minimum vorhanden sind. Zu diesem Zwecke dienen die S. 10—20 erwähnten Symptome der einzelnen Mangelkrankheiten und die Bodenuntersuchung. Für die Bemessung der Düngergabe und die Art der Anwendung sei auf S. 20—22 verwiesen.

Die Beeinträchtigung des Wachstums *infolge Zerstörung der Wurzeln durch tierische Schädlinge oder parasitische Pilze* äußert sich, wie die Wasserknappheit, gewöhnlich zuerst als Austrocknungserscheinung an den Blättern. Mäuse und Engerlinge suchen die Wurzeln der Apfelbäume, aber auch diejenigen anderer Obstarten mit Vorliebe als Nahrungsquelle auf. *Armillaria mellea* (Hallimasch) und *Pholiota squarrosa* befallen namentlich die Wurzeln älterer Birn- und Kirschbäume. Diese serbeln oft während vieler Jahre, bevor sie absterben. Doch befallen die beiden Hutpilze auch jüngere Bäume, besonders wenn diese an Stelle von alten gepflanzt werden, die von Pilzen zerstört worden sind.

Schädigungen des Stammes durch Frostrisse, Frostplatten, Tierfraß, mechanische Verletzungen und Krebswunden beeinträchtigen das Wachstum der Bäume ganz wesentlich. Trotz guter Wundpflege vergehen oft viele Jahre, bis sie behoben sind. Namentlich im landwirtschaftlichen Obstbau wird diesen Beschädigungen viel zu wenig Rechnung getragen. Auch wenn einzelne Äste oder der Stamm durch Vertreter der Pilzgruppe der Porlinge (*Polyporus* und verwandte Gattungen) befallen sind, ergeben sich vorerst Wachstumsstörungen, bevor die befallenen Teile absterben.

Schädigungen und Zerstörung der Blätter durch tierische und pilzliche Schmarotzer können ebenfalls die Ursache ungenügenden Wachstums sein. Wenn die Assimilation des Kohlenstoffes infolge Vernichtung der Blattfläche durch den Schorf, den Apfelmehltau, die Schrotschußkrankheit oder den Frostspanner, Gespinstmotten, Blattläuse und andere tierische Schädlinge wesentlich beeinträchtigt wird, muß infolge Mangel an Kohlenhydraten das Wachstum vermindert werden. Eine gute Bekämpfung der Schädlinge und Pilzkrankheiten kommt deshalb in vielen Fällen ebenfalls als Maßnahme zur Förderung des Wachstums in Betracht. Daß Schädigungen durch Spätfröste oder durch Hagelschlag wachstumshemmend wirken können, ist ohne weiteres verständlich.

Oft werden von den Pflanzern *ungeeignete Edelsorten* gewählt, die am betreffenden Standort nicht gedeihen. Diese unzweckmäßige Sortenwahl kommt im Garten- und Selbstversorgerobstbau besonders häufig vor, da man feine Edelsorten an Orten pflanzen möchte, wo sie aus klimatischen Gründen nicht hingehören.

Schließlich ist auch *zu hohes Alter der Bäume* ein sehr häufiger Grund für ungenügendes Wachstum; denn die Obstbäume können nicht unbegrenzt leben. Das erreichbare Alter hängt von mancherlei Bedingungen ab, als deren wichtigste die Wuchskraft und Ausdauer der Veredlungsunterlage zu betrachten ist. Ein Baum irgendeiner Edelsorte lebt auf einer Zwergunterlage nur einen Bruchteil der Jahre, die ein anderer der gleichen Sorte an demselben Standort auf starkwüchsiger Unterlage erreicht. Wohl kann man durch Rückschnitt des Fruchtholzes oder

der Leitäste die Krone verjüngen und den Baum in einem möglichst guten Düngungszustand halten. Aber schließlich reichen auch diese Pflegemaßnahmen nicht mehr aus, um den Zerfall aufzuhalten. Bäume, die auf diese Pflegemaßnahmen nicht mehr durch die Bildung von neuem, kräftigem Fruchtholz reagieren, haben ausgedient.

In den meisten Fällen wird es bei einiger Überlegung nicht allzu schwer sein, die Ursachen der Schwachwüchsigkeit der Bäume zu finden und die entsprechenden Pflegemaßnahmen abzuleiten, sofern es nicht vorteilhaft erscheint, solche Bäume zu ersetzen. Die zu treffenden Maßnahmen gestalten sich etwas verschieden, je nach dem Zustand der Fruchtbarkeit, den diese schwachwüchsigen Bäume aufweisen.

Schwachwüchsige, nicht blühbare Bäume. Wir haben in einem anderen Abschnitt gesehen, daß die Blütenbildung bei schwachwüchsigen Bäumen nur unmöglich wird, wenn der Ernährungszustand sehr schlecht ist. Dabei kann es sich sowohl um mangelhafte Versorgung mit Wasser oder Mineralstoffen als auch mit Kohlenhydraten handeln. Wohl könnte man durch Verbesserung der Ernährungsbedingungen solche Bäume zu kräftigen suchen. Doch lohnt sich der Aufwand nur in den seltensten Fällen. Meist handelt es sich um Bäume mit schlechter Affinität zwischen Edelreis und Unterlage, um sehr stark geschädigte oder um solche, die man an einem unmöglichen Standort gepflanzt hat.

Schwachwüchsige, nur Blüten bildende Bäume. Diese Gruppe von Bäumen kommt nicht selten vor. Um die richtige Maßnahme treffen zu können, ist es nötig, die Ursache der Schwachwüchsigkeit zu erkennen. Auch bei dieser Gruppe von Bäumen muß man sich vorerst fragen, ob es sich lohnt und ob es möglich sei, sie durch Pflegemaßnahmen genügend wüchsig und alljährlich tragbar zu machen. In vielen Fällen wird das Abstoßen der Jungfrüchte trotz reichem Blühen in zu geringen Stickstoffvorräten des Bodens zu suchen sein. Man kann den Fruchtansatz durch rechtzeitige Volldüngung, in welcher der Stickstoff vorherrscht, ganz wesentlich verbessern, sofern das Wurzelwerk überhaupt befähigt ist, erhöhte Nährstoffvorräte des Bodens auszuwerten. Es ist möglich, daß man durch diese Maßnahme vorerst schwachwüchsige, abwechselnd tragende Bäume erhält.

Bei größeren sortenreinen Pflanzungen, bei Anlagen, die aus wenigen, nicht gleichzeitig blühenden Sorten bestehen, bei Apfel- und Birnpflanzungen mit lauter pollensterilen oder bei Kirschenpflanzungen mit lauter intersterilen Sorten, oder schließlich auch bei Mangel an pollenübertragenden Bienen, kann der fehlende Fruchtansatz auf mangelhafte Befruchtung zurückzuführen sein. Es sei auf die entsprechenden Abschnitte des Buches und die dort erwähnten Maßnahmen verwiesen.

In allen Fällen wird man bei Bäumen dieser Gruppe, die man in mäßig wachsende, alljährlich tragende umformen will, nur durch Verjüngung des Fruchtholzes oder durch Rückschnitt der Leitäste ins alte Holz und kräftige Düngung zum Ziel kommen.

Schwachwüchsige, abwechselnd tragende Bäume. Schwachwüchsige, zwischen Ausfalls- und Tragjahren alternierende Bäume sind in unseren Obstanlagen außerordentlich häufig zu finden, da Schwachwüchsigkeit sehr oft zu überreicher Blütenbildung führt. Dadurch besteht die Gefahr übermäßiger Ernten, sofern wenigstens eine genügende Stickstoffversorgung vorliegt. In Anbetracht der Bedeutung der Alternanz haben wir dieser Erscheinung ein besonderes Kapitel eingeräumt. Es sei für die Maßnahmen, die zu ergreifen sind, um alternierende Bäume von schwachem Wuchs in mäßig wachsende, alljährlich tragende überzuführen, auf den vorangehenden Abschnitt hingewiesen. Hier möchten wir lediglich wiederholen, daß diese Aufgabe Schwierigkeiten bietet und nur gelöst werden kann, wenn Ausdünnen der Früchte, Verjüngen des Fruchtholzes oder der Leitäste und genügende Düngung in geschickter und konsequenter Weise kombiniert werden.

Schwachwüchsige, alljährlich tragende Bäume. Vertreter dieser Gruppe finden wir vor allem bei jenen Obstarten und -sorten, die nicht zu Alternanz neigen. Sie sind im Feldobstbau viel seltener als im Plantagen- und im Gartenobstbau, da durch den alljährlichen Schnitt des Fruchtholzes die Neigung zu abwechselnder Tragbarkeit wesentlich vermindert wird. Da solche Bäume in allen Teilen befriedigen, mit Ausnahme des Wuchses, muß man suchen, das vegetative Wachstum durch Düngung zu kräftigen. Stehen sie auf guten, nährstoffreichen Böden, aber auf zu schwacher Veredlungsunterlage, so wird dies kaum möglich sein. Man wird aber besonders darüber wachen müssen, daß kein Nährstoffmangel eintritt und daß sich nicht infolge einer übergroßen Ernte Alternanz einstellt. Man wird daher der Erneuerung des Fruchtholzes durch den Schnitt besondere Beachtung schenken.

3. Die Behandlung mäßig wachsender Bäume.

Allgemeine Bemerkungen. — Mäßig wachsende, nicht blühbare Bäume. — Mäßig wachsende, nur blütenbildende Bäume. — Mäßig wachsende, abwechselnd tragende Bäume. — Mäßig wachsende, alljährlich tragende Bäume.

Bäume, deren Wuchskraft uns richtig erscheint, sind naturgemäß leichter zu behandeln als schwachwüchsige und allzu üppig wachsende. Unsere Bestrebungen müssen darauf gerichtet sein, das ebenmäßige Wachstum möglichst lange zu erhalten. Wir müssen durch eine alljährliche Düngergabe dafür sorgen, daß der Boden nicht verarmt. Es muß dem Boden ersetzt werden, was ihm durch die Ernte und den Aufbau der Krone entzogen wird. Es sei auf die entsprechenden Abschnitte des Buches verwiesen.

Neben der richtigen Düngung darf auch die Kronenpflege nicht vernachlässigt werden. Das ebenmäßige Wachstum ist für den zweckmäßigen Aufbau der Krone auszuwerten. Bei Sorten, die zur Bildung von allzu dichten Kronen neigen, muß von Zeit zu Zeit ausgelichtet werden. Bei Sorten mit langästiger Verzweigung und lockerer Kronenbildung muß durch entsprechenden Rückschnitt des Mitteltriebes, der Leitäste und Fruchtäste eine genügende Garnierung mit Fruchtholz erzwungen werden. Je öfter und regelmäßiger der Schnitt erfolgt, desto weniger braucht geschnitten zu werden, und desto weniger nutzlose Aufbauarbeit muß daher der Obstbaum leisten. Große Asthaufen unter den Obstbäumen bedeuten meist eine Anklage gegen den Besitzer und zeigen, daß er in früheren Jahren seine Pflicht nicht getan hat.

Bäumen, deren Wuchskraft richtig ist, muß man von Zeit zu Zeit durch Zurückschneiden größerer Seitenzweige oder abgetragener Fruchtholzteile auf günstig stehende Seitentriebe Gelegenheit geben, einen Teil ihres Fruchtholzes zu erneuern. Auf diese Weise ist immer an einem großen Teil der Krone jüngeres Holz zugegen, an dem erfahrungsgemäß die schönsten und wertvollsten Früchte ausgebildet werden. Zudem wird mit dieser Maßnahme der Neigung zu Alternanz in wirksamer Weise entgegengearbeitet. Eine radikale Verjüngung durch Rückschnitt der Leitäste ins alte Holz ist dagegen bei mäßig wachsenden Bäumen nicht nötig.

Mäßig wachsende, nicht blühbare Bäume. Diese Gruppe von Bäumen kommt fast nur bei mangelhafter Kronenpflege vor, wenn sich bei allzu dichten Bäumen im Innern der Krone infolge von Lichtmangel kein Fruchtholz zu bilden vermag. In solchen Fällen sucht man zuerst durch gehöriges Auslichten ein ordentliches Kronengerüst heranzubilden. Die neuen Leitäste müssen durch Rückschnitt zur Entwicklung von Seitentrieben veranlaßt werden, an denen sich nach und nach leistungsfähiges Fruchtholz ausbildet, das richtig im Lichte steht. Man läßt es unbeschnitten, damit sich frühzeitig Blütenknospen bilden. Derartige „Umstellungen" der Krone erfordern einen bedeutenden Zeitaufwand und führen zu einer Verschwendung von Aufbauarbeit des Baumes. Es ist viel weiser und wirtschaftlicher, die Krone von Anfang an richtig zu formieren!

Mäßig wachsende, nur blütenbildende Bäume. Bäume, die mäßig wachsen und mäßige Mengen von Blüten ausbilden, bieten, wie wir gesehen haben, die besten Voraussetzungen für normale Ernten. In weitaus den meisten Fällen ist daher mangelhafter Fruchtansatz solcher Bäume auf ungenügende Befruchtung der Blüten zurückzuführen. Es muß geprüft werden, ob eine ungünstige Zusammenstellung der Sorten vorliegt oder ob es an pollenübertragenden Bienen mangelt. Je nachdem wird man durch Umpfropfen oder durch Ansiedlung von Bienen den Fehler korrigieren. Ob es daneben Fälle gibt, in welchen mäßig wachsende, mäßig blühende Bäume aus ernährungsphysiologischen Gründen nicht ansetzen, ist nicht abgeklärt. Daß dies, wie gelegentlich angenommen wurde, bei Phosphorsäuremangel möglich ist, erscheint fraglich, da wir gesehen haben, daß bei Phosphorsäuremangel weniger der Fruchtansatz als die Anlage von Blütenknospen benachteiligt wird.

Mäßig wachsende, abwechselnd tragende Bäume. Alternanz tritt zwar vor allem bei schwachwüchsigen Bäumen auf. Doch finden wir sie nicht selten auch bei ziemlich kräftig wachsenden, namentlich wenn sie durch Spätfröste ausgelöst worden ist. In solchen Fällen besteht stets die Gefahr, daß das Wachstum durch übermäßige Ernten rasch zurückgeht. Dadurch wird die Umstimmung in alljährliche Tragbarkeit wesentlich erschwert. Es ist deshalb auch bei mäßig wachsenden Bäumen unbedingt angezeigt, daß wir die Alternanz brechen. Der Erfolg durch Ausdünnen, kombiniert mit Verjüngung des Fruchtholzes und regelmäßiger Baumdüngung, wird sich bald einstellen.

Mäßig wachsende, alljährlich tragende Bäume. Bäume von mäßigem Wuchs und alljährlicher Tragbarkeit sind das Ziel eines jeden vernünftigen Obstbaues. Je nach dem Alter und dem physiologischen Zustand der Bäume wird man bald mehr darauf achten müssen, daß sich der Wuchs nicht vermindert oder daß die Erntemengen regelmäßig bleiben. Am gefährlichsten für solche Bäume ist ein allzu großer Behang, da er leicht zu Alternanz und später zu mangelhaftem Wachstum führt. Man wird daher namentlich bei älteren Bäumen durch genügende Düngung und durch Erneuerung des Fruchtholzes dafür sorgen, daß alljährlich neue Triebe gebildet werden, an denen sich entweder im gleichen oder im folgenden Jahr kräftige Blütenknospen entwickeln.

Bis die Bäume die erwünschte Größe erreicht haben, wird man Schnitt und Düngung derart durchführen, daß die Leitäste und Fruchtäste weiter aufgebaut werden können. Man wird also dem vegetativen Wachstum in erster Linie seine Aufmerksamkeit schenken.

Durch alljährliche Volldüngung, gute Kronenpflege und Schädlingsbekämpfung wird man diese wertvollsten Bäume möglichst lange im idealen Zustand des physiologischen Gleichgewichtes zu erhalten suchen.

4. Die Behandlung von allzu kräftig wachsenden Bäumen.

<small>Die Bedeutung der 4 möglichen Untergruppen. — Ursachen des zu üppigen Wachstums. — Möglichkeiten, um die Blühbarkeit zu erzwingen. — Folgen allzu kräftigen Wachstums.</small>

In der Gruppe der zu kräftig wachsenden Bäume sind die nicht blühfähigen am häufigsten zu finden. Wir müssen diese Untergruppe eingehend behandeln. Nur Blüten, jedoch keine Früchte bildende Bäume kommen ebenfalls vor, am zahlreichsten wohl bei der Aprikose, namentlich wenn diese Obstart als Spalierbaum gezogen wird. In solchen Fällen werden die Jungfrüchte abgestoßen, weil alle Baustoffe für das Triebwachstum benützt werden. Die Umstimmung erfolgt bei geeignetem Schnitt der Krone — gutes Auslichten, wenig Rückschnitt — mit der Zeit von selbst, sofern nicht die Veredlungsunterlage im Verhältnis zu der Größe, die der Baum erreichen darf, viel zu kräftig ist. Anläßlich der Besprechung des Einflusses der Veredlungsunterlage haben wir gesehen, daß bei Verwendung der kräftigsten Typen zu Beginn der Blühbarkeit der Fruchtansatz auch bei starkwüchsigen Apfelbäumen schlecht sein kann.

Zu kräftig wachsende, abwechselnd tragbare Bäume kommen kaum vor. Auch für die Untergruppe der zu kräftig wachsenden, alljährlich tragenden erübrigt sich eine besondere Erörterung. Wenn die Tragbarkeit befriedigt, wird man gegen einen kräftigen Wuchs meist nichts einzuwenden haben. Es kann allerdings vorkommen, daß die Früchte solcher Bäume geringe Haltbarkeit aufweisen oder stippig werden. In diesen Fällen muß man danach trachten, daß die Zahl der Blütenknospen vergrößert wird. Ist die Tragbarkeit zu starkwüchsiger Bäume ungenügend, so muß man diese in gleicher Weise behandeln wie die nicht blütenbildenden.

Die Untergruppe der starkwachsenden, keine oder zu wenig Blüten bildenden Bäume spielt im Obstbau eine sehr große Rolle. Wir haben bei Besprechung der Bedingungen, von denen die Blütenbildung abhängig ist, gesehen, daß bei guter Kohlenhydratversorgung und zugleich reichlicher Mineralstoff-, insbesondere Stickstoffzufuhr, die Baustoffe in erster Linie für das Triebwachstum verwendet werden. Die Voraussetzungen, welche für die Anlage von Blütenknospen bestehen müssen, werden deshalb nicht erfüllt. Je kräftiger die Veredlungsunterlage und die Edelsorte sind, desto mehr überwiegt das Triebwachstum gegenüber der Neigung zur Blütenbildung.

Es stehen grundsätzlich 2 Möglichkeiten zur Verfügung, um die Umstimmung zu mäßigem Triebwachstum und alljährlicher Tragbarkeit zu erzwingen: Die Verminderung der Mineralstoffzufuhr und die Vermehrung der Assimilate im Verhältnis zu den zur Verfügung stehenden Mineralstoffen.

Es ist selbstverständlich, daß wir übermäßig wachsende Bäume überhaupt nicht düngen sollen. Auf keinen Fall dürfen wir ihnen eine vermehrte Stickstoffversorgung ermöglichen. In reichen Böden und bei starken Veredlungsunterlagen genügt dies jedoch keineswegs, um innert nützlicher Frist zum Ziel zu kommen. Es wurde deshalb lange Zeit für solche Fälle die rigorose Maßnahme des *Wurzelschnittes* empfohlen. Sie hat den großen Nachteil, daß man beim Schneiden nicht das ganze Wurzelsystem überblicken kann und daher nie weiß, ob man zu viel oder zu wenig weggeschnitten hat. Zudem besteht stets die Gefahr der Infektion mit parasitischen Pilzen. Auch ist der Arbeitsaufwand sehr groß.

Viel geeigneter zur Herbeiführung der Blühwilligkeit bei starkwüchsigen Bäumen sind jene *Schnittmethoden, die rasch zur Erziehung von gutem Fruchtholz führen* und durch welche eine reichliche Versorgung mit Kohlenhydraten gewährleistet wird. Man ist deshalb vor allem dafür besorgt, daß lichte Kronen entstehen, damit die assimilierende Blattfläche möglichst groß wird. Man läßt die nach unten stehenden und alle schwachen Triebe ungeschnitten. An längeren entfernt man die Endknospen. Wenn nötig, werden solche Triebe waagrecht oder abwärts geheftet. Damit schafft man jene physiologischen Voraussetzungen, bei denen sich am ehesten Blütenknospen bilden. In weitaus den meisten Fällen wird man innert nützlicher Frist mit dieser Maßnahme durchkommen.

Früher wurde sehr oft das *Ringeln* ganzer Äste, später das *Strangulieren* vorgeschlagen (S. 99—100). Richtig und rechtzeitig durchgeführt, ist das Ringeln ganz entschieden die weitaus sicherste Maßnahme, um die Blütenbildung an starkwüchsigen Bäumen zu erzwingen. Dennoch darf es nicht allgemein empfohlen werden.

Der Arbeitsaufwand ist recht groß. Zur Ausführung des Ringelschnittes kommt die Kontrolle der Verwachsung. Man muß dafür sorgen, daß sie nicht zu früh stattfindet, weil dadurch der Erfolg in Frage gestellt wird. Anderseits sollten bis zum Herbst die Wundränder ringsherum geschlossen sein. Ein weiterer Nachteil besteht in der Gefahr der Wundinfektion. Es ist zu bedenken, daß man aus arbeitsökonomischen Gründen Leitäste ringeln muß. Wenn sich an ihnen Krebswunden bilden, ist der Aufbau der Krone verdorben. Schließlich ist zu berücksichtigen, daß die Maßnahme einen überaus starken Eingriff in das Leben des Baumes be-

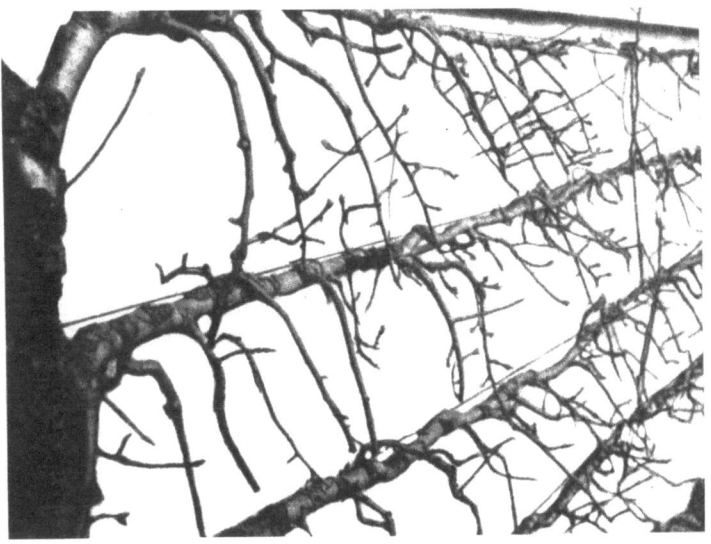

Abb. 94. Auslösung von Blütenknospenbildung an einem starkwüchsigen Birnspalier durch Abwärtsheften der Triebe. (Nach einer Photographie von H. SPRENG, aus KOBEL, SCHMID und KESSLER, Der Schweizer Obstbau.)

deutet und daß die Ernährung der Wurzeln mit Kohlenhydraten zeitweilig in Frage gestellt wird. Wir möchten deshalb die Ringelung höchstens noch für besondere Fälle im Gartenobstbau empfehlen. Im Erwerbsobstbau sollte man mit der oben erwähnten Schnittmethode auskommen. Auch das namentlich durch POENICKE empfohlene Strangulieren wird kaum mehr praktiziert.

Die Folgen unrichtiger Behandlung von allzu stark wachsenden Bäumen kann man recht oft beobachten, am besten im Gartenobstbau. Es wird vielfach versucht, die Blühbarkeit durch kräftigen Schnitt zu erreichen. Die Bäume reagieren darauf mit der Bildung eines Besens von neuen Trieben aus den der Schnittstelle benachbarten Knospen. Diese Behandlung wird alljährlich weitergeführt. Erst nach der vielen vom Baum nutzlos geleisteten Arbeit wird er infolge der Erschwerung des Abwärtstransportes der Assimilate im Wundgewebe, nachdem er viele Jahre ertraglos war, mehr oder weniger blühfähig. Wieviel einfacher wäre es gewesen, die stärksten Triebe mitsamt ihren schlafenden Augen an der Basis zu entfernen und die schwächeren waagrecht zu heften. Dieses lange Fruchtholz läßt sich, wenn infolge der eingetretenen Tragbarkeit das Wachstum geringer geworden ist, sehr leicht in kürzeres umwandeln. In hartnäckigen Fällen kann man die Triebe auch im Bogen abwärts binden, muß dann aber rechtzeitig die auf der höchsten Stelle des Bogens entstehenden kräftigen Triebe entfernen. Auch ist es später schwerer, aus herabgebogenen Zweigen schöne Fruchtholzsysteme zu erziehen als aus nur waagrecht gehefteten.

VI. Die Züchtung neuer Sorten.

A. Bedeutung und Wege der Sortenzüchtung.

1. Sortenzüchtung als Möglichkeit zur Verbesserung des Obstbaues.

Die Herkunft der Sorten. — Die an die Sorten gestellten Ansprüche. — Der Ersatz für degenerierte Sorten. — Die Bereicherung der Sortimente.

Infolge der Spalterbigkeit aller unserer Obstsorten sind ihre Sämlinge von der Muttersorte verschieden und auch unter sich ungleich. Dies gilt vor allem für die auf Fremdbestäubung angewiesenen Obstarten. Es trifft aber auch für die meisten Selbstbefruchter zu. Nur bei einzelnen Pfirsichsorten, wie beim Proskauer, und einzelnen Sauerkirschen, wie beispielsweise bei den in der Schweiz verbreiteten rotfrüchtigen ,,Ämli", erhält man nach Selbstbestäubung Sämlinge, die einigermaßen der Muttersorte gleichen. Bei näherem Zusehen besteht aber auch in diesen Fällen keine Samenkonstanz, so daß immer die Auswahl der besten Sämlinge für die vegetative Vermehrung nötig erscheint. Zu einer Einheitlichkeit in bezug auf den Wert der Bäume und die Eigenschaften der Früchte gelangt man in allen Fällen nur durch ungeschlechtliche Vermehrung. Wir können daher bei unseren Kern- und Steinobstarten eine Sorte eindeutig definieren als die Summe der durch vegetative Vermehrung eines einzigen Sämlings gewonnenen Bäume. Wenn durch Knospenmutation neue Formen, sogenannte Sports, entstehen, so wird dabei fast immer nur ein Merkmal verändert, beispielsweise die Farbe der Frucht, die Beschaffenheit der Haut, die Reifezeit usw. Wir fassen am besten in solchen Fällen die entstandenen Neuheiten nicht als besondere Sorten, sondern als *Spielformen* der Ausgangssorten auf. So wären z. B. der Rote Gravensteiner, der Rote Boskoop, die berostete Williams Christbirne bloße Spielformen der Ausgangssorten. Denn sie gehen auf den gleichen Sämling zurück und sind, mit Ausnahme eines einzigen Merkmales, mit der Ausgangssorte identisch.

Die alten Sorten sind weitaus zum größten Teil als Zufallssämlinge entstanden. Zuerst mußten sich die Menschen mit dem Zusammenpflanzen von Wildformen in ihren Gärten begnügen. Dadurch war die Möglichkeit der Kreuzung gegeben. Aus den Aussaaten entstanden bessere Formen, die ihrerseits gesammelt und wohl schon sehr frühzeitig durch Pfropfung vermehrt wurden. Auf diese Weise vermochten sich langsam, aber stetig wertvollere Sorten zu bilden. Gegen Ende des 18. Jahrhunderts hat der Deutsche KÖLREUTER erkannt, daß sich nicht nur die Tiere, sondern auch die Gewächse geschlechtlich fortpflanzen, und er hat zahlreiche künstliche Bastardierungen ausgeführt. Wenig später hat in England KNIGHT, wohl als erster, neue Obstsorten durch Kreuzung gewonnen. In Frankreich und Belgien sind im Verlaufe des 19. Jahrhunderts wertvolle Birnsorten durch Kreuzung entstanden. Aber erst nach der Wiederentdeckung der Mendelschen Gesetze ist die systematische Züchtung neuer Obstsorten in den meisten obstbautreibenden Ländern in größerem Umfang an die Hand genommen worden.

Solange das Obst der Selbstversorgung und der Belieferung der nächstgelegenen Märkte diente, blieben die Ansprüche, die man an die Sorten stellte, verhältnismäßig bescheiden. Vom Augenblick an, als der Großhandel sich des Obstes bemächtigte, und es auf dem Markte mit den Südfrüchten in Wettbewerb treten mußte, vergrößerten sich die Anforderungen an die Qualität und an das Aussehen der Früchte ganz wesentlich. Die alten Sorten genügten nicht mehr, und das Verlangen nach neuen, den Ansprüchen des Konsumenten, des Handels und der Produzenten besser dienenden Sorten wurde immer dringender. Bei den Kernobstsorten wird namentlich vermehrt Wert auf schönes Aussehen, Lagerfähigkeit,

Lagersicherheit und gute Transportfähigkeit gelegt. Ähnliche Anforderungen werden an die Steinobstarten gestellt. In manchen obstbautreibenden Ländern hat man in der letzten Zeit die innere Qualität der Früchte eher vernachlässigt. Es wurde mehr für das Auge als für den Gaumen gezüchtet und dadurch die Lust am Obstessen vermindert. Doch scheint man da und dort in dieser Beziehung ebenfalls an einen Wendepunkt gelangt zu sein. Eine große Rolle spielt auch die Züchtung frost- oder krankheitswiderstandsfähiger Sorten.

Man sollte glauben, daß es unter den sehr zahlreichen Sorten jeder Obstart heute möglich sei, für jedes Gebiet eine Auswahl zu treffen, die allen verständigen Ansprüchen genüge. Dies trifft jedoch nicht zu. Es gibt wohl keine einzige Obstsorte, an der man nicht etwas aussetzen könnte, sei es in bezug auf die Eigenschaften des Baumes, die Widerstandsfähigkeit oder das Aussehen, die Qualität und die Lagerfähigkeit der Früchte. Zudem ändern die Ansprüche an die Sorten oft innert kurzer Zeit infolge Verlagerung der Märkte und Geschmacksverschiebungen bei den Konsumenten. Schließlich besteht die Tatsache, daß die Sorten in ihrem Anbauwert zurückgehen. Man sagt, sie „degenerieren". Unter diesem wenig präzisen Ausdruck verbergen sich offenbar verschiedene Möglichkeiten. Vielfach dürfte es sich ganz einfach darum handeln, daß diese alten Sorten nicht so leistungsfähig sind wie ein Teil der neueren, mit denen man sie vergleicht. Dadurch, daß sie früher die besten waren, jetzt aber nicht mehr, erhält der Obstpflanzer leicht den falschen Eindruck, ihr absoluter Wert sei geringer geworden, während sie in Wirklichkeit nur im Verhältnis zu den neuen ins Hintertreffen geraten sind. Es können sich aber auch infolge des Auftretens von Knospenmutationen unbemerkt Spielformen ergeben, die weniger wertvoll sind als die Ursprungssorten. Es ist denkbar, daß sich Rassen von Krankheitserregern vermehren, die auf den betreffenden Sorten besonders gut gedeihen. Dies erscheint beispielsweise für den Schorf der Apfel- und Birnsorten besonders leicht möglich, seitdem wir durch JOHNSTONE (1931) und WIESMANN (1931) wissen, daß die verschiedenen Sorten für die zahlreichen Rassen der beiden Schorfpilze sehr ungleich anfällig sind. Ebenso leicht können wir uns vorstellen, daß eine Sorte von bestimmten Viruskrankheiten befallen werden kann, deren Ausbreitung durch die vegetative Vermehrung sehr erleichtert wird. Wir kennen heute eine Anzahl mehr oder weniger auffälliger Virosen. Ob aber nicht daneben noch andere, wenig äußere Symptome zeigende, aber doch den Wert einer Sorte wesentlich herabmindernde Viruskrankheiten vorkommen, müßte noch näher untersucht werden. Schließlich gibt es Forscher, die annehmen, durch die ständige ungeschlechtliche Vermehrung gehe die Wuchskraft und damit die Leistungsfähigkeit aus physiologischen Gründen, als eine Art Alterserscheinung, zurück. Ein Beweis für diese Auffassung liegt bei unseren Obstsorten nicht vor, und er wäre sehr schwer zu erbringen.

Bei der geschlechtlichen Fortpflanzung sind unzählbare Kombinationsmöglichkeiten der in den Eltern vorkommenden Erbanlagen gegeben. Scheint uns die gerade vorliegende Kombination für unsere Zwecke günstig, so wird der Sämling vermehrt und dadurch zur Sorte. Genetisch gesehen sind also unsere Obstsorten uns mehr oder weniger zusagende Kombinationen der bei der betreffenden Obstart vorkommenden Erbanlagen. Die Mannigfaltigkeit wird besonders groß bei jenen Obstarten, die aus der Kreuzung verschiedener mehr oder weniger klar abgegrenzter Wildarten hervorgegangen sind, also beim Apfel und bei der Birne. Durch die bei ihnen vorkommende sekundäre Polyploidie und damit durch die Tatsache, daß von jedem Gen 4 oder 6 Allele für die Ausprägung irgendeines einfachen Merkmales zusammenwirken, wird die erbliche Variabilität noch größer. Ähnliches gilt für die als Additionsbastarde aufzufassenden Pflaumen der Domesticagruppe, in welchen Gene miteinander kombiniert werden, die teilweise vom Schwarzdorn *(Pru-*

nus spinosa), teilweise von der Kirschpflaume (*P. cerasifera* bzw. *P. divaricata*) herstammen. Zudem muß man mit den im Verlauf der Jahrtausende entstandenen Mutationen rechnen. Einfache genetische Voraussetzungen finden sich nur bei den Süßkirschen, den diploiden Pflaumen (sofern nicht bereits Artbastardierungen vorliegen!), den Aprikosen, den Pfirsichen und den Mandeln.

Zweifellos ist durch weitere Züchtung eine wesentliche Bereicherung der Sortimente bei allen unseren Obstarten möglich. Wenn man größere Mengen von Sämlingen aus irgendeiner Kreuzung miteinander vergleicht, ist man beeindruckt von der Mannigfaltigkeit in bezug auf Geschmack und Aroma. Noch größer werden diese Möglichkeiten, wenn man Arten und vielleicht sogar Gattungen miteinander kreuzt. Es ist sehr wohl denkbar, daß es gelingen wird, neue Additionsbastarde und damit Formen zu schaffen, die den Charakter von neuen Obstarten haben.

Züchterische Probleme stellen sich nicht nur für die Edelsorten, sondern auch für die Veredlungsunterlagen. Sie sind von nicht minder großer Bedeutung für die obstbauliche Praxis. Wir werden im Zusammenhang mit der Besprechung der züchterischen Möglichkeiten bei den einzelnen Obstarten darauf zurückkommen.

2. Chimären und Knospenmutationen.

Pfropfchimären. — Chimärenbildung durch somatische Mutation. — Knospenmutation bei den einzelnen Obstarten. — Die Bedeutung der Selektion innerhalb einer Sorte.

Im Jahre 1825 okulierte der Baumschulenbesitzer ADAM in Vitry den schwachwüchsigen *Cytisus purpureus* auf den gewöhnlichen Goldregen, *Cytisus laburnum*. Aus der Veredlungsstelle entwickelte sich ein Trieb, der in bezug auf alle seine Eigenschaften zwischen den beiden Pfropfpartnern sich intermediär verhielt. Er wurde als *Cytisus Adami* vermehrt. Es zeigte sich in der Folge, daß diese neue Form nicht immer konstant bleibt. Sie bildet bald Triebe, die durchaus dem *C. laburnum* entsprechen, bald solche, die mit *C. purpureus* übereinstimmen. Heute weiß man, daß es sich um eine Periklinalchimäre handelt, deren inneres Gewebe aus *C. laburnum* besteht, während die Epidermis zu *C. purpureus* gehört. Solche *Pfropfchimären* sind später durch WINKLER (1907) sowie JOERGENSEN und CRANE (1927) zwischen Arten der Gattung *Solanum* experimentell hergestellt worden. Unter den Verwandten unserer Obstarten finden wir die berühmten *Crataegomespilus dardari* und *C. asnieresii*, die in Bronveaux als Pfropfchimären aus der Veredlungsstelle eines alten Mispelbaumes hervorgegangen sind, welcher auf Weißdorn gepfropft war. Bei der ersterwähnten Form bestehen die zwei äußersten Schichten aus Gewebe der Mispel, bei der letzterwähnten handelt es sich um einen Weißdorn, der in eine einschichtige Mispelhaut eingehüllt ist. Ähnliche Formen haben DANIEL (1909) und SEELIGER (1926) beschrieben.

Eine Pfropfchimäre zwischen der Birne und der Quitte ist die von DANIEL aufgefundene *Pyrocydonia danieli*. Pfropfchimären zwischen verschiedenen Apfelsorten sind von CASTLE (1914) und STOUT (1921) beschrieben worden. Im letzterwähnten Fall handelt es sich um eine Chimäre, deren Früchte teilweise aus dem Gewebe der Sorte King, teilweise aus solchem von Roxbury-Reinette bestehen. Es gibt auch eine Pfropfchimäre zwischen Pfirsich und Mandel, *Amygdalopersica formonti*, die von RIVIERE und BAILHACHE (1915) beschrieben und deren Natur von RIVIERE und PICHARD (1925) erkannt worden ist. Einen praktischen Wert haben diese Pfropfchimären nicht erlangt. Sie zerfallen übrigens oft und leicht in ihre Komponenten. Eine Zusammenstellung über Pfropfchimären hat SWINGLE (1927) gegeben.

Bei der geschlechtlichen Fortpflanzung der Pfropfchimären ergeben sich keine Zwischenformen zwischen den beiden Komponenten. Es entstehen entweder lauter

Sämlinge der einen oder solche der anderen. Dies beweist, daß die ursprüngliche Annahme, es handle sich um vegetative Bastarde, also um Formen, die aus einer Verschmelzung von Zellen der beiden Komponenten hervorgegangen wären, nicht zutrifft. Es entstehen ausschließlich Sämlinge derjenigen Art, welche die subepidermale Schicht bildet; denn aus dieser gehen, wie wir in einem früheren Abschnitt sahen, die Archespore hervor, aus welchen sich die Embryosäcke und die Pollenkörner bilden.

Viel häufiger als durch Pfropfung entstehen Chimären durch *somatische Mutation*. In einer meristematischen Zelle schlägt plötzlich und ohne ersichtlichen Grund ein Gen vom dominanten ins recessive Allel um, seltener vom recessiven ins dominante. Alle Tochterzellen zeigen das neue Verhalten, so daß vorerst Gewebe entstehen, in denen zweierlei Zellen nebeneinander liegen. Dabei kann — wie bei den erwähnten Pfropfchimären — das eine Gewebe vom anderen eingehüllt sein (Periklinalchimären) oder das neue Gewebe kann als Keil zwischen dem alten liegen (Sektorialchimären). Bei näherem Zusehen enthält jedoch dieser Sektor, wie CRANE und LAWRENCE (1947) in ihrem vorzüglichen Buch ausführen, meist nur in den äußersten Schichten mutiertes Gewebe. Für solche Formen wurde der Ausdruck Meriklinalchimäre geprägt.

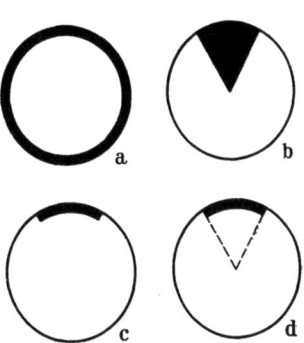

Abb. 95. Schematische Darstellung der verschiedenen Typen von Chimären. Querschnitte durch die Stengel, schwarz der mutierte Teil. *a* = Periklinalchimäre; *b* = Sektorialchimäre; *c* und *d* = Meriklinalchimären. (Nach JOERGENSEN und CRANE.)

Die beiderlei Gewebe einer Chimäre unterscheiden sich gewöhnlich in einer einzigen Erbanlage. Seltener kommt es vor, daß gleichzeitig mehrere Gene mutieren. Dagegen hat sich gezeigt, daß es auch Chimären gibt, welche nicht durch eine Genmutation, sondern durch eine Genommutation entstanden sind, indem sich in einer Zelle z.B. die Chromosomenzahl verdoppelt. Es kommt damit zu Periklinal- und Sektorialchimären, die neben gewöhnlichem diploidem auch tetraploides Gewebe enthalten.

Sektorial- bzw. Meriklinalchimären sind viel leichter zu erkennen als Periklinalchimären, gleichgültig, ob Gen- oder Genommutationen vorliegen. Chimärenfrüchte sind durchaus nicht selten. Man kann bei näherem Zusehen recht oft Früchte rotgestreifter Apfelsorten finden, die scharf abgegrenzte Sektoren mit roter, seltener mit grüner Fruchthaut aufweisen. Auch Chimären mit scharf abgegrenzten berosteten Sektoren können bei glatthäutigen oder leicht netzig berosteten Apfelsorten hin und wieder beobachtet werden.

Wenn die somatische Mutation nicht in der Anlage einer Frucht, sondern in einer Knospe oder in anderem meristematischem Gewebe des Sprosses erfolgt, werden *Chimärentriebe* gebildet. Es kann sich dabei sowohl um Sektorial- bzw. um Meriklinalchimären als auch um Periklinalchimären handeln. Entstehen am mutierten Gewebe einer Sektorialchimäre Knospen, so weist der daraus hervorgehende Trieb in allen seinen Zellen das neue Erbmerkmal auf. Bei Meriklinalchimären, die wohl häufiger auftreten als Sektorialchimären, gehen aus solchen Knospen Triebe hervor, die den Charakter von Periklinalchimären haben. In beiden Fällen — und auch wenn von Anfang an Periklinalchimären vorliegen — entstehen Triebe, welche die neue Eigenschaft rein und unabhängig von der alten aufweisen. Man spricht in solchen Fällen von *Knospenmutationen*. Dieser Ausdruck ist nicht besonders glücklich gewählt, da wir nicht die Mutation, sondern das selbständig gewordene mutierte Gewebe feststellen, und da die Mutation beispielsweise auch im Cambium und nicht unbedingt in der Knospe erfolgt sein kann. In der gärtnerischen Literatur spricht man von der Entstehung eines ,,Sports".

Daß Chimären- und Sportbildung in engem Zusammenhang stehen, sei durch folgendes Beispiel dargestellt. An einem Baum der glattfrüchtigen Mostapfelsorte Tobiäsler beobachtete ein schweizerischer Landwirt hoch oben in der Krone einen Zweig mit ringsum sehr stark berosteten Früchten. Eine nähere Untersuchung durch den damaligen Direktor der Versuchsanstalt Wädenswil, Dr. K. MEIER, ergab, daß sich neben völlig glatthäutigen Früchten ausgesprochene Lederäpfel, aber auch solche mit scharf voneinander getrennten berosteten und glatthäutigen Sektoren fanden. Der Zweig hatte somit den Charakter einer Sektorial- oder einer Meriklinalchimäre. Die Äpfel, welche aus Anlagen an der Grenze der beiden Gewebe hervorgingen, waren ebenfalls Chimären. Eine Chimäre mit lederhäutigem Sektor hat LAMPRECHT (1926/27) auch bei der rotgestreiften Sorte Cox' Pomona beschrieben.

Abb. 96. Chimärenbildung bei der gestreiften Apfelsorte Chüsenrainer. Die im übrigen normale Frucht weist einen scharf abgegrenzten, völlig roten Sektor auf. Original.

Ist die Neubildung rein oder in Form einer Periklinalchimäre an einem Trieb selbständig geworden, so kann sie durch Pfropfen vermehrt werden. Dadurch entsteht neben der alten Sorte eine *Spielform*. Solche als Knospenmutationen entstandene Spielformen sind im Obstbau recht häufig. Die am längsten bekannte ist beim *Apfelbaum* wohl der Rote Gravensteiner, der nachweisbar in den vierziger Jahren des verflossenen Jahrhunderts in einem Garten in Lübeck als Sport des gewöhnlichen Gravensteiners entstanden ist. Seither sind ähnliche Knospenmutationen dieser Sorte mehrfach aufgefunden worden, wobei nicht näher geprüft ist, ob sich immer das gleiche Gen in gleicher Weise verändert hat. Rote Knospenmutationen von rotgestreiften oder gelbgrünen Apfelsorten sind ferner der Rote Säftsaholm, der von C. und R. FLORIN (1918) unter der Bezeichnung I. P. Bergius beschrieben wurde, Red Fuhrepple (BRINGE 1919), ferner (nach HEDRICK 1930): Red Russet, hervorgegangen aus Baldwin, Red Spy (aus Northern Spy), Roter Zwanzig-Unzen-Apfel, Roter Rome Beauty, Starking und Richard (beide aus Delicious hervorgegangen). Rotfrüchtige Knospenmutationen, nach denen förmlich Jagd gemacht wurde, sind ferner beispielsweise Black John (aus Jonathan), Black McIntosh, Crimson Bramley, Roter Boskoop und die in der Schweiz entstandenen Spielformen Roter Sauergrauech und Roter Bohnapfel. Cox' Orange-Reinette kommt neben der gewöhnlichen Form nach CRANE und LAWRENCE (1947) als rotgestreifte und als fast völlig rotgefärbte Spielform vor. Knospenmutationen, die sich auf andere Merkmale beziehen, sind vielleicht nicht weniger selten, aber weniger auffällig. So kennt man nach CRANE und LAWRENCE (1947) von der Apfelsorte Lady Sudeley die ursprüngliche Form mit scharlachroten Streifen auf sattgelbem Grund und eine blassere, leicht berostete Form. Vom Glokkenapfel entstand in der Versuchsanstalt Wädenswil ebenfalls eine leicht berostete Spielform, die auf dem Lager extrem stark schrumpft.

Angaben über Knospenmutationen bei *Birnen* finden sich in der Literatur seltener. Die berostete Williams Christbirne gilt als Spielform der gewöhnlichen. Einen berosteten Sport von Diels Butterbirne fanden wir auch in der Versuchsanstalt Wädenswil. Ein Zweiglein eines Baumes mit normalen Früchten trug im Herbst 1929 eine völlig berostete Frucht. BECKER (1922) erwähnt eine Chimärenfrucht von Gute Luise, die einen scharf abgegrenzten berosteten Sektor aufwies. ENNEMOTO und KAKIZAKI (1922) haben auch bei der japanischen Birne Knospenmutationen gefunden.

Eine auffällige Knospenmutation der *Kirsche* wurde vom Verfasser (KOBEL 1937) beschrieben. Es handelt sich um einen Trieb der schwarzfrüchtigen Süßkirsche Große Rotstieler, einer Lokalsorte aus dem Kirschengebiet am Bielersee, der rote Früchte mit ungefärbtem Saft trug (Abb. 97). In allen übrigen Merkmalen, auch in denjenigen des Steines, stimmte die Knospenmutation völlig mit der Ausgangssorte überein. Sie konnte durch Pfropfen konstant erhalten werden. CRANE und LAWRENCE (1947) erwähnen Farbmutationen bei den Sorten Late Duke und Archduke. CHITTENDEN (1927), der eine wertvolle Zusammenstellung

Abb. 97. Knospenmutation an einem Zweig der Süßkirsche „Große Rotstieler". Neben völlig schwarzen, sortentypischen Kirschen findet sich eine Anzahl rotfrüchtige mit ungefärbtem Saft. (Aus KOBEL, Die Kirschensorten der deutschen Schweiz.)

über die Bedeutung der Knospenmutationen gegeben hat, führt an, daß bei der Sorte May Duke ein Ast mit mehr länglichen Früchten gefunden wurde, die später reiften. Von der in der Schweiz weit verbreiteten Sorte Sauerhäner gibt es eine Spielform, die einige Tage früher reift als der Typ, von Zweitfrühe eine solche, die fast 1 Woche später reift.

Mehrere Knospenmutationen sind bei den *Pflaumen der Domestica*gruppe bekannt. Nach CHITTENDEN (1927) entstand die Rote Magnum Bonum als Sport aus der Gelben Magnum Bonum. Umgekehrt ergab die violette Early Prolific einen Ast mit gelben Früchten. Crimson Drop und Coës Violett sind Knospenmutationen von Coës Golden Drop. Algroves Superb ist ein Sport von Jefferson.

Auch beim *Pfirsich* sind Knospenmutationen festgestellt worden. So sind nach CHITTENDEN (1927) mehrfach unbehaarte Formen (Nektarinen) als Sport aus behaarten hervorgegangen. Auch der umgekehrte Fall ist bekannt: die Carclew-Nektarine lieferte eine behaarte Knospenmutation. Hier ist also, wie bei der Entstehung der Roten Magnum Bonum, ein dominantes Merkmal als Mutation aufgetreten. In Montreuil ergab die Sorte Große Mignonne einen später reifenden Sport, der als Große Mignonne Tardive in den Sortimenten vorkommt. Über Mutationen, die mehr als ein Merkmal betreffen, berichten BLAKE und CONNORS (1919) und WELDON (1924). Im einen Fall handelt es sich um einen Sport des Elbertapfirsichs, der sich gleichzeitig durch gedrungenen Wuchs und dunkelgrünes Blattwerk auszeichnet, im anderen unterschied sich die neue Form durch eine dunkelrote Naht an der Frucht und durch eine Verschiebung in der Reifezeit. Im ersterwähnten der beiden Fälle dürfte eher eine Viruskrankheit als eine Knospenmutation vorliegen.

In den letzten Jahren sind mehrfach Chimären und Sports gefunden worden, die sich in bezug auf die Chromosomenzahl von der Ausgangsform unterscheiden, sogenannte *Genommutationen*. Sie sind namentlich von EINSET und Mitarbeitern von der Versuchsanstalt Geneva im Staate New York untersucht worden (EINSET, BLASER und IMHOFF 1946, EINSET und IMHOFF 1947, EINSET 1948, 1949, EINSET und LAMB 1951, BLASER und EINSET 1948, BLASER 1950). Es werden 3 Typen solcher Chimären unterschieden.

Bei Typ I besteht nur die Epidermis aus diploidem Gewebe, das ganze Innere aus tetraploidem. Solche Formen verhalten sich in Kreuzungen wie tetraploide Sorten, da ja die Archespore aus der ersten subepidermalen Schicht entstehen. Sie geben somit bei Kreuzung mit Diploiden triploide und bei Kreuzung mit Tetraploiden tetraploide Sämlinge. Zu diesem Typ gehören Large Wealthy (Stevenson), Giant Wealthy (Loop), ein Sport des Ontario, Giant Jonathan (Conkle) und ein Sport der Sorte McIntosh.

Bei Typ II ist die Epidermis und die erste subepidermale Schicht diploid und das Innere der Triebe tetraploid. Zu diesem Typ gehören Giant Spy (Loop), drei Jonathansports (Welday, Adams, Edwards) und ein Sport der Sorte McIntosh (Robinson).

Bei Typ III sind die Epidermis und zwei innere Zellschichten diploid, der Rest tetraploid. Hierzu gehört Giant Rome Beauty (Loop) und eine Knospenmutation von McIntosh. In Kreuzungen verhalten sich sowohl Typ II wie Typ III wie Diploide, da das Gewebe, aus welchem die Geschlechtszellen hervorgehen, diploid ist. Es ist auf Grund der Erfahrungen mit anderen Periklinalchimären anzunehmen, daß sich infolge von Unregelmäßigkeiten bei der Anlage der Gewebe leicht ein Typ aus dem anderen bildet und daß die Chimären gelegentlich rein diploide und rein tetraploide Triebe entwickeln. Es ist aus diesem Grunde verständlich, daß bei Jonathan Typ I und II, bei McIntosh sogar alle 3 Typen gefunden wurden.

CRANE und LAWRENCE (1947) beschrieben einen tetraploiden Sport der Birnsorte Fertility, der wesentlich größere Früchte trägt als die Ausgangsform, und SHAMEL (1937) führt eine tetraploide Knospenmutation von Williams Christbirne an. Es wäre in beiden Fällen zu überprüfen, ob nicht die Epidermis dieser Sorten diploid sei.

Die Knospenmutationen sind für den praktischen Obstbau nicht ohne Bedeutung. Der Wert einer Sorte kann durch die Entstehung von Spielformen erhöht werden. So ist es möglich, daß eine recht unscheinbare Frucht, wie etwa diejenige der Sorte Delicious, wesentlich an Wert gewinnt, wenn rote Spielformen auftreten. Tatsächlich ist der ursprüngliche Typ fast völlig durch die roten Spielformen Starking, Red Delicious und Richared verdrängt worden, und die förmliche Jagd nach roten Spielformen, wie sie in Amerika betrieben wurde, zeigt deutlich, welchen Wert man solchen Sports vielfach beimißt. Es gibt aber Fälle, wie beispielsweise bei der Sorte Jonathan, wo die gewöhnliche Form meist freundlicher und schöner gefärbt ist als der schwarzrote Sport (Black John). Es ist auch auffällig, daß in den mehr als 100 Jahren seit dem Bestehen roter Knospenmutationen der gewöhnliche Gravensteiner nicht verdrängt wurde. Im ganzen gesehen spielt die Entstehung von Spielformen durch somatische Mutation gegenüber der Kreuzungszüchtung für die Entstehung neuer Formen eine sehr untergeordnete Rolle.

Dennoch dürfen wir den Wert und die Bedeutung der Knospenmutationen für den Obstbau nicht unterschätzen. Wir müssen bedenken, daß neben den auffälligen Farbmutationen und den übrigen das Aussehen der Frucht verändernden Mutationen ohne Zweifel zahlreiche andere, wenig auffällige entstehen. Sie können sich auf die Ertragsfähigkeit, die Widerstandsfähigkeit gegen Krankheiten und Frost, die Reifezeit und Lagerfähigkeit, den Geschmack und andere wesentliche Eigenschaften beziehen. Wir müssen deshalb grundsätzlich mit der Tatsache rechnen, daß unsere Obstsorten, namentlich die älteren, trotz der vegetativen Vermehrung nicht mehr einheitlich sind.

Bei den Orangen (z.B. SHAMEL, POMEROY und CARYL 1929) sowie bei der Rebe hat man durch die Auswahl und Vermehrung hochwertiger Klone die Erträge der Sorten ganz wesentlich zu verbessern vermocht. Bei den Obstarten, insbesondere beim Apfel, schienen die ersten Untersuchungen allerdings zu zeigen, daß man ohne Gefahr Edelreiser von schwachen oder schlechten Bäumen entnehmen darf (z.B. DORSEY 1918, GARDNER 1920, CUMMINGS 1921, CUMMINGS und JENKINS 1926, SAX und GOWEN 1923). Aber bereits MACOUN (1925) hat in 9jährigen Versuchen nachgewiesen, daß es bei der Apfelsorte Wealthy einen ertragreicheren und einen weniger ertragreichen Typ gibt. SHAMEL und Mitarbeiter (1933) haben bei der Agenzwetschge wenig fruchtbare Knospenmutationen gefunden und daneben auch solche, die sich in bezug auf die Form und die Reifezeit vom Typ unterscheiden. Eine unfruchtbare Spielform der Süßkirsche Schwarze Tartarische hat auch KINMAN (1930) aus Kalifornien beschrieben, wobei allerdings die Möglichkeit nicht von der Hand zu weisen ist, daß es sich dabei um eine Viruskrankheit handelte. Es ist deshalb auch bei unseren Kern- und Steinobstarten unbedingt nötig, bei der Auswahl der Edelreiser die entsprechende Vorsicht walten zu lassen, sie nur von wertvollen Spielformen zu entnehmen und die Mutterbäume unter Kontrolle zu halten. Dabei wird man auch den Viruskrankheiten alle Beachtung schenken. Viruskrankheiten bleiben, wie die unerwünschten Spielformen, in den Abkömmlingen erhalten. Im Einzelfall ist es oft schwer zu entscheiden, ob eine schlechte Spielform oder eine Viruskrankheit vorliegt. Die Frage kann nur mit Hilfe von Infektionsversuchen entschieden werden.

3. Die Kreuzungszüchtung innerhalb einer Obstart.

Die züchterischen Voraussetzungen bei diploiden Obstarten. — Die Voraussetzungen bei polyploiden Obstarten. — Die Entstehung und Auswertung triploider und tetraploider Formen. — Die Technik der Sortenzüchtung.

Die einfachsten Voraussetzungen für die Kreuzungszüchtung bieten die 8chromosomigen Steinobstarten, also die Süßkirschen, Mandeln, Pfirsiche, Aprikosen, Cerasifera- und Triflorapflaumen. Sie zeigen einen normalen Chromosomenmechanismus, so daß die Voraussetzungen für normales Vererbungsgeschehen gegeben sind, wobei allerdings Störungen infolge von Sterilitätserscheinungen vorkommen können. Wir haben somit die Möglichkeit, auf Grund der Mendelschen Gesetze bei diesen Obstarten Erbkombinationen vorauszuberechnen, sofern wir die einzelnen Erbanlagen und ihre Dominanzverhältnisse kennen. Es ist mit diesen Obstarten im Prinzip eine einfache Kombinationszüchtung durchführbar. In Anbetracht der zahlreichen Bücher über Cytologie, Vererbungs- und Züchtungslehre können wir auf eine Darlegung der Vererbungsgesetze und der sich daraus ergebenden züchterischen Konsequenzen verzichten.

Die praktische Durchführung einer systematischen Kombinationszüchtung wird bei unseren Obstarten, wie bei anderen Kulturpflanzen, dadurch erschwert, daß die über den Wert einer Sorte entscheidenden Merkmale, wie Wuchs, Tragbarkeit, Widerstandsfähigkeit gegen Krankheiten und gegen Frost, Größe, Frühreife, Zucker- und Säuregehalt der Früchte usw., nicht durch einfache Mendelsche Grundfaktoren bedingt werden, sondern durch das oft nicht übersehbare Zusammenspiel mehrerer Gene. Eine Tatsache, mit der sich der Obstsortenzüchter ebenfalls abfinden muß, ist die sehr ausgesprochene Heterozygotie der meisten Obstarten und Obstsorten. Die Sämlinge aus ein und derselben Kombination zeigen deshalb in bezug auf die Eigenschaften des Baumes und der Früchte oft eine unglaubliche Mannigfaltigkeit. Eine Ausnahme machen in dieser Beziehung infolge der Selbstfertilität einzig einige Pfirsich- und Aprikosensorten. Schließlich bieten sich Schwierigkeiten infolge der langen Generationenfolge, da wir bei allen Kern- und Steinobstarten mit wenigstens 8—10 Jahren rechnen müssen, bis wir die Früchte einer neuen Generation einigermaßen beurteilen können. Anderseits ergeben sich sehr wesentliche Erleichterungen gegenüber anderen züchterischen Aufgaben dadurch, daß wir nicht auf Samenkonstanz zu züchten brauchen, daß vielmehr jeder dem Zuchtziel nahekommende oder in anderer Weise interessante Sämling durch ungeschlechtliche Vermehrung als Sorte der Praxis übergeben werden kann. Es besteht zudem infolge der ausgesprochenen Heterozygotie Aussicht, eine Annäherung an die gewünschte Erbkombination bereits in der ersten Bastardgeneration zu finden. Dies gilt selbstverständlich nur für Kreuzungen innerhalb der Sorten einer Obstart und nicht für Kreuzungen zwischen Kultursorten und Wildformen, da die Erbanlagen der wild vorkommenden Obstarten zum weitaus größten Teil dominant über die entsprechenden Merkmale der Kultursorten sind.

Da sich der Grad der Heterozygotie und die Art und Menge der in heterozygotischem Zustand vorkommenden recessiven Erbanlagen einer bestimmten Sorte nicht ohne weiteres erkennen lassen, kann man in der praktischen Züchtung glückliche und unglückliche Kombinationen nicht voraussehen. Es gibt tatsächlich Sorten, deren Erbanlagen sich in den Sämlingen günstig kombinieren können, und es gibt solche, die fast lauter Nachkommen mit ungünstigen Kombinationen der Erbanlagen ergeben. Wenn sich eine Sorte in einer bestimmten Kombination als wertvoller Elter erwiesen hat, ist allerdings noch lange nicht gesagt, daß sie es auch in einer anderen Kombination ist.

Wenn Polyploidie vorliegt, werden die Verhältnisse noch komplizierter. Bei tetraploiden Formen ist jedes Gen 4mal im Spiel. Es kann 4mal als dominantes oder 4mal als recessives Allel vorkommen, 3mal als dominantes und 1mal als recessives oder umgekehrt, oder 2mal als dominantes und 2mal als recessives. In Wirklichkeit liegt wohl in den meisten Fällen bei den praktisch wichtigen Merkmalen multiple Allelie vor, d.h. ein Gen kann nicht nur in der dominanten und der recessiven Form auftreten, sondern auch in anderer Ausprägung. Es wird in diesem Falle meistens eine Ausbildung des Merkmales bedingen, die zwischen derjenigen des dominanten und derjenigen des recessiven Gens liegt. Dadurch wird die Zahl der möglichen Kombinationen, wie leicht einzusehen ist, noch einmal ganz wesentlich vergrößert. Die skizzierten Verhältnisse finden wir unter unseren Obstarten bei den Sauerkirschen, die in ihren somatischen Zellen $4n = 32$ Chromosomen aufweisen.

Die Pflaumen und Zwetschgen der Domesticagruppe sind hexaploid. Sie besitzen in den somatischen Zellen $6n = 48$ Chromosomen. Jede Erbanlage ist somit

6mal vertreten. Eine Vorausberechnung der Erbkombinationen ist auch dann kaum mehr durchführbar, wenn wir die Erbanlagen und ihre Dominanzverhältnisse kennen.

Einen Sonderfall stellen die Äpfel und Birnen dar. Sie sind sogenannte sekundäre Polyploide (DARLINGTON und MOFFET 1930). Im Chromosomensatz $n = 17$ einer „diploiden" Apfelsorte sind 4 Chromosomen des ursprünglichen Siebnersatzes der Rosazeen 2fach und 3 Chromosomen 3fach vertreten. Die normal chromosomigen Apfel- und Birnsorten sind deshalb eigentlich in bezug auf 4 Chromosomen als tetraploid, in bezug auf 3 Chromosomen als hexaploid zu betrachten. Dadurch werden die Vererbungsverhältnisse sehr kompliziert, und wir finden für viele Merkmale, z.B. Grundfarbe und Deckfarbe der Frucht, Berostung der Fruchthaut, Säuregehalt der Frucht und andere, vielfach innerhalb von Sämlingen der gleichen Kombination scheinbar gleitende Übergänge zwischen 2 weit auseinander gelegenen Extremen. In Wirklichkeit liegen zwar Aufspaltungen vor, deren einzelne Kombinationen in bezug auf die Ausprägung der Merkmale verschieden sind. Die Gruppen liegen aber infolge der Kompliziertheit der Aufspaltung nahe beieinander, und ihre Unterschiede werden durch die phänotypische Variation verwischt.

Bei den triploiden Apfel- und Birnsorten finden wir infolge der weitgehenden Sterilität der Eizellen und Pollenkörner und wegen der bereits in einem anderen Zusammenhang erwähnten abnormen Chromosomenzahl der meisten ihrer Sämlinge völlig abnormes Vererbungsgeschehen mit einem sehr hohen Prozentsatz abnorm schwachwüchsiger Sämlinge. Eine Kombinationszüchtung ist nicht denkbar.

Dagegen können uns, wie wir seit den Untersuchungen von NILSSON-EHLE (1938) und BERGSTROEM (1938) wissen, die Triploiden zur Gewinnung von tetraploiden Sämlingen verhelfen. Sie bilden gelegentlich ohne Reduktionsteilung befruchtungsfähige Eizellen. Wenn diese durch normale haploide Pollenkörner befruchtet werden, so entstehen Zygoten mit $(3 \times 17) + 17 = 68$ Chromosomen. Solche Formen, sind auch von EINSET (1948) mit der gleichen Methode, d.h. durch Massenaussaat von Samen triploider Sorten und Auswahl der wenigen kräftig wachsenden Abkömmlinge, gefunden worden. Er hat unter 3920 solchen Sämlingen nicht weniger als 94 tetraploide gefunden.

Eine andere Möglichkeit der Entstehung von Tetraploiden ist durch das Selbständigwerden des tetraploiden Teiles von Periklinalchimären gegeben, wie wir sie im letzten Abschnitt beschrieben haben. Es ist jedoch möglich, daß Diploide auch direkt tetraploide Knospenmutationen liefern. Einen solchen Fall beschrieben CRANE und LAWRENCE (1947) für die Birnsorte Fertility, und SHAMEL (1937) erwähnt neben einer großfrüchtigen, aber normalchromosomigen Form der Winter-Nelis eine großfrüchtige Williams Christbirne mit verdoppelter Chromosomenzahl.

Es ist noch nicht genügend abgeklärt, ob Formen mit verdoppelter Chromosomenzahl gegenüber den normalchromosomigen für den Pflanzer wesentliche Vorteile bieten. Eine besondere neue Kombination von Erbanlagen ist bei diesen Autotetraploiden nicht gegeben. Bei den autotetraploiden Apfel- und Birnsorten ist dagegen mit der Verdoppelung der Chromosomenzahl eine Vergrößerung der Zellen, eine Verdickung der Zellwände und die Vergrößerung der Blätter, Blüten und Früchte verbunden. Es ist sehr wohl denkbar, daß sich diese Veränderungen gelegentlich als Verbesserung der Sorten erweisen. Ferner vermag man in solchen Polyploiden bestimmte erwünschte Erbanlagen anzuhäufen, was unter Umständen ebenfalls zu wertvollen Formen führen kann. Schließlich sehen einige Autoren, z.B. SCHMIDT (1948), darin einen Vorteil, daß sich durch die Kreuzung von Tetraploiden mit Diploiden leicht Triploide gewinnen lassen, von denen diese Forscher annehmen, daß sie gegenüber den normalchromosomigen einen erhöhten Anbauwert aufweisen.

Tetraploide Apfel- und Birnsorten zeigen eine mehr oder weniger normale Reduktionsteilung. Sie bilden daher normale, diploide Pollenkörner und Eizellen aus. Damit ist die Voraussetzung für eine systematische Kombinationszüchtung mit diesen Formen zwar grundsätzlich gegeben. In praxi wäre sie allerdings infolge der mit sekundärer Polyploidie verbundenen Verdoppelung der Chromosomenzahl äußerst kompliziert. Man wird sich damit begnügen müssen, geeignet erscheinende Ausgangsformen miteinander zu kreuzen und zu hoffen, daß sich unter den Sämlingen wertvolle Kombinationen finden werden.

Die *Technik der Sortenzüchtung* bietet gewöhnlich keine besonderen Schwierigkeiten. Die Blüten müssen rechtzeitig vor ungewollter Bestäubung geschützt werden. Da bei den Kern- und Steinobstarten die Pollenübertragung durch den Wind praktisch keine Rolle spielt, genügen zum Schutz vor Insektenbesuch Baumwollsäcke, die man über die blühenden Äste stülpt, bevor die ersten Blüten sich geöffnet haben. Sie sind zweckmäßiger als Pergamintüten, da die Temperatur in ihrem Inneren auch bei sonnigem Wetter nicht zu hoch steigt. Am einfachsten ist es, Säcke, oder an beiden Enden zugebundene Schläuche, von 1—2 m Länge zu verwenden.

Für die Gewinnung des Pollens pflückt man Knospen, die unmittelbar vor der Entfaltung stehen. Man entfernt die Blütenblätter und legt die Blüten in einem trockenen Raum bei Zimmertemperatur aus. Nach ungefähr 24 Stunden haben sich die meisten Staubbeutel geöffnet. Man entnimmt nun entweder den Pollen direkt mit einem Pinsel oder stäubt die Blüten auf schwarzes Glanzpapier aus. Unbehaarte Blüten kann man auch einfach in einer Glasschale mit Deckel ausschütteln und nachher den Pollen mit einem Pinsel an den Wänden sammeln. Der Pollen bleibt in einem trockenen Raum mehrere Tage keimfähig. Für eine längere Aufbewahrung verweisen wir auf das im Abschnitt über die Untersuchung der Befruchtungsverhältnisse Gesagte.

Die Pollenübertragung erfolgt am besten mit einem feinen Marderhaarpinsel. Man öffnet zu diesem Zwecke die Säcke zur Zeit der Vollblüte und bestäubt die geöffneten Blüten, sofern sich die Narben der Griffel noch nicht bräunlich verfärbt haben. Blüten mit gebräunten Narben setzen meist nicht mehr an. Ein Nachbestäuben nach einigen Tagen ist gewöhnlich nicht nötig, da bei einmaligem Bestäuben mehr Blüten mit Pollen belegt werden können, als der Ast Früchte zu ernähren vermag. Nach der Bestäubung werden die Blüten wieder in die Säcke eingeschlossen, bis sie nicht mehr bestäubungsfähig sind.

Bei Selbstbefruchtern ist es naturgemäß nötig, die Blüten durch rechtzeitiges Entmannen vor der Selbstbestäubung zu schützen. Das Entfernen der Staubbeutel mit der Pinzette ist sehr zeitraubend. Man kastriert deshalb nur die kräftigsten Blüten und nur ungefähr so viele, als der eingesackte Ast Früchte zu ernähren vermag. Alle übrigen werden im Knospenstadium entfernt. Bei Fremdbefruchtern ist diese Maßnahme sinnlos, da der sorteneigene Pollen die Befruchtung durch sortenfremden nicht hemmt, auch wenn er in großen Mengen auf die Narbe gelangt.

Die erhaltenen Samen müssen bei den Kern- und Steinobstarten im Herbst oder Vorwinter den Früchten entnommen und sogleich in Sand stratifiziert werden. Es ist nötig, daß sie im Winter der Kälte ausgesetzt werden. Auf diese Weise erhält man gewöhnlich eine sehr hohe Keimfähigkeit. Untersuchungen über diese Fragen liegen beispielsweise vor von BAKKE, RICHEY und REEVES (1926), CROOKER (1928), HARRINGTON und HITE (1923) und TUKEY (1924). Bei Frühsorten der Steinobstarten sind, wie wir bereits in anderem Zusammenhang gesehen haben, die Embryonen oft nur klein, und die Samenhaut ist geschrumpft. Die Samen sind daher nicht normal keimfähig. Man kann sie aber, wie TUKEY (1927) gezeigt hat, zum Keimen bringen, wenn man sie sogleich nach der Ernte aus den Samenhäuten herauspräpariert und auf Nähragar auslegt. Sie ergrünen bald, treiben Wurzel und Sproß und können nach kurzer Zeit in Erde weiter kultiviert werden. Auch normale Samen keimen ohne Ruheperiode, sofern man die Embryonen ihrer Samenhaut beraubt. Doch wird man dieses umständliche Verfahren nicht anwenden, wenn es nicht unbedingt nötig ist.

Die im Freien stratifizierten Samen, namentlich diejenigen der Apfel- und Birnsorten, keimen sehr frühzeitig, da für die Keimung ein ausgesprochen tiefes Temperaturminimum besteht. Es ist deshalb nötig, sie entweder bereits im Januar auszusäen oder sie in Kühlräume bei 0°C zu stellen, sofern man sie erst aussäen will, wenn die Aufzucht der Keimlinge ohne Frostgefahr im Freien erfolgen kann.

Es ist durchaus zweckmäßig, die Keimlinge zu pikieren, damit die Pfahlwurzel früh durch Seitenwurzeln ersetzt wird. Pikierte Sämlinge lassen sich später viel besser verpflanzen.

Für die Weiterkultur bis zum Einsetzen der Tragbarkeit wird man eine Methode wählen, die erlaubt, in möglichst kurzer Zeit auf möglichst kleinem Raum möglichst viele Individuen zu beobachten. Durch die Untersuchungen von FRITZSCHE (1948) hat sich gezeigt, daß jeder Sämling vorerst ein Jugendstadium durchmacht, während welchem er auf keine Weise zum Fruchten zu bringen ist. Es nützt somit nichts, die Sämlinge bereits nach 1 oder 2 Jahren auf schwachwüchsige Unterlagen zu veredeln, um sie früher tragbar zu machen. In der Versuchsanstalt Wädenswil geht man so vor, daß man die Apfelsämlinge zuerst an einem Lattengerüst aufschult. Ein Rückschnitt erfolgt dabei nicht, damit der Sämling möglichst rasch der Jugendform entwächst. Nach 6 Jahren, also zu einer Zeit, in welcher die meisten Individuen an ihrer Triebspitze von der Jugendform in die Altersform übergetreten und damit potentiell fruchtbar geworden sind, wird der äußerste Trieb auf schwachwüchsige Unterlagen veredelt. Gewöhnlich erhält man auf diese Weise nach 2–4 weiteren Jahren die ersten Früchte. Schult man, wie dies früher an den meisten Orten praktiziert wurde, die Sämlinge auf eigener Wurzel auf, so kommen die meisten erst viel später zur Fruchtbildung. Wohl entwachsen sie ebenfalls dem Jugendstadium. Doch tritt die Fruchtbarkeit aus ernährungsphysiologischen Gründen meist erst wesentlich später ein. Man kann allerdings, wie es bereits HEDRICK und WELLINGTON (1912) taten, die Sämlinge durch Ringeln einzelner Äste frühzeitig zur Blütenbildung zwingen, riskiert aber dabei, abnorm ausgebildete Früchte zu erhalten. Bei den Birnen dauert das Jugendstadium im Mittel ungefähr 8 Jahre. Bei den Steinobstarten liegen keine genügenden Untersuchungen über diese Frage vor.

MITSCHURIN (1943, 1949) glaubt, durch Aufpfropfen sehr junger Sämlinge auf bestimmte Sorten ihr Wesen verändern zu können (Mentormethode). Dies würde einer Beeinflussung des Genotypus durch Umweltsbedingungen gleichkommen und damit im Widerspruch zu allen Erfahrungen der Vererbungsforschung stehen. Der russische Obstsortenzüchter hat aber nie einen Sämling auf eigener Wurzel bis zur Ertragsfähigkeit erzogen, gleichzeitig im Jugendstadium von ihm ein Reis auf einen „Mentor" gepfropft und später die Früchte von beiden Bäumen verglichen. Er macht auch keine Angaben über Beeinflussung ein und desselben Sämlings durch verschiedene „Mentoren". In Anbetracht der Ungleichartigkeit der Sämlinge aus ein und derselben Kreuzung könnte aber nur auf Grund derartiger Experimente, und nicht auf Grund einer scheinbaren Annäherung an die Eigenschaften der Veredlungsunterlage, ein derartiger Einfluß nachgewiesen werden. Wir haben allen Grund, nach wie vor in der Züchtung davon auszugehen, daß der durch die Befruchtung zustande gekommene Genotypus durch die Umwelt nicht verändert wird, und daß deshalb die Erziehungsmethode keinen Einfluß auf das Wesen, den Genotypus, des Zuchtproduktes hat. Verschoben wird nur das Aussehen innerhalb der durch die Erbanlagen gegebenen Variationsbreite.

4. Die Züchtung auf Grund von Artbastarden.

Die Grenzen der gegenseitigen Befruchtbarkeit. — Fruchtbare und unfruchtbare Artbastarde. — Additionsbastarde.

Geschlechtszellen können sich nur vereinigen, wenn die Pflanzen, aus denen sie hervorgingen, miteinander genügend verwandt sind. In vielen Fällen liegen die Verhältnisse so, daß sich nur die Rassen einer Art gegenseitig zu befruchten vermögen. Doch können sich gelegentlich auch Vertreter verschiedener Arten, seltener solche verschiedener Gattungen kreuzen.

Bei unseren Kern- und Steinobstarten sind verhältnismäßig viele Artbastarde und einzelne Gattungsbastarde bekannt. Die kultivierten *Apfelsorten* sind aus dem Bastardgemisch von *Malus sylvestris* und *M. pumila* hervorgegangen. Beide Arten variieren bereits in ihren natürlichen Verbreitungsgebieten in einem weiten Rahmen, so daß die Voraussetzungen für mannigfache Kombinationen der Erbmerkmale gegeben sind. Es scheint, daß sich alle Arten der Gattung *Malus* mit Leichtigkeit unter sich und mit den Kultursorten kreuzen, so beispielsweise der von MITSCHURIN (1943, 1949) häufig verwendete *M. prunifolia*, der Beerenapfel *M. baccata*, die amerikanischen Arten *M. zumi* und *M. ionensis* und andere.

Auch die zahlreichen, schwer abzugrenzenden und zu umschreibenden Wildarten der Birnen bastardieren ohne Schwierigkeiten miteinander. Welche Wildarten am Zustandekommen unserer Kultursorten beteiligt waren, läßt sich kaum mehr feststellen, so daß bereits die alten Systematiker das Bastardgemisch der Kultursorten unter dem Namen *Pyrus communis* zusammengefaßt haben. Auch *P. sinensis* und *P. ussuriensis*, die den Formenkreis der ostasiatischen Sorten bilden, kreuzen sich leicht mit den europäischen Kultursorten und den ihnen nahestehenden Wildarten.

Erst in neuester Zeit ist es in John Innes Horticultural Institution in Bayfordbury (England) gelungen, Bastarde zwischen Apfel- und Birnbaum zu erhalten (Darlington 1952). Um Parthenokarpie zu erzielen, wurden Fruchtknoten der Birnsorte Fertility mit β-Naphthoxyessigsäure behandelt und die Blüten gleichzeitig mit Apfelpollen bestäubt, wobei teilweise Pollen von tetraploiden, teilweise solcher von diploiden Sorten Verwendung fand. Wider Erwarten waren die Früchte samenhaltig. Daß aber nicht induzierte Apomixis vorliegt, ergibt sich daraus, daß die 11 von 69 Sämlingen, welche am Leben blieben, in ihren Merkmalen deutlich zwischen Jungpflanzen von Apfel und Birne intermediär sind. Auf eigener Wurzel wachsen sie nur schwach, dagegen ganz ordentlich, nachdem sie auf Apfelunterlagen gepfropft wurden. Einer der Sämlinge ist triploid, die übrigen sind vermutlich diploid. Es ist in Anbetracht der geringen Verwandtschaft der Eltern wahrscheinlich, daß sie sich als steril erweisen werden. Dagegen dürften Additionsbastarde zwischen Apfel und Birne fertil sein. Da von beiden Obstarten tetraploide Formen vorkommen, besteht eine gewisse Aussicht, fruchtbare Apfel-Bir-Bastarde, die ihrem Wesen nach eine neue Obstart repräsentieren würden, zu erhalten. Aus entsprechenden Kreuzungen wurden 1953 in Bayfordbury Früchte erhalten.

TRABUT (1916) hat eine *Pyronia*, d.h. einen Bastard zwischen Birne und Quitte, beschrieben, der vorher als *Cydonia veitschii* bekannt war. Auch ein Bastard zwischen Weißdorn und Mispel kommt vor und *Pyrus polveriana* gilt als Kreuzungsprodukt zwischen Birne und Eberesche *(Sorbus aucuparia)*.

Beim Steinobst sind bereits durch die Untersuchungen von BARKER und SPINKS (1919), HENDRICKSON (1918), MACOUN (1918, 1922), BEAUMONT und WILCOX (1922), McDANIELS (1923), WELLINGTON (1927) und später durch zahlreiche andere Forscher Artbastarde hergestellt worden. Eine gegenseitige Befruchtungsmöglichkeit scheint aber in der Regel nur innerhalb der Grenzen der Untergattungen zu bestehen. In Ausnahmefällen sind die Bastarde steril, wie beispielsweise derjenige zwischen Pfirsich und *Prunus triflora.*

Unter den Artbastarden gibt es fruchtbare und sterile Formen. Fruchtbar ist ein Artbastard immer dann, wenn die Chromosomensätze der Eltern gleichzählig sind, und wenn die sich entsprechenden Chromosomen der beiden Eltern in ihrem Aufbau im wesentlichen übereinstimmen. Sind die Chromosomenzahlen ungleich, so ergeben sich in der Reduktionsteilung Störungen, die — ähnlich wie bei den beschriebenen triploiden Apfel- und Birnsorten — zur Bildung abnorm chromosomiger, nicht lebensfähiger Eizellen und Pollenkörner führen. Störungen in der Gametenbildung treten aber auch ein, wenn die Chromosomensätze der Eltern zwar ihrer Zahl nach gleich sind, aber die Chromosomen in ihrem Aufbau nicht übereinstimmen. Es kann in diesem Fall in den Prophasen der Reduktionsteilung keine Konjugation der sich entsprechenden Chromosomen stattfinden, was ebenfalls eine regelmäßige Verteilung der Chromosomen auf die Dyadenkerne verunmöglicht und zu Gametensterilität führt. Zwischen voll fertilen Artbastarden und völlig sterilen gibt es in jenen Fällen Übergänge, in welchen infolge teilweiser Paarung der Chromosomen einzelne funktionsfähige Gameten entstehen.

Die Bastarde zwischen den Wildformen der Gattung *Malus* und den kultivierten Apfelsorten sind normal fruchtbar, sofern nicht tetraploide oder triploide Eltern im Spiele sind. Alle Arten dieser Gattung haben denselben Chromosomensatz. Die wenigen 68chromosomigen Arten scheinen autotetraploid zu sein. Die Bastarde zwischen diploiden Arten verhalten sich, ähnlich wie dies KOBEL (1929) bei den Rebenbastarden der Euvitisgruppe beschrieben hat, wie Rassenbastarde, d.h. sie zeigen normale Reduktionsteilung und deshalb normale Vererbung bei voller Fruchtbarkeit. Es läßt sich im Prinzip mit diesen Artbastarden in gleicher Weise Kombinationszüchtung treiben wie mit Rassen einer einzigen Art. Die erblichen Verschiedenheiten, welche diese Arten aufweisen, beruhen ausschließlich auf Mendelschen Erbfaktoren. Freilich ergeben sich weit bedeutendere Kombinationsmöglichkeiten als bei Rassenbastarden, da die Zahl der Erbanlagen, durch welche sich die Eltern voneinander unterscheiden, sehr groß ist.

Wie die Wildformen und Kultursorten der Gattung *Malus* verhalten sich auch diejenigen von *Pyrus.* Auch die Artbastarde dieser Gattung sind, soweit dies bis heute untersucht ist, voll fertil.

In der Gruppe der 8chromosomigen Pflaumen scheint es alle Übergänge zwischen voll fertilen Artbastarden und weitgehend sterilen zu geben. So sind beispielsweise Bastarde zwischen *P. triflora, P. americana* und *P. nigra* bekannt, deren Fruchtbarkeit nichts zu wünschen übrigläßt, während DARLINGTON (1928, 1930) bei einem Bastard zwischen der japanischen Pflaume *(P. triflora)* und der Kirschpflaume *(P. cerasifera)* zwar eine ziemlich gute Paarung der Chromosomen im Diakinesestadium, aber trotzdem weitgehende Sterilität festgestellt hat. Der vom gleichen Forscher untersuchte Bastard zwischen japanischer Pflaume *(P. triflora)* und Pfirsich *(P. persica),* sowie derjenige zwischen *P. persica* und der Mandel *(P. amygdalus)* erwiesen sich bei etwas größeren Störungen der Reduktionsteilung als steril.

Bei der Kreuzung hexaploider Domesticapflaumen mit 8chromosomigen Arten könnte man die Entstehung von tetraploiden Formen mit normaler Reduktionsteilung erwarten (24 + 8 = 32 Chromosomen). Der von DARLINGTON untersuchte Bastard *P. domestica* × *P. cerasifera* wies zwar eine weitgehende Paarung der Chromosomen auf, ist aber trotzdem sehr wenig fruchtbar. Er bietet deshalb keine Möglichkeiten für die züchterische Verbesserung der Pflaumen.

Daß die triploiden Bastarde zwischen diploiden und tetraploiden Arten steril sein müssen, haben wir bereits erwähnt. Solche Formen sind beispielsweise die von RYBIN auch in der freien Natur aufgefundenen Hybriden zwischen dem Schwarzdorn *(P. spinosa)* und *P. cerasifera* bzw. *P. divaricata* und diejenigen zwischen Süßkirsche und Sauerkirsche, wie beispielsweise die von DARLINGTON untersuchte, als „*P. avium nana*" bekannte Form mit $3n = 24$ Chromosomen. Bei der Reduktionsteilung wies sie wechselnde Zahlen von 1-, 2- und 3wertigen Chromosomen auf, was ähnliche Störungen zur Folge hat, wie wir sie bei den triploiden Apfel- und Birnensorten kennenlernten. Daneben gibt es, wie wir ebenfalls schon in einem anderen Zusammenhang gesehen haben, auch tetraploide Bastarde zwischen der diploiden Süßkirsche und der tetraploiden Sauerkirsche. Sie sind als „Edelweichseln", „Bastardkirschen" und „Glaskirschen" bekannt und gehören zu den edelsten Sorten. Die ersten Formen dieser Gruppe sind wohl dadurch entstanden, daß normale 16chromige Eizellen von Sauerkirschen durch abnorme, diploide Pollenschlauchkerne von Süßkirschen befruchtet wurden. Wir haben in einem früheren Abschnitt dargelegt, daß solche nicht reduzierte Pollenkörner gelegentlich gebildet werden. Sind einmal derartige Bastarde vorhanden, so kann die Formenmannigfaltigkeit durch gegenseitige Kreuzung oder durch Rückkreuzung mit Sauerkirschen vermehrt werden.

Aber auch die völlig oder weitgehend sterilen Artbastarde können züchterisch interessant sein. Sind sie vegetativ leicht vermehrbar, so kommen sie unter Umständen als Veredlungsunterlagen in Betracht. Wenn es gelingt, ihre Chromosomenzahl zu verdoppeln, so können solche Bastarde voll fruchtbar werden. Dadurch wird nämlich erreicht, daß jedes Chromosom im Bastard 2-, 4- oder 6mal, aber nie 1- oder 3mal vorhanden ist. Es findet somit bei der Reduktionsteilung stets einen Partner. Damit ist eine Konjugation der Chromosomen möglich. Die Reduktionsteilung und die Gametenbildung verlaufen normal. Es ist ein sogenannter Additionsbastard („Gigasbastard", „Allopolyploide Form", „amphidiploider Bastard") entstanden. Da ein solcher Additionsbastard, wie irgendeine bestehende Obstart, im Rahmen der gegebenen Heterozygotie samenkonstant ist, stellt er nichts mehr und nichts weniger als eine neue Obstart dar. Je größer die Verschiedenheiten der beiden Eltern sind, desto größer wird der Unterschied zu den bestehenden Obstarten sein.

Wie bedeutungsvoll die Gewinnung von Additionsbastarden sein kann, ergibt sich aus der Tatsache, daß eine unserer wichtigsten Obstarten, die Gruppe der Domesticapflaumen und -zwetschgen, auf diese Weise entstanden ist, wie bereits DARLINGTON (1930) und der Verfasser (in der 1. Auflage dieses Buches) vermuteten. Wildwachsende Formen von *P. domestica* sind nicht bekannt. Am meisten gleichen unseren Pflaumen und Zwetschgen in bezug auf die Merkmale des Holzes und der Blätter die von RYBIN (1936) vielfach gefundenen Spontanbastarde zwischen dem Schwarzdorn, *Prunus spinosa*, mit $4n = 32$ Chromosomen, und der Kirschpflaume, *P. divaricata* bzw. *P. cerasifera*, mit $2n = 16$ Chromosomen. Sie sind jedoch steril. Einer der aus der künstlichen Kreuzung erhaltenen Bastardsämlinge, den RYBIN aufzog, glich völlig den Sämlingen, die man bei Aussaat von Pflaumen oder Zwetschgen erhält. Die cytologische Untersuchung ergab, daß er denselben Chromosomenbestand enthält wie *P. domestica*, nämlich $6n = 48$ Chromosomen. Es wurde also eine abnorme, nicht reduzierte Eizelle der einen Art durch einen Pollenkern mit dem nicht reduzierten Chromosomenbestand der anderen Art befruchtet. Dieser Vorgang muß sich in einer unbekannten Periode, wahrscheinlich schon sehr frühzeitig, bereits ein oder mehrere Male abgespielt haben. Unsere Pflaumen und Zwetschgen der Domesticagruppe enthalten somit 2mal die beiden Chromosomensätze der Schlehe und 2mal den Chromosomensatz der Kirschpflaume. Wahrscheinlich liegen die Dinge so, daß der eine der beiden Sätze von *P. spinosa* homolog ist mit demjenigen von *P. cerasifera*. Der andere Chromosomensatz der Schlehe muß aber einen davon abweichenden Bau aufweisen. Diese Entstehungsgeschichte von P. domestica gibt die Erklärung für die sehr große Mannigfaltigkeit der Sorten dieser Obstart.

Additionsbastarde brauchen nicht unbedingt durch die Befruchtung von zwei Geschlechtszellen mit nicht reduzierter Chromosomenzahl zu entstehen. Es kann auch vorerst nur eine Geschlechtszelle der einen Elternsorte mit unreduziertem Chromosomenbestand zur Befruchtung gelangen. Es entsteht dadurch — unter der Voraussetzung, daß die beiden Eltern diploid sind — ein triploider Bastard. Wenn dieser nun eine nicht reduzierte Eizelle bildet und sie durch ein normales Pollenkorn der anderen Elternart befruchtet wird, entsteht ebenfalls ein tetraploider Additionsbastard. Wir haben bereits gesehen, daß auf diese Weise auch tetraploide Apfelsorten entstanden sind. Schließlich ist es möglich, daß ein normal entstandener steriler F_1-Bastard durch somatische Mutation einen Sproß mit verdoppelter Chromosomenzahl bildet. Für alle diese Entstehungsarten hat die Vererbungsforschung Beispiele gefunden.

Seitdem man Methoden kennt, unter denen die Anwendung von Colchicin die wichtigste ist, um die Chromosomenzahl von Gewächsen zu verdoppeln, besteht

Abb. 98. Bastarde von Kirschpflaume mit Schwarzdorn. Links triploider, rechts hexaploider Sämling. (Nach RYBIN.)

grundsätzlich die Möglichkeit, auch sterile Art- und Gattungsbastarde der Kern- und Steinobstarten durch Verdoppelung der Chromosomenzahl fruchtbar zu machen. Im einzelnen sind solche Züchtungsmethoden allerdings mit bedeutenden Schwierigkeiten verbunden. Es ist trotzdem anzunehmen, daß sie im Verlaufe der Zeit zu praktisch auswertbaren Ergebnissen führen werden. Dabei ist allerdings kaum damit zu rechnen, daß bereits die ersten gewonnenen Additionsbastarde vollwertige neue Sorten darstellen werden. Sie werden aber ein neues, wertvolles Ausgangsmaterial für Kombinationszüchtung sein.

B. Züchterische Fragen bei den einzelnen Obstarten.

1. Die Züchtung neuer Apfelsorten.

Die gegenseitige Kreuzung von Kultursorten. — Die Kreuzung von Kultursorten mit Wildformen. — Die Züchtung neuer Veredlungsunterlagen.

Wir haben bereits gesehen, daß der Chromosomensatz der Gattung *Malus* darauf hinweist, daß die sogenannten diploiden Apfelsorten in Wirklichkeit abgeleitete Polyploide sind, in welchen 4 Chromosomen des ursprünglichen Siebnersatzes der Rosazeen 2mal und 3 derselben 3mal vorkommen ($4 \cdot 2 + 3 \cdot 3 = 17$). Damit sind die Voraussetzungen für ein kompliziertes Vererbungsgeschehen gegeben. Da zudem die Kultursorten sehr weitgehend heterozygot sind, erweisen sich die aus einer Aussaat von Samen einer einzigen Kreuzung hervorgegangenen Sämlinge in bezug auf weitaus die meisten ihrer Eigenschaften als sehr ungleichartig.

Verschiedene Forscher haben versucht, die Dominanzverhältnisse einzelner Erbfaktoren abzuklären, so HEDRICK und WELLINGTON (1912), WELLINGTON (1924), AUCHTER (1920), LANTZ (1928), CRANE und LAWRENCE (1933), TYDEMAN (1933), HOWLETT und GOURLEY (1946) und andere. Es lassen sich aus diesen Untersuchungen sowie aus den unveröffentlichten Erfahrungen des Verfassers einige Tatsachen ableiten, die zu kennen für das Vorgehen bei der Züchtung neuer Sorten von Wert ist. So hat sich ergeben, daß die Größe der Früchte der einzelnen Sämlinge nicht nur zwischen der Fruchtgröße der beiden Eltern in allen Übergängen schwankt, daß vielmehr zahlreiche Transgressionen vorkommen. Die durchschnittliche Fruchtgröße ist nach CRANE und LAWRENCE (1933, 1947) kleiner als das Mittel aus den Fruchtgrößen der beiden Eltern. Über die Vererbung der Gestalt weiß man wenig Bestimmtes. Aus der Kreuzung von flachen Sorten ergaben sich in Wädenswil nie Sämlinge mit hochgebauten Früchten. Dagegen fanden sich unter den Sämlingen aus der Kreuzung der beiden ausgesprochen hochgebauten Sorten Glockenapfel und Delicious ziemlich viele Sämlinge mit ungefähr gleichem Länge- und Breitedurchmesser und sogar einzelne mit flachgebauten Früchten.

Die Vererbung der Deckfarbe der Haut ist ohne Zweifel kompliziert, indem mehrere Gene im Spiel sind, z.B. solche für verwaschenes Rot, für Marmorierung und für Streifenbildung. Sicher ist dabei nur, daß die Fähigkeit zur Bildung von rotem Farbstoff mehr oder weniger dominant vererbt. Auch für die Vererbung der Grundfarbe sind ohne Zweifel mehrere Gene im Spiel, wobei gelb gegenüber grün dominant sein dürfte. Die Vererbung der Fleischfarbe folgt ebenfalls nicht einfachen Gesetzen.

Recessiv vererbend ist die Bildung von rostiger Haut; denn man erhält aus gewissen Kreuzungen glattschaliger Sorten ausgesprochene Lederreinetten (z.B. in den Kombinationen Jonathan × Ontario und Glockenapfel × Delicious). Aber auch hier liegt ein Zusammenspiel mehrerer Gene vor, z.B. in bezug auf die Art der Berostung (netzig, als geschlossener Überzug) oder der Ausdehnung (vereinzelt, als rauher Überzug, als glatter Überzug, über die ganze Frucht oder über Teile derselben, nur um den Kelch usw.). Wertvoll wäre die Kenntnis der Vererbung der Eigentümlichkeiten der Lenticellen. Sicher ist beispielsweise, daß die Lenticellenschwäche der Sorte Jonathan, die zu Jonathan spot führt, bei vielen Abkömmlingen dieser Sorte wieder auftritt. Das Vorkommen von Sämlingen mit stark fettiger Haut, nach der Kreuzung von Eltern mit schwach fettiger oder trockener Haut, weist, wie bereits WELLINGTON feststellte, auf Recessivität dieser Erbanlage hin.

Äußerst kompliziert liegen die Verhältnisse für die Vererbung des Geschmackes. Der Zuckergehalt kann bei den Abkömmlingen aus ein und derselben Kreuzung in sehr weiten Grenzen schwanken, ebenso der Säuregehalt. „Süß" ist jedoch recessiv gegenüber „sauer". In vielen Kreuzungen sauer × sauer spalten ausgesprochene Süßäpfel heraus, so beispielsweise in der Kombination Jonathan × Ontario. Die verschiedenen Geschmacks- und Geruchsstoffe können sich in der mannigfachsten Weise kombinieren und bald sympathisch, bald unangenehm wirken. Im allgemeinen erhält man jedoch aromatische Sämlinge nur aus aromatischen Elternsorten, wie denn überhaupt in bezug auf die Güte in weitaus den meisten Kombinationen eine ausgesprochene Regression gegen geringe Qualität festzustellen ist. So kommen beispielsweise auch herbe und bittere Sämlinge vielfach in Kreuzungen von Eltern vor, die weder den einen noch den anderen unangenehmen Geschmack aufweisen. Der Saftgehalt und die Textur des Fleisches (grobkörnig, fein, fest, zäh, locker usw.) werden ebenfalls nicht in einfacher Weise vererbt.

Die Reifezeit der Sämlinge liegt größtenteils zwischen derjenigen ihrer beiden Eltern. Doch kommen Transgressionen nach Frühreife und nach Spätreife sehr oft vor. Diese Tatsache weist darauf hin, daß die Reifezeit durch das Zusammenspiel von mehreren Erbfaktoren bedingt wird.

Sehr schlecht ist man über die Vererbung der Eigenschaften des Baumes unterrichtet, z.B. Wüchsigkeit, Fruchtbarkeit, Art der Verzweigung usw. Es scheint jedoch, daß gelegentlich schwachwüchsige Sorten zu einem hohen Prozentsatz kräftig wachsende Sämlinge ergeben können. So gehörten z.B. die Abkömmlinge aus der Kreuzung der beiden ziemlich schwachwüchsigen Sorten Champagner-Reinette und Goldparmäne zu den wüchsigsten, die wir in Wädenswil je beobachteten.

Über die Vererbung der Anfälligkeit für Krankheiten weiß man nicht viel. In bezug auf Schorf ist die Abklärung in Anbetracht der ungezählten mehr oder weniger spezialisierten Rassen des Pilzes praktisch unmöglich. Für Apfelmehltau ist dagegen aus den Erfahrungen mit den Abkömmlingen der Sorte Jonathan bekannt, daß die Anfälligkeit bei einem großen Teil der Sämlinge wieder auftritt. Mit der Züchtung auf Frosthärte haben sich unter anderen HANSEN (1916), MITSCHURIN (1943) und SCHMIDT (1942, 1948) befaßt.

Dank der sehr großen erblichen Variabilität ist es möglich, durch Kreuzung von Kultursorten interessante neue Formen zu gewinnen. Dabei ist es aber der Mannigfaltigkeit der Kombinationen wegen nötig, mit großen Zahlen von Sämlingen zu arbeiten. Der Zuchtziele gibt es genug. Jedes Anbaugebiet hat seine besonderen Wünsche. Am einen Ort fehlt es an Frühsorten, an einem anderen an Lagersorten. Bald wird besonderer Wert auf Widerstandsfähigkeit gegen Trockenheit, hohe Niederschlagsmengen, Frost oder gewisse Krankheiten gelegt. In allen Fällen aber verlangt man gute Fruchtbarkeit, möglichst hohe Qualität und vor allem schönes Aussehen.

Die Aussichten, die bestehen, wenn man mit triploiden Sorten kreuzt, haben wir bereits besprochen. Sie können uns zu tetraploiden Sorten verhelfen. Ob diesen in Zukunft für die Praxis des Obstbaues ein besonderer Wert zukommt, kann erst entschieden werden, wenn man eine größere Zahl von tetraploiden Kreuzungen geprüft haben wird.

Es wurde vielfach versucht, die Eigenschaften der Kultursorten durch Einkreuzen von Wildarten zu verbessern. Die umfangreiche Literatur über die Systematik der Wildformen und die züchterischen Erfahrungen der verschiedenen Forscher, sowie vor allem auch diejenigen des Züchtungsinstitutes von Müncheberg, wurde durch W. HENNING (1947) in einer gründlichen und übersichtlichen Weise zusammengestellt. Da diese Arbeit leicht zugänglich ist, können wir uns hier kurz fassen und uns auf die wesentlichen Züge beschränken. Die Systematik der Wildarten wird von den Forschern in verschiedener Weise aufgefaßt. Die Einteilung der Gattung *Malus* in Untergattungen oder Sektionen ist deshalb nicht bei allen Autoren die gleiche. Für die Züchtung auf Grund von Artbastarden ist wichtig, daß sich alle bisher untersuchten Arten, gleichgültig welcher Sektion sie angehören, gegenseitig kreuzen lassen und daß die Bastarde fruchtbar sind. Sie zeigen, sofern Arten mit gleicher Chromosomenzahl gekreuzt werden, zwar ein sehr kompliziertes, aber gesetzmäßiges Vererbungsgeschehen. Die zahlreichen voneinander recht verschiedenen Arten der Gattung *Malus* verhalten sich in erblicher Beziehung wie die Rassen einer einzigen Art. Bereits CRANDALL (1919), MACOUN (1923), HANSEN

(1928) und HARTMAN (1929) hatten festgestellt, daß sich bei Kreuzungen von Kultursorten mit Wildarten die Sämlinge der 1. Bastardgeneration in bezug auf die meisten Eigenschaften mehr der Wildform als der Kulturform nähern, da weitaus die meisten jener Merkmale, welche die Kulturwürdigkeit bedingen, recessiv vererben. Nur in bezug auf wenige Merkmale stehen die Sämlinge in der Mitte zwischen den beiden Eltern. Diese Beobachtung ist später vielfach wiederholt worden, so von SCHMIDT (1942, 1948). Insbesondere sind solche Sämlinge der

Abb. 99. Obere Reihe: je eine Frucht von *Malus baccata var. himalaica* (links) und der Edelsorte Ernst Bosch (rechts). Mittlere und untere Reihe: je eine Frucht von F_1-Sämlingen aus der Kreuzung der beiden. (Nach HENNING.)

F_1-Generation fast immer kleinfrüchtig. Ihr Geschmack ist in weitaus den meisten Fällen gering (niedriger Zuckergehalt, hoher Säure- und Gerbstoffgehalt). Verschiedene Forscher weisen auf die ausgesprochen gute Fruchtbarkeit der F_1-Bastarde zwischen Kultursorten und Wildformen und der Wildformen unter sich hin, einzelne, so CRANDALL (1928), auf die Schwachwüchsigkeit solcher Sämlinge.

Die F_2-Generationen zeigen eine äußerst komplizierte Aufspaltung. Da sehr zahlreiche Gene im Spiele sind, ist die Aussicht auf eine Kombination von genügend zahlreichen recessiven Kulturmerkmalen mit bestimmten dominanten Merkmalen der Wildart sehr klein. Es ist bisher nicht gelungen, aus Kreuzungen mit Wildarten qualitativ hochwertige Tafeläpfel zu züchten. Im besten Fall ist man zu Wirtschaftsäpfeln und Mostäpfeln gelangt. Trotzdem können solche Sorten für Gebiete mit extremen Klimaverhältnissen von großem Werte sein, wie dies beispielsweise bei den frostwiderstandsfähigen Crabäpfeln der amerikanischen Forscher und den Kitajkasorten (Kreuzungen mit *M. prunifolia*) MITSCHURINS für Zentralrußland der Fall ist. Mit der Zeit dürfte die Einkreuzung von Abkömmlingen von Wildarten doch brauchbare Ergebnisse liefern, dies namentlich hinsichtlich der Frostwiderstandsfähigkeit und der Resistenz gegenüber Krankheiten und Schädlingen. Im Vordergrund des Interesses stehen dabei Abkömmlinge von *M. prunifolia*, *M. baccata* und *M. zumi*.

Für die Züchtung von Veredlungsunterlagen des Apfels stehen ebenfalls verlockende Möglichkeiten offen, wobei die vegetativ vermehrbaren weit mehr Interesse bieten als die Wildlinge. Obschon unter den bestehenden Klonunterlagen wertvolle Formen vorhanden sind, und obschon es scheint, daß unter den in Prüfung befindlichen einzelne Typen vorkommen, die sich einbürgern werden, bleibt doch noch mancher Wunsch offen hinsichtlich Widerstandsfähigkeit gegen tiefe Temperaturen, leichter Vermehrbarkeit, guter Affinität mit möglichst vielen Kultursorten, Langlebigkeit sowie günstiger Beeinflussung von Wachstum und Fruchtbarkeit der aufgepfropften Edelsorten.

Um kälteresistente Unterlagen zu finden, wird man auf die Einkreuzung von frostharten Wildformen, wie *Malus baccata*, *M. prunifolia*, *M. zumi* und andere angewiesen sein. Die Tatsache, daß diese Wildformen gelegentlich geringe Affinität zu den Edelsorten aufweisen, sollte kein Grund sein, um auf die Züchtung frostwiderstandsfähiger Unterlagen zu verzichten. In der F_2-Generation oder in Rückkreuzungen dürfte die Kombination der Frostwiderstandsfähigkeit mit leichter Vermehrbarkeit und guter Affinität zu finden sein. Die Züchtung neuer Veredlungsunterlagen ist an sich nicht schwierig, da alle Sämlinge mehr oder weniger leicht vegetativ vermehrbar sind, solange sie in der Jugendform stehen (FRITZSCHE 1948). Viel größere Schwierigkeiten bietet die Eignungsprüfung, da sie eine lange Zeitdauer erfordert und da die an einem Ort unter bestimmten Boden- und Klimaverhältnissen und mit bestimmten Edelsorten und Baumformen erhaltenen Ergebnisse nicht ohne weiteres verallgemeinert werden dürfen.

2. Die Züchtung neuer Birn- und Quittensorten.

Die Vererbungsverhältnisse bei der Birne. – Artbastardierungen. – Züchterische Bearbeitung der Quitte.

Die Voraussetzungen für die züchterische Bearbeitung der Birne sind im wesentlichen die gleichen wie für den Apfel. CRANE und LEWIS (1940) haben für einige Merkmale die Dominanzverhältnisse abgeklärt. So ist die Rotfärbung der Triebspitzen dominant gegenüber der Grünfärbung, sägezähniger oder gekerbter Blattrand dominant gegenüber Ganzrandigkeit, dunkelgrünes Blatt dominant gegenüber gelbgrünem, behaarter einjähriger Trieb dominant gegenüber schwach behaartem oder unbehaartem und Drüsenlosigkeit der Mittelrippe des Blattes dominant gegenüber Drüsenbildung. Schon vorher hatte WELLINGTON (1913) bei den zu *Pyrus communis* gehörenden Kultursorten festgestellt, daß — wie beim Apfel — glatte Fruchthaut dominant ist gegenüber berosteter. Im Gegensatz dazu fand KIKUCHI (zitiert nach CRANE und LAWRENCE) bei japanischen, zu *P. serotina* gehörenden Sorten Rostbildung dominant gegenüber glatter Fruchthaut. Über die Dominanzverhältnisse der den besonderen Wert einer Sorte ausmachenden Merkmale, wie die Ausbildung von schmelzendem Fruchtfleisch, den Zucker- und Gerbstoffgehalt, die Ausbildung der Gewürzstoffe usw., ist nichts bekannt. Sehr wahrscheinlich liegen infolge der sekundären Polyploidie diese Verhältnisse ebenso kompliziert wie beim Apfel.

Ob eine Einkreuzung der von VORONOW (1925) im Kaukasus aufgefundenen vermutlichen Wildformen unserer Kultursorten züchterisch interessant sei, darf bezweifelt werden. MACOUN (1925) hat in der 1. Bastardgeneration mit anderen Wildarten eine sehr geringe Fruchtqualität festgestellt. Aussichtsreicher für die Gewinnung neuer Tafel- und Wirtschaftsbirnen dürfte die Kreuzung mit Kultursorten des ostasiatischen Formenkreises sein, die anscheinend zur Hauptsache zu *Pyrus ussuriensis* und *P. sinensis* bzw. *P. serotina* gehören. Die amerikanische Sorte Kieffer ist ein solcher Bastard.

Wollte man den Anbau von Tafelbirnen in kältere Gebiete vortreiben, so müßte man die nach SCHMIDT (1948) ausnahmslos frostempfindlichen Kultursorten des Formenkreises *P. communis* mit frostwiderstandsfähigen Arten kreuzen. HANSEN (1916) hat *P. ovoidea* und *P. betulifolia* benützt, und WILCOX (1937) hat aus der Kreuzung der europäischen Sorte König Karl von Württemberg mit der russischen Sandbirne (wohl *P. ussuriensis*) frostwiderstandsfähige Formen erhalten.

Für die Gewinnung von vegetativ vermehrbaren, frostwiderstandsfähigen Veredlungsunterlagen kommt, wie DE HAAS (1947) und MÜLLER (1949) berichtet haben, anscheinend vor allem *P. betulifolia* in Betracht. Es sei für diese Frage auf den Abschnitt über die Veredlungsunterlagen hingewiesen.

Da die *Quitte* als Obstart nur eine untergeordnete Rolle spielt, ist über ihre Vererbungsverhältnisse so gut wie nichts bekannt. Man weiß immerhin aus Erfahrung, daß trotz Selbstbefruchtung ein Teil der Sorten recht ungleichmäßige Sämlinge ergibt.

Die Quitte als Veredlungsunterlage ist ohne Zweifel verbesserungsfähig in bezug auf Neigung zu Gelbsucht und auf die Affinität zu den Edelsorten. Es hat sich bei solchen Züchtungsversuchen, z.B. auch in der Versuchsanstalt Wädenswil, ergeben, daß die vegetative Vermehrbarkeit der einzelnen Sämlinge in weiten Grenzen schwankt. Es besteht die Aussicht, daß Formen gefunden werden können, welche die häufig verwendete Quitte E.M. Typ A übertreffen. Dagegen erscheint es als ausgeschlossen, die Frostwiderstandsfähigkeit der Quittenunterlage wesentlich zu verbessern, da alle Formen von *Cydonia vulgaris (= C. oblonga)* sich in dieser Beziehung als gleich ungünstig erwiesen haben.

3. Die Züchtung neuer Kirschensorten.

Züchtung bei Süßkirschen. – Züchtung bei Sauerkirschen. – Züchtung mit Artbastarden. -- Unterlagenzüchtung.

Die *Süßkirschen* sind diploid und weisen normale Chromosomenverhältnisse auf, so daß mit einfachen Vererbungsverhältnissen gerechnet werden kann. Eine Erschwerung der züchterischen Arbeiten ergibt sich aus dem Umstand, daß Frühsorten selten keimfähige Samen ausbilden. Über die Vererbungsweise der Fruchtfarbe machen CRANE und LAWRENCE (1947) Angaben. Die Bildung von Fruchtfleisch mit ungefärbtem Saft, die mit roter, rotbunter oder gelber Hautfarbe verbunden ist, verhält sich recessiv gegenüber gefärbtem Saft und gleichzeitig rotbrauner oder schwarzer Hautfarbe. Sämtliche Kreuzungen zwischen Sorten mit ungefärbtem Saft ergaben lauter Sämlinge mit ungefärbtem Saft. Dagegen spalteten einige Kombinationen zwischen schwarzen

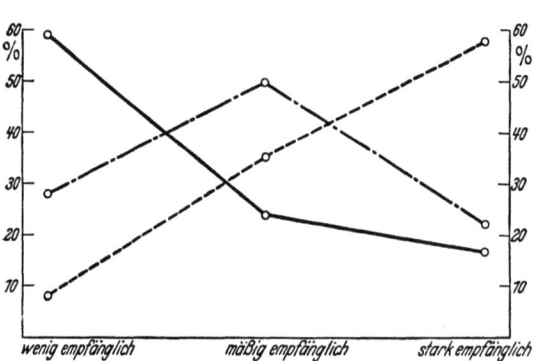

Abb. 100. Anfälligkeit von Kirschensämlingen für die Schrotschußkrankheit. ——— = aus der Kreuzung von resistent × resistent, —·—·— = aus der Kreuzung von resistent mit stark empfänglich und reziprok, ------ = aus der Kreuzung von stark empfänglich × stark empfänglich. Original.

Sorten rotbunte ab. Die Kreuzungen rot × schwarz und reziprok ergaben meist ungefähr gleich viele schwarzfrüchtige wie rotfrüchtige, was darauf hinweist, daß viele Sorten mit gefärbtem Saft in bezug auf dieses Merkmal heterozygot sind. Einzig

Schreckens Bigarreau erwies sich als homozygot und gab in den Kreuzungen mit roten lauter Sämlinge mit gefärbtem Saft. Im einzelnen zeigte sich jedoch, daß für die Farbvererbung neben diesen Hauptanlagen noch modifizierende Gene vorkommen. Es gibt verschiedene Stufen der Anthocyanentwicklung bei den rotfrüchtigen und der Farbintensität der schwarzen. Eine Besonderheit zeigte auch die Sorte Belle Agathe, die äußerlich einer rotfrüchtigen gleicht, aber um den Stein gefärbtes Fleisch aufweist. Sie verhielt sich in der Kreuzung mit der rotfrüchtigen Sorte Emperor Francis wie eine schwarzfrüchtige. Über die Vererbung der übrigen praktisch wichtigen Merkmale der Frucht, wie Gestalt, Festigkeit des Fruchtfleisches, Saftigkeit, Zucker- und Säuregehalt, Empfindlichkeit der Fruchthaut usw. weiß man nichts. SCHMIDT (1948) weist darauf hin, daß die Widerstandsfähigkeit gegen Frost der wilden Vogelkirschen in weiten Grenzen variiert. Das gleiche gilt auch für Kultursorten, so daß es möglich sein dürfte, Sorten zu züchten, die auch in Gebieten mit tiefen Wintertemperaturen nicht eingehen. In vielen Gebieten ist allerdings die Gefahr der Schädigung durch Spätfröste ebenso groß wie die Gefahr während der Vegetationsruhe. Der Verfasser (KOBEL 1931, in der 1. Auflage dieses Buches) hat Angaben über die Vererbung der Anfälligkeit für die durch *Clasterosporium carpophilum* verursachte Schrotschußkrankheit gemacht. Es ergab sich:

Kombination	Wenig anfällige Sämlinge		Mäßig anfällige Sämlinge		Stark anfällige Sämlinge	
	Anzahl	%	Anzahl	%	Anzahl	%
Wenig anfällig × wenig anfällig....	67	58	28	24	20	17
Wenig anfällig × mäßig anfällig und reziprok	6	19	14	45	11	35
Wenig anfällig × stark anfällig und reziprok	31	28	55	50	24	22
Mäßig anfällig × stark anfällig und reziprok	2	6	13	36	21	58
Stark anfällig × stark anfällig	3	7	15	35	25	58

Die Ergebnisse der 3 wichtigsten Kombinationen sind in Abb. 100 graphisch dargestellt. Es scheint, daß für die Vererbung der Anfälligkeit für Schrotschußkrankheit mehrere Erbfaktoren im Spiele sind.

SCHMIDT (1948) befaßte sich mit der Gewinnung tetraploider Süßkirschen, um selbstfertile Formen dieser Obstart zu erhalten. Dieses Zuchtziel ist noch nicht erreicht.

Über die Vererbung bei den *Sauerkirschen* finden sich wenige Angaben. CRANE und LAWRENCE (1947) stellen einzig fest, daß sich aus der Selbstbefruchtung der Englischen Morelle, einer Sorte mit kugeligen bis abgeflachten Früchten, einzelne Sämlinge mit langovalen ergaben. Kentish Red gab nach Selbstbestäubung lauter Sämlinge mit hochroten Früchten. Die Sorte erwies sich somit in diesem Merkmal im wesentlichen als homozygot, wenn auch einzelne Abkömmlinge etwas tiefer gefärbte Früchte aufwiesen, als sie die Muttersorte trägt. SCHMIDT (1948) erhielt aus der Kreuzung Schattenmorelle × Rote Maikirsche eine Nachkommenschaft, die in bezug auf die Merkmale der Frucht in weitem Rahmen variierte. Es fanden sich darunter frostwiderstandsfähige Formen, die bei dieser Obstart im übrigen nicht selten sind.

Komplizierter werden die Verhältnisse, wenn wir mit den ebenfalls tetraploiden Glaskirschen arbeiten, von denen wir gesehen haben, daß sie als Bastarde zwischen Süßkirschen und Sauerkirschen aufzufassen sind. Hier ergeben sich zahlreiche Sämlinge mit ungenügendem Wuchs, was CRANE und LAWRENCE (1947) auf die abnormen Reduktionsteilungen und eine damit zusammenhängende abnorme Chromosomenzahl der Abkömmlinge zurückführen möchten. Es ist aber darauf hinzuweisen, daß auch die 16chromosomigen Sorten dieser Gruppe oft schwachwüchsig und empfindlich sind. Gewöhnlich sind die Kreuzungen zwischen Süß- und Sauerkirschen, wie wir bereits in anderem Zusammenhang gesehen haben, weitgehend steril. Immerhin hat SCHMIDT (1948) darunter Formen mit einer ansehnlichen Fruchtbarkeit gefunden. Da keine cytologischen Untersuchungen vorliegen, kann nicht abgeklärt werden, ob es sich um triploide oder tetraploide Abkömmlinge handelt.

Zu den Kirschen werden in Amerika auch die zu *P. tomentosa* gehörenden Kulturformen gezählt, z.B. die in der Versuchsanstalt des Staates Minnesota gezüchtete Sorte Orient, die selbstfertil ist und sich durch guten Geschmack auszeichnen soll.

ALDERMAN (1926) hat *Prunus avium* mit einem Artbastard zwischen *P. besseyi* und *P. pennsylvanica* zu kreuzen vermocht. Er hat dadurch die in Amerika oft genannte Sorte Zumbra erhalten, die in Gebieten mit großer Winterkälte als Kompottfrucht Verwendung findet. Die gleiche Abstammung hat auch die Sorte Nicollet. Mit diesen Kreuzungen ist eigentlich die Obstart der Kirschen mit der Obstart der Pflaumen züchterisch verbunden. Denn *P. besseyi* bastardiert auch mit den 8chromosomigen Pflaumen. Die Amerikaner rechnen die erwähnten Sorten und auch den Bastard zwischen *P. besseyi* und *P. salicina* zu einer besonderen Gruppe, den Cherry Plums.

Eine besondere Beachtung verdient auch bei den Kirschen die Züchtung geeigneter Veredlungsunterlagen. Nachdem GRUBB und WITT (1924) gezeigt hatten, daß sich einzelne Sämlinge durch Ablegerbildung vermehren lassen, ist das Problem, wie wir im Abschnitt über die Unterlagen gesehen haben, verschiedentlich aufgegriffen worden. Es wäre auch zu prüfen, ob nicht eine Verbesserung der vegetativen Vermehrbarkeit durch Einkreuzen verwandter Arten zu erzielen ist.

Die für die Süßkirsche oft als Unterlage verwendete *P. mahaleb* bedarf ebenfalls einer züchterischen Bearbeitung. Die heute in den europäischen Baumschulen verwendeten Sämlinge der Strauchweichsel sind ein heterogenes Material.

4. Die Züchtung neuer Pflaumen- und Zwetschgensorten.

Die verschiedenen Pflaumengruppen. — Die Vererbungserscheinungen in der Domesticagruppe. — Vererbungserscheinungen bei den Kirschpflaumen. — Artbastarde. — Die Züchtung von Veredlungsunterlagen.

Wir haben bereits in anderem Zusammenhang gesehen, daß die Pflaumen und Zwetschgen nach ihrer Herkunft und Systematik zu verschiedenen Arten der Untergattung *Prunophora* gehören. Wir können unterscheiden:

1. Die Domesticagruppe, nirgends wild, entstanden als Additionsbastard von *Prunus spinosa* und *P. cerasifera* (= *P. divaricata*), hexaploid (48 Chromosomen).

2. Die Schlehen *(P. spinosa)*, heimisch in Europa und Vorderasien, tetraploid (32 Chromosomen).

3. Die Cerasiferagruppe (= Divaricatagruppe), heimisch in Europa und Vorderasien, diploid (16 Chromosomen).

4. Die Trifloragruppe, heimisch in Ostasien, diploid (16 Chromosomen).

5. Die Americana-nigra-besseyi-Gruppe, heimisch in Nordamerika, diploid (16 Chromosomen).

Die Domesticagruppe ist weitaus die wichtigste. Zu ihr gehören die Zwetschgen und die edelsten Pflaumen (Reineclauden, Mirabellen, Eierpflaumen). Die Schlehen werden ihrer Kleinfrüchtigkeit und des herben Geschmackes wegen nicht angebaut, sind aber als Stammformen der Domesticapflaumen von Bedeutung. Die Cerasiferagruppe (Kirschpflaumen) spielt nicht nur als Veredlungsunterlage (Myrobalanen), sondern in Osteuropa und Vorderasien auch als Obst eine bedeutende Rolle. Die Trifloragruppe, zu der auch *P. simonii* gehört, wurde durch den amerikanischen Züchter Luther Burbank verbessert und hat sich in den wärmeren Ländern eingebürgert. Teilweise vermochte sie dort, trotz der geringeren Qualität, wegen ihrer enormen Fruchtbarkeit die Sorten der Domesticagruppe zurückzudrängen. Die amerikanischen *P. americana*, *P. nigra*, *P. besseyi*, *P. munsoniana*, *P. salicina* und einige verwandte Arten tragen anscheinend qualitativ geringwertige Früchte. Sie lassen sich aber mit Leichtigkeit bastardieren und stellen dank der Frostwiderstandsfähigkeit ein wertvolles Züchtungsmaterial dar, aus dem sich bereits zahlreiche Kultursorten ergeben haben.

Wir haben im einleitenden Abschnitt dieses Kapitels dargelegt, daß die zu *P. domestica* gehörenden Sorten infolge der Hexaploidie weitgehend heterozygot sind und in komplizierter Weise aufspalten können. Dennoch sind wir über die Vererbungsweise wichtiger Kulturmerkmale besser unterrichtet als bei den meisten anderen Obstarten. CRANE (1921), der die aus der Selbstbestäubung von 5 Sorten hervorgegangenen Sämlinge beobachtete, gibt an, daß das Merkmal stark behaarte Rinde der jungen Zweige dominant ist über schwache Behaarung, und daß ebenfalls gebuchteter Blattrand gegenüber gesägtem dominant sei. Die Merkmale birnförmige Frucht und abgeplattete Frucht, also die beiden extremen Formen der gestaltlichen Mannigfaltigkeit bei dieser Obstart, vererben nach Selbstbestäubung treu und sind somit der Ausdruck von Homozygotie. Ovale Fruchtform spaltet in komplizierter Weise auf. Einen weiteren Beitrag zur Genetik der Domesticapflaumen lieferte WELLINGTON (1927). Er bestätigte im wesentlichen die Angaben CRANES über die Vererbung der Gestalt der Früchte. Zwetschgenform ist ein recessives Merkmal, da sie vielfach aus Selbstungen oder Kreuzungen von ovalfrüchtigen Sorten herausspaltet, was auch SCHMIDT (1948) feststellte. Das Merkmal „abgeplattete Frucht" ist ebenfalls recessiv, wie bereits WELLINGTON berichtete.

Die Vererbung der Farbe verhält sich recht kompliziert. Sicher ist, wie bereits WELLINGTON feststellte und CRANE und LAWRENCE (1947) bestätigen, daß das Vorhandensein von Deckfarbe, also das Vorkommen von blauen oder roten Färbungen, gegenüber dem Fehlen der Deckfarbe dominiert. Die Grundfarbe kann dabei entweder gelb oder grün sein. Die Zwischenfarben weisen auf Heterozygotie hin. Für die Vererbung der Deckfarbe sind, ähnlich wie bei den Äpfeln, anscheinend mehrere Gene im Spiel, deren gegenseitiges Verhalten um so schwieriger zu überblicken ist, als die gleiche Deckfarbe auf gelber Grundfarbe viel lichter erscheint als auf grüner. Von Bedeutung ist die Tatsache, daß leichtes Lösen des Steines vom Fruchtfleisch recessiv gegenüber Nichtlösen ist, so daß man steinlösende Formen auch aus der Kreuzung von nicht steinlösenden erhält. Dagegen ist über die Vererbung der geschmacklichen Qualitäten nur so viel bekannt, daß man Sämlinge mit wohlschmeckenden Früchten nur erwarten darf, wenn man Sorten von hoher Qualität kreuzt oder selbstbestäubt. Anderseits können von recht guten Muttersorten, wie beispielsweise der Viktoriapflaume, Formen herausspalten, die den Geschmack einer sauer-herben Haferpflaume aufweisen und sich damit in geschmacklicher Beziehung der Stammform *P. spinosa* nähern.

Mit der Vererbung der Merkmale von *P. cerasifera* (= *P. divaricata*) haben sich CRANE und LAWRENCE (1947) befaßt. Sie stellen fest, daß Formen mit mäßig rotgefärbten Blättern und Blüten, wie die *var. pissardi*, heterozygot sind. Die recessiven Homozygoten sind grünlaubig und weißblühend, die dominanten tief rotlaubig und rotblühend. Dieser Kombination entspricht *var. pissardi nigra*. Es ist ein einfaches Allelenpaar im Spiel. Im übrigen ist der Formenkreis der Kirschpflaumen genetisch nicht weiter untersucht. Man weiß jedoch durch die Aussaatversuche von SCHMIDT, daß er in weiten Grenzen variiert und daß auch in bezug auf die Frostwiderstandsfähigkeit große Unterschiede zwischen den einzelnen Formen vorhanden sind. Über die Triflora- und die Americana-nigra-besseyi-Gruppen liegen anscheinend ebenfalls keine eingehenden Erblichkeitsuntersuchungen vor.

Wir haben im einleitenden Abschnitt gesehen, daß sich aus Kreuzungen zwischen den hexaploiden Domesticapflaumen oder den tetraploiden Schlehen mit 8chromosomigen Arten normalerweise Bastarde ergeben, die weitgehend steril sind. Voraussetzung für eine bessere Fruchtbarkeit wäre, wie dies bei der Entstehung der Domesticapflaumen der Fall war, eine Verdoppelung der Chromosomenzahl. Dagegen ergeben die Kreuzungen zwischen den 8chromosomigen Arten in der Regel fruchtbare Artbastarde. Am eingehendsten hat sich mit dieser Frage wohl die Versuchsanstalt von Minnesota befaßt. ALDERMAN (1926) hat bereits über recht kompliziert zusammengesetzte Bastarde zwischen solchen Arten berichtet. So soll die Sorte Goldenrot der Kombination [*(Prunus simonii* × *P. salicina)* × *(P. cerasifera* × *P. munsoniana)*] × *P. americana* entsprechen. Es wären in ihr somit alle diploiden Gruppen vereinigt. Seither sind in Amerika zahlreiche andere Kultursorten aus solchen Artbastardierungen hervorgegangen, so daß es mit der Zeit kaum mehr möglich sein wird, die verschiedenen Gruppen der 8chromosomigen Pflaumen auseinanderzuhalten. Es vollzieht sich hier unter den Augen der Züchter innert weniger Jahrzehnte der gleiche Vorgang, der sich bei den Äpfeln und Birnen seit den vorgeschichtlichen Zeiten bis zum heutigen Tag abgespielt hat: die Vermischung von verschiedenen Arten durch Bastardierungen zu einer einzigen Obstart.

Eine züchterische Verbesserung der Veredlungsunterlagen ist ohne Zweifel auch bei den Pflaumen möglich. Es ist dabei denkbar, nach Domesticaunterlagen zu suchen, die sich leichter ungeschlechtlich vermehren lassen als die heute gebräuchlichen und deren Affinität zu den Edelsorten besser befriedigt. Wie SCHMIDT (1948) berichtet, darf man aber auch damit rechnen, neben den frostempfindlichen Myrobalanen Cerasiferaunterlagen zu finden, die tiefen Wintertemperaturen besser trotzen. Schließlich besteht, wie die bereits gebräuchliche Sorte Marianna zeigt, auch die Aussicht, durch die Herstellung und Eignungsprüfung von Artbastarden neue zweckmäßige Unterlagen zu gewinnen. Dabei wird man je nach den gerade vorliegenden Bedürfnissen frostwiderstandsfähige, gegen Austrocknung des Bodens wenig empfindliche oder von bestimmten Schädlingen, parasitischen Pilzen oder Viruskrankheiten nicht befallene Wildformen einkreuzen. Über diese speziellen Unterlagenfragen wird, wie sich z.B. aus der Zusammenstellung von GARDNER, BRADFORD und HOOKER (1939) ergibt, namentlich in den Vereinigten Staaten von Amerika und in Kanada gearbeitet.

5. Die Züchtung neuer Aprikosensorten.

Über züchterische Erfahrungen mit Aprikosensorten finden sich in der Literatur nur spärliche Angaben. Eine systematische Züchtung würde auf keine großen Schwierigkeiten stoßen, da *P. armeniaca* diploid ist und normale Chromosomenverhältnisse aufweist. Infolge der Selbstfertilität der meisten Sorten erhält man vielfach Sämlinge mit recht guten Früchten, so daß man an Spalieren im schweizerischen Mittelland oft unveredelte Aprikosenbäume findet. Sicher ist, daß die

Formenmannigfaltigkeit dieser Obstart vergrößert werden könnte, da bereits die Wildformen sehr variabel sind. So gibt es schwarzfrüchtige und hellgelbe Typen, die in der Kultur nur selten gefunden werden. Neuerdings hat N. E. HANSEN von der Versuchsanstalt des Staates Süd-Dakota Aprikosensorten gezüchtet, die von *P. sibirica* abstammen.

Auch die Unterlagenzüchtung ist bei den Aprikosen kaum in Angriff genommen worden. Es dürfte, wie PASSECKER zeigte, möglich sein, unter den Sämlingen der Aprikose Formen zu finden, die sich leicht vegetativ vermehren lassen. Es würden sich auf diese Weise, wenigstens für wärmere Gebiete, wohl Veredlungsunterlagen finden lassen, die weit besser befriedigen als die heute oft verwendeten Domesticatypen oder gar die Myrobalanen.

6. Die Züchtung neuer Pfirsich-, Nektarinen- und Mandelsorten.

Dominanzverhältnisse von Erbmerkmalen des Pfirsichs. — Korrelationen und Koppelungen. — Artbastarde des Pfirsichs. — Vererbungserscheinungen bei der Mandel.

Der Pfirsich ist von allen Obstarten in bezug auf seine Vererbungsverhältnisse am besten bekannt. Wir verdanken dies vor allem den Untersuchungen von CONNORS (1919, 1921, 1922, 1928), CRANE (1921), CRANE und LAWRENCE (1947) und BECKER (1923). Behaarung der Frucht (Merkmal des Pfirsichs) ist eindeutig dominant über glatte Frucht (Merkmal der Nektarine). Weißes Fruchtfleisch dominiert über Gelbfleischigkeit. Leichtes Lösen des Fruchtfleisches vom Stein ist dominant gegenüber festem Haften des Steines. Doch kommen Übergangsformen vor, von denen man nicht richtig weiß, wie sie erblich bedingt sind. Die in einem anderen Abschnitt beschriebene Pollensterilität von J. H. Hale und anderen Pfirsichsorten ist ein recessives Merkmal. Bei anderen Erbanlagen sind die Heterozygoten intermediär. So ergeben sich aus der Kreuzung von Sorten mit großen Blüten und solchen mit kleinen Blüten lauter Sämlinge mit Blüten mittlerer Größe, die ihrerseits aufspalten in 1 großblumig : 2 von mittlerer Blütengröße : 1 kleinblumig. Aufrechter Wuchs und weit ausladender Wuchs sind homozygot bedingt. Der Wuchs der Heterozygoten ist intermediär. Kreuzt man Formen mit großen, nierenförmigen Drüsen am Übergang zwischen Blattstiel und Spreite mit drüsenlosen, so weist die F_1-Generation lauter Formen mit kleinen, rundlichen Drüsen auf. Blütezeit und Reifezeit werden durch mehrere Gene bedingt. Die Widerstandsfähigkeit gegen tiefe Wintertemperaturen ist allem Anschein nach auch von mehreren Genen abhängig. SCHMIDT (1948) hat durch Selbstbestäubung des Proskauer Pfirsichs einzelne frostwiderstandsfähigere Sämlinge gewonnen.

Beim Pfirsich sind auch einige Korrelationen bekannt, die für den Züchter recht wertvoll sein können. Sie sind teils dadurch bedingt, daß ein und dasselbe Gen an verschiedenen Organen zum Ausdruck kommt. So zeigt der Kelchbecher von gelbfleischigen Sorten auf der Innenseite eine orangegelbe Farbe, während er bei weißfleischigen grün, weiß oder gelblich ist. Ist er gelblich-cremefarbig, so weist dies auf Heterozygotie der weißfleischigen Sorte hin. Nach CONNORS erkennt man gelbfleischige Sorten auch an einer gelblichen Färbung der Mittelrippe des Blattes. Weißfleischige Sorten haben dunkelgrünes Blattwerk; gelbfleischige zeichnen sich durch eine gelbgrüne Laubfarbe aus. Es darf ohne Zweifel angenommen werden, daß der gelbliche Farbstoff in all diesen Organen durch das gleiche Gen bedingt ist.

In anderen Fällen scheinen jedoch die Korrelationen durch die Koppelung von Erbfaktoren bedingt zu sein. So zeigen die drüsenlosen Pfirsiche und Nektarinen gesägten Blattrand, während derjenige der Sorten mit drüsigen Blättern schwach gekerbt ist. Von großer praktischer Bedeutung erscheint die Tatsache, daß die drüsenlosen Formen mehltauempfindlich, die drüsenblättrigen widerstandsfähig gegen Mehltau sind. Diese Tatsache führt dazu, daß drüsenlose Sorten aus den Kulturen mehr und mehr verschwinden.

Infolge der Selbstfertilität kommen Sorten vor, die weitgehend samenkonstant fallen, während andere sich allerdings als stark heterozygot erweisen. Zu den mehr oder weniger treu vererbenden Sorten zählt BECKER den Proskauer Pfirsich (der jedoch, wie der Züchter, Prof. SCHINDLER in Pillnitz, hervorhob, nur durch vegetative Vermehrung der Originalsorte seinen vollen Wert beibehält), Grosse Mignonne, Weißen Magdalenenpfirsich, Königin der Obstgärten und den Kernechten aus dem Vorgebirge. Im übrigen bietet der Pfirsich für die Sortenzüchtung unter allen Obstarten die geringsten Schwierigkeiten und die größten Aussichten auf die Gewinnung wertvoller Sämlinge. Es dauert auch nicht so lange wie bei den meisten anderen, bis diese das tragbare Alter erreichen. Komplikationen treten nur ein bei der Züchtung auf Frühreife, da die Frühsorten erfahrungsgemäß keine keimfähigen Samen ausbilden. Man müßte die Frühsorten als Pollenspender wählen und als Muttersorte eine qualitativ hochwertige, etwas später reifende, mit voll ausgebildeten Embryonen, sofern man nicht zur Kultur der verkrüppelten Embryonen auf Agar-Nährboden übergehen will.

Durch die Artbastardierung hat man beim Pfirsich bisher wenig erreicht. Der nach COATES (1921) in Kalifornien häufige Pfirsich-Mandel-Bastard ist wertlos. Seine Frucht gleicht in unreifem Zustand zwar dem Pfirsich. Das Fruchtfleisch platzt aber frühzeitig, ist süßlich und nicht schmackhaft. Bastarde zwischen Pfirsich und Mandel hat auch CONNORS (1928) erhalten. Das verlockende Zuchtziel, ein Pfirsich mit einem Mandelkern, ist aber auch seither nicht erreicht worden. Der Pfirsich läßt sich mit einigen anderen verwandten Arten, z. B. der Zwergmandel *(Prunus nana)* und *P. kansuensis*, einer chinesischen Wildform, kreuzen (CONNORS 1928). Der Bastard zwischen *P. persica* und *P. cerasifera*, der sich als steril erweist, ist einer der seltenen Fälle von Kreuzungen zwischen Angehörigen verschiedener Untergattungen von *Prunus*.

Auch beim Pfirsich stellt sich das Problem der Züchtung geeigneter Unterlagen. Es dürfte möglich sein, Sämlinge zu finden, die in der Jugendform sich vegetativ vermehren lassen und für Gebiete mit mäßig feuchtem Klima wohl vorzügliche Dienste leisten könnten. Für Trockengebiete wird man dagegen gute Veredlungsunterlagen für den Pfirsich unter den Bittermandeln, für kühlere Gebiete unter den Domesticapflaumen suchen müssen.

Für die dem Pfirsich am nächsten verwandte Obstart, die *Mandel*, liegen wenige Beobachtungen über das Vererbungsgeschehen vor. HEPPNER (1923, 1926) hat festgestellt, daß nach Kreuzungen von süßkernigen Sorten gewöhnlich Bittermandeln herausspalten (nur eine einzige Sorte erwies sich für Süßkernigkeit als homozygot). Da er unter 234 Individuen aus solchen Kreuzungen 184 Süßmandeln und 59 Bittermandeln, also mit genügender Annäherung das Verhältnis 3 : 1 fand, sollte man annehmen dürfen, daß Süßkernigkeit dominant ist. In Widerspruch zu diesem Befund steht die Angabe von CRANE und LAWRENCE (1947), daß sie nach der Bestäubung der Blüten der Süßmandel Marie Dupuy mit Pollen der Bittermandel bittere Kerne erhielten. Eine solche Xenienbildung wäre aber nur möglich, wenn das Merkmal bitter dominant ist. Es bleibt abzuklären, ob der bittere Geschmack sowohl durch ein dominantes wie auch durch ein recessives Gen verursacht werden kann.

Literaturverzeichnis.

Lehrbücher.

BAGENAL, N. B.: Fruit Growing. London and Melbourne: Ward, Lock & Co. — BAILEY, L. H.: Principles of fruit growing. New York: Macmillan Co. — BENECKE, W. u. L. JOST: Pflanzenphysiologie I und II. Jena: Gustav Fischer. — BOETTNER-POENICKE: Praktisches Lehrbuch des Obstbaues. Frankfurt a. d. O.: Trowitzsch & Sohn.
CHANDLER, W. H.: Fruit Growing. Boston: Houghton Mifflin Co.
FAES, H., M. STAEHELIN et P. BOVEY: La défense des plantes cultivées. Lausanne: Payot. — FEY, W. u. H. WINKELMANN: Die neuzeitliche Obstbaumschule. Stuttgart: Eugen Ulmer. — FREY-WYSSLING, A.: Ernährung und Stoffwechsel der Pflanzen. Zürich: Büchergilde Gutenberg.
GARDNER, V. R., F. C. BRADFORD and H. D. HOOKER: The fundamentals of fruit production. New York and London: McGraw-Hill Book Co. — GAUCHER, NICOLAS: Praktischer Obstbau, neu bearbeitet von HESDÖRFFER. Berlin: Parey. — GOURLEY, J. H.: Textbook of pomology. New York: Macmillan Co.
HILKENBÄUMER, F.: Obstbau. Berlin: Parey.
JANSON, A.: Der Großobstbau. Berlin: Parey.
KACHE, P.: Die Praxis des Baumschulbetriebes. Berlin: Parey. — KOBEL, F. u. H. SPRENG: Neuzeitliche Obstbautechnik und Tafelobstverwertung. Bern: Verbandsdruckerei A.-G. — KOBEL, F., G. SCHMID u. H. KESSLER: Der Schweizer Obstbau. Bern: Francke A.-G.
LUCAS-WINKELMANN: Anleitung zum Obstbau. Stuttgart: Eugen Ulmer.
MAURER, E.: Die Unterlagen der Obstgehölze. Berlin: Parey.
POENICKE, W.: Der Obstbaumschnitt nach natürlichen Entwicklungsgesetzen. Berlin: Parey.
RUSSELL, E. J.: Soil conditions and plant growth. London, New York, Toronto: Longmans, Green & Co.
TRENKLE, R.: Obstbaulehrbuch. Wiesbaden: Limes.
VAN CAUWENBERGHE, E.: Sujets porte-greffes pour arbres fruitiers. Verviers: Imprimerie G. Leens.

Zu Abschnitt I. Allgemeines über die Physiologie der Obstbäume.

ADAMETZ, L.: Beobachtungen über das Verhalten verschiedener Obstbaumsorten zu den Tieftemperaturen des Winters 1928/29. Biologia Generalis 8, 475 (1932). — ALLMENDINGER, D.F., A. L. KENWORTHY and E. L. OVERHOLSER: The carbon dioxide intake of apple leaves as affected by reducing the available soil water to different levels. Proc. Amer. Soc. Hort. Sci. 42, 133 (1943). — ASKEW, H. O.: The boron status of fruit and leaves in relation to ,,Internal Cork" of apples in the Nelson District. New Zealand J. Sci. Techn. 17, 338 (1935). — ASKEW, H. O., E. CHITTENDEN and R. H. K. THOMSON: The use of borax in the control of ,,internal cork" of apples. J. Pom. and Hort. Sci. 14, 227 (1936/37). — ASKEW, H. O., E. CHITTENDEN and D. J. STANTON: ,,Internal Cork" of apples, Nelson, New Zealand. A study of moisture relation of soils and fruit. New Zealand J. Sci. Techn. 17, 595 (1935). — ASKEW, H. O. and W. R. L. WILLIAMS: Brown-spotting of apricots, a boron-deficiency disease. New Zealand J. Sci. Techn. 21, 103 (1939). — AUCHTER, E. C.: Is there normaly a cross-transfer of foods, water and mineral nutritients in woody plants? Maryland Agr. Exp. Stat. Bull. 257 (1923).
BAILEY, L. H.: A study of windbreaks in their relations to fruit-growing. Cornell University Exp. Stat. Bull. 9, 90 (1889). — BARNARD, C. and F. M. READ: Studies of growth and fruit bud formation No. II. — A year's observations on Victorian pears. Victoria Dep. Agric. J. 30, 463 (1932). — BATJER, L. P., W. C. BAYNES and L. O. REGEIMBAL: The interaction of nitrogen, potassium and phosphorus on growth of young apple trees in sand culture. Proc. Amer. Soc. Hort. Sci. 37, 43 (1939). — BATJER, L. P., J. R. MAGNESS and L. O. REGEIMBAL: The effect of root temperature on growth and nitrogen intake of apple trees. Proc. Amer. Soc. Hort. Sci. 37, 11 (1939). — BEACH, S. A. and ALLEN F. W., Jr.: Hardiness in the apple as correlated with structure and composition. Iowa Agric. Exp. Stat. Res. Bull. 21, 1915. — BEAN, R. S.: The effect of zinc on nitrogen metabolism and on certain oxidizing enzymes in leaves of the tomato plant. Diss. University of California, 1942. — BEISSNER, L.: Über Jugendformen von Pflanzen, speziell Coniferen. Ber. d. dtsch. bot. Ges. 4 (1888). — BOULD, C. u. Mitarbeiter:

Zinc and copper deficiency of fruit trees. Ann. Rep. Long Ashton **1945**–49 (1949). – BOYNTON, D.: Soil atmosphere and the production of new rootlets by apple tree root systems. Proc. Amer. Soc. Hort. Sci. **37**, 19 (1939). – BOYNTON, D., J. C. CAIN and J. VAN GELUWE: Incipient magnesium deficiency in some New York apple orchards. Proc. Amer. Soc. Hort. Sci. **42**, 95 (1943). – BOYNTON and O. C. COMPTON: Effect of oxygen pressure in aerated nutrient solution on production of new roots and on growth of roots and tops by fruit trees. Proc. Amer. Soc. Hort. Sci. **42**, 53 (1943). – BRANDENBURG, E.: Die Herz- und Trockenfäule der Rüben als Bormangelerscheinung. Phytopathol. Z. **3**, 499 (1931). – BRANDENBURG, E.: Die Herz- und Trockenfäule der Rüben. Ursache und Bekämpfung. Angew. Bot. **13**, 453 (1931). – BRIGGS, L. J. and H. L. SHANTZ: The wilting coefficient for different plants and its indirect determination. US. Dep. Agric. Bur. Pl. Ind. Bull. **230** (1912). – BRYANT, L. R. and R. GARDNER: Phosphorus deficiency in pears. Proc. Amer. Soc. Hort. Sci. **42**, 101 (1943). – BRYNER, W. u. J. KUNDERT: Spritzversuche zur Bekämpfung der Zinkmangelkrankheit im Obstbau. Landw. Jb. Schweiz **67**, 87 (1953). – BULLOCK, R. M. and N. R. BENSON: Boron deficiency in apricots. Proc. Amer. Soc. Hort. Sci. **51**, 199 (1948). – BUTIJN, J.: Magnesium- en Kaliumgebrek in de Fruitteelt. Meded. Dir. v. d. Tuinb. **13**, 813 (1950).

CAIN, J. C.: Some interrelationships between calcium, magnesium and potassium in one-year-old McIntosh apple trees grown in sand culture. Proc. Amer. Soc. Hort. Sci. **51**, 1 (1948). – CHANDLER, W. H.: (1) Sap studies with horticultural plants. Mo. Agric. Exp. Stat. Res. Bull. **14** (1914); (2) Results of some experiments in pruning fruit trees. New York Cornell Stat. Bull. **415**, 5 (1923); (3) The killing of plant tissue by low temperature. Mo. Agric. Exp. Stat. Res. Bull. **8** (1913); (4) Zinc as a nutrient for plants. Bot. Gaz. **98** 625 (1937). – CHILDERS and H. W. BRODY: An environment-control chamber for study of photosynthesis, respiration and transpiration of horticultural plants. Proc. Amer. Soc. Hort. Sci. **37**, 384 (1939). – CHILDERS, N. F. and F. F. COWART: The photosynthesis, transpiration and stomata of apple leaves as affected by certain nutrient deficiencies. Proc. Amer. Soc. Hort. Sci. **33**, 160 (1936). – CLAUSEN, R.: La prévision des gels printaniers: méthode du thermomètre mouillé. Notre Terre No. **1**, 4 (1942). – COMBES, RAOUL: (1) Migration des substances azotées pendant le jaunissement des arbres. Bull. Soc. bot. France **71**, 43 (1924); (2) Emigration des substances azotées des feuilles vers les tiges et les racines des arbres au cours du jaunissement automnale. Rev. gén. Bot. **39**, 632 (1926). – CORNFORD, C. E.: Some meteorological factors affecting the distribution of frost domages to fruit trees. J. Pom. and Hort. Sci. **16**, 291 (1939). – CRANE, H. L.: Physiological investigation on the resistance of peach buds to freezing temperatures. W. Va. Agric. Exp. Stat. Bull. **236** (1930). – CULLINAN, F. P. and J. G. WAUGH: Response of peach trees to potassium under field conditions. Proc. Amer. Soc. Hort. Sci. **37**, 87 (1939). – CURTIS, O. F.: The effect of ringing a stem on the upward transfer of nitrogen and ash constituents. Amer. J. Bot. **10**, 361 (1923).

MAC DANIELS, L. H. and F. F. COWART: The Development and structure of the apple leaf. Cornell Univ. Agric. Exp. Stat. Memoir **258**, 1 (1944). – DIXON, H. H.: (1) Transport of organic substances in plants. Nature **110**, 547 (1922); (2) The ascent of sap and transport of food material in trees. Abst. Brit. Assoc. Adv. Sci. Rpt. **92** (1924). – DORSEY, M. J.: The low temperature hazard to set of fruit in the apple. Illinois Agric. Exp. Stat. Bull. **473**, 147 (1940). – DU SABLON, L.: Recherches physiologiques sur les matières de réserves des arbres. 1904.

FIELD, C. P.: (1) Low temperature injury to fruit blossom. Ann. Rep. East Malling Res. Stat. for 1938. **1939**; (2) Low temperature injury to fruit blossom. Ann. Rep. East Malling Res. Stat. for 1941. **1942**. – FISCHER, A.: Beiträge zur Physiologie der Holzgewächse. Jb. Bot. **22**, 73 (1890). – FITZPATRICK, R. E. and C. G. WOODBRIDGE: Boron deficiency in apricots. Sci. Agric. **22**, 271 (1941). – FRITZSCHE, R.: (1) Untersuchungen über die Jugendformen des Apfel- und Birnbaumes und ihre Konsequenzen für die Unterlagen- und Sortenzüchtung. Ber. Schweiz. Bot. Ges. **58**, 207 (1948); (2) Krankhafter Austrieb der Obstbäume. Schweiz. Z. Obst- und Weinbau 1948, Jg. **57**, 198. – FRITZSCHE, R. u. K. STOLL: Einige Bemerkungen zur Korkkrankheit an Äpfeln. Schweiz. Z. Obst- und Weinbau 1951, Jg. **60**, 3.

GATTLEN, J.: Gefrieren gegen Erfrieren. Visp 1945. Buchdruckerei Klaus Mengis. – GÄUMANN, E.: Die cuticulare Transpiration. Z. Bot. **38**, 225 (1942). – GÄUMANN, E. u. O. JAAG: Untersuchungen über die stomatäre Transpiration I. Ber. Schweiz. Bot. Ges. **48**, 45 (1938). – GLOYER, W. O. and H. GLASGOW: Defoliation of cherry trees in relation to winter injury. New York State Agric. Exp. Stat. Bull. **555**, 1 (1928). – GRAINGER, J.: (1) The internal temperature of fruit tree buds II. Ann. Appl. Biol. **26**, 1 (1939); (2) The internal temperature of fruit tree buds III. Ann. Appl. Biol. **27**, 1 (1940).

HANSEN, C. J. and E. L. PROEBSTING: Boron requirements of plums. Proc. Amer. Soc. Hort. Sci. **53**, 13 (1949). – HATTON, R. G., N. H. GRUBB and J. AMOS: Some factors influencing root development. East Malling Res. Stat. Ann. Rep. 1923. – HARRIES, G. H.: An investigation of root activity of apples and filberts, especially during the winter months. Sci. Agric. **7**,

92 (1926). — HARVEY, E. M.: Phloridzin. I. The significance of phloridzin in apple and pear tissue. II. The hydrolysis and estimation of phloridzin. Oregon Agric. Exp. Stat. Bull. **215**, 1 (1925). — HAVIS, L. and I. P. LEWIS: Winter injury of fruit trees in Ohio. Ohio Agric. Exp. Stat. Bull. **596**, 1 (1938). — HEINICKE, A. J.: (1) Factors influencing catalase activity in appleleaf tissue. Cornell-Univ. Agric. Exp. Stat. Memoir 62, 1 (1923); (2) Catalase activity in dormant apple twigs: Its relation to the condition of the tissue, respiration and other factors. Cornell-Univ. Agric. Exp. Stat. Memoir 74, 1 (1924); (3) Photosynthesis in apple leaves during late fall and its significance in annual bearing. Proc. Amer. Soc. Hort. Sci. for 1934, **32**, 77 (1935); (4) A special air-chamber for studying photosynthesis under natural conditions. Science **77**, 516 (1933). — HEINICKE, A. J. and N. F. CHILDERS: The daily rate of photosynthesis during the growing season of 1935, of a young apple tree of bearing age. Cornell-Univ. Agric. Exp. Stat. Memoir **201**, 1937. — HEINICKE, A. J. and M. B. HOFFMANN: The rate of photosynthesis of apple leaves under natural conditions. Part I. Cornell-Univ. Agric. Exp. Stat. Bull. **577**, 1 (1933). — HENDRICKSON, A. H.: (1) The chlorotic condition of pear trees. Amer. Soc. Hort. Sci. Proc. **21**, 87 (1924); (2) Certain water relations of the genus *Prunus*. Hilgardia **1**, 479 (1926). — HITCHCOCK, A. E. and P. W. ZIMMERMANN: Summer sprays with potassium α-naphtaleneacetate retard opening of buds on fruit trees. Proc. Amer. Soc. Hort. Sci. **42**, 141 (1943). — HOAGLAND, D. R.: Lectures on the Inorganic Nutrition of Plants. Waltham, Mass. 1944. — HOAGLAND, D. R., W. H. CHANDLER and P. L. HIBBARD: Little-leaf or rosette of fruit trees. V. Effect of zinc on the growth of plants of various types in controlled soil and water culture experiments. Proc. Amer. Soc. Hort. Sci. **33**, 131 (1936). — HOOKER, H. D.: Movement of fat in apple shoots. Amer. Soc. Hort. Sci. Proc. **24**, 185 (1927). — HUBER, B.: Beobachtung und Messung pflanzlicher Saftströme. Ber. Dtsch. Bot. Ges. **50**, 89 (1932).

ILJIN, W. S.: Kalziose (Kalkchlorose) und Stoffwechsel beim Apfel- und Kirschbaum. Sber. Akad. Wiss. Wien, Abt. I, **156**, 87 (1947).

KEHLHOFER, W.: (1) Über eine beachtenswerte Reaktion auf Fruchtgerbstoff und einige andere Pflanzengerbstoffe. Jber. Eidg. Versuchsanstalt Wädenswil; Landw. Jb. Schweiz **1905**, 605; (2) Beiträge zur Kenntnis des Birngerbstoffes und seiner Veränderungen bei der Obstweinbereitung. Landw. Jb. Schweiz **1908**, 343. — KEMMER, E.: Beitrag zur Frage der „Jugendform" bei Apfelgehölzen. Der Züchter **20**, 302 (1950). — KESSLER, H.: Die Niederschlagsarmut während der Wachstumsperiode im Zusammenhang mit der Korkkrankheit des Glockenapfels. Z. Obst- und Weinbau, Jg. **59**, 8, 26 (1950). — KESSLER, O. W.: (1) Fröste und Frostbekämpfung im Weinbau. I. Deutscher Weinbau Nr. **33**, 43 (1928); (2) Die Bekämpfung von Frostschäden. Obst- und Gemüsebau **80**, 57 (1934); (3) Frostschadenbekämpfung. Deutscher Weinbau S. 135, 164 (1935); (4) Frostschadenverhütung. Mitt. Landwirtschaft, Jg. **51**, H. 11 (1936). — KIDSON, E. B., H. O. ASKEW and E. CHITTENDEN: Magnesium deficiency of apples in the Nelson district of New Zealand. J. Pom. and Hort. Sci. **18**, 119 (1940/41). — KNOWLTON, H. E.: A preliminary experiment on half tree fertilisation. Amer. Soc. Hort. Sci. Proc. **18**, 148 (1921). — KOBEL, F.: (1) Die verschiedenen Formen der Sterilität bei unseren Obstgewächsen. Vjschr. naturf. Ges. Zürich, Jg. **75**, 56 (1930); (2) Ein Großversuch zur Frostbekämpfung durch Räuchern. Schweiz. Z. Obst- und Weinbau, Jg. **57**, 177 (1948). — KOBEL, F., R. FRITZSCHE u. W. BRYNER: Die Düngung der Obstbäume. Mitt. d. Eidg. Versuchsanstalt für Obst-, Wein- und Gartenbau in Wädenswil, Flugschrift Nr. 15 (1952). — KOBEL, F., R. FRITZSCHE, H. GERBER u. A. BUSSMANN: Ein Vegetationsversuch mit Topfobstbäumen I. und II. Schweiz. Z. Obst- und Weinbau, Jg. **61**, 103, 137 (1952). — KOBERNUSS, E. CH.: (1) Zur Ursache und Behebung der Bodenmüdigkeit bei Obstgehölzen (Vorläufige Mitteilung). Kühn-Archiv **63**, 296 (1950); (2) Untersuchungen zur Ursache und Behebung der Bodenmüdigkeit bei Obstgehölzen. Kühn-Archiv **64**, 365 (1951). — KRAYBILL, H. R., G. F. POTTER, P. T. WENTHWORTH, B. T. BLOOD and J. T. SULLIVAN: Some chemical constituents of fruit spurs associated with blossom bud formation in the Baldwin apple. New Hampshire Stat. Techn. Bull. **29**, 3 (1925). — KRÖMER, K.: Untersuchungen über den inneren Bau und den Nährstoffgehalt der verschiedenen Zweigformen der Kernobstbäume. Ber. höh. staatl. Lehranst. Geisenheim **1914/15**, 224. — KÜSTER: Düngung der Obstbäume mit künstlichem Dünger. Prakt. Ratgeber **1916**, 383.

LAINE, TAUNO: Halla ja sen Torjuminen (Nachtfrost und dessen Bekämpfung). Helsinki **1947**. Pellervo-Seura. — McLARTY, H. R. and C. G. WOODBRIDGE: Boron in relation to the culture of the peach tree. Sci. Agric. **30**, 392 (1950). — LEVITT, J.: Frost killing and hardiness of plants. Burgess Publishing Co., Minneapolis, USA., 221 S. (1941). — LEVY, B. F. G.: Plant injection for the diagnosis of mineral deficiencies. East Malling Res. Stat. Ann. Rep. for 1938, S. 235 (1939). — LINCOLN, F. B.: Is phloridzin present in the pear tree? Amer. Soc. Hort. Sci. Proc. **23**, 249 (1926). — LINSBAUER, K.: Bemerkungen über A. FISCHERS Gefäßglukose. Sitzber. Akad. Wiss. Wien, Abt. I: Math.-naturw. Kl. **129**, 215 (1920). — LUISIER, A., H. LEUZINGER et C. MICHELET: Développement de la lutte contre le gel des cultures en Valais. Rapport de l'école cant. d'agric. de Châteauneuf **1935/38**, S. 1.

MANN, C. E. T.: The physiology of the nutrition of fruit trees. I. Some effects of calcium and potassium starvation. Univ. Bristol Ann. Rep. Agric. and Hort. Res. Stat. **1924**, 30. — MITRA, S. K.: Seasonal changes and translocation of carbohydrate materials in fruit spurs and two year old seedlings of apple. Ohio J. Sci. **21**, 89 (1921). — MITSCHERLICH, E. A.: Ein Beitrag zur „Kohlensäuredüngung". Angew. Bot. **7**, 24 (1925). — MOHL, H. VON: Einige anatomische und physiologische Bemerkungen über das Holz der Baumwurzeln. Bot. Z. **1862**, 313. — MOLISCH, H.: Untersuchungen über das Erfrieren der Pflanzen. Jena 1897. — MULDER, D.: (1) Ziektenverschijnselen bij vruchtbomen. De Tuinbouw, Jg. **2**, 305 (1947); (2) Carences zinciques chez les arbres fruitiers en Europe. C. R. Acad. agric. France **34**, 177 (1948). Ref. Rev. Appl. Myc. **27**, 424 (1948); (3) Der Zinkmangel im europäischen Obstbau. Phytopathol. Z. **16**, 510 (1950); (4) Voedingsziekten bij Fruitgewassen.Tuinbouwvoorlichting 1. Staatsdrukkerij—en Uitgeverijbedrijf. S'Gravenhage 1953. — MÜLLER-THURGAU, HERM.: (1) Über das Gefrieren und Erfrieren der Pflanzen. Thiels landw. Jb. **9**, Abh. I, 133 (1880); (2) Über das Gefrieren und Erfrieren der Pflanzen. Ebenda **15**, 453 (1886). — MÜLLER-THURGAU, H. u. F. KOBEL: Untersuchungen über den Blüten- und Fruchtansatz unserer Obstbäume. Landw. Jb. Schweiz **1928**, 684. — MURNEEK, A. E.: (1) Hemicellulose as a storage carbohydrate in woody plants, with special reference to the apple. Plant Physiology **4**, 251 (1929); (2) Nitrogen and Carbohydrates distribution in organs of bearing apple spurs. Missouri Agric. Exp. Stat. Res. Bull. **119**, 1 (1928).

OPPENHEIMER, H. R.: Studies on the water balance of unirrigated woody plants. Pal. J. Bot. Reh. Ser. **6**, 64 (1947). — OSTERWALDER, A.: Untersuchungen über die Entstehung von Frostschäden. Landw. Jb. Schweiz **1947**, 443. — OVERHOLSER, E. L.: The effect of time of nitrogen application upon the response of Jonathan apples. Proc. Amer. Soc. Hort. Sci. **37**, 81 (1939). — OVERHOLSER, E. L. and R. H. TAYLOR: Ripening of pears and apples as modified by extrem temperatures. Bot. Gaz. **69**, 273 (1920).

PASSECKER, F.: (1) Jugend- und Altersform bei der Aprikose und anderen Obstarten. Die Gartenbauwissenschaft **14**, 614 (1939/40); (2) Jugend- und Altersform bei den Obstgehölzen. Die Gartenbauwissenschaft **18**, 219 (1944); (3) Zur Frage der Jugendform beim Apfel. Der Züchter **19**, 311 (1949). — PHILLIPS, H. W.: Effect of climatic conditions on the blooming and ripening dates of fruit trees. Cornell-Univ. Agric. Exp. Stat. Memoir **59** (1922). — POTTER, G. F.: Experiments on resistance of apple roots to low temperatures. N. H. Agric. Exp. Stat. Techn. Bull. **27** (1924). — PRICE, W. O.: Starch in the apple trees. Ohio J. Sci. **16**, 356 (1916).

RIVIERE, G. et G. PICHARD: Contribution a l'étude biologique du pommier. J. Soc. Nat. Hort. France **25**, 481 (1924). — ROACH, W. A.: (1) Injection for the diagnosis and cure of physiological diseases of fruit trees. Ann. appl. Biol. **21**, 319 (1934); (2) Tree Invigoration by the injection of fertilizers. Rep. East Malling Res. Stat. for 1934, **1935**, 135; (3) Plant injection for diagnostic and curative purposes. Techn. Comm. **10**, Imp. Bur. Horticulture and Plantation Crops (1938); (4) Diagnosis of mineral deficiencis and excesses by systematic leaf injection and analysis. Rep. East Malling Res. Stat. for 1939, **1940**, 51. — ROBERTS, R. H.: (1) Experiments upon apple tree nutrition. Proc. Amer. Soc. Hort. Sci. **17**, 197 (1921); (2) The development and winter injury of cherry blossom buds. Wisconsin Agric. Exp. Stat. Res. Bull. **52** (1922). — ROGERS, W. S.: Frost damage to fruit: A note on the present position of research in England. Rep. East Malling Res. Stat. for 1948, **1949**, 128.

SACHS, J.: Kristallbildungen bei dem Gefrieren und Veränderung der Zellhäute bei dem Auftauen saftiger Pflanzenteile. Ber. Verb. kgl. sächs. Ges.Wiss. Leipzig **12**, 1 (1860). — SALISBURY, E. J.: Spring frost damage in orchards and its possible prevention. Techn. Comm. Imp. Bureau Hort. and Plant. Crops, No. **15**, 1 (1945). — SCHELLENBERG, A.: Wachstum und Fruchtbarkeit der Zwergobstbäume. Ludwigsburg: Ungeheuer & Ulmer 1926. — SCHELLENBERG, H. C.: Über Hemicellulosen als Reservestoffe bei unseren Waldbäumen. Ber. Dtsch. Bot. Ges. **23**, 36 (1905). — SCOTT, D. H. and CULLINAN, F. P.: Some factors affecting the survival of artificially frozen fruit buds of peach. J. Agric. Res. **73**, 207 (1946). — SLYKE, L. L. VAN, O. M. TAYLOR and W. H. ANDREWS: Plant food constituents used by bearing fruit trees. N. Y. Geneva Agric. Exp. Stat. Bull. **265** (1905). — SOUTHWICK, L.: Magnesium deficiency in Massachusetts apple orchards. Proc. Amer. Soc. Hort. Sci. **42**, 85 (1943). — STEGLICH: Statik des Obstbaues. Arbeiten d. dtsch. Landw.-Ges., H. **132**, 1 (1907). — STEWART, F. C. and H. J. EUSTACE: Two unusual troubles of apple foliage. New York Agric. Exp. Stat. Bull. **220** (1902). — STOLL, A., WIEDEMANN u. RUEGGER: Zur Kenntnis des Chloroplastins. Verh. schweiz. Naturf.-Ges. Basel 1941, S. 125. — STRUGGER, S.: Die lumineszenzmikroskopische Analyse des Transpirationsstromes in Parenchymen. Biol. Zbl. **59**, 274, 409 (1939). — SWARBRICK, TH.: (1) The healing of wounds in woody stems. J. Pom. and Hort. Sci. **5**, 98 (1925); (2) Studies in the physiology of fruit trees. I. The seasonal starch content and cambial activity in one-to five-year-old apple branches. Ebenda **6**, 137 (1927); (3) Studies in the physiology of fruit trees. II. The effect of ringing, double ringing and disbudding upon the starch content and cambial activity of two-year-old apple shoots. Ebenda **7**, 296 (1928/29); (4) Rootstock and scion relationship. Some effect of scion variety upon the rootstock. Ebenda **8**, 210 (1930). — SWINGLE,

C. F.: A quantitative study of the effects of transplanting and of budding upon the growth of apple seedlings. Proc. Amer. Soc. Hort. Sci. **23**, 99 (1926). — SZAKATSY, JULIUS: Die Sicherstellung ständiger Erträge bei Apfelbäumen. Schweiz. Z. Obst- und Weinbau, Jg. **57**, 4, 19, (1948).

THOMAS, W.: The seat of formation of amino acids in *Pyrus Malus L.* Science **66**, 115 (1927). — THOMPSON, R. C.: The relation of fruit growing to soil fertility. Arkansas Stat. Bull. **123**, 3 (1916). — TRAUB, H. P.: Regional and seasonal distribution of moisture, carbohydrates, nitrogen and ash in 2—3 year portions of apple twigs. Minnesota Stat. Techn. Bull. **53** (1927).

URSPRUNG, A.: (1) Einige Resultate der neuesten Saugkraftstudien. Flora **1925**, 118—119; Göbel-Festschrift S. 566, 1925; (2) Über die gegenseitigen Beziehungen der osmotischen Zustandsgrößen. Planta **2**, 640 (1926). — URSPRUNG, A. u. G. BLUM: Eine Methode zur Messung polarer Saugkraftdifferenzen. Jb. f. wiss. Bot. **65**, 1 (1925).

VAIDYA, V. G.: The seasonal cycles of ash, carbohydrate and nitrogenous constituents in the terminal shoots of apple trees and the effect of five vegetatively propagated rootstocks on them. I. Total ash and ash constituents. J. Pom. a. Hort. Sci. **16**, 101 (1938). — VOGEL, F.: (1) Standorts- und Düngungsfragen im Obstbau. „Der Forschungsdienst", Sonderh. **6**, 114; (2) Sichere deine Obsternten durch eine sachgemäße Ernährung und Düngung der Obstbäume. Bayer. Landesverband f. Obst- u. Gartenbau e.V. München.

WALLACE, T.: (1) Pot experiments on the manuring of fruit trees. Univ. Bristol. Agric. Hort. Res. Stat. Ann. Rep. **1923**, 43; (2) Experiments on the manuring of fruit trees. III. The effects of deficiencies of potassium, calcium and magnesium, respectively, on the contents of these elements, and of phosphorus in the shoot and trunk regions of apple trees. J. Pom. a. Hort. Sci. **8**, 23 (1930); (3) Magnesium-deficiency of fruit trees. J. Pom. a. Hort. Sci. **17**, 150 (1939/40); (4) Manuring fruit crops in war time. „Growmore" Bull. **4**, 1 (1943). — WALLACE, T. and C. E. T. MANN: Investigations on chlorosis of fruit trees. I. The composition of apple leaves in cases of lime-induced chlorosis. Ebenda **5**, 115 (1925—1927). — WANNER, H.: (1) Sauerstoffdiffusion als begrenzender Faktor der Atmung von Pflanzenwurzeln. Vjschr. naturf. Ges. Zürich **90**, 98 (1945); (2) Die Nährsalzaufnahme der Pflanzen. Vjschr. naturf. Ges. Zürich **93**, 99 (1948). — WEBER, A.: Mangelsygdonne. „Erhvervsfrugtavleren" Nr. 1, 1 (1948). — WEST, F. L. and N. E. EDLEFSON: Freezing of fruit buds. J. Agric. Res. **20**, 655 (1921). — WILHELM, A. F.: Experimentelle Untersuchungen über die Kälteresistenz von Reben und Obstgehölzen. Gartenbauwiss. **8**, 77 (1933). — WOYCICKI, S.: Einfluß des Winterfrostes 1928/29 auf Holz und Rinde unserer Obstbäume. Gartenbauwiss. **5**, 48 (1931).

YOUNG, F. D.: Frost and the prevention of frost damage. U. S. Dep. of Agric. Farmers Bull. **1588** (1947).

Zu Abschnitt II. Vegetatives Wachstum.

ALTEN, H. VON: Wurzelstudien. Bot. Ztg **67**, 175 (1909). — AMOS, J., R. G. HATTON and T. N. HOBLYN: The effect of scion on root. II. Stem worked apples. J. Pom. a. Hort. Sci. **8**, 248 (1930). — AVERY, G. S., E. B. JOHNSON, R. M. ADDOMS and B. F. THOMPSON: Hormones and Horticulture. McGraw-Hill Book Company, New York and London 1947.

BEAKBANE, A. B. and E. C. THOMPSON: Anatomical studies of stems and roots of hardy fruit trees. II. The internal structure of the roots of some vigorous and some dwarfing apple rootstocks, and the correlation of structure with vigour. J. Pom. a. Hort. Sci. **17**, 141 (1939). — BODO, F.: Untersuchungen auf dem Gebiete des Wurzelwachstums des Apfels und der Zwetschge. Fortschr. Landw. **1926**, H. 24.

ENGLER, A.: (1) Untersuchungen über das Wurzelwachstum der Holzarten. Mitt. schweiz. Zbl. f. forstl. Versuchswesen. 1903; (2) Untersuchungen über das Wurzelwachstum der Holzarten. Mitt. schweiz. Zbl. f. forstl. Versuchswesen **7**, 247 (1918).

FRITZSCHE, R.: Untersuchungen über die Jugendformen des Apfel- und Birnbaumes und ihre Konsequenzen für die Unterlagen- und Sortenzüchtung. Ber. schweiz. bot. Ges. **58**, 207 (1948).

GARDNER, F. E.: Composition and growth initiation of dormant Bartlett pear shoots as influenced by temperature. Plant Physiol. **4**, 405 (1929). — GEIGER-HUBER, M.: Der Einfluß des Wuchshormons (Heteroauxin) auf das Wurzelwachstum. Verh. schweiz. naturf. Ges. Solothurn **1936**, 313. — GEIGER-HUBER, M. u. BURLET: Über den hormonalen Einfluß der β-Indolylessigsäure auf das Wachstum isolierter Wurzeln in keimfreier Organkultur. Jb. wiss. Bot. **84**, 233 (1937). — GOFF, E. S.: The resumption of root growth in spring. Wisconsin Agric. Exp. Stat. Rep. 1898 **15** 220. — GRUBB, N. H. and O. W. WITT: Cherry stocks: Their behaviour in the nursery. East Malling Res. Stat. Ann. Rep. **1924** 87.

HATTON R. G.: (1) Results of researches on fruit tree stocks. J. Pom. a. Hort. Sci. **2**, 1 (1920); (2) Apple root-stocks, their particular suitibilities for different soils, varieties and purposes. East Malling Res. Stat. Ann. Rep. **1925**, 13; (3) The influence of different rootstocks upon the vigour and productivity of the variety budded or grafted thereon. J. Pom. a. Hort. Sci. **6**, 1 (1927); (4) The behaviour of certain pears on various quince root-stocks. Ebenda **7**, 216 (1928). HATTON, R. G., J. AMOS and A. W. WITT: Plum rootstocks: Their varieties, propagation and influence upon cultivated varieties worked thereon. J. Pom. a. Hort. Sci. **7**, 63 (1928). — HATTON R. G., H. WORMALD and A. W. WITT: On burr-knots of fruit trees. J. Pom. a. Hort. Sci **5**, 195 (1926). — HARTIG, TH.: Über die Zeit des Zuwachses der Baumwurzeln. Bot. Ztg **1863**, 288. — HÜLSMANN, B.: Beobachtungen über das Anwachsen von Obstunterlagen vor der Veredlung. Züchter **19**, 315 (1949).

KEMMER E.: Über die Regenerationsfähigkeit der Obstgehölzwurzeln. Gartenbauwiss. **18**, 101 (1944). — KENWORTHY, A. L.: Soil moisture and growth of apple trees. Proc. Amer. Soc. Hort. Sci. **54**, 29 (1949). — KNIGHT, R. C.: (1) The propagation of fruit tree stocks by stem cuttings I. Observations on the factors governing the rooting of hardy wood cuttings. J. Pom. a. Hort. Sci. **5**, 248 (1925—1927); (2) The propagation of fruit tree stocks by stem cuttings II. Trials with hard- and softwood cuttings. Ebenda **6**, 47 (1927/28); (3) The relation in the apple between the development of young shoots and the thickening of older stems. Ebenda **6**, 72 (1927/28). — KNUDSON, L.: Cambial activity in certain horticultural plants. Bull. Torrey bot-Club **43**, 533 (1916). — KVARAZHELIA, T.: Beiträge zur Biologie des Wurzelsystems der Obstbäume. Gartenbauwiss. **4**, 239 (1931).

LANGE, E. G.: Der Einfluß der Bodenfeuchtigkeit und Bodentemperatur auf den Verlauf der Bewurzelung bei den Apfelunterlagen E.M. I—XVIII. Gartenbauwiss. **14**, 1 (1939/40). — LINCOLN, F. B. and J. AMATT: Root forming ability of apple layers. Proc. Amer. Soc. Hort. Sci. **37**, 283 (1939).

MACOUN, W. T.: The relation of climate to horticulture. Proc. Amer. Soc. Hort. Sci. for 1912, **9**, 55 (1913).

NIGHTINGALE, G. T.: Effects of temperature on growth, anatomy and metabolism of apple and peach roots. Bot. Gaz. **96**, 581 (1935).

PROEBSTING, E. L.: (1) The relation of stored food to cambial activity in the apple. Hilgardia **1**, 81 (1925); (2) Root distribution of some deciduous fruit trees in a California orchard. Proc. Amer. Soc. Hort. Sci. **43**, 1 (1943).

REED, H. S.: Correlation and growth in the branches of young pear trees. J. Agric. Res. **21**, 849 (1921). — REED, H. S. and T. F. HALMA: On the existence of a growth inhibiting substance in the chinese lemon. Univ. California Publ. Agric. Sci. **4**, 99 (1919). — RÖMER, TH. u. F. HILKENBÄUMER: (1) Wurzelstudien an 25jährigen Kernobstbäumen. Kühn-Arch. **42**, 281 (1936); (2) Weitere Beobachtungen über das Wurzelbild 20jähriger Birnen- und Sauerkirschenbüsche. Kühn-Arch. **44**, 105 (1937). — ROGERS, W. S.: (1) Root studies. VII. A survey of literature on root growth, with special reference to hardy fruit plants. J. Pom. a. Hort. Sci. **17**, 67 (1939/40); (2) VIII. Apple root growth in relation to rootstock, soil, seasonal and climatic factors. Ebenda S. 99; (3) IX. The effect of light on growing apple roots: A trial with root observation boxes. Ebenda S. 131. — ROGERS, W. S. and VYVYAN, M. C.: (1) Root studies V. Rootstock and soil effect on apple root systems. J. Pom. a. Hort. Sci. **12**, 110 (1934); (2) Root studies I. The root systems of some ten years old apple trees on two different rootstocks and their relation to tree performance. East Malling Res. Stat. Ann. Rep. for 1926/27, 31 (1928).

SLEDGE, W. Q.: The rooting of woody cuttings considered from the standpoint of anatomy. J. Pom. a. Hort. Sci. **8**, 1 (1930). — SNOW, R.: Activation of cambial growth by pure hormones. New Physiologist **34**, 347 (1935). — SWARBRICK, T. and R. H. ROBERTS: The relation of scion variety to character of root growth in apple trees. Univ. Wisconsin Agric. Exp. Stat. Res. Bull. **78** (1927). — SWINGLE, C. F.: (1) Burrknot formations in relation to the vascular system of the apple stem. J. Agric. Res. **34**, 533 (1927); (2) A physiological study of rooting and callusing in apple and willow. Ebenda **39**, 81 (1929).

TUKEY, H. B. and K. D. BRASE: Influence of the scion and of an intermediate stempiece upon the character and development of roots of young apple trees. New York State Agric. Exp. Stat. Bull. **2.8**, 1 (1933).

VEIHMEYER, F. J.: Some factors affecting the irrigation requirements of deciduous orchards. Hilgardia **2**, 125 (1927). — VYVYAN, M. C.: The effect of scion on root. III. Comparison of stem and root worked trees. J. Pom. a. Hort. Sci. **8**, 259 (1930).

WENT, F. W.: Wuchsstoff und Wachstum. Diss. Utrecht 1927. — WERTH, E.: Zur Kenntnis der Blüten und Fruchtschädigungen der Obstgewächse. Angew. Bot. **8**, H. 3 (1925).

YOCUM, W. W.: Root development of apple trees. Neb. Agric. Bd. Rep. for 1935, 504.

ZSCHOKKE, TH. u. A. FEURER: Über die vegetative Heranzucht zweckdienlicher Unterlagen für Kernobstbäume. Landw. Jb. Schweiz **1927**, 483.

Zu Abschnitt III. Die Blütenbildung.

ALBERT: Entwicklungsgeschichte der Knospen einiger Laubhölzer. Forstnaturwiss. Z. **1894**. — ALDRICH, W. W. and R. A. WORK: Effect of leaf-fruit ratio and available soil moisture in heavy clay soil upon amount of bloom of pear trees. Proc. Amer. Soc. Hort. Sci. **31**, 57 (1934). — ASAMI, Y. and H. ITO: Studies on the chemical composition of plants associated with flower bud formation. J. Hort. Ass. Jap. **8**, 337 (1937). — ASKENASY, E.: Über die jährliche Periode der Knospen. Bot. Ztg. **35**, 793 (1877). — AUCHTER, E. C., A. L. SCHRADER, F. S. LAGASSE and W. W. ALDRICH: The effect of shade on the growth, fruit bud formation and chemical composition of apple trees. Amer. Soc. Hort. Sci. Proc. **23**, 368 (1926).

BALL, E.: The time of differentiation and the subsequent development of the blossom bud of the plum. J. Pom. a. Hort. Sci. **6**, 198 (1928). — BARKER, B. T. P. and A. H. LEES: Factors governing fruit bud formation. Univ. Bristol Ann. Rep. Agric. a. Hort. Res. Stat. **1919**, 85. — BARNARD, C.: Studies of growth and fruit bud formation. VI. A summary of observations during the seasons 1930/31 to 1934/35. Austral. Council Sci. a. Indust. Res. J. **11**, 61 (1938). — BARNARD, C. and FRANK M. READ: Studies of growth and fruit bud formation No. II. - A year's observation on Victorian pears. Victoria Dep. Agric. J. **30**, 463 (1932). — BENECKE, WILHELM: Einige Bemerkungen über die Bedingungen des Blühens. Bot. Ztg. **64**, 97 (1906). — BIJHOUWER, J.: De Periodiciteit van de Knopontwikkeling bij den Appel. Meded. Landbouwhoogeschool **27** (1924), 64 S. — BOWMAN, F. T.: The Influence of early times of fruit removal on the growth and composition of alternate-bearing sugar prune trees with special reference to blossom bud formation. J. Pom. a. Hort. Sci. **19**, 34 (1941/42). — BRADFORD, F.C.: Fruit bud development of the apple. Oregon Agric. Exp. Stat. Bull. **129** (1915).

CAMERON, S. H.: Storage of starch in the pear and apricot. Amer. Soc. Hort. Sci. Proc. **20**, 98 (1923). — CRANE, H. L.: Experiment in fertilizing peach trees. West Virginian Stat. Bull. **183** (1924), 72 S. — CURTIS, OTTIS, F.: The effect of ringing a stem on the upwards transfer of nitrogen and ash constituents. Amer. J. Bot. **10**, 361 (1923).

DAVIS, L. D.: Some Carbohydrate and Nitrogen Constituents of alternate-bearing Sugar Prunes associated with fruit bud formation. Hilgardia **5**, 119 (1931). — DRINKARD, A. W.: (1) Fruit bud formation and development. Ann. Rep. Virginia Polytechn. Inst. Agric. Exp. Stat. **1909/10**; (2) Some effects of pruning, root pruning, ringing and stripping on the formation of fruit buds on dwarf apple trees. Virginia Agric. Exp. Stat. Techn. Bull. **5**, 96 (1915).

EBERT, WILHELM: Vom neuzeitlichen Obstbau. Eine Sammlung von 6 Vorträgen. Berlin: Parey 1921. — ELSSMANN, E.: Über die Periodizität der Blütenentwicklung bei den Obstgewächsen. Landw. Jb. **62**, 539 (1925). — EWERT, R.: (1) Einfluß des Entblütens der Obstbäume auf den nächstjährigen Fruchtansatz. Ber. Proskau f. d. Jahr **1914**, 156 (1915); (2) Pflanzenphysiologische und biologische Forschungen im Obstbau. Landw. Jb. Berlin **1926**.

FISCHER, HUGO: (1) Über die Blütenbildung in ihrer Abhängigkeit vom Licht und über die blütenbildenden Substanzen. Flora **94**, 478 (1905); (2) Zur Frage der Kohlensäureernährung der Pflanze. Gartenflora **65**, 232 (1916).

GAYNER, F. C. H.: Studies in the non-setting of pears. VII. The growth cycle and fruit bud differentiation of Conference and Doyenné du Comice. J. Pom. a. Hort. Sci. **20**, 24 (1942). — GIBBS, MARGARET, A. and THOMAS SWARBRICK: The time of differentiation of the flower bud of the apple. J. Pom. a. Hort. Sci **8**, 61 (1930). — GOFF, E. S.: The origin and early development of the flowers in the cherry, plum, apple and pear. Rep. Wisconsin Exp. Stat. **16** (1890); **17** (1900); **18** (1901). — GROSSE, B.: Die Korrelation zwischen dem Fruchtertrag und dem vegetativen Wachstum bei Äpfeln. Forschungsdienst **11**, 368 (1941).— GRUBB, N. H.: (1) Winter pruning experiments with apple trees. J. Roy. Hort. Soc. **47**, 139 (1922); (2) The influence of intermediate stem pieces in double-worked apple and pear trees. Sci. Horticult. **7**, 17 (1939).

HARLEY, C. P.: Normal variation in the chemical composition of fruit spurs and the relation of composition to fruit bud formation. Proc. Amer. Soc. Hort. Sci. **22**, 134 (1925). — HARLEY, C. P., M. P. MASURE and J. R. MAGNESS: (1) Effects of leaf area, nitrate of soda, and soil moisture on fruit bud formation in the Delicious apple. Proc. Amer. Soc. Hort. Sci. for 1932, **29**, 193 (1933); (2) Fruit thinning and biennial bearing in Yellow Newton apples. Proc. Amer. Soc. Hort. Sci. for 1933, **30**, 330 (1934); (3) Fruit thinning and biennial bearing on individual main leaders of Yellow Newton apples. Proc. Amer. Soc. Hort. Sci. for 1934, **32**, 43 (1935). — HARLEY, C. P., J. R. MAGNESS, M. P. MASURE, L. A. FLETSCHER and E. S. DEGMAN: Investigations on the cause and control of biennial bearing of apple trees. U. S. Dep. Agric. Techn. Bull. **792**, 1 (1942). — HARVEY, E. M.: A study of growth in summer shoots of the apple with special consideration of the role of carbohydrates and nitrogen. Oregon Stat. Bull. **200**, 5 (1923). — HARVEY, E. M. and A. E. MURNEEK: The relation of carbohydrates and nitrogen to the behavior of apple spurs. Ebenda **176** (1921), 47 S. — HATTON, R. G.: Apple rootstock studies. J. Pom. a. Hort. Sci. **13**, 293 (1935). — HEINICKE, A. J.: Composition of Fruit-Bud and Spur Tissues of Wealthy Apples under Different Conditions of Nutrition. Proc. Amer. Soc. Hort. Sci. **190** (1930). — HOOKER, H. D.: Seasonal changes in the chemical composition of apple spurs. Missouri Stat. Res. Bull. **40**, 3 (1920); (2) Changes produced in apple trees by various types of pruning. Ebenda **72**, 3 (1924); (3) Annual and biennial bearing in York apples. Ebenda **75**, 3 (1925).

JOHANSSON, E.: Undersökningar över Blomknoppsanläggningen hos Fruktträd. Meddelanden Fran Permanenta Kommitten för Fruktodlingsförsök **19**, 1 (1930).

KEMMER, K.: (1) Die Blühreife. Institut f. Obstbau, Univ. Berlin, Merkbl. **12**, 1 (1949); (2) Beeinflussung der Blühreife im Obstbau. Institut f. Obstbau, Univ. Berlin, Merkbl. **13**, 1 (1949). — KIRBY, R. S.: A study of the formation and development of the flower buds of Jonathan and Grimes in relation to different types of soil management. Proc. Iowa Acad. Sci. **25**, 265 (1918). — KLEBS, G.: (1) Willkürliche Entwicklungsänderungen bei Pflanzen. Jena: Gustav Fischer 1903; (2) Über die Rhythmik der Entwicklung der Pflanzen. S.ber. Heidelberg. Akad. **1911**; (3) Über das Verhältnis der Außenwelt zur Entwicklung der Pflanzen. Ebenda **1913**; (4) Fortpflanzung der Gewächse. Handwörterbuch d. Naturwiss. **4**, 276 (1913); (5) Über die Blütenbildung von Sempervivum. Flora, N. F. **11/12**, 128 (1918) (Stahl-Festschrift). — KOBEL, F., R. FRITZSCHE, H. GERBER u. A. BUSSMANN: Ein Vegetationsversuch mit Topfobstbäumen. Schweiz. Z. Obst- und Weinbau Jg. **61**, 103, 137 (1952). — KOVACEVIC, I.: Die Abhängigkeit der generativen von der vegetativen Entwicklung des Apfels in bezug auf den Sorten-, Unterlagen- und Standorteinfluß. Kühn-Arch. **61**, 1 (1944). — KRAMER, O.: (1) Über die Blütenknospen und den Zeitpunkt der Entstehung von Blütenanlagen bei einigen Obstsorten. Dtsch. Obstbauztg. **68**, 306 (1922); (2) Beobachtungen über die Zeit der Entstehung der Blütenknospen bei verschiedenen Obstsorten im Jahr 1922. Dtsch. Obst- u. Gemüsebauztg. **69**, 224 (1923). — KRAUS, E. J. and H. R. KRAYBILL: Vegetation and reproduction with special reference to the tomato *(Lycopersicum esculentum)*. Oregon Stat. Bull. **149**, 5 (1918). — KRAYBILL, H. R.: (1) Effects of shading some horticultural plants. New Hampshire Agric. Exp. Stat. Bull. **11**, 9 (1922); (2) Effect of shading and ringing upon chemical composition of apple and peach trees. New Hampshire Agric. Exp. Stat. Techn. Bull. **23**, 3 (1923). — KRAYBILL, R. H., G. F. POTTER, P. T. WENTHWORTH, B. T. BLOOD and J. T. SULLIVAN: Some chemical constituents on fruit spurs associated with blossom bud formation in the Baldwin apple. Ebenda **29**, 3 (1925). — KRÖMER, K.: Untersuchungen über den inneren Bau und den Nährstoffgehalt der verschiedenen Zweigformen der Kernobstbäume. Ber. höh. staatl. Lehranst. Geisenheim **1914/15**, 224. — KRÖMER, K. u. O. KRAMER: Über die Jahresperiode der Blütenbildung bei einigen Obstarten. Ebenda **1920/21**, 59.

LAGASSE, F. S.: (1) The effect of fertilizer on the chemical constituents of fruit spurs. Rep. Amer. Soc. Hort. Sci. **23**, 332 (1926); (2) Some chemical constituents of the cluster base and secondary vegetative growth of bearing spurs of the Yellow Transparent apple. Proc. Amer. Soc. Hort. Sci. for 1930, **27**, 199 (1931). — LEHMANN, E.: Umwandlungen von Blattknospen in Blütenknospen. Prakt. Ratgeber i. Obst- u. Gemüsebau **1915**, 73. — LOEW, O.: Zur Theorie der blütenbildenden Stoffe. Flora **94**, 124 (1905). — LUYTEN, IDA: De Periodiciteit van de Knopontwikkeling bij de Prum. Meded. Landbouwhoogeschool **18**, 103 (1921).

MAGNESS, J. R., L. A. FLETSCHER and W. W. ALDRICH: Time during which fruit bud formation in apples may be influenced in the Shenandoah-Cumberland fruit districts. Proc. Amer. Soc. Hort. Sci. for 1933, **30**, 313 (1934). — MANARESI, A.: Biologia fiorale del pesco. Stazioni agrarie sperimentali **1911**. — MICKLEM, T.: Studies on fruit bud formation in deciduous fruit trees in South Africa. I. Growth and fruit bud differentiation in some varieties of deciduous fruits. II. The effect of pruning and shading on fruit bud differentiation and growth in the Peregrine peach. III. Some effects of winter oil sprays on fruit bud formation and leaf bud development in the Bon Chrétien pear. J. Pom. a. Hort. Sci. **16**, 201 (1938). — MIEDZYRZECKI, M. CH.: „Seconde floraison" chez le poirier. Extrait du Journal de la Société Nationale d'Horticulture de France, 1 (1932). — MÜLLER-THURGAU, H.: (1) Abhängigkeit der Ausbildung der Traubenbeeren und einiger anderer Früchte von der Ausbildung der Samen. Landw. Jb. Schweiz **1898**, 193; (2) Die Einwirkung der Ernährung auf die Blütenbildung der Obstbäume. Ebenda **1917**, 438. — MÜLLER-THURGAU, H. u. F. KOBEL: Untersuchungen über den Blüten- und Fruchtansatz unserer Obstbäume. Ebenda **1928**, 683. — MURNEEK, A. E.: (1) Fruit production as affected by branch ringing. Proc. Amer. Soc. Hort. Sci. **37**, 97 (1939); (2) Relative carbohydrate and nitrogen concentration in new tissues produced on ringed branches. Ebenda **38**, 133 (1941); (3) Effects of branch ringing on biennial bearing of York and Golden Delicious apples. Ebenda **42**, 163 (1943).

NIGHTINGALE, G. T.: Light in relation to growth and chemical composition of some horticultural plants. Proc. Amer. Soc. Hort. Sci. **19**, 18 (1922).

POENICKE, W.: (1) Warum und Weil im Zwergobstbau. Stuttgart: Eugen Ulmer 1911; (2) Neue Entwicklungsformen im Pflanzenreich. Stuttgart: Eugen Ulmer 1922; (3) Die Fruchtbarkeit der Obstbäume, ihre physiologischen Ursachen und ihre Einleitung auf künstlichem Wege. Stuttgart: Eugen Ulmer 1923. — POTTER, G. F. and T. G. PHILLIPS: Composition and fruit bud formation in non bearing spurs of the Baldwin apple. New Hampshire Agric. Exp. Stat. Techn. Bull. 42, 1 (1930).

RALSTON, G. R.: Effect of time of application of nitrogenous fertilizers on tree growth, bloom and fruit production. Proc. Amer. Soc. Hort. Sci. 18, 118 (1921). — RASMUSSEN, E. J.: The period of fruit bud differentiation in Baldwin and McIntosh apples. Ebenda 26, 255 (1929). — REED, H. S.: Growth and differentiation in apricot trees. Univ. California Publ. Agric. Sci. 5, 1 (1924). — ROBERTS, R. H.: (1) Off-year apple bearing and apple spur growth. Wisconsin Stat. Bull. 317 (1920), 34 S.; (2) The development and winter injury of cherry blossom buds. Agric. Exp. Stat. Univ. Wisconsin 1922; (3) Effects of defoliation upon blossom bud formation. Wisconsin Agric. Exp. Stat. Res. Bull. 56 (1923); (4) Growth and blossoming of some apples. Proc. Amer. Soc. Hort. Sci. 51, 51 (1948). — ROGERS, W. S.: The influence of „stem-builder" intermediates on apple root systems. J. Pom. a. Hort. Sci. 17, 20 (1939). — ROH, L. M.: Über die Anlage der Blütenknospen und ihre Entwicklung bei den Obstbäumen in den Jahren 1924–1928. Arbeiten der Mleewer Gartenbau-Versuchsstation (Sektion f. Obstbau) 13, 1 (1929).

SACHS, JULIUS: Stoff und Form der Pflanzenorgane. Gesammelte Abhandlungen über Pflanzenphysiologie, S. 1168, 1892. — SCHELLENBERG, A.: Wachstum und Fruchtbarkeit der Zwergobstbäume. Ludwigsburg: Ungeheuer & Ulmer 1926. 102 S. — SHAW, J. K.: An experiment in ringing apple trees. Proc. Amer. Soc. Hort. Sci. 19, 216 (1922). — STRUCKMEYER, B. E. and R. H. ROBERTS: The time of blossom induction in Wealthy apples as determined by defloration and defoliation. Proc. Amer. Soc. Sort. Sci. 38, 93 (1941). — SUMMERS, F.: Factors governing fruit bud formation. J. Bath a. West. a. South. Counties Soc., 5. ser. 17, 140 (1922/23). — SWARBRICK, THOMAS: The seasonal elongation growth of apple varieties on some vegetative rootstocks and its possible relation to fruit bud formation. J. Pom. a. Hort. Sci. 7, 100 (1928/29). — SWARBRICK, T. S., D. BLAIR and S. SINGH: Studies in the physiology of rootstock and scion relationships. J. Pom. a. Hort. Sci. 21, 51 (1945).

THOMAS, J. E. and C. BARNARD: Fruit bud studies. III. The Sultana: Some relations between shoot growth, chemical composition, fruit bud formation and yield. Austral. Council Sci. & Indust. Res. Journ. 10, 143 (1937). — TILLSON, A. B.: Blossom bud differentiation and embryo development in *Prunus mahaleb*. Proc. Amer. Soc. Hort. Sci. 50, 219 (1947). — TUFTS, WARREN, P. and E. B. MORROW: Fruit bud differentiation in deciduous fruits. Hilgardia 1, 1 (1925). — TYDEMAN, H. M.: Experiments on hastening the fruiting of seedling apples. East Malling Res. Stat. Ann. Rep. for 1936, 24, 92 (1937).

ÜLKÜMEN, L.: Die Bedeutung des Termins der Blütenknospenausbildung für die Ertragsfähigkeit und den Erfolg von Kulturmaßnahmen bei Obstgehölzen. Gartenbauwiss. 14, 169 (1940).

VERSLUYS, MARTHA C.: De Periodiciteit van de Knopontwikkeling bij den Kers. Meded. Landbouwhoogeschool 19, 149 (1921). — VYVYAN, M. C.: The relative influence of rootstock and of an intermediate piece of stock stem in some double-grafted apple trees. J. Pom. a. Hort. Sci. 16, 251 (1938).

Zu Abschnitt IV. Die Fruchtbildung.

ADAMS, J.: On the germination of the pollen grains of apple and other fruit trees. Bot. Gaz. 61, 131 (1916). — AFIFY, A.: Pollen tube growth in diploid and polyploid fruits. J. Pom. a. Hort. Sci. 11, 113 (1933). — ALDERMAN, W. H.: (1) Reports on horticultural investigations. West Virginia Stat. Rep. 1915/16, 38; (2) Experimental work on self-sterility of the apple. Proc. Amer. Soc. Hort. Sci. 1917, 94; (3) New fruits produced at the University of Minnesota fruit breeding farm. Univ. Minnesota Agric. Exp. Stat. Bull. 230 (1926). — ALLEN, F. W.: Physical and chemical changes in the ripening of deciduous fruits. Hilgardia 6, 381 (1932). — APPLEMAN, C. and C. M. CONRAD: Pectic constituents of peaches and their relation to softening of the fruits. Univ. Maryland Agric. Exp. Stat. Bull. 283 (1926), 8 S. — ARCHBOLD, H. K.: (1) Chemical studies in the physiology of apples. II. The nitrogen content of stored apples. Ann. Bot. 39, 97 (1925); (2) Chemical studies in the physiology of apples. IX. The chemical composition of mature and developping apples and its relationship to environement and to the rate of chemical change in store. Ann. Bot. 42, 541 (1928); (3) Chemical studies in the physiology of apples. XII. Ripening process in the apple and the relation of time of gathering to the chemical changes in cold storage. Ann. Bot. 46, 407 (1932). — ASAMI, Y.: On the selfsterility of the japanese pear. Proc. Amer. Soc. Hort. Sci. **23**, 122 (1927). — ASAMY, Y. and F. HAYAMI: The growth of pollen tubes in incompatible pollinations of japanese pears. J. Hort. Assoc. of Japan **5**, 222 (1934). — AUBIN, L.: L'incision annulaire du pêcher. Prog. Agric. et Vitic. **75**, 356 (1920). — AUCHTER, E. C.: (1) Five years investigations in apple thinning. West Virginia Stat. Bull. **162** (1917); (2) Apple pollen and pollination studies in Maryland. Proc. Amer. Soc. Hort. Sci. **18**, 51 (1921); (3) Importance of proper pollination on fruit yields. Farm. Bur. Fed. Rep. **8**, 171 (1923). — AUCHTER, C. and A. L. SCHRADER: Cross fertilisation of the Arkansas (Mammoth Black Twig) apple. Proc. Amer. Soc. Hort. Sci. **22**, 96 (1925).

BACH, FRIEDRICH: (1) Über die künstliche Kreuzung einiger wichtiger Apfelsorten. Gartenbauwiss. **1**, 358 (1928); (2) Kreuzungsversuche mit Weißem Winterkalvill. Eine neue Apfelxenie. Ebenda **1**, 615 (1928). — BACKER, T.: Untersuchungen des Pollens und der Befruchtungsverhältnisse bei Äpfeln. Tidskr. Planteavl. **34**, 348 (1928). — BALLARD, W. R.: Methods and problems in pear and apple breeding. Md. Agric. Exp. Stat. Bull. **126** (1916). — BALLOU, F. H.: (1) Orchard rejuvenation in south-eastern Ohio. Ohio Stat. Bull. **301**, 3 (1916); (2) Orchard rejuvenation in south-eastern Ohio. Ohio Agric. Exp. Stat. Bull. **339** (1920). — BARK, H.: Das Abfallen der Pflaumen zur Zeit der Steinbildung. Gartenwelt **34**, 178 (1920). — BARKER, B. T. and G. T. SPINKS: Fruit breeding investigations. Univ. Bristol Ann. Rep. Agric. a. Hort. Res. Stat. **1919**, 76. — BEAKBANE, A. B., H. C. CHAPELOW and N. H. GRUBB: Periods of blossoming of some tree and soft fruit varieties at East Malling. East Malling Res. Stat. Ann. Rep. for **1934**, 100 (1935). — BEAUMONT, J. H.: The course of pollen tube growth in the apple. Minnesota Univ. Stud. Biol. Sci. **1927**, 373. — BEAUMONT, J. H. and L. J. KNIGHT: Apple pollen germination studies. Proc. Amer. Soc. Hort. Sci. **19**, 151 (1922). — BEAUMONT, J.H. and A. N. WILCOX: Sterility studies in fruit breeding. Minnesota Stat. Rep. **1922**, 88. — BECKER, K. E.: Untersuchungen über die Ursache der Sterilität bei einigen *Prunaceen*. Inauguraldiss., Univ. Halle-Wittenberg **1920**. — BEDFORD, DUKE OF and S. U. PICKERING: The blossoming of apple trees. Twelfth Rep. Woburn Exp. Fruit Farm. **1910**, 35. — BIDER, M.: Versuch einer frühzeitigen Prognose des Kirschenertrages. Schweiz. Z. Obst- und Weinbau **55**, 484 (1946). — BIDER, M. u. A. MEYER: Läßt sich der Zeitpunkt der Kirschenernte der Nordwestschweiz vorausbestimmen? Schweiz. Z. Obst- und Weinbau **55**, 453 u. 470 (1946). — BIGELOW, W. H., H. C. GORE and B. J. HOWARD: (1) Studies on apples. Part. I. Storage, respiration and growth. U. S. D. A. Bur. Chem. Bull. **94** (1905); (2) Studies on peaches. Ebenda **97** (1905). — BLAKE, M. A.: The growth of fruit of the Elberta peach from blossom bud to maturity. Proc. Amer. Soc. Hort. Sci. **22** (1925). — BLASBERG, C. H.: The relation of size of McIntosh flower buds to the production of fruit. Proc. Amer. Soc. Hort. Sci. for 1943, **42**, 220 (1943). — BODO, FRITZ: Arbeiten auf dem Gebiete der Obstzüchtung und blütenbiologische Untersuchungen an Obstsorten. Allg. Weinztg. **1928**, 17, 36 u. 54. — BOOTH, N. O.: Some phases of pollination. Proc. Amer. Soc. Hort. Sci. **4**, 20 (1906). — BOWMAN, F. T.: (1) Controlling the cropping of pome fruits. New practices needed. Fruit Cult. NSW **1940**; (2) The effective period of controlling fruit cropping. J. Austr. Inst. Agric. Sci. **7** (1941); (3) The influence of early times of fruit removal on the growth and composition of alternate-bearing sugar prune trees with special reference to blossom bud formation. J. Pom. a. Hort. Sci. **19** (1941). — BRADBURY, D.: A comparative study of the developping and aborting fruits of *Prunus cerasus*. Amer. J. Bot. **16**, 525 (1920). — BRADFORD, F. C.: Relation of temperature to blossoming in the apple and the peach. Missouri Stat. Res. Bull. **53**, 3 (1922). — BRANSCHEIDT, P.: (1) Zur Fruchtbarmachung einer unfruchtbaren Apfelpflanzung. Obst- u. Gemüsebau **1927**, 373; (2) Die Befruchtungsverhältnisse beim Obst und bei der Rebe. Gartenbauwiss. **2**, 158 (1929). — BRIEGER, FR.: Die Selbststerilität der Blütenpflanzen und ihre züchterische Bedeutung. Züchter **1**, 101 (1929). — BROOKS, CH. and D. F. FISHER: Some high temperature effects in apples: contrast in the two sides of an apple. J. Agric. Res. **32**, 1 (1926). — BROWN, A. G.: The order and period of blossoming in apple varieties. J. Pom. a. Hort. Sci. **18**, 68 (1940/41). — BROWN, J. W.: Chemical studies in the physiology of apples. V. Methods of ash analysis and the effect of environment on the mineral constitution of the apple. Ann. Bot. **40**, 129 (1926). — BROWN, G. G. and L. CHILDS: Pollination study of the Anjou pear in Hood River Valley. Oregon Stat. Bull. **239**, 15 (1929). — BROWN, C. A.: A chemical study of the apple and its products. Penn. Dep. Agric. Bull. **58** (1890).

CALDWELL, J. S.: (1) Chemical composition of apple juices as affected by climate conditions. J. Agric. Res. **36**, 289 (1928); (2) Mean summer or „optimum" temperatures in relation to chemical composition in the apple. Ebenda **36**, 367 (1928). — CALLMAR, G. u. E. JOHANSSON: Pollinering och fruktsättning hos äpplesorter. Meddelanden Fran Permanenta Kommitten för Fruktodlingsförsök **34**, 3 (1935). — CALZOLARI, F. u. A. MANARESI: Effetti della decorticazione anulare sulla fruttificazione del Pesco. Staz. Sper. Agrarie Ital. **42**, 233 (1909). — CARRE, M. H.: (1) Chemical studies in the physiology of apples. IV. Investigations on the pectic constituents of apples. Ann. Bot. (London) **39**, 811 (1925). — CARRE, M. H. and A. S. HORNE: An investigation of the behaviour of pectic materials in apples and other plant tissues.

Ebenda **41**, 193 (1927). — CASELLA, DOMENICO: Studio sul polline delle piante da frutta. Staz. Sper. Agrarie Ital. **54**, 476 (1921). — CHITTENDEN, F. J.: (1) Pollination in orchards. I. J. Roy. Hort. Soc. **37**, II, 350 (1911); (2) Pollination in orchards. II. Welsh J. Agric. **1**, 161 (1925); (3) Sterility in fruits. Mem. Hort. Soc. New York **3**, 79 (1927). — CHITTENDEN, F. L. S.: (1) Pollination in orchards. III. Self-fruit-fullness and selfsterility in apples. J. Roy. Hort. Soc. **1914**, 615; (2) Pollination in orchards. The flowering of pears. Ebenda 1918, 366. — CHOMISURY, N.: Pollencytologie und Keimfähigkeit bei *Prunus* und *Rubus*. Angew. Bot. **9**, 626 (1927). — CLEMENTS, H. F.: Morphology and physiology of the pome lenticels of *Pyrus malus*. Bot. Gaz. **97**, 101 (1935). — CLOSE, C. P.: (1) Pollination in apples. 14th Ann. Rep. Delaw. Agric. Exp. Stat. **1902**; (2) Pollination of pears, peaches and apples. Del. Agric. Exp. Stat. Rep. **1903**, 99; (3) Immediate effect of cross pollination in apples. Proc. Amer. Soc. Hort. Sci. **1907**. — COLE, C. F. and D. M. Mc ALPIN: The pre-harvest drop of fruit. Reduction by spraying. J. Dep. Agric. Victoria **39**, 213 (1941). — CONNORS, C. H.: (1) Fruit setting in the J. H. Hale peach. Amer. Soc. Hort. Sci. Proc. **19**, 147 (1922); (2) Pollen sterility in peaches. Science **66**, 332 (1927); (3) Sterility in peaches. Mem. Hort. Soc. New York **3**, 215 (1927). — COOPER, J. R.: The behaviour of pollen tubes in self and cross pollination. Proc. Amer. Soc. Hort. Sci. **25**, 138 (1928). — CORRENS, C.: (1) Selbststerilität und Individualstoffe. Biol. Zbl. **33**, 389 (1912); (2) Bestimmung, Vererbung und Verteilung des Geschlechts bei höheren Pflanzen. Handb. Vererbungswiss. **2** C (1928). — CRANDALL, C. S.: (1) The vitality of pollen. Amer. Soc. Hort. Sci. Rep. **1912**, 121; (2) Seed production in apples. Illinois Stat. Bull. **203**, 185 (1917); (3) An experiment in self-fertilisation of the peach. Proc. Amer. Soc. Hort. Sci. **16** (1920); (4) Results of self-pollination of apple flowers. Proc. Amer. Soc. Hort. Sci. **1921**, 95; (5) Additional records of selfsterility in apples. Proc. Amer. Soc. Hort. Sci. **1924**, 63—67; (6) Blooming periods of apples. Illinois Stat. Bull. **251**, 113 (1924); (7) Apple breeding at the university of Illinois. Ebenda **275**, 337 (1926). — CRANE, M. B.: (1) Experiments in breeding plums with a note on peaches. J. Pom. a. Hort. Sci. **2**, 137 (1921); (2) Report on tests of selfsterility and cross-incompatibility in plums, cherries and apples at the John Innes Horticultural Institution II. Ebenda **1923**, 67; (3) Self- and cross-sterility in fruit trees. The John Innes Horticultural Institution, S. 7, 1911—1925 (1925); (4) Self-sterility and cross-incompatibility in plums and cherries. J. Genet. **15**, 301 (1925); (5) Studies in relation to sterility in plums, cherries, apples and raspberries. Mem. Hort. Soc. New York **3**, 119 (1927); (6) Polyploidy and sterility in cultivated fruits. Conference on polyploidy, John Innes Horticultural Institution, S. 38. Headly Brothers 1929. — CRANE, M. B. and W. J. C. LAWRENCE: (1) Genetical and cytological aspects of incompatibility and sterility in cultivated fruits. J. Pom. a. Hort. Sci. **7**, 276 (1929); (2) Fertility and vigour of apples in relation to chromosome number. J. Genet. **22**, Nr. 2 (1930); (3) Sterility and incompatibility in diploid and polyploid fruits. J. Genet. **24**, 97 (1931); (4) Studies in sterility. Rep. IX. internat. Hort. Congress London 1930. The Roy. Hort. Soc. (1931). — CRANE, M. B. and A. G. BROWN: (1) Incompatibility and sterility in the sweet cherry, *Prunus avium* I. J. Pom. a. Hort. Sci. **15**, 86 (1937); (2) Incompatibility and sterility in the gages and dessert plums. J. Pom. a. Hort. Sci. **17**, 51 (1939).

DAHL, C. G. u. E. JOHANSSON: Redogörelse försök och jaktagelser pa fruktodlingen omrode vid Alnarps trädgardar under aret 1923, Sver. pomol. Förenings Arsskr. **24**, 50 (1924). — DARLINGTON, C. D.: (1) On the cytology of the cherries. Rep. brit. Assoc. for Adv. of Sci. **1926**, 407; (2) Studies in *Prunus* I and II. J. Genet. **19**, 213 (1928); (3) Studies in *Prunus* III. Ebenda **22**, 65 (1930); (4) Studies in *Prunus* IV. Ebenda **28**, 327 (1933). — DARLINGTON, C. D. and A. A. MOFFETT: Primary and secondary chromosome balance in *Pyrus*. Ebenda **22**, 129 (1930). — DAVIS, S. G., C. R. FELLERS and W. B. ESSELEN: Composition and nature of apple protein. Food Res. **14**, 417 (1949). — DETJEN, L. R.: (1) A study of the june drop of fruits in Delaware. Delaware Stat. Bull. **139**, 19 (1925); (2) Horticultural investigations at the Delaware Station. Ebenda **141** (1925); (3) Observations on the dropping of young fruits. Peninsula Hort. Soc. (Delaware) Trans. **40**, 34 (1926). — DIEHL, H. C. and J. R. MAGNESS: The ripening of california plums. California Dep. Mo. Bull. **11**, 387 (1922). — DORSEY, M. J.: (1) A study of sterility in the plum. J. Genet. **4**, 417 (1919); (2) The set of fruits in apple crosses. Proc. Amer. Soc. Hort. Sci. **1921**, 82; (3) Sterility in relation to horticulture. Amer. J. Bot. **10**, 474 (1923); (4) The J. H. Hale situation in Illinois. Ky. Stat. Hort. Soc. Trans. **1927**, 105. — DUFOUR, F.: Autostérilité des variétés fruitières. Congrès international de pomologie Liège **1930**, 116. — DUHAN, K.: Untersuchungen über die Blühverhältnisse und den Einfluß der Pollensorte auf die Fruchtausbildung bei Äpfeln. Bodenkultur **3**, 63 (1949).

EAST, E. M.: (1) Studies on self-sterility III, IV and V. J. Genet. **4**, 341 (1919); (2) Genetical aspect of self- and cross-sterility. Amer. J. Bot. **10**, 468 (1924); (3) Physiology of self-sterility in plants. J. gen. Physiol. **9**, 403 (1926). — EAST, E. M. and A. J. MANGELSDORF: A new interpretation of the heredity behaviour of self-steril plants. Proc. nat. Acad. Sci. **11**, 166 (1925). — EBERT: Ketzergedanken zur Frage der Fremdbefruchtung. Obst- u. Gemüsebau **1927**, 356. — EGGENBERGER, W.: Biochemische Untersuchungen an Äpfeln während der Entwicklung und Lagerung. Diss. Eidg. Techn. Hochsch. Zürich 1949. — EINSET, O.: (1) Crossunfruitfulness in the apple. New York Agric. Exp. Stat. Techn. Bull. **159**, 24 (1930); (2) Experiments in cherry pollination. N. Y. St. Agric. Exp. Stat. Geneva, Bull. **617** (1932). — ELLENWOOD, O. W.: (1) Blooming period and yield of apples: A 15 year average. Ohio Stat. Bull. **385**, 69 (1925); (2) Bloom period and yield of apples. Ebenda **618**, 1 (1941). — ELSSMANN,E.: Über Bedingungen eines guten Blüten- und Fruchtansatzes bei unseren Obstbäumen und die Keimfähigkeit ihres Pollens. Geisenheimer Mitt. Obst- und Gartenbau **39** (1924). — ELSSMANN, E. u. R. V. VEH: Beiträge zur Frage nach den Befruchtungsverhältnissen der für Deutschland wirtschaftlich wertvollen Kern-, Stein- und Beerenobstsorten. Gartenbauwiss. **6**, 1 (1951). — ERNST, A.: Bastardierung als Ursache der Apogamie im Pflanzenreich. Jena: Gustav Fischer 1918. — EWERT, R.: (1) Blütenbiologie und Tragbarkeit unserer Obstbäume. Landw. Jb. **1906**, 259; (2) Die Parthenokarpie oder Jungfernfrüchtigkeit der Obstbäume und ihre Bedeutung für den Obstbau. Berlin: Parey 1907; (3) Neuere Untersuchungen über Parthenokarpie bei Obstbäumen und einigen anderen fruchttragenden Gewächsen. Landw. Jb. **1909**, 767; (4) Parthenokarpie bei der Stachelbeere. Ebenda **1910**; (5) Die korrelativen Einflüsse des Kerns beim Reifeprozeß der Früchte. Ebenda **1910**, 471; (6) Die Widerstandsfähigkeit der einzelnen Organe der Obstblüte, insonderheit des Blütenpollens, gegen Frost. Z. Pflanzenkrkh. **20** (1910); (7) Die Jungfernfrüchtigkeit als Schutz der Obstblüte gegen die Folgen von Frost- und Insektenschäden. Ebenda **21** (1911); (8) Die Wirksamkeit des eigenen Pollens beim Kernobst. Ber. bot. Versuchsstat. Proskau **1914**; (9) Förderung der Fruchtbarkeit der Obstbäume durch Bienenzucht. Ber. höh. staatl. Lehranst. Proskau (**1918/19**), 74; (10) Der Einfluß der Bienenzucht auf Befruchtung und Ertrag der Obstbäume. Arch. Bienenkde. **3** (1921); (11) Förderung der Fruchtbarkeit der Obstbäume durch Bienenzucht. Ber. höh. staatl. Lehranst. Proskau **1922**; Landw. Jb. **57**; (12) Pflanzenphysiologische und biologische Forschungen im Obstbau. Landw. Jb. **1926**, 759; (13) Obstbau und Bienenzucht. Arch. Bienenkde. **1927**; (14) Blühen und Fruchten der insektenblütigen Garten- und Feldfrüchte unter dem Einfluß der Bienenzucht. Neudamm: Neumann **1929**.

FIDLER, J. C.: (1) The effect of different temperatures for conditioning imported plums. Rep. Food Invest. Board f. **1937**, 170 (1938); (2) Studies of the physiologically active volatile organic compounds produced by fruits. I. The concentration of volatile organic compounds occuring in gas stores containing apples. J. Hort. Sci. **24**, 178, 1948; (3) Studies of the physiologically active volatile organic compounds produced by fruits. II. J. Hort. Sci. **25**, 81 (1950). — FLECKINGER, J.: Caryologie, qualité germinative du pollen chez nos variétés de pommiers. Ann. epiphyties et de phytogénétique **3**, 481 (1937). — FLETCHER, S. W.: (1) Pollination in orchards. Cornell Agric. Exp. Stat. Bull. **181** (1900); (2) Pollination of Bartlett and Kieffer pears. Virg. Agric. Exp. Stat. Ann. Rep. 1909/10 (1911). — FLORIN, E. H.: (1) Bestäubung und Fruchtertrag bei Birnsorten. Frankfurt a.d.O.: Trowitsch & Sohn 1926; (2) Pollinering och fruchtsättning hos plommonsorter. Medd. perman. Komm. Fruchtodling **1927**, Nr. 12, 1. — FLORIN, R.: (1) Biologiska undersögningar av frukträd. Sveriges pomol. Fören. Arsskr. 1918, 105; (2) Zur Kenntnis der Fertilität und partiellen Sterilität des Pollens bei Apfel- und Birnsorten. Acta Horti Bergiani **7**, 1 (1929); (3) Om sterilitet hos svenska fruktsorter. Sveriges pomol. Fören. Arsskr. **21** (1920); (4) Biologiska undersögningar av frukträd IV. Ebenda **22** (1921); (5) Om sortenkombinationen i frukträdgar. Ebenda **22** (1922); (6) Die Bestäubung der Kirschenblüte. Frankfurt a. d. O.: Trowitsch & Sohn 1924; (7) Körsbärsträdens pollinering. Medd. perman. Komm. Fruktodlingsförsök **1924**, Nr. 1, 1; (8) Pollen production and incompatibilities in apples and pears. Mem. Hort. Soc. NewYork **3**, 87 (1927). — FOCKE, O.: Die Pflanzenmischlinge. Berlin 1881. — FRITZSCHE, R.: (1) Versuche zur Verhinderung des Fruchtfalles bei Kernobst kurz vor der Reife. Schweiz. Z. Obst- und Weinbau **56**, 1 (1947); (2) Abnorme Erscheinungen am Lagerobst. Ebenda **61**, 499 (1952).

GALLI, P.: (1) Ricerche sperimentali sulla autosterilità del susino Burbank. Il Progresso agricolo, Jg. **28**, Nr. 13/14 (1931); (2) Nuove ricerche sull'autosterilità del susino Burbank. Note di Fruticoltura **8** (1932). — GANE, R.: A study of the respiration of bananas. New Phytol. **35**, 383 (1936). — GARDNER, V. R.: A preliminary report on the pollination of the sweet cherry. Oregon Agric. Coll. Exp. Stat. Bull. **116** (1913). — GARDNER, V. R. and S. JOHNSTON: Fruit setting in the J. H. Hale peach. Michigan Stat. Quart. Bull. **7**, 56 (1924). — GARDNER, F. E., P. C. MARTH and L. P. BATJER: (1) Spraying with growth substances to prevent apple fruit dropping. Science **90**, 208 (1939); (2) Spraying with plant growth substances for control of the pre-harvest drop of apples. Proc. Amer. Soc. Hort. Sci. for 1939, **37**, 415 (1940). — GAYNER, F. C. H.: Studies in the non-setting of pears. V. The size of flower in relation to its position in the truss. Rep. East Malling Res. Stat. for 1937, **28**, 41 (1941). — GERHARD, F. and B. D. EZELL: Respiration and emanation of volatiles from Barlett pears as influenced by ripening and storage. Proc. Amer. Soc. Hort. Sci. **36**, 423 (1938). — GOFF, E. S.: Flowering and fertilisation of the native plum. Gard. a. Forest **7**, 262 (1894). — GORCZYNSKI, T.: (1) Untersuchungen über die Entwicklung der Samenanlage und des Embryosackes bei der Apfelsorte

„Schöner von Boskoop". Acta Soc. Bot. Poloniae, XI. Suppl. 87 (1934); (2) Cytologische Analyse einiger Pollenentwicklungsvorgänge bei der Apfelsorte „Schöner von Boskoop". Ebenda XI, 103 (1934). — GOURLEY, J. H.: Pollination and the sterility problem. Proc. Ohio Stat. Hort. Sci. **57**, 18 (1924). — GOWEN, J. W.: Self-sterility and cross-sterility in the apple. Maine Stat. Bull. **287**, 61 (1920). — GRUBB, N. H.: Winter pruning experiments with apple trees. J. Roy. Hort. Soc. **47**, 139 (1922).
HALLER, M. H.: Changes in the pectic constituents of apples in relation to softening. J. Agric. Res. **39**, 739 (1929). — HANSEN, E.: Quantitative study of ethylene production in apple varieties. Plant Physiol. **20**, 631 (1945). — HARVEY, E. M. and A. E. MURNEEK: The relation of carbohydrates and nitrogen to the behaviour of apple spurs. Oregon Stat. Bull. **176** (1921). — HATTON, R. G. and N. H. GRUBB: Some factors influencing the period of blossoming of apples and plums. East Malling Res. Stat. Ann. Rep. **1924–27**, 81. — HEDRICK, U. P.: (1) The relation of weather to the setting of fruit with blooming Data for 866 varieties of fruit. Exp. Stat. Geneva Bull. **299** (1908); (2) The blooming season of hardy fruits. New York Stat. Bull. **408**, 393 (1915). — HEILBORN, OTTO: (1) Cytologische Studien über Pollensterilität von Apfelsorten. Sv. bot. Tidskr. **22**, 185 (1928); (2) Temperatur und Chromosomenkonjugation. Ebenda **24**, 12 (1930); (3) Lethal gene-combinations and Pollen sterility in diploid apple varieties. Hereditas **16**, 1 (1932); (4) Reduction division, pollen lethality and polyploidy in apples. Acta Horti Bergiani **11**, 129 (1935). — HEINICKE, A. J.: (1) Factors influencing the abscission of flowers and partially developped fruits of the apple (*Pyrus malus*). New York Cornell Stat. Bull. **393**, 45 (1917); (2) The why of the „June drop" of fruit. Cornell Countryman **15** (1918); (3) Concerning the shedding of flowers and fruits and other abscission phenomena in apples and pears. Proc. Amer. Soc. Hort. Sci. **16**, 76 (1919); (4) The set of apples as affected by some treatments given shortly before and after the flowers open. Proc. Amer. Soc. Hort. Sci. **20**, 19 (1923); (5) Pollination and other conditions determining the set of fruit. New York Stat. Hort. Soc. Proc. **71**, 42 (1926). — HENDRICKSON, A. N.: (1) The common honey bee as an agent in prune pollination. California Agric. Exp. Stat. Bull. **274**, 127 (1916); (2) The common honey bee as an agent in prune pollination. California Stat. Bull. **291** (1918); (3) Five years results in plum pollination. Proc. Amer. Soc. Hort. Sci. **15**, 65 (1918); (4) Plum pollination. California Agric. Exp. Stat. Bull. **310** (1919); (5) Inter species pollination of plums. Proc. Amer. Soc. Hort. Sci. **16**, 50 (1919); (6) Further experiments in plum pollination. California Stat. Bull. **352**, 245 (1922). — HERBST, W. u. C. RUDLOFF: Zur Physiologie des Fruchtens bei den Obstgehölzen. III. Phänologisch-phänometrische Untersuchungen der Blühphase von Birnen. Gartenbauwiss. **13**, 286 (1939). — HESSE, C. O. and A. E. DAVEY: Experiments with sprays in the control of fruit drop of apricot and peach. Proc. Amer. Soc. Hort. Sci. 1942, **40**, 55 (1943). — HOOKER, H. D.: (1) Seasonal changes in the chemical composition of apple spurs. Missouri Stat. Res. Bull. **40**, 3 (1920); (2) Certain responses of apple trees to nitrogen applications of different kinds and at different seasons. Univ. Missouri Agric. Exp. Stat. Res. Bull. **50**, 1 (1922). — HOOPER, CECIL, H.: (1) Observations on the blossoming of hardy cultivated fruits. J. Roy. Hort. Soc. **36**, III, 548 (1911); (2) The pollination and setting of fruit blossoms and their insect visitors. Ebenda **38**, 238 (1912); (3) The pollination of fruit trees and its bearing on planting. The Gardens Chronic. 1913; (4) The question of pollination of fruit in relation to commercial fruit growing. Brit. Bee J. **1918**; (5) Pollination of fruits. J. Ministry Agric. **28** (1921); (6) Note on the pollination of cherries applied to commercial cherry growing. J. Pom a. Hort. Sci. **3**, 185 (1924); (7) The study of the order of flowering and pollination of fruit blossom applied to commercial fruit growing. J. Roy. Soc. Arts **77**, 424 (1929). — HÖSTERMANN, G.: (1) Samenlose Birnen infolge Spätfrost. Ber. kgl. gärtn. Lehranst. Dahlem **1913**, 61; (2) Zur Frage der Xenienbildung gärtnerischer Kulturgewächse. Angew. Bot. **6**, 232 (1924). — HOWLETT, F. S.: (1) Nitrogen and carbohydrate composition of the developing flowers and young fruits of the apple. Proc. Amer. Soc. Hort. Sci. **20**, 31 (1923); (2) The chemical composition of developing flowers and young fruits from weak and vigorous spurs of the apple. Ebenda **21**, 194 (1924); (3) The nitrogen and carbohydrate composition of the developing flowers and young fruits of the apple. New York Cornell Stat. Mem. **99**, 3 (1926); (4) Some factors of importance in fruit setting studies with apple varieties. Proc. Amer. Soc. Hort. Sci. **23**, 307 (1926); (5) Apple pollination studies in Ohio. Ohio Stat. Bull. **404**, 1 (1927); (6) Further self- and crosspollination studies with the Baldwin apple. Proc. Amer. Soc. Hort. Sci. **24**, 105 (1927); (7) Factors affecting fruit setting. I. Stayman Winesap. Ohio Agric. Exp. Stat. Bull. **483**, 1 (1931); (8) Self- and crosspollination studies of apple varieties, particularly Rome Beauty and Gallia Beauty. J. Agric. Res. **47**, 523 (1933). — HUBER, K.: Die Durchführung von Obstbaumdüngungsversuchen. Dtsch. Obstbauztg. **1913**, 148. — HULME, A. C.: (1) The metabolism of nitrogen by apple fruits during development on the tree and in storage. Rep. Food Inv. Board for **1934**, 135 (1935); (2) The metabolism of nitrogen in apple fruit. Rep. Food Inv. Board for **1936**, 126 (1937); (3) The relation between the rate of respiration of an apple fruit and its content of protein. J. Hort. Sci. **26**, 118 (1951). — HULME, A. C. and W. ARTHINGTON: α-aminobutyric acid and β-alanine in plant

tissues. Nature **165**, 716 (1950). — HUSZ, B.: Zur Frage der Apfelxenien. Am. Kir. Kerteszeti Akademia Közlemenyeinek **8**, 128 (1942). — HUTSON, RAY: The relation of honey bees to fruit pollination in New Jersey. New York Agric. Exp. Stat. Bull. **434**, 1 (1926).

JANSON, A.: (1) Obstsortenwahl. Gartenwelt **29**, 122 (1925); (2) Obstbauliche Befruchtungsfragen. Dtsch. landw. Presse **54**, Nr. 34/35 (1925). — JOHANSSON, E.: (1) Blombiologiska försök vid Alnarp. 1923—1925; Sveriges pomol. Fören. Arsskr. **27**, 1 (1926); (2) Pollination studies. Ebenda **30**, 434 (1929); (3) Blombiologiska försök med frukttråd vid Alnarp 1926—1930. Ebenda. (1931); (4) Pollineringsförsök med hassel vid Alnarp 1927—1933. Medd. Fran Perman. Komm. för Fruktodlingsförsök **35**, 1 (1935); (5) Kromosomtal hos plantor av äpple och päron ur korsningar mellan olika sorter. Medd. Fran Perman. Komm. för Fruktodlingsförsök **44**, 1 (1938). — JOHANSSON, E. u. G. CALLMAR: Befruktningsförhallanden hos päron. Medd. Fran Perman. Komm. för Fruktodlingsförsök **40** (1936). — JOHANSSON, NILS: (1) Blombiologiska försök av frukttråd. Sveriges pomol. Fören. Arsskr. **22** (1921); (2) Pollinerings och kombinationsförsök med frukttråd. Ebenda **24** (1923). — JOHNSTON, S.: Pollination, an important factor in successfull pear production. Michigan Stat. Hort. Soc. Ann. Rep. **57**, 196 (1927). — JOSLYN, M. A. and W. STEPKA: The free aminoacids of fruits. Food Res. **14**, 459 (1949). — JOST, L.: Über die Selbststerilität einiger Blüten. Bot. Ztg. **65**, 77 (1907).

KADOW, K. J. and S. L. HOPPERSTEAD: The compatibility of fruit drop chemicals. 55th Trans. Peninsula Hort. Soc. **1941**, 32 (1942). — KAMLAH, HELLMUTH: (1) Untersuchungen über die Befruchtungsverhältnisse bei Kirschen- und Birnsorten. Diss. Halle. Kühne-Arch. **19** (1928); (2) Untersuchungen über die Befruchtungsverhältnisse bei Kirschen- und Birnsorten. Gartenbauwiss. **1**, 10 (1928). — KAWECKA, B.: Etudes sur le pollen des poiriers et des pommiers. Bull. Acad. Polon. Sci. et Lettres, Cl. Sci. Math. et Nat., Sér. B 1925, 847. — KEIL, J.M.: Apple pollination. Ohio Stat. Mo. Bull. **8**, 51 (1923). — KERR, W. L.: Cross- and selfpollination studies with the peach in Maryland. Proc. Amer. Soc. Hort. Sci. **24**, 97 (1927). — KERTESZ, Z. J.: The pectic substances. New York u. London 1951. Interscience Publ. 628 S. — KESSLER, H.: (1) Aufblühfolge und Blühperiode einzelner Apfelsorten. Schweiz. Z. Obst- und Weinbau **1928** 522; (2) Der gegenwärtige Stand der Obstlagerungsfrage. Landw. Jb. Schweiz **1928**, 598. — KIDD, F.: (1) The respiration of fruits. Roy. Inst. of Gr. Brit. Weekl. evening meetings. **1934**; (2) Respiration of fruits. Nature **135**, 326 (1935). — KIDD, F. and C. WEST: (1) Effects of ethylene and of apple vapours on the ripening of fruits. Rep. Food Inv. Board for **1932**, 55 (1933); (2) The internal atmosphere of apples in gas storage. Ebenda for **1934**, 110 (1935); (3) The cold storage of english-grown Conference and Doyenné du Comice pears. Ebenda for **1935**, 85 (1936); (4) The cold storage and gas storage of english grown Williams Bon Chrétien pears. Ebenda for **1936**, 113 (1937); Respiratory activity and duration of life of apples gathered at different stages of development and subsequent maintaining at a constant temperature. Plant Physiol. **20**, 467 (1945). — KIDD, F., C. WEST and A. C. HULME: Rise in insoluble (protein) fraction of the total nitrogen during the climacteric in apples and pears, and effect on this phenomenon of retarding the climacteric by carbon dioxide or stimulating the climacteric by ethylene. Rep. Food Inv. Board for **1938**, 119 (1939). — KIDD, F., C. WEST, D. G. GRIFFITH and N. A. POTTER: (1) An investigation of the changes in chemical composition and respiration during the ripening and storage of Conference pears. Ann. Bot. NS **4**, 1 (1940); (2) Metabolism of sucrose in apples. I. J. Hort. Sci. **27**, 179 (1952). — KIKUCHI, A.: Self- and cross-sterility in the Japanese pear. Mem. Hort. Soc. New York **3**, 233 (1927). — KING, J. R. and C. O. HESSE: Pollenlongevity studies with deciduous fruits. Proc. Amer. Soc. Hort. Sci. **36**, 310 (1939). — KIRCHNER: Über die kernlose Mispel. J.ber. Ver. vaterländ. Naturforschg. Württ. **1900**. — KNIGHT, L. J.: Physiological aspects of selfsterility of the apple. Proc. Amer. Soc. Hort. Sci. **15**, 101 (1918). — KNOWLTON, H. E.: (1) Methods in apple pollination experiments. Ebenda **17**, 44 (1920); (2) Studies in pollen with special reference to longevity. Cornell Univ. Agric. Exp. Stat. Ithaca Mem. **52** (1922); (3) Pollen abortion in the peach. Proc. Amer. Soc. Hort. Sci. **21**, 67 (1924). — KNOWLTON, H. E. and H. P. SEVY: The relation of temperature to pollen tube growth in vitro. Ebenda **22**, 110 (1925). — KOBEL, F.: (1) Die Keimfähigkeit des Pollens einiger wichtiger Apfel- und Birnsorten und die Frage der gegenseitigen Befruchtungsfähigkeit dieser Sorten. Landw. Jb. Schweiz **1924**, 461; (2) Die cytologischen Ursachen der partiellen Pollensterilität bei Apfel- und Birnsorten. Arch. Julius-Klaus-Stiftung Zürich **2**, 39 (1926); (3) Ursachen und Folgen der teilweisen Pollensterilität verschiedener Apfel- und Birnsorten. Landw. Jb. Schweiz **1926**, 441; (4) Untersuchungen über die Keimfähigkeit des Pollens unserer wichtigsten Stein- und Kernobstsorten, mit einem Überblick über die Befruchtungsverhältnisse derselben. Ebenda **1926**, 550; (5) Cytologische Abnormitäten bei Apfel- und Birnsorten und ihre Folgen. Verh. schweiz. naturf. Ges. Freiburg **1926**, II, 205; (6) Cytologische Untersuchungen an Prunoideen und Pomoideen. Arch. Julius-Klaus-Stiftung Zürich **3**, 1 (1927); (7) Cytologische Untersuchungen als Grundlage für die Immunitätszüchtung bei der Rebe. Landw. Jb. Schweiz **1929**, 232; (8) Die verschiedenen Formen der Sterilität bei unseren Obstgewächsen. Vjschr. naturforsch. Ges. Zürich **75**, 56 (1930); (9) Befruchtungsversuche mit Apfelsorten. Schweiz. Z. Obst- und Weinbau **1931**; (10) Befruchtungsversuche mit Kirschensorten. Ebenda **1931**; (11) Obstbau und Bienenzucht. Beih. Schweiz. Bienenztg. 1, 111 (1942). — KOBEL, F. u. TH. SACHOFF: Befruchtungsversuche mit Kirschen. Landw. Jb. Schweiz **1929**, 1036. — KOBEL, F. u. P. STEINEGGER: (1) Die Befruchtungsverhältnisse schweizerischer Kirschensorten. Landw. Jb. Schweiz **47**, 973 (1933); (2) Die Befruchtungsverhältnisse von Apfel- und Birnsorten und der Nachweis von Intersterilität bei denselben. Landw. Jb. Schweiz **48**, 741 (1934). — KOBEL, F., P. STEINEGGER u. J. ANLIKER: (1) Weitere Untersuchungen über die Befruchtungsverhältnisse der Kirschensorten. Landw. Jb. Schweiz **52**, 564 (1938); (2) Weitere Untersuchungen über die Befruchtungsverhältnisse der Apfel- und Birnsorten. Ebenda **53**, 160 (1939). — KOBEL, F., R. FRITZSCHE, H. GERBER u. A. BUSSMANN: Ein Vegetationsversuch mit Topfobstbäumen. Schweiz. Z. Obst- und Weinbau **61**, 103 u. 137 (1952). — KOCHS: Der Einfluß verschiedener Dünger auf die Zusammensetzung der Kirschen. Landw. Jb. **56**, Erg.-Bd. 1. — KOLESNIKOW, V. A.: (1) Parthenocarpy and selfpollination in fruit. Bull. Salgier Pom. Exp. Stat. **2**, 3 (1927); (2) The importance of the question about the pollination for the commercial fruit growing. Bull. Constant Pom. Comm. Kuban Dep. Agric. **1**, 27 (1928). — KOSMANOFF, S.: Zur Kenntnis der Aufbewahrung des Pollens von Süß- und Sauerkirschen. Arbeiten der Mleever Gartenbauversuchsstat., Sekt. Obstbau, Nr. 14, 77 (1929). — KOSTER, FR.: Krydsbefrugtningsforsog. Gartner-Tidende, Kobenhavn **1929**, 6 S. — KOSTINA, K.: (1) Experiments in selfpollination of fruit trees. J. Gov. bot. Gard. Nikita Yalta **9**, 54 (1927); (2) Selfpollination of fruit trees. Ebenda **10**, 1 (1928). — KOSTOFF, D.: (1) Autogeny, genetics and cytology of Nicotiana hybrids. J. Genet. **12**, 33 (1930); (2) Studies in the sterility in certain fruit trees. Bulg. agric. Soc. Sci. Publ. Sofia (1931). — KRAUS, E. J. and H. R. KRAYBILL: Vegetation and reproduction with special reference to the tomato *(Solanum lycopersicum)*. Oregon Stat. Bull. **149**, 5 (1918). — KRÖMER, K. u. E. ELSSMANN: Untersuchungen über die Keimfähigkeit des Pollens bei Obstbäumen. Landw. Jb. **60**, 487 (1923). — KROTKOV, G. and V. NELSON: Carbohydrate metabolism of McIntosh apples during their development on tree and in cold storage. Canad. J. Res. C. **24**, 126 (1946). — KRUFT, F.: Phänologische Beobachtungen bei Äpfeln, Birnen, Pflaumen und Süßkirschen (1937) im Institut für Obstbau der Versuchs- und Forschungsanstalt für Wein- und Gartenbau zu Geisenheim a. Rh. Dtsch. Obstbau **55**, 43, 68 u. 110 (1940). — KRUMBHOLZ, G.: (1) Untersuchungen über Xenienbildungen bei Äpfeln. Landw. Jb. **1930**, 124 (Jber. Geisenheim); (2) Untersuchungen über das Vorkommen von Xenien und Metaxenien bei Äpfeln. Gartenbauwiss. **6**, 404 (1932); (3) Beiträge zur Morphologie der Apfelblüte. Gartenbauwiss. **9**, 509 (1935); (4) Ergebnisse und Aufgaben der Forschung auf dem Gebiet der Kaltlagerung von Kern- und Steinobst. Z. ges. Kälteindustrie **51** (1941). — KVAALE, E.: Abortive and steril apple pollen. Mem. Hort. Soc. New York **3**, 399 (1927). — KRÜMMEL, H.: (1) Weitere Untersuchungen über die Befruchtungsverhältnisse bei Kirschen. Gartenbauwiss. **6**, 262 (1932); (2) Untersuchungen über die Befruchtungsverhältnisse bei Kirschen. III. Kühn-Arch. **38**, 202 (1933); (3) Die Befruchtungsverhältnisse bei unseren Obstsorten. IV. Kirschen. Züchter **7**, 264 (1935).

LATIMER, L. P.: (1) Can bees retain pollen of early apple varieties for effective pollination of later blooming sorts. New Hampshire Agric. Exp. Stat. Sci. Contrib. No. 57. Proc. Amer. Soc. Hort. Sci. **34**, 16 (1937); (2) Self- and crosspollination in the McIntosh apple and some of its hybrids. Proc. Amer. Soc. Hort. Sci. **34**, 19 (1937). — LEONHARD, E. R.: Studies in tropical fruits X. Preliminary observations on transpiration during ripening. Ann. Bot. **5**, 89 (1941). — LEWIS, C. J. and G. G. BROWN: Influence of commercial fertilizer upon bearing of apple trees. Oregon Stat. Bull. **141**, 37 (1917). — LEWIS, D.: Parthenocarpy induced by frost in pears. J. Pom. a. Hort. Sci. **20**, 40 (1942). — LEWIS, C. J., F. C. REINER and G.G.BROWN: Fertilizer for Oregon orchards. Oregon Agric. Exp. Stat. Bull. **166** (1920). — LEWIS, C. J. and C. C. VINCENT: Pollination of the apple. Ebenda **104**, 3 (1909). — LINDENBEIN, W.: Cytologische Untersuchungen über die Sterilitätsursachen einiger Stein- und Kernobstsorten. I. Die Pollenentwicklung einiger Süßkirschen. Gartenbauwiss. **2**, 133 (1929). — LINDFORS, TH.: Om Pollination och fruktsättning hös Gravensteiner och Akerö. Sveriges pomol. Fören. Arsskr. **23**, 172; K. Landsbr. Akad. Handl. och Tidskr. **61**, 233 (1922). — LÖSCHNIG, J.: Die Apfelblüte in Wechselbeziehung zur Fruchtbarkeit. Z. Garten- und Obstbau **4**, 85 (1924).

McCOWN, M.: (1) Abscission of flowers and fruits of the apple. Proc. Amer. Soc. Hort. Sci. for 1738, **36**, 320 (1939); (2) Anatomical and chemical aspects of abscission of fruits of the apple. Bot. Gaz. **105**, 212 (1943). — MCDANIELS, L. H.: (1) Crosspollination between the Reine Claude and Burbank plum. Proc. Amer. Soc. Hort. Sci. **20**, 123 (1923); (2) Pollination studies with certain New York state apple varieties. Ebenda **22**, 87 (1925); (3) Some anatomical aspects of apple flower and fruit abscission. Proc. Amer. Soc. Hort. Sci. for 1936, **34**, 122 (1937). — MCDANIELS, L. H. and J. R. FURR: The effect of dusting-sulfur upon the germination of the pollen and the set of fruit of apple. New York Cornell Stat. Bull. **499** (1930), 13 S. — MCDANIELS, L. H. and A. J. HEINICKE: Pollination and the factors affecting the set of fruit with special reference to the apple. Ebenda **497** (1929), 47 S. — MACOUN, W. T.: (1) Apple breeding in Canada. Agric. Gaz. Canada **5**, 126 (1918); (2) Report of the Dominion Horticulturist. Preliminary report on self-pollination studies 13 (1922); (3) Report of the division of horticulture. Canada Dep. Agric. Exp. Farms. Div. Hort. Rep. **1924**; (4) Culture du prunier. Dominion du Canada. Ministère fédéral de l'agriculture. Bull. Nouv. série **45**, 1 (1925). — MAGNESS, J. R.: Investigations in the ripening and storage of Bartlett pears. J. Agric. Res. **19**, 473 (1920). — MAGNESS, J. R. and A. M. BURROUGHS: Second report studies in apple storage. Storage investigations, S. 17; Marble Labor. Inc. Canton, Penn. **1921/22**. — MAGNESS, J. R. and H. C. DIEHL: Physiological studies on apples in storage. J. Agric. Res. **27**, 1 (1924). — MAGNESS, J. R., H. C. DIEHL and M. H. HALLER: Picking maturity of apples in relation to storage. U. S. Dep. Agric. Bull. **1448** (1926). — MAGNESS, J. R. and G. F. TAYLOR: An improved type of pressure tester for the determination of fruit maturity. U. S. Dep. Agric. Circ. **350** (1925). — MANARESI, A.: Ricerche sul polline degli alberi fruttiferi. Staz. Sper. Agrar. Ital. **45** (1912). — MARSHALL, E. R.: Report of three years results in plum pollination in Oregon. Proc. Amer. Soc. Hort. Sci. **16**, 42 (1919). — MARSHALL, E. R., S. JOHNSTON, H. D. HOOSMAN and H. M. WELLS: The pollination of orchard fruits in Michigan. Michigan Stat. Spec. Bull. **188** (1929), 38 S. — MARTIN, J. N. and L. E. YOCCUM: A study of the pollen and pistils of apples in relation to the germination of the pollen. Proc. Iowa Acad. Sci. **25**, 391 (1918). — MEIER, K. u. H. KESSLER: Kühllagerungsversuche mit verschiedenen Apfelsorten in den Perioden 1927/28 und 1928/29. Landw. Jb. Schweiz **1929**. — MEURMAN, O.: *Prunus laurocerasus* L., A species showing high polyploidy. J. Genet. **21**, Nr. 1 (1929). — MIEDZYRZECKI, CH.: La pollination chez le cerisier. Edit. Terre Marocaine. 1934. — MINDERHOUD, A.: Untersuchungen über das Betragen der Honigbiene als Blütenstäuberin. Gartenbauwiss. **4**, 342 (1931). — MODLIBOWSKA, I.: Pollen tube growth and embryo-sac development in apples and pears. J. Pom. a. Hort. Sci. **21**, 57 (1945). — MOFFETT, A. A.: (1) The chromosome constitution of the Pomoideae. Proc. of the Roy. Hort. Soc. **108**, 423 (1931); (2) Chromosome number and pollen germination in pears. J. Pom. a. Hort. Sci. **12**, 321 (1934). — MÖHRING, A.: Kann eine bessere Anpassung der Blüte unserer Obstsorten an den Einzug des Frühlings erfolgen? Dtsch. Obstbau Jg. **57**, 142 (1942). — MOMMERS, J.: (1) Over het aandeel van de honigbijen in de bestuiving van het fruit. Med. Dir. Tuinbouw **11**, 252 (1948); (2) De plaatsvastheid der honigbijen. Med. Dir. Tuinbouw **11**, 529 (1948); (3) Honeybees as pollinators of fruit trees. Bee World **32**, 41 (1951). — MORETTINI, A.: (1) Sull'autosterilità ed autofertilità dei susini. Ramo Editoriale degli agricoltori **11**, Roma 1932; (2) Contributo allo studio dell'impollinazione nell'albicoccoe nel ciliegio. R. Istituto tecnico agrario di Firenze. Roma. Ramo Editoriale degli agricoltori 1934. **13**, S. 1. Estratto da l'Italia Agricola, anno 71, n. 12 (1934), (3) La fecondazion e nel pesco. Italia Agricola **11** (1934); (4) Biologia della fruttificazione nel pero, con particolare riguardo alle varietà William, Decana d'inverno e Passa Crassane. R. Istituto Tecnico Agr. specializzato per la Frutticoltura, Orticoltura e Giardinaggio. Firenze. Portici-Stab. Tip. E. Della Torre — 1935, S. 1. — MORRIS, O. M.: (1) Report of the division of horticulture. Washington Stat. Bull. **158**, 26 (1920); (2) Studies in apple pollination. Ebenda **163**, 1 (1921). — MRAZ, C.: Pollination problems. Amer. Bee J. **87**, 201 (1949). — MÜLLER-THURGAU, H.: (1) Abhängigkeit der Ausbildung der Traubenbeeren und einiger anderer Früchte von der Entwicklung der Samen. Landw. Jb. Schweiz **1898**, 135; (2) Folgen der Bestäubung bei Obst- und Rebenblüten. 1901—1903. 8. Ber. Zürcher bot. Ges. **1903**; (3) Die Befruchtungsverhältnisse bei den Obstbäumen. Landw. Jb. Schweiz **1905**; (4) Weitere Untersuchungen über die Befruchtungsverhältnisse bei den Obstbäumen. Ebenda **1907**; (5) Kernlose Traubenbeeren und Obstfrüchte. Ebenda **1910**, 223; (6) Die Befruchtungsverhältnisse bei den Obstbäumen. Ebenda **1915**, 560; (7) Die Einwirkung der Ernährung auf die Blütenbildung der Obstbäume. Ebenda **1917**, 438. — MÜLLER-THURGAU, H. u. F. KOBEL: Untersuchungen über den Blüten- und Fruchtansatz unserer Obstbäume. Ebenda **1928**, 684. — MÜLLER-THURGAU, H. u. A. OSTERWALDER: Acetaldehydbildung in Obstfrüchten. Ebenda **1915**, 508. — MURNEEK, A. E.: (1) Studies of physical and morphological changes in Bartlett pears. Amer. J. Bot. **10**, 310 (1923); (2) The nature of shedding of immature apples. Res. Bull. Mo. agric. Exp. Stat. **201** (1933). — MURNEEK, A. E., W. W. YOCUM and E. N. MCCUBBIN: Apple pollination investigations. Univ. Missouri Agric. Exp. Stat. Res. Bull. **138**, 1 (1930). — MUTH, FR. u. G. VOIGT: Untersuchungen über Xenien. Ber. Lehranst. Geisenheim für **1927**, Berlin 1928.

NÄGLER, W.: Die Erdbodentemperaturen in ihren Beziehungen zur Entwicklung der Vegetation. Petermanns Mitt. 1912. — NAMIKAWA, I.: Growth of pollen tube in self-pollinated apple flowers. Bot. Gaz. **76**, 302 (1923). — NATIVIDADE, V.: A improdutividade em pomologia. Oficina de José de Oliveira Júnior, Alcobaca **1932**, 57. — NEBEL, B. R.: (1) Zur Cytologie von *Malus* und *Vitis*. Gartenbauwiss. **1**, 549 (1929); (2) Über einige Obstkreuzungen aus dem Jahre 1929 und Zur Cytologie von *Malus*. Züchter **1**, 209 (1929); (3) Recent findings in cytology of fruits (Cytology of *Pyrus* III). Proc. of the Amer. Soc. Hort. Sci. 406 (1930); (4) Xenia and Metaxenia in apples. New York State Agric. Exp. Stat. Techn. Bull. **170** (1930); (5) Chromosome numbers in aneuploid apple seedlings. New York State Agric. Exp. Stat. Geneva, N. Y.

Techn. Bull. **209**, 3 (1933); (6) Longevity of pollen in apple, pear, plum, peach, apricot and sour cherry. Proc. Amer. Soc. Hort. Sci. **37**, 130 (1939). — NIETHAMMER, ANNELIESE: Die Beeinflussung der Pollenkeimung unserer Nutz- und Ziergewächse durch die verschiedenen Giftstoffe, die im Pflanzenschutzdienst angewendet werden. Gartenbauwiss. **1**, 471 (1929). — NIGHTINGALE, G. T., R. M. ADDOMS and M. A. BLAKE: Development and ripening of peaches as correlated with physical characteristics, chemical composition and histological structure of the fruit flesh. III. Macrochemistry. New Jersey Stat. Bull. **494** (1930), 16 S. — NORTON, J. B. S.: The relation of time of blooming to ripening period in peach varieties. Proc. Amer. Soc. Hort. Sci. **15**, 66 (1918).

OBATON, FERNAND: Recherches experimentales sur le rougissement des cerises. C. r. Acad. Sci. Paris **176** (1923). — OIJEN-GOETHALS, M. C. VAN: (1) Bestuiving en Vruchtbaarheid van Ooftboomen. Maandbl. Nederl. Pomol. Ver. Utrecht **4** (1913); (2) Bestuivingsproeven met Meikers in het Vorjaar 1915. Ebenda **6** (1916); (3) Verslag der Bestuivingsproeven over 1916. Ebenda **7** (1917). — OKABE, S.: (1) Cytological studies on *Prunus*. (English summary) Bot. Mag. Tokio **41** (1927); (2) Zur Cytologie der Gattung *Prunus*. Sci. Rep. Tokoku Imp. Univ. III **4**, 2 (1928). — OSBORNE, DAPHNE J. and R. L. WAIN: The production of parthenocarpic pomaceous fruits by chemical treatment. J. Hort. Sci. **26**, 317 (1951). — OSTERWALDER, A.: (1) Untersuchungen über das Abwerfen junger Kernobstfrüchte. Landw. Jb. Schweiz **1907**, 215; (2) Über das Abwerfen der Blüten unserer Kernobstbäume. Ebenda **1909**, 339; (3) Blütenbiologie, Embryologie und Entwicklung der Frucht unserer Kernobstbäume. Landw. Jb. Schweiz **39**, 917 (1910); (4) Die Jungfernfrüchtigkeit unserer Mostobstarten. Landw. Jb. Schweiz **1915**; (5) Irrige Ansichten über die Befruchtung der Obstblüten. Schweiz. Z. Obst- und Weinbau **1919**, 447. — OSTERWALDER, A. u. H. KESSLER: Das Auftreten der Fäulnis und nichtparasitärer Krankheiten bei der Kühllagerung des Obstes. Schweiz. Z. Obst- und Weinbau **43**, 413 (1934). — OESTLIND, N.: Undersökning Rörande Pollengroning I Konstgjorda Substrat. Arsskr. för Alnarps lantbruks-, mejeri- och trädgardinstitut Meddelande Nr. **29**, 143 (1945). — OVERHOLSER, E. L.: (1) Color development and maturity of a few fruits as affected by light exclusion Proc. Amer. Soc. Hort. Sci. **14** (1918); (2) Pollination of apples. Rep. Coll. Agric. a. Agric. Exp. Stat. Univ. California **1919**, 28; (3) Apple pollination studies in California. California State Bull. **426**, 1 (1927). — OVERHOLSER, E. L. and L. P. LATIMER: The cold storage of pears. Univ. California Coll. Agric. Bull. **377** (1924). 56 S. — OVERHOLSER, E. L., F. L. OVERLEY and D. F. ALMENDINGER: Three-year study of pre-harvest sprays in Washington. Proc. Amer. Soc. Hort. Sci. for **1943**, 42, 211. — OVERHOLSER, E. L. and F. L. OVERLEY: Pollination of certain bud sports in north central Washington. Proc. Amer. Soc. Hort. Sci. for 1931 **28**, 74 (1932).

PASHKEWITSCH, V. V.: (1) Influence of proper and alien pollen of different varieties on the forming and the maturing of the apple fruit. Bull. Appl. Bot. a. Plant Breeding **14**, 91 (1925); (2) Studies on the sterility of the fruit trees in Russia. Mem. New York Hort. Soc. **3**, 175 (1927); (3) Sterility and degree of production in fruitgrowing in dependance on the pollinering variety. Bull. Appl. Bot., Gen. a. Plant Breeding (1930). — PASSECKER, F.: (1) Untersuchungen über die Fertilität des Pollens verschiedener Obstsorten. Fortschr. Landw. **1** (1926), 9 S.; (2) Untersuchungen über die Keimfähigkeit des Pollens von Kern- und Steinobstarten. Ebenda **2**, 137 (1927); (3) Bestäubung und Fruchtansatz bei unseren Obstgehölzen. Wien. landw. Ztg. **1**, 66 (1929); (4) Kann man aus der Keimfähigkeit des Pollens in Zuckerlösung auf dessen Tauglichkeit zur Befruchtung schließen? Gartenbauwiss. **3**, 201 (1930). — PATON, J. B.: Pollen and enzymes. Amer. Bot. J. **8**, Nr. 10, 471 (1921). — PELLETT, F. C.: Pollination of cherries. Amer. Bee J. **87**, 16 (1947). — PETROV, A. V.: Experiments on the influence of selfpollination and crosspollination on the forming and the variation of the apple fruit. Bull. Appl. Bot. a. Plant Breeding **16**, 187 (1925). — PEYNAUD, E.: Contribution a l'étude biochimique du raisin et de la composition des vins. Thèse Ing. Doct. Bordeaux (1946). — PHILLIPS, A. H.: Effect of climate conditions on the blooming and ripening dates of fruit trees. New York Cornell Stat. Mem. **59**, 1383 (1922). — PHILP, G. H. and G. H. VANSELL: Pollination of deciduous fruits by bees. Calif. Agric. Extension Serv. Circ. **62** (1932). — PIENIAZEK, S. A.: A study of factors influencing the rate of transpiration of apple fruits. Diss. Cornell Univ. 1942. — POTTER, G. F.: Effects of midsummer applications of nitrogen on size in apple fruits. Proc. Amer. Soc. Hort. Sci. **24**, 233 (1927). — POTTER, N. A. and D. G. GRIFFITH: The effects of temperature and gas mixtures on the production of volatile substances by apples during storage. J. Pom. a. Hort. Sci **23**, 171 (1947). — POWELL, G. H.: Report of the horticulturist. Delaware Exp. Stat. Ann. Rep. **13** (1902). — POWER, F. B and V. K. CHESTNUT: (1) The odorous constituents of apple. Emanation of acetaldehyde from the ripe fruit. J. Amer. chem. Soc. **42** (1920); (2) The odorous constituents of peaches. Ebenda **43**, 1725 (1921); (3) The odorous constituents of apples. II. Evidence of the presence of geraniol. Ebenda **44**, Nr. 12 (1922). — PRESCOTT, E. E.: Pollination of pear blossoms. J. agric. Victoria **9**, 1 (1911). — PRYWER, C.: Cytological studies of some species of the genus *Prunus*. Acta Soc. Bot. Poloniae **13**, 51 (1936).

RAGLAND, C. H.: The development of the peach fruit, with special reference to split-pit and gumming. Proc. Amer. Soc. Hort. Sci. **31**, 1 (1934). — RAMSEY, H. J., A. W. MACKAY, E. L. MARKELL and H. S. BIRD: The handling and storage of apples in the Pacific Northwest. U. S. D. A. Bull. **587** (1917). — RAWES, A. G.: (1) Pollination in orchards. Selffertility and selfsterility in plums. J. Roy. Hort. Soc. **46**, 353 (1921); (2) Pollination in orchards. J. Roy. Hort. Soc. 288 (1933). — REINECKE, O. S. H.: Field and laboratory studies of the pollination requirements of varieties of deciduous fruit trees grown in South Africa. U. S. Africa Dep. Agric. Sci. Bull. **90** (1930). REITBERGER, A.: Die Chromosomenzahl von Südtiroler Apfelsorten. Ztsch. f. Pflanzenzüchtung **30**, 276 (1951). — RIVIERE, G. et G. BAILHACHE: Etude relative à la progression ascendante du sucre et à la progression descendante de l'acidité dans les fruits du poirier depuis leur formation jusqu'à leur maturité. J. Soc. Nat. Hort. France **4**, 9. sér. (1908).— ROBERTS, R. H.: (1) Better cherry yield in Wisconsin. Wisconsin Agric. Exp. Stat. Bull. **344** (1922); (2) The development and winter injury of cherry blossom bud. Wisconsin Stat. Res. Bull. **52**, 1 (1922); (3) Pollination and the dropping of apples. Amer. Fruit Grower **45** (1925); (4) Apple physiology: Growth, composition and fruiting responses in apple trees. Wisconsin Stat. Res. Bull. **68**, 1 (1926). — ROBERTS, R. H. and B. E. STRUCKMEYER: Notes on pollination with special reference to Delicious and Winesap. Proc. Amer. Soc. Hort. Sci. **51**, 54 (1948). — ROH, L. M.: (1) Über die Keimfähigkeit und Fertilität des Pollens bei verschiedenen Obstbäumen. Arbeiten der Mleever Gartenbauversuchsstat. Sekt. Obstbau Nr. 14, 74 S. (1929); (2) Über die Befruchtungsverhältnisse bei verschiedenen Obstbäumen. Ebenda Nr. 15, 100 S. (1929); (3) Zum Studium der Beeinflussung der Bestäuber auf die Entwicklung der Früchte und Samen bei den bestäubten Sorten. Ebenda Nr. 23, 250 S. (1929). — ROSCOE, M. V.: The chromosomal constitution of certain cultivated apple varieties. J. Genet. **28**, 157 (1933). — RUDLOFF, C. F.: Die Befruchtungsverhältnisse bei unseren Obstarten. II. Pflaumen. Züchter **6**, 121 (1934). — RUDLOFF, C. F. u. H. SCHANDERL: (1) Befruchtungsbiologische Studien an Zwetschgen, Pflaumen, Mirabellen und Reineclauden. I. Gartenbauwiss. **7**, 421 (1933); (2) Befruchtungsbiologische Studien an Äpfeln. Gartenbauwiss. **11**, 251 (1937); (3) Befruchtungsbiologische Studien an Zwetschgen, Pflaumen, Mirabellen und Reineclauden. II. Gartenbauwiss. **10**, 669 (1937). — RUDLOFF, C. F. u. M. SCHMIDT: Befruchtungsbiologische Studien an *Malus-*, *Pirus-* und *Prunus*arten. Gartenbauwiss. **12**, 145 (1938). — RYBIN, V. A.: (1) Cytological investigations of the genus *Malus* (preliminary account). Bull. Appl. Bot. a. Plant Breeding **16**, 187 (1926); (2) On the number of chromosomes observed in the somatic and reduction division of the cultivated apple in connection with pollensterility of some of its varieties. Ebenda **17**, 101 (1927); (3) Spontane und experimentell erzeugte Bastarde zwischen Schwarzdorn und Kirschpflaume und das Abstammungsproblem der Kulturpflaume. Planta, Arch. wiss. Bot. **25**, 22 (1936).

SACHOFF, TH.: Untersuchungen über die Fruchtbarkeit der Süßkirschen-, Sauerkirschen-, Zwetschgen- und Pflaumensorten. Bulg. Landw. Ges. Wissensch. Arbeit. **27** (1931). — SANDSTEIN, E. P.: Some conditions that influence the germination and fertility of the pollen. Exp. Stat. Res. Bull. Wisconsin U. S. A. **4** (1909). — SARTORIUS, O.: Zur Entwicklung und Physiologie der Rebenblüte. Angew. Bot. **8**, 30 (1926). — SAX, K.: (1) Studies in orchards management. II. Factors influencing fruit development of the apple. Maine Stat. Bull. **298**, 53 (1921); (2) Sterility relationship in Maine apple varieties. Ebenda **307**, 61 (1922). — SCHAER, E.: Pflaumen- und Zwetschgensorten der Schweiz. Verbandsdruckerei A.-G. Bern 1952. — SCHANDERL, H.: (1) Untersuchungen über die Befruchtungsverhältnisse bei Stein- und Kernobst in Westdeutschland. Gartenbauwiss. **6**, 196 (1932); (2) Über eine selbststerile Spielart der Schattenmorelle. Ebenda **8**, 135 (1933); (3) Befruchtungsbiologische Studien an Birnen. Ebenda **11**, 297 (1937); (4) Die Entwicklungsgeschichte des Embryos bei den Rosaceengattungen *Prunus*, *Pirus* und *Malus*. Züchter **20**, 206 (1949). — SCHELHORN, M. VON: Über eine triploide Vogelkirsche. Züchter **17/18**, 232 (1947). — SCHUSTER, C. E.: (1) Pollination of the sweet cherry. Oregon Agric. Exp. Stat. Circ. **27** (1922); (2) New problems found in cherry pollination. Better Fruit **19**, 7, 8, 19 (1924); (3) Pollination and growing of the cherry. Oregon Stat. Bull. **212**, 4 (1925). — SEELIGER, R.: Die Keimfähigkeit des Pollens von Apfel- und Birnsorten und ihre Bedeutung für den Obstbau. Prov.-sächs. Z. Obst-, Wein- und Gartenbau **26**, 221 (1925). — SHAW, J. K.: Climate adaptations of apple varieties. Massachusetts Agric. Exp. Stat. Rep. **23**, 177 (1911). — SHAW, P. J.: Blooming data of Nowa Scotia apples. Nowa Scotia Sec. Agric. Ann. Rep. **1921**, 66. — SHOEMAKER, S. H.: (1) The significance of chromosome studies in fruit breeding. Sci. Agric. **6**, 47 (1925); (2) Pollen development in the apple with special reference to chromosome behaviour. Bot. Gaz. **81**, 148 (1926); (3) Cherry pollination studies. Ohio Agric. Exp. Stat. Bull. **422** (1928). — SINGH, S.: Behaviour studies of honeybees in gathering nectar and pollen. Mem. Cornell Univ. Agric. Exp. Stat. No. 288 (1950). — SIRKS, J. M.: De Verklaring der Zelfsteriliteit als erfelijk Verschijnsel. Landbouwkundig Tijdschr. **39**, 1 (1927). — SISLER, G. P. and E. L. OVERHOLSER: Influence of climatic conditions on date of full bloom of Delicious apples in the Wenatchee Valley. Proc. Amer. Soc. Hort. Sci. **43**, 29 (1943). — SMITH, C.: A pistillate *Prunus*. J. Hered. **18**, 537 (1927). —

SMITH, W. H.: (1) Anatomy of the apple fruit. Rep. Food. Inv. Board for **1936**, 137 (1937); (2) Anatomy of the apple fruit. Rep. Food Inv. Board for **1937**, 127 (1938); (3) Cellmultiplication and cell-enlargement in the development of the flesh of the apple fruit. Ann. Bot. NS **14**, 23 (1950). — SMOCK, R. M.: The physiology of deciduous fruits in storage. Bot. Rev. **10**, 551 (1944). — SMOCK, R. M. and A. M. NEUBERT: Apples and apple products. Interscience Publishers, Inc. New York (1950). — SMOCK, R. M. and C. R. GROSS: Studies on respiration of apples. Cornell Agric. Exp. Stat. Mem. **297** (1950). — SNYDER, W. P.: Chemical and physical changes in apples during the ripening and storage period. Trans. Ind. Hort. Soc. **1916**, 408. — SOUTHWICK, L.: Comparative results with sprays and dusts in controlling the pre-harvest drop of apples. Proc. Amer. Soc. Hort. Sci. for 1943, **42**, 199 (1943). — SPEYER, W.: Die klimatischen und parasitären Faktoren im Ursachenkomplex der Obstfehlernten an der Niederelbe. Arb. biol. Reichsanst. **17**, H. 5 (1929). — SPRENGER, A. M.: (1) Die Unfruchtbarkeit der Kirschen in Südlimburg in Holland. De Veldboder 1908; (2) Selbstunfruchtbarkeit und Kreuzbestäubung von einigen Kirschensorten in Zeeland. Landbouwkundig Tijdschr. **39** (1927). — SPRENGER, A. M. u. A. K. ZWEEDE: Zelfsteriliteit en Kruisbestuiving van eenige Kersensorten in Zeeland. Maandbl. nederl. Genootschap Landbouwetenschap **39** (1927). — STADTHOUDERS, P. J.: De overdracht van het stuifmeel bij de kruisbestuiving van vruchtbomen. Med. Dir. Tuinbouw **12**, 821 (1949). — STALFELT, M. G.: (1) Pollineringsundersökningar 1919. Sver. pomol. Fören. Arsskr. **21** (1920); (2) Selvfertilitet, selvsterilitet och parthenokarpi hos vara fruktsorter. Ebenda **22** (1921). — STEINEGGER, P.: (1) Cytologisch bedingte Ei- und Zygotensterilität bei triploiden Apfelsorten. Ber. Schweiz. bot. Ges. **41**, 119 (1932); (2) Cytologisch bedingte Ei- und Zygotensterilität bei triploiden Apfelsorten. Ber. Schweiz. bot Ges. **42**, 285 (1933). — STOUT, A. B.: (1) Selfincompatibility in wild species of apples. J. New York bot. Gard. **26**, 25 (1921); (2) Types of sterility in plants and their significance in horticulture. Mem. New York Hort. Soc. **3**, 3 (1927). — STUMMER, A. u. F. FRIMMEL: Über Xenien und die Möglichkeit ihres Vorkommens im Obst- und Weinbau. J.ber. Landeswinzer- u. Obstbauschule Nikolsburg **1928/29, 1929/30** (1930), 8 S. — SUTTON, IDA: (1) Report on tests of selfsterility in plums, cherries and apples at the John Innes Hort. Inst. J. Genet. **7**, 281 (1918); (2) Report on testsg of selfsterility in plums, cherries and apples at the John Innes Hort. Inst. J. Pom. a. Hort. Sci. **1**, 1 (1920). — SWARBRICK, T.: The prevention of pre-harvest drop in apples. A. R. Long Ashton Agric. Hort. Stat. for 1944, 30 (1944). — SWINGLE, W. T.: Metaxenia in the date palm possibly a hormon action by the embryo or endosperm. J. Hered. **19**, 257 (1928).

TARR, L. W.: Changes in chemical composition of peaches. Delaware Stat. Bull. **129** (1921). — TAVERNIER, J. et P. JACQUIN: (1) Sur la composition de l'acidité organique du moût des pommes. C. r. Ac. Sci. **225** 1373 (1947); (2) Sur la présence de l'acide citrique dans la poire. Teneur comparative des mouts des poires en acide citrique et malique. C. r. Ac. Sci. **1948, 226**, 1393. — TETLEY, URSULA: A study of the anatomical development of the apple and some observations on the pectic constituents of the cell walls. J. Pom. a. Hort. Sci. **8**, 153 (1930). — THATCHER, R. W.: Enzymes of apples and their relation to the ripening process. J. Agric. Res. **5**, 103 (1915). — THOMPSON, F. and A. C. WHITTIER: Forms of sugar found in common fruits. Proc. Amer. Soc. Hort. Sci. **9**, 16 (1912). — TINDALE, G. B., S. A. TROUT and F. E. HUELIN: Investigations on the storage, ripening and respiration of pears. J. Dep. Agric. Victoria **36**, 1 (1938). — TRABUT, L.: *Pyronia*. J. Hered. **7**, 416. — TRUELLE, A.: La situation des terrains a-t-elle de l'influence sur la richesse saccharine des pommes à cidre? Ann. Sci. agron. Franc. et Etrang. **36**, 107 (1919). — TSCHUMI, E.: Mehr Zweckmäßigkeit im Feldobstbau. Buchdruckerei Flawil (Schweiz) (1927). — TUFTS, W. P.: (1) Almond pollination. California Stat. Bull. **306**, 337 (1919); (2) Pollination of the Bartlett pear. California Agric. Exp. Stat. Bull. **307** (1919). — TUFTS, W. P., A. H. HENDRICKSON and G. L. PHILP: Field studies of the pollination requirements of certain deciduous fruits under California conditions. Mem. Hort. Soc. New York **3**, 171 (1927). — TUFTS, W. P. and G. L. PHILP: (1) Almond pollination. California Exp. Stat. Bull. **346** (1922); (2) Pear pollination. Ebenda **373** (1923); (3) Pollination of the sweet cherry. California Agric. Exp. Stat. Bull. **385** (1925). — TUFTS, W. P. and C. J. HANSEN: Xenia and metaxenia in the Bartlett pear. Proc. Amer. Soc. Hort. Sci. **30**, 134 (1933). — TUKEY, H. B.: (1) An experience with pollinizers of cherries. Proc. Amer. Soc. Hort. Sci. **21** 69 (1924); (2) The viability of seed of certain cherry varieties. Ebenda **24**, 129 (1927); (3) Artificial culture of sweet cherry embryos. J. Hered. **2**, 47 (1933); (4) Artificial culture methods for isolated embryos of deciduous fruits. Proc. Amer. Soc. Hort. Sci. **32**, 313 (1934). — TUKEY, H. B. and J. O. YOUNG: Gross morphology and histology of developing fruit of the apple. Bot. Gaz. **104**, 3 (1942). — TYDEMAN, H. M.: The Influence of different pollen on the growth and development of the fruit in apples and pears. I. A progress report on experiments carried out during 1937. Rep. East Malling Res. Stat. for 1937, **25**, 117 (1938); II. Fruit size and seed content in relation to fruit drop. Rep. East Malling Res. Stat. for 1943, **31**, 31 (1944).

ULRICH, R.: (1) Réaction des fruits aux blessures expérimentales. Rev. gén. Bot. **48 et 49**, 190 (1936); (2) La vie des fruits. Masson et Cie., Editeurs, Paris (1952). — ULRICH, R., J. RENAC et J. LAFOND: (1) Observations sur la conservation et le métabolisme des pommes Calvil l entreposées à +10°, de la récolte à la sénenscence. C. r. Acad. Agric. **35**, 482 (1949); (2) Observations de l'année 1948 sur la réfrigération des poires Williams. Rev. gén. Froid **1949**, 445. — USHIKOSHI, M. and K. TOKUYASU: Studies on pollination and fertilization in pears. J. Okitsu Hort. Soc. **25**, 135 (1930).

VAN STUIVENBERG, J. H. M.: Het bespuiten van vruchtboomen met groeistoffen mit het doel parthenocarpie te induceeren en den laten val te beeinvloeden. Meded. Labor. voor tuinbouwplantenteelt, Wageningen, No. 35. De Fruitteelt **30** (1940) und **31** (1941). — VEH, R. VON: Ergebnisse einer entwicklungsgeschichtlich-cytologischen Untersuchung der Samenanlagen der Apfelsorte „Schöner von Boskoop". Züchter **5**, 77 (1933). — VILLIERS, F. J. DE: The power of leaves to withdraw moisture from the fruit and the consequent effects. S. Afric. J. Sci. **24**, 318 (1927). — VINCENT, C. C.: (1) Apple pollination studies in Idaho. Better Fruit **14**, 11 (1920); (2) Suggestions on cherry production. Washington State Hort. Assoc. Proc. **17**, 139 (1921). — VISSER, T.: Bloembiologie en Kruisingstechniek bij Appel en Peer. Meded. **14**, 707 (1951). — VYVYAN, M. A.: Fruit fall and its control by synthetic growth substances. Imp. Bur. Hort. a. Plant. Crops. Techn. Com. **18**. (1946). — VYVYAN, M. C. and H. W. BARLOW: Use of sprays to control fruit drop. II. Effect of adding naphtalene-acetic acid (NAA) to a routine june spray. Rep. East Malling Res. Stat. for 1947, **35**, 101 (1948).

WAITE, M. B.: (1) The pollination of pear flower. U. S. Dep. Agric. Div. Veget. Pathol. Bull. **5** (1894); (2) The pollination of pomaceous fruits. Yearbook Dep. Agric. **1898**. — WALLACE, T.: Factors influencing the storage qualities of fruits. Proc. 1st Imper. Hort. Conf., Part. III, 9 (1930). — WALLIS, E.: Sterility in fruit trees. J. Dep. Agric. Victoria **9**, 10 (1911). — WANSCHER, J. H.: Contributions to the cytology and life history of apple and pear. Yearbook Roy. Vet. a. Agric. Coll., Copenhagen 21 (1939). — WARCOLLIER, G.: Cause de la présence de quantités anormales d'amidon dans les pommes meurtries. C. r. Acad. Sci. **141**, 405 (1905). — WAUGH, F. A.: (1) The pollination of plum. Vermont Agric. Exp. Stat. Bull. **53** (1906); (2) Problems in plum pollination. Vet. Agric. Exp. Stat. Rep. **1897**-99; (3) Report of the Horticulturist. The pollination of apples. Ann. Rep. Vet. Agric. Exp. Stat. **13, 1899–1900**, 302 (1901). — WATKINS, A. E.: Genetical and cytological studies in Wheat. II. J. Genet. **15**, 323 (1925). — WEBSTER, R. L., H. S. TELFORD and H. F. MENKE: Bees and pollination problems. Stat. Circ. State Coll. Washington No. 75 (1949). — WEGER, N.: Witterung und Blühbeginn bei Obstbäumen. Dtsch. Obstbau **58**, 4 (1943). — WELLINGTON, R.: Selfsterility and selffertility of fruit varieties grown in New York. New York State Stat. Circ. **71** (1923), 6 S.; (2) Results obtained in breeding plums. Proc. Amer. Soc. Hort. Sci. **23**, 51 (1926); (3) An experiment in breeding plums. New York State Stat. Techn. Bull. **127** (1927), 166 S.; (4) The results of crosspollination between different varieties of apples, pears, plums and cherries. Mem. Hort. Soc. New York **3**, 165 (1927). — WELLINGTON, R., A. B. STOUT, O. EINSET and L. M. VAN ALSTYME: Pollination of fruit trees. New York State Stat. Bull. **577** (1929), 54 S. — WENTWORTH, S. W.: Apple pollination studies in Maryland. Proc. Amer. Soc. Hort. Sci. **30**, 17 (1933). — WERTH, E.: Zur Kenntnis der Blüten- und Fruchtschädigungen der Obstgewächse. Angew. Bot. **7**, H. 3 (1925). — WHIPPLE, O. B.: Winter injury to the fruit in the cluster on the form of the McIntosh and the Wealthy apple. Mont. Agric. Exp. Stat. Bull. **91**, 43 (1912). — WICKS, W. H.: (1) Blooming period of the apple in Northwest Arkansas. Arkansas Stat. Bull. **134**, 3 (1917); (2) The effect of crosspollination on size, color, shape and quantity of the apple. Ebenda **143** (1918). — WIDDOWSON, E. M.: Chemical studies in the physiology of apples. XIII. Ann. Bot. **46**, 597 (1932). — WILSON, G. F.: Pollination of hardy fruits: Insect visitors to fruit blossom. Ann. Appl. Biol. **16**, H. 3 (1929). — WINKLER, H.: Verbreitung und Ursache der Parthenogenesis im Pflanzen- und Tierreiche. Jena: Gustav Fischer 1920, 231 S.

ZANDER, E.: (1) Obstbau und Bienenzucht. Stuttgart: Eugen Ulmer 1921; (2) Die Bedeutung der Bienen für die Frucht- und Samenbildung unserer Nutzpflanzen. Erl. Jb. Bienenkde. **2** (1924); (3) Zur Förderung einer zeitgemäßen Bienenzucht. Ebenda **8** (1930); (4) Bienenkunde im Obstbau. Stuttgart: Verlag Ulmer 1943. — ZANON, K. W.: Befruchtungsbiologische Untersuchungen an Südtiroler Apfelsorten. Der Züchter **20**, 267 (1950). — ZEDERBAUER, E.: Apfelxenien. Fortschr. Landw. **1**, 1 (1926). — ZIEGLER, A. u. P. BRANSCHEIDT: Pollenphysiologische Untersuchungen an Kern- und Steinobstsorten in Bayern und ihre Bedeutung für den Obstbau. Berlin: Parey 1927, 104 S.

Zu Abschnitt V. Die Beziehungen zwischen dem vegetativen Wachstum, der Anlage von Blüten und der Fruchtbildung.

ALDRICH, W. W.: Effect of fruit thinning upon carbohydrate accumulation, formation of fruit buds and set of bloom in apple trees. Proc. Amer. Soc. Hort. Sci. **28**, 599 (1932). — AMOS, J., R. G. HATTON, T. N. HOBLYN and R. C. KNIGHT: The effect of scion on root. II-Stem worked apples. J. Pom. a. Hort. Sci. 8, 248 (1930). — AUCHTER, E. C. and A. L. SCHRADER: Fruit spur growth and fruit spur production. Proc. Amer. Soc. Hort. Sci. 20, 127 (1923).

BANE, W. A., F. H. BEARD and A. F. WET: A comparison of the root systems of mature trees of Bramleys Seedling and Worcester Pearmain on various rootstocks. East Malling Res. Stat. Ann. Rep. for 1934, 90 (1935). — BATJER, L. P., H. H. MOON and C. F. KINMAN: Apple thinning with caustic sprays applied during the bloom period. Proc. Amer. Soc. Hort. Sci. 46, 94 (1945). — BEAKBANE, A. BERYL: Anatomical studies of stems and roots of hardy fruit trees. J. Pom. a. Hort. Sci. 18, 344 (1941).

DE HAAS, P. G.: Vegetativ vermehrbare Birnenunterlagen. Züchter 17/18, 402 (1947).— DORSEY, M. J. and R. L. McMUNN: Tree-conditioning the peach crop. Univ. Illinois Agric. Exp. Stat. Bull. 507, 325 (1944).

FLOOR, IR. J.: Onderstammen-Onderzoek. Meded. 14, 679 (1951). — FLORY, W. S. and R. C. MOORE: An early post-blossom thinning agent for York apples. Proc. Amer. Soc. Hort. Sci. 49, 33 (1947). — FRIEDRICH, G.: Untersuchungen über die Trieb- und Ertragsleistungen einiger Apfelsorten auf verschiedenen Malusunterlagen in Mitteldeutschland. Wiss. Z. der Martin-Luther-Univ. Halle-Wittenberg 2, 339 (1952/53). — FRITZSCHE, R.: (1) Der Wechsel von Tragjahren und Ausfalljahren bei unseren Obstbäumen. Schweiz. Z. Obst- und Weinbau 58, 397 (1949); (2) Weitere Mitteilung zu den Versuchen zur Behebung der abwechselnden Tragbarkeit bei Apfelbäumen mit Hilfe von Spritzmitteln. Schweiz. Z. Obst- und Weinbau 60, 207 (1951). — FRITZSCHE, R. u. K. STOLL: Regulierung des Fruchtansatzes an Apfelbäumen mit Hilfe von Spritzmitteln. Schweiz. Z. Obst- und Weinbau 59, 438 (1950).

GARDNER, V. R., T. A. MERRILL and H. G. PETERING: Thinning the apple crop by spray at blooming: A preliminary report. Proc. Amer. Soc. Hort. Sci. 37, 147 (1939). — GRUBB, N. H.: Fruit research. I. B. Double working of apples and pears. East Malling Res. Stat. Ann. Rep. for 1923, 83.

HARLEY, C. P. u. Mitarbeiter: (1) Fruit thinning and biennial bearing in Yellow Newton apples. Proc. Amer. Soc. Hort. Sci. for 1933, 30, 330 (1934); (2) Fruit thinning and biennial bearing on individual main leaders of Yellow Newton apples. Ebenda for 1934, 32, 43 (1935); (3) Thinning apples with reference to alternate bearing. Proc. Washington State Hort. Assoc. 33, 27 (1937); (4) Investigations on the cause and control of biennial bearing of apple trees. U. S. Dep. Agric. Techn. Bull. 792, 1 (1942). — HATTON, R. G.: (1) A first report on quince stocks for pears. J. Roy. Hort. Soc. 45, 269 (1920); (2) Results of researches on fruit tree stocks at East Malling. J. Pom. a. Hort. Sci. 2, 1 (1920); (3) Rootstocks for the stone fruits. J. Pom. a. Hort. Sci. 2 (1921); (4) The influence of rootstock upon the tree-fruits. Proc. of 7th Intern. Hort. Congr. Amsterdam 1923, 94; (5) The influence of different rootstocks upon the vigour and productivity of the variety budded or grafted thereon. J. Pom. a. Hort. Sci. 6, 1 (1927); (6) The behaviour of certain pears on various quince rootstocks. Ebenda 7, 216 (1928); (7) „Free" or seedling rootstocks in use for preliminary testing. Ebenda 11, 305 (1933); (8) Rootstocks for pears. Ann. Rep. East Malling 22, 75 (1934); (9) Apple rootstock studies. J. Pom. a. Hort. Sci. 13, 293 (1935); (10) Plum rootstock studies: Their effect on the vigour and cropping of the scion variety. Ebenda 14, 97 (1936). — HEARMAN, J.: The northern spy as a rootstock when compared with other standardized european rootstocks. Ebenda 14, 246 (1936). — HIBBARD, AUBREY, D. and A. E. MURNEEK: Thinning peaches with hormone sprays. Proc. Amer. Soc. Hort. Sci. 56, 65 (1950). — HILKENBÄUMER, F.: Die gegenseitige Beeinflussung von Unterlage und Edelreis bei den Hauptobstarten im Jugendstadium unter Berücksichtigung verschiedener Standortsverhältnisse. Kühn-Arch. 58 (1942). — HOFFMAN, M. B.: Thinning Wealthy apples at blossom time with a caustic spray. Proc. Amer. Soc. Hort. Sci. 40, 95 (1942). — HOFFMAN, M. B., F. W. SOUTHWICK and L. J. EDGERTON: A comparison of two types of materials for the chemical thinning of apples. Proc. Amer. Soc. Hort. Sci. 49, 37 (1947). — HOOKER, H. D.: Annual and biennial bearing in York apples. Missouri Stat. Res. Bull. 75, 3 (1925). — HOWLETT, F. S.: Dinitro compounds employed as sprays to reduce fruitset in the apple. Proc. Amer. Soc. Hort. Sci. 42, 151 (1943). — HÜLSMANN, B.: (1) Selektion von Obstunterlagenklonen. Züchter 17/18, 224 (1947); (2) Die gegenseitige Beeinflussung von Unterlage und Edelreis bei den Hauptobstarten in der Baumschule. Ebenda 19, 14 (1948); (3) Erste Veredlungsversuche mit Apfelunterlagenklonen aus *Malus baccata*. Ebenda 19, 254 (1949).

JOHANSSON, E.: (1) Grundstamstypen A 2 till äpple (Apple rootstock A 2). Sverig. pomol. Fören. Ársskr. 49, 71 (1948); (2) Kromosomtal hos plantor av äpple och päron ur korsningar mellan olika sorter. Meddelanden Fran Perm. Komm. för Fruktodlingsförsök 44, 1 (1938).

KEMMER, E.: Die Steinobstunterlagen. Inst. f. Obstbau, Univ. Berlin, 7. Merkbl. (1938). — KEMMER, E. u. F. SCHULZ: (1) Die Bedeutung des Kernobstsämlings als Unterlage. Landw. Jb. 83, 297 (1936); (2) Versuche mit *Pirus baccata*-Unterlagen. Gartenbauwiss. 15, 526 (1941); (3) Die Bedeutung des Sämlings als Unterlage (Baumschulstadium). Gartenbauwiss. 18, 59 (1943). — KENWORTHY, A. L.: A spray mixture useful to thin apples after bloom. Proc. Amer. Soc. Hort. Sci. 49, 35 (1947). — KNIGHT, R. C.: (1) Preliminary observations on the causes of stock influence in apples. East Malling Res. Stat. Ann. Rep. for 1925. II. Suppl. 51 (1927); (2) The influence of winter stem pruning on subsequent stem and root development of the apple. J. Pom. a. Hort. Sci. **12**, 1 (1934). — KOBEL, F.: Cytologische Untersuchungen an Prunoideen und Pomoideen. Arch. Julius-Klaus-Stiftung Zürich **3**, 1 (1927). — KÜPPERS, H. u. F. HILKENBÄUMER: Selektion von Vogelkirschen *(Prunus avium)* als Kirschenunterlage. Züchter **19**, 333 (1949).

LUCKWILL, L. C.: (1) Trials with growth substances as fruit-thinning agents. Ann. Rep. Long Ashton, S. 33 (1951); (2) The effect of growth substances applied at full bloom on fruit set and fruit drop in the apple. Ann. Rep. Long Ashton, S. 25 (1948).

MAGNESS, J. R., L. A. FLETSCHER and W. W. ALDRICH: Time during which fruit buds formation in apples may be influenced in the Shenandoah-Cumberland fruit districts. Proc. Amer. Soc. Hort. Sci. for 1933, **30**, 313 (1934). — MITSCHURIN, I. W.: Gedanken und Erkenntnisse. Gartenbauverlag Trowitsch & Sohn, Frankfurt a. d. O.-Berlin-Posen (1943). — MÜLLER, H.: Pillnitzer vegetativ vermehrte Birnenunterlagen. Züchter **20**, 352 (1950).

PASSECKER, F.: Vermehrungs- und Züchtungsfragen bei der Aprikose. Züchter **17/18**, 277 (1947). — POTTER, G. F.: Biennial bearing of McIntosh. Proc. Amer. Soc. Hort. Sci. **34**, 139 (1937).

ROBERTS, R. H.: Off-year apple bearing and apple spur growth. Wisconsin Stat. Bull. **317** (1920). — ROACH, W. A.: The chemistry of rootstock-scion effect. I. The elements absorbed from the soil. East Malling Res. Stat. Ann. Rep. for 1928—30, 101, II. Suppl. (1931). — ROGERS, W. S.: Rootstock effect on colour and size of apples. East Malling Res. Stat. Ann. Rep. for 1925. II. Suppl. 16 (1927). — ROGERS, W. S. and M. C. VYVYAN: (1) The root system of some ten-year-old apple trees on two different rootstocks, and their relation to the tree performance. East Malling Res. Stat. Ann. Rep. for 1926/27. II. Suppl. 31 (1928); (2) Rootstudies. V. — Rootstock and soil effect on apple root systems. J. Pom. a. Hort. Sci. **12**, 110 (1934). — RUDLOFF, C. F. u. H. SCHANDERL: Die Befruchtungsbiologie der Obstgewächse. 3. Aufl. 1950. Stuttgart: Ulmer.

SINGH, L. B.: (1) Studies in Biennial Bearing. III. Growth studies in „On" and Off Year Trees. J. Hort. Sci. **24**, 123 (1948); (2) Studies in Biennial Bearing. IV. Bud-Rubbing, Blossom, Thinning and Defoliation as possible control measures. Ebenda **24**, 159 (1948); (3) Studies in Biennial Bearing. Ebenda **24**, 45 (1948). — SOUTHWICK, F. W. and W. D. WEEKS: (1) Some attempts to thin apples with naphtaleneacetic acid type materials after calyx. Proc. Amer. Soc. Hort. Sci. **56**, 70 (1950); (2) Chemical thinning of apples at blossom time and up to four weeks from petal fall. Ebenda **53**, 143 (1949). — STEBBENS, T. C., A. L. NEAL and V. R. GARDNER: Thinning apples at blossom time with growth regulating substances and oil-wax emulsions. Ebenda **48**, 63 (1946). — STRUCKMEYER, B. ESTHER and R. H. ROBERTS: A possible explanation of how naphtalene acetic acid thins apples. Ebenda **56**, 76 (1950). — SWARBRICK, TH.: Biennial bearing of apples trees. Ann. Rep. Long Ashton, S. 37 (1933).

TSUIN SHEN: The influence of leaf fruit ratio on alternate bearing in the apple. Proc. Amer. Soc. Hort. Sci. **38**, 127 (1941). — TUKEY, H. B. and K. B. BRASE: An uncongeniality of the McIntosh apple when top-worked onto Virginia Crab. Proc. Amer. Soc. Horst. Sci. **43**, 139 (1943). — TYDEMAN, H. M.: Trials with new quince rootstocks. Rep. East Malling Res. Stat. for 1948, **36**, 68 (1949).

VRIJHOF, B.: Chemische Bloemdunning op enige appelrassen in Zeeland. Meded. **13**, 299 (1950). — VRIJHOF, B. u. L. C. OELE: Chemische Bloemdunning op appels, peren en pruimen. Ebenda **14**, 232 (1951). — VYVYAN, M. C.: (1) The distribution of growth between roots, stem and leaves in young apple tree and its possible bearing on the problem of stock effect on the tree vigour. East Malling Res. Stat. Ann. Rep. for 1933, 122 (1934); (2) The effect of scion on root. III.-Comparison of stem and root worked trees. J. Pom. a. Hort. Sci. **8**, 259 (1930).

WARNE, L. G. G. and T. WALLACE: The composition of the terminal shoots and fruits of two varieties of apple in relation to rootstock effects. J. Pom. a. Hort. Sci. **13**, 1 (1935).

Zu Abschnitt VI. Die Züchtung neuer Sorten.

ALDERMAN, W. H.: New fruits produced at the University of Minnesota fruit breeding farm. Univ. Minnesota Agric. Exp. Stat. Bull. **230** (1926). — AUCHTER, C. E.: A preliminary report on apple and pear breeding in Maryland. Amer. Soc. Hort. Sci. Proc. **17**, 19 (1920).

BAKKE, A. L., A. W. RICHEY and K. REEVES: Germination and storage of apple seeds. Iowa Stat. Res. Bull. **97**, 241 (1926). — BECKER, JOSEPH: (1) Ein Beitrag zur Züchtung der Pfirsiche. Gartenwelt **27**, 274, 285 (1923); (2) Über vegetative Bastardaufspaltung. Z. Pflanzenzüchtung **8**, 402 (1922). — BERGSTROEM, INGRID: Tetraploid apple seedlings obtained from the progeny of triploid varieties. Hereditas **24**, 210 (1938). — BLAKE, M. A. and C. H. CONNORS:

Report on horticultural investigations. New Jersey Stat. Rep. **1915**, 37, 53. — BLASER, H. W.: Flower structure in periclinal chimeras of apples. Amer. J. Bot. **37**, 297 (1950). — BLASER, H.W. and J. EINSET: Leaf development in six periclinal chromosomal chimeras of apple varieties. Amer. J. Bot. **35**, 473 (1948). — BRINGE, H. F.: Rödt Fuhreple. Norsk Havetidende **1919**, 35.

CARRIERE, E. A.: Un pommier hétéromorphe. Revue horticole **1881**, 54. — CASTLE, W. E.: An apple-chimaera. J. Hered. **5**, 200 (1914). — CHITTENDEN, R. J.: Vegetative Segregation. Bibl. Genet. **3**, 328 (1921). — CONNORS, C. H.: (1) Report on horticultural investigations. New Jersey Stat. Rep. **1919**; (2) Some notes on the inheritance of unit characters in the peach. Proc. Amer. Soc. Hort. Sci. **16**, 24 (1919); (3) Inheritance of the foliar glands of the peach. Ebenda **18**, 20 (1921); (4) Further notes on peach breeding. Ebenda **25**, 125 (1928); (5) Peach breeding — a summary of results. Proc. Amer. Soc. Hort. Sci. **19**, 108 (1922). — CRANE, M. B.: Experiments in breeding plums with a note of peaches. J. Pom. a. Hort. Sci. **2**, 137 (1921). — CRANE, M. B. and W. J. C. LAWRENCE: (1) Genetical studies on cultivated apples. J. Genet. **28**, 265 (1933); (2) The genetics of garten plants. London: McMillan & Co. Ltd. (1947). — CRANE, M. B. and D. LEWIS: Genetical studies in pears. II. A classification of cultivated varieties. J. Pom. a. Hort. Sci. **18**, 52 (1940). — CRANDALL, C. S.: (1) The apple cross Tolman × *Malus toringo*. Proc. Amer. Soc. Hort. Sci. **16**, 60 (1919); (2) Observations on characters of forms of *Malus*. Ebenda **16**, 131 (1919); (3) Native crabs: Their behaviour in breeding. Illinois Stat. Bull. **311**, 533 (1928). — CROOKER, W.: Storage, afterripening and germination of apple seeds. Amer. J. Bot. **15**, 625 (1928). — CUMMINGS, M. B.: Apple scion selection from high and low yielding parent trees. Vermont Agric. Exp. Stat. Bull. **221**, 36 (1921). — CUMMINGS, M. B. and E. W. JENKINS: First twenty years of a variety apple orchard, apple scion selection. Ebenda **255**, 32 (1926).

DAHLGREN, K. V. OSSIAN: Eine Sektorialchimäre vom Apfel. Hereditas **9**, 335 (1927). — DANIEL, L.: (1) Un nouvel hybride de greffe: le néflier de Lagrange. Rev. Bret. Bot. **4**, 136 (1909); (2) On the stability and heredity of *Crataegomespilus* and of *Pirocydonia*. C. r. Acad. Sci. Paris **169**, 513 (1919). — DARLINGTON, C. D.: (1) The behaviour of polyploids. Nature **1927**, S. 3; (2) Studies in *Prunus* I and II. J. Genet. **19**, 213, 256 (1928); (3) Studies in *Prunus* III. Ebenda **22**, 65 (1930); (4) Pear-apple Hybrids. John Innes Hort. Inst. Ann. Rep. for 1952, 7 (1953). — DARLINGTON, C. D. and A. A. MOFFETT: Primary and secondary chromosome balance in *Pyrus*. J. Genet. **22**, 129 (1930). — DE HAAS, P. G.: Vegetativ vermehrbare Birnenunterlagen. Züchter **17/18**, 402 (1947). — DORSEY, M. J.: Bud variation as a practical asset in horticulture. Minnesota Hort. **46**, 304 (1918). — DORSEY, M. J. and J. BUSHNELL: Plum investigations. II. The inheritance of hardiness. Minnesota Stat. Techn. Bull. **32**, 3 (1925).

ENOMOTO, N. and V. KAKIZAKI: Bud variations in the Peach and the Sand pear. Jap. J. Genet. **1**, 107 (1922). — EINSET, J.: (1) The occurrence of Spontaneous Triploids and Tetraploids in Apples. Proc. Amer. Soc. Hort. Sci. **51**, 61 (1948); (2) Chromosome numbers of apple varieties and sports. II. Proc. Amer. Soc. Hort. Sci. **53**, 197 (1949). — EINSET, J., W. H. BLASER and BARBARA IMHOFF: A chromosomal chimaera of the Northern Spy apple. J. Hered. **37**, 265 (1946). — EINSET, J. and BARBARA IMHOFF: Chromosome numbers of apple varieties and sports. Proc. Amer. Soc. Hort. Sci. **50**, 45 (1947). — EINSET, J. and BARBARA LAMB: Chromosome numbers of apple varieties and sports III. Proc. Amer. Soc. Hort. Sci. **58**, 103 (1951).— EWERT, R.: Pflanzenphysiologische und biologische Forschungen im Obstbau. Landw. Jb. **1926**, 759.

FLORIN, C. u. R.: J. P. Bergius, en ny äpplesort. Acta Horti Bergiani **6** (1918). — FOCKE, W. O.: Die Pflanzenmischlinge. Ein Beitrag zur Biologie der Gewächse. Berlin 1881.

GARDNER, V. R.: Bud selection with special reference to the apple and strawberry. Missouri Stat. Res. Bull. **39**, 3 (1920). — GRAN, H. H.: Nye frugtsorter, opstaat ved knospenmutation. Norsk Havet. **35** (1919). — GRUBB, N. H. and A. W. WITT: Cherry stocks, their behaviour in the nursery. Ann. Rep. East Malling Res. Stat. **1924**, 87.

[HANSEN, N. E.: (1) The newer fruits in 1915 and how secured. Minnesota Hort. **44**, 307 (1916); (2) The relative value of homozygous and heterozygous parents in the breeding of apple, plum, cherry, grape and other fruits. Verh. 5. internat. Vererbungskongr. Berlin 1927. Suppl. Z. Abst.- u. Vererbungslehre 196 (1928). — HARRINGTON, G. T. and B. C. HITE: Afterripening and germination of apple seeds. J. Agric. Res. **23**, 153 (1923). — HARTMAN, H.: Hybrids between *Pyrus malus* and *Pyrus fusca*. J. Hered. **20**, 378 (1929). — HEDRICK, U. P.: Forty-ninth Annual Report. New York Agric. Exp. Stat. Geneva (1930), 99 S. — HEDRICK, U. P. and R. WELLINGTON: An experiment in breeding apples. New York Agric. Exp. Stat. Bull. **350**, 141 (1912). — HEPPNER, M. J.: (1) The factor for bitterness in the sweet almond. J. Genet. **8**, 390 (1923); (2) Further evidence on the factor of bitterness in the sweet almond. Ebenda **2**, 604 (1926). — HILDEBRAND, F.: Über einen Bastardapfel und eine Bastardbirne. Ber. dtsch. bot. Ges. **30** (1912).

JOHNSTONE, K. H.: Observations on the varietal resistance of the apple scab (*Venturia inaequalis* Aderh.) with special reference to its physiological aspects. J. Pom. a. Hort. Sci. **9**, 30 (1931). — JONES, D. F.: Burbank's results with plums. J. Hered. **19**, 358 (1928). — JOERGENSEN, C. A. and M. B. CRANE: Formation and morphology of *Solanum* chimaeras. J. Genet. **18**, 248 (1927).

KINMAN, C. F.: A study of some unproductive cherry trees in California. J. Agric. Res. **41**, 327 (1930). — KOBEL, F.: (1) Cytologische Untersuchungen als Grundlage für die Immunitätszüchtung bei der Rebe. Landw. Jb. Schweiz **1929**, 232; (2) Die cytologischen und genetischen Voraussetzungen für die Immunitätszüchtung der Rebe. Züchter **7**, 197 (1929); (3) Die Kirschensorten der deutschen Schweiz. Bern-Bümpliz: Benteli A.-G. (1937).

LAMPRECHT, HERBERT: Eine Sektorialchimäre vom Apfel. Die Beziehungen zwischen dem sortenfremden Sektor und dem übrigen Teil der Chimäre. Hereditas **8**, 351 (1926/27). — LANTZ, H. L.: Apple breeding: A study of Jonathan crosses. Iowa Stat. Res. Bull. **116**, 120 (1928).

MACOUN, W. T.: (1) Report of the Dominion horticulturist. Canada Dep. Agric. Exp. Stat. Farms, Div. Hort. Rep. **1923**, 1; (2) Culture du prunier. Dominion du Canada Ministère fédéral de l'agriculture, Bull. **45**, Nouv. Sér. 1—79 (1925); (3) Report of the division of horticulture. Canada Exp. Farms. Div. Hort. Rep. **1925**, 51; (4) Individuality in apple trees. Interim Rep. Domin. Hort. 11 (1921). — MITSCHURIN, I. W.: (1) Gedanken und Erkenntnisse. Gartenbauverlag Trowitzsch & Sohn, Frankfurt a.d.O./Berlin/Posen 1943; (2) Ausgewählte Werke. Verlag für Fremdsprachige Literatur. Moskau 1949.

NEBEL, B.: Über einige Obstkreuzungen aus dem Jahre 1929; Zur Cytologie von *Malus* II. Züchter **1**, 209 (1929). — NILSSON-EHLE, H.: Darstellung tetraploider Äpfel und ihre Bedeutung für die praktische Apfelzüchtung Schwedens. Hereditas **24**, 195 (1938).

OSKAMP, J.: The Indiana Horticultural Society's experimental orchard. Ind. Stat. Circ. **74**, 16.

RIETSEMA, J.: La lutte organisée contre la dégénérescence de quelques espèces fruitières. Congr. internat. pomol. Liège **1930**, 76. — RIVIERE, G. et G. BAILHACHE: *Amygdalopersica formonti*. C. r. Acad. Sci. Paris **161**, 497 (1915); **168**, 525 (1919). — RIVIERE, G. et G. PICHARD: De la postérité de l'*Amygdalopersica formonti* (L. Daniel). Ebenda **181**, 525 (1925). — RYBIN, V. A.: (1) On the number of chromosomes observed in the somatic and reduction division of the cultivated apple in connection with pollen sterility of some of its varieties. Bull. Appl. Bot. Gen. a. Plant Breeding **17**, 101 (1927); (2) Spontane und experimentell erzeugte Bastarde und das Abstammungsproblem der Kulturpflaume. Planta **25**, 22 (1936).

SAX, KARL and JOHN W. GOWEN: Permanence of tree performance in a clonal variety and a critique of the theory of bud mutation. J. Genet. **8**, 179 (1923). — SCHMIDT, M.: (1) Beiträge zur Züchtung frostwiderstandsfähiger Obstsorten. Züchter **14**, 1 (1942); (2) Erreichtes und Erstrebtes in der Obstzüchtung. Züchter **19**, 135 (1948). — SEELIGER, R.: (1) Die züchterische Behandlung des Apfels. Dtsch. Obst- u. Gemüsebauztg **69**, 227 (1923); (2) Die Weißdornmispel von Anzig. Ber. dtsch. bot. Ges. **44**, 506 (1926). — SHAMEL, A. D.: A large-fruited bud mutation of the Winter Nelis pear. J. Hered. **28**, 350 (1937). — SHAMEL, A. D., C. S. POMEROY and R. E. CARYL: Bud selection in Washington Navel orange: Progeny tests of limb variations. U. S. Dep. Agric. Techn. Bull. **123** (1929), 72 S. — SHAMEL, A. D., R. E. CARYL and F. N. HARMON: Bud variations in the Agen prune. J. Hered. **24**, 289 (1933). — STOUT, A. B.: A graft chimaera in the apple. J. Hered. **9**, 232 (1921). — SWINGLE, CHARLES F.: Graft hybrids in plants. Ebenda **18**, 73 (1927).

TRABUT, L.: *Pyronia*. J. Hered. **7**, 416 (1916). — TUKEY, H. B.: (1) Studies of fruit seed storage and germination. New York Stat. Bull. **509**, 3 (1924); (2) The viability of seeds from certain cherry varieties. Proc. Amer. Soc. Hort. Sci. **24**, 129 (1927). — TYDEMAN, H. M.: Breeding experiments with „Paradise" apple rootstocks. J. Pom. a. Hort. Sci. **11**, 214 (1933).

VORONOV, J. N.: Wild growing progenitors of fruit trees of the Caucasus and Western Asia. Bull. Appl. Bot. a. Plant Breeding **14**, 44 (1925).

WELDON, G. P.: Instability in peach varieties. J. Hered. **15**, 86 (1924). — WELLINGTON, R.: (1) Apple varieties which have made the best parents. Proc. Amer. Soc. Hort. Sci. **18**, 28 (1921); (2) An experiment in breeding apples. New York Stat. Techn. Bull. **106**, 5 (1924); (3) An experiment in breeding plums. New York Stat. Agric. Exp. Stat. Techn. Bull. **127**, 1 (1927); (4) Inheritance of the russet skin in pear. Science N. S. **37**, 156 (1913). — WIESMANN, R.: Untersuchungen über den Apfel- und Birnschorfpilz, *Fusicladium dendriticum* (Wallr.) Fckl. und *Fusicladium pirinum* (Lib.) Fckl., sowie die Schorfanfälligkeit einzelner Apfel- und Birnsorten. Landw. Jb. Schweiz **1931**, 109. — WILCOX, A. N.: Material for the breeding of winter hardy pears. Proc. Amer. Soc. Hort. Sci. **34**, 13 (1937). — WINKLER, H.: Über Pfropfbastarde und pflanzliche Chimären. Ber. dtsch. bot. Ges. **25**, 568 (1907). — WOODROOF, J. G.: The pineapple pear. Georgia Stat. Bull. **142**, 77 (1923).

Sachverzeichnis.

Mit * bezeichnete Zahlen sind Hinweise auf Abbildungen.

A_2 263.
Abfallen junger Früchte (siehe auch unter Junifall) 208, 225, 228, 233, 277, 283.
Ableger 265, 310.
Ableger, Vermehrung mit 53, 267, 310.
Ablösungsschicht 8, 202, 217, 225, 226, 232, 277.
Abriß 53, 264.
Acetaldehyd 238, 239, 246.
Acetylen 238.
Ackermannspflaume (Marunke) 269.
Additionsbastard 289, 290, 302, 303, 310.
Adsorptionswurzeln 71.
Advektivfrost 45.
Adventivwurzeln, Bildung von 64, 65.
Affinität, ungenügende (siehe auch unter Unverträglichkeit) 261, 283.
— zwischen Edelreis und Unterlage 59, 71, 90, 252, 253, 262, 281, 307, 308.
Alternanz 85, 102, 221, 250, 270, 272, 274, 277, 278, 279, 283, 284, 285.
Altersform 50, 51*, 52*, 299.
Aluminium 8.
Ameisen 181, 182.
Americana-nigra-besseyi-Gruppe 310, 312.
Aminosäuren 10, 29, 30, 35, 57, 208, 216, 217.
Aminostickstoff 35.
Ammonion 30.
Amygdalopersica formonti 290.
Amygdalus nana (Zwergmandel = *Prunus nana*) 125.
Andrena als Pollenüberträgerin 182.
Antagonismus (zwischen Ionen) 9.
Apfelgerbstoff 29.
Apfelmehltau 305.
Äpfelsäure 29, 215.
Apfelsorten, Artbastarde 306*.
—, Befruchtungsverhältnisse 169.

Apfelsorten, Intersterilität 171.
—, Keimfähigkeit des Pollens triploider 155.
—, Selbststerilität und Gruppensterilität 169, 171.
—, tetraploide 298.
—, triploide 135, 149, 150, 153, 155, 156, 297.
—, Unterlagen 262.
—, Züchtung 303.
Apfelwurzeln 2*.
Apogamie (siehe unter Apomixis).
Apomixis 158, 159, 170, 173, 196, 199, 200*, 201, 251.
—, induzierte 159, 300.
Aprikosen, Befruchtungsverhältnisse 179.
—, Pollensterilität 180.
—, Selbstfertilität und Selbststerilität 179, 180.
—, Unterlagen 269, 313.
Aprikosensämling 269.
Aprikosensorten, Züchtung 312.
Äquationsteilung 130.
Arbutin 29.
Archespor 120, 149, 150, 291.
—, sekundäres 150.
Arginin 216.
Armillaria mellea (Hallimasch) 282.
Aromastoffe 230, 234, 235, 239.
Artbastarde 300, 301, 305, 306*, 312.
—, sterile 302, 303.
Aschengehalt 20, 35, 36, 52.
— in Blättern 10.
Asparaginsäure 216.
Assimilate, Verwendung (siehe auch unter Reservestoffe) 26.
Assimilation und Blattfarbe 24.
— des Kohlenstoffes 22, 23, 26, 36, 87.
— des Stickstoffes 30.
Assimilationskammer 31*, 32.
Astring 65, 66, 278.
—, Bildung des 55.
Äthylen 213, 238, 240, 245.
—, Ausscheidung 233, 238.

Atmung 23, 24, 25, 31, 70, 233, 236, 240, 241, 242.
Atmungsintensität 211, 213, 214, 230, 237*, 239.
Atmungskoeffizient 231.
Atmungskurve 212*, 230, 237.
Aufblühfolge 107, 114.
Aufblühzeit 37.
Augen, schlafende 45, 55.
Ausdünnungsversuche 98.
Ausfalljahr (siehe auch unter Alternanz) 250, 270, 272, 278.
Auspflücken (Ausdünnen) 98, 221, 273*, 274, 275, 276, 277, 278, 283, 284.
—, chemisches 274, 275.
—, mechanisches 274.
Auslichten 284.
Ausreife (Früchte) 37, 209.
Ausreife (Holz) 30, 39, 219.
Austrieb 28.
Austrieb, frühjährlicher 22, 23, 33, 60, 61, 206, 272.
Austrocknungserscheinungen 8, 282.
Autotetraploide 297.
Auxin 54.

Bast 27.
Bastfasern 4*, 5*, 225, 259.
Bastparenchym 4*, 5*.
Bastarde, amphidiploide (siehe unter Additionsbastard).
— zwischen Apfel und Birne 300.
—, Kirschpflaumen 144, 303*.
—, Schwarzdorn 144.
Bastardkirschen 175.
Baumdüngung 20, 89, 278, 279, 283, 284.
Baumgerüst 89, 91.
Baumreife 209.
Baumschnitt 61, 101, 278, 279.
—, Beeinflussung der Blütenanlage 100.
—, Beeinflussung der Früchte 221.
—, Beeinflussung des Triebwachstums 61.
—, Grünschnitt 64, 103.
—, Methoden 100.

Baumschnitt, Sommerschnitt 64, 101, 103, 221.
—, Veränderung der chem. Verhältnisse 101.
—, Winterschnitt 63, 101, 221, 249.
Baustoffe 30, 56, 62.
Beerenapfel (siehe auch unter *Malus baccata*) 300.
Befruchtung 116, 121, 122*, 186, 190.
— und Junifall 203, 204.
—, ungenügende 203, 204, 285.
Befruchtungsfähigkeit 132, 135, 147.
Befruchtungsverhältnisse 190, 191, 195, 196.
—, Aepfel 169.
—, Aprikosen 179.
—, Birnen 172.
—, Edelkastanien 180.
—, Haselnüsse 180.
—, Nektarinen 180.
—, Pfirsiche 180.
—, Pflaumen und Zwetschgen 177.
—, Quitten 173.
—, Sauerkirschen 176.
—, Süßkirschen 173.
—, Walnüsse 180.
Befruchtungsversuche 132, 159, 160, 173, 190.
Befruchtungsvorgang 116.
Bereicherungswurzeln 67.
Bernsteinsäure 215.
Berostung 304.
Beschattung 81, 93.
Beschattungsversuche 86, 87.
Besprühen (zur Frostbekämpfung) 50.
Bestäubung 186.
Betulifoliaunterlagen 264.
Bewurzelung von Stecklingen 53, 64.
Bewurzelungsfähigkeit der Jugendform 53.
Bienen 277.
—, Übertragung des Pollens 184, 186, 283, 285.
Bienenflug 184.
Bienenhaltung 184.
Bienenstand 186.
Bienenvölker, Miete 186.
Bildungsstoffe (siehe auch unter Assimilation) 80.
Birnen, teige 239.
Birnensaatgut 264.
Birnensämling 264.
Birnensorten, Befruchtungsverhältnisse 172.
—, Intersterilität 172.
—, Keimfähigkeit des Pollens triploider 155
—, Selbststerilität und Gruppensterilität 172.

Birnensorten, tetraploide 298.
—, triploide 135, 153, 154, 155, 156, 297.
—, ungeschlechtliche Vermehrung 264.
—, Wildarten 300.
—, Züchtung 307.
Birnentypen 264.
Birnenunterlagen 264.
Bitterfäule 242.
Bitterfleckenkrankheit 243.
Bittermandel 270, 314.
Blatt, Altersform 51.
—, Aschengehalt 10.
—, Jugendform 51.
—, Querschnitt 6*.
—, Stickstoffgehalt 11.
—, Wassergehalt 7.
Blattanalyse 10.
Blattfarbe und Assimilation 24.
Blattgrün (siehe Chlorophyll).
Blattzahl je Frucht 98*.
Blocksystem 191.
Blühbarkeit 287.
Blühen, übermäßiges 249.
Blühhormone 86, 271.
Blühwilligkeit 286.
Bluten der Rebe und des Nußbaumes 6.
Blüte 105, 107.
—, Dauer der 105, 106, 114, 115.
—, Nachzügler 76.
—, Vollblüte 74, 105, 232, 274, 275.
—, Vorsommerblüte 76.
Blüten, Abfallen der 201, 202, 203.
—, Befruchtung 190.
—, Entfaltung der 104.
Blütenanlage, Beeinflussung durch den Baumschnitt (siehe auch unter Blütenbildung) 100.
—, Beeinflussung durch blütenbildende Stoffe 79.
—, Beeinflussung durch Düngung 89.
—, Beeinträchtigung durch Hagelschlag 95.
—, Beeinflussung durch Hemmung und Förderung der Kohlenstoffassimilation 92.
—, Beeinflussung durch Ringelung und Strangulierung 96.
—, Beeinflussung durch die Veredlungsunterlage 90.
—, Ursachen 78, 79.
—, Vermehrung der 87.
—, Verminderung der 87, 88.

Blütenansatz, übermäßiger 249, 271.
Blütenbildung 79, 80, 83, 84, 90, 102, 247, 248, 250 (siehe auch unter Blütenanlage).
—, blütenbildende Stoffe 80.
—, erste Anfänge 72, 74.
—, Förderung der 89.
—, Optimum der 249.
—, Zusammenhänge mit dem Wachstum 75, 248*.
Blütendifferenzierung 74, 85, 86, 87, 89, 90, 93, 95, 96.
Blütenknospen 80, 85.
—, Anlage 72, 73, 75, 79, 83, 86, 87, 89, 91, 96, 102, 247, 250, 287*.
—, Anlage, Zeitpunkt 72, 73, 74, 75.
—, Entwicklung 76, 77*, 78, 105.
— und Veredlungsunterlage 90, 92.
Blütenknospenbildung und Ringelung 79, 80, 91, 96.
Blütenknospendifferenzierung, Zeitpunkt 73, 74.
Blütenmorphologie 114.
Blütenstände, Form 114.
Blütenstetigkeit 183.
Blütezeit von Apfelsorten 106, 108, 109, 110.
— von Birnsorten 110, 111, 112
— von Kirschensorten 112, 113.
— von Pflaumen- und Zwetschgensorten 113.
—, relative 104*, 106, 107, 108.
Blutlaus, Widerstandsfähigkeit gegen die 258.
Boden, Durchlüftung 9, 65, 70.
—, Nährstoffgehalt 70.
—, physikalische Beschaffenheit 281.
Bodenfeuchtigkeit 65, 69, 191.
Bodenmüdigkeit 19.
Bodenuntersuchung 10, 20.
Bombus (Hummeln) als Pollenüberträger 181, 182.
Bor 8, 16, 219.
Bormangel 16*, 17*, 219.
—, Symptome 17*.
Breakdown (siehe Fleischbräune)
Brompton 269.
Brussels 269.
Burbankpflaume 144, 179.
Burrknots 66*.
Buschbäume 191.

Calcium 8, 13.
Calciumoxalat 14, 29.

Sachverzeichnis.

Calciumüberschuß 20.
Calciumversorgung 219.
Carpoxenien (siehe unter Metaxenien).
Castanea sativa 180.
Cellulose 29, 52, 214, 215.
Cerasiferagruppe 310.
Cerasiferaunterlage 312.
Cherry Plums 310.
Chimären 290, 291*, 292*, 293*, 294.
—, Meriklinalchimären 291*, 292.
—, Periklinalchimären 290, 291*, 294, 297.
—, Pfropfchimären 290, 291.
—, Sektorialchimären 291*, 292.
Chimärenfrüchte 291.
Chimärentriebe 291.
Chlorophyll (Blattgrün) 23, 24, 30.
Chloroplastin 24.
Chlorose (siehe auch unter Gelbsucht) 13, 19, 275.
—, Empfindlichkeit 265.
Chromosomen, mehrwertige 130.
Citronensäure 215.
Clasterosporium carpophilum 309.
Common Mussel 269.
Corylus avellana 180.
— *maxima* 180.
Crab C 263.
Crabäpfel 306.
Crataegus 252.
Crataegomespilus dardari 290.
Crataegomespilus asnieresii 290.
Cuticula 4*, 5*, 6, 211, 217.
Cydonia 252.
Cydonia (= *Chaenomeles*) *japonica* 173.
Cydonia veitschii 300.
Cydonia vulgaris (= *C. oblonga*) 308.

Deckfarbe 232, 311.
—, Vererbung der 304.
Dextrose 32.
2-4-Dichlorphenoxyessigsäure 226, 238, 277.
Dichogamie (der Walnuß) 180.
Dickenwachstum 55, 60, 69.
Dinitrokresol (Dinitroorthokresol) 274, 276, 277.
Dinitroorthokresolsäure 275.
Dinitrophenol 275.
Domesticagruppe 125, 310.
Doucin (Splittapfel) 57.
— amélioré 263.
—, Echter 263.

Doucin, Grüner 263.
—, Holsteiner 263.
—, Schwarzer 263.
Druckfestigkeit 231.
Druckmesser (Penetrometer) 231, 233.
Duftstoffe 212, 238, 239.
—, Ausscheidung der 233.
Düngerbedarf 21, 22.
— je Flächeneinheit 21.
Düngergaben 21.
Düngerlanze 22*.
Düngung 20, 89, 278, 279, 283, 284.
—, Beeinflussung der Blütenanlage 89.
—, Halbbaumdüngung 10.
— mit Kohlensäure 23.
—, Volldüngung 283.
—, Zeitpunkt der 22.
Dyade 140, 141, 143.

Edelkastanie (*Castanea sativa*), Befruchtungsverhältnisse 180.
—, Pollenübertragung 181.
—, Selbststerilität 180.
Edelreis, Einfluß auf die Veredlungsunterlage 58*, 91.
—, Verträglichkeit mit der Unterlage (siehe Affinität).
Edelweichsel 142.
Eikern 120.
Eisen 8.
—, Aufnahme 9, 24.
—, Chlorose 13, 19.
—, Mangel 15, 16.
Eisterilität 151.
—, partielle 149.
Eiweißhaushalt 32.
Eiweißstoffe 30, 35.
Eizellen 120.
—, diploide 140, 201, 298.
—, triploide 149.
Eizellensterilität, cytologisch bedingte 142.
Elektion von Elementen durch die Wurzeln 9.
Elgetol 275.
Embryonen 122*, 123, 153, 187, 188, 204.
—, verkümmerte 152*, 153, 154*.
Embryosäcke 120, 121, 123.
—, abnorme 149, 150*.
—, Bildung 114, 119, 120*, 121*.
Embryosackkern, sekundärer 187.
Embryosackmutterzelle 120.
Endosperm 123, 153, 187, 188, 277.
—, vorübergehendes 123.

Entblätterung 81, 93, 94, 95, 208.
Entblätterungsversuche 86, 87.
Erbfaktoren, Koppelung 313.
Erfrieren (siehe auch unter Frost) 39.
Ernährungswurzeln 67.
Ernte, zu frühe 233.
—, zu späte 233.
—, übermäßige 285.
Erstlingsfrüchte 249.
Ertragsbaumeinheit 21.

Fallperioden 202.
Farbmutation 295.
Farbtest 231.
Farbxenien 190.
Faserwurzeln 71, 259.
Fäulniserreger 242.
Fäulnispilze 211.
Fette 29.
Flavone 231.
Fleischbräune (breakdown) 216, 218, 233, 239, 245, 246, 247.
—, gewöhnliche 245*.
—, mehlige 246.
—, wäßrige (soggy breakdown) 245*, 246.
Fliegen als Pollenüberträgerinnen 181, 182.
Formierung des Kronengerüstes 101.
Fremdbefruchter 161.
Fremdbefruchtung 157, 158, 180, 193.
Fremdbestäubung 158, 196.
Frost 38, 43, 70, 271.
—, Advektivfrost 45.
—, Empfindlichkeit 41, 43, 44, 265, 272.
—, Frühfrost 39.
—, Spätfrost 38, 39, 43, 45, 47, 271, 272, 282, 285, 309.
—, Strahlfrost 45.
—, Winterfrost 38, 42, 45.
Frostbekämpfung 46, 47, 48, 50.
— durch Besprühen 50.
— durch Heizen 47, 48*.
— durch Räuchern 47, 48, 49*.
— durch Vernebeln 48.
Frostgefahr 262.
Frostgürtel 47.
Frosthärte 46.
—, Züchtung auf 305.
Frostjahre 41.
Frostlagen 47.
Frostplatten 42*, 43, 63, 262, 282.
Frostresistenz 44, 306, 307, 308, 311, 312.
Frostrisse 42, 43*, 262, 282.

Frostschäden 41*, 42, 45, 46, 211, 212*, 241, 247.
Fruchtansatz 205, 207, 208, 249.
—, Junifall als Regulierung des 203, 273.
—, Optimum 249.
—, relativer 254.
—, übermäßiger 208, 270.
—, ungenügender 207.
—, Verbesserung des 205.
Fruchtbehang, überreicher 250.
Fruchtbildung 104, 190, 210*, 247, 249.
Früchte, Erstlingsfrüchte 249.
—, Mehligwerden 215, 233.
—, samenlose 158.
—, Schrumpfung 233, 235, 236.
—, Transpiration 217, 218*, 233, 235, 236.
—, Wachstumskurve 209.
—, Wasserbedarf 217.
—, Wassergehalt 217.
—, Wasserversorgung 217.
—, Weiterentwicklung auf dem Lager 238.
Fruchtfall 277.
—, vorzeitiger 208, 225, 228, 233, 277, 283.
Fruchtfäule 242.
Fruchtfleisch 234.
—, Ausbildung 249.
—, Festigkeit 231, 232, 233.
Fruchtgewicht, Einfluß der Kernzahl 223*, 224.
Fruchtgröße, Einfluß der Kernzahl 224.
—, durchschnittliche 258.
Fruchtgürtel 100*.
Fruchtholz 36.
—, Rückschnitt 282.
—, Schnitt 103, 205.
—, Verjüngung 103, 207, 248, 278, 279, 281, 283, 284.
Fruchtkuchen 232.
Fruchtreife 37, 209, 231, 261.
Fruchtruten 79.
Fruchtspieße 74, 79.
—, chem. Zusammensetzung 82.
Fruchtungsvermögen, eigenes 158.
Fruchtzucker (Fructose) 32, 214.
Frühblüher, extreme 107.
Frühfröste 39.
Frühjahrstrieb 22, 23, 33, 60, 61, 206, 272.
Fusarium 242.

Gametenbildung 301.
Gametensterilität 149, 151, 301.
Gaslagerung 216, 233, 237, 238, 239, 240, 241, 243, 246.
Gattungsbastarde 300, 303.
Gefrierpunktserniedrigung 7.
Gelbsucht 308 (siehe auch unter Chlorose).
— durch Eisenmangel 9, 16.
Genmutation 291.
Genommutation 291, 294.
Genußreife 209, 233, 234.
Geraniol 239.
Gerbstoff, Abbau 240.
—, Gehalt 234.
Gerüstbildner (Kronenbildner) 54, 91, 92, 221, 261, 262.
Geschlechtsapparat, weiblicher, Ausbildung 119, 120*, 121*.
Geschlechtszellen, Sterilität der weiblichen 149.
Geschmack, Vererbung 304.
Geschmacksstoffe 212.
Gesetz des Minimums 57.
Gigasbastard (siehe unter Additionsbastard).
Glasigwerden des Fruchtfleisches 39.
Glaskirschen 143, 176.
Gleichgewicht, physiologisches 80, 247, 249, 279, 285.
Gloeosporium fructigenum 242.
Gloeosporium album 242.
Glucose (siehe unter Traubenzucker).
Griffel, Leitgewebe des 121.
Grundfarbe 231, 232, 238, 311.
—, Vererbung der 304.
Grundwasserstand 281.
Grünschnitt 64, 103.
Grünsteckling 269.
Gruppensterilität (siehe auch unter Intersterilität) 158, 159, 160, 161, 162, 163, 164, 165, 167, 169, 171, 190.
—, Apfel 169, 171.
—, Birne 172.
—, Pflaumen und Zwetschgen 177, 178, 179.
—, Süßkirschen 173.
—, physiologische Gründe 161.
Gruppenstoffe 163.
Gummifluß 265.

Haferpflaume (siehe auch unter St. Julien) 266, 311.
Hagelschlag 211, 282.
—, Schädigung des Blattwerkes 95.
Hagelschlag, Beeinträchtigung der Blütenanlage 95.
,,Halbbaumdüngung" 10.
Hallimasch *(Armillaria mellea)* 282.
Haltbarkeit (der Früchte) 233, 236, 238, 286.
Handbestäubung 186.
Haselnuß, Befruchtungsverhältnisse 180, 181.
—, Selbststerilität 180, 181.
— als Windblütler 181.
Hauptwurzeln 67, 259.
Hautbräune (scald) 233, 242, 244, 245.
—, weiche (soft scald) 246.
Heizen, zur Frostbekämpfung 47, 48*.
Hemicellulosen 29, 34, 35, 52, 213.
Herbsttrieb 60.
Herbstverfärbung, vorzeitige 98.
Heteroauxin 63.
Heterostylie 114.
Hexaden 131, 141.
Hexosane 29.
Histidin 216.
Hochstämme 191.
Holz, Ausreife 30, 39, 219.
Holzfasern 4*, 5*, 259.
Holzparenchymzellen 259.
Honigbienen als Pollenüberträgerinnen 181, 182, 183.
Hormone (siehe auch unter Wuchsstoffe) 188, 275, 276.
—, Zufuhr der 226, 277, 279.
Hummeln *(Bombus)*, Pollenübertragung durch 181, 182.
Hüttner IV 269.

Individualstoffe 163.
β-Indolylbuttersäure 226.
β-Indolylessigsäure 226, 277.
Intercellularräume 210, 216, 235, 236.
Interfertilität 161.
Interkostalnekrosen 15.
Intersterilität (siehe auch unter Gruppensterilität) 158, 161, 163, 168, 172, 174*, 179*, 186, 192.
—, physiologisch bedingte 164, 167
—, Äpfel 171.
—, Birnen 172.
—, Haselnüsse 181.
—, Mandeln 180.
—, Pflaumen 178.
—, Sauerkirschen 177.
—, Süßkirschen 174.
Intersterilitätsgruppe 167, 177, 180.

Inzucht 161.
Ionenkonkurrenz 9, 13, 20.
Ivory's double vigour 263.

Johannistrieb 22, 60.
Jonathan spot 243, 304.
Jugendform 50, 51*, 52*, 53, 59, 65, 264, 299, 314.
— der Blätter 51.
Jugendsterilität 52, 53.
Juglans regia 180.
Jungfernfrüchte 124, 135, 154, 159, 169, 191, 194, 199.
— aus Nachzüglerblüten 76.
Jungfernfrüchtigkeit (siehe unter Parthenokarpie).
Jungfrüchte, Abfallen der 201, 202, 283.
Junifall (June drop) 186, 196, 201, 202, 203, 204, 205, 206, 207, 208, 209, 210, 212, 214, 215, 218, 224, 249, 250, 271, 273.
— und Befruchtung 203, 204.
—, Regulierung des Fruchtansatzes 203.

Käfer, Pollenübertragung durch 181, 182.
Kahltriebigkeit 12.
Kaki 194.
Kalimangel 7, 12, 13*, 15*, 261.
Kaliüberschuß 12.
Kalium 8, 12.
—, Aufnahme 9.
Kaliversorgung 207, 219, 248.
Kalküberschuß 14.
Kälte, Einfluß der 36.
Kälteresistenz 39.
Kälterückschlag 44.
Kältetod 38.
Keimfähigkeit der Samen 155.
Keimling 151.
Kerbschnitt 62, 64*.
Kernhausbräune 216, 246.
Kernhausfäule 242.
Kernhausscheitelbräune 246.
Kernloser, Spencers 160.
Kernzahl, Einfluß auf Fruchtgewicht 223*, 224.
—, Einfluß auf Fruchtgröße 224.
—, Einfluß auf Zucker- und Säuregehalt 224, 225.
Ketziner Ideal 263.
Kirschensortenzüchtung 308.
Kirschpflaume (*Prunus cerasifera*) 144, 266, 290, 311.
Kitajka 44, 306.
Klimakterium (Klimakterische Krise) 212, 214, 230, 231, 237, 238, 239.

Klone 58, 251, 267, 295.
Knospen, Entfaltung 37, 55*.
—, Terminalknospen 74.
Knospenmutationen 158, 172, 288, 289, 290, 291, 292, 293, 294.
— beim Apfelbaum 172, 292.
— beim Birnbaum 292.
— beim Kirschbaum 293.
— beim Pfirsichbaum 293.
— beim Pflaumenbaum 178, 293.
—, tetraploide 297.
Knospenschuppen 78.
Kohlendioxyd 8, 22, 23.
Kohlenhydrate 23, 24, 25, 29, 34, 57.
—, Abtransport 26, 27.
—, Aufwärtstransport 29.
—, Haushalt 32, 34.
—, hydrolisierbare 60.
— als Reservestoffe 33, 34.
—, Speicherung 27.
—, Verbrauch, Bilanz 32.
—, Versorgung mit 57, 87, 208.
—, wasserlösliche 29, 34*.
—, Zufuhr 87, 208.
Kohlenhydrat-Nährsalz-Theorie 80.
Kohlenhydrat-Stickstoff-Theorie 81, 85, 86, 92, 93, 99.
Kohlenhydrat-Stickstoff-Verhältnis 81, 83, 85, 99.
Kohlensäure 22.
Kohlensäuredüngung 23.
Kohlensäurelagerung 239.
Kohlenstoff 8, 22.
Kohlenstoffassimilation 22, 23, 26, 36, 87.
—, Hemmung und Förderung zur Beeinflussung der Blütenanlage 92.
Kombinationszüchtung 295, 297, 301.
Kork 4*, 5*.
Korkcambium 4*, 5*.
Korkgewebe 211.
Krankheiten, physiologische der Früchte 242.
Krebs 42, 262, 282.
Kreuzsterilität (siehe unter Gruppensterilität und Intersterilität).
Kreuztransport 10, 16.
Kreuzungen, „künstliche" 160.
Kreuzungszüchtung 295.
Krone, physiologisch richtig gebaute 25*, 281.
Kronenbildner (Gerüstbildner) 54, 91, 92, 221, 261, 262.
—, frostresistente 262.

Kronengerüst, Formierung des 101, 103, 284.
Kronenpflege 284.
Kroosje, gelbe 269.
Kühllagerung 233, 238, 239, 240, 241, 243, 245.
Kupfer 8, 19.
Kupfermangel 19*.

Lagerdauer 237*, 241*.
Lagerfähigkeit 228, 237, 288.
Lagerobst, Krankheiten 233.
Lagersicherheit 242, 289.
Lagertemperatur 241.
Lagerverzug 245, 246.
Längenwachstum 55, 60*, 253.
Langtriebe 36, 79.
Lanzendüngung 22*.
Laubfall 34.
—, herbstlicher 248.
— und Ringelung 98.
Leitast 280, 284.
Leitbast 4*, 5*.
Leitgewebe des Griffels 121.
Lenticellen 211, 212*, 218, 219, 233, 236, 242, 243, 304.
Lenticellenflecken 243, 244*.
Lenticelleninfektion 242.
Lenticellennekrosen 242.
Lichtmangel 284.
Lignin 52.
Lipoide 29.
Little-leaf-Krankheit 18.
Luftfeuchtigkeit, relative 235.
Lysin 216.

Magnesium 8, 14, 30.
—, Aufnahme des 9.
—, Mangel 14*, 15*.
Maltose (Malzzucker) 32.
Malus apetala 124*.
— *baccata* 44, 252, 263, 300, 306*, 307.
— *dioica* 124.
— *ionensis* 264, 300.
— *kaido* 170.
— *micromalus* 170.
— *prunifolia* 44, 264, 300, 306, 307.
— *pumila* 44, 300.
— *silvestris* 44, 300.
— *zumi* 300, 306, 307.
Malzzucker (siehe Maltose).
Mandel, Intersterilität 180.
—, Selbststerilität 180.
—, Sortenzüchtung 313, 314.
Mangan 8, 19, 24.
Mangelerscheinungen (Diagnostizierung) 20.
Marianna 266, 267, 269, 312.
Markstärke in Zweigen 28.
Markstrahl 4*, 5*.
Markstrahlzellen 259.

Marunke (Ackermannspflaume) 269.
Maserbildung (Burrknots) 65, 66*.
Mehligwerden 215, 233, 247.
Meiose 116, 120, 129.
Mentor 299.
Mentormethode 299.
Meriklinalchimäre 291*, 292.
Mespilus germanica (Mispel) 173, 290.
Metaxenien 187, 188, 189, 190.
Mineralstoffe 57.
—, Aufnahme 8.
—, Ausscheidung 10.
—, Entzug 20.
—, Mangel 24.
—, Verbrauch 8.
—, Versorgung 24.
Minierschäden 211.
Mirabolane (siehe unter Myrobalane).
Mispel *(Mespilus germanica)* 173, 290.
Molybdän 8, 19, 261.
Monilia 242.
Mulch, 2, 71.
Mutation 290, 291.
—, somatische 157, 190, 291, 295.
Myrobalane (Mirabolane) 179, 266, 311, 312.
Myrobalane B 269.
Myrobalane, Weiße 269.

Nachruhe 60.
Nährstoffarmut des Bodens 282.
Nährstoffentzug 20.
Nährstoffgehalt des Bodens 70.
Naphthylacetamid 226.
α-Naphthylessigsäure 208, 226, 227, 228, 233, 238, 275, 276, 277, 278.
β-Naphthoxyessigsäure 226, 300.
Narbensekret 121.
Nässe, stagnierende 3.
Nebel, chemische, zur Frostbekämpfung 48.
Nectria-Arten 33, 42.
Nektarine, Befruchtungsverhältnisse 180.
—, Merkmale 313.
—, Selbstfertilität 180.
—, Sortenzüchtung 313.
Netzschwefel 276.
Nucellarembryonie 159, 201.
Nußbaum, Bluten des 6.
—, Befruchtungsverhältnisse 180.

Obstanlagen, Umgestaltung 193*, 194.

Obstarten, selbstbefruchtende 250.
Obstbaumdünger 21.
Obstblüte, Befruchtung 186.
Obstgewächse, Jugendform 50, 51*.
—, Altersform 50, 51*.
Ölpapierschnitzel 242, 245.
Ortsstetigkeit 183, 185.
Öschbergkrone 25, 62.
Öschbergschnitt 102*, 257.
Osmia, Pollenübertragung durch 182.
Oxalsäure 14, 29.

Paradiesapfel 57, 58.
—, englischer, breitblättriger 263.
—, gelber Metzer 263.
Parasterilität 161.
Parthenogenesis 200.
Parthenokarpie (Jungfernfrüchtigkeit) 131, 151, 158, 172, 184, 191, 194 bis 198*, 204.
—, Grad 196, 197.
—, induzierte 159, 194.
Pektin 52, 215, 216*, 240.
Pektinabbau 216, 239, 240.
Pektinsäure 216.
Pektosen 215.
Penetrometer 231.
Penicillium 242.
Pentaden 131, 141, 149.
Pentosane 39.
Periklinalchimäre 290, 291*, 294, 297.
Pershore 269.
Pfirsich, Befruchtungsverhältnisse 180.
—, Fremdbefruchtung 180.
—, Sämlinge 269.
—, Selbststerilität 180.
—, Sortenzüchtung 313.
—, Unterlagen 269, 270, 314.
Pfirsich-Mandel-Bastard 314.
Pflanzungen, sortenreine 135.
Pflaumen, amerikanische 144.
—, Burbankpflaume 144.
—, europäische 143.
—, Gruppensterilität 177, 178, 179.
—, Intersterilität 178.
—, japanische 144, 179.
—, Knospenmutationen 178, 293.
—, Pseudofertilität 179.
—, Satsumapflaumen 144.
—, Selbstbefruchtung 178.
—, Selbststerilität 177.
—, Sortenzüchtung 310.
—, Unterlagen 266, 268.
Pflückreife 209, 212, 213, 217, 225, 228, 229, 230, 231, 232.

Pfropfchimären 290, 291.
Phänometrie 115.
Phellogen 4*, 5*, 211.
Phenolsäure 29.
Phloridzin 29.
Phloroglucin 29.
Pholiota squarrosa 282.
Phosphor 8, 11, 30, 36.
Phosphorgehalt 35, 36, 88*, 207.
Phosphormangel 11*, 12*.
Phosphorsäure 30, 219, 220.
—, Reserven 30.
—, Versorgung 88, 207, 219, 248.
—, Wanderungsgeschwindigkeit im Boden 22.
Photosynthese 23, 24, 29, 36.
Pilze, parasitische 282.
Pilzkrankheiten 242.
Pinzieren 64.
Pollen, Ausbildung 116.
—, Befruchtungsfähigkeit 135, 147.
—, Mischkörnigkeit 131
—, Übertragung 181, 182, 183, 184, 185, 186, 190, 298.
Pollenbildner, gute 133, 135, 137.
—, schlechte 133, 137.
Pollenbildung, abnorme 129*, 141, 142*.
—, normale 117*, 119*.
—, Störung durch erhöhte Temperatur 141.
Pollenfallen 186.
Pollenkeimfähigkeit 131, 132, 136, 141, 146, 147, 148.
Pollenkeimung 126, 127, 128, 134*, 145*, 146.
Pollenkeimungsversuch 160.
Pollenkörner 116, 118, 121.
—, diploide 140, 298.
—, Riesenpollenkörner 143.
—, sterile 141.
Pollenmutterzellen 116, 141.
Pollenschläuche 135, 163*.
Pollenspender 191.
—, gute 136, 137, 139, 191.
—, schlechte 136, 137, 140.
Pollensterilität 125, 135, 136, 144, 145, 180, 190, 313.
—, cytologisch bedingte 128, 141, 142.
—, ernährungsphysiologisch bedingte 145, 148, 149.
—, faktoriell bedingte 149.
— infolge Triploidie 144.
Polyploidie 129, 168, 297.
—, sekundäre 166, 289, 297, 298, 307.
Porlinge *(Polyporus)* 282.
Proteingehalt 217.
Proteinstickstoff 240.

Protogynie 115.
Protopektine 215, 216*, 240.
Prunus acida 177.
— *americana* 179, 301, 311.
— *amygdalus* 301.
— *armeniaca* 180.
— *avium* 173, 176.
— *avium nana* 143.
— *besseyi* 177, 310, 311.
— *cerasifera* 143, 177, 178, 179, 266, 302, 310, 311.
— *cerasus* 143, 176, 180, 266.
— *divaricata* 290, 302, 310, 311.
— *domestica* 177, 180.
— *fruticosa* 177.
— *fruticosa var. pendula* 177.
— *insititia* 266.
— *kansuensis* 314.
— *mahaleb* 252, 266, 310.
— *mume* 180.
— *munsoniana* 266, 311.
— *myrobalana* 59.
— *nana (Amygdalus nana* = Zwergmandel) 125, 314.
— *nigra* 179, 301, 311.
— *pennsylvanica* 310.
— *pissardi mooseri* 140.
— *salicina* 311.
— *serrulata* 143.
— *sibirica* 313.
— *simonii* 311.
— *spinosa* 178, 266, 290, 302, 310, 311.
— *tomentosa* 310.
— *triflora* 177, 179, 301.
— *umbellata* 125.
Pseudofertilität 161, 170, 172, 173, 177, 179.
Pyrocydonia danieli 290.
Pyronia 300.
Pyrus amygdaliformis 264.
— *apetala* 124.
— *betulifolia* 173, 264, 308.
— *communis* 172.
— *dioica* 124.
— *elaegrifolia* 173.
— *ovoidea* 308.
— *pollveriana* 300.
— *serotina* 307.
— *sinensis* 172, 264, 300, 307.
— *ussuriensis* 172, 264, 300, 307.

Qualität, Beurteilung der 233, 234.
Quitten, Befruchtungsverhältnisse 173.
—, frostwiderstandsfähige 265.
—, Sortenzüchtung 307.
Quittenunterlage 58, 261, 264, 265, 308.
—, frostwiderstandsfähige 308.

Räuchern, zur Frostbekämpfung 47, 48, 49*.
Reduktionsteilung 117*, 119* 130, 141, 142, 144, 149, 150, 153.
—, abnorme 129*, 142*, 143.
Reife 209, 231, 261.
—, Baumreife 209.
—, Genußreife 209, 233, 234.
—, Pflückreife 209, 212, 213, 217, 225, 228, 229, 230, 231, 232.
—, Überreife 212, 216, 234, 246.
—, Vollreife 209, 215.
—, Vorgänge 209, 216, 238, 240.
Reifetest 231, 232.
Reifezeit, Beeinflussung durch die Kernzahl 225.
—, Verzögerung der 37.
Reineclaude, wurzelechte, große, grüne 269.
Reinprotein 52.
Reservestoffe 208, 248, 249, 260, 262, 272.
—, Aufspeicherung und Verwendung 30, 39, 56.
Restitutionskern 141.
Rindenparenchym 4*, 5*.
Ringelspieße 79.
Ringelung, Ringelschnitt, Ringeln 5, 27*, 28*, 53, 74, 81, 89, 96, 98, 100, 206, 207, 208, 286, 299.
Ringelung und Blütenknospenbildung 91, 96.
— und Laubfall 98.
—, Einfluß auf die Stärkespeicherung 98.
—, Einfluß auf den Stickstoffgehalt 99.
Ringelungsversuche 52, 74, 79, 86, 87, 98.
Rohprotein 52.
Rohrzucker (Saccharose) 32, 33, 214.
Rohrzuckergehalt 33, 52.
Rost 211*, 212*.
Rötel 202, 205.
Ruheperiode 45.

Saccharose (siehe Rohrzucker).
Saftgehalt der Früchte 234.
Salpetersäure 30.
Samen, Braunfärbung 232.
—, Keimfähigkeit 155.
—, taube, mangelhaft ausgebildete 151, 153, 154, 156, 194, 204, 222, 224.
Samenanlage 114, 119.
Samenbildung 121, 154*, 155*.
—, apomiktische 161, 200, 201.

Samengehalt 189, 223*.
Samenknospe 123.
Samenreife 123, 153.
Samenschläuche, leere 154.
Sämlinge 252.
—, gleichmäßige 251.
—, schwachwüchsige 156.
—, tetraploide 150.
—, triploide 140.
Sämlingsunterlage 251.
Sandbirne, russische 308.
Satsumapflaume 144, 179.
Sauerkirschen, Befruchtungsverhältnisse 176.
Sauerkirschen, Intersterilität 177.
—, Selbststerilität 176.
—, Unterlagen 265.
Sauerstoffkonzentration 236, 238.
Säuren, organische 29, 215.
Säuregehalt 215.
—, Einfluß der Kernzahl auf den 224, 225.
Scald (siehe Hautbräune).
Schädlinge, tierische 282.
Scheinparthenokarpie 153, 194, 197.
Scheinquitten *Cydonia* (= *Chaenomeles*) *japonica* 119, 173.
Schlammfliegen (*Eristalis*), Pollenübertragung durch 182.
Schlehe (siehe auch unter *Prunus spinosa* und Schwarzdorn) 302, 310.
Schnitt, Grünschnitt 64, 103.
—, Sommerschnitt 64, 101, 103, 221.
—, Winterschnitt 63, 101, 221, 249.
Schnittmethoden 100, 103.
Schnurbäume 91.
Schorf 305.
Schorfpilz 289.
Schröpfen 62, 63*.
Schrotschußkrankheit 308*, 309.
Schrumpfen der Früchte 233, 235, 236.
Schwachwüchsigkeit 92, 155, 283.
— der Sämlinge 156.
Schwarzdorn (siehe auch unter Schlehe und unter *Prunus spinosa*) 266, 289, 302.
Schwarzfäule 242.
Schwefel 8, 12, 30.
Schwefelkalkbrühe 276.
Seitenwurzeln 2*, 67, 68.
Sektorialchimäre 291*, 292.
Selbstbefruchter 157, 184.

Selbstbefruchtung 157, 158, 159, 160, 161, 168, 172, 178, 180, 195.
—, Verhütung der 162.
Selbstbestäubung 158, 170, 184.
Selbstfertilität (siehe unter Selbstbefruchtung).
Selbststerilität 135, 157, 159, 160, 161, 162, 163*, 164, 169, 172, 176, 179*, 180, 190.
— bei Äpfeln 169, 171.
— bei Aprikosen 179, 180.
— bei Birnen 172.
— bei Edelkastanien 180.
— bei Haselnüssen 180, 181.
— bei Mandeln 180.
— bei Pfirsichen und Nektarinen 180.
— bei Pflaumen und Zwetschgen 177.
— bei Sauerkirschen 176.
— bei Süßkirschen 173.
— bei Walnüssen 180.
—, physiologische Gründe 161.
Selbstungen, künstliche 160.
Soft scald (siehe unter Hautbräune, weiche).
Soggy breakdown (siehe unter Fleischbräune, wäßrige).
Sommerschnitt 64, 101, 103, 221.
Sonnenbrand, Beeinträchtigung der Blütenanlage 88.
—, Schädigung der Früchte 38.
—, Schädigung an Stämmen und Ästen 38.
Sonnenlicht, Ausnützung 25.
Sorten, „degenerierte" 145.
—, diploide 132, 135, 136, 191.
—, intersterile 169.
—, tetraploide 298, 305.
—, triploide 132, 135, 136, 140, 155, 156, 167, 194, 204, 251, 276, 297.
Sortenmischung 192.
Sortenwahl 190.
Sortenzüchtung, Technik 53, 298.
Spalierformen 62, 103, 105.
Spaltöffnungen 6*, 7*, 22, 26.
Spätblüher, extreme 107.
Spätfröste 38, 39, 43, 45, 47, 271, 272, 282, 285, 309.
Spencers Kernloser 160.
Spielformen 158, 172, 288, 289, 292, 294, 295.
—, rote 294.
Spindelbusch 25, 62, 103.
Spitzendürre 17.

Spitzenwachstum 60, 61, 69.
Splittapfel (siehe auch unter Doucin) 57, 58.
Sports 288, 292, 293, 294.
Spurenelemente 8, 15.
—, Mangel an 20.
St. Julien 266, 269.
Standfestigkeit 262.
Stärke 23, 29, 34, 52.
— in Blättern 23.
—, Markstärke in Zweigen 28.
—, Speicherung 33, 34, 82.
—, Verteilung 33.
Stärkegehalt 33, 34, 35, 213, 214.
Stärkeprobe 26, 27.
Stärkespeicherung und Ringelung 98.
Stärke-Stickstoff-Verhältnis 82.
Stecklinge 65, 264, 265, 267.
—, Bewurzelung 53, 64.
Sterilität 53, 158.
—, morphologisch bedingte 124.
Sterilitätserscheinungen 158.
Sterilitätsfaktoren (siehe unter Sterilitätsgene).
Sterilitätsgene 163*, 165, 166, 167, 168.
Sterilitätsgruppen 164, 165, 167.
Stickstoff 8, 10, 30, 35, 57, 206, 219.
—, Assimilation des 30.
—, Aufnahme des 87, 220.
—, Reserven 29, 30.
—, Wanderungsgeschwindigkeit im Boden 22.
—, Zufuhr 87, 249.
Stickstoffdüngung 238.
—, übermäßige 207.
Stickstoffgehalt 35, 60, 87*, 99, 206, 208, 217.
— in Blättern 11.
—, Herabsetzung durch Ringelung 99.
Stickstoffmangel 249.
—, Symptome des 11.
Stickstoffverbindungen, organische 219.
Stickstoffversorgung 206, 207, 247.
Stippflecken 243.
Stippigkeit 17, 207, 218, 233, 243*, 249.
Strahlfrost 45.
Strangulierung 27, 96, 100*, 286.
—, Beeinflussung der Blütenanlage 96, 100.
Straßenpflanzungen 190, 192*.
Strauchweichsel (siehe auch unter *Prunus mahaleb*) 252, 266, 310.

Süßäpfel 304.
Süßkirsche, Befruchtungsverhältnisse 173.
—, Selbststerilität und Gruppensterilität 173, 174.
—, tetraploide Formen 309.
—, ungeschlechtliche Vermehrung 265.
—, Unterlagen 265.
Süßkirschensämling 265.
—, triploider 151.
Süßmandel 314.

Teigwerden 239.
Temperaturminimum 44.
Temperatursumme 37.
Terminalknospe 74.
Tragbarkeit (siehe unter Fruchtbarkeit).
—, abwechselnde (siehe unter Alternanz).
Tragjahr 250, 270, 272, 278.
Transpiration 5, 6, 7, 9, 24, 36.
—, cuticulare 6, 7, 218.
— der Früchte 217, 218*, 233, 235, 236.
—, stomatäre 6.
Transpirationsverlust 236.
Transportfähigkeit 233.
Traubenzucker (Glucose) 23, 31, 32, 214.
2,4,5-Trichlorphenoxyessigsäure 277.
Triebabschluß 39.
Triebspitzenwachstum 60, 61, 69.
Triebwachstum 54, 56, 60, 62, 69, 87, 90, 207, 219, 249, 277.
— und Baumschnitt 61.
— und Blütenanlage 74, 90.
—, Frühjahrstrieb 22, 23, 33, 60, 61, 206, 272.
—, Hemmung des 57.
—, Herbsttrieb 61.
—, Johannistrieb 22, 60.
—, Periodizität des 59.
— und Veredlungsunterlagen 71.
Triebwurzeln 67, 68.
Trifloragruppe (Triflorapflaumen) 179, 310, 311, 312.
Triploidie 130.
— und Fruchtungsvermögen 151.
Tropfsorten 225, 228.

Überreife 212, 216, 234, 246.
Umpfropfen 5, 38, 285.
Unverträglichkeit (siehe auch unter Affinität) 252, 253, 258, 261, 264, 265, 266, 270, 281.

Sachverzeichnis.

Valsa-Arten 42.
Variabilität, erbliche 289.
Veredlungsfähigkeit 54.
Veredlungsstelle 252.
Veredlungsunterlagen 58, 59, 71, 90, 92, 217, 220, 250, 259, 279, 290.
—, Anatomie der 259.
— und Blütenanlage 90, 92.
—, Einfluß auf das Edelreis 58*, 91.
—, frostwiderstandsfähige 307, 308.
—, Einfluß auf die Früchte 219.
—, schwachwüchsige 57, 71, 90, 257.
—, starkwüchsige 254.
—, Triebwachstum der 71, 254*, 255*, 268*.
—, typisierte 59.
—, züchterische Verbesserung 59, 307, 312.
—, vegetative Vermehrung 54, 71, 251, 252, 262.
—, Verträglichkeit mit Edelreis (siehe Affinität).
—, Bewertung der 261.
— für den Apfel 262.
— für die Aprikose 269, 313.
— für die Birne 264.
— für den Pfirsich 269, 270.
— für die Pflaume und Zwetschge 266, 268.
Veredlungswulst 91.
Verjüngung des Fruchtholzes 103, 207, 248, 278, 279, 281, 283, 284.
Verkorkung 212*.
Vermehrbarkeit, vegetative 308, 310.
Vernebeln, zur Frostbekämpfung 48, 49.
Verträglichkeit zwischen Unterlage, Zwischenveredlung und Edelreis 92.
Viruskrankheiten (Virosen) 289, 294, 295.
Vogelkirsche 265.
Vollblüte 74, 105, 232, 274, 275.
Volldüngung 283.
Vollreife 209, 215.
Vorkeim 122*, 123.
Vorsommerblüte 76.

Wachstum 11, 55, 61.
—, Zusammenhänge mit Blütenbildung 75, 248*.
—, Dickenwachstum 55, 61, 69.
—, Längenwachstum 55, 60*, 253.
— der Triebspitzen 60, 61, 69.

Wachstum, vegetatives 54, 87, 247, 249, 279.
— der Wurzeln 5, 55, 64, 67, 68, 70, 71.
Wachstumshormone 198.
Wachstumskurve 60.
— der Früchte 209.
Wachstumsperiode, erste (frühjährliche) 33, 60.
Wachstumsperiodizität 61, 247.
Wachstumsrhythmus 254.
Wachstumsstockungen 10, 282.
Wachstumsvorgänge 54.
Walnuß, Befruchtungsverhältnisse 180.
—, Selbstfertilität 180.
— als Windblütler 181.
Wanzenstiche 224.
Wasser, Aufnahme des 1.
—, Bedarf der Früchte 217.
—, Transpiration 5.
—, Transport 5.
Wassergehalt der Blätter 7.
— des Bodens 2.
— der Früchte 217.
Wasserhaushalt 3.
—, ungünstiger 281.
Wasserkapazität 282.
Wasserknappheit, Wassermangel 8, 206.
Wasserleitungsbahnen 4*, 5*.
Wasserschosse 252.
Wasserüberschuß 3.
Wasserverbrauch 7.
Wasserverlust bei Früchten 237.
Wasserversorgung 1, 5, 205, 206.
—, ungenügende 26.
— der Früchte 217.
Wasserzufuhr 57.
Wasserstoffionenkonzentration 12.
Weißdorn 290.
Welkungskoeffizient 3.
Welkungserscheinungen 8.
Wespen 181, 182.
Wildäpfel 118, 251.
Wildarten (siehe unter Wildformen).
Wildbienen, Pollenübertragung durch die 181, 182.
Wildbirnen 251, 300, 307.
Wildformen (Wildarten) 288, 289, 296, 301, 305, 306, 307.
—, frostharte 307.
Wildkirschen 265.
Wildlingsanzucht 64.
Wildlingsunterlage, Anzucht 156.
Windbestäubung 181.
Windblütler 181.

Winterfrost (siehe auch unter Frost) 38, 42, 45.
Winterruhe 37, 39, 40, 43, 60, 78, 104.
Winterschnitt 63, 101, 205, 221, 249.
Wuchskraft 254.
Wuchsstoffe (siehe auch unter Hormone) 127, 198, 199, 202, 208, 226, 227, 228, 275, 277.
—, Verteilung und Leitung 62.
— und Wurzelbildung 65, 66.
Wunden 56.
Wundgewebe 27, 210.
Wundheilung 56, 210, 211*.
Wundinfektion 287.
Wundpflege 42, 282.
Wundverschluß 101, 210.
Wurzeln, Adsorptionswurzeln 71.
—, Anatomie der 260*.
—, Anlage der 65.
—, Bereicherungswurzeln 67.
—, Ernährungswurzeln 67.
—, Faserwurzeln 71, 259.
—, Frostempfindlichkeit der 44.
—, Hauptwurzeln 67, 259.
—, Morphologie der 259.
—, Seitenwurzeln 2*, 67, 68.
—, Triebwurzeln 67, 68.
—, Wachstum der 5, 22, 44, 55, 64, 67, 68, 69, 70, 71.
Wurzeldruck 6.
Wurzelhaare 1, 3, 9, 10, 67, 68, 71.
Wurzelschaukasten 66.
Wurzelschnitt 80, 286.
Wurzelschnittlinge 64, 266, 267.
Wurzelspitzen 3, 4.
Wurzelsystem 4, 67*.
—, Ausdehnung des 259.
Wurzelverzweigungen 3.

Xenien (siehe auch unter Metaxenien) 187, 188*.
—, Bildung von 314.

Zellstreckung 210, 215.
Zellteilung 210.
Zellwandverdickungen 29.
Zieräpfel 118.
Zierkirschen, japanische 143, 151.
Zink 8, 24.
Zinkmangel 18*.
Zucker 29, 33, 52.
Zuckerarten 32.
—, nichtreduzierende 33.
—, reduzierende 33, 52, 60, 214.

Zuckergehalt 33*, 207, 214*, 217, 218*.
—, Beeinflussung durch die Kernzahl 224, 225.
—, Veränderung des 32.
Zufallssämlinge 288.
Zweigformen 27, 36.
Zwergmandel (*Prunus nana* = *Amygdalus nana*) 125, 314.

Zwergunterlage 253, 282.
Zwergwuchs 261.
Zwetschgen 143.
—, Gruppensterilität 177, 178, 179.
—, Selbststerilität 177.
—, Sortenzüchtung 310.
—, Unterlagen 266.
Zwischenveredlung 92, 261, 262.

Zygotensterilität 151.
—, cytologisch bedingte 151.
—, ernährungsphysiologisch bedingte 151, 152.
—, faktoriell bedingte 151, 156, 158.

MIX
Papier aus verantwortungsvollen Quellen
Paper from responsible sources
FSC® C105338

If you have any concerns about our products,
you can contact us on
ProductSafety@springernature.com

In case Publisher is established outside the EU,
the EU authorized representative is:
**Springer Nature Customer Service Center GmbH
Europaplatz 3, 69115 Heidelberg, Germany**

Printed by Libri Plureos GmbH
in Hamburg, Germany